GCT入学资格考试精编辅导丛书 *2011* 版

历年真题精解 及仿真试卷

含2006~2010年的GCT真题+5套仿真试卷

第**②**版

全国GCT入学资格考试命题研究组◎编

参编：邵鸿飞　柴生秦　靳连冬　刘启升　初　萌
　　　梁莉娟　闫文军　谭松柏　闫　威　赵海燕
　　　张秀峰　庞靖宇　孟宪华　李妙华　许　明
　　　于春艳　赵金华　徐　冬　杨丰侨　闫文然
　　　李　婕　李播雨

机械工业出版社
CHINA MACHINE PRESS

本书为一本将 GCT 历年真题及模拟试卷浓缩于一体的辅导用书。它包括了 2006—2010 年五年的 GCT 真题和五套仿真模拟试卷及其相应的参考答案与解析，为考生未来的考试提供了实战参考。

本书由各大 GCT 考试名师主笔，内容权威，完全吻合大纲要求，对考题的分析解析也力求详尽。通过学习本书，考生可以了解各类题型的考试难度和考点分布情况，掌握各类题型的解题思路和解题技巧，从而更好地把握即将来临的考试。

图书在版编目（CIP）数据

2011GCT 历年真题精解及仿真试卷/ 全国
GCT 入学资格考试命题研究组编 .— 2 版—北
京：机械工业出版社，2011.7
（GCT 入学资格考试精编辅导丛书）
ISBN 978 - 7 - 111 - 33689 - 1

Ⅰ.①G… Ⅱ.①全… Ⅲ.①研究生 - 入学考试 - 解题 Ⅳ.①G643

中国版本图书馆 CIP 数据核字（2011）第 037922 号

机械工业出版社（北京市百万庄大街 22 号 邮政编码 100037）
责任编辑：孟玉琴 于雷 版式设计：张文贵
责任印制：杨 曦
保定市中画美凯印刷有限公司印刷

2011 年 4 月第 2 版·第 1 次印刷
184mm×260mm·34.5 印张·870 千字
标准书号：ISBN 978 - 7 - 111 - 33689 - 1
定价：59.90 元
凡购本书，如有缺页、倒页、脱页，由本社发行部调换

电话服务 网络服务
社服务中心：（010）88361066
销 售 一 部：（010）68326294 门户网：http://www.cmpbook.com
销 售 二 部：（010）88379649 教材网：http://www.cmpedu.com
读者服务部：（010）68993821 封面无防伪标均为盗版

丛 书 序 言

面对日益泛滥的 GCT 图书市场，在职考生该如何将考试要求及自身实际情况相结合，去正确选择适合自己的辅导图书、顺利攻克考试难关呢？这需要广大在职考生理性的选择！

本丛书编者们在多年辅导经验及命题研究的基础上，一致认为，目前 GCT 考生普遍存在以下客观情况。

1. 时间紧张，备考不足

绝大部分考生身兼工作、家庭双重压力，在此基础上同时兼顾学业实属不易。仓促报考、被动应战成为了在职考生中的一大现象。

2. 目标不明确，计划性不强

GCT 考试由语言表达能力测试、数学基础能力测试、逻辑推理能力测试和外语运用能力测试四部分组成，全部为客观题，表面看似简单，实则不然，它是一种侧重能力与素质的新型考试，并以此选拔出服务于社会的高级专业技术与管理人才，因此考试本身的难度是不言而喻的。在此种情况下，若没有结合自身各门学科的基础、没有制定良好的复习规划，只是拿着书就啃，啃一点就撂一边，直到考试结束，可能一本书还没啃过一遍！如此备考，何以能胜？

3. 思维僵化，方法落后

老化的应试思维，按部就班、一块一块地复习的这种传统方法仍在主导着众多的在职考生。尤其针对于脱离学校多年的考生，如何在有限的时间里通过考试，更需要摒弃传统的思维和方式，否则，将很难顺利通过拥有大量题型的 GCT 考试。

4. 盲目选择，自慰心理强

在时间有限、不能很好参与辅导班学习的情况下，大多考生会有一种心理，那就是买上一堆的 GCT 辅导图书搁置案头，至于看不看、怎么看，是另外一回事，但求心理有种安慰。编者进行过大量调查统计，90% 以上的考生没有明确的备考规划，75% 以上的考生不能清楚认识到自己到底是哪门知识薄弱，在这种情况下，考生如果不能根据自身情况，合理选择辅导图书，势必会带来不利后果。"大"不代表"全"、"多"不代表"细"，如何选择一套精而专的辅导图书，在有限的时间里做到充分的复习和备考，才是理性及关键的选择。

基于 GCT 考生存在上述的诸多现实问题，编者们在精研历年考试命题规律的基础上，编写了本套丛书，旨在为广大考生提供科学和精益的指导。本套丛书特色如下。

1. 量身定做，内容精练。

针对在职考生时间紧张、压力巨大的现实情况，本套丛书打破市场上一套多册的常规模式，做成简洁精练的3本分册：《GCT精编教程4合1》、《GCT必备工具书》（英语词汇大全＋数学、逻辑常考公式）、《GCT历年真题精解及仿真试卷》。浓缩的才是精华，简单的才最实用，考生在有限的时间内，与其面对草草吞咽且咽不下去的6～10本，不如扎扎实实地摸透覆盖全面的3本！

2. 结构合理，方便规划。

科学、合理地设置GCT考试四门学科的比例，便于考生从没有头绪的备考中去规划自己，不侧不偏地进行复习。

3. 把握规律，应试性强。

编者们在编写时把握命题规律，注重常考、重点考点的讲解和对快速应试方法的讲解练习，注重总结归纳，这对于多数思维僵化的在职考生来说，无疑是最好的引导和传授。

4. 超值赠送，更助考生一臂之力。

如何让在职考生不花钱就能享受到最好的辅导课程，只需一台电脑便可掌握良师传授的学习方法和技巧，举一反三，攻克考试？环球卓越将实现广大在职考生的这一愿望！

本套丛书由北京环球卓越在线 www.geedu.com 提供超值赠送服务和强大的技术支持，具体为：

（1）《GCT必备工具书》附赠内容为：环球卓越"GCT英语核心词汇班"（8学时，价值160元）的网络视频课程，刮开封面上的账号和密码，登录 www.geedu.com，按照"图书赠送课程学习流程"进行学习。

（2）《GCT精编教程4合1》附赠内容为：环球卓越"GCT系统精讲班"（16学时，价值300元）的网络视频课程，刮开封面上的账号和密码，登录 www.geedu.com，按照"图书赠送课程学习流程"进行学习。

（3）《GCT历年真题精解及仿真试卷》附赠内容为：环球卓越"GCT模考串讲班"（8学时，价值200元）的网络视频课程，刮开封面上的账号和密码，登录 www.geedu.com，按照"图书赠送课程学习流程"进行学习。

环球卓越技术支持及服务热线：010-51658769。

本套丛书由在职攻硕辅导界知名机构——环球卓越组织一线辅导教师编写，实用性强。更多相关知识及复习资料，考生可登录环球卓越学习网站 www.geedu.com 下载学习！

命题者和辅导者之间的博弈，考题和考生之间的较量，永无止境，我们诚恳地欢迎广大读者对书中疏漏之处进行批评指正！

最后，感谢北京环球卓越为本套丛书提供的专业服务和技术支持，愿他们精益求精，为社会广大考生提供更多、更好、更专的服务！

编者

2011年3月于北京

前　言

这是市面上少有的将 GCT 历年真题及模拟试卷浓缩于一体的辅导用书！

本书是 GCT 入学资格考试精编辅导丛书之一，包括了 2006—2010 年五年的 GCT 真题和五套仿真模拟试卷及其相应的参考答案与解析。本书在编写上具备以下几个特点。

1. 真题精解。

本书给出了 2006 ~ 2010 年真题，并附有详细的解析，帮助考生了解各类题型的考试难度和考点分布情况，掌握各类题型的解题思路和解题技巧。了解历史，方能洞悉未来，做好真题的回顾才能更好地把握即将来临的考试。

2. 仿真模拟。

4 门学科、3 小时考试、175 道题，这就是 GCT 考试！多少考生走出考场的那声嗟叹，皆因做不完题！如何攻克 GCT 考试？答案不容置否：练！我们需要的不仅仅是真题演练，同时还需要模拟自测、大量做题、大量练习。否则，以成人的思维和脱离学校多年的陌生感，是很难在有限的时间里去攻克考试的，而本书的五套仿真模拟，将助考生很好地实现自我测试、寻找准确定位和明确复习目标。

3. 名师主笔。

本书作者团队是由一直工作在 GCT 考试辅导第一线的名师组成的。他们授课经验丰富，对考试研究透彻，对考点把握准确，熟悉考生状况，了解考生心理，因此，在编写过程中充分考虑了考生的需求。

4. 内容权威。

本书严格按照最新版考试大纲修订，模拟试卷的题型、题量、难度均与大纲保持一致，内容权威，便于考生实战演练。

5. 解析详细。

本书各套真题和模拟试卷都给出了相应的参考答案和详细的解析，让考生在熟悉历年考题的基础上，通过仿真模拟，进一步分析、掌握各类题型的解题思路和解题技巧，做到胸中有数。

本书一方面满足考生定期检查、巩固复习成果的需要，另一方面可使考生尽早熟悉考试氛围。

由于编者水平有限，不妥之处在所难免，衷心希望广大读者批评指正！

编者

2011 年 3 月于北京

目　录

2006 年在职攻读硕士学位全国联考研究生入学资格考试试卷

第一部分 语言表达能力测试

(50题，每题2分，满分100分)

一、选择题

1. 下列各句中，加点词没有错别字的是 _____。
   A. 满天的礼花此起彼伏，令人目不瑕接。
   B. 管理的缺失使员工精神焕散，纪律松懈。
   C. 述职报告应当既客观翔实，又言简意赅。
   D. 超女大赛风靡一时，有些人却嗤之以鼻。

2. 下列加点字的释义全都正确的一组是 _____。
   A. 旁（旁边）征博引　　虎踞（蹲坐）龙盘　　荒诞不经（常规）
   B. 苦心孤诣（达到）　　赴汤（开水）蹈火　　置之度（考虑）外
   C. 茹（吃）毛饮血　　　甚嚣（嚣张）尘上　　克勤克（能够）俭
   D. 听（听任）之任之　　尾大不掉（摆脱）　　若即（靠近）若离

3. 下列各句中，没有语病的一句是 _____。
   A. 随着改革开放的日益深入，每年到绥芬河市观光旅游的人次逐步攀升。
   B. 校长非常理解他这次因县里召开第三届教学能手大赛而耽误正常上课。
   C. 对于网上发布的应取消房屋预售制度的各种意见，专家持否定态度。
   D. 是否具有坚韧不拔的毅力和卓尔不凡的智慧，是成为杰出人才的重要条件。

4. 下列各句中，没有歧义的一句是 _____。
   A. 几乎所有公司的领导都出席了这次会议，可见这次改革至关重要。
   B. 我最初认识他的时候，还是个 7 岁的毛头小子，如今已经成家立业了。
   C. 马丁教授称"中国不同大学学费应不同"，此说在中外大学校长论坛引起共鸣。
   D. 对于南方银行新任行长的意见，《经济观察报》明天将发表相关评论。

5. 对下列句子的修辞手法及其作用的表述，准确的一项是 _____。
   理想是火，点燃熄灭的灯；理想是灯，照亮夜行的路；理想是路，引你走向黎明。
   A. 用了比喻的修辞手法，说明了人应该有理想。
   B. 用了比喻、排比的修辞手法，说明了人应该有理想。
   C. 用了排比的修辞手法，赞美了理想的作用。
   D. 用了比喻、排比的修辞手法，赞美了理想的作用。

6. 将以下中国近现代史上提出的口号按提出时间的先后顺序排列，正确的一项是 _____。
   ①"扶清灭洋"　②"超英赶美"　③"抗美援朝，保家卫国"　④"外争主权，内惩国贼"

A. ①②⑧④   B. ①②④③   C. ②④③①   D. ①④③②

7. 根据以下诗歌内容，按描述春、夏、秋、冬的顺序排列，正确的一项是 _____。

①墙角数枝梅，凌寒独自开。遥知不是雪，为有暗香来。 ②独在异乡为异客，每逢佳节倍思亲。遥知兄弟登高处，遍插茱萸少一人。 ③热夜依然午热同，开门小立月明中。竹深树密虫鸣处，时有微凉不是风。 ④无花无酒过清明，兴味萧然似野僧。昨日邻家乞新火，晓窗分与读书灯。

A. ①②③④   B. ④③②①   C. ①③②④   D. ②③①④

8. 下列有关文学常识的表述正确的一项是 _____。

A. 契诃夫、莫泊桑和欧·亨利的小说代表作分别为《樱桃园》、《羊脂球》、《麦琪的礼物》。

B. 徐志摩、艾青和舒婷的诗歌代表作分别是《再别康桥》、《大堰河，我的保姆》和《致橡树》。

C. 我国先秦两汉历史散文的主要体裁有编年体、国别体、纪传体和纪事本末体。

D. 唐代出现了以高适、岑参为代表的边塞诗派和以王维、谢灵运为代表的山水田园诗派。

9. 解放战争时期，毛泽东说："蒋介石两个拳头（指陕北和山东）这么一伸，他的胸膛露出来了。所以，我们的战略就是要把这两个拳头紧紧拖住，对准他的胸膛插上一刀。"这里说的"插上一刀"指的是 _____。

A. 挺进大别山   B. 辽沈战役   C. 百万雄师过长江   D. 横扫大西南

10. 政府对市场的调控主要体现在 _____。

A. 微观经济政策的制定   B. 宏观经济总量的控制

C. 市场价格的制定   D. 规范市场的发展

11. 大量事实表明，群体能够给予其成员巨大压力，使他们改变自己的态度和行为，采取与群体多数成员的言行保持一致的行为，这种行为是 _____。

A. 大众行为   B. 众从行为   C. 同一行为   D. 从众行为

12. 下列各项不可以作为商标使用的是 _____。

A. 文字   B. 图形   C. 三维标志   D. 声音

13. 谈话法、讨论法和陶冶法这三种教学方法的共同特征是 _____。

A. 以教师为主   B. 以学生为主   C. 师生互动   D. 运用多媒体技术

14. 大气平均臭氧含量大约是 0.3 ppm，而平流层的臭氧含量接近 10 ppm，大气层中 90% 的臭氧集中在这里，所以又称臭氧层。平流层中臭氧的存在对于地球生命物质至关重要，因为它阻挡了高能量的紫外辐射到达地面。虽然这样，如果大气中平流层的臭氧被破坏，不会出现的结果是 _____。

A. 造成地面光化学反应加剧，使对流层臭氧浓度增高，光化学烟雾污染加重。

B. 太阳紫外线大量到达地表，伤害生物与人类。

C. 影响到大气层的温度和运动，也影响了全球的热平衡和全球的气候变化。

D. 地面失去保温层，全球气候趋向严寒。

15. 植物修复是利用某些可以忍耐和超富集有毒元素的植物及其共存的微生物体系清除污

染物的一种环境污染治理新技术。植物修复系统可以看成是以太阳能为动力的"水泵"和进行生物处理的"植物反应器"，植物可吸收转移元素和化合物，可以积累、代谢和固定污染物，是一条从根本上解决土壤污染的重要途径。下列说法中不属于植物修复的优点的是 _____。

A. 植物修复价格便宜，可作为物理化学修复系统的替代方法。

B. 植物修复过程比物理化学过程快，比常规治理有更高的效率。

C. 对环境扰动少，因为植物修复是原位修复，不需要挖掘、运输和巨大的处理场所。

D. 植物修复不会破坏景观生态，能绿化环境，容易为大众所接受。

二、填空题

16. 在下列各句中的横线处依次填入词语，最恰当的一组是 _____。

①前不久，这里曾一度山洪 _____，致使公路堵塞，桥梁冲垮，交通瘫痪。

②车尔尼雪夫斯基对托尔斯泰 _____ 表现人物心理变化的艺术特色极为称道。

③那个一脸络腮胡子的裁判明显 _____ 客队，不能不令人怀疑其背后的动机。

A. 暴发　擅长　偏袒　　　　　　　　B. 爆发　擅长　偏袒

C. 暴发　善于　偏心　　　　　　　　D. 爆发　善于　偏心

17. 在下面一段文字中的横线处依次填入标点符号，最恰当的一组是 _____。

　　　　艺术的历史是人类显示自己的创造力的历史 _____ 美术史则是把这种创造的结果中的一部分 _____ 美的以及有意义的 _____ 记载下来 _____ 现代艺术的历史就是人类挣脱美术史的范围 _____ 直呈自己创造力的历史。

A.　。　　　：　　　，　　　，　　　，

B.　，　　　。　　　、　　　。　　　、

C.　。　　　：　　　，　　　。　　　，

D.　，　　　。　　　，　　　、　　　、

18. 在下面一段文字中的横线处依次填入关联词语，最恰当的一组是 _____。

　　　　我们到了脑筋疲倦的时候，往往随意地将课本以外的书籍取来阅读，_____ 这些书籍就成了常和我们亲近的一种消遣品。_____ 我们 _____ 以它当做消遣品，没有什么大关系，也就没有严格的选择。_____，这书籍"刺激神经"、"扰乱思想"的程度比剧场、游艺园更要高些，力量也就大些。

A. 因此　因为　虽然　然则　　　　　B. 那么　因而　既然　然则

C. 那么　因而　虽然　然而　　　　　D. 因此　因为　既然　然而

19. 在下面一段文字中的横线处填上一句话，与上下文衔接最好的一句是 _____。

　　　　几个世纪以来，有关法律的知识一直被看成是欧洲各国大学的一门基础课程。不过，只是最近几年，有关法律的知识才成为加拿大大学教育的一门课程。_____。幸运的是，加拿大的许多大学正在树立法律教育更传统、更具有欧洲特性的观念，新闻学、社会学、管理学专业的学生们也都要在大学里学习法律知识。

A. 欧洲人认为法律知识不是律师特有的，而是每一个受教育的人必须具备的资质。

B. 欧洲人认为法律知识是每一个受教育的人必须具备的资质，而不是律师特有的。

C. 传统上，加拿大的大学一直把法律知识看成是律师特有的，并不是每一个受教育的

D. 传统上，加拿大的大学一直把法律知识看成是每一个受教育的人必须具备的资质，而不是律师特有的。

20. _____是我国第一部系统阐述文学理论的专著，体例周详，论旨精深，清人章学诚称赞该书"体大而虑周"。

A. 《典论·论文》　　B. 《文赋》　　C. 《文心雕龙》　　D. 《文选》

21. 将下列诗句依次填入林逋的《山园小梅》："众芳摇落独暄妍，_____。_____，_____。"排序正确的是_____。

①暗香浮动月黄昏　②占尽风情向小园　③疏影横斜水清浅

A. ②③①　　B. ③②①　　C. ①②③　　D. ③①②

22. 王国维《人间词话》云："有有我之境，有无我之境。'泪眼问花花不语，乱红飞过秋千去。''可堪孤馆闭春寒，杜鹃声里斜阳暮。'_____也。'采菊东篱下，悠然见南山。''寒波澹澹起，白鸟悠悠下。'_____也。有我之境，_____，故物皆著我之色彩。无我之境，_____，故不知何者为我，何者为物。古人为词，写有我之境者为多，然未始不能写无我之境，此在豪杰之士能自树立耳。"

在上述文字中的横线处依次填入下列词语，排序正确的是

①有我之境　②无我之境　③以物观物　④以我观物

A. ①②③④　　B. ②①③④　　C. ①②④③　　D. ②①④③

23. 以下各项不全是莎士比亚作品的是_____。

A. 《雅典的泰门》、《哈姆雷特》、《奥赛罗》、《李尔王》
B. 《哈姆雷特》、《奥赛罗》、《李尔王》、《悲惨世界》
C. 《罗密欧与朱丽叶》、《雅典的泰门》、《哈姆雷特》、《奥赛罗》
D. 《罗密欧与朱丽叶》、《雅典的泰门》、《李尔王》、《麦克白》

24. 下面加点的语句，后句紧接前句重复。这种修辞方式是_____。

返咸阳，过宫墙；过宫墙，绕回廊；绕回廊，近椒房；近椒房，月昏黄；月昏黄，夜生凉……

A. 排比　　B. 对仗　　C. 顶针　　D. 夸张

25. 美国心理学家马斯洛认为人类的需求可分为五个层次，其由低到高的顺序为_____。

A. 尊重、生理、安全、社交、成就　　B. 安全、生理、尊重、社交、成就
C. 生理、安全、尊重、社交、成就　　D. 生理、安全、社交、尊重、成就

26. 凡具有中华人民共和国国籍的人都是中华人民共和国_____。

A. 人民　　B. 国民　　C. 公民　　D. 居民

27. 在我国，特赦由_____决定。

A. 国务院
B. 最高人民法院
C. 全国人大常委会
D. 最高人民检察院

28. 法律规定的姓名权的内容，不包括姓名的_____。

A. 命名　　B. 使用　　C. 变更　　D. 转让

29. 据国土资源部公布的资料显示，近年来，上海、天津、苏州等多个大中城市出现了较

为严重的地面沉降灾害。造成城市地面大面积下沉的主要原因是_____。

A. 酸雨对地表的侵蚀   B. 地下水的过度开发利用

C. 全球增温使海平面升高   D. 植被遭到破坏导致水土流失加重

30. 与土壤酶特性及微生物特性一样，土壤动物特性也是土壤生物学性质之一。土壤动物作为生态系统物质循环中的重要_____，在生态系统中起着重要的作用，一方面积极同化各种有用物质以建造其自身，另一方面又将其排泄产物归还到环境中不断改造环境。

A. 生产者   B. 消费者   C. 分解者   D. 捕食者

三、阅读理解题

（一）阅读下面短文，回答下列五道题。

寂寞是一种清福。我在小小的书斋里，焚起一炉香，袅袅的一缕烟线笔直地上升，一直戳到顶棚，好像屋里的空气是绝对的静止，我的呼吸都没有搅动出一点波澜似的。我独自暗暗地望着那条烟线发怔。屋外庭院中的紫丁香还带着不少嫣红焦黄的叶子，枯叶乱枝的声响可以很清晰地听到，先是一小声清脆的折断声，然后是撞击着枝干的磕碰声，最后是落到空阶上的拍打声。这时节，我感到了寂寞。在这寂寞中我意识到了我自己的存在——片刻的孤立的存在。这种境界并不太易得，与环境有关，更与心境有关。寂寞不一定要到深山大泽里去寻求，只要内心清净，随便在市廛里，陋巷里，都可以感觉到一种空灵悠逸的境界，所谓"心远地自偏"是也。在这种境界中，我们可以在想象中翱翔，跳出尘世的渣滓，与古人同游。所以我说，寂寞是一种清福。

在礼拜堂里我也有过同样的经验。在伟大庄严的教堂里，从彩色玻璃窗透进一股不很明亮的光线，沉重的琴声好像是把人的心都洗涤了一番似的，我感到了我自己的渺小。这渺小的感觉便是我意识到我自己存在的明证。因为平常连这一点点渺小之感都不会有的！

……

但是寂寞的清福是不容易长久享受的。它只是一瞬间的存在。世界有太多的东西不时地提醒我们，提醒我们一件煞风景的事实：我们的两只脚是踏在地上的呀！一只苍蝇撞在玻璃窗上挣扎不出去，一声"老爷太太可怜可怜我这个瞎子吧"，都可以使我们从寂寞中间一头栽出去，栽到苦恼烦躁的漩涡里去。至于"催租吏"一类的东西打上门来，或是"石壕吏"之类的东西半夜捉人，其足以使人败兴生气，就更不待言了。这还是外界的感触，如果自己的内心先六根不净，随时都意马心猿，则虽处在最寂寞的境地里，他也是慌成一片、忙成一团、六神无主、暴跳如雷，他永远不得享受寂寞的清福。

如此说来，所谓寂寞不即是一种唯心论，一种逃避现实的现象吗？也可以说是。一个高蹈隐遁的人，在从前的社会里还可以存在，而且还颇受人敬重，在现在的社会里是绝对的不可能。现在似乎只有两种类型的人了，一是在现实的泥淖中打转的人，一是偶然也从泥淖中昂起头来喘口气的人。寂寞便是供人喘息的几口新空气。喘几口气之后还得耐心地低头钻进泥淖里去。所以我对于能够昂首物外的举动并不愿再多苛责。逃避现实，如果现实真能逃避，吾寤寐以求之！有过静坐经验的人该知道，最初努力把握着自己的心，叫它什么也不想，而是多么困难的事！那是强迫自己入于寂寞的手段，所谓参禅入定完全属于此类。我所赞美的寂寞，稍异于是。我所谓的寂寞，是随缘偶得，无需强求，一刹间的妙悟也不嫌短，失掉了也不必怅惘。但是我有一刻寂寞，我要好好地享受它。

（梁实秋《寂寞》，选自《梁实秋文集》，鹭江出版社，2002）

31. 这段文字的主要意思是 _____。
    A. 告诉读者如何享受寂寞的清福。
    B. 表明作者远离喧嚣的现实，追求内心宁静的人生态度。
    C. 主要说明什么是寂寞。
    D. 作者赞美寂寞，要好好享受寂寞。

32. 文中"'石壕吏'……半夜捉人"是 _____ 的作品记叙的情景。
    A. 白居易　　　　B. 元九　　　　C. 杜甫　　　　D. 柳宗元

33. 下列文中各句的修辞手法与"塘中的月色并不均匀；但光与影有着和谐的旋律，如梵婀玲上奏着的名曲"一句相同的是 _____。
    A. 袅袅的一缕烟线笔直地上升，一直戳到顶棚，好像屋里的空气是绝对的静止，我的呼吸没有搅动出一点波澜似的。
    B. 寂寞便是供人喘息的几口新空气。
    C. 都可以使我们从寂寞中间一头栽出去，栽到苦恼烦躁的漩涡里去。
    D. 在伟大庄严的教堂里，从彩色玻璃窗透进一股不很明亮的光线，沉重的琴声好像是把人的心都洗淘了一番似的，我感到了我自己的渺小。

34. 下列各句中的"是"，系判断动词用法的为 _____。
    A. 寂寞是一种清福。（第一段第一行）
    B. 所谓"心远地自偏"是也。（第一段第七、八行）
    C. 也可以说是。（第四段第一行）
    D. 稍异于是。（第四段第八行）

35. 作者所说的"寂寞"是指：_____
    A. 寂寞是一种值得享受的清福。
    B. 寂寞是意识到自己的存在和渺小。
    C. 寂寞是不为外物所困扰，保持自我和内心宁静的一种心境。
    D. 寂寞是逃避现实的唯心论，是高蹈隐遁。

（二）阅读下面短文，回答下列五道题。

最后一瞬间

　　谁也没想到，刑警吴一枪与他们追捕的最后一名歹徒在一片空地里狭路相逢。这之前，吴一枪已追赶逃犯一个夜晚。那里树密山高，与战友已失去联系的他只能孤军作战。

　　黎明时分，在林子间相距不足百米歇息的两人几乎同时发现了对方，逃犯起身就跑，吴一枪则抢先对天空鸣枪，警告对方"站住"。吴一枪心里明白，刚才自己打的那一枪，是枪里的最后一颗子弹。这个犯罪团伙的小头目浑身一个战栗，随着吴一枪的喝令立即钉在林子间那片空地的中央，却并没有按吴一枪的命令把枪扔掉，而是发出一阵哈哈的大笑。吴一枪心里一惊，看着歹徒慢慢地转过身来与他相对而视，并用手中的枪对准他。歹徒脸上挂着绝处逢生的笑容，声音沙哑地说："枪神，可惜你没子弹了……"

　　吴一枪不动声色，只是用枪精确地指向对方。别说只有20米左右这么近的距离，凭手中这支用了几年的 64 式手枪，只要在最大射程 50 米以内任何点上，他都可以毫无疑义地撂倒对方。要不怎么是吴一枪呢！就连罪犯们都称他"枪神"。谁要是与他遭遇，一般是不敢对射的。

吴一枪望着对方有些慌乱的眼神，轻声说："你很清楚，我们两人此时枪里都只剩最后一颗子弹……那么，让我们较量一下枪的准头吧！"

"嘿嘿嘿……不可能！我计算了你的子弹。你昨晚两次对空鸣枪，两次开枪打伤我的兄弟。刚才是你的第五次鸣枪，也是你枪里的最后一颗子弹。嘿嘿嘿……没想到吧，枪神今天要死在我的手里啦……"歹徒虽然满脸狰狞，却流露出一丝令人难以察觉的心虚。这并没有逃过吴一枪敏锐的眼睛。

"是吗？那么，我们来数一二三开枪。"吴一枪轻松而镇定地说。他的右臂有力而笔直地举着，黑洞洞的 7.62 毫米枪眼坚定地指向对方。

歹徒身子向后一倾，说："不可能！别骗人啦……你的枪里根本没有子弹……"

"放下武器！这是我最后一次警告你。否则，你，将是我职业生涯中第一个被现场击毙的罪犯！"吴一枪的脸上写满了自信。这句话刚出口，吴一枪感到对方全身明显地打了一个激灵。

歹徒紧盯着吴一枪，慢慢地抬起有些发抖的左手，他似乎看到吴一枪眼里另一个人举枪的影子。

"一！"吴一枪纹丝不动，只是双眼匕首般刺向对方。此时，他把全身的力量都灌注在自己那双并不算大的眼睛上。作为一名经验丰富的刑警，平时训练要"准"，实战则要"快"。这是一条铁律，必须出枪快、发射快。对射时，聚精会神、枪人合一。而这些对于吴一枪来说，是有过血的教训的。那次缉毒战，因为心想身后有记者，就想把枪打得漂亮，甚至动作也潇洒一些，在甩手射中屋顶一名歹徒的小腿的同时，稍一迟疑，对方枪响之后，一位老刑警为掩护他而中弹扑倒在他的肩头……

"……二！"声音洪亮、坚定而自信地穿透了林间，这是警察与一名逃犯共同在演绎着一次空前的你死我活的较量。

在吴一枪的刑警生涯中，像今天这样还是头一次。如此近的距离，就形成了一种空前的赌局，是赌就有赢有输，他赢得起，当然也输得起。没了后路的吴一枪出奇地想把射击动作做得完美一些。上一次因为追求完美和动作漂亮让同事献出了生命，可是现在，他还是希望自己在歹徒面前能够完成一次真正意义上的完美绝唱……

其实，吴一枪只是嘴角稍微一动，就让这不易察觉的微笑永远留存在自己的脸上了。同时，他注意到，对方枪口明显地虚了一下，一粒汗珠清晰地从鬓角滑过脏乱的脸颊。

"三！"吴一枪在身后的一束阳光突然射向林子间的空地的一刹那，_____ 地大喝一声，声震长空。

"叭……"枪声清脆地回响在林间山谷。歹徒匍匐向前一头栽倒……

子弹一声呼啸从吴一枪的头顶飞过_____在他发出"三"的同时，歹徒竟然再次打了一个激灵，扣动板机时，子弹打飞了。

吴一枪迅速跃向对方，以迅雷不及掩耳之势反铐住对方的双手。令他吃惊的是，对方竟没有任何反应。翻过歹徒那沾着露水的脸，吴一枪才发现，歹徒已没了呼吸。

事后法医检查发现，歹徒死于过度紧张造成的大脑及心脏不能供血，病变的心脏收缩得像石块一样坚硬，苦胆也破了……

（吴同发《最后一瞬间》，载于《梅州日报》2006 年 7 月 26 日）

36. 对题目"最后一瞬间"理解错误的是 _____。

    A. 正义战胜邪恶的最后较量　　　　　B. 吴一枪开枪的最后一瞬间

    C. 吴一枪刑警生涯的最后一瞬间　　　D. 吴一枪战胜歹徒的最后一瞬间

37. 在文中横线处填入下列词语，最贴切的是 _____。

    A. 铿锵洪亮　　　　B. 威武雄壮　　　　C. 斩钉截铁　　　　D. 英姿飒爽

38. 下列文中描述，不能表明歹徒在吴一枪的空枪面前胆战心惊的描述是 _____。

    A. 歹徒打了一个激灵　　　　　　　　B. 歹徒紧盯着吴一枪

    C. 歹徒已没了呼吸　　　　　　　　　D. 歹徒的苦胆也破了

39. 对"没了后路的吴一枪出奇地想把射击动作做得完美一些"一句理解错误的是 _____。

    A. 是对那次"血的教训"的弥补

    B. 进一步显示了吴一枪的无所畏惧和镇定自若

    C. 留下一个潇洒漂亮的英名

    D. 在歹徒面前永葆中国刑警完美的光辉形象，完成一次真正意义上的完美绝唱

40. 歹徒的死亡不是因为 _____。

    A. 大脑过度紧张　　　　　　　　　　B. 心脏不能供血

    C. 苦胆破了　　　　　　　　　　　　D. 子弹打飞了

（三）阅读下面短文，回答下列五道题。

听说，杭州西湖上的雷峰塔倒掉了，听说而已，我没有亲见。但我却见过未倒的雷峰塔，破破烂烂的映掩于湖光山色之间，落山的太阳照着这些四近的地方，就是"雷峰夕照"，西湖十景之一。"雷峰夕照"的真景我也见过，并不见佳，我以为。

然而一切西湖胜迹的名目之中，我知道得最早的却是这雷峰塔。我的祖母曾经常常对我说，白蛇娘娘就被压在这塔底下！有个叫做许仙的人救了两条蛇，一青一白，后来白蛇便化作女人来报恩，嫁给许仙了；青蛇化作丫鬟，也跟着。一个和尚，法海禅师，得道的禅师，看见许仙脸上有妖气，_____凡讨妖怪作老婆的人，脸上就有妖气的，但只有非凡的人才看得出_____便将他藏在金山寺的法座后，白蛇娘娘来寻夫，于是就"水漫金山"。我的祖母讲起来还要有趣得多，大约是出于一部弹词叫作《义妖传》里的，但我没有看过这部书，所以也不知道"许仙""法海"究竟是否这样写。总而言之，白蛇娘娘终于中了法海的计策，被装在一个小小的钵盂里了。钵盂埋在地里，上面还造起一座镇压的塔来，这就是雷峰塔。此后似乎事情还很多，如"白状元祭塔"之类，但我现在都忘记了。

那时我唯一的希望，就在这雷峰塔的倒掉。后来我长大了，到杭州，看见这破破烂烂的塔，心里就不舒服。后来我看看书，说杭州人又叫这塔作"保叔塔"，其实应该写作"保俶塔"，是钱王的儿子造的。那么，里面当然没有白蛇娘娘了，然而我心里仍然不舒服，仍然希望他倒掉。

现在，他居然倒掉了，则普天之下的人民，其欣喜为何如？

这是有事实可证的。说到吴、越的山间海滨，探听民意去。凡有田夫野老，蚕妇村氓，除了几个脑髓里有点贵恙的之外，可有谁不为白娘娘抱不平，不怪法海太多事的？

和尚本应该只管自己念经。白蛇自迷许仙，许仙自娶妖怪，和别人有什么相干呢？他偏要放下经卷，横来招是搬非，大约是怀着嫉妒罢，——那简直是一定的。

听说。后来玉皇大帝也就怪法海多事，以至荼毒生灵，想要拿办他了。他逃来逃去，终于逃在蟹壳里避祸，不敢再出来，到现在还如此。我对于玉皇大帝所作的事，腹诽的非常多，独于这一件却很满意。因为"水漫金山"一案，的确应该由法海负责；他实在办得很不错。只可惜我那时没有打听这话的出处，或者不在《义妖传》中，却是民间的传说罢。

秋高稻熟时节，吴越间所多的是螃蟹，煮到通红之后，无论取哪一只，揭开背壳来，里面就有黄，有膏；倘是雌的，就有石榴子一般鲜红的子。先将这些吃完，即一定露出一个圆锥形的薄膜，再用小刀小心地沿着锥底切下，取出，翻转，使里面向外，只要不破，便变成一个罗汉模样的东西，有头脸，身子，是坐着的，我们那里的小孩子都称他"蟹和尚"，就是躲在里面避难的法海。

当初，白蛇娘娘压在塔底下，法海禅师躲在蟹壳里。现在却只有这位老禅师独自静坐了，非到螃蟹断种的那一天为止出不来。莫非他造塔的时候，竟没有想到塔是终究要倒的么？

活该。

（鲁迅《论雷峰塔的倒掉》，选自《鲁迅全集》第1卷，人民文学出版社，1981）

41. 文中成语"荼毒生灵"中的"荼"念做 _____。

    A. chá   B. tiǎn   C. tú   D. shū

42. 根据这篇短文，下列判断不正确的是 _____。

    A. 白蛇是一个善良、勇敢、对爱情坚贞的女性，是受法海镇压的被压迫者。

    B. 法海是一个道貌岸然、不守本分、虚伪卑鄙的封建卫道者。

    C. 雷峰塔是一座不义的"镇压的塔"。

    D. 雷峰塔的事情，作者都忘记了。

43. 作者对"蟹和尚"这一民间想象的法海形象的态度是 _____。

    A. 嘲谑   B. 喜欢   C. 可怜   D. 无所谓

44. 根据这篇短文，下列对文章主旨理解最贴切的是 _____。

    A. 对传统秩序的不满意   B. 对普通民众生活的同情

    C. 对一切非人道束缚的反感   D. 对一切堂皇叙事的痛恨

45. 这篇短文的风格是 _____。

    A. 愤怒批判   B. 即兴嘲讽   C. 客观中立   D. 怡然自得

（四）阅读下面短文。回答下列五道题。

包括一些海洋学科普作家在内的几乎每个人都认为，在大海深处的巨大压力之下，人体会被压扁。实际上，情况似乎并非如此。由于在很大程度上我们本身也是由水组成的，而水——用牛津大学弗朗西斯·阿什克罗夫特的话来说"_____"，因此人体仍会保持与周围的水一样的压力，不会被压死。麻烦的倒是体内的气体，尤其是肺内的气体。那里的气体确实会被压缩，但压缩到什么程度才会被致命，这还不知道。直到最近，人们还认为，要是潜自100米左右的深处，肺脏会内爆，胸壁会破裂，他或她就会痛苦地死去，但裸潜者反复证明，情况恰好相反。据阿什克罗夫特说，似乎"人可以比预想的更要像鲸和海豚"。

然而，许多别的方面可能出问题。在使用潜水衣——即用长管子连接水面的那种装备——的年代，潜水员有时候会经历一种可怕的现象，名叫"挤压"。这种情况发生在水面气泵失灵，造成潜水衣灾难性地失压的时候，倒霉的潜水员真的会被吸进面具和管子。等到被拖出水面，"衣服里剩下的几乎只有他的骨头和一点儿血肉模糊的东西"，生物学家 J. B. S. 霍尔丹在1947年写道，惟恐有人不信，他接着说，"这种事真的发生过。"

然而。在大海深处真正可怕的是得弯腰病（减压病）——倒不是因为这种病不舒服（虽然不舒服是肯定的），而是因为发生的可能性大得多。我们呼吸的空气里有80%是氮。要是将人体置于压力之下，那些氮会变成小气泡，在血液和组织里到处移动。要是压力变化太大——比如潜水员上升太快——体内的气泡就会泛起泡沫，犹如刚刚打开的香槟酒瓶那样，堵塞了细小的血管，造成细胞失氧，使病人痛得直不起腰。这就是"弯腰病"这个名字的由来。

自古以来，弯腰病一直是潜水采海绵人和潜水采集珍珠人的职业病，但是在19世纪以前没有引起西方世界的重视；而且，还包括那些不湿身体（至少不会湿得很厉害，一般不会湿到脚踝以上）的人，他们是沉箱工人。沉箱是密封的干室，建在河床，用于建造桥墩。沉箱里充满了压缩空气；当工人们在人造压力的条件下工作很长时间走出来的时候，他们会经历轻微的症状．比如皮肤刺痛或发痒。但是，无法预料的是，少数人会持续关节痛，偶尔痛得倒在地上，有时候再也爬不起来。

（比尔·布莱森《孤独的行星》，选自《万物简史》，接力出版社，2005）

46. 根据上下文，文中空格"_____"处阿什克罗夫特的话最有可能是 _____。
    A. 实际上是会变形的　　　　　B. 实际上是压不扁的
    C. 实际上是会被压扁的　　　　D. 实际上是可以对外产生压力的

47. 下列最能反映出"人可以比预想的更要像鲸和海豚"的选项是 _____。
    A. 人体在100米左右的深水中可以保持与周围的水一样的压力，不会被压死。
    B. 人类在100米左右深海潜水可以不依赖氧气的供给。
    C. 人类在100米左右深海潜水可以不依赖潜水衣的保护。
    D. 人类可以像鲸和海豚一样适应压力的突然变化。

48. 文中第二段"挤压"灾难发生的原因是 _____。
    A. 潜水衣破裂
    B. 气泵停止对潜水员输送氧气
    C. 空气猛地离开潜水衣
    D. 深水中的高压导致潜水衣的变形使人体被挤压

49. 根据本文，下列属于造成"减压病"的原因的是 _____。
    A. 深水的高压使人的肌体无法忍受
    B. 深水中的高压使人的肺脏内爆，胸壁破裂
    C. 潜水员上升太快导致压力的突然变化
    D. 潜水员在深水中会经历可怕的"挤压"

50. 在潜水过程中，**不能**避免"减压病"发生的是 _____。

    A. 离开高压环境　　　　　　　　B. 消除气压变化

    C. 逐步回到水面　　　　　　　　D. 吸入不含氮气的纯净氧气

第二部分　数学基础能力测试

（25 题，每题 4 分，满分 100 分）

一. 本大题共 25 小题，每小题 4 分，共 100 分。在每小题的四项选项中选择一项。

1. $11 + 22\frac{1}{2} + 33\frac{1}{4} + 44\frac{1}{8} + 55\frac{1}{16} + 66\frac{1}{32} + 77\frac{1}{64} = ($　　$)$.

    A. $308\frac{15}{16}$　　　　B. $308\frac{31}{32}$　　　　C. $308\frac{63}{64}$　　　　D. $308\frac{127}{128}$

2. 100 个学生中，88 人有手机，76 人有电脑，其中有手机没电脑的共有 15 人，则这 100 个学生中有电脑但没有手机的共有（　　）人.

    A. 25　　　　　　B. 15　　　　　　C. 5　　　　　　D. 3

3. 如右图所示，小半圆的直径 EF 落在大半圆的直径 MN 上，大半圆的弦 AB 与 MN 平行且与小半圆相切，弦 $AB = 10$ 厘米，则图中阴影部分的面积为（　　）平方厘米.

    A. 10π　　　　B. 12.5π

    C. 20π　　　　D. 25π

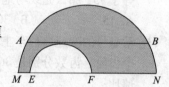

4. 方程 $x^2 - 2006|x| = 2007$ 的所有实数根的和等于（　　）.

    A. 2006　　　　B. 4　　　　　　C. 0　　　　　　D. -2006

5. 已知长方形的长为 8，宽为 4，将长方形沿一条对角线折起压平如右图所示，则阴影三角形的面积等于（　　）.

    A. 8　　　　　　B. 10

    C. 12　　　　　D. 14

6. 复数 $z = \dfrac{1}{i}$ 的共轭复数 $\bar{z}$ 是（　　）.

    A. i　　　　　　B. $-i$

    C. 1　　　　　　D. -1

7. 一个圆柱形容器的轴截面尺寸如右图所示，将一个实心球放入该容器中，球的直径等于圆柱的高，现将容器注满水，然后取出该球（假设原水量不受损失），则容器中水面的高度为（　　）.

    A. $5\frac{1}{3}$cm　　　　B. $6\frac{1}{3}$cm

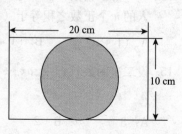

C. $7\dfrac{1}{3}$ cm   D. $8\dfrac{1}{3}$ cm

8. $P(a,b)$ 是第一象限内的矩形 $ABCD$（含边界）中的一个点，A，B，C，D 的坐标如右图所示，则 $\dfrac{b}{a}$ 的最大值与最小值依次是（　　）.

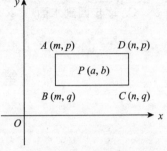

A. $\dfrac{p}{m}$，$\dfrac{q}{n}$ B. $\dfrac{q}{m}$，$\dfrac{p}{n}$

C. $\dfrac{q}{m}$，$\dfrac{q}{n}$ D. $\dfrac{p}{m}$，$\dfrac{p}{n}$

9. 一个容积为 10 升的量杯盛满纯酒精，第一次倒出 a 升酒精后，用水将量杯注满并搅拌均匀，第二次仍倒出 a 升溶液后再用水将量杯注满并搅拌均匀，此时量杯中的酒精溶液浓度为 49%，则每次的倒出量 a 为（　　）升.

A. 2.55   B. 3   C. 2.45   D. 4

10. 如右图所示，垂直于地平面竖立着一块半圆形的木板，并使太阳的光线恰与半圆的直径 AB 垂直，此时半圆板在地面的阴影是半个椭圆面．已知地面上阴影的面积与木板面积之比等于 $\sqrt{3}$，那么光线与地平面所成的角度是（　　）.

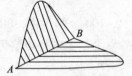

A. $15°$ B. $30°$ C. $45°$ D. $60°$

11. 某型号的变速自行车主动轴有 3 个不同的齿轮，齿数分别是 48，36 和 24，后轴上有 4 个齿轮，齿数分别是 36，24，16 和 12，则这种自行车共可获得（　　）种不同的变速比.

A. 8   B. 9   C. 10   D. 12

12. 在平面 α 上给定线段 $AB = 2$，在 α 上的动点 C，使得使得 A，B，C 恰为一个三角形的 3 个顶点，且线段 AC 与 BC 的长是不相等的两个整数，则动点 C 所有可能的位置必定在某（　　）上.

A. 抛物线   B. 椭圆   C. 双曲线   D. 直线

13. 桌上有中文书 6 本、英文书 6 本、俄文书 3 本．从中任取 3 本，其中恰有中文书、英文书、俄文书各 1 本的概率是（　　）.

A. $\dfrac{4}{91}$ B. $\dfrac{1}{108}$ C. $\dfrac{108}{455}$ D. $\dfrac{414}{455}$

14. 设 n 为正整数，在 1 与 $n+1$ 之间插入 n 个正数，使这 $n+2$ 个数成等比数列，则所插入的 n 个正数之积等于（　　）.

A. $(1+n)^{\frac{n}{2}}$ B. $(1+n)^{n}$ C. $(1+n)^{2n}$ D. $(1+n)^{3n}$

15. 设二次函数 $f(x) = ax^2 + bx + c$ 的对称轴为 $x = 1$，其图像过点 $(2,0)$，则 $\dfrac{f(-1)}{f(1)} =$（　　）.

A. 3   B. 2   C. -2 D. -3

16. 设 $f(x) > 0$，且导数存在，则 $\lim\limits_{n \to \infty} n \ln \dfrac{f\left(a + \dfrac{1}{n}\right)}{f(a)} = ($ $)$.

    A. 0   B. ∞ C. $\ln f'(a)$ D. $\dfrac{f'(a)}{f(a)}$

17. 曲线 $y = \begin{cases} x(x-1)^2, & 0 \le x \le 1 \\ (x-1)^2(x-2), & 1 < x \le 2 \end{cases}$ 在区间 $(0, 2)$ 内有 (   ).

    A. 2 个极值点，3 个拐点   B. 2 个极值点，2 个拐点

    C. 2 个极值点，1 个拐点   D. 3 个极值点，3 个拐点

18. 设正圆锥母线长为 5，高为 h，底面圆半径为 r. 在正圆锥的体积最大时，$\dfrac{r}{h} = ($ $)$.

    A. $\dfrac{1}{2}\sqrt{2}$ B. 1   C. $\sqrt{2}$ D. $\sqrt{3}$

19. 设 $a > 0$，则在 $[0, a]$ 上方程 $\displaystyle\int_0^x \sqrt{4a^2 - t^2}\, dt + \int_a^x \dfrac{1}{\sqrt{4a^2 - t^2}}\, dt = 0$ 根的个数为 (   ).

    A. 0   B. 1   C. 2   D. 3

20. 如右图，曲线 $P = f(t)$ 表示某工厂十年期间的产值变化情况. 设 $f(t)$ 是可导函数，从图形上看出该厂产值的增长速度是 (   ).

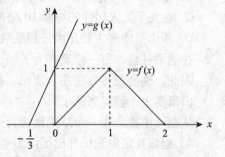

    A. 前两年越来越慢，后五年越来越快

    B. 前两年越来越快，后五年越来越慢

    C. 前两年越来越快，后五年越来越快

    D. 前两年越来越慢，后五年越来越慢

21. 如图所示，函数 $f(x)$ 是以 2 为周期的连续周期函数，它在 $[0, 2]$ 上的图形为分段直线，$g(x)$ 是线性函数，则 $\displaystyle\int_0^2 f[g(x)]\, dx = ($ $)$.

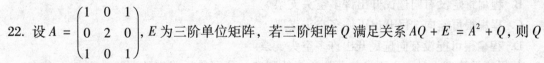

    A. $\dfrac{1}{2}$ B. 1

    C. $\dfrac{2}{3}$ D. $\dfrac{3}{2}$

22. 设 $A = \begin{pmatrix} 1 & 0 & 1 \\ 0 & 2 & 0 \\ 1 & 0 & 1 \end{pmatrix}$，$E$ 为三阶单位矩阵，若三阶矩阵 Q 满足关系 $AQ + E = A^2 + Q$，则 Q 的第一行的行向量是 (   ).

    A. $(1 \ \ 0 \ \ 1)$ B. $(1 \ \ 0 \ \ 2)$ C. $(2 \ \ 0 \ \ 1)$ D. $(2 \ \ 0 \ \ 2)$

23. 三阶矩阵 A 的秩 $r(A) = 1$，$\eta_1 = (-1 \ \ 3 \ \ 0)^\mathrm{T}$，$\eta_2 = (2 \ \ -1 \ \ 1)^\mathrm{T}$，$\eta_3 = (5 \ \ 0 \ \ k)^\mathrm{T}$ 是方程组 $AX = 0$ 的三个解向量，则常数 $k = ($ $)$.

    A. -2 B. -1 C. 2   D. 3

24. 已知向量组 α, β, γ 线性无关，则 $k \neq 1$ 是向量组 $\alpha + k\beta, \beta + k\gamma, \alpha - \gamma$ 线性无关的
（   ）.

A. 充分必要条件　　　　　　　　B. 充分条件，但非必要条件

C. 必要条件，但非充分条件　　　　D. 既非充分条件也非必要条件

25. 矩阵 $A = \begin{pmatrix} 2 & 0 & 0 \\ 0 & 0 & 1 \\ 0 & 1 & x \end{pmatrix}$, $B = \begin{pmatrix} 2 & 0 & 0 \\ 0 & y & 0 \\ 0 & 0 & -1 \end{pmatrix}$, 若 A 的特征值和 B 的特征值对应相等，则其中
（   ）.

A. $x = 1, y = 1$　　　　　　　　B. $x = 0, y = 1$

C. $x = -1, y = 0$　　　　　　　D. $x = 0, y = -1$

第三部分　逻辑推理能力测试

（50 题，每小题 2 分，满分 100 分）

1. 1993 年以来，我国内蒙古地区经常出现沙尘暴，造成重大经济损失。有人认为，沙尘暴是由于气候干旱造成草原退化、沙化而引起的，是天灾，因此是不可避免的。
   以下各项如果为真，都能够对上述观点提出质疑，除了 _____
   A. 上世纪 50 年代，内蒙古锡林郭勒草原的草有马肚子那样高，现在的草连老鼠都盖不住。
   B. 在内蒙古呼伦贝尔和锡林郭勒退化草原的对面，蒙古国草原的草高达 1 米左右。
   C. 在几乎无人居住的中蒙 10 公里宽的边界线上，草依然保持上世纪 50 年代的高度。
   D. 沙尘暴增多主要是由于超载放牧、对草原掠夺性经营等人为因素造成。

2. 在选举社会，每一位政客为了当选都要迎合选民。程扁是一位超级政客，特别想当选。因此，他会想尽办法迎合选民。在很多时候，不开出许多空头支票，就无法迎合选民。而事实上，程扁当选了。
   从题干中推出哪一个结论最为合适？
   A. 程扁肯定向选民开出了许多空头支票。
   B. 程扁肯定没有向选民开出许多空头支票。
   C. 程扁很可能向选民开出了许多空头支票。
   D. 程扁很可能没有向选民开出许多空头支票。

3. 如果高层管理人员本人不参与薪酬政策的制定，公司最后确定的薪酬政策就不会成功。另外，如果有更多的管理人员参与薪酬政策的制定，告诉公司他们认为重要的薪酬政策，公司最后确定的薪酬政策将更加有效。
   以上陈述如果为真，以下哪项陈述不可能假？
   A. 除非有更多的管理人员参与薪酬政策的制定，否则，公司最后确定的薪酬政策不会成功。

B. 或者高层管理人员本人参与薪酬政策的制定，或者公司最后确定的薪酬政策不会成功。

C. 如果高层管理人员本人参与薪酬政策的制定，公司最后确定的薪酬政策就会成功。

D. 如果有更多的管理人员参与薪酬政策的制定，公司最后确定的薪酬政策会更加有效。

4. 土耳其自 1987 年申请加入欧盟，直到目前双方仍在进行艰难的谈判。从战略上考虑，欧盟需要土耳其，如果断然对土耳其说"不"，欧盟将会在安全、司法、能源等方面失去土耳其的合作。但是，如果土耳其加入欧盟，则会给欧盟带来文化宗教观不协调、经济补贴负担沉重、移民大量涌入冲击就业市场等一系列问题。

以下哪项结论可以从上面的陈述中推出？

A. 从长远看，欧盟不能既得到土耳其的全面合作，又完全避免土耳其加入欧盟而带来的困难问题。

B. 如果土耳其达到了欧盟设定的政治、经济等入盟标准，它就能够加入欧盟。

C. 欧盟或者得到土耳其的全面合作，或者完全避免土耳其加入欧盟而带来的麻烦。

D. 土耳其只有 3% 的国土在欧洲，多数欧洲人不承认土耳其是欧洲国家。

5. 从 1980 年代末到 1990 年代初，在 5 年时间内中科院 7 个研究所和北京大学共有 134 名在职人员死亡。有人搜集这一数据后得出结论：中关村知识分子的平均死亡年龄为 53.34 岁，低于北京市 1990 年人均期望寿命 73 岁，比 10 年前调查的 58.52 岁也低了 5.18 岁。

下面哪一项最准确地指出了该统计推理的谬误？

A. 实际情况是 143 名在职人员死亡，样本数据不可靠。

B. 样本规模过小，应加上中关村其他科研机构和大学在职人员死亡情况的资料。

C. 这相当于在调查大学生平均死亡年龄是 22 岁后，得出惊人结论：具有大学文化程度的人比其他人平均寿命少 50 多岁。

D. 该统计推理没有在中关村知识分子中间作类型区分。

6. 高级经理人在报酬上的差距反映了公司各个部门之间的工作方式。如果这个差距较大，它激励的是部门之间的竞争和个人的表现；如果这个差距较小，它激励的是部门之间的合作和集体的表现。3M 公司各个部门之间是以合作的方式工作的，所以 _____

将以下哪项陈述作为上述论证的结论最为恰当？

A. 3M 公司的高级经理人在报酬上的差距较大。

B. 以合作的方式工作能共享一些资源和信息。

C. 3M 公司的高级经理人在报酬上的差距较小。

D. 以竞争的方式工作能提高各个部门的工作效率。

7. 一项研究报告表明，随着经济的发展和改革开放，我国与种植、养殖有关的单位几乎都有从外国引进物种的项目。不过，我国华东等地作为饲料引进的空心莲子草，沿海省区为护滩引进的大米草等，很快蔓延疯长，侵入草场、林区和荒地，形成单种优势群落，导致原有植物群落的衰退。新疆引进的意大利黑蜂迅速扩散到野外，使原有的优良蜂种伊犁黑蜂几乎灭绝。因此 _____

以下哪项可以最合乎逻辑地完成上面的论述？

A. 引进国外物种可能会对我国的生物多样性造成巨大危害。

B. 应该设法控制空心莲子草、大米草等植物的蔓延。

C. 从国外引进物种是为了提高经济效益。

D. 我国 34 个省、市、自治区都有外来物种。

8. 某个团队去西藏旅游，除拉萨市之外，还有 6 个城市或景区可供选择：E 市、F 市、G 湖、H 山、I 峰、J 湖。考虑时间、经费、高原环境、人员身体状况等因素，

（1）G 湖和 J 湖中至少要去一处。

（2）如果不去 E 市或者不去 F 市，则不能去 G 湖游览。

（3）如果不去 E 市，也就不能去 H 山游览。

（4）只有越过 I 峰，才能到达 J 湖。

如果由于气候的原因，这个团队不去 I 峰，以下哪项一定为真？

A. 该团去 E 市和 J 湖游览。

B. 该团去 E 市而不去 F 市游览。

C. 该团去 G 湖和 H 山游览。

D. 该团去 F 市和 G 湖游览。

9. 去年全国居民消费物价指数（CPI）仅上涨 1.8%，属于温和型上涨。然而，老百姓的切身感受却截然不同。觉得水电煤气、蔬菜粮油、上学看病、坐车买房，样样都在涨价。涨幅一点也不"温和"。

下面哪一个选项无助于解释题干中统计数据与百姓感受之间的差距？

A. 我国目前的 CPI 统计范围及标准是二十多年前制定的，难以真实反映当前整个消费物价的走势。

B. 国家统计局公布的 CPI 是对全国各地、各类商品和服务价格的整体情况的数据描述，无法充分反映个体感受和地区与消费层次的差异。

C. 与百姓生活关联度高的产品，涨价的居多；关联度低的，跌价的居多。

D. 高收入群体对物价的小幅上涨没有什么感觉。

10. 根据过去 10 年中所作的 4 项主要调查得出的结论是：以高于 85% 的同龄儿童的体重作为肥胖的标准，北京城区肥胖儿童的数量一直在持续上升。

如果上述调查中的发现是正确的，据此可以得出以下哪项结论？

A. 10 年来，北京城区儿童的运动量越来越少。

B. 10 年来，北京城区不肥胖儿童的数量也在持续上升。

C. 10 年来，北京城区肥胖儿童的数量也在持续减少。

D. 北京城区儿童发胖的可能性随其年龄的增长而变大。

11. 1968 年建成的南京长江大桥，丰水期的净空高度是 24 米，理论上最多能通过 3000 吨的船舶，在经济高速发展的今天已经成为"腰斩"长江水道、阻碍巨轮畅行的建筑。

一位桥梁专家断言：要想彻底疏通长江黄金水道，必须拆除、重建南京长江大桥。

以下哪项如果为真，能对这位专家的观点提出最大的质疑？

A. 由于大型船舶无法通过南京大桥，长江中上游大量出口货物只能改走公路或铁路。

B. 进入长江的国际船舶 99% 泊于南京大桥以下的港口，南京以上数十座外贸码头鲜

有大型外轮靠泊。

C. 只拆除南京大桥还不行，后来在芜湖、铜陵、安庆等地建起的长江大桥，净空高度也是 24 米。

D. 造船技术高速发展，国外为适应长江通行而设计的 8000 吨级轮船已经通过南京直达武汉。

12. 在某大型理发店内，所有的理发师都是北方人，所有的女员工都是南方人，所有的已婚者都是女员工。所以，所有的已婚者都不是理发师。

下面哪一项为真，将证明上述推理的前提至少有一个是假的？

A. 该店内有一位出生北方的未婚的男理发师。

B. 该店内有一位不是理发师的未婚女员工。

C. 该店内有一位出生南方的女理发师。

D. 该店内有一位出生南方的已婚女员工。

13. 对世界文化的看法存在欧洲中心论的偏见。在文化轴心时期，每一个文化区有它的中坚思想，每一中坚思想对世界文化都有它的贡献。中国的中坚思想是儒、道、墨兼而有之，以儒、道、墨为代表的诸子思想对世界文化作出了贡献。

以下哪项陈述是上述论证所依赖的假设？

A. 印度是文化轴心时期的文化区之一。

B. 希腊是文化轴心时期的文化区之一。

C. 中国是文化轴心时期的文化区之一。

D. 埃及是文化轴心时期的文化区之一。

14. 我国城市居民最低生活保障权利已经以立法的形式得到确认，但占全国人口总数80%以上农民的最低生活保障（即农村低保）依然是一片空白。实现农村低保的关键是筹集资金。一位经济学家断言：实现农村低保是国家财力完全可以做到的。

以下哪项如果为真，能给这位经济学家的断言以最大的支持？

A. 目前我国农村有2365万绝对贫困人口，用现有方法已经不能解决脱贫问题，只能依赖农村低保的建立健全。

B. 农村低保每年大约需要资金 250 亿元，是 2005 年我国财政总收入 3 万亿元的 0.83%。

C. 农村低保每年大约需要资金 250 亿元，是修建三峡工程所用资金 2000 亿元的 1/8。

D. 2000 年以后，政府加大了扶贫开发资金的投入力度，但绝对贫困人口减少的速度明显放缓。

15. 近几年来，尽管政府采取了不少措施抑制房价，但房价仍在快速上涨。并且，这种局面短期内不可能根本改变。

下面的选项都支持题干中的观点，除了 _____

A. 福利分房取消，居民手中余钱增多，导致购房需求旺盛。

B. 政府不可能过度抑制房价，因为那将严重打击房产业，导致金融、就业等众多风险。

C. 经济适用房的价格对于有些社会弱势群体来说仍然太高。

D. 中国土地资源有限，政府对用于建房的土地供应必定严加控制。

16. 在获得诺贝尔文学奖后，马尔克斯居然还能写出《一场事先张扬的人命案》这样一个叙述紧凑、引人入胜的故事，一部真正的悲剧作品，实在令人吃惊。

上述评论所依赖的假设是 _____ 。

A. 马尔克斯在获得诺贝尔文学奖之前，写出了许多优秀的作品。

B. 作家在获得诺贝尔文学奖之后，他的所有作品都会令人惊讶。

C. 马尔克斯在获得诺贝尔文学奖之后，所写的作品仍然相当引人入胜。

D. 作家在获得诺贝尔文学奖之后，几乎不能再写出引人入胜的作品。

17. 张强："川剧中'变脸'绝技被个别演员私下向外国传授，现已流传到日本、新加坡、德国等地。川剧的主要艺术价值就在于变脸，泄漏变脸秘密等于断送了川剧的艺术生命。"李明："即使外国人学会了变脸，也不会影响川剧传统艺术的生存与价值。非物质文化遗产只有打开山门，走向公众，融入现代生活，才能传承与发展。"

以下哪项如果为真，最能支持李明的观点？

A. 外国人因倾慕变脸艺术学习川剧，这将促进川剧的传播，并促使川剧创造出新的绝技。

B. 很多外国人学习京剧表演，但这丝毫无损于京剧作为国粹的形象。

C. 变脸技术外传的结果是导致川剧艺术的变味。

D. 1987 年，文化部将川剧变脸艺术列为国家二级机密，这是中国戏剧界唯一一项国家机密。

18. 根据概率论，抛掷一枚均匀的硬币，其正面朝上和反面朝上的概率几乎相等。我与人打赌，若抛掷硬币正面朝上，我赢；若反面朝上，我输。我抛掷硬币 6 次，结果都是反面朝上，已经连输 6 次。因此，我后面的几次抛掷肯定是正面朝上，一定会赢回来。

下面哪一个选项是对"我"的推理的恰当评价？

A. 有道理，因为上帝是公平的，机会是均等的，他不会总倒霉。

B. 没道理，因为每一次抛掷都是独立事件，与前面的结果没有关系。

C. 后面几次抛掷果然大多正面朝上，这表明概率论是正确的。

D. 这只是他个人的信念，无法进行理性的或逻辑的评价。

19. 在我们的法律体系中存在着一些不合理性。在刑法中，尽管作案的动机是一样的，对于成功作案的人的惩罚却比试图作案而没有成功的人的惩罚重得多。然而，在民法中，一个蓄意诈骗而没有获得成功的人却不必支付罚款。

以下哪项陈述为真，严重地削弱了上述议论中的看法？

A. 学民法的人比学刑法的人更容易找工作，可见民法与刑法大不相同。

B. 许多被监禁的罪犯一旦获释将会犯其他的罪行。

C. 对这个国家来说，刑事审判比民事审判要付出更高的代价。

D. 刑法的目标是惩罚罪犯，而民法的目标则是给受害者以补偿。

20. 我国煤炭行业安全生产事故频发，经常导致严重的人员伤亡事故。造成这一现象的深层的和根本的原因是：安全措施没有真正到位，生产安全设备落后，严重违法违规生产，一些地方领导干部和工作人员严重失职渎职。

下面哪一个选项对题干中的观点构成最弱的质疑？

A. 政府官员参股，与矿主形成利益共同体，导致安全措施不到位等问题。

B. 企业或矿主减少安全生产投入，可以增加利润，导致违规违法生产等问题。

C. 地方政府及其执法部门为追求当地 GDP 增长，导致对安全生产监察不力等问题。

D. 矿工的家人尽管靠矿工养活，但更希望他安全回家。

21. 甲说："乙说谎"；乙说："丙说谎"；丙说："甲和乙都说谎"。

请确定下列哪一个选项是真的：

A. 乙说谎。　　　　　　　　　B. 甲和乙都说谎。

C. 甲和丙都说谎。　　　　　　D. 乙和丙都说谎。

22. 虽然人事激励对公司很重要，但是，一项研究结果表明，人事部门并不如此重要。因为人事部门不参加战略决策会议，而且雇用高级经理都由 CEO 决定。人事部门很多时候只起支持和辅助的作用。

以下哪项陈述如果为真，对上述论证的削弱最强？

A. 虽然人事部没有雇用高级经理的决定权，却有雇用中层管理者的决策权。

B. 人事部门设计的报酬体系虽然不能创造财富，却能为公司留住有才能的人。

C. 人事激励的对象也包括人事部的经理，尽管人事部门的绩效难以测量。

D. 可口可乐公司的人事总部是公司的决策团队之一，掌控人事方面的决定权。

23. 计算机反病毒公司把被捕获并已经处理的病毒称为已知病毒，否则是未知病毒。到目前为止，杀毒软件对新病毒的防范滞后于病毒的出现，因为杀毒软件不能预先知道新病毒的情况。有人想研制主动防御新病毒的反病毒工具，这是不可能的。这就如同想要为一种未知的疾病制作特效药一样是异想天开。

以下哪项如果为真，能够最大程度地削弱上述论证？

A. 真正有创意的、技术上有突破的病毒通常是概念病毒，这类病毒一般破坏性不大。

B. 99% 的新病毒是模仿已知病毒编写的，它们的传播、感染、加载、破坏等行为的特点可以从已知病毒中获悉。

C. 计算机病毒是人编写的，它们远比生物界的病毒简单。

D. 反病毒公司每次宣称发现的新病毒，是人通过一定的方法判定出来的。

24. 北京某报以 "15% 的爸爸替别人养孩子" 为题，发布了北京某司法物证鉴定中心的统计数据：在一年时间内北京进行亲子鉴定的近 600 人中，有 15% 的检测结果排除了亲子关系。

下面哪一项没有质疑该统计推断的可靠性？

A. 该文标题应加限定：在进行亲子鉴定的人中，15% 的爸爸替别人养孩子。

B. 当进行亲子鉴定时，就已经对其亲子关系有所怀疑。

C. 现代科学技术真的能准确地鉴定亲子关系吗？

D. 进行亲子鉴定的费用太高了。

25. 制度好可以使坏人无法任意横行，制度不好可以使好人无法充分做好事，甚至会走向反面。从这个意义上说，制度带有根本性。因此，我们不仅要持续推进经济体制改革，而且要加速推进政治体制改革。

下面哪一个选项最强地支持了题干中的论证？

A. 目前，我国的经济体制和政治体制还存在很多严重的弊端。

B. 人性中至少含有恶的因素，任何人都应受到制度的制约与防范。

C. 政治体制改革的滞后会严重影响经济体制的成功运行。

D. 健全的制度可以使整个社会有序运行，并避免动辄发动社会革命。

26. 由于石油价格上涨，国家上调了汽油等成品油的销售价格，这导致出租车运营成本增加，司机收入减少。调查显示，北京市 95% 以上的出租车司机反对出租车价上涨，因为涨价将导致乘客减少。但反对涨价并不意味着他们愿意降低收入。

以下哪项如果为真，能够解释北京出租车司机的这种看似矛盾的态度？

A. 出租车司机希望减少向出租车公司交纳的月租金，由此消除油价上涨的影响。

B. 调查显示，所有的消费者都反对出租车涨价。

C. 北京市公交车的月票价格上调了，但普通车票的价格保持不变。

D. 出租车涨价使得油价上升的成本全部由消费者承担。

27. 衣食住行，是老百姓关注的头等大事。然而，这些年"衣"已经被医院的"医"所取代。看病贵、看病难已经成为社会关注的热点问题之一。因此，必须迅速推进医疗体制改革。

下面哪一个问题对评价上述论证最为相关？

A. 药品推销商的贿赂行为以及医生收红包在看病贵中起多大作用？

B. 造成看病贵、看病难的最根本的原因究竟是什么？

C. 政府拨款不足在导致医疗价格上涨中起多大作用？

D. 平价医院在抑制医疗价格方面起多大作用？

28. 在镇压太平天国之后，曾国藩在奏折中请求朝廷遣散湘军，但对他个人的去留问题却只字不提。因为他知道，如果在奏折中自己要求留在朝廷效力，就会有贪权之疑；如果在奏折中请求解职归乡，就会给朝廷留下他不愿意继续为朝廷尽忠的印象。

以下哪项中的推理与上文中的最相似？

A. 在加入人寿保险的人当中，如果你有平安的好运气，就会给你带来输钱的坏运气；如果你有不平安的坏运气，就会给你带来赢钱的好运气。正反相生，损益相成。

B. 一位贫穷的农民喜欢这样教导他的孩子们："在这个世界上，你不是富就是穷，不是诚实就是不诚实。由于所有穷人都是诚实的，所以，每个富人都是不诚实的。"

C. 在处理雍正王朝的一次科场舞弊案中，如果张廷玉上奏折主张杀张廷璐，会使家人认为他不义；如果张廷玉上奏折主张保张廷璐，会使雍正认为他不忠。所以，张廷玉在家装病，迟迟不上奏折。

D. 在梁武帝和萧宏这对兄弟之间，如果萧宏放弃权力而贪恋钱财，梁武帝就不担心他会夺权；如果萧宏既贪财又争权，梁武帝就会加以防范。尽管萧宏敛财无度，梁武帝还是非常信任他。

29. 一项调查显示，我国各地都为引进外资提供了非常优惠的条件。不过，外资企业在并购中国企业时要求绝对控股，拒绝接受不良资产，要求拥有并限制使用原中国品牌。例如，我国最大的工程机械制造企业被美国某投资集团收购了 85% 的股权；德国一家公司收购了我国油嘴油泵的龙头企业；我国首家上市的某轴承股份有限公司在与德国一家公司合资两年后，成了德方的独家公司。因此 _____

以下哪项可以最合乎逻辑地完成上面的论述？

A. 以优惠条件引进外资有可能危害中国的产业。

B. 以优惠条件吸引外资是为了引进先进的技术和管理。

C. 在市场经济条件下资本和股权是流动的。

D. 以优惠条件引进外资是由于我国现在缺少资金。

30. 某大学举办围棋比赛。在进行第一轮淘汰赛后，进入第二轮的 6 位棋手实力相当，不过，还是可以分出高下。在已经进行的两轮比赛中，棋手甲战胜了棋手乙，棋手乙战胜了棋手丙。明天，棋手甲和丙将进行比赛。

请根据题干，从逻辑上预测比赛结果：

A. 棋手甲肯定会赢。   B. 棋手丙肯定会赢。

C. 两人将战成平局。   D. 棋手甲很可能赢，但也有可能输。

31～35 题基于以下共同题干：

某国东部沿海有 5 个火山岛 E、F、G、H、I，它们由北至南排列成一条直线，同时发现：

（1）F 与 H 相邻并且在 H 的北边。

（2）I 和 E 相邻。

（3）G 在 F 的北边某个位置。

31. 五个岛由北至南的顺序可以是 _____。

A. E、G、I、F、H。   B. F、H、I、E、G。

C. G、E、I、F、H。   D. G、H、F、E、I。

32. 假如 G 与 I 相邻并且在 I 的北边，下面哪一个陈述一定为真？

A. H 在岛屿的最南边。   B. F 在岛屿的最北边。

C. E 在岛屿的最南边。   D. I 在岛屿的最北边。

33. 假如 I 在 G 北边的某个位置，下面哪一个陈述一定为真？

A. E 与 G 相邻并且在 G 的北边。   B. G 与 F 相邻并且在 F 的北边。

C. I 与 G 相邻并且在 G 的北边。   D. E 与 F 相邻并且在 F 的北边。

34. 假设发现 G 是最北边的岛屿，该组岛屿有多少种可能的排列顺序？

A. 2。   B. 3。   C. 4。   D. 5。

35. 假如 G 和 E 相邻，下列哪一个陈述一定为真？

A. E 位于 G 的北边的某处。   B. F 位于 I 的北边的某处。

C. G 位于 E 的北边的某处。   D. I 位于 F 的北边的某处。

36. 在某学校的中学生中，对那些每天喝 2 到 3 瓶啤酒、持续 60 天的学生作医学检查，发现 75% 的学生肝功能明显退化。具有很高可信度的实验已经排除了"这些结果是碰巧发生的"这一可能性。

假如题干中的信息是真的，则会证实下面哪一个结论？

A. 饮酒导致肝功能退化。

B. 喝酒与青少年的肝功能退化呈显著的相关性。

C. 研究者想证明年轻人不应该喝酒。

D. 性与饮酒和肝功能退化没有什么关系。

37. 一项调查显示，我国国民图书阅读率连续 6 年走低，2005 年的国民图书阅读率首次低于 50%，与此同时我国社会大众的学习热情却持续高涨。

以下哪项如果为真，能够解释上述矛盾的现象？

A. "没有时间读书"是图书阅读率下降的主要原因。

B. 我国国民网上阅读率从 1999 年的 3.7% 增长到 2005 年的 27.8%。

C. 近年来我国图书出版中存在着书价过高、内容乏味、过度炒作等问题。

D. 通过听讲座也能学到许多知识。

38. 对与错和是否违反规定是两回事情。可能会有一些规定，禁止本身就没有错的事情，例如某些国家的法律禁止批评政府；也可能有一些规定，要求实行本身就不对的事情，例如有些法律要求在公共场所实行种族隔离。并且，像评价行为一样，我们也可以评价一些规定的对与错。

下面哪一项不但没有削弱、反而支持了题干中的论证？

A. 假如不依据一些现在的规定或标准，我们如何去判断对与错？

B. "人在做，天在看。"不按道德规定行事，会招致上天的惩罚。

C. 在对与错的判断背后，总能找到人们据以判断的规定或标准。

D. 对与错的判断依据在于推己及人的道德良知，它是人所共有的，普遍的；而关于如何为人处事的道德规定却因人因时因地而异。

39. 一位经济学家提出，把污染型工业从发达国家转移到发展中国家，发达国家因自然环境的改善而受益；发展中国家虽然环境受到污染，但在解决就业、增加税收等方面得到补偿。因此，双方的境遇都有所改善，从而全球的总福利得到增加。

以下哪一项是这位经济学家论述的假设？

A. 良好的自然环境对于发达国家的人民比对发展中国家的人民更重要。

B. 发达国家和发展中国家都有污染型工业。

C. 发达国家的环境污染程度比发展中国家更严重。

D. 污染型工业在发展中国家比在发达国家能够产生更多的利润。

40. 最关心一个国家的命运和前途的是这个国家的人民，最了解一个国家的情况的也是这个国家的人民。因此，一个国家究竟走什么样的道路，只能由这个国家的人民自己决定。

下面哪一个选项不支持题干中的论证？

A. 美国对伊拉克的入侵和干涉，对伊拉克人民和美国人自己都造成了重大灾难。

B. 世界各国的历史传统、民族习惯、宗教信仰、经济状况千差万别，因而其发展道路也各具特色。

C. 不识庐山真面目，只缘身在此山中。

D. 越俎代庖，常常会把事情弄得一团糟。

41. 今年夏季，特大高温干旱袭击了重庆、四川在内的长江中上游近百万平方公里的地区。

有人在网上发表言论说：三峡水库的建成导致了这一地区的高温和干旱，并且难以逆转。

以下各项如果为真，可以对上面的观点提出质疑，除了 _____

A. 今年重庆、四川遇到的高温干旱天气，就影响范围和持续时间而言，是 50 年来最严重的一次。

B. 模拟研究表明，三峡库区水域变化对气候的影响范围在 20 公里左右。

C. 今年，西太平洋海域水温偏高造成副热带高气压较往年偏北偏西，同时北方冷空气较弱，导致重庆和四川地区降水减少。

D. 去冬今春，青藏高原降雪较常年偏少两成，造成高原热力作用显著，输出水汽减少。

42. 未名湖里的一种微生物通常在冰点以上繁殖。现在是冬季，湖水已经结冰。因此，如果未名湖里确有我们所研究的那种微生物的话，它们现在不会繁殖。

假如题干中的前提都是真的，可以推知：

A. 其结论不可能不真。

B. 其结论为真的可能性很高，但也有可能为假。

C. 其结论为假的可能性很高，但也有可能为真。

D. 其结论不可能真。

43. 早期宇宙中只含有最轻的元素：氢和氦。像碳这样比较重的元素只有在恒星的核反应中才能形成并且在恒星爆炸时扩散。最近发现的一个星云中含有几十亿年前形成的碳，当时宇宙的年龄不超过 15 亿年。

以上陈述如果为真，以下哪项必定为真？

A. 最早的恒星中只含有氢。

B. 在宇宙年龄还不到 15 亿年时，有些恒星已经形成了。

C. 这个星云中也含有氢和氦。

D. 这个星云中的碳后来构成了某些恒星中的一部分。

44. 赞成死刑的人通常给出两条理由：一是对死的畏惧将会阻止其他人犯同样可怕的罪行；二是死刑比其替代形式——终身监禁更省钱。但是，可靠的研究表明：从经济角度看，终身监禁比死刑更可取。人们认为死刑省钱并不符合事实。因此，应该废除死刑。

从逻辑上看，下面哪一项是对题干中论证的恰当评价？

A. 该论证的结论是可接受的，因为人的生命比什么都宝贵。

B. 该论证具有逻辑力量，因为它的理由真实，人命关天。

C. 该论证没有考虑到赞成死刑的另外一个重要理由，故它不是一个好论证。

D. 废除死刑天经地义，不需讨论。

45. 挑战是自我认识的一个重要源泉，因为那些在接受挑战时关注自己在情绪和身体方面有何反应的人，能够更加有效地洞察到自己的弱点。

以下哪项最符合上文所论述的原则？

A. 音乐会上的一位钢琴家不应该对在高难度表演中出现的失误持完全消极的看法。理解了失误为什么会发生，钢琴家才能为以后的表演作更好的准备。

B. 一位售货员应该懂得挣来的佣金并不仅仅是对销售成交的奖励，还应该从他们在销售成交所展现的人格魅力中得到满足。

C. 同情心是很有价值的，这不仅是因为它能给人带来美好的感受，而且它还能为丰富其他人的生活带来一些机会。

D. 即使惧怕在公共场合讲话，也应该接受在群众面前讲话的邀请。人们会钦佩你的勇气，你自己也能获得一种完成自己难以完成的事情的满足感。

46~50 题基于以下共同题干：

有 7 名被海尔公司录用的应聘者：F、G、H、I、W、X 和 Y，其中有 1 名需要分配到公关部，有 3 名需要分配到生产部，另外 3 名需要分配到销售部。这 7 名员工的人事分配必须满足以下条件：

（1）H 和 Y 必须分配在同一部门。

（2）F 和 G 不能分配在同一部门。

（3）如果 X 分配在销售部，则 W 分配在生产部。

（4）F 必须分配在生产部。

46. 以下哪项列出的可能是这 7 名雇员最终的分配结果？

A. 公关部：W；生产部：F、H、Y；销售部：G、I、X。

B. 公关部：W；生产部：G、I、X；销售部：F、H、Y。

C. 公关部：X；生产部：F、G、H；销售部：I、Y、W。

D. 公关部：X；生产郎：F、I、W；销售部：G、H、Y。

47. 以下哪项列出的是不可能分配到生产部的完整而准确的名单？

A. F、I、X。　　　B. G、H、Y。　　　C. I、W。　　　D. G。

48. 如果以下哪项陈述为真，能使 7 名雇员的分配得到完全的确定？

A. F 和 W 分配到生产部。　　　　　B. G 和 Y 分配到销售部。

C. I 和 W 分配到销售部。　　　　　D. I 和 W 分配到生产部。

49. 以下哪项列出的一对雇员不可能分配到销售部？

A. G 和 I。　　　B. G 和 X。　　　C. G 和 Y。　　　D. H 和 W。

50. 如果 X 和 F 被分配到同一部门，以下哪项陈述不可能真？

A. G 被分配到销售部。　　　　　B. H 被分配到生产部。

C. I 被分配到销售部。　　　　　D. W 被分配到公关部。

第四部分　外语运用能力测试（英语）

(50 题，每小题 2 分，满分 100 分)

Part One　　　　　　Vocabulary and Structure

Directions: *In this part there are ten incomplete sentences, each with four suggested answers. Choose the one that you think is the best answer. Mark your answer on the ANSWER SHEET by drawing with a pencil a short bar across the corresponding letter in the brackets.*

1. Every plant, animal, and human being needs water to _____ alive.

A. stay   B. make   C. run   D. glow

2. It _____ commonplace to think of sport as a "leisure industry" now.

A. became   B. will become   C. is becoming   D. had become

3. Changes in climate _____ slowly through the years.

A. make progress   B. take place   C. keep pace   D. set sail

4. Scientists can predict regions _____ new species are most likely to be found.

A. where   B. when   C. why   D. how

5. You should use _____ and natural language when you write a personal letter.

A. formal   B. political   C. magic   D. plain

6. Radios today seldom need _____ or the attention of a technician.

A. to repair   B. repaired   C. repairing   D. to have repaired

7. It is a great pity for _____ to be any quarrel in the school board meeting.

A. where   B. here   C. there   D. why

8. Magicians _____ use techniques from science and the arts to deceive the mind and eye.

A. generously   B. genetically   C. cleverly   D. subsequently

9. To get the best view of Sydney Harbour, take a Sydney Seaplane flight _____ the Harbour and Bondi Beach.

A. above   B. under   C. over   D. across

10. Chocolate manufacturers blend many types of beans to yield _____ and color desired in the final product.

A. the shape   B. the flavor   C. the function   D. the brand

Part Two   Reading Comprehension

Directions: *In this part there are three passages and one advertisement, each followed questions or unfinished statements. For each of them, there are four choices marked A, B, C and D. Choose the best one and mark your answer on the ANSWER SHEET with a single line though the center.*

Questions 11-15 are based on the following passage:

Jessica Bucknam shouts "tiao!" (tee-ow) and her fourth-grade students jump. "Dun!" (doo-wen) she commands, and they crouch (蹲). They giggle (吃吃地笑) as the commands keep coming in Mandarin Chinese.

Half of the 340 students at the K-5 school are enrolled in the program. They can continue studying Chinese in middle and high schools. The goal: to speak like natives.

About 24,000 American students are currently learning Chinese. Most are in high schools. But the number of younger students is growing in response to China's emergence as a global superpower.

"China has become a strong partner of the United States," says Mary Patterson, Woodstock's principal. "Children who learn Chinese at a young age will have more opportunities for jobs in the future."

Isabel Weiss, 9, isn't thinking about the future. She thinks learning Chinese is fun. "When you hear people speaking in Chinese, you know what they're saying." she says, "And they don't know that you know."

11. What do the fourth-grade students seem to be doing in the first paragraph?

    A. They are learning how to jump.　　　　B. They are learning how to crouch.

    C. They are learning how to giggle.　　　　D. They are learning Chinese.

12. The purpose of the program for Jessica's students is to _____.

    A. enable them to learn how to command

    B. get them enrolled in the language program

    C. help them to speak like a Chinese

    D. continue enrolling more students to learn Chinese

13. In response to the fact that _____, more American students are learning Chinese.

    A. the United States is the only superpower in the world

    B. international trading is becoming globalized

    C. partnership is encouraging business and trade

    D. China is emerging as a new superpower in the world

14. Why do more and more young students personally choose to learn Chinese in the United States?

    A. They will have more job opportunities in the future.

    B. They are more interested in the international trade.

    C. They will visit China for further education.

    D. They are curious about the corporate partnership.

15. Isabel Weiss has also chosen to learn Chinese because _____.

    A. she wants a brighter future　　　　B. she finds it fun to learn the language

    C. she likes to do business in China　　　　D. she watches people speak the language

Questions 16-20 are based on the following passage:

The National Aeronautics and Space Administration (NASA) has announced plans to return people to the moon by 2018. "And this time," according to a NASA press release, "we're going to stay."

NASA wants to make a new spaceship for the missions using parts from the Apollo program, which first took people to the moon in 1969, and the space shuttle. NASA says the new Crew Exploration Vehicle (CEV) will be "affordable, reliable, and safe."

The CEV will be able to hold four astronauts. The plan is to have the CEV dock (对接) in space with the lunar lander — the vehicle astronauts will use to land on the moon — which will be launched separately into space. The CEV will then travel to the moon and all four astronauts will walk on the moon.

The first moon missions are expected to last up to seven days. Exploration and construction of a moon base will be the astronauts' top priorities (最优先考虑的事). NASA hopes to have

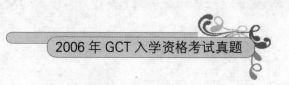

a minimum of two moon missions a year starting in 2018. This will allow for quick moon base construction, constant scientific study, and training for future missions to Mars.

16. What is new in NASA's plan to return to the moon by 2018?

    A. People will land and remain on the moon.

    B. Equipment will be carded and installed there.

    C. More CEVs will be made regularly.

    D. A special device will be used in landing.

17. How will NASA make its new spaceship?

    A. It will base its design on that of the Apollo program.

    B. It will use parts only from the Apollo program.

    C. It will make use of the Apollo program and the space shuttle.

    D. It will develop new designs and make new components.

18. How will CEV and the moon lander be launched?

    A. They will be launched separately.   B. CEV will dock with the moon lander.

    C. They will be launched together.   D. The moon lander will hold four astronauts.

19. What will be the astronauts' top priorities?

    A. Entering the orbit and landing on the moon.

    B. Landing and walking on the moon surface.

    C. Exploration and researches into the moon composition.

    D. Exploration and construction of a moon base.

20. The reason why NASA hopes to carry out at least two moon missions a year starting in 2018 is to _____.

    A. ensure the moon traveling and the moon base construction

    B. speed up the moon base construction and other activities

    C. guarantee the quality of the researchers' scientific study

    D. set up new training laboratories for future missions to Mars

Questions 21-25 are based on the following passage:

At the end of the U. S. Civil war, about 4 million slaves were freed. Now, people around the world can hear some of the former slaves' stories for the first time ever, as told in their own voices.

"That was in slavery time," says Charlie Smith in one interview. "They sold the colored people. And they were bringing them from Africa. They brought me from Africa. I was a child."

The Library of Congress released the collection of recordings, *Voices from the Days of Slavery*, in January. The recordings were made between 1932 and 1975. Speaking at least 60 years after their emancipation (解放), the storytellers discuss their experiences as slaves. They also tell about their lives as free men and women.

Isom Moseley was just a boy at the time of emancipation, but he recalls that things were slow to change. "It was a year before the folks knew they were free," he says.

Michael Taft, the head of the library's archive of folk culture, says the recordings reveal something that written stories cannot. "The power of hearing someone speak is so much greater than reading something from the page," Taft says. "It's how something is said — the dialect, the low pitches, the pauses — that helps tell the story."

21. What is new about the slaves' stories?

A. They are told in the slaves' own voices.

B. People travel around the world to hear them.

C. Colored people were sold.

D. They happened in the slavery time.

22. What is the title of the collection of recordings?

A. *The End of the U. S. Civil War.*   B. *The Library of Congress.*

C. *Voices from the Days of Slavery.*   D. *The Recordings of Written Stories.*

23. How many years did it take to complete the collection of recordings?

A. 26 years.   B. 33 years.   C. 44 years.   D. 57 years.

24. What do the story tellers tell us about?

A. How they were brought to the United States from Africa.

B. The release of the collection of recordings.

C. What happened 60 years after their emancipation.

D. Their experiences as slaves and their lives as free men and women.

25. The recordings differ from written stories in that _____.

A. the tellers and the government are contributing together

B. the dialect, the low pitches, and the pauses are more revealing

C. the hearing and reading both help tell the stories

D. the power of watching someone write is more engaging

Questions 26-30 are based on the following announcement:

THE SOCIETY FOR BIOMATERIALS

Takes Pleasure in Announcing

its

STUDENT AWARD

FOR

OUTSTANDING   RESEARCH

which will be awarded to student researchers

who have shown outstanding achievement in

biomaterial research

Applications may be made in one of the following categories:

1. Hospital intern (实习医生), resident or clinical fellow

2. Undergraduate, Master or Health Science degree candidate

3. Ph. D. degree candidate or equivalent

Recipient will present their paper at the Society for Biomaterials meeting in Clemson,

South Carolina, and be the guest of the Society during its meeting, April 28 to May 1, 2007.
Each recipient will receive:

1. Travel and living expenses up to MYM 300
2. Certificate of Award
3. Registration for the Scientific Session
4. Tickets to all official functions
5. Publication of abstract in the *Transactions of the Society for Biomaterials*
6. Publication of paper in *Journal of Biomedical Materials Research*

Recipient will be selected on the basis of submitted papers which must be received along with completed application forms no later than November 30, 2006.

> For application, write to
> Student Awards
> Society for Biomaterials
> c/o Robert A. James, Doctor of Dental Science
> Loma Linda University SD
> Loma Linda, California 92354

26. In order to be chosen, applicants must send in _____ before Nov. 30, 2006.

　　A. their papers and application forms

　　B. their papers and degree certificates

　　C. their application forms and diplomas

　　D. their applications and registrations

27. The number 92354 is the _____ of Loma Linda University SD.

　　A. tax code　　　　B. phone number　　　　C. zip code　　　　D. street number

28. The qualifications for the application for the award include all of the following EXCEPT

_____ .

　　A. hospital interns, resident or clinical fellows

　　B. undergraduates, masters or Health Science degree candidates

　　C. doctorial degree candidates or equivalents

　　D. Ph. D supervisors or former student award winners

29. Journal of Biomedical Materials Research will publish _____ .

　　A. the abstract of the paper of the applicant chosen

　　B. the presented paper of the applicant chosen

　　C. the abstract and paper of the applicant selected

　　D. the application form and paper of the applicant

30. It can be inferred that the criterion/criteria for the selection of qualified candidates is/are

_____ .

　　A. the qualifications of the applicants　　　　B. the quality of the applicants' papers

　　C. the number of the papers presented　　　　D. the abstract of the papers submitted

Part Three   Cloze

Directions: *There are ten blanks in the following passage. For each numbered blank, there are four choices marked A, B, C and D. Choose the best one and mark your answer on the* **ANSWER SHEET** *with a single line though the center.*

The hobby of collecting autographs（亲笔签名）is called *philography*, from a Greek word meaning love of writing. People ___31___ many kinds of autographs. Some collect signatures or other handwritten materials of authors, composers, movie stars, or sports heroes. Others focus on certain ___32___, such as the signing of the Declaration of Independence, a presidential election, or the space program. ___33___ collectors try to acquire a complete set of autographs of Nobel Prize winners or Academy Award winners.

Collectors may request autographs ___34___ celebrities either in person or by letter. Most beginning autograph collectors do not have the knowledge to determine ___35___ an autograph is genuine（真实的）. They may mistake other kinds of signatures for ___36___ handwritten signatures. For example, some people have secretaries who sign their mail. Some individuals send out mass-produced letters or signed photographs to collectors who ___37___ their autographs. Many famous people use a mechanical device called an Autopen to sign autographs. The ___38___ can sign 3,000 signatures in eight hours. The only way to recognize an Autopen autograph is to compare two of them. All Autopen autographs are ___39___, but no two handwritten autographs are ___40___ alike.

31. A. neglect   B. arrange   C. read   D. collect
32. A. stories   B. events   C. actions   D. plans
33. A. Some   B. Any   C. No   D. Several
34. A. from   B. in   C. for   D. to
35. A. what   B. how   C. whether   D. where
36. A. false   B. indirect   C. open   D. genuine
37. A. copy   B. request   C. write   D. mail
38. A. actor   B. machine   C. collector   D. secretary
39. A. genuine   B. false   C. different   D. identical
40. A. fluently   B. initially   C. exactly   D. conveniently

Part Four   Dialogue Completion

Directions: *In this part, there are ten short incomplete dialogues between two speakers, each followed by four choices marked A, B, C and D. Choose the one that most appropriately suit the conversational context and best completes the dialogue. Mark your answer on the* **ANSWER SHEET** *with a single line through the center.*

41. Steve: Hi, my name is Steve. It's nice to meet you.

   Jack: I'm Jack. _____

   A. My name is Jack, you know.   B. How are you, Steve?
   C. It's a pleasure to meet you, Steve.   D. You're busy, aren't you?

42. Jill: Hi, Jane, this is Jill. Do you have time to talk?

    Jane: Hi, Jill, _____. I was just watching TV.

    A. so what   B. no doubt

    C. some time   D. sure

43. Salesman: Good morning, sir. May I help you?

    Customer: That's OK. _____.

    Salesman: Fine. Please take your time.

    A. I'm just looking around   B. I'm just playing around

    C. I'm just sneaking around   D. I'm just hanging around

44. Customer: Could you hold the door open for a moment, please?

    Salesman: Certainly. _____.

    A. Please take your time   B. I'm sorry I can't

    C. No worry, please   D. Never mind it

45. Harry: I didn't know you play billiards. Are you having fun?

    John: I'm having a great time. _____ What are you doing?

    A. Great!   B. How about you?

    C. I miss it so much.   D. Do you know billiards?

46. Bob: Why didn't you come to my party last night?

    Bill: I'm sorry, _____. I had to visit my grandmother at the hospital.

    A. I did it   B. I still remember it

    C. I couldn't make it   D. 1 will come

47. Cashier: How can I help you, Miss?

    Nancy: _____

    Cashier: Sure. How do you want it?

    A. Why didn't you say it then?   B. No, I don't need your help.

    C. Could you break a 20 for me?   D. No, I can manage it.

48. Friend A: This meal is on me. _____.

    Friend B: Thanks. But isn't it my turn to treat you?

    A. It's none of your business   B. I'll treat you

    C. I invite you   D. My pleasure

49. Stewardess: Please put your seat up. We'll be serving dinner shortly.

    Passenger: I'd like to, but there seems to be something wrong with it. _____

    A. Can you help with it?   B. Can you stay a few minutes?

    C. It's your duty to fix it.   D. Hold on, please.

50. Student A: Thanks a lot. I really enjoyed your company.

    Student B: Don't mention it. _____.

    A. Sorry to keep you out   B. Many happy returns of the day

    C. Same here   D. You're too polite

2007 年在职攻读硕士学位全国联考研究生入学资格考试试卷

第一部分　语言表达能力测试

（50 题，每题 2 分，满分 100 分）

一、选择题

1. 下列各句中，没有错别字的一句是 _____。
   A. 不可狂妄自大，也不要枉自菲薄。
   B. 诗歌最忌娇揉造作，无病呻吟。
   C. 经过长途跋涉，他风尘仆仆赶到这里。
   D. 他自顾不遐，哪里还能顾及他人。

2. 下列加点字的释义全都正确的一组是 _____。
   A. 金声玉振（玉石）　　不可理喻（晓喻）　　颠扑不破（抬高）
   B. 兢兢业业（谨慎）　　扪心自问（拍打）　　顺理成章（道理）
   C. 声震寰宇（天下）　　瞬息万变（一眨眼）　挺身而出（挺直）
   D. 相辅相成（辅助）　　洋洋洒洒（流畅）　　莫衷一是（衷心）

3. 下列各句中，加点的成语使用恰当的一句是 _____。
   A. 放眼望去，满园的红牡丹姹紫嫣红，美不胜收。
   B. 五四以后，旧体诗已经式微，即使偶然有人唱和写作，也不过是噤若寒蝉。
   C. 在这次学术会议上，专家学者们高谈阔论，肆无忌惮，畅所欲言。
   D. 作为人民大众所欢迎的文艺工作者，难道在艺术上不应该精益求精吗？

4. 对下文中所用修辞手法的表述，准确的一项是 _____。

   　　桃树、杏树、梨树，你不让我，我不让你，都开满了花赶趟儿。红的像火，粉的像霞，白的像雪。花里带着甜味，闭了眼，树上仿佛已经满是桃儿、杏儿、梨儿！花下成千成百的蜜蜂嗡嗡地闹着，大小的蝴蝶飞来飞去。野花遍地都是，有名字的，没名字的，散在草丛里，像眼睛，像星星，还眨呀眨的。
   A. 拟人、比喻、顶真　　　　　　　　B. 拟人、顶真、夸张
   C. 排比、比喻、递进　　　　　　　　D. 排比、比喻、拟人

5. 下列各句中，语义明确、没有歧义的一句是 _____。
   A. 他文思敏捷，三天就写出了一篇文章。
   B. 不适当地管教孩子，对孩子的成长十分不利。
   C. 在我们公司里，除了老王，他最关心小李。
   D. 火车票没买到，老王只好急急忙忙坐出租车去了。

6. 下列各句中，没有语病的一句是 _____。
   A. 该电厂每年的发电量，除供当地使用外，还向北京、天津输送。

B. 国产电视机的价格一降再降，有的甚至下降了一倍。

C. 随着科学技术日新月异的发展，电脑已成为人们不可或缺的工具。

D. 文件对经济领域中的一些问题，从理论上和政策上作了详细的规定和深刻的说明。

7. 学者俞陛云曾分析一首词的艺术表现之妙，说：（此）言清昼久坐，看日影之移尽，乃目见之静趣，皆写出静者之妙心。"与这段话的意思相符的词句是 _____。

 A. 雨过芳塘净，清昼闲中永。门外立双旌，隔花闻笑声。（舒亶《菩萨蛮》）

 B. 闲中好，尘务不萦心。坐对当窗木，看移三面阴。（段成式《闲中好》）

 C. 翠烟笼日上花梢。花外楼高。海犀不动帘栊静，昼长人懒莺娇。（李鼐《风入松》）

 D. 小阁藏春，闲窗锁昼，画堂无限深幽。篆香烧尽，日影下帘钩。（李清照《满庭芳》）

8. 下列关于文史知识的表述，有错误的一项是 _____。

 A. 《楚辞·九歌》共有十一篇作品，是屈原据楚国民间祭神乐歌加工、创作而成。

 B. 所谓"前四史"指的是《史记》、《汉书》、《后汉书》、《三国志》四部纪传体史书。

 C. 鲁迅的《狂人日记》1918 年发表于《新青年》杂志，后收入小说集《呐喊》。

 D. 《古文观止》是清人编选的著名古文选本，所选文章上起先秦，下迄清代。

9. 下列关于称谓礼貌用语的用法，解释不正确的一项是 _____。

 A. 与人交谈或写信称呼对方父母，可尊称"家父"、"家母"。

 B. 在别人面前称呼自己的弟弟、妹妹，可用"舍弟"、"舍妹"。

 C. 称呼谈话对方的子女或收信人的子女，可用"令郎"、"令爱"。

 D. 对他人称呼自己已故的父母，可用"先父"，"先母"。

10. 甲欲杀害其妻乙，某日饭前甲在乙的饭碗中放了毒药。乙食用后，甲后悔，随即送乙前往医院抢救，但乙仍因中毒抢救无效死亡。甲的行为属于 _____。

 A. 犯罪终止 B. 犯罪未遂 C. 犯罪中止 D. 犯罪既遂

11. 依据宪法规定，农村的宅基地和自留地属于 _____。

 A. 国家所有

 B. 集体所有

 C. 个人所有

 D. 除法律规定属于国家所有外，属于集体所有

12. 水体的富营养化是今年太湖蓝藻爆发的主要原因之一。下列有关"富营养化"的说法，不正确的一项是 _____。

 A. 水生生物大量繁殖，破坏了水体的生态平衡。

 B. 富营养化发生在海洋中，浮游生物暴发性繁殖，使水变成红色，称为"赤潮"。

 C. 富营养化是指因水体中 N、P 等植物必需的元素含量过多而使水质恶化。

 D. 藻类生物集中在水层表面，光合作用释放出的 CO_2 阻止了大气中 O_2 的溶入。

13. 科学家们观测到南极上空在春天到初夏期间会有臭氧耗损、臭氧层变薄的情形，俗称臭氧空洞；而北极上空的臭氧空洞则不明显。这是因为南极地区的冬天远较北极地区寒冷所致。南极的最暖月约 −30℃，最冷月 −60℃，而北极最暖月 0℃，最冷月 −40℃。南极臭氧层空洞一般发生于 _____。

 A. 3—6 月 B. 6—9 月 C. 9—12 月 D. 12—3 月

14. 下列关于 "消费者物价指数（CPI）的说法，不正确的一项是 _____。

    A. 反映与居民生活有关的商品价格及劳务价格的统计物价变动指标

    B. 通常作为观察通货膨胀水平的重要指标

    C. 该指标较大时可能出现经济运行不稳定

    D. 该指标上升意味着居民生活成本下降

15. 非特异性免疫又称先天性免疫，是机体在长期的种系发育和进化过程中，不断与外界侵入的病原微生物及其他抗原异物接触和作用中，逐渐建立起来的一系列防卫机制。特异性免疫又称后天性免疫，是机体在生活过程中接触病原微生物及抗原异物后产生的免疫力。

    下列属于非特异性免疫的是 _____。

    A. 接种牛痘预防天花   B. 唾液内溶菌酶的杀菌作用

    C. 患麻疹后不会再感染麻疹   D. 注射流行性乙型脑炎预防疫苗

二、填空题

16. 在下面文字的横线处依次填入恰当的标点符号。

    飞乃厉声大喝曰 _____ "我乃燕人张翼德也 _____ 谁敢与我决一死战 _____" 声如巨雷 _____ 曹军闻之 _____ 尽皆股栗。

    A. :   。 ？ 。 ，   B. :   ， ！ ， ，

    C. :   ， ？ ， ，   D. ， ！ ！ ； :

17. 在下列各句横线处，依次填入最恰当的词语。

    ①误会产生之后，人们并没有给他 _____ 的机会。

    ②这两个问题之间没有什么关联，需要 _____ 处理。

    ③大家的力量 _____ 在一起，就没有克服不了的困难。

    A. 分辩　各别　汇合   B. 分辩　个别　会合

    C. 分辨　各别　会合   D. 分辨　个别　汇合

18. 在下面文字中的横线处填上一句话，使之与上下文衔接。

    有位名人说过，道德和才艺是远胜于富贵的资产。因为 _____，道德和才艺却可以使一个凡人成为不朽的神明。

    A. 道德和才艺是永远的，富贵和资产只能是暂时的

    B. 道德和才艺是永远可靠的，富贵和资产始终是不可靠的

    C. 显贵的门第和巨额的财产可以因子孙的堕落而败坏、荡毁

    D. 道德和才艺是变化的，富贵和资产也是变化的

19. 在下面文字中的横线处，依次填入最恰当的关联词语。

    中国人和日本人还是不同，_____ 中国人和日本人的不同，在外表上不容易看出来。因为每一个国家的国民，都有他特别的遗传和环境，_____ 自然就有了他的国民性。由这一点来讲，_____ 不能理解一国的国民性，就很难欣赏一国的文学。中国古人写文章，是以维持世道人心为目的，_____，作者想写的东西并不一定都是 "载道" 的东西。

    A. 而且　因此　即使　当然   B. 只是　所以　假使　当然

C. 只是　所以　即使　自然　　　　　　D. 而且　因此　假使　自然

20. 判断下列各句横线处必须加"的"字的一组。

　　①为实施西部大开发战略，加快当地经济＿＿＿＿发展，国家将在西部新建十大工程。

　　②天文学家在太阳系外共发现 28 颗行星，它们＿＿＿＿存在是通过间接渠道推出来的。

　　③风险投资的注入可以使你＿＿＿＿钱袋立即充盈，有实力去市场拼抢厮杀谋求发展。

　　④他有"乒坛黑马"之称，具备快、灵、狠的特点，是欧亚高手取胜＿＿＿＿最大障碍。

　　A. ①②　　　　　　B. ②④　　　　　　C. ③④　　　　　　D. ①③

21. 根据对仗的要求，在下面横线处填入最贴切的句子。

　　江风送月海门东，人到江心月正中。

　　＿＿＿＿＿＿＿＿，一船鸡犬欲腾空。

　　帆如云气吹将灭，灯近银河色不红。

　　如此宵征信奇绝，三更三点水精宫。

　　A. 半树佛花香易散　　　　　　　　　　B. 万里鱼龙争照影

　　C. 二月郊行最有情　　　　　　　　　　D. 三千组练挥银刀

22. 日本女作家紫式部公元十一世纪初创作的＿＿＿＿＿＿＿＿，被公认为世界上第一部长篇小说。

　　A.《雨月物语》　　B.《竹取物语》　　C.《源氏物语）　　D.《平家物语》

23. 在下列诗句的空格中，依次填入最恰当的词语。

　　①无边＿＿＿＿＿＿＿＿萧萧下，不尽长江滚滚来。

　　②＿＿＿＿＿＿＿＿不是无情物，化作春泥更护花。

　　③细数＿＿＿＿＿＿＿＿因坐久，缓寻芳草得归迟。

　　④归云堕碧粘僧屐，＿＿＿＿＿＿＿＿飘红上客衫。

　　A. 落叶 落木 落红 落花　　　　　　　　B. 落木 落红 落叶 落花

　　C. 落木 落红 落花 落叶　　　　　　　　D. 落木 落花 落红 落叶

24. 毛泽东《论持久战》说："有计划地造成敌人的错觉，给以不意的攻击，是造成优势和夺取主动的方法，而且是重要的方法。错觉是什么呢？'八公山上，草木皆兵'，是错觉之一例。"这里"八公山上，草木皆兵"的典故出自古代的＿＿＿＿＿＿＿＿。

　　A. 垓下之战　　　B. 官渡之战　　　C. 赤壁之战　　　D. 淝水之战

25. "学然后知不足，教然后知困"这句话反映了＿＿＿＿＿＿＿＿的师生关系。

　　A. 尊师爱生　　　B. 民主平等　　　C. 教学相长　　　D. 辩证统一

26. 人民法院审理＿＿＿＿＿＿＿＿案件，必须进行调解。

　　A. 追索劳动报酬　　B. 继承遗产　　　C. 离婚　　　　　D. 借款合同

27. 生态系统是指在一定的空间内生物成分和非生物成分相互作用、相互依存而构成的一个生态学功能单位，＿＿＿＿＿＿＿＿是生态系统的主要功能。

　　A. 保持生态平衡　　　　　　　　　　　B. 维持能量流动和物质循环

　　C. 为人类提供生产和生活资料　　　　　D. 通过光合作用制造有机物质并释放氧气

28. 某地区青蛙被大量捕捉，致使稻田里害虫大量繁殖，造成水稻减产，生态平衡失调。其主要原因是生态系统的＿＿＿＿＿＿遭到了破坏。

　　A. 分解者　　　　B. 消费者　　　　C. 生产链　　　　D. 食物链

29. 光的波长较短，因此，在一般的光学实验中，光在均匀介质中都是直线传播的。但是当障碍物尺度与光的波长相当或者比光的波长小时，光线会偏离直线路径而绕到障碍物阴影里去，这是_____现象。

    A. 光的散射　　　　B. 光的干涉　　　　C. 光的衍射　　　　D. 光的偏振

30. 像蚂蚁、蜜蜂等社会性昆虫的群聚生活，个体之间有明确的分工，同时又通力合作，共同维护群体的生存。它们相互之间是_____的关系。

    A. 种内互助　　　　B. 互利寄生　　　　C. 捕食　　　　D. 竞争

三、阅读理解题

（一）阅读下面短文，回答下列五道题。

"温室效应"与"阳伞效应"

在近百万年的地球气温变迁中，严寒的冰河期和温暖的间冰期曾交替出现。在冰河期，陆地冰川遍地，海水相对减少，海平面比今天要低 $100 \sim 145$ 米。而在间冰期，冰川融化，海平面比今天要高 $15 \sim 30$ 米。今天，人类居住的地球冰河尚未完全消失，可认为是处于冰河期的末尾。现在令人关注的是：地球今后是继续变暖使冰河期彻底结束而迎接间冰期到来呢？还是再次从寒冷又进入一个新的冰河期？人类对此虽尚难以预测，但"温室效应"和"阳伞效应"能给我们提供某些启示。

人类对地球气温变化的干预能力虽然极其渺小，但因为地球表面温度的平衡是以十分微妙的力学关系来维持的，只要对它施以较少的能量，就有打破热平衡的可能。人类活动可使大气中的二氧化碳、尘埃、水汽等增加，改变大气的成分，也能影响大气的透明度和热能辐射，从而导致地球气温发生变化。而导致地球气温变化的主导因素，是"温室效应"和"阳伞效应"。

地球外围大气层中的二氧化碳，能够透射太阳短波辐射，使热能容易到达地球表面；而对地面的长波辐射又有极强的吸收能力，即能将地球释放的热能截留在二氧化碳层内，不致逸入宇宙空间，同时通过逆反射又将热能返回地面。所以大气中二氧化碳浓度稍有增加，就会导致地面温度上升，全球气温变暖，即为"温室效应"。

而"阳伞效应"实质上是大气中人为尘埃的气候效应。大气中除火山爆发等自然原因产生尘埃外，人为因素产生的尘埃日益增加。随着人口的增长和工业的发展，通过工厂、交通工具和家庭炉灶及焚烧垃圾等产生的烟尘、废气，正越来越多地散发着大量的微尘粒子，造成大气污染。对大气尘埃的气候效应，一般认为微尘能把阳光反射回宇宙空间，从而减少和削弱到达地面的辐射能，这样使地球表面温度降低。大气尘埃所起的这种"遮阳伞"的作用称为"阳伞效应"。此外，尘埃还有吸湿特性，可把周围的水汽凝结在自身表面，促进和增加云雾的形成。云雾又能阻挡和减少太阳辐射到达地面，也可使地面降温。如果大气污染使下层云量增加到一定限度时，就会使冰河期再现。

综上可看出，当_____因人为的因素而被打破时，就会导致地球气候的急剧变化。但这其中是"温室效应"作用强，还是"阳伞效应"影响大，人们还难以定论。许多科学家认为地球正在变暖，这样会导致冰川融化；而也有些气象学家根据多方面的气象资料分析，认为地球将进一步变冷，可能面临着一个新的小冰河期的到来。对于这一全球性的气温问题，到底是正在变暖还是逐渐变冷，科学家们正在积极探索之中。

（节选自杨叔子主编《探索未知世界》，哈尔滨工业大学出版社，2005，有删改）

31. 下列关于人类活动与全球气温变化关系的说法，表述最准确的是 _____。
    A. 人类对地球气温变化的干预能力极其渺小。
    B. 人类活动可使大气中的二氧化碳、尘埃、水汽等增加，改变大气的成分，从而造成局部气温的变化。
    C. 人类活动通过改变大气的成分打破地球的热平衡，从而导致全球气候的变化。
    D. 人类活动造成"温室效应"和"阳伞效应"，直接导致全球气候的剧烈变化。

32. 根据文意，下列关于二氧化碳对地球温度影响的说法不准确的是 _____。
    A. 二氧化碳能够透射太阳短波辐射，使热能容易到达地球表面，从而使地面增温。
    B. 将地球释放的热能截留在二氧化碳层内，同时通过逆反射又将热能返回地面。
    C. 大气中二氧化碳浓度稍有增加，就有可能破坏地球热平衡，导致全球气温变暖，造成"温室效应"。
    D. 二氧化碳对地面的短波辐射有极强的吸收能力，能截住地球释放的热能。

33. 下列关于"阳伞效应"的表述，不准确的是 _____。
    A. "阳伞效应"实质上是大气中人为尘埃的气候效应。
    B. 火山爆发等自然原因产生的尘埃是"阳伞效应"加剧的主要原因。
    C. 大气中的微尘能把阳光反射回宇宙空间，从而减少太阳辐射，使地面降温。
    D. 尘埃的吸湿特性可以促进云雾的形成，起到"阳伞效应"。

34. 结合上下文，在文中横线处填入最恰当的词语。
    A. 地球的力学平衡　　　　　　　　　　B. 地球的能量平衡
    C. 地球稳定的热平衡　　　　　　　　　D. "温室效应"和"阳伞效应"的平衡

35. 根据文章提供的信息，下列推论不成立的是 _____。
    A. 目前地球尚处于冰河期。
    B. "温室效应"与"阳伞效应"此消彼长，将导致地球冷暖平衡。
    C. 无论是"温室效应"还是"阳伞效应"，都有可能使地球气候发生急剧变化。
    D. 二氧化碳和人为尘埃分别是"温室效应"和"阳伞效应"产生的主要原因。

（二）阅读下面短文，回答下列五道题。

正在热闹哄哄的时节，只见那后台里，又出来了一位姑娘，年纪约十八九岁，装束与前一个毫无分别，瓜子脸儿，白净面皮，相貌不过中人以上之姿，只觉得秀而不媚，_____，半低着头出来，立在半桌后面，把梨花筒丁当了几声，煞是奇怪：只是两片顽铁，到她手里，便有了五音十二律似的。又将鼓槌子轻轻的点了两下，方抬起头来，向台下一盼。那双眼睛，如秋水，如寒星，如宝珠，如白水银里养着两丸黑水银，左右一顾一看，连那坐在远远墙角子里的人，都觉得王小玉看见我了；那坐得近的，更不必说。就这一眼，满园子里便鸦雀无声，比皇帝出来还要静悄得多呢，连一根针掉在地下都听得见响！

王小玉便启朱唇，发皓齿，唱了几句书儿。声音初不甚大，只觉入耳有说不出来的妙境：五脏六腑里，像熨斗熨过，无一处不服贴；三万六千个毛孔，像吃了人参果，无一个毛孔不畅快。唱了十数句之后，渐渐地越唱越高，忽然拔了一个尖儿，像一线钢丝抛入天际，不禁暗暗叫绝。那知她于那极高的地方，尚能回环转折；几啭之后，又高一层，接连有三四叠，节节高起。恍如由傲来峰西面，攀登泰山的景象：初看傲来峰峭壁千仞，以为上与天通；及至翻到傲来峰顶，才见扇子崖更在傲来峰上；及至翻到扇子崖，又见南天门更在扇子崖上；愈翻愈险，愈险愈奇。

那王小玉唱到极高的三四叠后，陡然一落，又极力骋其千回百折的精神，如一条飞蛇在黄山三十六峰半中腰里盘旋穿插，顷刻之间，周匝数遍。从此以后，愈唱愈低，愈低愈细，那声音就渐渐地听不见了。满园子的人都屏气凝神，不敢少动。约有两三分钟之久，仿佛有一点声音从地底下发出。这一出之后，忽又扬起，像放那东洋烟火，一个弹子上天，随化作千百道五色火光，纵横散乱。这一声飞起，即有无限声音俱来并发。那弹弦子的亦全用轮指，忽大忽小，同他那声音相和相合，有如花坞春晓，好鸟乱鸣。耳朵忙不过来，不晓得听那一声的为是。正在缭乱之际，忽听霍然一声，人弦俱寂。这时台下叫好之声，轰然雷动。

（节选自刘鹗《老残游记》，齐鲁书社，1985，个别用字有改动）

36. 结合上下文，在文中横线处填入最恰当的词句。
　　A. 高贵典稚　　　B. 艳而不俗　　　C. 清而不寒　　　D. 风韵犹存

37. 文章除了描写王小玉的歌声，还着重描写了她的 _____。
　　A. 唇齿　　　B. 眼睛　　　C. 动作　　　D. 体态

38. 文中写歌声"像一线钢丝抛入天际"，不是指 _____。
　　A. 高亮悦耳　　　B. 富有弹性　　　C. 飞扬飘逸　　　D. 余音绕梁

39. 形容王小玉的说唱，主要运用的修辞手法是 _____。
　　A. 拟人　　　B. 夸张　　　C. 比喻　　　D. 排比

40. 文章用各种感官感觉的描写来表现王小玉的歌声。下列选项中与文章不符的是 _____。
　　A. 嗅觉、听觉、味觉　　　　　　　　B. 听觉、味觉、视觉
　　C. 触觉、味觉、视觉　　　　　　　　D. 听觉、触觉、视觉

（三）阅读下面短文，回答下列五道题。

二丑艺术

浙东的有一处的戏班中，有一种脚色叫作"二花脸"，译得雅一点，那么，"二丑"就是。他和小丑的不同，是不扮横行无忌的花花公子，也不扮一味仗势的宰相家丁，他所扮演的是保护公子的拳师，或是趋奉公子的清客。总之：身份比小丑高，而性格却比小丑坏。

义仆是老生扮的，先以谏诤，终以殉主；恶仆是小丑扮的，只会作恶，到底灭亡。而二丑的本领却不同，他有点上等人模样，也懂些琴棋书画，也来得行令猜谜，但倚靠的是权门，凌蔑的是百姓，有谁被压迫了，他就来冷笑几声，畅快一下，有谁被陷害了，他又去吓唬一下，吆喝几声。不过他的态度又并不常常如此的，大抵一面又回过脸来，向台下的看客指出他公子的缺点，摇着头装起鬼脸道：你看这家伙，这回可要倒楣哩！

这最末的一手，是二丑的特色。因为他没有义仆的愚笨，也没有恶仆的简单，他是智识阶级，他明知道自己所靠的是冰山，一定不能长久，他将来还要到别家帮闲，所以当受着豢养，分着余炎的时候，也得装着和这贵公子并非一伙。

二丑们编出来的戏本上，当然没有选一种脚色的，他那里肯；小丑，即花花公子们编出来的戏本，也不会有，因为他们只看见一面，想不到的。这二花脸，乃是小百姓看透了这一种人，提出精华来，制定了的脚色。

世间只要有权门，一定有恶势力，有恶势力，就一定有二花脸，而且有二花脸艺术。我们只要取一种刊物，看他一个星期，就会发现他忽而怨恨春天，忽而颂扬战争，忽而译萧伯纳演说，忽而讲婚姻问题；但其间一定有时要慷慨激昂的表示对于国事的不满：这就是用出末一手来了。

这最末的一手，一面也在遮掩他并不是帮闲，然而小百姓是明白的，早已使他的类型在戏台上出现了。

一九三六年六月十五日

（选自鲁迅《准风月谈》，人民文学出版社，1973）

41. "二丑们编出来的戏本上，当然没有这一种脚色的。"这句话中的"二丑"指的是_____。

   A. 智识阶级

   B. 戏剧作家

   C. 担任二丑脚色的演员

   D. 言行与"二丑"脚色相类似的某些文人

42. 对社会生活中的"二丑们"，作者在文中的态度是_____。

   A. 抨击   B. 怜悯   C. 讽刺   D. 戏谑

43. 下列句子，能反映"二丑"作为权门帮闲性质的是_____。

   A. 身份比小丑高，而性格却比小丑坏。

   B. 尽管装着和这贵公子并非一伙，但他倚靠权门，凌蔑百姓，受着豢养，分着余炎。

   C. 他没有义仆的愚笨，也没有恶仆的简单，他是智识阶级。

   D. 有谁被压迫了，他就来冷笑几声，畅快一下，有谁被陷害了，他又去吓唬一下，吆喝几声。

44. 对二丑与其主子关系性质的说法，恰当的一项是_____。

   A. 主仆   B. 主客   C. 名客实仆   D. 不客不仆

45. 第五段"这就是用出末一手来了"一句中的"末一手"，在舞台表演中指的是

   A. 遮掩他并不是帮闲。

   B. 他将来还要到别家帮闲。

   C. 一定有时要慷慨激昂地表示对于国事的不满。

   D. 一面又回过脸来，向台下的看客指出他主子的缺点。

（四）阅读下面短文，回答下列五道题。

"渐"的作用，就是用每步相差极微极缓的方法来隐蔽时间的过去与事物的变迁的痕迹，使人误认其为恒久不变。这真是造物主骗人的一大诡计！这有一个比喻的故事：某农夫每天朝晨抱了犊而跳过一沟，到田里去工作，夕暮又抱了它跳过沟回家。每日如此，未尝间断。过了一年，犊已渐大，渐重，差不多变成大牛，但农夫全不觉得，仍是抱了它跳沟。有一天他因事停止工作，次日再就不能抱了这牛而跳沟了。造物的骗人，使人流连于其每日每时的生的欢喜而不觉其变迁与辛苦，就是用这个方法的。人们每日在抱了日重一日的牛而跳沟，不准停止。自己误以为是不变的，其实每日在增加其苦劳！

我觉得时辰钟是人生的最好的象征了。时辰钟的针，平常一看总觉得是"不动"的；

其实人造物中最常动的无过于时辰钟的针了。日常生活中的人生也如此，刻刻觉得我是我，似乎这"我"永远不变，实则与时辰钟的针一样的无常！一息尚存，总觉得我仍是我，我没有变，还是流连着我的生，可怜受尽"渐"的欺骗！

　　"渐"的本质是"时间"。时间我觉得比空间更为不可思议，犹之时间艺术的音乐比空间艺术的绘画更为神秘。_____空间姑且不追究它如何广大或无限，我们总可以把握其一端，认定其一点。时间则全然无从把握，不可挽留，只有过去与未来在渺茫之中不绝地相追逐而已。性质上既渺茫不可思议，分量上在人生也似乎太多。因为一般人对于时间的悟性，似乎只够支配搭船乘车的短时间；对于百年的长期间的寿命，他们不能胜任，往往追于局部而不能顾及全体。试看乘火车的旅客中，常有明达的人，有的宁牺牲暂时的安乐而让其座位于老弱者，以求心的太平（或博暂时的美誉）；有的见众人争先下车，而退在后面，或高呼"勿要轧，总有得下去的！大家都要下去的！"然而在乘"社会"或"世界"的大大火车的"人生"的长期的旅客中，就少有这样的明达之人。所以我觉得百年的寿命，定得太长。像现在的世界上的人，倘定他们搭船乘车的期间的寿命，也许在人类社会上可减少许多凶险残惨的争斗，而与火车中一样的谦让，和平，也未可知。

（选自丰子恺《缘缘堂随笔》，人民文学出版社，2000，个别用字有改动）

46. 第一段中，作者引用那个比喻的故事，意在说明 _____。
    A. 人们每日在抱了日重一日的牛而跳沟，不准停止。
    B. 自己误以为是不变的，其实每日在增加其苦劳！
    C. 造物的骗人，使人流连于其每日每时的生的欢喜而不觉其变迁与辛苦，就是用这个方法的。
    D. "渐"的作用，就是用每步相差极微极缓的方法来隐蔽时间的过去与事物的变迁的痕迹，使人误认其为恒久不变。

47. 作者认为时辰钟是人生最好的象征，因为 _____。
    A. 时辰钟像"渐"一样，一直在欺骗我们。
    B. 时辰钟的针平时不动，就好像人生的我也始终是我。
    C. 时辰钟的针是最常动的，就好像人生中的我也是无常的。
    D. 时辰钟的针看似不动，实则常动，就像人生中的我，刻刻是我，又刻刻在变。

48. 第三段中，在划线处填入的关联词，最恰当的一个是 _____。
    A. 不过　　　　　B. 而且　　　　　C. 因为　　　　　D. 所以

49. 下列词语与第一段和第二段中"骗"和"欺骗"的含义最接近的是 _____。
    A. 欺诈　　　　　B. 误导　　　　　C. 隐瞒　　　　　D. 诱惑

50. 对于"渐"的理解，不恰当的一项是 _____。
    A. 不管它如何广大或无限，我们总可以把握其一端，认定其一点。
    B. 全然无从把握，不可挽留，只有过去与未来在渺茫之中不绝地相追逐而已。
    C. 性质上渺茫不可思议。
    D. 分量上在人生也似乎太多。

第二部分　数学基础能力测试

(25 题，每题 4 分，满分 100 分)

一．本大题共 25 小题，每小题 4 分，共 100 分。在每小题的四项选项中选择一项。

1. 集合 $\{0, 1, 2, 3\}$ 的子集的个数为 (　　).

   A. 14　　　　　　B. 15　　　　　　C. 16　　　　　　D. 18

2. $\dfrac{1^2 - 2^2 + 3^2 - 4^2 + 5^2 - 6^2 + 7^2 - 8^2 + 9^2 - 10^2}{2^0 + 2^1 + 2^2 + 2^3 + 2^4 + 2^5 + 2^6 + 2^7}$ 的值是 (　　).

   A. $\dfrac{11}{51}$　　　　B. $-\dfrac{11}{51}$　　　　C. $\dfrac{22}{51}$　　　　D. $-\dfrac{22}{51}$

3. 图中，大长方形被平行于边的直线分成了 9 个小长方形，其中位于角上的 3 个小长方形的面积已经标出，则角上第 4 个小长方形的面积等于 (　　).

9		15
12		?

   A. 22

   C. 18

   B. 20

   D. 11. 25

4. 方程 $\sqrt{x + y - 2} + |x + 2y| = 0$ 的解为 (　　).

   A. $\begin{cases} x = 0 \\ y = 2 \end{cases}$　　B. $\begin{cases} x = 3 \\ y = 1 \end{cases}$　　C. $\begin{cases} x = 2 \\ y = 3 \end{cases}$　　D. $\begin{cases} x = 4 \\ y = -2 \end{cases}$

5. 甲乙两人沿同一路线骑车（匀速）从 A 区到 B 区，甲需用 30 分钟，乙需用 40 分钟．如果乙比甲早出发 5 分钟去 B 区，则甲出发后经 (　　) 分钟可以追上乙．

   A. 10　　　　　　B. 15　　　　　　C. 20　　　　　　D. 25

6. 一个圆柱形状的量杯中放有一根长为 12 厘米的细搅棒（搅棒直径不计），当搅棒的下端接触量杯下底时，上端最少可露出杯口边缘 2 厘米，最多能露出 4 厘米，则这个量杯的容积为 (　　) 立方厘米．

   A. 72π　　　　B. 96π　　　　C. 288π　　　　D. 384π

7. 复数 $z = i + i^2 + i^3 + i^4 + i^5 + i^6 + i^7$，则 $|z + i| = $ (　　).

   A. 2　　　　　　B. $\sqrt{3}$　　　　　　C. $\sqrt{2}$　　　　　　D. 1

8. 如图，$\angle BAF = \angle FEB = \angle EBC = \angle ECD = 90°$，$\angle ABF = 30°$，$\angle BFE = 45°$，$\angle BCE = 60°$ 且 $AB = 2CD$，则 $\tan\angle CDE = $ (　　).

   A. $\dfrac{4\sqrt{2}}{3}$

   B. $\dfrac{3\sqrt{2}}{8}$

   C. $\dfrac{8\sqrt{6}}{3}$

   D. $\dfrac{5\sqrt{2}}{6}$

9. 两个不等的实数 a 与 b，均满足方程 $x^2 - 3x = 1$，则 $\dfrac{b^2}{a} + \dfrac{a^2}{b}$ 的值等于 (　　).

   A. -18　　　　B. 18　　　　C. -36　　　　D. 36

10. 有两个独立的报警器，当紧急情况发生时，它们发出信号的概率分别是 0.95 和 0.92，则在紧急情况出现时，至少有一个报警器发出信号的概率是（　　）.

    A. 0.920　　　　B. 0.935　　　　C. 0.950　　　　D. 0.996

11. 当 $x \neq -1$ 和 $x \neq -2$ 时，$\dfrac{x-1}{x^2+3x+2} = \dfrac{m}{x+1} + \dfrac{n}{x+2}$ 恒成立，则（　　）.

    A. $m = -2, n = 3$　　　　　　　　B. $m = -3, n = 2$

    C. $m = 2, n = -3$　　　　　　　　D. $m = 3, n = -2$

12. 48 支足球队，等分为 8 组进行初赛，每组中的各队之间都要比赛一场，初赛中比赛的总场数是（　　）.

    A. 48　　　　B. 120　　　　C. 240　　　　D. 288

13. 在 ΔABC 中，$\angle A : \angle B : \angle C = 3:2:7$，如果从 AB 上的一点 D 做射线 l，交 AC 或 BC 边于点 E，使 $\angle ADE = 60^\circ$，且 l 分 ΔABC 所成两部分图形的面积相等，那么（　　）.

    A. l 过 C 点（即 E 点与 C 重合）

    B. l 不过 C 点而与 AC 相交

    C. l 不过 C 点而与 BC 相交

    D. l 不存在

14. 对任意两个实数 a、b，定义两种运算：

$$a \oplus b = \begin{cases} a, & \text{如果 } a \geq b \\ b, & \text{如果 } a < b \end{cases} \quad \text{和} \quad a \otimes b = \begin{cases} b, & \text{如果 } a \geq b \\ a, & \text{如果 } a < b \end{cases}$$

算式 $(5 \oplus 7) \otimes 5$ 和算式 $(5 \otimes 7) \oplus 7$ 分别等于（　　）.

    A. 7 和 5　　　　B. 5 和 5　　　　C. 7 和 7　　　　D. 5 和 7

15. 在圆 $x^2 + y^2 - 6x - 8y + 21 = 0$ 所围区域（含边界）中，$P(x,y)$ 和 $Q(x,y)$ 是使得 $\dfrac{y}{x}$ 分别取得最大值和最小值的点，线段 PQ 的长为（　　）.

    A. $\dfrac{2\sqrt{21}}{5}$　　　B. $\dfrac{2\sqrt{23}}{5}$　　　C. $\dfrac{4\sqrt{21}}{5}$　　　D. $\dfrac{4\sqrt{23}}{5}$

16. 若 $\lim\limits_{x \to 1} f(x) = 4$，则必定（　　）.

    A. $f(1) = 4$

    B. $f(x)$ 在 $x = 1$ 处无定义

    C. 在 $x = 1$ 的某邻域（$x \neq 1$）中，$f(x) > 2$

    D. 在 $x = 1$ 的某邻域（$x \neq 1$）中，$f(x) \neq 4$

17. 设 $y = \ln\left(\tan\dfrac{x}{2}\right) - \ln\dfrac{1}{2}$，则 $y'\left(\dfrac{\pi}{2}\right) = $（　　）.

    A. -1　　　　B. 1　　　　C. $\dfrac{4}{16+\pi^2}$　　　　D. $\dfrac{8}{16+\pi^2}$

18. 设函数 $f(x)$ 可导，且 $f(0) = 1$，$f'(-\ln x) = x$，则 $f(1) = $（　　）.

    A. $2 - e^{-1}$　　　　　　　　B. $1 - e^{-1}$

    C. $1 + e^{-1}$　　　　　　　　D. e^{-1}

19. 下图中的三条曲线分别是：① $f(x)$，② $\displaystyle\int_x^{x+1} f(t)\,dt$，③ $\dfrac{1}{3}\displaystyle\int_x^{x+3} f(t)\,dt$ 的图形，按此排序，它们与图中所标示 $y_1(x)$，$y_2(x)$，$y_3(x)$ 的对应关系是（   ）.

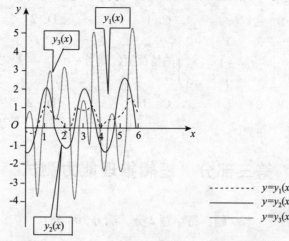

A. $y_1(x)$，$y_2(x)$，$y_3(x)$ 　　　　B. $y_1(x)$，$y_3(x)$，$y_2(x)$

C. $y_3(x)$，$y_1(x)$，$y_2(x)$ 　　　　D. $y_3(x)$，$y_2(x)$，$y_1(x)$

20. 若函数 $f(x)=\begin{cases}\dfrac{1}{x^3}\displaystyle\int_0^{3x}(e^{-t^2}-1)\,dt, & x\neq 0\\[2mm] a, & x=0\end{cases}$ 在 $x=0$ 点连续，则 $a=$（   ）.

A. -9 　　　　B. -3 　　　　C. 0 　　　　D. 1

21. 曲线 $y=x+\dfrac{1}{x}$ 上的点与单位圆 $x^2+y^2=1$ 上的点之间的最短距离为 d，则（   ）.

A. $d=1$ 　　　B. $d\in(0,1)$

C. $d=\sqrt{2}$ 　　D. $d\in(1,\sqrt{2})$

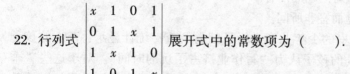

22. 行列式 $\begin{vmatrix} x & 1 & 0 & 1\\ 0 & 1 & x & 1\\ 1 & x & 1 & 0\\ 1 & 0 & 1 & x \end{vmatrix}$ 展开式中的常数项为（   ）.

A. 4 　　　　B. 2 　　　　C. 1 　　　　D. 0

23. A^* 是 $A=\begin{pmatrix} 1 & 1 & 0\\ 0 & 1 & 1\\ 1 & 0 & 1 \end{pmatrix}$ 的伴随矩阵，若三阶矩阵 X 满足 $A^*X=A$，则 X 的第 3 行的行向量是（   ）.

A. $(2\ \ 1\ \ 1)$ 　　　　　　B. $(1\ \ 2\ \ 1)$

C. $\left(1\ \ \dfrac{1}{2}\ \ \dfrac{1}{2}\right)$ 　　　　D. $\left(\dfrac{1}{2}\ \ \dfrac{1}{2}\ \ 1\right)$

24. 设 $A = \begin{pmatrix} 1 & 1 & \alpha \\ 0 & 1 & -1 \\ 1 & \alpha^2 & -1 \end{pmatrix}$，$b = (-1, -1, \alpha)^T$，则当 $\alpha = ($ 　　$)$ 时，方程组 $AX = b$ 无解.

    A. -2 B. -1 C. 1 D. 2

25. 1 与 -1 是矩阵 $A = \begin{pmatrix} 3 & 1 & -2 \\ -t & -1 & t \\ 4 & 1 & -3 \end{pmatrix}$ 的特征值，则当 $t = ($ 　　$)$ 时，矩阵 A 可对角化.

    A. -1 B. 0 C. 1 D. 2

第三部分　　逻辑推理能力测试

（50 题，每小题 2 分，满分 100 分）

1. 哲学家：“我思考，所以我存在。如果我不存在，那么我不思考。如果我思考，那么人生就意味着虚无缥缈。”若把“人生并不意味着虚无缥缈”补充到上述论证中，那么这位哲学家还能得出什么结论？

    A. 我存在   B. 我不存在   C. 我思考   D. 我不思考

2. 记者：“您是央视《百家讲坛》最受欢迎的演讲者之一，人们称您为国学大师、学术超男，对这两个称呼，您更喜欢哪一个？”

    教授：“我不是国学大师，也不是学术超男，只是一个文化传播者。”

    教授在回答记者的问题时使用了以下哪项陈述所表达的策略？

    A. 将一个多重问题拆成单一问题，分而答之。

    B. 摆脱非此即彼的困境而选择另一种恰当的回答。

    C. 通过重述问题的预设来回避对问题的回答。

    D. 通过回答另一个有趣的问题而答非所问。

3. 市妇联对本市 8100 名 9 到 12 岁的少年儿童进行了问卷调查。统计显示：75% 的孩子“愿意写家庭作业”，只有 12% 的孩子认为“写作业挤占了玩的时间”。对于这些“乖孩子”的答卷，一位家长的看法是：要么孩子们没有说实话，要么他们爱玩的天性已经被扭曲了。

    以下哪一项陈述是这位家长的推论所依赖的假设？

    A. 要是孩子们能实话实说，就不会有那么多的孩子表示“愿意写家庭作业”，而只有很少的孩子认为“写作业挤占了玩的时间”。

    B. 在学校和家庭的教育下，孩子们已经认同了“好学生、乖孩子”的心理定位，他们已经不习惯于袒露自己的真实想法。

    C. 过重的学习压力使孩子们整天埋头学习，逐渐习惯了缺乏娱乐的生活，从而失去了爱玩的天性。

    D. 与写家庭作业相比，天性爱玩的孩子们更喜欢玩，而写家庭作业肯定会减少他们玩的时间。

4. 大学生利用假期当保姆已不再是新鲜事。一项调查显示，63% 的被调查者赞成大学生当保姆，但是，当问到自己家里是否会请大学生保姆时，却有近 60% 的人表示"不会"。
以下哪项陈述如果为真，能够合理地解释上述看似矛盾的现象？

A. 在选择"会请大学生当保姆"的人中，有 75% 的人打算让大学生担任家教或秘书工作，只有 25% 的人想让大学生从事家务劳动。

B. 调查中有 62% 的人表示只愿意付给大学生保姆 800 元到 1000 元左右的月薪。

C. 赞成大学生当保姆的人中，有 69% 的人认为做家政工作对大学生自身有益，只有 31% 的人认为大学生保姆能提供更好的家政服务。

D. 在不赞成大学生当保姆的人中，有 40% 的人认为，学生实践应该选择与自己专业相关的领域。

5. 为缓解石油紧缺，我国于 5 年前开始将玉米转化为燃料乙醇的技术产业化，俗称"粮变油"，现在已经成为比较成熟的产业。2004 年到 2006 年我国连续三年粮食丰收，今年国际石油价格又创新高，但国家发展改革委员会却通知停止以粮食生产燃料乙醇的项目。
以下哪项陈述如果为真，能够最好地解释上述看似矛盾的现象？

A. 5 年前"粮变油"项目是一项消化陈化粮的举措。

B. "粮变油"项目会影响我国粮食安全，粮食安全比缓解石油紧缺更重要。

C. 我国已经研究出用秸秆生产燃料乙醇的关键技术。

D. 在我国玉米种植区，近年来新建的乙醇厂开始与饲料生产商争夺原料。

6. 评论家：官方以炮仗伤人，引起火灾为理由禁止春节在城里放花炮，而不是想方设法作趋利避害的引导，这里面暗含着自觉或不自觉的文化歧视。吸烟每年致病或引起火灾者，比放花炮而导致的损伤者要多得多，为何不禁？禁放花炮不仅暗含着文化歧视，而且将春节的最后一点节日气氛清除殆尽。
以下哪项陈述是这位评论家的结论所依赖的假设？

A. 诸如贴春联、祭祖、迎送财神等烘托节日气氛的习俗在城里的春节中已经消失。

B. 诸如吃饺子、送压岁钱等传统节日内容在城里的春节中依然兴盛不衰。

C. 诸如《理想国》、《黑客帝国》中的纯理性人群不需要过有浪漫气氛的节日。

D. 诸如端午、中秋、重阳等中国的传统节日现在不是官方法定的节日。

7. 经济学家：最近，W 同志的报告建议将住房预售制度改为现房销售，这引发了激烈的争论。有人认为中国的住房预售制度早就应该废止，另一些人则说取消这项制度会推高房价。我基本赞成前者。至于后者则是一个荒谬的观点，如果废除住房预售制度会推高房价，那么这个制度不用政府来取消，房地产开发商早就会千方百计地规避该制度了。
上述论证使用了以下哪一种论证技巧？

A. 通过表明对一个观点缺乏事实的支持，来论证这个观点不能成立。

B. 通过指明一个观点违反某个一般原则，来论证这个观点是错误的。

C. 通过指明一个观点与另一个已确定为真的陈述相矛盾，来论证这个观点为假。

D. 通过指明接受某个观点为真会导致令人难以置信的结果，来论证这个观点为假。

8. 美国科普作家雷切尔·卡逊撰写的《寂静的春天》被誉为西方现代环保运动的开山之

作。这本书以滴滴涕为主要案例，得出了化学药品对人类健康和地球环境有严重危害的结论。此书的出版引发了西方国家全民大论战。

以下各项陈述如果为真，都能削弱雷切尔·卡逊的结论，除了

A. 滴滴涕不仅能杀灭传播疟疾的蚊子，而且对环境的危害并不是那样严重。

B. 非洲一些地方停止使用滴滴涕后，疟疾病又卷土重来。

C. 发达国家使用滴滴涕的替代品同样对环境有危害。

D. 天津化工厂去年生产了 1000 吨滴滴涕，绝大部分出口非洲，帮助当地居民对抗疟疾。

9. 《乐记》和《系辞》中都有"天尊地卑"、"方以类聚，物以群分"等文句，由于《系辞》的文段写得比较自然，一气呵成，而《乐记》则显得勉强生硬，分散拖沓，所以，一定是《乐记》沿袭或引用了《系辞》的文句。

以下哪项陈述如果为真，能最有力地削弱上述论证的结论？

A. "天尊地卑"在比《系辞》更古老的《尚书》中被当做习语使用过。

B. 《系辞》以礼为重来讲天地之别，《乐记》以乐为重来讲天地之和。

C. 经典著作的形成通常都经历了一个由不成熟到成熟的漫长过程。

D. 《乐记》和《系辞》都是儒家的经典著作，成书年代尚未确定。

10. 在经济全球化的今天，西方的文化经典与传统仍在生存和延续。在美国，总统手按着《圣经》宣誓就职，小学生每周都要手按胸口背诵"一个在上帝庇护下的国家"的誓言。而在中国，小学生早已不再读经，也没有人手按《论语》宣誓就职，中国已成为一个一步步将文化经典与传统逐渐遗失的国家。

以下哪项陈述是上面论证所依赖的假设？

A. 随着科学技术的突飞猛进，西方的文化经典与传统正在走向衰落。

B. 中国历史上的官员从来没有手按某一部经典宣誓就职的传统。

C. 小学生读经是一个国家和民族保持文化经典与传统的象征。

D. 一个国家和民族的文化经典与传统具有科学难以替代的作用。

11. 有 5 名日本侵华时期被抓到日本的原中国劳工起诉日本一家公司，要求赔偿损失。2007 年日本最高法院在终审判决中声称，根据《中日联合声明》，中国人的个人索赔权已被放弃，因此驳回中国劳工的诉讼请求。查 1972 年签署的《中日联合声明》是这样写的："中华人民共和国政府宣布：为了中日人民的友好，放弃对日本国的战争赔偿要求。"

以下哪一项与日本最高法院的论证方法相同？

A. 王英会说英语，王英是中国人，所以，中国人会说英语。

B. 教育部规定，高校不得从事股票投资，所以，北京大学的张教授不能购买股票。

C. 中国奥委会是国际奥委会的成员，Y 先生是中国奥委会的委员，所以，Y 先生是国际奥委会的委员。

D. 我校运动会是全校的运动会，奥运会是全世界的运动会；我校学生都必须参加校运会开幕式，所以，全世界的人都必须参加奥运会开幕式。

12. 某发展中国家所面临的问题是，要维持它的经济发展，必须不断加强国内企业的竞争力；要保持社会稳定，必须不断建立健全养老、医疗、失业等社会保障体系。而要建

立健全社会保障体系，则需要企业每年为职工缴纳一定比例的社会保险费。如果企业每年为职工缴纳这样比例的社会保险费，则会降低企业的竞争力。

以下哪项结论可以从上面的陈述中推出？

A. 这个国家或者可以维持它的经济发展，或者可以保持它的社会稳定。

B. 如果降低企业每年为职工缴纳社会保险费的比例，则可以保持企业的竞争力量。

C. 这个国家无法维持它的经济发展，或者不能保持它的社会稳定。

D. 这个国家的经济发展会受到一定影响。

13. 南京某医院整形美容中心对接受整形手术者的统计调查表明，对自己的孩子选择做割双眼皮、垫鼻梁等整形手术，绝对支持的家长高达 85%，经过子女做思想工作同意孩子整形的占 10%，家长对子女整形的总支持率达到了 95%，比两年前 50% 的支持率高出了近一倍。

以下哪一项陈述最适合作为从上面的论述中推出的结论？

A. 95% 做整形手术的孩子得到了家长的同意。

B. 坚决不同意自己的孩子做整形手术的家长不超过 5%。

C. 10% 做整形手术的孩子给家长做了思想工作。

D. 95% 的家长支持自己的孩子做整形手术。

14. 张伟的所有课外作业都得了优，如果她的学期论文也得到优，即使不做课堂报告，她也能通过考试。不幸的是，她的学期论文没有得到优，所以她要想通过考试，就不得不做课堂报告了。上述论证中的推理是有缺陷的，因为该论证_____

A. 忽略了这种可能性：如果张伟不得不做课堂报告，那么她的学期论文就没有得到优。

B. 没有考虑到这种可能性：有的学生学期论文得了优，却没有通过考试。

C. 忽视了这种可能性：张伟的学期论文必须得到优，否则就要做课堂报告。

D. 依赖未确证的假设：如果张伟的学期论文得不到优，她不做课堂报告就通不过考试。

15. 今年 6 月，洞庭湖水位迅速上涨，淹没了大片湖洲、湖滩，栖息于此的约 20 亿只田鼠浩浩荡荡地涌入附近的农田，使洞庭湖沿岸的岳阳、益阳遭遇了二十多年来损失最为惨重的鼠灾。专家分析说，洞庭湖生态环境已经遭到破坏，鼠灾敲响了警钟。

下面的选项如果为真，都能支持专家的观点，除了

A. 蛇和猫头鹰被大量捕杀后，抑制老鼠过度繁殖的生态平衡机制已经失效。

B. "围湖造田"，"筑堤灭螺"等人类的活动割裂了洞庭湖的水域。

C. 每年汛期洞庭湖水位上升时，总能淹死很多老鼠，然而去年大旱，汛期水位上升不多。

D. 在滩洲上大规模排水种植杨树，使洞庭湖湿地变成了老鼠可以生存的林地。

16. 一项新的医疗技术，只有当它的疗效和安全性都确实可靠之后才能临床使用。1998 年美国科学家成功地使人类胚胎干细胞在体外生长和增殖，这种干细胞技术如果与克隆技术相结合，将可以由患者的体细胞培养出所需的组织细胞，取代患者的坏损细胞，以治疗各种疑难疾病，这就是所谓"治疗性克隆"。但现在"治疗性克隆"离临床使用还有相当长的距离。

以下哪项如果为真，将给上述结论以最强的支持？

A. 由于"治疗性克隆"涉及破坏人类早期胚胎的问题，因而引起罗马教会以及美、

B. 到目前为止，人类胚胎干细胞的获得是相当困难的。

C. 韩国学者黄禹锡承诺为一名因车祸瘫痪的儿童进行干细胞修复，但他有关干细胞的研究成果全部属于造假。

D. 目前科学家还远未弄清人类胚胎干细胞定向分化为各种细胞的机制以及如何防止它转化为癌细胞的问题。

17. 顾颉刚先生认为，《周易》卦爻辞中记载了商代到西周初叶的人物和事迹，如高宗伐鬼方、帝乙归妹等，并据此推定《周易》卦爻辞的著作年代当在西周初叶。《周易》卦爻辞中记载的这些人物和事迹已被近年来出土的文献资料所证实，所以，顾先生的推定是可靠的。

以下哪项陈述最准确地描述了上述论证的缺陷？

A. 卦爻辞中记载的人物和事迹大多数都是古老的传说。

B. 论证中的论据并不能确定著作年代的下限。

C. 传说中的人物和事迹不能成为证明著作年代的证据。

D. 论证只是依赖权威者的言辞来支持其结论。

18. 经济学家：如果一个企业没有政府的帮助而能获得可接受的利润，那么它有自生能力。如果一个企业在开放的竞争市场中没办法获得正常的利润，那么它就没有自生能力。除非一个企业有政策性负担，否则得不到政府的保护和补贴。由于国有企业拥有政府的保护和补贴，即使它没有自生能力，也能够赢利。

如果以上陈述为真，以下哪项陈述一定为真？

A. 如果一个企业没有自生能力，它就会在竞争中被淘汰。

B. 如果一个企业有政府的保护和补贴，它就会有政策性负担。

C. 如果一个企业有政策性负担，它就能得到政府的保护和补贴。

D. 在开放的竞争市场中，每个企业都是有自生能力的。

19. 公安部某专家称，撒谎的心理压力会导致某些生理变化。借助测谎仪可以测量撒谎者的生理表征，从而使测谎结果具有可靠性。

以下哪项陈述如果为真，能够最有力地削弱上述论证？

A. 各种各样的心理压力都会导致类似的生理表征。

B. 类似测谎仪这样的测量仪器也可能被误用和滥用。

C. 测谎仪是一种需要经常维护且易出故障的仪器。

D. 对有些人来说，撒谎只能导致较小的心理压力。

20. A 国的反政府武装绑架了 23 名在 A 国做援助工作的 H 国公民作为人质，要求政府释放被关押的该武装组织的成员。如果 A 国政府不答应反政府武装的要求，该组织会杀害人质；如果人质惨遭杀害，将使多数援助 A 国的国家望而却步。如果 A 国政府答应反政府武装的要求，该组织将以此为成功案例，不断复制绑架事件。

以下哪项结论可以从上面的陈述中推出？

A. 多数国家的政府会提醒自己的国民：不要前往危险的 A 国。

B. 反政府武装还会制造绑架事件。

C. 如果多数援助 A 国的国家继续派遣人员去 A 国，绑架事件还将发生。

D. H 国政府反对用武力解救人质。

21. 毫无疑问，采用多媒体课件进行教学能够提高教学效果。即使课件做得过于简单，只是传统的板书的"搬家"，未能真正实现多媒体的功效，也可以起到节省时间的作用。

以下哪一项陈述是上面的论证所依赖的假设？

A. 采用多媒体课件进行教学比使用传统的板书进行教学有明显的优势。

B. 将板书的内容移入课件不会降低传统的板书在教学中的功效。

C. 有些教师使用的课件过于简单，不能真正发挥多媒体的功效。

D. 用多媒体课件代替传统的板书可以节省写板书的时间。

22. 理智的人不会暴力抗法，除非抗法的后果不比服法更差，由此孤注一掷。

以下哪一项表达的意思与上面的话表达的意思不一致？

A. 只有暴力抗法的后果不比服法更差，理智的人才会孤注一掷而暴力抗法。

B. 如果暴力抗法的后果比服法更差，理智的人就不会孤注一掷而暴力抗法。

C. 如果服法的后果比暴力抗法要好，理智的人就不会孤注一掷而暴力抗法。

D. 只有暴力抗法的后果比服法更差，理智的人才不会孤注一掷而暴力抗法。

23. 一个地区的能源消耗增长与经济增长是呈正相关的，二者增长的幅度差通常不大于 15%。2003 午，浙江省统计报告显示：该省的能源消耗增长了 30%，而经济增长率却是 12.7%。

以下各项如果为真，都可能对上文中的不一致之处作出合理的解释，除了 _____。

A. 民营经济在浙江的经济中占的比例较大，某些民营经济的增长难以被统计到。

B. 一些地方官员为了给本地区的经济发展留点余地，低报了经济增长的数字。

C. 由于能源价格的大幅上涨，高能耗的大型国有企业的经济增长普遍下滑。

D. 由于能源价格的大幅上涨，浙江新投资上马的企业有 90% 属于低能耗企业。

24. 近年来，我国的房价一路飙升。2007 年 8 月国务院决定通过扩大廉租住房制度来解决城市 1000 万户低收入家庭的住房问题。为实现这一目标，需要政府发放租赁补贴或提供廉租住房；而要建设住房，则需要土地和资金。一位记者以《低收入家庭跨入廉租房时代》为题进行报道，这表明他对实现这一目标有信心。

以下各项如果为真，都能增强这位记者的信心，除了

A. 国务院要求，地方政府至少要将土地出让净收益的 10% 用于廉租住房保障资金。

B. 即使在发达国家，大部分低收入家庭也是靠租房而不是买房来解决居住问题。

C. 国务院要求地方政府将廉租住房保障资金纳入地方财政年度预算，对于中西部财政困难地区，中央财政给予支持。

D. 国土资源部要求各地国土资源管理部门优先安排解决廉租住房的用地。

25. 博物学家观察到，一群鸟中通常都有严格的等级制，地位高的鸟欺压地位低的鸟。头上羽毛颜色越深，胸脯羽毛条纹越粗，等级地位就越高，反之就低。博物学家还观察到，鸟的年龄越大，头上羽毛的颜色就越深，胸脯羽毛的条纹也就越粗。这说明鸟在一个群体中的地位是通过长期的共同生活逐渐确立起来的。

以下哪项如果为真，能够最有力地削弱上述论证？

    A. 人们把一只年轻的低等鸟的头和胸脯羽毛涂上高等鸟的颜色和条纹，并将它放在另一群同类鸟中，这只鸟在新的群体中受到了高等待遇。

    B. 人们不能通过头上羽毛颜色或者胸脯羽毛条纹来识别白天鹅在群体中的地位，因为它们头上的羽毛颜色分不出深浅，胸脯羽毛没有条纹。

    C. 如果鸟类世界中存在着严格的等级制，那么在一群鸟中，它们也会为提高各自的地位而发生争斗。

    D. 如果鸟类世界中存在着严格的等级制，那么在一群鸟中，它们各自的地位不会是终身不变的。

26. 节能灯所需要的电能少，比较省电，所以，如果人们都只用节能灯，不用耗电多的普通白炽灯，那就会节省不少电费。

    以下哪项陈述是上面论证所依赖的假设？

    A. 节能灯的亮度至少与普通白炽灯一样。

    B. 人们少用电就可以减少环境污染。

    C. 人们总想减少电费、水费等。

    D. 节能灯不比普通白炽灯便宜。

27. 当北大西洋海域的鳕鱼数量大大减少时，海豹的数量却由原来的 150 万只增加到 250 万只左右。有人认为是海豹导致了鳕鱼的减少，但海豹却很少以鳕鱼为食，所以，不可能是海豹数量的大量增加导致了鳕鱼数量的显著下降。

    以下哪项陈述如果为真，能够最有力地削弱上面的论证？

    A. 在传统的鳕鱼捕鱼带，大量的海豹给捕鱼船造成了极大的不方便。

    B. 海水污染对鳕鱼造成的伤害比对海豹造成的伤害更加严重。

    C. 在海豹数量增加之前，北大西洋海域的鳕鱼数量就大大减少了。

    D. 鳕鱼几乎只吃毛鳞鱼，而这种鱼也是海豹的主要食物。

28. 比利时是一个以制作巧克力而闻名的国家，到比利时旅游的人都会被当地的巧克力所吸引。但是，对于理智并了解行情的中国旅游者来说，只有在比利时出售的巧克力比在国内出售的同样的巧克力便宜，他们才会购买。实际上，了解行情的人都知道，在中国出售的比利时巧克力并不比在比利时出售的同样的巧克力更贵。

    从上面的论述中可以推出以下哪一个结论？

    A. 不理智或不了解行情的中国旅游者会在比利时购买该国的巧克力。

    B. 在比利时购买该国巧克力的理智的中国旅游者，都不了解行情。

    C. 在比利时购买该国巧克力的中国旅游者既不理智，也不了解行情。

    D. 理智并了解行情的中国旅游者会在国内购买比利时巧克力。

29. 为减轻学生沉重的课业负担，我国不断对高考的内容进行改革。高考的科目由原来的 7 科减为 4 科，但是，考试难度却增加了，学校不得不强化学生的应试训练。有些省市尝试稍微降低考试的难度，结果学生的成绩普遍提高，高校录取的分数线也随之上升，为上大学，学生必须考出更高的分数。由此可见_____

    以下哪项可以最合乎逻辑地完成上面的论述？

    A. 应当在高考中增加能力测试的比重，以此来改变整个基础教育中应试教育的倾向。

B. 扩大高校招生规模可以减轻学生的课业负担。

C. 将高中会考成绩作为高考成绩的一部分可以减轻学生的课业负担。

D. 只对高考的内容进行改革可能无法减轻学生的课业负担。

30. 小赵："最近几个月股票和基金市场很活跃。你有没有成为股民或基民？"

　　小王："我只能告诉你，股票和基金我至少买了其中之一；如果我不买基金，那么我也不买股票。"

　　如果小王告诉小赵的都是实话，则以下哪项一定为真？

　　A. 小王买了股票。　　　　　　　　B. 小王没买股票。

　　C. 小王买了基金。　　　　　　　　D. 小王没买基金。

31. 高校 2007 年秋季入学的学生中有些是免费师范生。所有的免费师范生都是家境贫寒的。凡家境贫寒的学生都参加了勤工助学活动。

　　如果以上陈述为真，则以下各项必然为真，除了 _____

　　A. 2007 年秋季入学的学生中有人家境贫寒。

　　B. 凡没有参加勤工助学活动的学生都不是免费师范生。

　　C. 有些参加勤工助学活动的学生是 2007 年秋季入学的。

　　D. 有些参加勤工助学活动的学生不是免费师范生。

32. 警方对嫌疑犯说："你总是撒谎，我们不能相信你。当你开始说真话时，我们就开始相信你。"

　　以下哪一项陈述是警方的言论中所隐含的假设？

　　A. 警方从来不相信这个嫌犯会说真话。　B. 警方认定嫌犯知道什么是说谎。

　　C. 警方知道嫌犯什么时候说真话。　　　D. 警方相信嫌犯最终将会说真话。

33. 近年来，私家车的数量猛增。为解决日益严重的交通拥堵问题，B 市决定大幅降低市区地面公交线路的票价。预计降价方案实施后 96% 的乘客将减少支出，这可以吸引乘客优先乘坐公交车，从而缓解 B 市的交通拥堵状况。

　　以下哪项陈述如果为真，能够最有力地削弱上面的结论？

　　A. 一些老弱病残孕乘客仍然会乘坐出租车出行。

　　B. B 市各单位的公车占该市机动车总量的 1/5，是造成该市交通堵塞的重要因素之一。

　　C. 公交线路票价大幅度降低后，公交车会更加拥挤，从而降低乘车的舒适性。

　　D. 便宜的票价对注重乘车环境和"享受生活"的私家车主没有吸引力。

34. 在汽车事故中，安全气囊可以大大降低严重伤害的风险。然而，统计显示，没有安全气囊的汽车卷入事故的可能性比有安全气囊的要小。因此，有安全气囊的汽车并不比没有安全气囊的汽车安全。

　　以下哪项陈述最准确地描述了上述论证的缺陷？

　　A. 否认了这种可能性：没有安全气囊的汽车会有其他降低严重伤害风险的安全措施。

　　B. 论证中只是假设而没有确证：有安全气囊的汽车将来可能会卷入事故中。

　　C. 论证中只是假设而没有确证：事故的发生至少与事故所造成的严重伤害在评估安全性问题上处于同等重要的地位。

　　D. 忽视了这种可能性：在一些事故中既包括有安全气囊的汽车，也包括没有安全气囊的汽车。

35. 最近，国家新闻出版总署等八大部委联合宣布，"网络游戏防沉迷系统"及配套的《网络游戏防沉迷系统实名认证方案》将于今年正式实施，未成年人玩网络游戏超过 5 小时，经验值和收益将计为 0。这一方案的实施，将有效地防止未成年人沉迷于网络游戏。

以下哪项说法如果正确，能够最有力地削弱上述结论？

A. 许多未成年人只是偶尔玩玩网络游戏，"网络游戏防沉迷系统"对他们并无作用。

B. "网络游戏防沉迷系统"对成年人不起作用，未成年人有可能冒用成年人身份或利用网上一些生成假身份证号码的工具登录网络游戏。

C. "网络游戏防沉迷系统"的推出，意味着未成年人玩网络游戏得到了主管部门的允许，从而可以从秘密走向公开化。

D. 除网络游戏外，还有单机游戏、电视机上玩的 PS 游戏等，"网络游戏防沉迷系统"可能会使很多未成年玩家转向这些游戏。

36. 李明："目前我国已经具备了开征遗产税的条件。我国已经有一大批人进入了高收入阶层，遗产税的开征有了雄厚的现实经济基础。我国的基尼系数已超过了 4.0 的国际警戒线，社会的贫富差距在逐渐加大，这对遗产税的开征提出了迫切的要求。"

张涛："我国目前还不具备开征遗产税的条件。如果现在实施遗产税，很可能遇到征不到税的问题。"

以下哪项如果为真，最能加强张涛的反对意见？

A. 目前我国的人均寿命为 72 岁，我国目前的富裕人群的年龄为 35—50 岁。

B. 目前在我国，无论平民百姓还是百万富翁都想把自己的财富留给子孙。

C. 只有在对个人信息很清楚的情况下才能实施遗产税。

D. 我国有些富有的影视明星不到 60 岁就不幸去世了。

37. 公司总裁认为，起诉程序应当允许起诉人和被告选择有助于他们解决问题的调解人。起诉的费用很大，而调解人有可能解决其中的大部分问题。然而，公司人力资源部所提的建议却是，在起诉进程的后期再开始调解，这几乎就没什么效果。

以下哪项陈述如果为真，最强地支持了公司总裁对人力资源部提议的批评？

A. 许多争论在没有调解人的情况下已经被解决了。

B. 那些提出起诉的人是不讲道理的，而且会拒绝听从调解人的意见。

C. 调解过程本身也会花掉和当前进行的起诉程序一样多的时间。

D. 随着法庭辩论的进行，对手间的态度会趋于强硬，使得相互妥协变得不大可能。

38. 古罗马的西塞罗曾说："优雅和美不可能与健康分开。"意大利文艺复兴时代的人道主义者洛伦佐·巴拉强调说，健康是一种宝贵的品质，是"肉体的天赋"，是大自然的恩赐。他写道："很多健康的人并不美，但是没有一个美的人是不健康的。"

以下各项都可以从洛伦佐·巴拉的论述中推出，除了

A. 没有一个不健康的人是美的。　　　B. 有些健康的人是美的。

C. 有些美的人不是健康的。　　　　　D. 有些不美的人是健康的。

39. 有 86 位患有 T 型疾病的患者接受同样的治疗。在一项研究中，将他们平分为两组，其中一组的所有成员每周参加一次集体鼓励活动，而另外一组则没有。10 年后，每一组都有

41 位病人去世。很明显，集体鼓励活动并不能使患有 T 型疾病的患者活得更长。

以下哪项陈述如果为真，能最有力地削弱上述论证？

A. 10 年后还活着的患者，参加集体鼓励活动的两位比没参加的两位活得更长一些。

B. 每周参加一次集体鼓励活动的那组成员平均要比另外一组多活两年的时间。

C. 一些医生认为每周参加一次集体鼓励活动会降低接受治疗的患者的信心。

D. 每周参加一次集体鼓励活动的患者报告说，这种活动能帮助他们与疾病作斗争。

40. 计算机科学家已经发现称为"阿里巴巴"和"四十大盗"的两种计算机病毒。这些病毒常常会侵入计算机系统文件中，阻碍计算机文件的正确储存。幸运的是，目前还没有证据证明这两种病毒能够完全删除计算机文件，所以，发现有这两种病毒的计算机用户不必担心自己的文件被清除掉。

以上论证是错误的，因为它_____

A. 用仅仅是对结论加以重述的证据来支持它的结论。

B. 没有考虑这一事实：没被证明的因果关系，人们也可以假定这种关系的存在。

C. 没有考虑这种可能性：即使尚未证明因果关系的存在，这种关系也是存在的。

D. 并没有说明计算机病毒删除文件的技术机制。

41～45 小题基于以下共同题干：

一座塑料大棚中有 6 块大小相同的长方形菜池子，按照从左到右的次序依次排列为：1号、2号、3号、4号、5号和6号。而且 1 号与 6 号不相邻。大棚中恰好需要种 6 种蔬菜：Q、L、H、X、S 和 Y。每块菜池子只能种植其中的一种。种植安排必须符合以下条件：

(1) Q 在 H 左侧的某一块菜池中种植。

(2) X 种在 1 号或 6 号菜池子。

(3) 3 号菜池子种植 Y 或 S。

(4) L 紧挨着 S 的右侧种植

41. 以下哪项列出的可能是符合条件的种植安排？

A. 1 号种植 Y；2 号种植 Q；3 号种植 S；4 号种植 L；5 号种植 H；6 号种植 X。

B. 1 号种植 X；2 号种植 Y；3 号种植 Q；4 号种植 S；5 号种植 L；6 号种植 H。

C. 1 号种植 H；2 号种植 Q；3 号种植 Y；4 号种植 S；5 号种植 L；6 号种植 X。

D. 1 号种植 L；2 号种植 S；3 号种植 Y；4 号种植 Q；5 号种植 H；6 号种植 X。

42. 如果 S 种在偶数号的菜池中，以下哪项陈述必然为真？

A. L 紧挨着 S 左侧种植。　　　　　　B. H 紧挨着 S 左侧种植。

C. Y 紧挨着 S 左侧种植。　　　　　　D. X 紧挨着 S 左侧种植

43. 如果 S 和 Q 种植在奇数号的菜池中，以下哪项陈述可能为真？

A. H 种在 1 号菜池子。　　　　　　　B. Y 种在 2 号菜池子。

C. H 种在 4 号菜池子。　　　　　　　D. L 种在 5 号菜池子。

44. 以下哪项陈述不可能为真？

A. Y 种在 X 右侧的某一块菜池中。　　B. X 紧挨着 Y 的左侧种植。

C. S 种在 Q 左侧的某一块菜池中。　　D. H 紧挨着 X 的右侧种植。

45. 如果 H 种在 2 号菜池子，以下哪项陈述必然为真？

A. X 种在 6 号菜池子。　　　　B. L 种在 4 号菜池子。

C. L 种在 5 号菜池子。　　　　D. Y 种在 3 号菜池子。

46~50 小题基于以下共同题干：

　　某街道综合治理委员会共有 6 名委员：F、G、H、I、M 和 P。其中每一位委员，在综合治理委员会下属的 3 个分委会中，至少要担任其中一个分委会的委员。每个分委会由 3 位不同的委员组成。已知的信息如下：

　　6 名委员中有一位分别担任 3 个分委会的委员。

　　F 不和 G 在同一个分委会任委员。

　　H 不和 I 在同一个分委会任委员。

46. 以下哪项陈述可能为真？

　　A. F 分别在三个分委会任委员。　　B. H 分别在三个分委会任委员。

　　C. G 分别在三个分委会任委员。　　D. I 任职的分委会中有 P。

47. 如果在 M 任职的分委会中有 I，以下哪项陈述可能为真？

　　A. M 是每一个分委会的委员。　　B. I 分别在两个分委会任委员。

　　C. 在 P 任职的分委会中有 I。　　D. F 和 M 在同一个分委会任委员。

48. 如果 F 不和 M 在同一个分委会任委员，以下哪项陈述必然为真？

　　A. F 和 H 在同一个分委会任委员。　　B. F 和 I 在同一个分委会任委员。

　　C. I 和 P 在同一个分委会任委员。　　D. M 和 G 在同一个分委会任委员

49. 以下哪项陈述必然为真？

　　A. M 和 P 共同在某个分委会任委员。　　B. F 和 H 共同在某个分委会任委员。

　　C. G 和 I 共同在某个分委会任委员。　　D. I 只任一个分委会的委员。

50. 以下哪项陈述必然为真？

　　A. F 或 G 有一个分别是三个分委会的委员。

　　B. H 或 I 有一个分别是三个分委会的委员。

　　C. P 或 M 只在一个分委会中任委员。

　　D. 有一个委员恰好在两个分委会中任委员。

第四部分　外语运用能力测试（英语）

（50 题，每小题 2 分，满分 100 分）

Part One　　　　　　　　Vocabulary and Structure

Directions: *In this part there are ten incomplete sentences, each with four suggested answers. Choose the one that you think is the best answer. Mark your answer on the **ANSWER SHEET** by drawing with a pencil a short bar across the corresponding letter in the brackets.*

1. Living things can sense and _____ changes in their surroundings.

　　A. respond to　　　B. make up　　　C. lead to　　　D. decide on

2. Some persons _____ fishing simply for fun.

    A. make   B. feel   C. seek   D. enjoy

3. In space, _____ and equipment need many forms of protection.

    A. pilots   B. astronauts   C. engineers   D. scientists

4. Minimum wage is the _____ amount of money per hour that an employer may legally pay a worker.

    A. little   B. few   C. least   D. smallest

5. Sometimes, artists paint _____ for their own enjoyment or self-expression, choosing their own subjects.

    A. reluctantly   B. occasionally   C. primarily   D. generously

6. When we arrived at the airport, we were told our flight _____

    A. cancelled   B. had cancelled

    C. has been cancelled   D. had been cancelled

7. Kathy hopes to become a friend of _____ shares her bitterness and happiness.

    A. whoever   B. whatever   C. whomever   D. whichever

8. The coat I'm wearing now cost about _____ of that one hung over there.

    A. twice price   B. the twice price   C. twice the price D. the price twice

9. _____ the flood, the ship would have reached its destination on time.

    A. In case of   B. In spite of   C. As of   D. But for

10. Without the sun's light _____ the earth's surface, no life could exist on the earth.

    A. warms   B. warmed   C. warming   D. to warm

Part Two   Reading Comprehension

Directions: *In this part there are three passages and one listing, each followed by five questions or unfinished statements. For each of them, there are four choices marked A, B, C and D. Choose the best one and mark your answer on the ANSWER SHEET with a single line through the center.*

Questions 11-15 are based on the following passage:

    In fall 2006, the National Basketball Association (NBA) started using basketballs made with synthetic, or manmade material instead of leather. They made the switch because they wanted every basketball they use to feel and bounce (弹起) the same.

    However, some players complained right away that the new balls bounced differently, and were actually harder to control than the leather ones. Dallas Mavericks owner Mark Cuban asked for help from the Department of Physics at the University of Texas. The scientists investigated friction that affects the ability of a player to hold onto a ball. "The greater the friction, the better it will stick to his hand," explains Horwitz, one of the physicists who worked on the project.

    Tests on both wet and dry balls showed that while the plastic ball was easier to grip when dry, it had less friction and became much harder to hold onto when wet. That's because sweating stays on the surface of the synthetic balls but gets absorbed into the leather balls — an important detail for sweaty athletes.

In January, the NBA went back to using the traditional leather balls. They aren't perfect, but for now, that's just the way the ball bounces.

11. The NBA started using synthetic basket balls instead of leather ones because _____.

A. they wanted every basketball to feel and bounce the same

B. NBA officials wanted a switch with which to start a reform

C. they emphasized that synthetic materials are manmade

D. NBA players had used the leather balls for too long a time

12. How did some NBA players respond to the switch to synthetic balls?

A. They felt much more comfortable with the synthetic balls.

B. They thought differently about the leather balls.

C. They felt that the new balls were worse than the leather ones.

D. They believed the new balls would soon be replaced.

13. Which of the following contributes to the better control of the balls?

A. Greater friction.　　　　　　　　　B. More ownership.

C. Stronger affection.　　　　　　　　D. Fewer investigations.

14. When is it harder for an NBA player to hold onto a synthetic ball?

A. When the ball is dried with a towel.　B. When the ball is wetted by water.

C. When tests are done on the ball.　　　D. When sweating sticks to the ball.

15. In the last paragraph, "that's just the way the ball bounces" probably means _____.

A. tradition offers the best choice　　　B. the ball bounces as best it can

C. the NBA made a mistake　　　　　　D. the ball bounces perfectly

Questions 16-20 are based on the following passage:

A mother dolphin (海豚) chats with her baby over the telephone! They were in separate tanks connected by a special underwater audio link. "It seemed clear that they knew who they were talking with," says Don White, whose project Delphis ran the experiment. But what were they saying?

Scientists think dolphins "talk" about everything from basic facts like their age to their emotional state. "I speculate that they say things like 'there are some good fish over here,' or 'watch out for that shark because he's hunting,'" says Denise Herzing, who studies dolphins in the Bahamas.

Deciphering (译解) "dolphin speak" is also tricky because their language is so dependent on what they're doing, whether they're playing, fighting, or going after tasty fish. During fights, for example, dolphins clap (碰撞) their jaws to say "Back off!" But their jaws clap while playing, too, as if to show who's king of the underwater playground.

16. How did the mother dolphin talk with her baby over the telephone?

A. Two connected tanks were separated for the talk.

B. A special underwater audio link was set up for the talk.

C. Both the mother dolphin and the baby knew each other.

D. A clear voice could be heard in the two separate tanks.

17. Dolphins seem to talk to each other about any of the following EXCEPT _____.

    A. their age   B. their emotional state

    C. food sources   D. audio link

18. Why is it challenging to interpret "dolphin speak"?

    A. Because dolphins' language heavily relies on their actions.

    B. Because dolphins like to talk about their language.

    C. Because playing and fighting are part of dolphins' life.

    D. Because tasty fish are difficult for dolphins to catch.

19. A dolphin might be saying "_____" when it claps its jaws.

    A. Go back to your home!   B. Who is playing here!

    C. I am the king here!   D. Show me who the king is!

20. When scientists describe dolphins' communicative skills, their tone is rather _____.

    A. affirmative   B. speculative   C. playful   D. negative

Questions 21-25 are based on the following passage:

    An American company has started testing a new program aimed at increasing security. Three workers from CityWatcher. com, a company that provides security camera equipment, have volunteered to be electronically monitored. They will have a silicon chip put inside their arms. The tiny device is the size of a grain of rice and will send out radio signals. These will provide information to a central monitoring system that will give the workers access to secure areas of the workplace. The chips were originally designed for medical purposes.

    Sean Darks, CEO of City Watcher, said the chips were like identity cards. He said the only difference is that they are inserted inside the person's body. He added they are very different from Global Positioning Satellite technology, which allows people's location to be monitored. Mr. Darks insisted that they were not dangerous and even decided to have a chip implanted in his own body. However, many people are worried about the issue of privacy. Many believe the technology could be abused and that new laws will have to be made. Mr. Darks said his workers can always choose to have the chips removed.

21. This passage is mainly about _____.

    A. the test of a new security program   B. the increasing security of U. S. companies

    C. a new central monitoring system   D. Global Positioning Satellite technology

22. The three workers from CityWatcher. com have _____.

    A. volunteered to provide security camera equipment

    B. offered to be monitored in the new security program

    C. agreed to have silicon chips planted in their brain

    D. had access to secure areas of their workplace

23. Which of the following is NOT true about the silicon chips in trial?

    A. They are as tiny as a grain of rice.   B. They will send out radio signals.

    C. They will be developed for medical uses. D. They function like identity cards.

24. The chips are different from the Global Positioning Satellite technology in that _____.

    A. they allow people's location to be monitored

    B. they are inserted into a person's body as ID cards

    C. they provide information to a central monitoring system

    D. they bring more danger to the carders

25. Many people are worried about the silicon chips because _____.

    A. the new technology may intrude on people's privacy

    B. they cannot get the implanted chips removed

    C. the new laws about the technology might be abused

    D. they are not assured of the effect of the chips

Questions 26-30 are based on the following listing:

GUARANTEED LOWEST PRICES TO THE FAR EAST!!!			
Airline	Destination	Travel Dates	Fares from
Virgin Atlantic	Hong Kong	26 Aug 2007—30 Sep 2007 25 Oct 2007—14 Dec 2007 25 Dec 2007—20 Mar 2007	£ 284
CATHAY PACIFIC	Hong Kong	20 Aug 2007—31 Aug 2007	£ 670
AIR NEW ZEALAND	Hong Kong	26 Aug 2007—30 Sep 2007 25 Dec 2007—20 Mar 2007 27 Mar 2007—31 Mar 2007	£ 282
中国东方航空 CHINA EASTERN	Shanghai	20 Aug 2007—30 Nov 2007 24 Dec 2007—12 Mar 2007 24 Mar 2007—31 Mar 2007	£ 260
Lufthansa	Beijing	20 Aug 2007—31 Dec 2007	£ 233
Austrian >	Beijing	20 Aug 2007—31 Aug 2007 15 Dec 2007—31 Dec 2007	£ 445
中国东方航空 CHINA EASTERN	Beijing	20 Aug 2007—13 Nov 2007 24 Dec 2007—12 Mar 2007 24 Mar 2007—31 Mar 2007	£ 300
SINGAPORE AIRLINES	Singapore, Hanoi	20 Aug 2007—30 Nov 2007	£ 425
Thai Thai Airways International	Bangkok	20 Aug 2007—30 Nov 2007	£ 335
	Hanoi, Ho Chi Minh City		£ 395
ALL TAXES AND CHARGES ARE NOT INCLUDED			
For any other alternative dates please call our reservation hotline: 0207 484 8900. All tours can be tailor-made for individual/group travel therefore please. Call our tour department on 0207 484 8925 for further details.			

26. The above listing is most probably _____.

    A. an advertisement placed by an airline company

    B. a notice placed by an international air company

    C. a ticketing message provided by a hotline company

    D. an information board provided by a travel agency

27. Which of the following airlines provides the lowest price to Hong Kong?

    A. Air New Zealand   B. Cathay Pacific Airline

    C. China Eastern Airline   D. Atlantic Airline

28. If you decide to take a flight to Hanoi, you might have to pay _____ altogether for the flight.

    A. £ 335   B. £ 430   C. £ 395   D. £ 670

29. Which of the following choices can help you fly to Beijing at the lowest cost?

    A. 20 Aug 2007—13 Nov 2007 with Singapore Airline

    B. 20 Aug 2007—31 Aug 2007 with China Eastern

    C. 24 Mar 2007—3 Mar 2007 with Austrian Airline

    D. 20 Aug 2007—31 Dec 2007 with Lufthansa

30. You can call 0207 484 8925 for more information about _____.

    A. taxes and charges   B. tickets on other dates

    C. specially designed group tours   D. travel agencies

Part Three   Cloze

Directions: *There are ten blanks in the following passage. For each numbered blank, there are four choices marked A, B, C and D. Choose the best one and mark your answer on the* **ANSWER SHEET** *with single line through the center.*

    Jazz is a kind of music that has often been called the only art form to originate in the United States. The history of _____31_____ began in the late 1800's. The music grew from a _____32_____ of influences, including black American music, African music, African rhythms, American band traditions and instruments, and European harmonies and forms. Much of the best jazz is still written and _____33_____ in the United States. But musicians from many other countries are _____34_____ major contributions to jazz. Jazz was actually _____35_____ appreciated as an important art form in Europe _____36_____ it gained such recognition in the United States.

    The earliest jazz was performed by black Americans who had little or no training in Western music. These musicians drew on a strong musical culture from _____37_____ life. As jazz grew _____38_____ popularity, its sound was influenced by _____39_____ with formal training and classical backgrounds. During its history, jazz has absorbed influences from the folk and classical music of Africa, Asia, and other parts of the world. The development of instruments with new and _____40_____ characteristics has also influenced the sound of jazz.

31. A. art   B. music   C. jazz   D. form

32. A. selection   B. combination   C. assurance   D. emphasis
33. A. spoken   B. shown   C. understood   D. performed
34. A. providing   B. seeking   C. making   D. remembering
35. A. restrictively B. flexibly   C. slightly   D. widely
36. A. before   B. unless   C. however   D. why
37. A. white   B. black   C. yellow   D. red
38. A. on   B. for   C. of   D. in
39. A. musicians   B. audience   C. judges   D. artists
40. A. similar   B. different   C. classified   D. Western

Part Four   Dialogue Completion

Directions: *In this part, there are ten short incomplete dialogues between two speakers. Each followed by four choices marked A, B, C and D. Choose the one that most appropriately suits the conversational context and best completes the dialogue. Mark your answer on the ANSWER SHEET with a single line through the center.*

41. Susan: Hi, how are you doing?

    Mike: I'm doing great. _____?

    Susan: Not too bad.

    A. How about you   B. Why

    C. Is it good for you   D. How do you know it

42. Man: Which way is Aisle (通道) 6A?

    Woman: _____.

    Man: Great. Thank you.

    A. In three minutes   B. One moment, please

    C. Two rows that way   D. Four blocks away

43. Speaker A: Thank you very much for inviting us to such a delightful dinner.

    Speaker B: _____.

    A. You are so polite   B. You are quite welcome

    C. Don't use thanks   D. Don't be so polite

44. Mike: I got a job offer from Dell.

    John: That's great news. I'm very happy for you.

    Mike: Thanks. I feel like celebrating. Let's go have a beer! _____.

    A. It is rather expensive   B. It's so fine today

    C. It's your turn   D. It's on me

45. Girl: Are you ready to order?

    Man: _____.

    Girl: Sure. I'll be back in a moment.

    A. Do you think I'm ready?   B. Yes, I'm ready.

    C. Are you sure you'll be back?   D. Can I have one more minute?

46. Speaker A: _____

    Speaker B: Yes, I'd like to open a savings account.

    A. Why have you come here?   B. What do you want to do, sir?

    C. Do you have anything to do here? D. Can I help you, sir?

47. Paul: Why did you tell the whole world about my past!

    Jeffrey: _____.

    A. Well, I apologies. I got all excited

    B. I guess it doesn't matter that much

    C. Oh well, it's done now. I can't help

    D. I don't think you should complain

48. Man: Do I have the pleasure to buy you a drink?

    Woman: _____.

    A. It's your pleasure   B. You're too nice to me

    C. It's very kind of you   D. You spend money again

49. Student: Hello, this is Bill Aston. I'd like to speak to Professor Mailer, please.

    Assistant: _____.

    A. Who is speaking over there?

    B. Sorry, he is not available at the moment.

    C. Can you tell me who you are?

    D. There's no one here by that name.

50. Cindy: Thanks for all your help.

    Joe: No problem. Have a good day.

    Cindy: _____. Thanks again. Bye.

    A. I will   B. You too   C. It will be   D. I think so

2008 年在职攻读硕士学位全国联考研究生入学资格考试试卷

第一部分　语言表达能力测试

(50 题，每题 2 分，满分 100 分)

一、选择题

1. 下列词语中加点字的读音完全相同的一组是 ＿＿＿＿＿＿。
   - A. 宦官　豢养　盥洗　患得患失　风云变幻
   - B. 莅临　乖戾　官吏　呕心沥血　不寒而栗
   - C. 翌日　对弈　肄业　苦心孤诣　雄关险隘
   - D. 羡慕　汗腺　霰弹　谄媚阿谀　借花献佛

2. 下列成语中，加点字的意义都不相同的一组是 ＿＿＿＿＿＿。
   - A. 沽名钓誉　徒有虚名　不可名状
   - B. 栉风沐雨　风声鹤唳　移风易俗
   - C. 横生枝节　起死回生　无中生有
   - D. 动人心弦　兴师动众　动辄得咎

3. 下列句子中，没有语病的一句是 ＿＿＿＿＿＿
   - A. 长达两个小时的谈心会，积存于代表们心中的疑虑得到了一定程度的消除。
   - B. 公司引进国外先进的技术和设备，使原材料的消耗比过去节省了将近一倍。
   - C. 当地教育部门采取各种办法，努力培养和提高中学中青年教师的业务水平。
   - D. 体育场馆的建设和对公众开放，为广泛开展群众文体活动提供了有利条件。

4. 下列各句中，语意明确，没有歧义的一句是 ＿＿＿＿＿＿
   - A. 老张也喜欢到公园里去打太极拳。
   - B. 他连你都不认识，又怎么会认识我呢？
   - C. 他抬头一看，发现那幅画上头有一只苍蝇。
   - D. 辩论赛上，正方对反方的反驳是有充分准备的。

5. 下列句子中没有使用比喻修辞手法的一句是 ＿＿＿＿＿＿
   - A. 生命如风，创造青春的精致；生命如月，辉映着夏的清凉；生命如水，荡涤着秋的萧瑟；生命如云，浮掠着冬的悲伤。
   - B. 那些细碎的往事，当时只是寻常，如今却全变成钻石一样晶莹纯粹的回忆。
   - C. 清晨，迎着朝阳，红领巾们带着小树苗去参加植树活动了。
   - D. 儿子是箭，父亲是弓，要想把箭射得更远，父亲的背便愈弓。

6. 下列关于文史知识的表述，错误的一项是 ＿＿＿＿＿＿。
   - A. 元代王实甫的传奇剧《西厢记》，描写书生张珙和相国小姐崔莺莺从相爱到结合的曲折过程，表达了"有情人终成眷属"的美好愿望。

B. 秦末战乱，刘邦于公元前 206 年攻占秦都咸阳，废除秦朝的严刑峻法，召集关中父老宣布法令："杀人者死，伤人及盗抵罪。"史称"约法三章"。

C. 俄国诗人普希金的诗体小说《叶甫盖尼·奥涅金》中的贵族青年奥涅金，是俄国文学史上第一个所谓"多余人"的形象。

D. 徐志摩是中国现代文学史上著名诗人，"新月诗派"的骨干，有《猛虎集》、《志摩的诗》等诗集。

7. "天才并不比其他人有更多的光，但他有一个能聚集光至燃点的特殊透镜。"这句话的意思是 _____。

    A. 天才之为天才，并非由于他才华出众，而在于他善于发挥别人没有的特长。

    B. 天才之为天才，并非由于他有多种才能，而在于他能综合发挥这些才能。

    C. 天才之为天才，并非由于他比别人有更多才能，而在于他能集中发挥这些才能。

    D. 天才之为天才，并非由于他的才华有更多光芒，而在于他能逐渐发挥这些光芒的能量。

8. 火车票上有"限乘当日当次车，在 X 日内到有效"的说明，对这句话的正确理解是 _____。

    A. X 日内乘车，X 日内到达有效

    B. 若不乘当次车，当日到达也无效

    C. 可以在第 X 日乘车，当日到达有效

    D. 限乘当日当次车，若中途下车，X 日内到达有效

9. 宋代朱熹主张读书要善于"涵泳"，强调读书"须是踏翻了船，通身都在那水中"。下列朱熹关于读书的说法，与该句修辞方式完全不同的是 _____。

    A. 读书要须耐烦，譬如煎药，初煎时，须猛着火；待滚了，却退着，以慢火养之。

    B. 读书者当将此身葬在此书中，行住坐卧，念念在此，誓以必晓彻为期。

    C. 学者读书，须要敛身正坐，缓视微吟，切记体察。

    D. 凡看书，须如人受词讼，听其说尽，然后方可决断。

10. "始作俑者，其无后乎！"出自《孟子·梁惠王上》，后"始作俑者"成为常用成语。下列正确使用这个成语的一句是 _____。

    A.《镜花缘》第七十九回："你要提起'左手如托泰山'这句，真是害人不浅！当日不知那个始作俑者，忽然用了'托'字，初学不知，往往弄成大病，实实可恨！"

    B. 如果把 1982 年《浙江青年》杂志社举办的"全国青年钢笔字比赛"作为硬笔书法比赛的始作俑者，那么这个比赛从创立至今已有十多个年头了。

    C. 建议刘备联合孙权的，是鲁肃；说服孙权联合刘备的，也是鲁肃。鲁肃是孙刘联盟的始作俑者，也是孙刘联盟的第一功臣。

    D. 南宋思想家朱熹对《礼记·大学》的"格物致知"命题作了系统的阐释和论述，可以说他是儒家这一认识思想的始作俑者。

11.《论语·为政》："学而不思则罔，思而不学则殆。"这句话体现的教育思想是 _____。

    A. 启发式教学   B. 学习与思考相结合

    C. 因材施教   D. 学习与行动相结合

12. 根据《中华人民共和国物权法》的规定，下列事项中，需要经专有部分占建筑物总面

积三分之二以上的业主且占总人数三分之二以上的业主同意才能通过的是 _____。

A. 选举业主委员会 　　　　　　B. 使用建筑物的维修资金

C. 选聘物业服务企业 　　　　　　D. 制定业主大会议事规则

13. 国内生产总值（GDP）是指一个国家（或地区）在一定时期内所有常住单位生产经营活动的全部最终成果价值的总和。国民生产总值（GNP）是指一个国家（或地区）所有国民在一定时期内生产的产品和服务的新增价值的总和。下列关于 GDP 和 GNP 的表述，错误的是 _____。

A. GDP 和 GNP 的计算没有考虑资源消耗的环境消耗

B. GDP 强调获得的原始收入，GNP 则强调创造的增加值

C. 外商独资企业在中国境内全部最终成果应该计算在中国的 GNP 中

D. 中国企业在国外经营创造的增加值收入应计算在中国的 GNP 中

14. 2008 年 5 月 12 日 14 时 28 分，四川省发生里氏 8 级强烈地震，震中位于阿坝州汶川县，地震造成了重大的生命和财产损失。震级表示地震本身大小的等级划分，它与地震释放出来的能量大小相关。而地震烈度是指地震对地表和建筑物等破坏强弱的程度。下列说法中，错误的是 _____。

A. 一次地震只有一个震级

B. "里氏 8 级"指的是地震震级

C. 一般地说，离震中越近，地震震级越大

D. 同一次地震中，在不同地区的地震烈度可能不同

15. 奥运会的比赛实况及新闻报道是通过卫星传送到世界各地的电视台，电视台再通过无线传播或有线传播将信号发送出去，而有线传播是通过光导纤维通信来实现的，它是利用光的全反射将大量信息高速传输。光线由折射率大的介质进入折射率小的介质的情况下才会发生全反射现象。若采用的光导纤维是由内芯和包层介质组成，下列说法正确的是 _____。

A. 内芯和包层折射率相同，且折射率都大

B. 内芯和包层折射率相同，且折射率都小

C. 内芯和包层折射率不同，包层折射率较大

D. 内芯和包层折射率不同，包层折射率较小

二、填空题

16. 在下面文字中的横线处，依次填入最恰当的关联词语。

①贪污腐败之所以为人 _____，是因为它违背人类的基本道德准则。

②经过大家的劝解，他心中的不快不久便 _____而释。

③虽是好友，但吵过几次架后，感情也就慢慢地 _____了。

A. 不齿　焕然　淡泊 　　　　　B. 不耻　焕然　淡薄

C. 不耻　涣然　淡泊 　　　　　D. 不齿　涣然　淡薄

17. 在下列各句横线处，依次填入最恰当的词语。

_____我是画家，无疑我会努力把我心灵活跃时的幻想描绘出来，_____画笔不是我能使唤的工具。我有的只是字句和韵律，_____我也没有学会用它们写出

力作。_____，就像第一次用画箱的年轻人那样，我整天用我青春的色彩来涂抹缤纷的幻想。

A. 即使　尽管　而且　固然　　B. 如果　但是　甚至　固然

C. 如果　但是　而且　可是　　D. 即使　尽管　甚至　可是

18. 在下面一段文字的横线处填上与上下文衔接最好的一段话。

　　"解放思想"不是一句堂皇的口号，不是一曲浪漫的旋律。它需要直面更多的难题，_____。

A. 需要锐气和胆识，需要实事求是的科学品格，需要承受更多的风险，需要付出更多的代价。

B. 需要承受更多的风险，需要锐气和胆识，需要付出更多的代价，需要实事求是的科学品格。

C. 需要承受更多的风险，需要付出更多的代价，需要锐气和胆识，需要实事求是的科学品格。

D. 需要付出更多的代价，需要承受更多的风险，需要锐气和胆识，需要实事求是的科学品格。

19. 在下面一段文字的横线处，依次填入最恰当的标点符号。

　　换言之_____电子媒介系统正在长驱直入_____围绕书写文化创立的媒介系统显露出溃退的迹象_____许多文化人士已经在公开场合重提这样的论断_____书籍遇到了前所未有的危机。

A. ：　。　，　，　　　　　　B. ，　，　。　：

C. ，　。　，　，　　　　　　D. ：　，　。　：

20. 依据对仗原则，在横线处填入合适的一句。

　　掬水月在手，_____。

A. 山色有无中　　　　　　　　B. 人迹板桥霜

C. 弄花香满衣　　　　　　　　D. 竹露滴清响

21. 在下列各句横线处，依次填入正确的词语。

①我们建设和谐社会，需要 _____ 的情怀。

②像这样苛捐杂税有增无已，长此下去，_____ 了。

③这地方果然山明水秀、_____。

A. 民胞物与　　民不堪命　　民康物阜

B. 民不堪命　　民胞物与　　民康物阜

C. 民康物阜　　民胞物与　　民不堪命

D. 民胞物与　　民康物阜　　民不堪命

22. 十八世纪德国注明文学家歌德，二十四岁时创作的描写爱情的书信体小说 _____ _____，曾对我国"五四"新文学产生过很大影响。

A.《阴谋与爱情》　　　　　　B.《浮士德》

C.《红与黑》　　　　　　　　D.《少年维特之烦恼》

23. 秦观《浣溪沙》词："漠漠清寒上小楼，晓阴无赖似穷秋。淡烟流水画屏幽。自在飞花轻似梦，＿＿＿＿＿＿＿＿。宝帘闲挂小银钩"以轻灵笔调写愁怨，融清入境，含蓄蕴藉。结合上下文，在横线处填入正确的一句。

A. 但觉新来懒上楼　　　　　　　　B. 愁如丝雨几时休

C. 有情芍药含春泪　　　　　　　　D. 无边丝雨细如愁

24. 在下列诗歌的空格中，依次填入花名，完全正确的一组是　＿＿＿＿＿。

① 李纲："尽道幽 ＿＿＿＿ 是国香，沐汤纫佩慕芬芳。何如邂逅同心士，一吐胸中气味长。"

② 陈与义："今年二月冻初融，睡起苕溪绿向东。客子光阴诗卷里，＿＿＿＿花消息雨声中。"

③ 林逋："吟怀长恨负芳时，为见 ＿＿＿＿ 花辄入诗。雪后园林才半树，水边篱落忽横枝。"

④ 李商隐："不辞鹈鴂妒年芳，但惜流尘暗烛房。昨夜西池凉露满，＿＿＿＿花吹断月中香。"

A. 兰　杏　梅　桂　　　　　　　　B. 兰　梅　菊　杏

C. 桂　杏　梅　兰　　　　　　　　D. 菊　梅　兰　桂

25. "上兵伐谋"、"不战而屈人之兵"等重要军事思想皆出自　＿＿＿＿。

A.《孙子》　　　B.《吴子》　　　C.《孙膑兵法》　　　D.《六韬》

26. 市场中的信息不对称是指每个参与者拥有的信息并不相同。例如，在二手车市场上，有关旧车质量的信息，卖者通常要比买者知道得多。但　＿＿＿＿现象不属于信息不对称。

A. 以次充好　　　B. 虚假广告　　　C. 价格欺诈　　　D. 价格垄断

27. ＿＿＿＿是人体最重要的消化和吸收器官。

A. 小肠　　　　　B. 胃　　　　　　C. 食道　　　　　D. 结肠

28. 内海位于一个大陆内部或两个大陆之间，四周几乎完全被陆地包围，只有一个或多个海峡与洋或海相通。例如，我国的 ＿＿＿＿ 属于内海。

A. 黄海　　　　　B. 渤海　　　　　C. 南海　　　　　D. 东海

29. 生物多样性是指一定范围内多种多样活的有机体（动物、植物、微生物）有规律地结合所构成稳定的生态综合体。＿＿＿＿不是生物多样性所包括的内容。

A. 遗传方式多样　　　　　　　　　B. 生物种类繁多

C. 个体数量巨大　　　　　　　　　D. 生态系统复杂

30. 北京奥运会主体育场"鸟巢"采用网架结构，但并非简单地把结构暴露在外，从体育场里面看，结构的外表面有一层半透明的膜，"如同中国的纸窗"。这种设计不需要为体育场再另外加上玻璃幕墙那样的表皮，可以大大降低成本。使用这种半透明材料的另外一个好处是，体育场内的光线不是直接射进来的，而是通过＿＿＿＿，使光线更加柔和，解决了强烈光影带来的麻烦。

A. 光的折射　　　B. 光的漫反射　　　C. 光的衍射　　　D. 光的干涉

三、阅读理解题

（一）阅读下面短文，回答问题

有位意大利的朋友告诉我说，除了脏一点、乱一点，北京城很像一座美国的城市。我想了一下，觉得这是实情——北京城里到处是现代建筑，缺少历史感。在我小的时候就不是这样的，那时的北京的确有点与众不同的风格。举个例子来说，我小时候住在北京的郑王府里，那是一座优美的古典庭院，眼看着它就变得面目全非，塞满了四四方方的楼房，丑得要死。郑王府的遭遇就是整个北京城的_____。顺便说一句，英国的牛津城里，所有的旧房子，屋主有翻修内部之权，但外观一毫不准动，所以那城市保持优美的旧貌。所有的人文景观属于我们只有一次。假如你把它扒掉了，再重建起来就不是那么回事了。

这位意大利朋友还告诉我说，他去过山海关边的老龙头，看到那些新建的灰砖城楼，觉得很难看。我小时候见过北京城的城楼，还在城楼边玩耍过，所以我不得不同意他的意见。真古迹使人留恋之处，在于它历经沧桑直至如今，在它身边生活，你_____会觉得历史至今还活着。_____可以随便翻盖，_____就会把历史当做可以随便捏造的东西，一个人尽可夫的娼妇；这两种感觉真是大不相同。这位意大利朋友还说，意大利的古迹可以使他感到自己不是属于一代人，而是属于一族人，从亘古到如今。他觉得这样活着比较好。他的这些想法当然是有道理的，不过，现在我们谈这些已经有点晚了。

谈论过了城市和人文景观，也该谈谈乡村和自然景观——谈这些还不晚。房龙曾说，世界上最美丽的乡村就在奥地利的萨尔茨堡附近。那地方我也去过，满山的枞木林，农舍就在林中，铺了碎石的小径一尘不染……还有荷兰的牧场，弥漫着精心修整的人工美。牧场中央有放干草的小亭子，油漆得整整齐齐，像是园林工人干的活；因为要把亭子造成那个样子，不但要手艺巧，还要懂得什么是好看。让别人看到自己住的地方是一种美丽的自然景观，这也是一种做人的态度。

我前半辈子走南闯北，去过国内不少地方，就我所见，贫困的小山村，只要不是穷到过不去，多少还有点样。到了靠近城市的地方，人也算有了点钱，才开始难看。家家户户房子宽敞了，院墙也高了，但是样子恶俗，而且门前渐渐和猪窝狗圈相类似。到了城市的近郊，到处是乱倒的垃圾。进到城里以后，街上是干净了，那是因为有清洁工在扫。只要你往楼道里一看，阳台上看一看，就会发现，这里住的人比近郊区的人还要邋遢的多。总的来说，我以为现在到处都是既不珍惜人文景观，也不保护自然景观的邋遢娘们邋遢汉。这种人要吃，要喝，要自己住得舒服，别的一概不管。

我的这位意大利朋友是个汉学家。他说，中国人只重写成文字的历史，不重保存在环境中的历史。这话从一个意大利人嘴里说出来，叫人无法辩驳。人家对待环境的态度比我们强得多。我以为，每个人都有一部分活在自己所在的环境中，这一部分是不会死的，它会保存在那里，让后世的人看到。在海德堡，在剑桥，在萨尔茨堡，你看到的不仅是现世的人，还有他们的先人，因为世世代代的维护，那地方才会像现在这样漂亮。

（节选自王小波《自然景观和人文景观》，载《沉默的大多数》，中国青年出版社，1997 年）

31. 根据上下文，在第一自然段横线处填入最恰当的词语。
    A. 代表　　　　　　B. 缩影　　　　　　C. 写照　　　　　　D. 遭遇

32. 根据上下文，在第二自然段横线处依次填入最恰当的关联词语。
    A. 才　　要是　　那就　　　　　　B. 才　　即使　　也
    C. 就　　要是　　那就　　　　　　D. 就　　即使　　也

33. 根据文中内容，人文景观的宝贵之处首先在于_____。

A. 古迹的优美与典雅　　　　　　　B. 古迹的不可再生性

C. 与现代的明显不同　　　　　　　D. 本身是活着的历史

34. 根据文中内容，重建的古迹让人感到难看是因为 _____。

A. 不如真正的古迹建造精美　　　　B. 无法完全再现原有建筑风格

C. 与现代化的城市环境不和谐　　　D. 缺乏历经沧桑的历史真实感

35. 下列表述不符合文意的一项是 _____。

A. 北京城原有历史面貌的破坏令人惋惜

B. 生活的富裕并不意味着文明程度的提高

C. 只有用文字记录下来的历史才值得珍惜

D. 对自然美的营造可以反映人的生活态度

（二）阅读下面短文，回答问题

落叶

人说自己的作品是结成的果实，我却觉得，我的作品像一片片落叶，一年年落叶，一阵阵落叶。

春天，叶芽萌发，渴望生长，汲取养分，迎接阳光。夏天，日趋丰满，摇曳自语，纷披叠翠，自在茁壮。而小树成为大树，老树就靠了这些树叶而呼吸，而做梦，而伸展自己的向往。

等到秋天，一片树叶又有一片树叶犹豫不决地与树干商量：我完成了么？我可以走了吗？我渴望乘风飞去，海阔天空，被心爱的知音拿去珍藏。我又怕我们去了，使母亲树干凄凉。

树干说：去吧，去吧。我已经尽到了我的力量。你们是无法挽留的呵，纵然与你们告别使我神伤。我们应该去接受命运的试量。

一片又一片的落叶落下了，它们曾经是树的。现在也还是树的，却又不是树的了。

它们是它们自己的。是树的过往的季节，过往的尝试，过往的儿女。又是大地的新客人，新的星外来客，新的友人。

它们也许因陌生而受疑惑的冷眼，它们也许因平凡而受不经意的遗忘。它们也许被认为枯干而被一根火柴点燃发出短暂的烟和光；它们也许被认为美丽而藏在情人的心上。他们也许跌入烂泥而遭受践踏，终于肥了土地。它们也许被一阵大风吹入异乡。它们也许进了科学家的实验室，做成切片，浸入药液，再放到显微镜下观察分析。而过多的树叶也许会引起清洁工的烦腻，用一柄大扫帚通通地把它们扫到大道旁。

太多的树叶会不会成为自己的负担呢？太多的树叶会不会使树干弯腰低头，不好意思，黯然神伤？太多的树叶会不会使树大发其想：我为什么要长这么多的树叶呢？它们过分地消耗了我的精力和思想。如果在我这棵树上长出的不是平凡的树叶而是匕首、外汇券、奶油或者甲鱼，是不是能够派更多的用场？

树不会愿意处在自己落下的树叶的包围之中，树不会再看自己早年落下的树叶。树也不能忘怀它们，不能不怀着长出新的树叶的小小愿望。

1988年秋，10月在苏州，我问陆文夫兄："当你看自己的旧作的时候，你有什么感想？可像我一样惆怅？"

他回答说："我根本不敢看呵……"

落叶沙沙，撩人愁肠。

（选自《中华散文珍藏本·王蒙卷》，人民文学出版社，1998）

36. "落叶"一词，在文中比喻 _____。

　　A. 已经完成的作品　　　　　　　　B. 正在构思的作品

　　C. 作家的旧作　　　　　　　　　　D. 一切劳动的成果

37. "它们是它们自己"一句，在文中是指 _____。

　　A. 作品一旦完成，就有了　　　　　B. 读作品不必理会作者的情况

　　C. 树叶凋落，树已经无能为力　　　D. 作家是作家，作品是作品

38. 根据上下文，"树不会愿意处在自己落下的树叶的包围之中"的原因是 _____。

　　A. 作家创作信奉宁缺毋滥的原则　　B. 作家创作必须追求新的突破

　　C. 作家悔其少作　　　　　　　　　D. 不愿为自己的崇拜者所包围

39. 本文借树干和树叶的关系，形象地表达了 _____。

　　A. 作者对自己劳动成果的珍惜之情　B. 作者对自己作品的惆怅之感

　　C. 作者对自己作品的复杂的情感和态度　D. 作品虽属作者，却也自有独立的生命

40. 下列对文中内容的概括或理解，不恰当的一项是 _____。

　　A. 作家创作的孕育构思犹如春夏树叶的萌发、生长

　　B. "太多的树叶会不会成为自己的负担呢"一句中，"自己"指树叶而非树干

　　C. 树上能长出"匕首、外汇券、奶油或者甲鱼"，比喻文学创作可以有多种收获

　　D. 全文以"落叶"作比，抒发作者对自己作品的复杂心情

（三）阅读下面短文，回答问题

在下列情况下使用作品，可以不经著作权人许可，不向其支付报酬，但应当指明作者姓名、作品名称，并且不得侵犯著作权人依照本法享有的其他权利：

（一）为个人学习、研究或者欣赏，使用他人已经发表的作品；

（二）为介绍、评论某一作品或者说明某一问题，在作品中适当引用他人已经发表的作品；

（三）为报道时事新闻，在报纸、期刊、广播电台、电视台等媒体中不可避免地再现或者引用已经发表的作品；

（四）报纸、期刊、广播电台、电视台等媒体刊登或者播放其他报纸、期刊、广播电台、电视台等媒体已经发表的关于政治、经济、宗教问题的时事性文章，但作者声明不许刊登、播放的除外；

（五）报纸、期刊、广播电台、电视台等媒体刊登或者播放在公众集会上发表的讲话，但作者声明不许刊登、播放的除外；

（六）为学校课堂教学或者科学研究，翻译或者少量复制已经发表的作品，供教学或者科研人员使用，但不得出版发行；

（七）国家机关为执行公务在合理范围内使用已经发表的作品；

（八）图书馆、档案馆、纪念馆、博物馆、美术馆等为陈列或者保存版本的需要，复制本馆收藏的作品；

（九）免费表演已经发表的作品，该表演未向公众收取费用，也未向表演者支付报酬；

（十）对设置或者陈列在室外公共场所的艺术作品进行临摹、绘画、摄影、录像；

（十一）将中国公民、法人或者其他组织已经发表的以汉语言文字创作的作品翻译成少数民族语言文字作品在国内出版发行；

（十二）将已经发表的作品改成盲文出版。

前款规定适用于对出版者、表演者、录音录像制作者、广播电台、电视台的权利的限制。

（《中华人民共和国著作权法》第 22 条）

41. 下列对于《中华人民共和国著作权法》第 22 条的概括，最合适的是 _____。

    A. 权利的限制   B. 权利的保护

    C. 权利的强制许可   D. 权利的计划许可

42. 下列对文中"适当引用"的理解，错误的是 _____。

    A. "适当引用"可以是全文引用

    B. "适当引用"只能针对已经发表的作品

    C. "适当引用"只能适用于介绍被引用作品

    D. "适当引用"应当指明作者姓名、作品名称

43. 下列使用作品的行为，可以不经著作权人许可且不向其支付报酬的是 _____。

    A. 某剧团在义演中表演他人已发表的剧本，并将获得的门票收入捐助灾区

    B. 某大学为教学需要，将他人编写的教材复制后发给学生，收取工本费

    C. 某作家请好友对自己未发表的小说提意见，好友在发表评论时引用未发表的文章片段

    D. 某摄影师将公共广场的雕塑作品摄影后，制作成摄影集出版发行

44. 下列使用作品的行为中，属于侵犯他人知识产权的行为是 _____。

    A. 甲未经作家乙许可，未支付报酬，将乙发表的小说改编为电影剧本，但没有发表

    B. 丙未经权利人许可，未支付报酬，将电视台直播的奥运节目复制一份供其儿子观看

    C. 某大学学报未经作者丁许可，未支付报酬，转载了丁发表在期刊上的关于中国宏观经济思考的理论性文章，丁未声明不许刊登、播放

    D. 某公益组织未经权利人许可，未支付报酬，将著名作家老舍的作品《茶馆》改成盲文后在国内出版

45. 英籍留学生杰克在中国某大学就读期间，用汉语创作小说一篇，发表在国内的一文学杂志上，发表时未作声明。下列使用者的行为，符合本条规定的是 _____。

    A. 使用者甲未经杰克同意也未支付报酬将小说翻译成英文在英国出版发行

    B. 使用者乙未经杰克同意也未支付报酬将小说翻译成蒙文在中国出版发行

    C. 使用者丙未经杰克同意也未支付报酬将小说改变成盲文在中国出版发行

    D. 使用者丁未经杰克同意也未支付报酬将小说放到其个人网站上供人阅读

（四）阅读下面短文，回答问题

有记忆的金属

1963 年，美国海军研究所在研究镍钛合金时，发现了一种奇怪的现象：一些已经被拉直了的镍钛合金丝，无意中被火烘烤后，又恢复到原来的弯曲性状。这一现象说明这种镍钛合金具有一种形状记忆功能。所谓形状记忆功能，就是指合金能"记住"它在某一特定温度下的形态，以后不管经过什么样的温度变化，只要出现那一特定的温度，它便能立即恢复原来的形状。现在，世界各国已研制出几十种有"记忆"能力的合金。最具有代表性

的是由 51% 的镍和 49% 的钛组成的镍钛合金。

那么，形状记忆合金的"记忆"奥秘何在呢？原理是这样的：在一定的温度范围内，合金内部有一种特殊的可逆性结构变化。形状记忆合金受到很大的外力作用时，内部的金属原子可以暂时离开自己原来的位置，被迫迁到邻近的位置上，并暂时留在这个位置上。这时，我们可以看到形状记忆合金改变了它们的形状。如果把这些变了形的合金加热（浇热水或用强光照射），那么，金属原子由于获得了运动所需的足够的能量，同时在原结构合理的作用下，就又重新回到原来的位置上，合金便又恢复了原来的形状。

1970 年美国首先将形状记忆合金用于制作宇宙飞船天线，成为形状记忆合金应用的最杰出代表。在此之前，占用空间大、形状不规则的太空天线的搭载一直是困扰航天界的一大难题。用形状记忆合金在较高温度下将天线压制成型，然后在低温下压制成致密形状。它随航天器发射到达太空后，由于阳光照射温度升高到成型温度，天线变形完全消失，并恢复到变形前高温状态下的形状。经过压缩的新天线比原来的太空天线大大减小了运载空间，也不容易损坏，恢复原状后，自然可以"精神百倍"地投入工作了。

在医学上，形状记忆合金被制成金属片或夹钳，装在人造肢体的关节处，或用来压合严重破裂的碎骨及矫正弯曲的脊椎，有时也用做骨板和保持动脉畅通的内部支撑结构。其原理都是利用它的记忆功能，先在_____下把它加工成所需的形状，再在较低温度下将其制成便于植入人体的简单形状并送入人体指定部位，在人体内合金会自动恢复初始形状，实现矫正或支撑的功能。

在日常生活中，形状记忆合金大多被用来制作温度控制开关或电热驱动装置。煮咖啡的最佳温度是 90 摄氏度，利用形状记忆合金制作咖啡壶的温控开关，使它高于 90 度的时候自动断开，低于该温度时又自动接通。同样道理，形状记忆合金被广泛用于淋浴恒温器、自动干燥库、电磁炉、净水器等。英国一家公司研制的窗户弹簧开启器，白天气温高，它会自动打开窗户，晚上天气凉，它便自动关窗，可谓"体贴入微"。工业生产中，通过各种"形状记忆"元件的互相配合，可以实现各工序间甚至整个生产过程的自动控制。

（载《科学奇迹》，灵犀工作室编著，青岛出版社，2007 年。个别文字有改动）

46. 下列关于记忆合金能"记忆"的原理，说法不正确的是 _____。

A. 在特定温度范围内，记忆合金内部能产生可逆性的结构变化

B. 在获得热能后，记忆合金内部的原子会发生被迫迁移

C. 记忆合金内部的原子获得运动所需的足够能量，可以回到迁移前的位置

D. 记忆合金内部的原子的迁移和回位是其可以变形和恢复的原因。

47. 对美国将记忆合金用于制作宇宙飞船天线的主要原因，下列叙述正确的一项是 _____。

A. 形状记忆合金形状通常是规则的

B. 形状记忆合金能"记住"低温下压缩的致密形态

C. 形状记忆合金不易损坏

D. 形状记忆合金可以在特定环境下伸缩

48. 根据文章对记忆合金原理的描述，请在文中横线处填入适当的文字。

A. 高温环境　　　B. 低温环境　　　C. 常温环境　　　D. 体温环境

49. 根据文章对记忆合金原理的描述，下列对记忆合金应用的说法，不正确的是 _____。

A. 记忆合金可以用做温度控制开关、电热驱动装置等

B. 记忆合金制成的咖啡壶开关可以使咖啡温度维持在 90℃ 上下

C. 用记忆合金制造的窗户弹簧开启器可以根据温度变化自动开关

D. 在工业生产中，各工序中所用到的记忆合金必须使用同一种材料，并在相同温度下制造

50. 纵观全文，文章没有进行详细阐述的方面是 _____。

A. 记忆合金的发现　　B. 记忆合金的原理　　C. 记忆合金的组成　　D. 记忆合金的应用

第二部分　数学基础能力测试

(25题，每题4分，满分100分)

一．本大题共 25 小题，每小题 4 分，共 100 分。在每小题的四项选项中选择一项。

1. 已知 $\dfrac{a}{b} = \dfrac{3}{5}, \dfrac{b}{c} = \dfrac{-7}{9}, \dfrac{d}{c} = \dfrac{5}{2}$，则 $\dfrac{a}{d} = ($ 　　$)$.

A. $-\dfrac{14}{75}$ 　　　　 B. $\dfrac{14}{75}$ 　　　　 C. $\dfrac{75}{14}$ 　　　　 D. $-\dfrac{75}{14}$

2. 请你想好一个数，将它加 5，将其结果乘以 2，再减去 4，将其结果除以 2，再减去你想好的那个数，最后的结果等于 (　　).

A. $\dfrac{1}{2}$ 　　　　 B. 1 　　　　 C. $\dfrac{3}{2}$ 　　　　 D. 3

3. 如图，MN 是圆 O 的一条直径，$ABCD$ 是一个正方形，BC 在 MN 上，A，D 在圆 O 上. 如果正方形的面积等于 8，则圆 O 的面积等于 (　　).

A. 6π 　　　　　　　　　　 B. 8π

C. 10π 　　　　　　　　　　 D. 12π

4. 某人从家到工厂的路程为 d 米，有一天，他从家去工厂，先以每分钟 a 米的速度走了 $\dfrac{d}{2}$ 米后，他加快了速度，以每分钟 b 米的速度走完了剩下的路程. 记该人在 t 分钟走过的路程为 $s(t)$ 米，那么函数 $s = s(t)$ 的图像是 (　　).

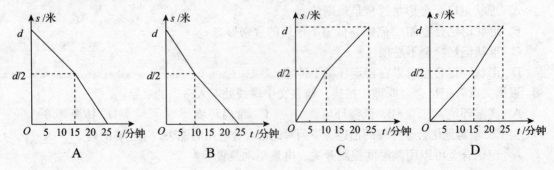

5. 抛物线 $y = -x^2 + 4x - 3$ 的图像不经过（　　）.

    A. 第一象限　　　　　B. 第二象限　　　　　C. 第三象限　　　　　D. 第四象限

6. 一个长方体的对角线长 $\sqrt{14}$ 为厘米，全表面积为 22 平方厘米，则这个长方体所有的棱长之和为（　　）厘米.

    A. 22　　　　　　　　B. 24　　　　　　　　C. 26　　　　　　　　D. 28

7. 把浓度为 50% 的酒精溶液 90 千克全部稀释为浓度 30% 的酒精溶液，需要加水（　　）千克.

    A. 60　　　　　　　　B. 70　　　　　　　　C. 85　　　　　　　　D. 105

8. i 是虚数单位，$(1+i)^6$ 的模等于（　　）.

    A. 64　　　　B. $6\sqrt{2}$　　　　C. 8　　　　D. $2\sqrt{2}$

9. 如图，在正方形网格中，A，B，C 是三个格点. 设 $\angle BCA = \theta$，则 $\tan\theta$ 的值是（　　）.

    A. -1　　　　　　　　　　　　　　B. $-\dfrac{\sqrt{3}}{2}$

    C. $-\dfrac{1}{2}$　　　　　　　　　　　　D. 1

10. 将 8 名乒乓球选手分为两组，每组 4 人，则甲、乙两位选手不在同一组的概率为（　　）.

    A. $\dfrac{1}{7}$　　　　　　B. $\dfrac{2}{7}$　　　　　　C. $\dfrac{3}{7}$　　　　　　D. $\dfrac{4}{7}$

11. 假设地球有两颗卫星 A、B 在各自固定的轨道上绕地球运行，卫星 A 绕地球一周用 $1\dfrac{4}{5}$ 小时，每经过 144 小时，卫星 A 比卫星 B 多绕地球 35 周. 卫星 B 绕地球一周用（　　）小时.

    A. $2\dfrac{1}{3}$　　　　　　B. $2\dfrac{2}{3}$　　　　　　C. $3\dfrac{1}{5}$　　　　　　D. $3\dfrac{3}{5}$

12. 五个不同的数，两两之和依次等于 3，4，5，6，7，8，11，12，13，15. 这五个数的平均值是（　　）.

    A. 18.8　　　　　　B. 8.4　　　　　　C. 5.6　　　　　　D. 4.2

13. 在平面直角坐标系中，已知两点 $A(\cos 110°, \sin 110°)$，$B(\cos 50°, \sin 50°)$，则坐标原点 O 到线段 AB 中点 M 的距离是（　　）.

    A. $\dfrac{1}{2}$　　　　　　B. $\dfrac{\sqrt{2}}{2}$　　　　　　C. $\dfrac{\sqrt{3}}{2}$　　　　　　D. 1

14. 两个正数 a，b（$a > b$）的算术平均值是其几何平均值的 2 倍，则与 $\dfrac{a}{b}$ 最接近的整数是（　　）.

    A. 12　　　　　　　　B. 13　　　　　　　　C. 14　　　　　　　　D. 15

15. AB 是抛物线 $y^2 = 4x$ 的过焦点 F 的一条弦。若 AB 的中点 M 到准线的距离等于 3，则弦 AB 的长等于（　　）.

    A. 5　　　　　　　　B. 6　　　　　　　　C. 7　　　　　　　　D. 8

16. 设 $f(x) = \begin{cases} x, & x > 0 \\ 1-x, & x < 0 \end{cases}$ ，则有 （　　）.

    A. $f(f(x)) = (f(x))^2$ B. $f(f(x)) = f(x)$

    C. $f(f(x)) > f(x)$ D. $f(f(x)) < f(x)$

17. 若函数 $f(x)$ 可导，且 $f(0) = f'(0) = \sqrt{2}$，则 $\lim\limits_{h \to 0} \dfrac{f^2(h) - 2}{h} = $ （　　）.

    A. 0   B. 1   C. $2\sqrt{2}$ D. 4

18. 函数 $f(x)$ 在 $[1, +\infty)$ 上具有连续导数，且 $\lim\limits_{x \to +\infty} f'(x) = 0$，则 （　　）.

    A. $f(x)$ 在 $[1, +\infty)$ 上有界   B. $\lim\limits_{x \to +\infty} f(x)$ 存在

    C. $\lim\limits_{x \to +\infty} (f(2x) - f(x))$ 存在   D. $\lim\limits_{x \to +\infty} (f(x+1) - f(x)) = 0$

19. 当 $x \geq 0$ 时，函数 $f(x)$ 可导，有非负的反函数 $g(x)$，且恒等式 $\int_1^{f(x)} g(t)dt = x^2 - 1$ 成立，则函数 $f(x) = $ （　　）.

    A. $2x + 1$ B. $2x - 1$ C. $x^2 + 1$ D. x^2

20. 已知 $f(x) = 3x^2 + kx^{-3} (k > 0)$，当 $x > 0$ 时，总有 $f(x) \geq 20$ 成立，则参数 k 的最小取值是 （　　）.

    A. 32   B. 64   C. 72   D. 96

21. 若 e^{-x} 是 $f(x)$ 的一个原函数，则 $\int_1^{\sqrt{2}} \dfrac{1}{x^2} f(\ln x) dx = $ （　　）.

    A. $-\dfrac{1}{4}$ B. -1 C. $\dfrac{1}{4}$ D. 1

22. 若线性方程组 $\begin{pmatrix} 1 & 1 & a \\ 1 & -1 & 2 \\ -1 & a & 1 \end{pmatrix} \begin{pmatrix} x \\ y \\ z \end{pmatrix} = \begin{pmatrix} 0 \\ 0 \\ 0 \end{pmatrix}$ 有无穷多解，则 $a = $ （　　）.

    A. 1 或 4   B. 1 或 -4 C. -1 或 4   D. -1 或 -4

23. 若向量组 $\alpha_1 = (1 \ 0 \ 1 \ 1)^T$，$\alpha_2 = (0 \ -1 \ t \ 2)^T$，$\alpha_3 = (0 \ 2 \ -2 \ -4)^T$，$\alpha_4 = (2 \ 1 \ 3t-2 \ 0)^T$ 的秩为 2，则 $t = $ （　　）.

    A. 1   B. 0   C. -1 D. -2

24. 设 β 是三维列向量，β^T 是 β 的转置，若 $\beta\beta^T = \begin{pmatrix} 1 & -1 & -2 \\ -1 & 1 & 2 \\ -2 & 2 & 4 \end{pmatrix}$，则 $\beta^T\beta = $ （　　）.

    A. 4   B. 6   C. 8   D. 12

25. 设 A^* 是 $A = \begin{pmatrix} 1 & 3 & 0 \\ 0 & 3 & 5 \\ 0 & 0 & 5 \end{pmatrix}$ 的伴随矩阵，则 A^* 的一个特征值为 （　　）.

    A. 3   B. 4   C. 6   D. 9

第三部分　逻辑推理能力测试

（50 题，每小题 2 分，满分 100 分）

1. 哪一个运动员不想出现在奥运会的舞台上，并在上面尽情表演？
   如果上述说法成立，则以下哪项陈述是假的？
   A. 所有美国运动员，如游泳选手菲尔普斯，都想在奥运会的舞台上尽情表演。
   B. 有的牙买加运动员，如短跑选手博尔特，想出现在奥运会的舞台上。
   C. 中国 110 米跨栏选手刘翔不想出现在奥运会舞台上，并在上面尽情表演。
   D. 任何一个人，只要他是运动员，他都想出现在奥运会的舞台上。

2. 近年来，我国大城市的川菜馆数量正在增加。这表明，更多的人不是在家里宴请客人而是选择大餐馆请客吃饭。
   为使上述结论成立，以下哪项陈述必须为真？
   A. 川菜馆数量的增加并没有同时伴随其他餐馆数量的减少。
   B. 大城市餐馆数量并没有大的增减。
   C. 川菜馆在全国的大城市都比其他餐馆更受欢迎。
   D. 只有当现有餐馆容纳不下，新餐馆才会开张。

3. 《孙子兵法》曰："兵贵胜，不贵久。"意思是说用兵的战术贵能取胜，贵在速战速决。然而，毛泽东的《论持久战》主张的却是持久战，中国军队靠持久战取得了抗日战争的胜利。可见，《论持久战》与《孙子兵法》在"兵不贵久"的观点上是不一致的。
   如果以下哪项陈述为真，能最有力地削弱上述论证？
   A. 在二战期间，德国军队靠闪电战取得了一连串的胜利，打进苏联后被拖入持久战，结果希特勒重蹈拿破仑的覆辙。
   B. 日本侵略者客场作战贵在速决，毛泽东的持久战是针对敌方速决战的反制之计，他讲的是战略持久，不是战术持久。
   C. 目前在世界范围内进行的反恐战争，从局部或短期上看是速决战，从整体或长远上看是持久战。
   D. 毛泽东的军事著作与《孙子兵法》在"知己知彼，百战不殆"和"攻其不备，出其不意"的观点上，具有高度的一致性。

4. 美国射击选手埃蒙斯是赛场上的"倒霉蛋"。在 2004 年雅典奥运会男子步枪决赛中，他在领先对手 3 环的情况下将最后一发子弹打在别人靶上，失去即将到手的奖牌。然而，他却得到美丽的捷克姑娘卡特琳娜的安慰，最后赢得了爱情。这真是应了一句俗语：如果赛场失意，那么情场得意。
   如果这句俗语是真的，以下哪项陈述一定是假的？
   A. 赛场和情场皆得意。
   B. 赛场和情场皆失意。
   C. 只有赛场失意，才会情场得意。

D. 只有情场失意，才会赛场得意。

5. 市政府的震后恢复重建的招标政策是标的最低的投标人可以中标。有人认为，如果执行这项政策，一些中标者会偷工减料，造成工程质量低下。这不仅会导致追加建设资金的后果，而且会危及民众安全。如果我们要杜绝"豆腐渣工程"，就必须改变这种错误的政策。如果以下哪项陈述为真，能最有力地削弱上述论证？

A. 重建损毁的建筑的需求可以为该市居民提供许多就业机会。

B. 该市的建筑合同很少具体规定建筑材料的质量和雇工要求。

C. 该政策还包括：只有那些其标书满足严格质量标准，并且达到一定资质的建筑公司才能投标。

D. 如果建筑设计有缺陷，即使用最好的建筑材料和一流的工程质量建成的建筑业也有危险。

6. 诸如"善良"、"棒极了"一类的词语，能引起人们积极的反应；而"邪恶"、"恶心"之类的词语，则能引起人们消极的反应。最近的心理学实验表明：许多无意义的词语也能引起人们积极或消极的反应。这说明，人们对词语的反应不仅受词语意思的影响，而且受词语发音的影响。

"许多无意义的词语能引起人们积极或消极的反应"，这一论断在上述论证中起到了以下哪种作用？

A. 它是一个前提，用来支持"所有的词语都能引起人们积极或消极反应"这个结论。

B. 它是一个结论，支持该结论的唯一证据就是声称人们对词语的反应只受词语的意思和发音的影响。

C. 它是一个结论，该结论部分地得到了有意义的词语能引起人们积极或消极的反应的支持。

D. 它是一个前提，用来支持"人们对词语的反应不仅受语词意思的影响，而且受词语发音的影响"这个结论。

7. 军队的战斗力取决于武器装备和人员素质。在 2008 年与俄罗斯的军事冲突中损失惨重的格鲁吉亚，准备花费 90 亿美元，用现代化装备重新武装自己的军队。尽管美国非常支持格鲁吉亚加强军事力量，却不准备将先进的武器卖给它。

以下各项陈述，除哪项陈述外，都可以解释美国的这种做法？

A. 俄罗斯准备要求安理会对格鲁吉亚实行武器禁运。

B. 格鲁吉亚军队为这场战争准备了 3 年，尽管全副美式装备，却不堪一击。

C. 格军的战机在开战后数小时就放弃起飞，巡逻艇直接被俄军俘获并用卡车运走。

D. 格军的一名高级将领临阵脱逃，把部队丢弃不顾。

8. 近些年来，西方舆论界流行一种论调，认为来自中国的巨大需求造成了石油、粮食、钢铁等原材料价格暴涨。

如果以下哪项陈述为真，能够对上述论点提出最大的质疑？

A. 由于农业技术特别是杂交水稻的推广，中国已经极大地提高了农作物产量。

B. 今年 7 ~ 9 月间，来自中国的需求仍在增长，但国际市场的石油价格重挫近三分之一。

C. 美国的大投资家囤积居奇，大量购买石油产品和石油期货。

D. 随着印度经济的发展，其国人对粮食的需求日渐增加。

9. 戴维吃过奶制品后几乎没有患过胃病。仅仅因为他吃过奶制食品后偶尔出现胃疼，就判定他对奶制食品过敏史没有道理的。

上述论证与以下哪一个论证的推理最为类似？

A. 狗和猫在地震前有时焦躁不安，据此就断定狗和猫有事先感知地震的能力是没有理由的，因为在多数场合，狗和猫焦躁不安之后并没有发生地震。

B. 尽管许多人通过短期节食得以减肥，但是相信这种节食对减肥有效是没有道理的。

C. 大多数假说在成为科学理论之前都有大量的支持事例，仅仅因为一个假说成功运用于少数几个案例就认为它是科学理论是没有道理的。

D. 小明的成绩一直比小红要好，但最近两次考试成绩小红却高过小明，由此可断定小红的成绩下一次也一定高过小明。

10. 排兵布阵讲究形与势，被喻为"兵力的配方"。形是配好了的成药，放在药店里，可以直接购买使用；势是由有经验的大夫为病人开的处方，根据病情的轻重，斟酌用量，增减其味，配伍成剂。冲锋陷阵也讲究形与势，用拳法打比方，形是拳手的身高、体重和套路；势就是散打，根据对手的招式随机应变。

以下哪项陈述是对上文所说的形与势的特征的最准确概括？

A. 用兵打仗好比下棋，形是行棋的定式和棋谱；势是接对方的招，破对方的招，反应越快越好。

B. 行医是救人，用兵是杀人，很是不同。然而，排兵布阵与调配药方却有相似之处。

C. 形好比积水于千仞之山，蓄之越深，发之越猛；势好比在万仞之巅滚圆石，山越险，石越速。

D. 形是可见的、静态的、事先设置的东西；势是看不见的、动态的、因敌而设的东西。

11. 美国计划在捷克建立一个雷达基地，将它与波兰境内的导弹基地构成一个导弹防护罩，用以对付伊朗的导弹袭击。为此，美国与捷克在 2008 年先后签署了两个军事协议。捷克官员认为，签署协议可以使捷克联合北约盟友，借助最好的技术设备，确保本国的安全。

如果以下哪项陈述为真，能够对捷克官员的断言提出最大的质疑？

A. 根据捷克与美国的协议，美国对其在捷克境内的基地有指挥权和管理权。

B. 捷克大部分民众反对美国在捷克建立反导雷达基地。

C. 捷克大部分民众认为美国在捷克建立反导雷达基地将严重损害当地民众的安全和利益。

D. 捷克与美国签署有关雷达基地协议的当天，俄罗斯声称，俄罗斯导弹将瞄准该基地。

12. 中国民营企业家陈光标在四川汶川大地震发生后，率先带着人员和设备赶赴灾区实施民间救援。他曾经说过："如果你有一杯水，你可以独自享用；如果你有一桶水，你可以存放家中；如果你有一条河流，你就要学会与他人分享。"

以下哪项陈述与陈光标的断言发生了最严重的不一致？

A. 如果你没有一条河流，你就不必学会与他人分享。

B. 我确实拥有一条河流，但它是我的，我为什么要学会与他人分享？

C. 或者你没有一条河流，或者你要学会与他人分享。

D. 如果你没有一桶水，你也不会拥有一条河流。

13. 对于希望健身的人士来说，多种体育锻炼交替进行比单一项目的锻炼效果好，单一项目的锻炼使人的少数肌肉发达，而多种体育锻炼交替进行可以全面发展人体的肌肉群，后者比前者消耗更多的卡路里。

    如果以下哪项陈述为真，最有力地加强了上述论证？

    A. 在健康人中，健康的增进与卡路里的消耗成正比。

    B. 通过运动训练来健身是最有效的。

    C. 那些大病初愈的人不适宜进行紧张的单一体育锻炼。

    D. 全面发展人体的肌肉群比促进少数肌肉发达困难得多。

14. 保护思想自由的人争论说，思想自由是智力进步的前提条件。因为思想自由允许思考者追求自己的想法，而不管这些想法会冒犯谁，以及会把他们引到什么方向。然而，一个人必须挖掘出与某些想法相关的充分联系，才能促使智力进步，为此，思考者需要思考法则。所以，关于思想自由的论证是不成立的。

    加入以下哪项陈述，能够合乎逻辑地得出上文的结论？

    A. 在那些保护思想自由的社会里，思考者总是缺乏思考法则。

    B. 思考者把他的思想路线局限于某一正统思想，这会阻碍他们的智力进步。

    C. 思想自由能够引发创造力，而创造力能够帮助发现真理。

    D. 没有思考法则，思考者就不能拥有思想自由。

15. 在举办奥运会之前的几年里，奥运主办国要进行大量的基础设施建设和投资，从而带动经济增长。奥运会当年，居民消费和旅游明显上升，也会拉动经济增长。但这些因素在奥运会后消失，使得主办国的经济衰退。韩国、西班牙、希腊等国家在奥运会后都出现经济下滑现象。因此，2008 年奥运会后中国也会出现经济衰退。

    如果以下陈述为真，除哪项陈述外，都能对上述论证的结论提出质疑？

    A. 奥运会对中国经济增长的推动作用约为 0.2% ~ 0.4%。

    B. 1984 年洛杉矶奥运会和 1996 年亚特兰大奥运会都没有造成美国经济下滑。

    C. 中国城市化进程处于加速阶段，城镇建设在今后几十年内将有力地推动中国经济发展。

    D. 为奥运会兴建的体育场馆在奥运会后将成为普通市民健身和娱乐的场所。

16. 巨额财产来源不明罪在客观上有利于保护贪污受贿者。一旦巨额财产被 装入 "来源不明" 的筐中，其来源就不必一一查明，这对于那些贪污受贿者是多大的宽容啊！并且，该罪名给予司法人员已过大的 "自由裁量权" 和 "勾兑空间"。因此，应将巨额财产来源不明以贪污受贿罪论处。

    以下哪项陈述不支持上述论证？

    A. 贪官知道，一旦其贪污受贿财产被认定为 "来源不明"，就可以减轻惩罚；中国现有侦查手段落后，坦白者有可能招致比死不认账者更严重的处罚。

    B. 试问有谁不知道自己家里的财产是从哪里来的？巨额财产来源不明罪有利于 "从轻从快" 地打击贪官，但不利于社会正义。

    C. "无罪推定"、"沉默权" 等都是现代法治的基本观念，如果没有证据证明被告人有罪，他就应该被认定为无罪。

    D. 新加坡、文莱、印度的法律都规定，公务员财产来源不明应以贪污受贿罪论处。

17. 动物种群的跨物种研究表明，出生一个月就与母亲隔离的幼仔常常表现出很强的侵略性。例如，在觅食时好斗且拼命争食，别的幼仔都退让了它还在争抢。解释这一现象的假说是，形成侵略性强的毛病是由于幼仔在出生阶段缺乏父母引导的社会化训练。

如果以下哪项陈述为真，能够最有力地加强上述论证？

A. 早期与母亲隔离的羚羊在冲突中表现出极大的侵略性以确立其在种群中的优势地位。

B. 在父母的社会化训练环境中长大的黑猩猩在交配冲突中的侵略性，比没有在这一环境中长大的黑猩猩弱得多。

C. 出生头三个月被人领养的婴儿在童年时期常常表现得富有侵略性。

D. 许多北极熊在争食冲突中的侵略性比交配冲突中的侵略性强。

18. 经济学家区别正常品和低档品的唯一方法，就是看消费者对收入变化的反应如何。如果人民的收入增加了，对某种东西的需求反而变小，这样的东西就是低档品。类似地，如果人民的收入减少了，他们对低档品的需求就会变大。

如果上述说法成立，则下列哪项也正确？

A. 学校里的穷学生经常吃方便面，他们毕业找到工作后就经常下饭馆了。对这些学生来说，方便面就是低档品。

B. 在家庭生活中，随着人们收入的减少，对食盐的需求并没有变大，毫无疑问，食盐是一种低档品。

C. 在一个日趋老龄化的社区，对汽油的需求越来越小，对家庭护理服务的需求越来越大。与汽油相比，家庭护理服务属于低档品。

D. 当人们的收入增加时，家长会给孩子多买几件名牌服装，收入减少时就少买点。名牌服装不是低档品，也不是正常品，而是高档品。

19. 经济学家：现在中央政府是按照 GDP 指标考量地方政府的政绩。要提高地方的 GDP，需要大量资金。在现行体制下，地方政府有很强的推高房价的动力。但中央政府已经出台一系列措施稳定房价，如果地方政府仍大力推高房价，则可能受到中央政府的责罚。

以下哪项陈述是这位经济学家论述的逻辑结论？

A. 在现行体制下，如果地方政府降低房价，则不会受到中央政府的责罚。

B. 在现行体制下，如果地方政府不追求 GDP 政绩，则不会大力推高房价。

C. 在现行体制下，地方政府肯定不会降低房价。

D. 在现行体制下，地方政府可能受到中央政府的责罚，或者无法提高其 GDP 政绩。

20. 近年来，专家呼吁禁止在动物饲料中添加作为催长素的联苯化合物，因为这种物质对人体有害。近十年来，人们发现许多牧民饲养地荷兰奶牛的饲料中有联苯残留物。

如果以下哪项陈述为真，最有力地支持了专家的观点？

A. 近两年来，荷兰奶牛乳制品消费者中膀胱癌的发病率特别高。

B. 在许多荷兰奶牛的血液和尿液中已发现了联苯残留物。

C. 荷兰奶牛乳制品生产地地区的癌症发病率居全国第一。

D. 荷兰奶牛的不孕不育率高于其他奶牛的平均水平。

21. 近年来中国不断增加对非洲的投资，引起西方国家不安，"中国掠夺非洲资源"之类的批评不绝于耳。对此一位中国官员反驳说："批评的一个最重要的依据是中国从非洲拿石油，但去年非洲出口的全部石油，中国只占 8.7%，欧洲占 36%，美国占 33%。如果说进口 8.7% 都有掠夺资源之嫌，那么 36% 和 33% 应该怎么来看呢？"

加入以下哪项陈述，这位官员可以推出 "中国没有掠夺非洲资源" 的结论？

A. 欧洲和美国有掠夺非洲资源之嫌。

B. 欧洲和美国没有掠夺非洲的资源。

C. 中国和印度等国家对原料的需求使原料价格上涨，为非洲国家带来了更多收入。

D. 非洲国家有权决定如何处理自己的资源。

22. 一家化工厂，生产一种可以让诸如水獭这样小的哺乳动物不能生育的杀虫剂。工厂开始运作以后，一种在附近小河中生存的水獭不能生育的发病率迅速增加。因此，这家工厂在生产杀虫剂时一定污染了河水。

以下哪项陈述中所包含的推理错误与上文中的最相似？

A. 低钙饮食可以导致家禽产蛋量下降。一个农场里的鸡在春天被放出去觅食后，它们的产蛋量明显减少了。所以，它们找到和摄入的食物的含钙量一定很低。

B. 导致破伤风的细菌在马的消化道内生存，破伤风是一种传染性很强的疾病。所以，马一定比其他大多数动物更容易染上破伤风。

C. 营养不良的动物很容易感染疾病，在大城市动物园里的动物没有营养不良。所以，它们肯定不容易染病。

D. 猿的特征是有可反转的拇指并且没有尾巴。最近，一种未知动物的化石残余被发现，由于这种动物有可反转的拇指，所以，它一定是猿。

23. 由于照片是光线将物体印记在胶片上。因此，在某种意义上，每张图片都是真的。但是，用照片来表现事物总是与事物本身有差别，照片不能表现完全的真实性，在这个意义上，它是假的。所以，仅仅靠一张照片不能最终证实任何东西。

以下哪项陈述是使上述结论得以推出的假设？

A. 完全的真实性是不可知的。

B. 任何不能表现完全的真实性的东西都不能否成最终的证据。

C. 如果有其他证据表明拍摄现场的真实性，则可以使用照片最为辅助的证据。

D. 周某拍摄的华南虎照片不能作为陕西有华南虎生存的证据。

24. 一户人家养了四只猫，其中一只猫偷吃了他家里的鱼。主人对它们进行审问，只有一只猫说真话。这四只猫的回答如下：

甲："乙是偷鱼贼。" 乙："丙是偷鱼贼。"

丙："甲或乙是偷鱼贼。" 丁："乙或丙是偷鱼贼。"

根据以上陈述，请确定以下哪项陈述为假？

A. 甲不是偷鱼贼。　　　　　　　　B. 乙不是偷鱼贼。

C. 丙说真话。　　　　　　　　　　D. 丁说假话。

25. 研究表明，在大学教师中，有 90% 的重度失眠者经常工作到凌晨 2 点。张宏是一名大学教师，而且经常工作到凌晨 2 点，所以，张宏很可能是一位重度失眠者。

以下哪项陈述最准确地指明了上文推理中的错误？

A. 它依赖一个未确证的假设：经常工作到凌晨 2 点的大学教师有 90% 是重度失眠者。

B. 它没有考虑到这种情况：张宏有可能属于那些 10% 经常工作到凌晨 2 点而没有患重度失眠症的人。

C. 它没有考虑到这种情况：除了经常工作到凌晨 2 点以外，还有其他导致大学教师重度失眠症的原因。

D. 它依赖一个未确证的假设：经常工作到凌晨 2 点是人们患重度失眠症的唯一原因。

26. 由垃圾渗出物所导致的污染问题，在那些人均产值为每年 4000 至 5000 美元之间的国家最严重，相对贫穷或富裕的国家倒没有那么严重。工业发展在起步阶段，其污染问题都比较严重，当工业发展到能创造出足够多的手段来处理这类问题时，污染问题就会减少。目前 X 国的人均产值是每年 5000 美元，未来几年，X 国由垃圾渗出物引起的污染会逐渐减少。以下哪项陈述是上述论证所依赖的假设？

A. 在随后的几年里，X 国将对不合法的垃圾处理制定一套罚款制度。

B. 在随后的几年里，X 国周边的国家将减少排放到空气和水中的污染物。

C. 在随后的几年里，X 国的工业发展将会增长。

D. 在随后的几年里，X 国的工业化进程将会受到治理污染问题的影响。

27. 近 12 个月来，深圳楼市经历了一次惊心动魄的下挫，楼市均价以 36% 的幅度暴跌，如果算上更早之前 18 个月的疯狂上涨，深圳楼市在整整 30 个月里，带着各种人体验了一回过山车的晕眩。没有人知道这辆快车的终点在哪里，当然更没有人知道该怎样下车。

如果以上陈述为真，以下哪项陈述必然为假？

A. 所有的人都不知道这辆快车的终点在哪里，并且所有的人都不知道该如何下车。

B. 有的人知道这辆快车的终点在哪里，并且有的人不知道该如何下车。

C. 有的人不知道这辆快车的终点在哪里，并且有的人不知道该如何下车。

D. 没有人知道这辆快车的终点在哪里，并且有的人不知道该如何下车。

28. 太阳能不像传统的煤、气能源和原子能那样，它不会产生污染，无需运输，没有辐射的危险，不受制于电力公司。所以，应该鼓励人们使用太阳能。

如果以下哪项陈述为真，能够最有力地削弱上述论证？

A. 很少有人研究过太阳能如何在家庭应用。

B. 满足四口之家需要的太阳能设备的成本等于该家庭一年所需传统能源的成本。

C. 采集并且长期保存太阳能的有效方法还没有找到。

D. 反对使用太阳能的人士认为，这样做会造成能源垄断。

29. 研究人员把受试者分成两组：A 组做十分钟自己的事情，但不从事会导致说谎行为的事；B 组被要求偷拿考卷，并且在测试时说谎。之后，研究人员让受试者带上特制电极，以记录被询问时的眨眼频率。结果发现，A 组眨眼频率会微微上升，但 B 组的眨眼频率先是下降，然后大幅上升至一般频率的 8 倍。由此可见：通过观察一个人的眨眼频率，可判断他是否在说谎。

对以下哪项问题的回答，几乎不会对此项研究的结论构成质疑？

A. A 组和 B 组受试者在心理素质方面有很大差异吗？

B. B 组受试者是被授意说假话，而不是自己要说假话，由此得出的说假话与眨眼之间的关联可靠吗？

    C. 用于 A 组和 B 组的仪器是否有什么异常？

    D. 说假话是否会导致心跳加速，血压升高？

30. 在本届运动会上，所有参加 4×100 米比赛的田径运动员都参加了 100 米比赛。再加入以下哪项陈述，可以合乎逻辑地推出"有些参加 200 米比赛的田径运动员没有参加 4×100 米比赛"？

    A. 有些参加 200 米比赛的田径运动员也参加了 100 米比赛。

    B. 有些参加 4×100 米比赛的田径运动员没有参加 200 米比赛。

    C. 有些没有参加 100 米比赛的田径运动员参加了 200 米比赛。

    D. 有些没有参加 200 米比赛的田径运动员也没有参加 100 米比赛。

31. 社会学家：统计资料显示，目前全世界每年大约有 100 万人自杀，也就是说，平均几十秒就有一个人自杀身亡。如果人们对自杀行为的看法能够改变，这种现象就可以避免。

    以下哪项陈述是这位社会学家的断言所要假设的？

    A. 自杀行为的发生具有非常复杂的政治、经济、社会、文化和心理的原因。

    B. 人们认为自杀行为是一种不负责任的懦夫行为。

    C. 人们关于自杀行为的看法对于自杀行为是否发生具有决定性影响。

    D. 人们有时认为，自杀行为是一种不易接受，但可以理解且必须尊重的行为。

32. 随着年龄的增长，人们每天对卡路里的需求量日趋减少，而对维生素 B6 的需求量却逐渐增加。除非老年人大量摄入维生素 B6 作为补充，或者吃些比他们年轻时吃的含更多维生素 B6 的食物，否则，他们不大可能获得所需要的维生素 B6.

    对以下哪项问题的回答，最有助于评估上述论证？

    A. 大多数人在年轻时的饮食所含维生素 B6 的量是否远超过他们当时每天所需的量？

    B. 强化食品中的维生素 B6 是否比日常饮食中的维生素 B6 更容易被身体吸收？

    C. 每天需要的卡路里的量减少是否比每天需要增加的维生素 B6 的量更大？

    D. 老年人每天未获得足够的维生素 B6 的后果是否比年轻人更严重？

33. 传统观点认为，导致温室效应的甲烷多半来自于湿地和反刍动物的消化道，殊不知能够吸收二氧化碳的绿色植物也会释放甲烷。科学家发现的惊人结果是：全球绿色植物每年释放的甲烷量为 0.6 亿～2.4 亿吨，占全球甲烷年总排放量的 10%～40%，其中 2/3 左右来自于植被丰富的热带地区。

    以下各项陈述，除哪项陈述外，都可以支持科学家的观点？

    A. 如果不考虑绿色植物，排除其他所有因素后，全球仍有大量甲烷的来源无法解释。

    B. 德国科学家通过卫星观测到热带雨林上空出现的甲烷云层，这一现象无法用已知的全球甲烷来源加以解释。

    C. 美国化学家分析取自委内瑞拉稀树草原的空气样本并得出结论：该地区被释放的甲烷量为 0.3 亿～0.6 亿吨。

    D. 有科学家强调，近期的甲烷含量增加、全球气候变暖与森林无关，植物是无辜的。

34. 需求量总是与价格呈相反方向变化。如果价格变化导致总收入与价格反向变化，那么需求就是有弹性的。在 2007 年，虽然 W 大学的学费降低了 20%，但是 W 大学收到的学费总额却比 2006 年增加了。在这种情况下，对 W 大学的需求就是有弹性的。

如果以上陈述为真，以下哪项陈述一定真？

A. 如果价格的变化导致总收入与价格同向变化，那么需求就是有弹性的。

B. 与 2006 年相比，学费降低 20% 会给 W 大学带来更好的经济效益。

C. 如果需求是有弹性的，那么价格变化会导致总收入与价格同向变化。

D. 与 2006 年相比，W 大学在 2007 年招生增长的幅度超过了 20%。

35. 当一个国家出现通货膨胀或经济过热时，政府常常采取收紧银根、提高利率、提高贴现率等紧缩的货币政策进行调控。但是，1990 年日本政府为打压过高的股市和房地产泡沫，持续提高贴现率，最后造成通货紧缩，导致日本经济十几年停滞不前。1995 年至 1996 年，泰国中央银行为抑制资产价格泡沫，不断收紧银根，持续提高利率，抑制了投资和消费，导致了经济大衰退。由此可见_____。

以下哪项陈述最适合作为上述论证的结论？

A. 提高银行存款利率可以抑制通货膨胀。

B. 紧缩的货币政策有可能导致经济滑坡。

C. 经济的发展是有周期的。

D. 使用货币政策可以控制经济的发展。

36. 张强：快速而精确地处理订单的程序有助于我们的交易。为了增加利润，我们应该运用电子程序而不是手工操作，运用电子程序，客户的订单就会直接进入所有相关的队列之中。

李明：如果我们启用电子订单程序，我们的收入将会减少。很多人在下订单时更愿意与人打交道。如果我们转换成电子订单程序，我们的交易会看起来冷漠而且非人性化，我们吸引的顾客就会减少。

张强和李明的意见分歧在于：

A. 电子订单程序是否比手工订单程序更快、更精确。

B. 更快且更精确的订单程序是否会有益于他们的财政收益。

C. 改用电子订单程序是否会有益于他们的财政收益。

D. 对多数顾客而言，电子订单程序是否真的显得冷漠和非人性化。

37. 英国牛津大学充满了一种自由探讨、自由辩论的气氛，质疑和挑战成为学术研究之常态。以至有这样的夸张说法：你若到过牛津大学，你就永远不可能再相信任何人所说的任何一句话了。

如果上面的陈述为真，以下哪项陈述必定为假？

A. 你若到过牛津大学，你就永远不可能再相信爱因斯坦所说的任何一句话。

B. 你到过牛津大学，但你有时仍可能相信有些人所说的有些话。

C. 你若到过牛津大学，你就必然不再相信任何人所说的任何一句话。

D. 你若到过牛津大学，你就必然不再相信有些人所说的有些话。

38. 有人认为看电视节目中的暴力镜头会导致观众好斗的实际行为，难道说只看别人吃饭能填饱自己的肚子吗？

以下哪项中的推论与上文中使用的最相似？

A. 有人认为这支球队是最优秀的，难道说这支球队中的每个运动员也都是最优秀的吗？

B. 有人认为民族主义是有一定道理的，难道说民族主义不曾被用来当做犯罪的借口吗？

C. 有人认为经济学家可以控制通货膨胀，难道说气象学家可以控制天气吗？

D. 有人认为中国与非洲进行能源交易是在掠夺非洲的能源，难道说中国与俄罗斯进行能源交易是掠夺俄罗斯的能源吗？

39~40 小题基于以下内容：

朱红：红松鼠在糖松的树皮上打洞以吸取树液。既然糖松的树液主要是由水和少量的糖组成，大致可以确定红松鼠是为了寻找水或糖。水在松树生长的地方很容易通过其他方式获得，因此，红松鼠不会是因为找水而费力地打洞，则它们可能是在寻找糖。

林娜：一定不是找糖而是找其他什么东西，因为糖松树液中糖的浓度太低了，红松鼠必须引用大量的树液才能获得一点点糖。

39. 宋红的论证是通过以下哪种方式展开的？

A. 陈述了一个一般规律，该论证是运用了这个规律的一个实例。

B. 对更大范围的一部分可观察行为作出了描述。

C. 根据被清楚理解的现象和未被解释的现象间的相似性进行类推。

D. 排除对一个被观察现象的一种解释，得出了另一种可能的解释。

40. 如果以下哪项陈述为真，最严重地动摇了林娜对朱红的反驳？

A. 一旦某只红松鼠在一棵糖松的树干上打洞吸取树液，另一只红松鼠也会这样做。

B. 红松鼠很少在树液含糖浓度比糖松还低的其他树上打洞。

C. 红松鼠要等从树洞里渗出的树液中的大部分水分蒸发后，才来吸食这些树液。

D. 在可以从糖松上获得树液的季节，天气已经冷得可以阻止树液从树中渗出了。

41~45 小题基于以下共同题干：

有 7 名运动员参加男子 5 千米的决赛，他们是：S、T、U、W、X、Y、和 Z。运动员穿的服装不是红色，就是绿色，没有运动员同时到达终点。已知的信息如下：

相继到达终点的运动员，他们的服装不全是红色的。

Y 在 T 和 W 之前的某一时刻到达终点。

在 Y 之前到达终点的运动员，恰好有两位穿的是红色服装。

S 是第六个到达终点的运动员。

Z 在 U 之前的某一时刻到达终点。

41. 以下哪项列出的（从左至右），可能是运动员从第一至第七相继到达终点的名次？

A. X, Z, U, Y, W, S, T。   B. X, Y, Z, U, W, S, T。

C. Z, W, U, T, Y, S, X。   D. Z, U, T, Y, W, S, X。

42. 以下哪项列出的运动员，所穿的服装不可能都是红色的？

A. S 和 X。   B. T 和 S。   C. U 和 W。   D. W 和 T。

43. 如果 X 第三个到达终点，以下哪位运动员的服装一定是绿色的？

A. S。   B. T。   C. U。   D. W。

44. 如果恰好有三位运动员的服装是绿色，以下哪位运动员的服装一定是绿色的？

A. S。   B. T。   C. W。   D. Z。

45. 以下哪项中列出的运动员不可能相继到达终点？

    A. U 和 Y。   B. X 和 Y。   C. Y 和 W。   D. Y 和 Z。

46～50 小题基于以下共同题干：

    在某所大学征召的新兵有七名：F、G、H、I、W、X 和 Y。其中有一名是通信兵，三名是工程兵，另外三名是运输兵。新兵入伍的兵种分配条件如下：

    （1）H 与 Y 必须分配在同一个兵种。

    （2）F 与 G 不能分配在同一个兵种。

    （3）如果分配 X 作运输兵，就分配 W 当工程兵。

    （4）分配 F 当工程兵。

46. 以下哪项列出的可能是新兵的完整而准确的兵种分配方案？

    A. 通信兵：W；工程兵：F、H 和 Y；运输兵：G、I 和 X。

    B. 通信兵：W；工程兵：G、I 和 X；运输兵：F、H 和 Y。

    C. 通信兵：X；工程兵：F、G 和 H；运输兵：I、Y 和 W。

    D. 通信兵：X；工程兵：F、I 和 W；运输兵：G、H 和 Y。

47. 以下哪项列出的是不可能当工程兵的所有新兵的名单？

    A. F、I、和 X。   B. G、H 和 Y。   C. H 和 Y。   D. G。

48. 如果以下哪项陈述为真，能够完全确定七名新兵所属的兵种？

    A. F 和 W 分配为工程兵。   B. G 和 Y 分配为运输兵。

    C. I 和 W 分配为运输兵。   D. I 和 W 分配为工程兵。

49. 以下哪项列出的新兵，不可能一起分配为运输兵？

    A. G 和 I。   B. G 和 X。   C. G 和 Y。   D. H 和 W。

50. 如果 X 没有分配当工程兵，以下哪项陈述可能真？

    A. W 和 G 分配为工程兵。   B. H 和 W 分配为运输兵。

    C. F 和 Y 分配为工程兵。   D. H 和 W 分配为工程兵。

第四部分　外语运用能力测试（英语）

（50题，每小题2分，满分100分）

Part One   Vocabulary and Structure

Directions: *In this part there are ten incomplete sentences, each with four suggested answers. Choose the one that you think is the best answer. Mark your answer on the **ANSWER SHEET** by drawing with a pencil a short bar across the corresponding letter in the brackets.*

1. E-commerce has witnessed a _____ growth these years.

    A. fixed   B. stable   C. steady   D regular

2. The researchers have come up with numerous explanations to _____ their failures.

    A. excuse   B. justify   C. admit   D. avoid

3. It was _____ me to interpret the thoughts swimming behind his eyes.

    A. below   B. beyond   C. past   D. above

4. All _____ was needed was one final push to close the deal.

    A. that   B. what   C. there   D. which

5. I wouldn't recommend you go mountain-climbing at this time of year because it is _____

    A. much too hot   B. too much hot

    C. too much heat   D. very much heat

6. He has no alternative but _____ to ask his sister for help.

    A. to go   B. go   C. going   D. goes

7. Rock singers, hip-hop dancers, and hippies all have distinct hair style, _____ to their group.

    A. peculiar   B. especial   C. special   D. particular

8. He was _____ knowing everything about the courses he was to take at the university.

    A. lost in   B. attentive to   C. clear of   D. keen on

9. I'd rather _____ a room that is smaller but more comfortable.

    A. have   B. had   C. having   D. to have

10. A virus, often too small to be seen except with a powerful microscope, _____ diseases.

    A. cause   B. is caused   C. causes   D. is causing

Part Two   Reading Comprehension

Directions: *In this part there are four passages, each followed by five questions or unfinished statements. For each of them, there are four suggested answers. Choose the one that you think is the best answer. Mark your answer on the **ANSWER SHEET** by drawing with a pencil a short bar across the corresponding letter in the brackets.*

Questions 11-15 are based on the following passage:

    As our van pulled up to the ranch (牧场) to start a three-month program for troubled boys, we passed a cowboy on his horse. Bill was the owner of the ranch. We made eye contact through the dusty window and he winked (挤眼睛) at me and touched the brim of his cowboy hat in welcome.

    All summer long Bill and his ranch-hands taught us to ride horses, chop wood, and round up cattle. We started to understand the value of working with our hands. Knowing how important it was for boys like me to know that someone believed in them, he trusted us to do the job and do it right. We never let him down.

    The last day at the ranch, Bill pulled me aside and praised me for the work I had done — not only on the ranch, but also on myself. He told me if I ever needed anything I could count on him.

    Four years later, I took him up on that offer. I called him up and asked for a job, I told him his confidence in me had given me the courage to change my life. He offered me a job on the spot. I'm proud to say that each summer I'm the one in the ranch to open the gate for a van

full of young men who need someone to believe in them, so they can learn to believe in themselves.

11. The author's first impression of Bill was probably his _____.

    A. seriousness   B. friendliness   C. authority   D. generosity

12. The author implies what the troubled boys needed most was _____.

    A. strict guidance in proper behavior   B. challenging demand in hard work

    C. sympathy and tolerance from adults   D. understanding and trust from others

13. By "Four years later, I took him up on that offer"（Para 4）, the author means that _____.

    A. he admired Bill for that offer   B. he offered Bill help in return

    C. he accepted Bill's offer   D. he remembered Bill's offer

14. The author's pride comes from the fact that _____.

    A. he has become the owner of the ranch   B. he has earned complete trust from Bill

    C. he has found a way to support himself   D. he has been able to offer help to others

15. Through his own experience, the author tries to tell is something important in _____.

    A. interpersonal relationship   B. off-campus education

    C. career selection   D. self-discipline

Questions 16-20 are based on the following passage:

Do people stop once they have achieved something? No! In life, we are always trying to do things better or having more of the same success.

Jane Fonda moved from being an Academy Award actress to a successful businesswoman. Her aerobies（有氧体操）workout videos have been sold around the world.

Athletes are constantly making greater and greater efforts to lower time for races; increase heights or distances.

The world of medicine has had its series of successes too. Christian Barnard performed several successful heart transplants. Other medical experts have achieved organ transplants. Throughout the ages, mankind has found treatment and cures for tuberculosis（肺结核）, cancer, and other disease. A cure of AIDS might soon be discovered.

Age does not seem to slow down achievers. Tina Turner at 54 is still singing with great energy and attracting sell-out crowds wherever she goes.

· At work, we go all out for achievements too. Success may mean organizing a conference more effectively and efficiently each year. Sometimes, it is not a pat on the back or the promotion that makes it worthwhile. Often, it is the inner thrill and satisfaction of achievement, no matter how small it may be.

Aiming for success doesn't mean you are greedy or dissatisfied. It is all part of gaining new experiences and dimensions in life. It finally makes you a more interesting and useful person in society.

16. The author takes Jane Fonda as an example to show that _____.

    A. women can be successful as well

    B. beautiful actresses are likely to be successful

C. successful people are not satisfied with their achievements

D. real successful people need to stand out in more than one field

17. The motivation for people's desire to succeed is _____.

    A. praise from others   B. material wealth

    C. a sense of importance   D. a sense of achievement

18. The word "dimensions" in the last paragraph possibly means _____.

    A. directions   B. aspects   C. lessons   D. ambitions

19. What is the author's attitude towards people's desire for success?

    A. Approving.   B. Disapproving.   C. Unclear.   D. Critical.

20. What might be a proper title for this passage?

    A. Success Is No Destination   B. Success Comes the Hard Way

    C. A Small Success Also Counts   D. Everyone Can Be Successful

Questions 21-25 are based on the following passage:

The night is not what it was. Once, the Earth was cast half in shadow. Then came fire, candle, and light bulb, gradually drawing back the curtain of darkness. But a brighter world has its drawbacks.

An estimated 30 percent of outdoor lighting — plus even some indoor lighting — is wasted. Inefficient lighting costs U. S. about MYM 10. 4 billion a year, according to Bob Gent of the International Dark-sky Association, a nonprofit that aims to control light pollution.

Last year in Sydney, an estimated 2. 2 million Australians switched off their lights during "Earth Hour", briefly reducing that city's energy use by more than 10 percent. Motivated by such trends, more than two dozen cities worldwide went dim on March 29 this year in an hour-long demonstration.

A number of groups are trying to measure light pollution and assess its effects on the environment in the hope that people will reduce their own contribution to the problem. Scientists are trying to report how many stars we can see. In dark rural areas, about 2,000 stars are typically visible at night, compared with "maybe five" in a bright city square — and about 5,000 in centuries past.

People who are working while others are star-gazing may face the greatest risks. Nighttime exposure to white light can cause the growth of tumors (肿瘤), experiments show. Two decades of research indicate that women who work night shifts have unusually high rates of breast cancer.

21. The word "drawbacks" in the first paragraph probably means _____.

    A. benefits   B. interests   C. effects   D. problems

22. The International Dark-Sky Association is an organization that _____.

    A. strongly opposes outdoor lighting service

    B. has lost some money in energy trade

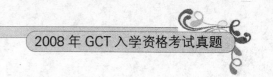
C. has profited from the lighting business

D. makes efforts to reduce light pollution

23. On March 29 this year, people in many cities, around the world _____.

    A. turned out some lights for an hour

    B. organized an event to have some fun

    C. held a demonstration called "Earth Hour"

    D. joined together to compete with Australians

24. Scientists counted the number of stars _____.

    A. to illustrate the impact of light pollution

    B. to compare air quality in different areas

    C. to see how the sky has changed with time

    D. to arouse public interest in space

25. People who work at night _____.

    A. lose the chance to gaze stars   B. have a higher risk of health problem

    C. have less exposure to white light   D. are to blame for light pollution

Questions 26-30 are based on the following advertisement:

	Male advertisers		Female advertisers
1	MALE, aged 25. WLTM female, n/s, 20—30 for friendship, possible romance. I like pubs, clubs, staying in, as well as going out. I live in the Windsor area and I get on well with kids.	A	FEMALE, 26, Prof, fairly slim, WLTM a slim male, 26—33, for friendship and possible romance.
2	IF you are not separated or emotionally unstable but are a widow over 55 & looking for partner with view to long-term & meaning relationship, then this 67 year old widower could be the one for you.	B	ACTIVE lady, living in Maid stone area, early 60s WLTM females or males for friendship and to share interests, mostly travel.
3	Hi, I'm Andy, 32 years old and divorced. A happy-go-lucky person looking for a lady between 25 and 40. Single parents welcome as I love children and a home life.	C	ARE you the romantic, friendly, articulate male with varied interests and a GSOH that this woman is looking for? If so and you're 40ish-50ish but feeling 30ish then we will have a lot in common.
4	MALE, 50s, caring & sincere, with a GOSH, seeks an affectionate lady for friendship, possible romance.	D	LADY, 48, fairly slim, seeks a kind, generous, warm-hearted man, about same age, for friendship and outings.
5	I am an energetic man of 63, but don't look it. I have a good head of hair, I like country and western music and historical places, walking, a pint now and again. I'm still working part-time, but I don't drive, I have a GSOH.	E	HELLO, my name is Liz. I am 19 years old and live in the Cambridge area. I am seeking a male 20—25. I enjoy pubs and clubs and I like nights in or out and I like children. I am 5'5" with red hair.

26. None of the advertisers mentions his or her _____.

    A. height   B. weight   C. hair color   D. personality

27. In the ads all of the advertisers mention their _____.

    A. age   B. hobbies   C. residence   D. kids

28. What does "GOSH" possibly mean?

    A. Gentle, sensible, obedient and honest.

    B. Generous, sincere, open and handsome.

    C. Good sense of humor.

    D. Great source of honor.

29. A possible match for Female D is _____.

    A. Male 2   B. Male 3   C. Male 4   D. Male 5

30. What might be the name of this advertising section?

    A. Help Wanted.   B. Public Info.   C. Family Ad.   D. Meeting Place.

Part Three   Cloze

Directions: *There are ten blanks in the following passage. For each numbered blank, there are four choices marked A, B, C and D. Choose the best one and mark your answer on the* **ANSWER SHEET** *with a single line through the center.*

It is wise to remember that you do not have to buy anything from any salesperson. You ought to buy only those things you really need or want and can ____31____. Try not to let your personal feelings about the salesperson ____32____ you to make a purchase. Remember that you are entitled to ask a salesperson any question you wish ____33____ the product or service, and you are entitled to get a clear, complete ____34____. You can tell the salesperson you want to think about the matter for a few days, ____35____ that you want to talk to other people who have purchased the product or service. You can walk ____36____ from a salesperson without a polite end to the conversation. If a salesperson telephones you, you do not have to listen to the person's entire "lecture" or respond to it in a friendly way. You can simply interrupt the person and state that you are not interested in the product or service. You can simply ____37____ the telephone without saying anything.

There are, of course, many salespeople who are genuinely interested in assisting you and in ____38____ you reasonable products and prices. If you are in ____39____ about the wisdom of a particular purchase, you might want to ____40____ another person who has had experience with the product or the service that interests you. If you receive unwanted goods in the mail, you are not obligated to pay for it.

31. A. afford   B. find   C. possess   D. gain

32. A. promote   B. stop   C. affect   D. influence

33. A. to   B. about   C. for   D. with

34. A. letter   B. answer   C. message   D. assurance

35. A. so   B. now   C. or   D. but
36. A. away   B. round   C. out   D. down
37. A. cut up   B. hold up   C. pull up   D. hang up
38. A. giving   B. providing   C. offering   D. making
39. A. doubt   B. place   C. favor   D. charge
40. A. consult with B. concern about C. infer from   D. go after

Part Four   Dialogue Completion

Directions: *In this part, there are ten short incomplete dialogues between two speakers, each followed by four choices marked A, B, C and D. Choose the one that most appropriately suits the conversational context and best completes the dialogue. Mark your answer on the **ANSWER SHEET** with a single line through the center.*

41. Speaker A: I take no interest in fishing.

    Speaker B: _____

    A. I do too.   B. Neither do I.   C. Aren't you?   D. So am I.

42. Student A: Would you like to go with me for a movie tonight?

    Student B: If I can finish my homework.

    Student A: _____

    A. Why bother?   B. Oh, come on.   C. Then what?   D. Thanks a lot.

43. Interviewer: Mr. Wang, I'm very much impressed. There's no need for further questions.

    Wang: _____.

    A. Thank you for your time

    B. Really? That's great

    C. Sorry, I didn't mean to bother you

    D. It's my pleasure

44. Man: I've been going to the gym for half a year now.

    Woman: _____. You look really fit and healthy.

    A. That's right!   B. I can tell.   C. No way.   D. Poor you.

45. Tom: Thank you. Don't trouble yourself. I'm not thirsty at all.

    Henry: _____. You wouldn't like a cold beer, or a coke?

    A. Can you tell   B. Are you sure   C. Do you think   D. Do you mean

46. Student A: Well, it is time for boarding.

    Student B: _____

    A. Nice to meet you.

    B. Have a nice day.

    C. I hope you will soon feel better.

    D. I wish you a pleasant journey.

47. Bob: Yes. Here you are, 20 dollars.

Cashier: Thanks. _____ . Next one, please.

　A. That's all.

　C. It's a good deal

　B. Wait a minute.

　D. Here's your change

48. Teacher: Don't tell me you've got a flat tyre again, I wasn't born yesterday.

Student: _____

　A. Alright, I won't say it.

　C. You're right. I'm just joking.

　B. Sorry, I won't be late next time.

　D. Ok. You've made your point.

49. Woman: I'm new in town. Can you tell me how to get to the subway?

Man: Turn left around the corner and then walk one block up. _____ .

　A. Just do that

　C. You can't miss it

　B. Try that way

　D. Sure thing, miss

50. Speaker A: Oh, I am feeling dizzy now. You know I have just enjoyed much beer.

Speaker B: Really? Don't you know it is a very important party? _____ !

　A. Behave yourself

　C. Mind your own business

　B. Cheer up

　D. Watch your back

2009 年在职攻读硕士学位全国联考研究生入学资格考试试卷

第一部分　语言表达能力测试

(50 题，每题 2 分，满分 100 分)

一、选择题

1. 下面加点的词，意义相同的一组是 _____。
   A. ①老孙头慷慨地说："我那玻璃眼倒也乐意换给她，就怕马儿性子烈，她管不住。"
      ②刘胡兰这位十七岁的女英雄慷慨就义了。
   B. ①他的面孔黄里带黑，瘦得叫人担心，但是精神很好，没有一点颓唐的样子。
      ②他少年外出谋生，独立支持，做了许多大事。哪知老境却如此颓唐。
   C. ①"夜雨剪春韭"是老杜的诗句吧，清新极了。
      ②老圃种菜，一畦菜泊不就是一首更清新的诗？
   D. ①两岸的豆麦的清香夹杂在水气中扑面吹来，月色便朦胧在这水气里。
      ②这朦胧的橘红的光，实在照不了多远。

2. 下面没有错别字的一句是 _____。
   A. 30 多年来，他艰苦创作，潜心琢磨，博采众长，成就斐然。
   B. 对当年艰苦卓绝的斗争历程，他们至今仍记忆尤新。
   C. 他那不屈不饶、战斗到底的英雄气概常为人称颂。
   D. 以小恩小惠拢络人心，并不能真正把大家团结在一起。

3. 下列各句中，没有语病的一句是 _____。
   A. 这幅作品生动地再现了江南小城的迷人景色和小城居民的生活情趣。
   B. 就流程来说，尼罗河、亚马逊河和长江，分别居世界的第一位、第二位和第三位。
   C. 这类工艺品最好摆放在茶几、书桌、床头柜或电视柜上比较合适。
   D. 他用自己的行动塑造了巨大的人格力量，感染和影响着周围的人们。

4. 下列各句中，语义明确、没有歧义的一句是 _____。
   A. 经过多方努力，图书馆三分之二的陈旧设备得到置换。
   B. 据外电报道，最近美意正在联合调查一起法官谋杀案。
   C. 在美国的中国人的子女都会思念远在祖国的父母。
   D. 桌子上摆放的各种点心和水果那些客人都已经吃了。

5. 下列关于文史知识的表述中，错误的一项是 _____。
   A. 宋代史学十分发达，出现了大批重要的史学家，欧阳修是其中杰出代表，著有《新五代史》，并与宋祁合著有《新唐书》。
   B. 现代作家林语堂，提倡"闲适幽默"的小品文，曾编辑《论语》、《宇宙风》等杂志，是现代文坛上所谓"论语派"的代表。

C. 中国古代数学著作《九章算术》成书于公元一世纪下半叶，作者难以确考。魏晋时数学家刘徽曾为该书作注。

D. 日本第一位获得诺贝尔文学奖的作家是大江健三郎。他以《个人的体验》和《万延元年的足球队》等作品获得 1994 年诺贝尔文学奖。

6. 下面古文中加点的词，在现代汉语中词义扩大的是 _____。

A. 江南卑湿，丈夫早夭。（《史记·食货列传》）

B. 二人同心，其利断金。同心之言，其臭如兰。（《易·系辞上》）

C. 岛夷皮服，夹右碣石入于河。（《书·禹贡》）

D. 童子莫对，垂头而睡。（《秋声赋》）

7. 下面对联各题咏一位历史人物，按顺序排列，对应人名完全正确的一组是 _____。

①铁板铜琶，继东坡高唱大江东去；美芹悲黍，冀南宋莫随鸿雁南飞。

②唐代论诗人，李杜以还，唯有几篇新乐府；苏州怀刺史，湖山之曲，尚留三亩旧祠堂。

③王业不偏安，两表于今悬日月；臣言当尽瘁，六军长此驻风云。

④宦游西蜀，志复中原，高吟铁马铜驼，烟尘誓扫还金阙；诗继少陵，派开南宋，更入清风明月，池馆重新接草堂。

   A. 辛弃疾　　白居易　　诸葛亮　　陆游

   B. 苏轼　　　元稹　　　岳飞　　　陆游

   C. 陆游　　　白居易　　岳飞　　　辛弃疾

   D. 苏轼　　　元稹　　　诸葛亮　　辛弃疾

8. 说话写文章，都应该根据场合和对象的具体情况，恰如其分地表达。下列表达最得体的一项是 _____。

A. 老王："这是我家乡的特产，请您务必收下。"小李："那我就笑纳了。"

B. 这篇文章的作者就是本人。我也是第一次以评论员的身份在报刊上发表文章，所以我觉得特别有感受，也特别希望大家来拜读。

C. 马来西亚的杨福景曾师从现担任羽毛球教练的前国手杨阳，其打法颇有杨阳的遗风，有"小杨阳"之称。

D. 在我生涯的这最后一两个月中，公旦先生，您就是我最敬仰的一位师尊。

9. "齐风俗，一民心"反映了德育的 _____。

   A. 个体享用功能　　B. 社会性功能　　C. 个体生存功能　　D. 经济性功能

10. 下面咏花的诗句中，不是咏梅花的一联是 _____。

   A. 宁可枝头抱香死，何曾吹堕北风中。　　B. 丑怪惊人能妩媚，断魂只有晓寒知。

   C. 忽然一夜清香发，散作乾坤万里春。　　D. 雪满山中高士卧，月明林下美人来。

11. 毛泽东同志在《中国革命战争的战略问题》中指出："在有强大敌军存在的条件下，无论自己有多少军队，在一个时间内，主要的使用方向只应有一个，不应有两个。"该论述体现了 _____。

   A. 把握时机原则　　B. 集中资源原则　　C. 量力而行原则　　D. 扬长避短原则

12. 在《计篇》中，孙子开宗明义地阐述道："兵者，国之大事也。死生之地，存亡之道，不可不察也。"这句话对今天的商战仍然具有启发意义。这里的"察"，对经营者来说

主要就是指 _____。

A. 了解成功与失败的原因　　　　　B. 对竞争环境和策略的研究和度量

C. 了解经济领域发生的大事　　　　D. 了解国家的法律与政策

13. 微波通常呈现出穿透、反射、吸收三个基本特性。微波炉正是一种用微波加热食品的现代化烹调用具。以下各项不能体现微波这些基本特性的是 _____。

A. 微波炉中不可使用金属器皿进行加热。

B. 微波炉中可以使用玻璃、塑料器皿进行加热。

C. 微波炉可以煮出蛋黄凝固、蛋白仍是液态的鸡蛋。

D. 微波炉的输出功率随时可调，且不存在"余热"现象。

14. 酶是活细胞内产生的具有高度专一性和催化效率的蛋白质，又称为生物催化剂。生物体在新陈代谢过程中，几乎所有的化学反应都是在酶的催化下进行的。下列过程需要酶参与的是 _____。

A. 细胞质壁分离　　　　　　　　　B. 光合作用吸收 CO_2

C. 氧气进入血液　　　　　　　　　D. 叶绿体吸收光能

15. "莫拉克"台风与 2009 年 8 月 2 日下午 5 时形成于菲律宾东面约 1000 公里处，随后给菲律宾、中国台湾和中国大陆等地造成了极大的损失。台风的形成过程是：在洋面温度超过 26℃以上的热带或副热带海洋上，由于近洋面气温高，大量空气膨胀上升，使近洋面气压降低，外围空气源源不断地补充流入上升区。受地转偏向力的影响，流入的空气旋转起来。而上升空气膨胀变冷，其中的水汽冷却凝结形成水滴时，要放出热量，又促使低层空气不断上升。这样近洋面气压下降得更低，空气旋转得更加猛烈，从而形成了台风。以下不属于台风产生必要条件的是 _____。

A. 水汽冷却凝结形成水滴

B. 大气低层向中心汇聚、高层向外扩散的扰动

C. 足够大的地转偏向力作用

D. 广阔的高温、高湿的大气

二、填空题

16. 在下列各句横线处，依次填入最恰当的成语。

①作为伏明霞最感激的教练，郭克顺不仅有严父般的 _____，还有慈母般的脉脉温情，这两方面的综合，使她总能在国际大赛上处于最佳状态。

②越来越多的年轻人在周末选择三五好友结伴自驾车出游，徜徉大自然的秀丽风光之中，一个星期以来工作的压力、疲惫、郁闷就都 _____ 了。

③现在的中国国家女子足球队正处在新老交替的关键时期，能否寻找到有希望的好苗子并顺利培养交接，是女足能否顺利 _____ 的关键所在。

A. 颐指气使　烟消云散　承前启后　　B. 耳提面命　涣然冰释　承上启下

C. 颐指气使　涣然冰释　承上启下　　D. 耳提面命　烟消云散　承前启后

17. 在下列各句横线处，依次填入最恰当的词语。

①有些广告用谐音字 _____ 成语，对学生的语文学习产生不良影响。

②为充实管理干部队伍，公司 _____ 了一些管理经验丰富的退休职工。

③他分管的工作事务繁杂，一年也难得 _____ 几天。

A. 篡改　　启用　　　清净　　　　　　　B. 窜改　　启用　　　清静

C. 窜改　　起用　　　清净　　　　　　　D. 篡改　　起用　　　清静

18. 在下面一段文字横线处填上对修辞方法及其作用的正确表述。

　　　这在会馆里时，我就早已料到了；那雪花膏便是局长的儿子的赌友，一定要去添些谣言，设法报告的。

以上文字 _____.

A. 用了借代的修辞手法，刻画某人的突出特征。

B. 用了比喻的修辞手法，刻画某人的突出特征。

C. 用了比喻的修辞手法，表达对某人的嘲笑和厌恶。

D. 用了借代的修辞手法，表现对某人的嘲笑和厌恶。

19. 在下面文字中的横线处，依次填入最恰当的关联词语。

　　　知识 _____ 可以带来幸福，_____ 假如把它压缩成药丸子灌下去，就丧失了乐趣。_____ ，_____ 有人这样来对待自己的孩子，那不是我能管的事，我只是对孩子表示同情而已。

A. 虽然　　但是　　当然　　如果　　　　B. 如果　　但是　　自然　　即使

C. 如果　　那么　　自然　　如果　　　　D. 虽然　　那么　　当然　　即使

20. 在下列诗句的空格中，依次填入表示温度感觉的字，最恰当的一组是 _____ 。

①岩边树色含风 _____ ，石上泉声带雨秋。（宋之问）

②沾衣欲湿杏花雨，吹面不 _____ 杨柳风。（释志南）

③竹深树密虫鸣处，时有微 _____ 不是风。（杨万里）

④腊日常年 _____ 尚遥，今年腊日冻全消。（杜甫）

A. 冷、寒、凉、暖　　　　　　　　　　B. 寒、暖、冷、凉

C. 凉、寒、暖、冷　　　　　　　　　　D. 冷、凉、寒、暖

21. 在下面文字横线处填上与上下文衔接最恰当的一段话。

　　　愈是古远的时代，人类的活动愈是受自然条件的限制。_____ 。

A. 阴山南麓的沃野，正是内蒙西部水草最肥美的地方。任何游牧民族只要进入内蒙西部，就必须占据这个沃野，特别是那些还没有定居下来的游牧民族，更要依靠自然的恩赐。

B. 阴山南麓的沃野，正是内蒙西部水草最肥美的地方。特别是那些还没有定居下来的游牧民族，更要依靠自然的恩赐。任何游牧民族只要进入内蒙西部，就必须占据这个沃野。

C. 特别是那些还没有定居下来的游牧民族，更要依靠自然的恩赐。阴山南麓的沃野，正是内蒙西部水草最肥美的地方。任何游牧民族只要进入内蒙西部，就必须占据这个沃野。

D. 特别是那些还没有定居下来的游牧民族，更要依靠自然的恩赐。任何游牧民族只要进入内蒙西部，就必须占据这个沃野。阴山南麓的沃野，正是内蒙西部水草最肥美的地方。

22. 文艺作品中的 _____ 常常被作为一种"共名"来运用，比如阿Q、红娘等。

    A. 反面人物   B. 典型人物   C. 主要人物   D. 正面人物

23. 北魏贾思勰所著 _____，内容非常丰富，有农业百科全书之称。北宋沈括所著 _____，总结了我国古代主要是北宋时期的许多科技成就，被英国学者李约瑟称为"中国科学史的里程碑"。宋代苏颂的 _____ 是一部具有世界意义的古代科技著作，书中的"星图"纪录的北宋元丰年间星象观测结果，是一项重要的天文学成就。明朝宋应星的 _____ 是一部关于农业和手工业生产的综合性科学科技著作。在以上空格中依次填入书名，正确的一组是 _____。

    A. 《齐民要术》、《梦溪笔谈》、《新仪象法要》、《天工开物》

    B. 《齐民要术》、《天工开物》、《梦溪笔谈》、《新仪象法要》

    C. 《梦溪笔谈》、《新仪象法要》、《天工开物》、《齐民要术》

    D. 《天工开物》、《梦溪笔谈》、《新仪象法要》、《齐民要术》

24. 管理幅度是指所直接管辖人数的多少，一般而言，_____ 可以使管理幅度增加。

    A. 下属的能力较差   B. 下属的工作内容有较大差异性

    C. 组织信息化程度提高   D. 组织所面临的环境变化较快

25. 流动资产是指流动性大，周转期短，并占企业全部投资较大比重的资产，因此，_____ 不属于流动资产。

    A. 现金   B. 存货   C. 短期投资   D. 生产线

26. 我国刑法关于溯及力的规定采取 _____。

    A. 从新兼从轻原则   B. 从旧兼从轻原则

    C. 从轻原则   D. 从旧原则

27. 中华人民共和国的国家机构实行 _____ 原则。

    A. 民主集中制   B. 议行合一   C. 首长负责制   D. 少数服从多数

28. 在生态系统的食物链中，凡是以相同方式获取相同性质食物的植物类群或动物类群称作一个营养级，在食物链中从初级生产者植物起到顶部肉食动物止。"螳螂捕蝉，黄雀在后"这句成语隐含的生物链中至少有 _____ 个营养级。

    A. 2   B. 3   C. 4   D. 5

29. 2009 年以来，我国连续发生了多起酒后驾车引起多人死亡事件，再次给我们敲响警钟。全国掀起整治酒后驾驶的风暴，刚性执法将成为常态。根据《机动车驾驶员驾车时血液中酒精阀值与测试方法》，机动车驾驶员血液中酒精含量 _____ 时驾驶机动车定为"酒后驾车"。

    A. 小于 0.2 mg/ml

    B. 大于 0.8 mg/ml

    C. 大于或等于 0.2 mg/ml，小于 0.8 mg/ml

    D. 大于或等于 0.8 mg/ml，小于 1.2 mg/ml

30. 能量既不会凭空产生，也不会凭空消失，它只能从一种形式转化为另一种形式，或者从一个物体转移到别的物体，在转化或转移的过程中其总量不变，这就是能量守恒定律。如果在一个密封的，即不存在热量的进入或散失的房间内，打开一个正在工作的电冰箱门，最终房间内的温度将 _____。

A. 无法确定　　　　　B. 降低　　　　　C. 升高　　　　　D. 不变

三、阅读理解题

（一）阅读下面短文，回答问题。

2009 年罗马游泳世锦赛尘埃落定，高科技泳衣成为了本届世锦赛的焦点话题，以至于比赛本身反而被忽略了。可实际上，泳衣问题并不是 2009 年才出现的，只不过 Speedo 的垄断格局被颠覆，或者说聚亚安酯材料被竞争对手 Jaked01 和 Arena X-Glide 引进，才使得泳坛天下大乱，运动员们不得不把大量精力放在挑选最能提供动力的泳衣上。"鲨鱼皮泳衣"顾名思义是按照仿生学原理模仿鲨鱼的皮肤制造出的泳衣。生物学家发现，鲨鱼皮肤表面粗糙的 V 形皱褶可以大大减少水流的摩擦力，使身体周围的水流更高效地流过，鲨鱼得以快速游动。在接缝处模仿人类的肌腱，为运动员向后划水时提供动力；在布料上模仿人类的皮肤，富有弹性，实验表明可以减少 3% 水的阻力。而国际泳联 1999 年作出了一个重大决定，那就是允许 Speedo 鲨鱼皮泳衣在比赛中使用。

不知道是出于厂商利益和泳联让比赛提速的美好愿望，抑或是 2000 年悉尼奥运会东道主澳大利亚的暗中要求，总之这种泳衣在悉尼奥运会改变了世界泳坛格局，澳大利亚大脚鱼雷索普穿着连体紧身泳衣劈波斩浪，拿到 400 米自由泳、4×100 米自由泳接力和 4×200 米自由泳接力三块金牌，澳大利亚游泳的全面崛起，很大程度上归功于鲨鱼皮的应用。

2004 年雅典奥运会第二代鲨鱼皮闪亮登场，在面料的表面加上颗粒状的小点，目的是减少 30% 的水阻，整体功能比第一代提升 7.5%。而索普这个时候已经被阿迪达斯高价从 Speedo 挖走，阿迪达斯专为其定做的"喷气概念"泳衣，跟第二代鲨鱼皮针锋相对。"喷气概念"由莱卡布料制成，它的弹性增加了选手动作的精确性，就像是第二层皮肤一样地贴身，在减低阻力的同时选手也觉得很舒适。

荷兰飞鱼霍根班德对竞争死敌索普的泳衣合法性提出了质疑："索普在穿上这件泳衣后表现得异常优异，和他只穿着泳裤比赛时截然不同。"然而国际泳联的理事长科勒尔说："对于这些高科技的泳衣，我还没有看到有科学的证据证明这些泳衣真的有利于选手成绩的提高。"

第三代鲨鱼皮由防氧弹性纱和特细尼龙纱组成，2007 年推出后被选手广泛用于墨尔本世锦赛。它的弹性比同类产品高 15%，可以减少肌肉振动和能量损耗。当年运动员身穿第三代鲨鱼皮先后 21 次打破世界纪录。

第四代鲨鱼皮由极轻、低阻、防水和快干性能 LZR Pulse 面料组成，是全球首套以高科技熔接生产的无皱褶比赛泳装，北京奥运会上这款泳衣大放异彩，见证了菲尔普斯的八金神话。不过，由于当时不少运动员都穿这种泳衣，再加上菲尔普斯实力确实强，对他的质疑并不多。但是从 Speedo 设计最新款的 LZR 式泳衣的初衷来看，并不一定适合亚洲选手。对于身材修长、灵活的中国和日本等亚洲选手而言，其实最需要的并不是所谓的减少身体在水中所产生的阻力，而是要在增加手腕、臂力等动作的协调和划力上下足功夫，只有这样才会如夺得巴塞罗那游泳金牌的岩崎恭子一样争夺金牌。

然而，到了 2009 年格局发生了变化，各种厂商明争暗斗互相拆台，法国名将贝尔纳世锦赛前打破 100 米自由泳世界纪录，却因泳衣问题不被承认。但同样有问题的 Jaked01

和 Arena X-Glide 却被网开一面。正是由于聚亚安酯材料制作的这两种泳衣大幅提升浮力，Speedo LZR 才会相形见绌。

泳衣问题何曾有过公平？蝶泳皇后钱红说的好，在 2000 年悉尼奥运会澳大利亚名将身着鲨鱼皮的时候，可否有人想到了这对中国游泳是否公平？说到底，一切都是各方利益博弈的结果。

（选自 http://sports. QQ.com. 2009 年 8 月 3 日，作者：苍穹之泪，有删改）

31. 根据文章的介绍，比赛中使用过两代以上"鲨鱼皮泳衣"的游泳名将是 _____。
  A. 菲尔普斯   B. 岩崎恭子   C. 索普   D. 贝尔纳

32. 对于文章最后一段理解恰当的是 _____。
  A. 高科技泳衣使用，不利于中国游泳的发展
  B. 游泳项目不公平的原因是厂商之间明争暗斗互相拆台
  C. 通过各方的博弈，可以使游泳项目趋于公平
  D. 高科技泳衣问世，游泳项目的公平性受到影响

33. 高科技泳衣竞争愈演愈烈，甚至抢了比赛本身的风头。根据文意，对于导致这一现象的原因理解不准确的一项是 _____。
  A. 东道主的暗中要求   B. 泳联希望比赛更加精彩
  C. 泳衣厂商的利益驱使   D. 参赛选手希望成绩有突破

34. 以下各项，概括本文主旨最适当的是 _____。
  A. 多人次打破世界纪录，不穿高科技泳衣是傻子
  B. 高科技泳衣违背体育精神，疯狂罗马注定无法超越
  C. 回溯高科技泳衣发展史，从来就没有真正的公平
  D. 高科技泳衣谁最强，多少比赛因此而改变

35. 根据文意，以下不属于"鲨鱼皮泳衣"优点的是 _____。
  A. 减少水的摩擦   B. 增加动作协调性
  C. 提高动作精确性   D. 大幅提升浮力

（二）阅读下面短文，回答问题。

1986 年的诺贝尔经济学奖得主布坎南教授可以说是学术界的一位奇人。他以经济学的工具分析政治现象，一手开创了一门新的研究领域，大大地扩充了经济学的视野。他的为人处世也很特立独行，在报纸杂志上以老妪能解的笔调撰文载道，花很多时间和同事进行切磋琢磨。这和一般成名的经济学家离世索居，在象牙塔里经营学问大不相同。

布坎南曾在夏威夷大学做过一系列的专题演讲，其中有一次，他用一个亲身经验来阐释人类经济活动的本质：和大多数美国人一样，布坎南喜欢看美式足球，对每年一月的季后赛更是不能错过。可是，虽然每场比赛正式的时间只有六十分钟，一旦加上犯规、换场、中场休息、伤停、教练叫停等等，一场下来总要耗掉三个半小时到四个小时。他觉得在电视机前花这么长的时间很浪费，有点罪恶感。可是球赛实在好看，弃之不忍。最后他想出了一个有点阿 Q 的做法：他把后院里拾来的两大桶核桃搬到客厅里。一边看电视，一边敲核桃（大概也顺便吃几个）。看完一场比赛，他也弄完一小堆的核桃仁。

事实上，布坎南一边看、一边敲、一边还问自己：为什么长时间坐在电视机前会让他

有罪恶感？为什么西方资本主义社会强调工作而排斥休闲？只要不干扰别人，游手好闲有什么不好？诺贝尔奖得主毕竟不同凡响。经过一番"推敲"、"咀嚼"，布坎南悟出了一个道理：社会赞许工作，是因为工作不只是对个人有好处，对其他的人也好。我种菜，你养猪，然后我们经由交易，可以互蒙其利而皆大欢喜。这样要比你我自己既要养猪、又要种菜来得好。专业化的生产对自己、对别人、对大家，都好。相反地，如果一个人饱食终日、无所事事，那么他自己的得失之外，别人也享受不到他从事生产带来的"交易价值"。因此，布坎南觉得西方社会对"生产"、"工作"赋予了道德上正面的价值，直接间接地促进了资本主义的发展和社会的进步。

有人在溪边看到小鱼在水里力争上游而体会出一些生命的意义；布坎南看美式足球而悟出了人类经济活动的本质。有为者亦若是，下次我帮儿子喂奶换尿布时也不要再嘀咕抱怨，我可要好好地动动我的脑筋才是！

（节选自熊秉元《寻找心中的那把尺》，西南财经大学出版社，1997）

36. 文中"推敲"、"咀嚼"二词加引号的作用是 _____。
   A. 强调比喻　　　　B. 说明道理　　　　C. 解释含义　　　　D. 引用例证

37. 布坎南所阐释的人类经济活动的本质是 _____。
   A. 珍惜时间　　　B. 获得社会赞许　　C. 满足精神需求　　D. 交易各方互蒙其利

38. 对文章第三段提及的"正面的价值"理解最恰当的是 _____。
   A. 劳动是珍惜时间、热爱生命的具体表现
   B. 劳动者为自己创造了幸福、造福了社会
   C. "生产"和"工作"为全社会所推崇
   D. 促进了资本主义社会的发展和进步

39. 以下各项，不符合文章最后一段提及的"有为者"的行为是 _____。
   A. 看到小鱼在水里力争上游而体会出一些生命的意义
   B. 看美式足球而悟出了人类经济活动的本质
   C. 帮儿子喂奶换尿布时只嘀咕抱怨
   D. 苹果落地引发了万有引力定律的思考

40. 下列各项中不属于布坎南教授特立独行之处的一项是 _____。
   A. 经常与同事和学生讨论学问　　　　B. 撰文笔调贴近生活
   C. 不在象牙塔里经营学问　　　　　　D. 用经济学工具分析政治现象

（三）阅读下面短文，回答问题。

在奥运会开幕式上，刘欢和莎拉·布莱曼演唱的主题曲《我和你》，音调悠扬婉转，意蕴绵长。这几天常常在大街小巷听到这首歌，渐渐也熟悉了这旋律。熟悉一首歌是重要的，越听越会觉得平和中自有真挚的感情流露。这首歌的歌词非常短，但其实词短情长，意义很深："我和你，心连心，同住地球村。为梦想，千里行，相会在北京。来吧！朋友，伸出你的手，我和你，心连心，永远一家人。"

这里的"我"和"你"，其实是中国和世界的关系。在这里，"你"和"我"之间已经有了一种比肩淡定的从容和平和，有了一种相互守望，共同创造世界未来的自信。我们"同住地球村"的意识，"永远是一家人"的愿望，都喻示着在这个2008，在这次奥运会

上，中国和世界之间新的关系。这里所显示的是一个民族的坦然和坦诚，也显示了中国已经融入了世界。这种融入当然不是取消"我"和"你"之间的差异，而是我们在一种"和而不同"的境界中展现的新的理想和新的祈愿。中国此时已经能够平视世界，已经能够为世界贡献自己力量的同时，分享人类的共同理想和价值。

反复听这首歌，我突然想到了同样是刘欢演唱，同样是曾经唱遍了大街小巷的一首歌。那首歌同样表现的是"我"与"你"的关系，也同样意蕴深沉，但却和《我和你》的意思有相当的不同。这就是 1993 年的秋天播出的电视剧《北京人在纽约》的主题歌《千万次的问》。虽然那部电视剧仅仅是讲述一个北京人王启明在纽约的艰难奋斗史，但那首歌却超越了这部电视剧而具有着相当的意义。

我还记得刘欢用激越的声音演唱《千万次的问》，曾经感动过许许多多的人。这首歌可以说也是在表现中国与世界的关系。在这里，"我"还是在做出着坚韧的努力，试图融入世界，和"你"平等对话，但这一切却显得如此艰难和如此痛苦。中国还在艰苦地搜索着走向世界的道路，我们还充满着一种对于世界的焦虑。中国和世界之间还有一种非常复杂的关系。中国人百年的富强之梦，其实就是试图让这个古老的东方民族融入世界。但从十九世纪中叶以来的"落后就要挨打"的痛苦经验，让中国面对世界的时候，难免于仰视和俯视的视角，两者都充满了焦虑。这种"落后"和"挨打"的关联正是中国"现代性"的最为深刻的痛苦："落后"是历史造成的困境，"挨打"却是无辜者受到欺凌；"落后"所以要学习和赶超，"挨打"所以要反抗和奋起。反抗和奋起来自一种民族精神，而学习和赶超却是"具体"的文化选择。这就造成了《千万次的问》里面的那种爱恨交加的复杂情感。"千万里"的追寻，而"你却并不在意"的感慨。"我已经不再是我"的必然，而"你却依然是你"的现实状况，让这首歌自有自己的深沉内涵。二十世纪中国人的艰辛的奋斗，其实正是为了争取一个和世界之间的新的关系。中国人走向世界的梦想，和平等待我之民族共同奋斗为人类贡献中国力量的愿望，正是我们在整个二十世纪不断努力追寻的目标。

但今天，我看到的是在一个蓝色的星球之巅，刘欢和沙拉·布莱曼一起引吭高歌："为梦想，千里行，相会在北京"。我们所付出的一切获得了历史和世界的报偿，"我"和"你"终于有了这样一个"在一起"的美好的时刻。我向你伸出的手也得到了你最好的回应。《我和你》短短的歌词其实道出了我们内心的感动和浪漫的情怀。

两首歌，十五年的距离，跨越了世纪，见证了一个国家和他的人民的成长。

（张颐武《两首歌见证中国的成长》，《北京青年报》2008 年 8 月 20 日）

41. "和而不同"这句中的"和"和"同"的意思分别是 _____。
   A. 和睦/信任　　　　B. 和平/统一　　　　C. 和谐/相同　　　　D. 合作/盲从

42. 文章说两首歌都表现了"中国和世界的关系"，这种关系主要是指 _____。
   A. 中国和世界各国的关系　　　　　　B. 中国和西方国家的关系
   C. 中国和美国之间的关系　　　　　　D. 中国和周边国家的关系

43. 文章说"从十九世纪中叶以来的'落后就要挨打'的痛苦经验，让中国面对世界的时候，难免于仰视和俯视的视角，两者都充满了焦虑。"其中对"仰视和俯视的视角"理解正确的一项是 _____。

A. 中国面对世界是仰视，世界面对中国是俯视

B. 仰视外国今天的发展，俯视中国过去的落后

C. 仰视外国古代的文明，俯视中国今天的地位

D. 仰视外国的强大发达，俯视本国的弱小落后

44. 对本文所说"两首歌见证了中国的成长"，下面理解不正确的一项是 _____。

A. 中国现在已经变得十分强大，与世界发达国家可以平起平坐

B. 中国今天已经变得从容平和，可以分享人类的共同价值和理想

C. 中国已经显示出坦然和坦诚，也显示中国已经融入整个世界

D. 中国此时已经能够平视世界，可以分享人类的共同价值和理想

45. 文章引述的"和而不同"这句话，出自 _____。

A. 《孟子》　　　　B. 《论语》　　　　C. 《庄子》　　　　D. 《老子》

（四）阅读下面短文，回答问题。

诗的源头是歌谣。上古时候，没有文字，只有唱的歌谣，没有写的诗。一个人高兴的时候或悲哀的时候，常愿意将自己的心情诉说出来，给别人或自己听。日常的言语不够劲儿，便用歌唱；一唱三叹的叫别人回肠荡气。唱叹再不够的话，便手也舞起来了，脚也蹈起来了，反正要将劲儿使到了家。碰到节日，大家聚在一起酬神作乐，唱歌的机会更多。或一唱众和，或彼此竞胜。传说葛天氏的乐八章，三个人唱，拿着牛尾，踏着脚，似乎就是描写这种光景的。歌谣越唱越多，虽没有书，却存在人的记忆里。有了现成的歌儿，就可借他人酒杯，浇自己块垒；随时拣一支合适的唱唱，也足可消愁解闷。若没有完全合适的，尽可删一些改一些，到称意为止。流行的歌谣中往往不同的词句并行不悖，就是为此。可也有经过众人修饰，成为定本的。歌谣真可说是"一人的机锋，多人的智慧"了。

歌谣可分为徒歌和乐歌。徒歌是随口唱，乐歌是随着乐器唱。徒歌也有节奏，手舞脚蹈便是帮助节奏的；可是乐歌的节奏更规律化些。乐器在中国似乎早就有了，《礼记》里说的土鼓土槌儿、芦管儿，也许是我们乐器的老祖宗。到了《诗经》时代，有了琴瑟钟鼓，已是 _____。歌谣的节奏最主要的靠重叠或叫复沓；本来歌谣以表情为主，只要翻来覆去将情表到了家就成，用不着费话。重叠可以说原是歌谣的生命，节奏也便建立在这上头。字数的均齐，韵脚的调协，似乎是后来发展出来的。有了这些，重叠才在诗歌里失去主要的地位。

有了文字以后，才有人将那些歌谣记录下来，便是最初的写的诗了。但纪录的人似乎并不是因为欣赏的缘故，更不是因为研究的缘故。他们大概是些乐工，乐工的职务是奏乐和唱歌；唱歌得有词儿，一面是口头传授，一面也就有了唱本儿。歌谣便是这么写下来的。我们知道春秋时的乐工就和后世阔人家的戏班子一样，老板叫做太师。那时各国都养着一班乐工，各国使臣来往，宴会时都得奏乐唱歌。太师们不但得搜集本国乐歌，还得搜集别国乐歌。不但搜集乐词，还得搜集乐谱。那时的社会有贵族与平民两级。太师们是伺候贵族的，所搜集的歌儿自然得合贵族们的口味；平民的作品是不会入选的。他们搜得的歌谣，有些是乐歌，有些是徒歌。徒歌得合乐才好用。合乐的时候，往往得增加重叠的字句或章节，便不能保存歌词的原来样子。除了这种搜集的歌谣以外，太师们所保存的还有贵族们为了特种事情，如祭祖、宴客、房屋落成、出兵、打猎等作的诗。这些可以说是典

礼的诗。又有讽谏、颂美等等的献诗；献诗是臣下作了献给君上，准备让乐工唱给君上听的，可以说是政治的诗。太师们保存下这些唱本儿，带着乐谱；唱词儿共有三百多篇，当时通称做"诗三百"。到了战国时代，贵族渐渐衰落，平民渐渐抬头，新乐代替了古乐，职业的乐工纷纷散走。乐谱就此亡失，但是还有三百来篇唱词儿流传下来。便是后来的《诗经》了。

"诗言志"是一句古话；"诗"这个字就是"言"、"志"两个字合成的。但古代所谓"言志"和现在所谓"抒情"并不一样；那"志"总是关联着政治或教化的。春秋时通行赋诗。在外交的宴会里，各国使臣往往得点一篇诗或几篇诗叫乐工唱。这很像现在的请客点戏，不同处是所点的诗句必加上政治的意味。这可以表示这国对那国或这人对那人的愿望、感谢、责难等等，都从诗篇里断章取义。断章取义是不管上下文的意义，只将一章中一两句拉出来，就当前的环境，作政治的暗示。如《左传》襄公二十七年，郑伯宴晋使赵孟于垂陇，赵孟请大家赋诗，他想看看大家的"志"。子太叔赋的是《野有蔓草》。原诗首章云，"野有蔓草，零露博兮，有美一人，清扬婉兮。邂逅相遇，适我愿兮。"子太叔只取末两句，借以表示郑国欢迎赵孟的意思；上文他就不管。全诗原是男女私情之作，他更不管了。可是这样办正是"诗言志"；在那回宴会里，赵孟就和子太叔说了"诗以言志"这句话。

到了孔子时代，赋诗的事已经不行了，孔子却采取了断章取义的办法，用《诗》来讨论做学问做人的道理。"如切如磋，如琢如磨，"本来说的是治玉，将玉比人。他却用来教训学生做学问的工夫。"巧笑倩兮，美目盼兮，素以为绚兮"，本来说的是美人，所谓天生丽质。他却拉出末句来比方作画，说先有白底子，才会有画，是一步步进展的；作画还是比方，他说的是文化，人先是朴野的，后来才进展了文化——文化必须修养而得，并不是与生俱来的。他如此解诗，所以说"思无邪"一句话可以包括"诗三百"的道理；又说诗可以鼓舞人，联合人，增加阅历，发泄牢骚，事父事君的道理都在里面。孔子以后，"诗三百"成为儒家的《六经》之一，《庄子》和《荀子》里都说到"诗言志"，那个"志"便指教化而言。

（节选自朱自清《经典常谈·诗经第四》。北京出版社。2004）

46. 从下列语词中选择一个填入第二段的横线处，意思最为恰当的是 _____。

   A. 多如牛毛　　　B. 汗牛充栋　　　C. 洋洋大观　　　D. 洋洋洒洒

47. 第三段中作者认为所谓"诗三百"是 _____。

   A. 春秋时代各国大师们整理保存下来的唱本

   B. 为欣赏和研究记录下来的歌谣

   C. 乐工唱歌所用的歌词

   D. 太师们从民间搜集的歌谣

48. 第四段以子太叔赋《野有蔓草》诗表达自己意思的故事，说明赋诗言志的特点。子太叔所用的具体方法是 _____。

   A. 以意逆志　　　　　　　　　B. 比附

   C. 借他人酒杯，浇自己块垒　　　D. 断章取义

49. 作者认为，春秋时通行的赋诗，指的是 _____。

A. 在交际场合，借用诗篇，断章取义以表达心志

B. 诗人作诗

C. 乐工唱诗

D. 以断章取义的方法解释诗意

50. 这篇文章第一段的主要意思是 _____。

    A. 说明诗的源头是歌谣   B. 说明歌谣是怎么产生的

    C. 说明上古时候，只有歌谣，没有诗   D. 说明歌谣是"一人的机锋，多人的智慧"

第二部分　数学基础能力测试

（25 题，每题 4 分，满分 100 分）

1. 如右图直角坐标系 Oxy 中的曲线是二次函数 $y = f(x)$ 的图像，则 $f(x) = ($　　$)$.

    A. $-x^2 - 6x - 5$ B. $-x^2 + 6x - 5$

    C. $x^2 + 4x - 5$ D. $x^2 - 4x - 5$

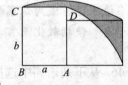

2. $\dfrac{2010 \times 2008 + 1}{(1 + 3 + 5 + 7 + 9 + 11 + 13)^2} = ($　　$)$.

    A. 41   B. 1681

    C. 49   D. 2401

3. 如右图，长方形 $ABCD$ 中，$AB = a$，$BC = b (b > a)$. 若将长方形 $ABCD$ 绕 A 点顺时针旋转 $90°$，则线段 CD 扫过的面积（阴影部分）等于（　　）.

    A. $\dfrac{\pi b^2}{4}$ B. $\dfrac{\pi a^2}{4}$

    C. $\dfrac{\pi}{4}(b^2 - a^2)$ D. $\dfrac{\pi}{4}(b - a)^2$

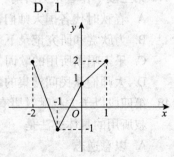

4. 若将正偶数 2，4，6，8，10，12，14，16，… 依次排成一行：

246810121416 … 则从左向右数的第 101 个数码是（　　）.

    A. 4   B. 3   C. 2   D. 1

5. 函数 $y = f(x)$ 是定义在 $(-\infty, +\infty)$ 上的周期为 3 的周期函数，右图所示为该函数在区间 $[-2, 1]$ 上的图像. 则 $\dfrac{f(-1) + f(2009)}{f(-3) - f(4)}$ 的值等于（　　）.

    A. -2 B. 0

    C. 2   D. 4

6. 若两个正数的等差中项为 15，等比数列为 12，则这两数之差的绝对值等于（　　）.

A. 18   B. 10   C. 9   D. 7

7. 甲、乙两车分别从 A、B 两地同时相向开出，甲车的速度是 50 千米/小时，乙车的速度是 40 千米/小时．当甲车驶到 A、B 两地路程的 $\frac{1}{3}$，再前行 50 千米时与乙车相遇．A、B 两地路程是（   ）千米．

   A. 210   B. 215   C. 220   D. 225

8. 等腰 ΔABC 中，$AB = AC = \sqrt{3}$，底边 $BC > 3$，则顶角 $\angle A$ 的取值范围是（   ）．

   A. $(0, \frac{\pi}{4})$ B. $(\frac{\pi}{4}, \frac{\pi}{3})$ C. $(\frac{\pi}{3}, \frac{2\pi}{3})$ D. $(\frac{2\pi}{3}, \pi)$

9. 右图是我国古代的"杨辉三角形"，按其数字构成规律，图中第八行所有○中应填数字的和等于（   ）．

   A. 96   B. 128

   C. 256   D. 312

10. 若复数 $z_1 = 1 - \frac{1}{i}$，$z_2 = -2i^2 + 5i^3$，则 $|z_1 + z_2| =$（   ）．

   A. $\sqrt{3}$ B. 5

   C. 4   D. $2\sqrt{2}$

11. 在直角坐标系中，若直线 $y = kx$ 与函数 $y = \begin{cases} 2x + 4 & (x < -3) \\ -2 & (-3 \leq x \leq 3) \\ 2x - 8 & (x > 3) \end{cases}$ 的图像恰有 3 个不同的交点．则 k 的取值范围是（   ）．

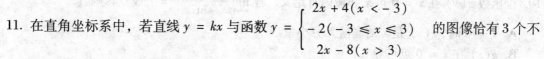

   A. $(-\infty, 0]$ B. $(0, \frac{2}{3}]$ C. $(\frac{2}{3}, 2)$ D. $[2, +\infty)$

12. 在边长为 10 的正方形 $ABCD$ 中，若按右图所示嵌入 6 个边长一样的小正方形，使得 P, Q, M, N 四个顶点落在大正方形的边上．则这六个小正方形的面积之和是（   ）．

   A. $30\frac{4}{5}$ B. $30\frac{1}{5}$

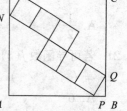

   C. $32\frac{4}{5}$ D. $32\frac{16}{25}$

13. 甲盒中有 200 个螺杆，其中 A 型的有 160 个；乙盒中有 240 个螺母，其中 A 型的有 180 个．从甲乙两盒中各任取一个零件，能配成 A 型螺栓的概率为（   ）．

   A. $\frac{3}{5}$ B. $\frac{15}{16}$ C. $\frac{1}{20}$ D. $\frac{19}{20}$

14. 一个四面体木块的体积是 64 立方厘米．若过聚在每个顶点的三条棱的中点作截面，沿所作的四个截面切下该四面体的 4 个"角"（小四面体），则剩余部分的体积是（   ）．

   A. 32 立方厘米   B. 36 立方厘米   C. 40 立方厘米   D. 44 立方厘米

15. 设双曲线 $\dfrac{x^2}{a^2} - \dfrac{y^2}{b^2} = 1 \, (a > 0, b > 0)$ 的左、右焦点分别是 F_1, F_2. 若 P 是该双曲线右支上异于顶点的一点. 则以线段 PF_2 为直径的圆与以该双曲线的实轴为直径的圆的位置关系是（　　）.

    A. 外离   B. 相交   C. 外切   D. 内切

16. $\displaystyle\lim_{x \to 1} \dfrac{\pi(x-1)}{\sin \pi x} = $（　　）.

    A. $-\pi$ B. -1 C. 0 D. 1

17. 若 $f(x) = \max\{|x-2|, \sqrt{x}\}$，则函数 $f(x)$ 的最小值等于（　　）.

    A. 2 B. 1 C. $\dfrac{1}{2}$ D. 0

18. 设函数 $g(x)$ 在 $\left[0, \dfrac{\pi}{2}\right]$ 上连续. 若在 $\left(0, \dfrac{\pi}{2}\right)$ 内 $g'(x) \geqslant 0$，则对任意的 $x \in \left(0, \dfrac{\pi}{2}\right)$ 有（　　）.

    A. $\displaystyle\int_x^1 g(t)\,\mathrm{d}t \geqslant \int_x^1 g(\sin t)\,\mathrm{d}t$ B. $\displaystyle\int_x^1 g(t)\,\mathrm{d}t \leqslant \int_x^1 g(\sin t)\,\mathrm{d}t$

    C. $\displaystyle\int_x^{\frac{\pi}{2}} g(t)\,\mathrm{d}t \geqslant \int_x^{\frac{\pi}{2}} g(\sin t)\,\mathrm{d}t$ D. $\displaystyle\int_x^{\frac{\pi}{2}} g(t)\,\mathrm{d}t \leqslant \int_x^{\frac{\pi}{2}} g(\sin t)\,\mathrm{d}t$

19. 设函数 $g(x)$ 在 $x = 0$ 点某邻域内有定义. 若 $\displaystyle\lim_{x \to 0} \dfrac{x - g(x)}{\sin x} = 1$ 成立，则（　　）.

    A. $x \to 0$ 时，$g(x)$ 是 x 的高阶无穷小量

    B. $g(x)$ 在 $x = 0$ 点可导

    C. $\displaystyle\lim_{x \to 0} g(x)$ 存在，但 $g(x)$ 在 $x = 0$ 点不连续

    D. $g(x)$ 在 $x = 0$ 点连续，但不可导

20. 若连续函数 $f(x)$ 满足 $\displaystyle\int_0^x u f(x-u)\,\mathrm{d}u = -\sqrt{x} + \ln 2$，则 $\displaystyle\int_0^1 f(x)\,\mathrm{d}x = $（　　）.

    A. $\dfrac{1}{2}$ B. 0 C. $-\dfrac{1}{2}$ D. 1

21. 若可导函数 $f(x)$ 满足 $f'(x) = f^2(x)$，且 $f(0) = -1$，则在点 $x = 0$ 处的三阶导数 $f'''(0) = $（　　）.

    A. 6 B. 4 C. -4 D. -6

22. 已知 $A = (a_{ij})$ 为 3 阶矩阵，$A^{\mathrm{T}}A = E$（A^{T} 是 A 的转置矩阵，E 是单位矩阵）. 若 $a_{11} = -1$，$b = (1, 0, 0)^{\mathrm{T}}$，则方程组 $AX = b$ 的解 $X = $（　　）.

    A. $(-1, 1, 0)^{\mathrm{T}}$ B. $(-1, 0, 1)^{\mathrm{T}}$

    C. $(-1, -1, 0)^{\mathrm{T}}$ D. $(-1, 0, 0)^{\mathrm{T}}$

23. 不恒为零的函数 $f(x) = \begin{vmatrix} a_1 + x & b_1 + x & c_1 + x \\ a_2 + x & b_2 + x & c_2 + x \\ a_3 + x & b_3 + x & c_3 + x \end{vmatrix}$ （　　）.

    A. 恰有 3 个零点   B. 恰有 2 个零点

C. 至多有 1 个零点　　　　　　　　D. 没有零点

24. 若矩阵 $B = \begin{pmatrix} -1 & 0 & 0 \\ 0 & 0 & 1 \\ 0 & 1 & 0 \end{pmatrix}$，$A$ 是 B 的相似矩阵，则矩阵 $A + E$（E 是单位矩阵）的秩是

（　　）.

　A. 3　　　　　　B. 1　　　　　　C. 2　　　　　　D. 0

25. 设向量 $\alpha_1 = (1, 2, 0)^T$，$\alpha_2 = (2, 3, 1)^T$，$\alpha_3 = (0, 1, -1)^T$，$\beta = (3, 5, k)^T$. 若 β 可由 $\alpha_1, \alpha_2, \alpha_3$ 线性表示，则 $k = $（　　）.

　A. 1　　　　　　B. -1　　　　　C. -2　　　　　D. 2

第三部分　逻辑推理能力测试

（50 题，每小题 2 分，满分 100 分）

1. 在出土文物中，把专供死者用的陪葬品叫做冥器。在出土的北宋瓷器中，有许多瓷枕头。我们都有使用枕头的经验，瓷枕头非常硬，活人不好枕，所以北宋的瓷枕一定是专门给死者枕的冥器；再说，瓷枕埋葬在坟墓里不会腐烂。

如果以下陈述为真，哪一项最严重地削弱了上述论证？

A. 在陪葬品中，既有专供死者用的冥器，也有死者生前喜爱用的器具。

B. 司马光在写《资治通鉴》期间，使用由圆木做成的枕头。

C. 冥器上从来不写教导性文字，有些出土的北宋瓷枕却刻有 "未晚先投宿"、"无事早归" 等教导性话语。

D. 金代的瓷枕造型多为虎形，虎画得非常勇猛威风，大将军耶律羽之在大战前睡觉时曾经用过这种枕头。

2. 基因能控制生物的性状，转基因技术是将一种生物的基因转入另一种生物中，使被转入基因的生物产生人类所需要的性状。这种技术自产生之日起就备受争议。公众最关心转基因食品的安全性：这类食品是否对人有毒？是否会引起过敏？一位专家断言：转基因食品是安全的，可放心食用。

以下各项陈述都支持这位专家的断言，除了：

A. 转基因农作物抗杂草，所以无需使用含有致癌物质的除草剂。

B. 转基因作物在全球大面积商业化种植 13 年来，从未发生过安全性事故。

C. 普通水稻的害虫食用转基因水稻后会中毒，所以种植转基因水稻无需使用农药。

D. 杂交育种产生的作物是安全的，用传统方式对作物品种的杂交选育，实质上也是转基因。

3. 今年，我国的小汽车交易十分火爆。在北京，小汽车的平均价格是 13 万 8 千元；在石家庄，其平均价格仅为 9 万 9 千元。所以，如果你想买一辆新的小汽车，若去石家庄购买，有可能得到一个更好的价钱。

下面哪一个选项最好地描述了作者推理中的漏洞？

A. 作者假定，一类商品的平均价格就是它的中位价格。

B. 作者假定，在北京和石家庄两地所卖的汽车档次差不多。

C. 作者假定，在北京所卖的汽车数量与在石家庄所卖的汽车数量相同。

D. 作者假定，在石家庄新汽车的价格比在北京的新汽车价格更便宜。

4. 爱迪生做过一个有趣的实验，他让新来的年轻职员去巡查各个商店，然后写出各自的建议和批评报告。其中的一个职员是化学工程师，说他的兴趣和专长是化学，而他的报告却几乎没有谈到化学方面的问题，详述的是怎样出货和陈设商品的事情。爱迪生认为这位员工的兴趣和专长是销售管理，于是分派他做销售管理，结果他的工作非常出色。

爱迪生的实验最有力地支持以下哪一项结论？

A. 人们会很自然地被他感兴趣的事物所吸引，他自己却未必能察觉到。

B. 人们自己所认定的兴趣和专长，不一定是他的真正兴趣和专长。

C. 人们首先对自己感兴趣，其次对与自己有关的人或事感兴趣。

D. 只有对某类事物感兴趣，该类事物才能吸引你的注意力。

5. 高热量、高脂肪的食品是典型的西方国家的饮食。自 1980 年以来，中国人越来越多地食用高热量、高脂肪的食品，心脏病和糖尿病的发病率也提高了，但中国人的平均预期寿命却从 20 世纪 80 年代初的 68 岁增长为 73 岁，而且仍在不断提高。

如果以下陈述为真，哪一项最有助于解释上述平均预期寿命的不断提高？

A. 1980 年以来，中国心脏病例和糖尿病例增加的数量小于其他致人死亡病例减少的数量。

B. 西方国家的平均预期寿命，在 1980 年之后的增速要比 1980 年之前的增速慢。

C. 一些中国人经常打太极拳，或做体操，或打乒乓球，这些运动有助于延缓心脏的衰老。

D. 在中国传统饮食中，杂粮、豆制品等食物可以降低患心脏病和糖尿病的风险。

6. 生活应该是一系列冒险，它很有乐趣，偶尔让人感到兴奋，有时却好像是通向不可预知未来的痛苦旅程。当你试图以一种创造性的方式生活时，即使你身处沙漠中，也会遇到灵感之井、妙想之泉，他们却不是能事先拥有的。

下面哪一个选项所强调的意思与题干的主旨相同？

A. 英国哲学家休谟说，习惯是人生的伟大指南。

B. 英国哲学家怀特海说，观念的改变损失最小，成就最大。

C. 法国化学家巴斯德说，机遇只偏爱有准备的头脑。

D. 美国诗人佛罗斯特说，假如我知道写诗的结果，我就不会开始写诗。

7. 在反映战国到秦朝这一时期的电影《英雄》和《刺秦》中，许多骑马打仗的镜头不符合历史的真实情况。今天看到的秦兵马俑，绝大多数战马是没有马鞍的，有马鞍的战马一律没有马镫。没有马镫，士兵在马背上就待不住，也使不上劲，所以当时的骑兵没法在马上打仗。

以下哪一个选项是上述论证所依赖的假设？

A. 秦时的骑兵骑着马冲到敌人跟前，然后翻身下马与敌人打仗。

B. 秦时的陪葬品能够反映当时社会的真实情况。

C. 在唐代雕刻的昭陵六骏浮雕上，每匹骏马的身上都有马鞍和马镫。

D. 在历史上，马镫是一件可以彻底释放士兵战斗力的重要军事装备。

8. 有网友发帖称，8 月 28 日从湖北襄樊到陕西安康的某次列车，其有效席位为 978 个，实际售票数却高达 3633 张。铁道部要求，普快列车超员率不得超过 50%，这次列车却超过了 370%，属于严重超员。

如果以下陈述为真，哪一项将对该网友的论断构成严重质疑？

A. 每年春运期间是铁路客流量的高峰期，但 8 月底并不是春运时期。

B. 从湖北襄樊到陕西安康的这次列车是慢车，不是普快列车。

C. 该次列车途径 20 多个车站，每站都有许多旅客上下车。

D. 大多数网友不了解铁路系统的售票机制。

9. 大多数人都熟悉安徒生童话《皇帝的新衣》，故事中有两个裁缝告诉皇帝，他们缝制出的衣服有一种奇异的功能：凡是不称职的人或者愚蠢的人都看不见这衣服。

以下各项陈述都可以从裁缝的断言中逻辑地推出，除了：

A. 凡是看不见这衣服的人都是不称职的人或者愚蠢的人。

B. 有些称职的人能够看见这衣服。

C. 凡是能看见这衣服的人都是称职的人或者不愚蠢的人。

D. 凡是不称职的人都看不见这衣服。

10. 2008 年 5 月 12 日，四川汶川发生强烈地震，伤亡惨重。有人联想到震前有媒体报道过绵竹发生上万只蟾蜍集体大迁移的现象，认为这种动物异常行为是发生地震的预兆，质问为何没有引起地震专家的重视，及时做出地震预报，甚至嘲笑说"养专家不如养蛤蟆"。下面的选项都构成对"蟾蜍大迁移是地震预兆"的质疑，除了：

A. 为什么作为震中的汶川没有蟾蜍大迁移？为何其他受灾地区也没有蟾蜍大迁移？

B. 国际地震学界难道认可蟾蜍大迁移这类动物异常行为与地震之间的相关性吗？

C. 蟾蜍大迁移这类动物异常行为在全国范围内可谓天天都有，地震局若根据此做出地震预报，我们岂不时时生活在恐慌之中？

D. 为什么会发生蟾蜍大迁移这类现象？这么多蟾蜍是从哪里来的？

11. 在一种网络游戏中，如果一位玩家在 A 地拥有一家旅馆，他就必须同时拥有 A 地和 B 地。如果他在 C 花园拥有一家旅馆，他就必须拥有 C 花园以及 A 地和 B 地两者之一。如果他拥有 B 地，他还拥有 C 花园。

假如该玩家不拥有 B 地，可以推出下面哪一个结论？

A. 该玩家在 A 地不拥有旅馆。　　　　B. 该玩家在 C 花园拥有一家旅馆。

C. 该玩家拥有 C 花园和 A 地。　　　　D. 该玩家在 A 地拥有一家旅馆。

12. 如果人体缺碘，就会发生甲状腺肿大，俗称"大脖子病"。过去我国缺碘人口达 7 亿多，从 1994 年起我国实行食盐加碘政策。推行加碘盐十多年后，大脖子病的发病率直线下降，但在部分地区，甲亢、甲状腺炎等甲状腺疾病却明显增多。有人认为，食盐加碘是导致国内部分地区甲状腺疾病增多的原因。

如果以下陈述为真，哪一项能给上述观点以最强的支持？

A. 我国沿海地区居民常吃海鱼、海带、紫菜等，这些海产品含有丰富的碘。

B. 甲亢、甲状腺炎等甲状腺疾病患者应该禁食海产品、含碘药物和加碘食盐。

C. 目前，我国在绝大多数高碘地区已经停止供应加碘食盐。

D. 某项调查表明，食盐加碘 8 年的乡镇与未加碘乡镇相比，其年均甲亢发病率明显增高。

13. 自 1990 年到 2005 年，中国的男性超重比例从 4% 上升到 15%，女性超重比例从 11% 上升到 20%。同一时期，墨西哥的男性超重比例从 35% 上升到 68%，女性超重比例从 43% 上升到 70%。由此可见。无论在中国还是在墨西哥，女性超重的增长速度都高于男性超重的增长速度。

以下哪项陈述最准确地描述了上述论证的缺陷？

A. 某一类个体所具有的特征通常不是由这些个体所组成的群体的特征。

B. 论证中提供的论据与所得出的结论是不一致的。

C. 中国与墨西哥两国在超重人口的起点上不具有可比性。

D. 在使用统计数据时，忽视了基数、百分比和绝对值之间的相对变化。

14. 产品价格的上升通常会使其销量减少，除非价格上升的同时伴随着质量的提高。时装却是一个例外。在某时装店，一款女装标价 86 元无人问津，老板灵机一动改为 286 元，衣服却很快售出。

如果以下陈述为真，哪一项最能解释上述反常现象？

A. 在时装市场上，服装产品是充分竞争性产品。

B. 许多消费者在购买服装时，看重电视广告或名人对服装的评价。

C. 有的女士购买时装时往往不买最好，只买最贵。

D. 消费者常常以价格的高低作为判断服装质量的主要标尺。

15. 正常情况下，在医院出生的男婴和女婴的数量大体相同。在某大城市的一家大医院，每周有许多婴儿出生；而在某乡镇的一所小医院，每周只有少量婴儿出生。如果一个医院一周出生的婴儿中有 45% ~55% 是女婴，则属于正常周；如果一周出生的婴儿中超过 55% 是女婴或者超过 55% 是男婴，则属于非正常周。

如果以上陈述为真，以下哪一个选项最有可能为真？

A. 非正常周出现的次数在城市大医院比在乡镇小医院更多。

B. 非正常周出现的次数在乡镇小医院比在城市大医院更多。

C. 在城市大医院和乡镇小医院，非正常周出现的次数完全相同。

D. 在城市大医院和乡镇小医院，非正常周出现的次数大体相同。

16. 历史学家普遍同意，在过去的年代里，所有的民主体制都衰落了，这是因为相互竞争的特殊利益集团之间无休止的争辩，伴随而来的是政府效率低下，荒废政事，贪污腐败，以及社会道德价值在整体上的堕落。每一天的新闻报道都在证实，所有这些弊端都正在美国重现。

假设以上陈述为真，下面哪一个结论将得到最强的支持？

A. 如果民主制的经历是一个可靠的指标，则美国的民主制正在衰落中。

B. 非民主社会不会遇到民主社会所面临的那些问题。

C. 新闻报道通常只关注负面新闻。

D. 在将来，美国将走向独裁体制。

17. 近 20 年来，美国女性神职人员的数量增加了两倍多，越来越多的女性加入牧师的行列。与此同时，允许妇女担任神职人员的宗教团体的教徒数量却大大减少，而不允许妇女担任神职人员的宗教团体的教徒数量则显著增加。为了减少教徒的流失，宗教团体应当排斥女性神职人员。

如果以下陈述为真，哪一项将最有力地强化上述论证？

A. 调查显示，77% 的教徒说他们需要到教堂净化心灵，而女性牧师在布道时却只谈社会福利问题。

B. 宗教团体的教徒数量多不能说明这种宗教握有真经，所有较大的宗教在刚开始时教徒数量都很少。

C. 女性牧师面临的最大压力是神职和家庭的兼顾，有 56% 的女性牧师说，即使有朋友帮助，也难以消除她们的忧郁情绪。

D. 在允许女性担任神职人员的宗教组织中，女性牧师很少独立主持较大的礼拜活动。

18. 1990 年以来，在中国的外商投资企业累计近 30 万家。2005 年以前，全国有 55% 的外资企业年报亏损。2008 年，仅苏州市外资企业全年亏损额就达 93 亿元。令人不解的是，许多外资企业经营状况良好，账面却连年亏损；尽管持续亏损，但这些企业却越战越勇，不断扩大在华投资规模。

如果以下陈述为真，哪一项能够更好地解释上述看似矛盾的现象？

A. 在亏损的外资企业中，有一小部分属于经营性亏损。

B. 许多亏损的外资企业是国际同行业中的佼佼者。

C. 目前全球企业界公认，到中国投资有可能获得更多的利润。

D. 许多"亏损"的外资企业将利润转移至境外，从而逃避中国的企业所得税。

19. 胡晶：谁也搞不清楚甲型流感究竟是怎样传入中国的，但它对我国人口稠密地区经济发展的负面影响是巨大的。如果这种疫病在今秋继续传播蔓延，那么，国民经济的巨大损失将是不可挽回的。

吴艳：所以啊，要想挽回这种损失，只需要阻止疫病的传播就可以了。

以下哪项陈述与胡晶的断言一致而与吴艳的断言不一致？

A. 疫病的传播被阻断而国民经济没有遭受不可挽回的损失。

B. 疾病继续传播蔓延而国民经济遭受了不可挽回的损失。

C. 疫病的传播被阻断而国民经济遭受了不可挽回的损失。

D. 疫病的传播被控制在一定范围内而国民经济没有遭受不可挽回的损失。

20. 最近，一些儿科医生声称，狗最倾向于咬 13 岁以下的儿童。他们的论据是：被狗咬伤而前来就医的大多是 13 岁以下儿童。他们还发现，咬伤患儿的狗大多是雄性德国牧羊犬。如果以下陈述为真，哪一项最严重的削弱了儿科医生的结论？

A. 被狗咬伤并致死的大多数人，其年龄都在 65 岁以上。

B. 被狗咬伤的 13 岁以上的人大多数不去医院就医。

C. 许多被狗严重咬伤的 13 岁以下儿童是被雄性德国牧羊犬咬伤的。

D. 许多 13 岁以下被狗咬伤的儿童就医时病情已经恶化了。

21. 多人游戏纸牌，如扑克和桥牌，使用了一些骗对方的技巧。不过，仅由一个人玩的纸牌并非如此。所以，使用一些骗对手的技巧并不是所有纸牌的本质特征。

下列哪一个选项最类似于题干中的推理？

A. 大多数飞机都有机翼，但直升机没有机翼。所以，有机翼并不是所有飞机的本质特征。

B. 轮盘赌和双骰子赌使用的赔率有利于庄家。既然它们是能够在赌博机上找到的仅有的赌博类型，其赔率有利于庄家就是能够在赌博机上玩的所有游戏的本质特征。

C. 动物学家发现，鹿偶尔也吃肉。不过，如果鹿不是食草动物，它们的牙齿形状将会与它们现有的很不相同。所以，食草是鹿的一个本质特征。

D. 所有的猫都是肉食动物，食肉是肉食动物的本质特征。所以，食肉是猫的本质特征。

22. 地球的卫星，木星的卫星，以及土星的卫星，全都是行星系统的例证，其中卫星在一个比它大得多的星体引力场中运行。由此可见，在每一个这样的系统中，卫星都以一种椭圆轨道运行。

以上陈述可以逻辑地推出下面哪一项陈述？

A. 所有的天体都以椭圆轨道运行。

B. 非椭圆轨道违背了天体力学的规律。

C. 天王星这颗行星的卫星是以椭圆轨道运行。

D. 一个星体越大，它施加给另一个星体的引力就越大。

23. 今年 4 月以来，国内房价快速上涨，房地产开发商疯狂竞购土地，北京一块地拍卖出 40.6 亿元的天价，成为新"地王"。7 月份，在北京、上海、广州、深圳诞生的 8 个地王，几乎都是上市公司或控股公司购得。国内外的经验都表明，房价并非只涨不跌。所以，一旦房价下跌，这些开发公司将承受巨额亏损。

如果以下陈述为真，哪一项能够最严重地削弱上述结论？

A. 国土资源部调查数据显示，我国低价在房价中所占比例平均为 23.2%。

B. 高地价推高房价，带动房地产公司股价上涨，公司趁股价在高位时融资，已获巨额资金。

C. 开发商拿下土地后不开发或退地，最多损失几千万竞买资金和地价首付利息。

D. 2003～2009 上半年，开发商闲置土地占已购得土地面积的 57%。

24. 按照我国城市当前水消费量来计算，如果每吨水增收 5 分钱的水费，则每年可增加 25 亿元收入。这显然是解决自来水公司年年亏损问题的好办法。这样做还可以减少消费者对水的需求，养成节约用水的良好习惯，从而保护我国非常短缺的水资源。

以下哪一项说明题干论述中的逻辑错误？

A. 作者引用了无关的数据和材料。

B. 作者所依据的我国城市当前水消费量的数据不准确。

C. 作者做出了相互矛盾的假定。

D. 作者错把结果当做了原因。

25. 某公司员工都是具有理财观念。有些购买基金的员工买了股票，凡是购买地方债券的员工都买了国债，但所有购买股票的员工都不买国债。

根据以上前提，以下哪一个选项一定为真？

A. 有些购买了基金的员工买了国债。

B. 有些购买了地方债券的员工没有买基金。

C. 有些购买了地方债券的员工买了基金。

D. 有些购买了基金的员工没有买地方债券。

26. 互联网给人类带来极大便利。但是，1988 年美国国防部的计算机主控中心遭黑客入侵，6 千台计算机无法正常运行。2002 年，美军组建了世界上第一支由电脑专家和黑客组成的网络部队。2008 年，俄罗斯在对格鲁吉亚采取军事行动之前，先攻击格鲁吉亚的互联网，使其政府、交通、通信、媒体、金融服务业陷入瘫痪。由此可见，_____。

以下哪一项陈述可以最合逻辑地完成上文的论述？

A. 网络已经成为世界各国赖以正常运转的"神经系统"。

B. 在未来战争中，网络战可能成为一种新的战争形式。

C. 世界各国的网络系统都可能存在着安全漏洞。

D. 及时对杀毒软件进行升级，可以最大限度地防范来自网络的病毒。

27. "俏色"指的是一种利用玉的天然色泽进行雕刻的工艺。这种工艺原来被认为最早始于明代中期，然而，在商代晚期的妇好墓中出土了一件俏色玉龟，工匠用玉的深色部分做了龟的背壳，用白玉部分做了龟的头尾和四肢。这件文物表明，"俏色"工艺最早始于商代晚期。

以下哪一项陈述是上述论证的结论所依赖的假设？

A. "俏色"是比镂空这种透雕工艺更古老的雕刻工艺。

B. 妇好墓中的俏色玉龟不是更古老的朝代流传下来的。

C. 因势象形是"俏色"和根雕这两种工艺的共同特征。

D. 周武王打败商纣王时，从殷都带回了许多商代的玉器。

28. 地球两极地区所有的冰都是由降雪形成的。特别冷的空气不能保持很多的湿气，所以不能产生大量降雪。近年来，两极地区的空气无一例外地特别冷。

以上信息最有力地支持以下哪一个结论？

A. 两极地区较厚的冰层与较冷的空气是相互冲突的。

B. 如果两极地区的空气不断变暖，大量的极地冰将会融化。

C. 在两极地区，为了使雪转化为冰，空气必须特别冷。

D. 如果现在两极地区的冰有任何增加和扩张，它的速度也是非常缓慢的。

29. 圈养动物是比野生动物更有意思的研究对象。因此，研究人员从研究圈养动物中能够比从研究野生动物中学到更多的东西。

以下哪一项是上述论证中所依赖的假设？

A. 研究人员从他们不感兴趣的研究对象那里学到的东西较少。

B. 研究对象较有意思，从研究该对象那里学到的东西通常就越多。

C. 能够从研究对象那里学到的东西越多，从事该研究通常就越有意思。

D. 研究人员通常偏向于研究有意思的对象，而不是无意思的对象。

30. 一家石油公司进行了一项关于石油泄漏对环境影响的调查，并作出结论说：石油泄漏区域水鸟的存活率为 95%。这项对水鸟的调查委托给了最近一次石油泄漏地区附近的一家动物医院，据调查称，受污染的 20 只水鸟中只有 1 只死掉了。

如果以下陈述为真，哪一项将对该调查的结论提出最严重的质疑？

A. 许多幸存的被污染的水鸟受到了严重伤害。

B. 大部分受影响的水鸟是被浮在水面上的石油所污染的。

C. 只有那些看起来还能活下去的受污染的水鸟才会被送进动物医院。

D. 极少数受污染的水鸟在再次被石油污染后被重新送回动物医院。

31. 美国 2006 年人口普查显示，男婴与女婴的比例是 51:49；等到这些孩子长到 18 岁时，性别比例却发生了相反的变化，男女比例是 49:51. 而在 25 岁到 34 岁的单身贵族中，性别比例严重失调，男女比例是 46:54。美国越来越多的女性将面临找对象的压力。

如果以下陈述为真，哪一项最有助于解释上述性别比例的变化？

A. 在 40~69 岁的美国女人中，约有四分之一的人正在与比她们至少小 10 岁的男人约会。

B. 2005 年，单身女子是美国的第二大购房群体，其购房量是单身男子购房量的两倍。

C. 在青春期，因车祸、溺水、犯罪等而死亡的美国男孩远远多于美国女孩。

D. 1970 年，美国约有 30 万桩跨国婚姻；到 2005 年增加 10 倍，占所有婚姻的 5.4%。

32. 在过去两年中，有 5 架 F717 飞机坠毁。针对 F717 存在设计问题的说法，该飞机制造商反驳说：调查表明，每一次事故都是由于飞行员操作失误造成的。

飞机制造商的上述反驳基于以下哪一项假设？

A. 过去两年间，商业飞行的空难事故并不都是由飞行员操作失误造成的。

B. 调查人员能够分辨出，飞机坠毁是由于设计方面的错误，还是由于制造方面的缺陷。

C. 有关 F717 飞机设计有问题的说法并没有明确指出任何具体的设计错误。

D. 在 F717 飞机的设计中，不存在任何会导致飞行员操作失误的设计缺陷。

33. 父母不可能整天与他们的未成年孩子待在一起。即使他们能够这样做，他们也并不总是能够阻止他们的孩子去做可能伤害他人或损坏他人财产的事情。因此，父母不能因为他们的未成年孩子所犯的过错而受到指责或惩罚。

如果以下一般原则成立，哪一项最有助于支持上面论证的结论？

A. 人们只应该对那些他们能够加以控制的行为承担责任。

B. 在司法审判体系中，应该像对待成年人一样对待未成年孩子。

C. 未成年孩子所从事的所有活动都应该受到成年人的监督。

D. 父母有责任教育他们的未成年孩子去分辨对错。

34. 缺少睡眠已经成为影响公共安全的一大隐患。交通部的调查显示，有 37% 的人说他们曾在方向盘后面打盹或者睡着了，因疲劳驾驶而导致的交通事故大约是酒后驾车所导致的交通事故的 1.5 倍。因此，我们今天需要做的不是加重对酒后驾车的惩罚力度，而是制定与驾驶者睡眠相关的法律。

如果以下陈述为真，哪一项对上述论证的削弱程度最小？

A. 目前，世界上没有任何一个国家制定了与驾驶者睡眠相关的法律。

B. 目前，人们还没有找到能够判定疲劳驾驶的科学标准和法定标准。

C. 酒后驾车导致的死亡人数与疲劳驾驶导致的死亡人数几乎持平。

D. 加重对酒后驾车的惩罚与制定关于驾驶者睡眠的法律同等重要。

35. 我国从日本进口的原装塑料壳彩色电视机，里面有一个部件叫"压铁"，压铁仅有的功用就是增加电视机的重量。有人对此解释说：增加压铁这个部件，就如同给全自动洗衣机附加配重一样，只是为了增加家用电器在使用时的减震效果。

如果以下陈述为真，哪一项最严重地削弱了上文对压铁的解释？

A. 许多商品的价格是由纯度决定的，同样重量的 24K 金比 18K 金价格高。

B. 日本为其国内消费者生产的非塑料壳彩色电视机没有压铁这个部件。

C. 中国人对较重的商品有财产感，同样的商品，觉得分量越重越值钱。

D. 家用全自动洗衣机必须附加配重，否则，洗衣机在高速运转时会跳起来。

36. 为了对付北方夏季的一场罕见干旱，某市居民用水量受到严格限制。不过，该市目前的水库蓄水量与 8 年前该市干旱期间的蓄水量持平。既然当时居民用水量并未受到限制，那么现在也不应该受到限制。

如果以下陈述为真，哪一项将最严重地削弱作者的主张？

A. 自上次干旱以来，该市并没有建造新的水库。

B. 按计划，对居民用水量的限制在整个夏天仅仅持续两个月。

C. 居民用水量占总用水量的 50% 还多。

D. 自上次干旱以来，该市总人口有了极大的增长。

37. 当我们接受他人太多恩惠时，我们的自尊心就会受到伤害。如果你过分地帮助他人，就会让他觉得自己软弱无能。如果让他觉得自己软弱无能，就会使他陷入自卑的苦恼之中。一旦他陷入这种苦恼之中，他就会把自己苦恼的原因归罪于帮助他的人，反而对帮助他的人心生怨恨。

如果以上陈述为真，以下哪一项一定为真？

A. 如果他的自尊心受到了伤害，他一定接受了别人的太多恩惠。

B. 不要过分地帮助他人，或者使他陷入自卑的苦恼之中。

C. 如果不让他觉得自己软弱无能，就不要去帮助他。

D. 只有你过分地帮助他人，才会使他觉得自己软弱无能。

38. 中国与美国相比，中国汽油含税零售价格要高一些，但不含税价格基本相同。以 93 号汽油为例，目前北京 93 号汽油含税零售价为每升 6.37 元，不含税为每升 4.25 元；美国华盛顿、纽约、加利福尼亚州的汽油含税零售价格分别为每升 5.21 元、5.18 元和 4.41 元，不含税价格分别为 4.75 元、4.20 元和 4.41 元。

以下哪一项陈述为真，将最严重地削弱题干的结论？

A. 93 号汽油是中国价格较低的汽油，而题干所列举的是美国最高的油价。

B. 美国油价的构成非常透明，并且充分竞争，美国各种的油价差异最大。

C. 中国的成品油价格是由政府操控的。

D. 美国人口仅占世界的 4.6%，能够消耗总量约占世界的 25%。

39. 对 6 位患罕见癌症的病人的研究表明，虽然他们生活在该县的不同地方，有很不相同的病史、饮食爱好和个人习惯——其中 2 人抽烟，2 人饮酒——但他们都是一家生产除草剂和杀虫剂的工厂的员工。由此可得出结论：接触该工厂生产的化学品很可能是他们患癌症的原因。

以下哪一项最准确地概括了题干中的推理方法？

A. 通过找出事物之间的差异而得出一个一般性结论。

B. 根据 6 个病人的经历得出一个一般性结论。

C. 清除不相干因素，找出一个共同特征，由此断定该特征与所研究事件有因果联系。

D. 所提供的信息允许把一般性断言应用于一个例证。

40. 上世纪初，德国科学家魏格纳提出大陆漂移说，由于他的学说假设了未经验明的足以使大陆漂移的动力，所以遭到强烈反对。我们现在接受魏格纳的理论，并不是因为我们确认了足以使大陆漂移的动力，而是因为新的仪器最终使我们能够通过观察去确认大陆的移动。

以上事例最好地说明了以下哪一项有关科学的陈述？

A. 科学的目标是用一个简单和谐的理论去精确地解释自然界的多样性。

B. 在对自然界进行数学描述的过程中，科学在识别潜在动力方面已经变得非常精确。

C. 借助于统计方法和概率论，科学从对单一现象的描述转向对事物整体的研究。

D. 当一理论所假定的事件被确认时，即使没有对该事件形成的原因作出解释，也可以接受该理论。

41~45 题基于以下共同题干：

某图书馆预算委员会，必须从下面 8 个科学领域 G、L、M、N、P、R、S 和 W 中，削减恰好 5 个领域的经费，其条件如下：

（1）如果 G 和 S 被削减，则 W 也被削减；

（2）如果 N 被削减，则 R 和 S 都不会被削减；

（3）如果 P 被削减，则 L 不被削减；

（4）在 L，M 和 R 这三个学科领域中，恰好有两个领域被削减。

41. 如果 W 被削减，下面哪一个选项有可能完整地列出另外 4 个被削减经费的领域？

A. G，M，P，S　　B. L，M，N，R　　C. M，P，R，S　　D. L，M，P，S

42. 如果 L 和 S 同被削减，下面哪一个选项列出了经费可能同被削减的两个领域？

A. G，M　　　　　B. G，P　　　　　C. N，R　　　　　D. P，R

43. 如果 R 未被削减，下面哪一个选项必定是真的？

A. P 被削减　　　B. N 未被削减　　　C. S 被削减　　　D. G 被削减

44. 如果 M 和 R 同被削减，下面哪一个选项列出了经费不可能被削减的两个领域？

A. G，L　　　　　B. L，N　　　　　C. L，P　　　　　D. P，S

45. 下面哪一个领域的经费必定被削减？

A. W　　　　　　B. L　　　　　　C. N　　　　　　D. G

46~50 题基于以下共同题干：

在一项庆祝活动中，一名学生依次为 1、2、3 号旗座安插彩旗，每个旗座只插一杆彩旗，这名学生有三杆红旗，三杆绿旗和三杆黄旗。安插彩旗必须符合下列条件：

（1）如果 1 号安插红旗，则 2 号安插黄旗。

（2）如果 2 号安插绿旗，则 1 号安插绿旗。

（3）如果 3 号安插红旗或者黄旗，则 2 号安插红旗。

46. 以下哪项列出的可能是安插彩旗的方案之一？

A. 1 号：绿旗；2 号：绿旗；3 号：黄旗。

  B. 1 号：红旗；2 号：绿旗；3 号：绿旗。

  C. 1 号：红旗；2 号：红旗；3 号：绿旗。

  D. 1 号：黄旗；2 号：红旗；3 号：绿旗。

47. 如果 1 号安插黄旗，以下哪一项陈述不可能为真？

  A. 3 号安插绿旗。 B. 2 号安插红旗。 C. 3 号安插红旗。 D. 2 号安插绿旗。

48. 以下哪一项陈述为真，能确定唯一的安插方案？

  A. 1 号安插红旗。 B. 2 号安插红旗。 C. 2 号安插黄旗。 D. 3 号安插黄旗。

49. 如果不选用绿旗，恰好能有几种可行的安插方案？

  A. 一   B. 三   C. 二   D. 四

50. 如果安插的旗子的颜色各不相同，以下哪一项陈述可能真？

  A. 1 号安插绿旗并且 2 号安插黄旗。 B. 1 号安插绿旗并且 2 号安插红旗。

  C. 1 号安插红旗并且 3 号安插黄旗。 D. 1 号安插黄旗并且 3 号安插红旗。

第四部分 外语运用能力测试（英语）

(50 题，每小题 2 分，满分 100 分)

Part One   **Vocabulary and Structure**

Directions: *There are ten incomplete sentences in this part. For each sentence there are four choices marked A, B, C and D. Choose the one that best completes the sentence. Mark your answer on the ANSWER SHEET with a single line through the center.*

1. Saffron returned to London to _____ her acting career after four years of modeling.

  A. follow   B. chase   C. pursue   D. seek

2. He has fancy dreams about his life, and nothing ever quite _____ his expectations.

  A. makes   B. matches   C. reaches   D. realizes

3. _____ my neighbor's kid with his coming exam, I spend an hour working with him every day.

  A. Helping   B. To help   C. Helped   D. Having helped

4. When I worked as a bank clerk, I had the opportunity to meet a rich _____ of people: students, soldiers and factory workers.

  A. diversity   B. kind   C. variety   D. range

5. Cuts in funding have meant that equipment has been kept in service long after it _____ replaced.

  A. would have been   B. should have been

  C. could have been   D. might have been

6. He added that the state government has made _____ arrangements for the conference.

  A. accurate   B. absolute   C. active   D. adequate

7. This video may be freely reproduced _____ commercial promotion or sale.

    A. expect for   B. as for   C. thanks to   D. up to

8. You _____ engage in serious debate or discussion unless you are willing to endure attacks.

    A. had better not   B. have better not   C. had better not to   D. have better not to

9. Coffee has been a favorite drink for centuries, _____ the time when we were drinking it strong and black, without sugar.

    A. during   B. for   C. since   D. before

10. By 2050 the world will have about 2 billion people aged over 60, three times _____ today.

    A. as that of   B. as much as   C. as those of   D. as many as

Part Two   Reading Comprehension

Directions: *There are three passages and two advertisements in this part. Each passage and the two ads are followed by five questions or unfinished statements. For each of them there are four choices marked A, B, C and D. Choose the best one and mark your answer on the **ANSWER SHEET** with a single line through the center.*

Questions 11-15 are based on the following passage:

Lazy? Shy? Live in a cave? Those might not be positive attributes for the average human, but they sure are good for animals trying to survive in a changing environment. According to a new study, beats that hibernate or crawl into hotels are less likely to be listed as endangered than those that don't.

Following up a previous study on extinct animals, which showed that species exhibiting "sleep or hide" (SLOH) behaviors did better than others, the researchers wanted to see if the same was true of modern creatures like moles and bears. To find out if our more timid animals have a leg up in the survival game, researchers made a master list of 443 sleep-or-hide mammals.

With their list in hand, the team compared their 443 to the "red list" of endangered species published by the International Union for Conservation of Nature. As suspected, a sleepy or hiding animal was less likely to be on the red list than a regular animal, and a red-list animal was also less likely to be a SLOH-er.

This makes a lot of sense, as animals that hide away in a cave or a tree hole are protected by their physical shelters from a variable environment outside, while hibernators enjoy a flexible metabolism that can help them adapt to a changing climate.

11. On the list of extinct animals studied, there were _____ .

    A. more SLOH-ers than expected   B. fewer SLOH-ers than regular animals

    C. as many SLOH-ers as regular animals   D. hardly any SLOH-ers

12. The phrase "a leg up" in Paragraph 2 probably means "_____".

    A. an advantage   B. an instinct

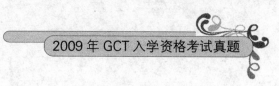

C. a fight   D. a chance

13. The study of modern creatures _____.

    A. is unrelated to the study of extinct animals

    B. finds evidence missing in the study of extinct animals

    C. reveals a different pattern from the study of extinct animals

    D. has finding similar to those of the study of extinct animals

14. According to the passage, red-list animals are more likely to _____.

    A. be lazy   B. be timid   C. sleep less   D. live long

15. In the last paragraph the author _____.

    A. offers an explanation for the survival of sleepers and hiders

    B. compares the behaviors of sleepers and hiders

    C. analyzes how a changing environment affects SLOH-ers

    D. emphasizes what can be learned from SLOH-ers

Questions 16-20 are based on the following passage:

Happy hours are not necessarily happy, nor do they last for an hour, but they have become a part of the ritual of the office worker and businessman.

On weekdays in pubs and bars throughout America, there is the late afternoon happy hour. The time may vary from place to place, but usually it is held from four to seven. After the workday is finished, office workers in large cities and small towns take a relaxing pause and do not go directly home. They head off instead for the nearest bar or pub to be with friends, co-workers and colleagues. Within minutes the pub is filled to capacity with businessmen and secretaries, office clerks and stock executives. They gather around the bar like birds around a fountain or forest animals around a watering hole and chat about the trifles of office life or matters more personal. This is their desert garden, the place to relieve the day's stress at the office.

At these happy hours, social binding occurs between people who share the same workplace or similar professions. They may chat about each other or talk about a planned project that has yet to meet a deadline. In this sense, these places become extensions of the workplace and constitute a good portion of one's social life.

16. For office workers and businessmen the happy hour is their _____.

    A. regular practice   B. professional requirement

    C. refreshing break   D. unpaid work

17. Happy hours are held because office workers need to _____.

    A. stay away from household work   B. have a good rest after work

    C. make new friends   D. celebrate their achievements

18. The phrase "filled to capacity" in Paragraph 2 means the pub is _____.

    A. too crowded   B. rather entertaining

    C. very noisy   D. completely full

19. Happy hours contribute to office workers' _____.

    A. promotion in their company

    B. cooperation in society

    C. loyalty to their company

    D. connection in society

20. Which of the following statements in NOT true?

    A. People avoid talking about work at happy hours.

    B. The happy hour is a social gathering in America.

    C. Happy hours are held on weekends only.

    D. People exchange work experiences at hours.

Questions 21-25 are based on the following chart:

FedEx Service Restrictions	U. S. EXPRESS FREIGHT		INTERNATIONAL EXPRESS FREIGHT	INTERNATIONAL AIR CARGO	
	1 or 2 Days Freight	3 Day Freight	International Priority Freight or Economy Freight	International Premium or Express Freight	International Airport to Airport
Minimum weight per piece or shipment	68kg	68kg	68kg	No minimum restrictions	No minimum restrictions
Maximum weight per piece	997kg	997kg	997kg	997kg	997kg
Maximum length plus girth per piece	762cm	762cm	762cm	762cm	762cm
Maximum length per piece	302cm	122cm	302cm	302cm	302cm
Maximum height per piece	178cm	178cm	178cm	178cm	178cm

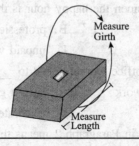

21. Which of the following might be a proper title for the chart?

    A. FedEx Freight Measurements and Methods.

B. FedEx Shipment Regulations in US and Other Countries.

C. FedEx Express Freight and Air Cargo Service Restrictions.

D. FedEx International Freight Customer Service Guide.

22. What's the minimum weight a shipment must reach in order to be transported by air?

 A. No restrictions.   B. 68kg.   C. 122kg.   D. 997kg

23. If you need to ship something 300cm long within U. S. , which service can you choose?

 A. Shipment in less than 1 day.   B. Shipment in 1 or 2 days.

 C. Shipment in 3 days.   D. Shipment in more than 3 days.

24. What dose "girth" possibly mean?

 A. Measurement of object weight.   B. Measurement around an object.

 C. Formula to calculate object width.   D. Formula to calculate object length.

25. FedEx services have different restrictions on the goods' _____ .

 A. maximum weight per piece   B. maximum length plus girth per piece

 C. maximum height per piece   D. maximum length per piece

Questions 26-30 are based on the following passage:

In computing, passwords are commonly used to limit access to official users. Yet the widespread use of passwords has serious drawbacks. Office workers now have to remember an average of twelve system passwords. In theory they should use different passwords for each site, but in reality these would be impossible to remember, so many people use the same password for all.

An additional problem is that the majority use simple words such as "hello", or names of family members, instead of more secure combinations of numbers and letters, such as 6ANV76Y. This permits computer hackers to download dictionaries and quickly find the word that allows them access.

When system users forget their passwords there is extra expense in supplying new ones, while if people are forced to change passwords frequently they often write them down, making systems even less secure. Therefore, it is clear that the idea of passwords, which have been used as security devices for thousands of years, may need rethinking.

One possible alternative has been developed by the American firm Real User, and is called "Passfaces". In order to access the system a worker has to select a series of photographs of faces from a randomly generated sequence. If the pictures are selected in the correct order, access is granted. This concept depends on the human ability to recognize and remember a huge number of different faces, and the advantage is that such a sequence cannot be told to anyone or written down, so is more secure. It is claimed that the picture sequence, which used photographs of university students, is easier to remember than passwords, and it has now been adopted for the United States Senate.

26. Which is the disadvantage of passwords as mentioned in Paragraph 1?

 A. They are difficult to remember.   B. They do not ensure security.

C. They have to be changed frequently.　　D. They limit computer accessibility.

27. One can make a password safer by _____.

　　A. inserting pictures between numbers

　　B. avoiding the use of letters altogether

　　C. using complicated combinations of numbers and letters

　　D. setting up a firewall against computer hackers

28. "Passfaces" is a method to get access to a system through _____.

　　A. remembering a large number of faces

　　B. selecting photographs of faces one likes

　　C. showing one's face in front of the computer

　　D. recognizing a sequence of face pictures

29. One advantage of "Passfaces" over a password is that _____.

　　A. it is easier to remember　　　　B. it is more complicated

　　C. it takes less time to log in　　　D. it allows one to write less

30. What does the author think of the password?

　　A. It provides as much security as before.

　　B. It is an old system that needs improvement.

　　C. It should be abandoned by computer users.

　　D. It has developed to an advanced stage.

Part Three　　　　　　　　　　　Cloze

Directions: *There are ten blanks in the following passage. For each numbered blank, there are four choices marked A, B, C and D. Choose the best one and mark your answer on the* **ANSWER SHEET** *with a single line through the center.*

　　Fueled by weather, wind, and dry undergrowth, uncontrolled wildfires can burn acres of land — and consume everything in their way — in mere minutes.

　　_____31_____, more than 100,000 wildfires clear 4 million to 5 million acres of land in the U.S. every year. A wildfire moves at speeds of up to 23 kilometers an hour, consuming everyting — trees, bushes, homes, even humans — in its _____32_____.

　　There are three conditions that need to be _____33_____ in order for a wildfire to burn: fuel, oxygen, and a heat source. Fuel is any material _____34_____ a fire that will burn quickly and easily, including trees, grasses, bushes, even homes. Air supplies the oxygen a fire _____35_____ to burn. Heat sources help spark the wildfire and bring fuel to _____36_____ hot enough to start burning. Lighting, burning campfires or cigarettes, hot winds, and even the sun can all provide _____37_____ heat to spark a wildfire.

　　_____38_____ often harmful and destructive to humans, naturally occurring wildfires play a positive role in nature. They _____39_____ nutrients to the soil by burning dead or decaying matter. They remove diseased plants and harmful insects from a forest ecosystem (生态系统).

And by burning _____40_____ thick trees and bushes, wildfires allow sunlight to reach the forest floor, enabling a new generation of young plants to grow.

31. A. After all   B. Above all   C. On average   D. In sum
32. A. route   B. track   C. trace   D. path
33. A. present   B. stable   C. fixed   D. favorable
34. A. keeping   B. surrounding   C. causing   D. making
35. A. needs   B. acquires   C. captures   D. meets
36. A. materials   B. places   C. conditions   D. temperatures
37. A. additional   B. excessive   C. sufficient   D. plentiful
38. A. As   B. Although   C. If   D. Whereas
39. A. drive   B. reduce   C. assign   D. return
40. A. through   B. over   C. below   D. beyond

Part Four   Dialogue Completion

Directions: *In this part, there are ten short incomplete dialogues between two speakers, each followed by four choices marked A, B, C and D. Choose the one that most appropriately suits the conversational context and best completes the dialogue. Mark your answer on the **ANSWER SHEET** with a single line through the center.*

41. Speaker A: Thanks to John, we've lost our most important client.

    Speaker B: I've told you he's not proper for the position.

    Speaker A: _____.

    A. I should have listened to you   B. I don't really agree with you

    C. It doesn't matter. I trust him   D. Thank you for being so helpful

42. Greg: Hey Merlin. I'd like to ask you a question.

    Merlin: _____

    Greg: Well, I'm thinking about going to Sweden. What's the best time to go?

    A. Sorry, I'm kind of busy.   B. Yes, go ahead.

    C. OK, what's up?   D. Yeah, what's on your mind?

43. Woman: I need to buy a wedding gift for Jane and Desler.

    Man: Should we stop at the shopping center?

    Woman: _____. The wedding's not until next week, but I won't have time later to get them anything.

    A. I suppose so   B. Won't be necessary

    C. It's your call   D. If you insist

44. Donald: Let's eat out, shall we?

    Mason: I'm broke. I've gone through my paycheck for the week already.

    Donald: Don't worry. _____.

    A. We can find a way   B. let's split the bill

C. It's my treat　　　　　　　　　　D. Just fast food

45. Teacher: Richard, class begins at 9, and you are late.

    Student: I know, but I missed my bus. I'm sorry.

    Teacher: _____. You have to be here on time.

    A. That's no excuse　　　　　　　B. Don't mention it

    C. You needn't be　　　　　　　　D. No problem

46. Speaker A: Hi. My name is Mark. I'm from Houston, Texas.

    Speaker B: I'm Bill. Glad to meet you. What year are you?

    Speaker A: _____.

    A. I was born in 1990　　　　　　B. I've been here for years

    C. I'm a first-year student　　　　D. I'm 19 years old

47. Speaker A: I'm getting pretty bored. We should do something despite the rain.

    Speaker B: _____ What do you have in mind?

    A. I back you up.　　　　　　　　B. Who cares?

    C. I like the rain.　　　　　　　　D. I'm with you.

48. Man: We had a trip to South Africa this summer.

    Woman: _____

    Man: Yes, we did. In fact, we even encountered a lion.

    A. Didn't you?　　　　　　　　　B. How did it go?

    C. I guess you did.　　　　　　　D. I bet you had a great time.

49. Man: Do you know Jason's phone number?

    Woman: _____

    Man: OK. I might as well look it up in the phone book.

    A. Just a second.　　　　　　　　B. Not that I know of.

    C. Why ask?　　　　　　　　　　D. I can't think of it now.

50. Interviewer: Let me see if I understood you. You mean that you can work extra hours if needed, right?

    Interviewee: _____.

    A. Yes. No matter what you say　　B. Yes. Thank you for your clarification

    C. Yes. Absolutely.　　　　　　　D. Yes. You sure understand me.

2010 年在职攻读硕士学位全国联考研究生入学资格考试试卷

第一部分 语言表达能力测试

(50 题，每题 2 分，满分 100 分)

一、选择题

1. 下面没有错别字的一句是

   A. 光阴荏苒，岁月流逝，大学毕业到现在，追铵盐 40 多年过去了。

   B. 与李伯元火辣辣的挖苦讽刺不同，他对社会现实的批判是棉里藏针。

   C. 万里长堤锁住了桀傲不驯的江河，捍卫着沿江人民的生命财产安全。

   D. 日军攻占南京后，制造了震惊中外的"南京大屠杀"，30 万同胞惨遭杀戮。

2. 下面加点的词，意义相同的一组是

   A. ①这种不良现象的产生往往是受狭隘利益的驱动的结果。

   　 ②"边境有边，边贸无边"是对狭隘地域观念的否定。

   B. ①他似乎生性就很淡漠，对周围的人和事好像都不在意。

   　 ②刚刚有些淡漠的卢嘉川的影子，竟又闯入了她的心头

   C. ①就是这样可怜的要求，范素云一年也难能满足儿子几次。

   　 ②他忙中出错当成抹布，可怜的白围巾成了深色的破布。

   D. ①我恍惚觉得此刻不是身在新疆，而是在江南的什么地方。

   　 ②他拖着铅一样沉重的脚步，神情恍惚地回到自己的家中。

3. 下面各组成语中，加点字的意义四个都不相同的一组是

   A. 沽名钓誉　　徒有虚名　　不可名状　　师出无名

   B. 栉风沐雨　　捕风捉影　　移风易俗　　附庸风雅

   C. 横生枝节　　起死回生　　无中生有　　妙笔生花

   D. 动人心弦　　兴师动众　　动辄得咎　　惊心动魄

4. 下面各句中，没有语病的一句是

   A. 为了彻底杜绝这种混乱现象不在发生，有关部门加大了管理力度。

   B. 我国经济的持续发展取决于各个领域改革开放是否能够不断深入。

   C. 这部小说所讲述的故事对于生活在都市里的年轻人而言并不陌生

   D. 他的作品，不仅在国际上享有很高声誉，而且在国内也赢得了广泛赞誉。

5. 下面各句中，语义明确、没有歧义的一句是

   A. 星光公司和华威公司与数家国有企业签订了合作协议。

   B. 发现了敌人的哨兵迅速将情况报告给正在开会的连长。

   C. 对新闻媒体的意见和建议有关部门是应该认真对待的。

   D. 这家企业在一个月的时间里已生产出了 200 件新产品

6. 下面关于文史知识的表述，完全准确的一项是

   A. 所谓"战国七雄"是指战国时期韩、赵、魏、秦、齐、楚、越七大强国。

   B. 罗曼·罗兰的长篇小说《约翰·克利斯朵夫》以贝多芬为原型，塑造了平民出身的法国音乐家克利斯朵夫的艺术形象。

   C. 《雨巷》是二十世纪三十年代著名的新诗作品，作者戴望舒曾留学法国，是中国现代文学史上"现代派"诗歌的代表诗人之一。

   D. 唐代安史之乱中，诗人杜甫用律诗形式写作了一组忧时伤乱的作品，包括《新安吏》、《潼关吏》、《石壕吏》、《新婚别》，《故乡别》、《垂老别》，合称"三吏三别"。

7. 天干常与地支配合用于纪年、纪日，又常单独使用，标示前后顺序。下面四组天干排列顺序正确的一组是

   A. 甲、乙、丙、丁、庚、辛、戊、己、壬、癸

   B. 甲、乙、丙、丁、戊、己、庚、辛、壬、癸

   C. 甲、乙、丙、丁、戊、己、壬、癸、庚、辛

   D. 甲、乙、丙、丁、壬、癸、庚、辛、戊、己

8. 对下面例句中"秋"字意义的解释，正确的一组是

   ①蒋捷《高阳台·送翠英》词："飞莺纵有风吹转，奈旧家苑已成秋。"

   ②杨万里《江山道中蚕麦大熟》诗："穗初黄后枝无绿，不但麦秋桑亦秋。"

   ③柳宗元《长沙驿前南楼感旧》诗："海鹤一为别，存亡三十秋。"

   A. ①形容破败萧条　　②指各种作物成熟　　③指一年时间

   B. ①指各种作物成熟　　②指秋季　　③指一年时间

   C. ①形容破败萧条　　②指各种作物成熟　　③指秋季

   D. ①指一年时间　　②形容破败萧条　　③指秋季

9. 下面四首诗歌，各题咏一种花，按顺序排列，对应花名完全正确的一组是

   ①陆龟蒙："素萼多蒙别艳欺，此花真合在瑶池。还应有恨无人觉，月晓风清欲堕时。"

   ②释道潜："从来托迹喜深林，显晦那求世所闻。偶至华堂奉君子，不随桃李斗氤氲。"

   ③赵友直："行到篱边地满霜，曩时物物已非常。自怜失意秋风后，独有寒花不改香。"

   A. 兰花、白莲、菊花　　　　　　B. 白莲、兰花、菊花

   C. 兰花、菊花、白莲　　　　　　D. 白莲、菊花、兰花

10. 甲男谎称自己是国家机关干部，毕业于某名牌大学，父亲是某上市公司董事长。乙女信以为真，遂与甲结婚。婚后乙发现自己上当受骗：甲根本未上过大学，没有固定工作，穷困潦倒。乙欲寻求法律救济。乙下面的各项主张中，可能得到人民法院支持的是

    A. 要求宣告甲乙的婚姻无效

    B. 要求撤销甲乙间的婚姻

    C. 要求解除同居关系

    D. 要求离婚

11. 甲通过拍卖取得某现代著名画家的作品。除所有权外，甲对该作者拥有的权利是

    A. 原件的复制权　　　　　　　B. 原件的展版权

    C. 原件的修改权　　　　　　　D. 原件的信息网络传播权

12. 管理者对待组织中存在的非正式组织现象应该持有的态度是

    A. 设法消除   B. 严加管制

    C. 给予肯定   D. 因势利导

13. 在一个封闭的游泳池中，人们套着游泳圈浮在水面上。如果所有人都抛开游泳圈潜到水底，那么游泳池的水面会

    A. 不变   B. 上升

    C. 下降   D. 无法确定

14. 现代医学免疫认为，免疫力是人体识别和排除"异己"的生理反应。人体内执行这一功能的是免疫系统。免疫系统对机体保护有三个方面：一是机体识别和排除外源性抗原异物入侵；二是机体识别和清楚自身衰老死亡或受损的细胞，使人体内自身环境维持平衡稳定状态；三是机体识别和清除自身突变的异常细胞，防止发生肿瘤。

根据以上对机体免疫作用的描述，免疫系统对机体的保护不包括

    A. 免疫消除   B. 免疫防御

    C. 免疫自稳   D. 免疫监视

15. 天安门广场上五星红旗与旭日同升，一年升旗时间最早的日期是

    A. 春分   B. 夏至

    C. 秋分   D. 东至

二、填空题

16. 在下面各句横线处，依次填入最恰当的词语。

①他们仅用了一年时间就_____了连年亏损的势头，实现了国有资产耳朵增值。

②短视和偏见会_____事业的发展使其失去远大的目标和正确的方向。

③对不了解那个时代的青年读者而言，这部作品难免使人有_____与生疏之感。

    A. 遏止   妨害   隔膜   B. 遏制   妨碍   隔膜

    C. 遏制   妨害   隔阂   D. 遏止   妨碍   隔阂

17. 在下面文字的横线处，依次日安如最恰当的关联词语。

"你们能不能这样用生命和鲜血写诗？"这样的诘问需要回答吗？不必，_____十多年来使人们在艰难环境中写出的诗已经摆在那里，他们对得起自己的艺术良知；_____，这一切又无法回避，_____它毕竟代表了社会对诗歌的某种要求和期望，_____体现了历史的潜在的未被表达的痛苦。

    A. 既然   然而   由于   也就

    B. 因为   然而   由于   甚至

    C. 既然   当然   由于   甚至

    D. 因为   当然   因为   也就

18. 古人称谓中，一般总是对自己用谦称，对别人和长辈用敬称，对平辈和晚辈可以相对随意些。下面的各族称谓中，_____只用于自称。

    A. 不才，不佞   B. 小子，竖子   C. 夫子，先生   D. 足下，大人

19. "瘦骨伶仃的有气节的杨树和一大一小的讲友谊的柏树，用零乱而又淡雅的影子托照着被西北风夺去了青春的色的草坪。"以上文字_____。

A. 用比喻的修辞手法，表达了对杨树、柏树的赞美

B. 用拟人的看待辞手法，表达了对杨树、柏树的赞美

C. 用比喻的修辞手法，说明杨树、柏树和草坪相映生辉

D. 用拟人的修辞手法，说明杨树、柏树和草坪相映生辉

20. 列宁说："语言是人类最重要的交际工具。"这一科学论断深刻地揭示了语言的社会本质和重要作用。人们利用语言来进行交际，交流思想，_____，如果没有语言，社会便会停止生产，便会崩溃。

A. 以便协调共同的活动，互动了解，组织社会的生产

B. 以便协调共同的活动，组织社会的生产，互相了解

C. 以便互相了解，组织社会的生产，协调共同的活动

D. 以便互相了解，协调共同的活动，组织社会的生产

21. 《列子·汤问》记载有古代著名歌唱家秦青"扶节悲歌声振林木，响遏行云"的故事，古代诗人常用这一典故描写歌唱，下面诗句中，_____的描写与这个典故无关。

A. 韦骧"邦侯乐众为开筵，歌管凌虚遏云物"

B. 吴文英"尊前不按驻云词，料花枝，妒峨眉"

C. 韩偓"何曾解报稻粱恩，金距花冠气遏云"

D. 许浑"响转碧霄云驻影，曲终清漏月沉晖"

22. 中国古代史书体裁多样。"纪传体"以人物传记为中心，是中国历代史书的重要形式，创始于 的《史记》；"编年体"按照年月日顺序记载历史，司马光的《_____》是著名编年体史书。此外还有记载历代典章制度的典志类史书，唐代杜佑的《_____》和元代马端临的《_____》，都是这类史书的代表。

A. 文献通考　　　通典　　　　资治通鉴

B. 资治通鉴　　　通典　　　　文献通考

C. 通典　　　　　资治通鉴　　文献通考

D. 资治通鉴　　　文献通考　　通典

23. _____是作品内容和形式的高度统一月高度个性化的表现，是一个作家创作成熟的标志。

A. 主题　　　　　B. 文体　　　　　C. 氛围　　　　　D. 风格

24. 《孙子兵法》云："故用兵之法，无恃其不来，恃吾有以待也；无恃其不攻，恃吾有所不可攻也。"这段话体现了_____的军事战略思想。

A. 兼顾利害　　　B. 灵活应变　　　C. 有备无患　　　D. 欲擒故纵

25. 中国古典名著对现代商业管理提供了很多启示。我们可以在《西游记》里学习_____，在《三国演义》里学习_____，在《红楼梦》里学习_____。

A. 人际管理　应变策略　智谋运用

B. 应变策略　智谋运用　人际管理

C. 智谋运用　应变策略　人际管理

D. 应变策略　人际管理　智谋运用

26. 劳动法规定的法定休假日不包括_____。

A. 元宵节　　　　B. 清明节　　　　C. 端午节　　　　D. 中秋节

27. "师者，所以传道、授业、解惑也"一句出自《_____》
　　A. 学记　　　　　B. 大学　　　　　C. 论语　　　　　D. 师说

28. 土壤的_____是指添加改良剂、抑制剂等物质来降低土壤中污染物的水溶性、扩散性等，从而使污染物得以降解或者转为低毒性、低移动性的形态，以减轻污染物对生态环境的危害。
　　A. 物理修复　　　B. 化学修复　　　C. 微生物修复　　　D. 植物修复

29. 自从 1856 年英国人帕金合成苯胺紫之后，人工合成色素开始扮演改善食品色泽的角色。人工合成色素是指用人工化学合成方法所制得的有机色素，主要是以从_____分离出来的苯胺染料为原料制成。
　　A. 煤焦油　　　　B. 植物蛋白　　　C. 动物脂肪　　　D. 人工纤维

30. 我国已取消入学、就业、国家公务员招考等体检中的乙肝检测项。乙型病毒性肝炎（简称"乙肝"）是由乙肝病毒（HBV）引起的一种世界性疾病，科学已经证明其主要通过_____、母婴和亲密接触进行转播，一般的人际交往并不会传播乙肝病毒。
　　A. 血液　　　　　B. 消化道　　　　C. 呼吸道　　　　D. 遗传

三、阅读理解题

（一）阅读下面短文，回答问题

　　正如罗素先生所说，近代以来，科学建立了一种理性的权威——这种权威和以往任何一种权威不同。科学的道理不同于"夫子曰"，也不同于红头文件。科学家发表的结果，不需要凭借自己的身份来要人相信。你可以拿一支笔，一张纸，_____备几件简单的实验器材，马上就可以验证别人的结论。这是一百年前的事。验证最新的科学成果要麻烦得多，_____这种原则一点都没有改变。科学和人类其他事业完全不同，它是一种平等的事业。真正的科学没有在中国诞生，这是有原因的。这是因为中国的文化传统里没有平等：从打孔孟到如今，讲的全是尊卑有序。上面说了，拿煤球炉子可以炼钢，你敢说要做实验验证吗？你不敢。炼出牛屎一样的东西，_____得闭着眼说是好钢。在这种框架之下，根本就不可能有科学。

　　科学的美好，还在于它是种自由的事业。它有点像它的一个产物互联网（Internet）——谁都没有想建造这样一个全球性的电脑网络，大家只是把各自的网络连通，不知不觉就把它造成了。科学也是这样的，世界上各地的人把自己的发明贡献给了科学，它就诞生了。这就是科学的实质。一种自由发展而成就的事业，总是比个人能想出来的强大得多。参与自由的事业，像做自由的人一样，令人神往。现在总听到有人说，要有个某某学，或者说，我们要创建有民族风格的某某学，仿佛经他这么一规划、一呼吁，在他画出的框子里就会冒出一种真正的科学。老母鸡"格格"地叫一阵，挣红了脸，就能生出一个蛋，但科学不会这样产生。人会情绪激动，又会爱慕虚荣。科学没有这些毛病，对人的这些毛病，它也不予回应。最重要的是：科学就是它自己不在任何人的管辖之内。

　　其实我最想说的是：科学是人创造的事业，但它比人类本身更为美好。我的老师说过，科学对于中国人来说，是种外来的东西，所以我们对它的理解，有过种种偏差：始则惊为洪水猛兽，继而当巫术去理解，再后来把它看做一种宗教，拜倒在它的面前。他说这些理解都是不对的，科学是个不断学习的过程。我老是说得很对。我能补充的只是：出了学习科学已有的内容，还要学习它所有、我们所无的素质。我现在不学科学了，但我始终在学习这些素质。这就是说，人要爱平等、爱自由，人类开创的一切事业中，科学最有成就，就是因为有这两样做根基。对个人而言，没有这两样东西，不仅谈不上成就，而且会活得像只猪。

（节选自王小波《科学的美好》，见《沉默的大多数》，中国青年出版社，1997）

31. 从下面关联词语中选择一组填入第一段的横线处，意思最为恰当的是
   A. 或者 不过 当然 还   B. 或者 当然 但是 也
   C. 乃至 当然 但是 还   D. 乃至 不过 当然 也

32. 科学的权威与以往所有权威的根本区别在于
   A. 不依赖社会地位。   B. 不依赖政府权力。
   C. 结论经得起验证。   D. 成果可自由发表。

33. 在作者看来，真正的科学没有早中国诞生，是因为
   A. 不敢对煤球炉子炼钢进行验证。   B. 闭着眼说牛屎样的东西是好钢。
   C. "夫子曰"不同于科学道理。   D. 中国的文化传统中没有平等。

34. 作者说"科学是一种自由的事业"，对这句话理解不正确的一项是
   A. 科学不在任何人的管辖之内。   B. 科学不受任何人的框定。
   C. 科学没有爱慕虚荣的毛病。   D. 科学是自由发展而成的事业。

35. 这篇文章的主旨是
   A. 科学建立了一种理性权威。   B. 科学与人类的其他事业完全不同。
   C. 科学是人创造的一种事业。   D. 科学的平等和自由亦为人之根本。

（二）阅读下面短文，回答问题

描写泰山是很困难的。它太大了，写起来没有抓挠。三千年来，写泰山的诗里最好的，我以为是《诗经》的《鲁颂》："泰山岩岩，鲁邦所詹。""岩岩"究竟是一种什么感觉，很难捉摸，但是登上泰山，似乎可以体会到泰山石有那么一股劲儿。詹即瞻。说是在鲁国，不论在哪里，抬起头来就能看到泰山。这是写实，然而写出了一个大境界。汉武帝登泰山封禅，对泰山兼职不知道怎么说才好，只发出一连串的感叹："高矣！极矣！大矣！特矣！壮矣！赫矣！惑矣！"完全没说出个所以然。这倒也是一种办法，人到了超经验的景色之前，往往找不到合适的语言，就只好狗一样地乱叫。杜甫诗《望岳》，自是绝唱，"岱宗夫如何？齐鲁青未了"，一句话就把泰山概括了。相比之下，李白的"天门一长啸，万里清风来"，就有点洒狗血。李白写了很多好诗，很有气势，但有时底气不足，便只好洒狗血，装疯。他写泰山的几首诗都让人有底气不足之感。杜甫的诗当然受了《鲁颂》的影响，"齐鲁青未了"，当自"鲁邦所詹"出。张岱说："泰山元气浑厚，绝不以玲珑小巧示人。"这句话是说得对的。大概写泰山，只能从宏观处着笔。郦道元写三峡可以取法。柳宗元的《永州八记》刻琢精深，以其法写泰山那大不适用。

写风景，是和个人气质有关的。徐志摩写泰山日出，用了那么多华丽鲜明的颜色，真是"浓得化不开"。但我有点怀疑，这是写泰山日出，还是写徐志摩？我想周作人就不会这样写。周作人大概根本不会去写日出。

　　我是写不了泰山的，因为泰山太大。我对泰山不能认同。我对一切伟大的东西总有点格格不入。我十年间两登泰山，可谓了不相干。泰山既不能进入我的内部，我也不能外化为泰山。山自山，我自我，不能达到物我同一，山即是我，我即是山。泰山石强者之山——我自以为这个提法很合适，我不是强者，不论是登山还是处世。我是生长在水边的人，一个平常的、平和的人。我已经过了七十岁，对于高山，只好仰止。我是个安于竹篱茅舍、小桥流水的人。以惯写小桥流水之笔而写高大雄奇之山，殆矣。人贵有自知之明，不要"小鸡吃绿豆——强弩"。

　　同样，我对一切伟大的人物也只能以常人视之。泰山的出名，一半由于封禅。封禅史上最突出的两个人物是秦皇、汉武。唐玄宗作《纪泰山铭》，文辞华缛而空洞无物。宋真宗更是个沐猴而冠的小丑。对于秦始皇，我对他统一中国的丰功，不大感兴趣；他是不是"千古一帝"，与我无关。我只从人的角度来看他，对他的"蜂目豺声"印象很深。我认为汉武帝是个极不正常的人，是个妄想型精神病患者，一个变态心理的难得的标本。这两位大人物的封禅，可以说是他们的人格的夸大。看起来这两位伟大人物的封禅的实际效果都不怎么样，秦始皇上山，上了一半，遇到暴风雨，吓得退下来了。按照秦始皇的性格，暴风雨算什么呢？他横下心来，是可以不顾一切地上到山顶的。然而他害怕了，退下来了。于此可以看出，伟大人物也有虚弱的一面。汉武帝要封禅，召集群臣讨论封禅的制度。因无旧典可循，大家七嘴八舌瞎说一气。汉武帝恼了，自己规定了照祭东皇太乙的仪式，上山了。却谁也不让同去，只带了霍去病的儿子一个人。霍去病的儿子不久即得暴病而死。他的死因很可疑，于是汉武帝究竟在山顶上搞鼓了那么名堂，谁也不知道。封禅是大典，为什么要这样保密？看来汉武帝心里也有鬼，很怕他的那一套名堂不灵验，为人所讥。

　　但是，又一次登了泰山，看了秦刻和无字碑（无字碑是一个了不起的杰作），在乱云密雾中坐下来，冷静地想想，我的心态比较透亮了。我承认泰山很雄伟，尽管我和它不能水乳交融，打成一片；承认伟大的人物确实是伟大的，尽管他们所做的许多事不近人情。他们是人里头的强者，这是毫无办法的事。在山上待了七天，我对名山大川、伟大人物的偏激情绪有所平息。

　　同时我也更清楚地认识到我的微小，我的平常，更进一步安于微小，安于平常。

　　这是我在泰山受到的一次教育。

　　从某个意义上说，泰山是一面镜子，照出每个人的价值。

　　　　　　　（汪曾祺《泰山很大》，选自《中华散文珍藏本·汪曾祺卷》，人民文学出版社，1998，有删节）

36. 下面对第一段文意的概括，恰当的一项是

　　A. 讨论写泰山的笔法及其优劣。

　　B. 回顾古人对泰山的抒写。

　　C. 借讨论泰山之不好写，强调泰山的大。

　　D. 揭示文品如人品的道理。

37. 作者批判李白诗句是"洒狗血"。这里"洒狗血"的含义是

　　A. 不顾情境需要卖弄才情或技巧。

　　B. 一种可以让真相显现的巫术。

　　C. 骂人很厉害，像把狗血洒在人头上。

D. 对泰山的描写超出了实情。

38. 第三段中作者说"我是写不了泰山的"。下面所列理由中，不符合文意的一项是
    A. 不喜欢一切伟大的东西。
    B. 不认同泰山，不能和泰山物我合一。
    C. 喜欢小桥流水，喜欢平凡、亲切的景物。
    D. 不喜欢泰山封禅的历史。

39. 第四段从写泰山转向写秦皇汉武的封禅故事。下面不符合作者用意的一项是
    A. 针砭古今人物。   B. 揭示强者不虚弱。
    C. 揭示其对泰山的利用。   D. 揭示伟大的平凡。

40. 下列对文章内容的理解和概括，不恰当的一项是
    A. 写风景和个人气质有关，强者之山该用如椽巨笔来写。
    B. 泰山的出名，既因其伟大，也因其平凡。
    C. 尽管不喜欢伟大的事物，但又一次近距离接近泰山，作者的偏激情绪有所平息。
    D. 作者通过对泰山认识到伟大与平常各自不移、不易的道理。

（三）**阅读下面短文，回答问题**

诺姆·乔姆斯基（Noam Chomsky, 1982—），现任美国麻省理工学院（MIT）学员教授，是美国科学促进会委员、美国科学院院士和美国文理科学院院士。1999 年英国《前景》杂志和美国《外交政策》杂志评选"当代全球最具影响力"的 100 名公共知识分子，乔姆斯基排名第一。乔姆斯基也是美国《科学》杂志评选出的包括爱因斯坦在内的 20 世纪全世界前十位最伟大科学家中目前唯一在世者。

乔姆斯基 1947 年开始从美国著名语言学家哈里斯（Z. Harris）研究语言学。最初他用结构主义的方法研究希伯来语，1951 年在宾夕法尼亚大学完成硕士论文《现代希伯来语语素音位学》。后来他发现结构主义的分析方法有很大局限性，转而从数学角度论证以前结构主义语言理论不适用于描写自然语言，并第一次采用类似数学模型的方法建立具有普遍性和高度形式化的"装置（device）"来生成语言中所有的句子在结构主义理论的基础上，采用形式主义模型方法建立了"生成语法理论"。1955 年他完成的博士论文《转换分析》和 1957 年在博士论文基础上出版的《句法结构》成为这一新理论和新方法的奠基标志。"生成语法理论"被公认为是使语言学成为真正意义科学的突破，也是 20 世纪具有划时代意义的语言科学理论和认知科学理论，并带来了一场"认知科学革命（Cognitive Revolution）"。

乔姆斯基建立的理论学说不但在语言学发展中具有里程碑地位，而且也推动了哲学、心理学和计算机科学等许多学科的发展。乔姆斯基提倡理性主义，批判经验主义；提倡心里主义，批判行为主义：这些语言哲学思想使他成为当代哲学和认知科学最重要的代表人物。乔姆斯基明确指出人类先天的语言能力是生物遗传与进化的结果，把语言学看做一种心理学，并且最终是生物学，是研究人类这一最高等生物的大脑机制的科学，为此美国心理学会授予他"杰出贡献奖"：他在心理学和生物学界的卓越成就，使得他在科学界与爱因斯坦齐名。计算机科学特别是程序语言文法及语言信息处理科学的兴起和发展也与乔姆斯基的理论学说有着密切关系，乔姆斯基也被称为"计算机信息处理科学之父"。乔姆

基对大学的功能、知识分子的责任、西方主流传媒的片面倾向、美国霸权主义等方面都有广泛深入的论述，他先后撰写了 40 多本有关的著作，他的《911》和《帝国主义野心》等著作探讨了"9·11"后世界的变化。因此乔姆斯基也被公认为是当代最有影响力的政论家和社会活动家之一。

（黄正德等《乔姆斯基教授简介》，选自《乔姆斯基访问北京专辑》，北京大学出版社，2010）

41. "乔姆斯基 1947 年开始从美国著名语言学家哈里斯研究语言学"这句话中"从"是指
   A. 随从。　　　　　　B. 顺从。　　　　　　C. 师从。　　　　　　D. 自从。

42. 在作者看来，乔姆斯基被认为与爱因斯坦齐名，主要是因为他在_____领域做出了卓越贡献。
   A. 认知科学和语言学　　　　　　　　B. 心理学和物理学
   C. 计算机和信息科学　　　　　　　　D. 政治和社会活动

43. 乔姆斯基的"生成语法理论"是从_____理论发展起来的。
   A. 古代传统语言学　　　　　　　　　B. 历史比较语言学
   C. 结构主义语言学　　　　　　　　　D. 认知功能语言学

44. 根据文章的问题，下面对乔姆斯基语言学理论的理解，不正确的一项是
   A. 从数学角度论证结构主义的语言理论不适用于描写自然语言，因此采用数学模型的方法建立具有普遍性和形式化的语言分析方法。
   B. 人类先天语言能力是生物遗传与进化的结果，语言学是一种心理学，而且最终是生物学，是研究人类这一最高等生物大脑机制的科学。
   C. 提倡理性主义，批判经验主义，提倡心理主义，批判行为主义，不能静态地描写各种句子，而要建立一种"装置"生成所有的句子。
   D. 计算机科学和自然语言信息处理科学的发展都与乔姆斯基的语言学理论有着密切关系，因此乔姆斯基也被视为"计算机科学之父"。

45. 对"有影响力的公共知识分子"的理解，正确的一项是
   A. 受过高等教育和有一定知识背景的政治家和社会活动家。
   B. 具有多方面的和跨学科的知识和才能的大师级知识分子。
   C. 在专业领域卓有贡献并以言论在社会政治领域产生重要影响的知识分子。
   D. 因突出的科学贡献而在政府部门担任一定职务的科学家。

（四）阅读下面短文，回答问题

《中华人民共和国侵权责任法》
第六章 机动车交通事故责任

第四十八条　机动车发生交通事故造成损害的，依照道路交通安全法[①]的有关规定承担赔偿责任。

第四十九条　因租赁、借用等情形机动车所有人与使用人不是同一人时，发生交通事故后属于该机动车一方责任的，由保险公司在机动车强制保险责任限额范围内予以赔偿。不足部分，由机动车使用人承担赔偿责任；机动车所有人对损害的发生有过错的，承担相应的赔偿责任。

第五十条　当事人之间已经以买卖等方式转让并交付机动车但未办理所有权转移登

记，发生交通事故后属于该机动车一方责任的，由保险公司在机动车强制保险责任限额范围内予以赔偿。不足部分，由受让人承担赔偿责任。

第五十一条 以买卖等方式转让拼装或者已达到报废标准的机动车，发生交通事故造成损害的，由转让人和受让人承担连带责任。

第五十二条 盗窃、抢劫或者抢夺的机动车发生交通事故造成损害的，由盗窃人、抢劫人或者抢夺人承担赔偿责任。保险公司在机动车强制保险责任限额范围内垫付抢救费用的，有权向交通事故责任人追偿。

第五十三条 机动车驾驶人发生交通事故后逃逸，该机动车参加强制保险的，由保险公司在机动车强制保险责任限额范围内予以赔偿；机动车不明或者该机动车未参加强制保险，需要支付被侵权人人身伤亡的抢救、丧葬等费用的，由道路交通事故社会救助基金垫付。道路交通事故社会救助基金垫付后，其管理机构有权向交通事故责任人追偿。

注①：《中华人民共和国道路交通安全法》相关规定

第七十六条 机动车发生交通事故造成人身伤亡、财产损失的，由保险公司在机动车第三者责任强制报保险责任限额范围内予以赔偿；不足的部分，按照下列规定承担赔偿责任：

（一）机动车之间发生交通事故的，由有过错的一方承担赔偿责任；双方都有过错的，按照各自过错的比例分担责任。

（二）机动车与非机动车驾驶人、行人之间发生交通事故，非机动车驾驶人、行人没有过错的，由机动车一方承担责任；机动车一方没有过错的，承担不超过百分之十的赔偿责任。

交通事故的损失是由非机动车驾驶人、行人故意碰撞机动车造成的，机动车一方不承担赔偿责任。

46. 机动车参加了强制保险，后发生交通事故。保险公司赔偿后，有权向有关责任人追偿的情形是
    A. 机动车驾驶人发生交通事故后逃逸。
    B. 盗窃的机动车发生交通事故。
    C. 借用机动车发生交通事故，属于该机动车一方责任。
    D. 以买卖方式转让并交付机动车，发生交通事故后属于该机动车乙方责任。

47. 承租人酒后驾驶从出租人处租赁来的机动车发生交通事故后，承租人从现场逃逸。该机动车参加了强制保险。下面关于该交通事故责任承担的说法中，正确的是
    A. 保险公司无需承担赔偿责任。
    B. 承租人就保险公司在保险责任限额范围内赔偿后的不足部分承担赔偿责任。
    C. 出租人就保险公司在保险责任限额范围内赔偿后的不足部分承担赔偿责任。
    D. 道路交通事故社会救助基金承担垫付责任。

48. 甲驾驶自己的机动车在旅游途中与行人乙发生交通事故。事故认定甲对交能事故的发生不负责任。该机动车参加了丙保险公司的机动车第三者任强制保险。下面关于该交通事故责任承担的说法中，正确的是
    A. 乙承担全部责任，丙不承担责任。
    B. 丙先承担全部责任，但可以向乙追偿。
    C. 丙在保险责任限额范围内承担责任，不足部分由乙承担。

D. 丙在保险责任限额范围内承担责任，不足部分主要由乙承担，甲承担不超过百分之十的赔偿责任。

49. 甲是乙修理厂的员工，经常将修理中替换下的配件带回家，并利用业余时间拼装了一台汽车。后甲以低廉的价格将汽车转让给自己的朋友丙。丙在驾驶过程中发生交通事故致丁受伤，支付医药费若干。下面关于丁的医药费承担的说法中，正确的是
   A. 甲单独承担。   B. 丙单独承担。
   C. 甲和丙承担连带责任。   D. 甲和乙承担连带责任。

50. 某日，自然人甲因个人原因自杀，故意闯入高速公路，与乙驾驶的机动车发生碰撞，甲重伤。该机动车参加了丙保险公司的机动车第三者责任强制保险。下面关于该交通事故责任承担的说法中，正确的是
   A. 丙不承担责任，甲承担全部责任。
   B. 丙在保险责任限额范围内赔偿；不足部分，由甲承担。
   C. 丙在保险责任限额范围内赔偿，不足部分，乙承担不超过百分之十的赔偿责任。
   D. 丙在保险责任限额范围内赔偿，不足部分，由甲乙平均分担。

第二部分　数学基础能力测试

(25 题，每题 4 分，共 100 分)

1. $\dfrac{2^3 - 4^3 + 6^3 - 8^3 + 10^3 - 12^3}{3^3 - 6^9 + 9^3 - 12^3 + 15^3 - 18^3} = (\quad)$.

   A. $\dfrac{8}{27}$ B. $\dfrac{27}{8}$ C. $\dfrac{4}{9}$ D. $\dfrac{9}{4}$

2. 如图 1 中给出了平面直角坐标系中直线 $l: y = ax + b$ 的图像，那么坐标为 (a, b) 的点在 (　　).

   A. 第 Ⅰ 象限   B. 第 Ⅱ 象限
   C. 第 Ⅲ 象限   D. 第 Ⅳ 象限

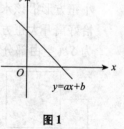

图1

3. 若某单位员工的平均年龄为 45 岁，男员工的平均年龄为 55 岁，女员工的平均年龄为 40 岁，则该单位男、女员工人数之比为 (　　).

   A. 2 : 3   B. 3 : 2   C. 1 : 2   D. 2 : 1

4. 如图 2 中四边形 $ABCD$ 顶点的坐标依次为 $A(-2, 2)$，$B(-1, 5)$，$C(4, 3)$，$D(2, 1)$，那么四边形 $ABCD$ 的面积等于 (　　).

   A. 16.5   B. 15
   C. 13.5   D. 12

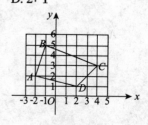

图2

5. 在实验室密闭容器中培育某种细菌。如果该细菌每天的密度增

长 1 倍，它在 20 天内密度增长到 4 百万株/m^3，那么该细菌增长到 $\frac{1}{4}$ 百万株/m^3 时用了

（　　　）天.

A. 2　　　　　　　B. 4　　　　　　　C. 8　　　　　　　D. 16

6. 若图 3 中给出的函数 $y = x^2 + ax + a$ 的图像与 x 轴相切，则 $a =$

（　　）.

A. 0　　　　　　　　　　　　B. 1

C. 2　　　　　　　　　　　　D. 4

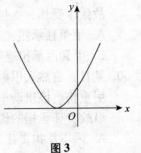

图 3

7. 如果 $\sin(\alpha + \beta) = 0.8$，$\cos(\alpha - \beta) = 0.3$，那么（$\sin\alpha - \cos\beta$）

（$\sin\beta - \cos\beta$）=（　　）.

A. 0.6　　　　　　　　　　　B. 0.5

C. -0.5　　　　　　　　　　D. -0.6

8. 函数 $f(x)$ 是奇函数，$g(x)$ 是以 4 为周期的周期函数，且 $f(-2) = g(-2) = 6$. 若

$\dfrac{f(0) + g(f(-2)) + g(-2)}{g^2(20f(2))} = \dfrac{1}{2}$，则 $g(0) = $（　　）.

A. 2　　　　　　　B. 1　　　　　　　C. 0　　　　　　　D. -1

9. 若复数 $z = 1 + i + \dfrac{1}{i} + i^2 + \dfrac{1}{i^2} + i^3$，则 $|z| = $（　　）.

A. $\sqrt{2}$　　　　　　　B. $2\sqrt{2}$　　　　　　　C. 1　　　　　　　D. 2

10. 正三角形 ABC 中，D，E 分别是 AB，AC 上的点，F，G 分别是 DE，

BC 的中点. 已知 $BD = 8$ 厘米，$CE = 6$ 厘米，则 $FG = $（　　）厘米.

A. $\sqrt{13}$　　　　　　　　　　B. $\sqrt{37}$

C. $\sqrt{48}$　　　　　　　　　　D. 7

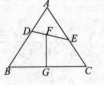

图 4

11. 如图 5 所示，边长分别为 1 和 2 的两个正方形，放在同一水平线上，小正方形沿该水平线自左向右匀速穿过大正方形. 设从小正方形开始穿入大正方形到恰好离开大正方形所用的时间为 t，大正方形内除去小正方形占有部分之后剩下的面积为 S（空白部分），则表示 S 与时间 t 函数关系的大致图像为（　　）.

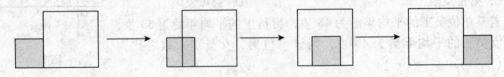

图 5

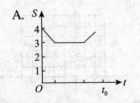

C. 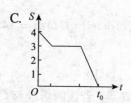   D.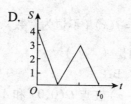

12. 若某公司有 10 个股东，他们中任意 6 个股东所持股份的和都不少于总股份的 50%，则持股最多的股东所持股份占总股份的最大百分比是（   ）.

     A. 25%   B. 30%   C. 35%   D. 40%

13. 在一个封闭透明的正四面体容器内装水. 容器的一个面放置在水平桌面时，水面高度为四面体的 $\dfrac{1}{2}$，现将它倒置使原底面平行于水平桌面，此时水面的高度与四面体高的比值为（   ）.

     A. $\dfrac{1}{2}$ B. $\dfrac{\sqrt[3]{2}}{2}$ C. $\dfrac{\sqrt[3]{4}}{2}$ D. $\dfrac{\sqrt[3]{7}}{2}$

14. 若从 1，2，3，4，5，6，7，8，9，10 这十个数中任意取 3 个不同的数，则它们能构成公比大于 1 的等比数列的概率是（   ）.

     A. $\dfrac{1}{40}$ B. $\dfrac{1}{30}$ C. $\dfrac{1}{20}$ D. $\dfrac{1}{15}$

15. 若由双曲线 $\dfrac{x^2}{a^2} - \dfrac{y^2}{b^2} = 1$ 的右焦点 $F_2(c, 0)$ 向曲线 $y = \sqrt{a^2 - x^2}$ 所引切线的方程是 $x + \sqrt{3}y - c = 0$，则双曲线的离心率 $e = \dfrac{c}{a}$ 等于（   ）.

     A. $\dfrac{\sqrt{3}}{2}$ B. 1   C. $\sqrt{3}$ D. 2

16. $\lim\limits_{x \to \infty} \dfrac{2x^2 + 1}{x + 2} \sin \dfrac{2}{x} = $（   ）.

     A. 0   B. 2   C. 4   D. ∞

17. 设 $f(x) = x^2$，$h(x) = f(1 + g(x))$，其中 $g(x)$ 可导，且 $g'(1) = h'(1) = 2$，则 $g(1)$（   ）.

     A. -1 B. $-\dfrac{1}{2}$ C. 0   D. 2

18. 设函数 $g(x)$ 导数连续，其图像在原点与曲线 $y = \ln(1 + 2x)$ 相切. 若函数 $f(x) = \begin{cases} \dfrac{g(x)}{x}, & x \neq 0 \\ a, & x = 0 \end{cases}$ 在原点可导，则 $a = $（   ）.

     A. -2 B. 0   C. 1   D. 2

19. 若 a, b, c, d 成等比数列，则函数 $y = \dfrac{1}{3}ax^2 + bx^2 + cx + d$（ ）.

     A. 有极大值，而无极小值   B. 无极大值，而有极小值

     C. 有极大值，也有极小值   D. 无极大值，也无极小值

20. 若连续周期函数 $y = f(x)$（不恒为常数），对任何 x 恒有 $\int_{-1}^{x+6} f(t)\,\mathrm{d}t + \int_{x-3}^{4} f(t)\,\mathrm{d}t = 14$ 成立，则 $f(x)$ 的周期是（　　）.

  A. 7   B. 8   C. 9   D. 10

21. 设曲线 $L: y = x(1-x)$ 在点 $O(0,0)$ 和 $A(1,0)$ 的切线相交于 B 点. 若该两切线与 L 所围成的面积为 S_1，L 和 x 轴所围成的面积为 S_2，则（　　）.

  A. $S_1 = S_2$ B. $S_1 = 2S_2$ C. $S_1 = \dfrac{1}{2}S_2$ D. $S_1 = \dfrac{3}{2}S_2$

22. 已知 $A = \begin{pmatrix} 1 \\ 0 \\ 2 \end{pmatrix}(1 \quad -1 \quad 0),\ B = \begin{pmatrix} 1 & -1 & 2 \\ 2 & a & 1 \\ -1 & 3 & 0 \end{pmatrix}$. 若矩阵 $AB + B$ 的秩为 2，则 $a =$（　　）.

  A. -5 B. -1 C. 1   D. 5

23. 设向量组 $S = \{\alpha_1, \alpha_2, \alpha_3\}$ 线性无关，下列向量组中，与 S 等价的有（　　）个.

  ① $\alpha_1 + \alpha_3,\ \alpha_2 - \alpha_3$ ② $\alpha_1,\ \alpha_1 + \alpha_2,\ \alpha_1 + \alpha_2 + \alpha_3$

  ③ $\alpha_1 - \alpha_3,\ \alpha_1 + \alpha_3,\ 2\alpha_1,\ 3\alpha_3$ ④ $\alpha_1 - \alpha_3,\ \alpha_1 + \alpha_3,\ 2\alpha_2,\ 3\alpha_3$

  A. 1   B. 2   C. 3   D. 4

24. 线性方程组 $\begin{cases} 4x_1 + tx_2 + x_3 = 1 \\ 4x_2 + 5x_3 = 1 \\ -x_1 + x_2 + x_3 = 0 \\ -5x_1 + x_2 = -1 \end{cases}$，当（　　）.

  A. $t \neq 0$ 时无解   B. $t \neq 0$ 时有无穷多解

  C. $t = 0$ 时有解   D. $t = 0$ 时有无穷多解

25. 下列矩阵中，不能与对角矩阵相似的是（　　）.

  A. $\begin{pmatrix} -1 & 0 & 0 \\ -4 & 3 & 0 \\ 1 & 0 & 0 \end{pmatrix}$ B. $\begin{pmatrix} -1 & 1 & 0 \\ -4 & 3 & 0 \\ 1 & 0 & 2 \end{pmatrix}$

  C. $\begin{pmatrix} 4 & -3 & 0 \\ -3 & -5 & 0 \\ 0 & 0 & 1 \end{pmatrix}$ D. $\begin{pmatrix} 4 & 6 & 0 \\ -3 & -5 & 0 \\ -3 & -6 & 1 \end{pmatrix}$

第三部分 逻辑推理能力测试

（50 题，每题 2 分，满分 100 分）

1. 去年，有 6000 人死于醉酒，有 4000 人死于开车，但只有 500 人死于醉酒开车。因此，醉酒开车比单纯的醉酒或者单纯的开车更安全。

如果以下哪项陈述为真，将最有力地削弱上述论证？

A. 不能仅从死人绝对数量的多少判断某种行为方式的安全性。

B. 醉酒导致意识模糊，醉酒开车大大增加了酿成交通事故的危险性。

C. 醉酒开车死人的数目已分别包含在醉酒死人的数目和开车死人的数目之中。

D. 醉酒死人的概率不到 0.01%，开车死人的概率是 0.015%，醉酒开车死人的概率中 33%。

2. 经过 20 多年的自然保护，甘肃祁连山区野生动物的数量大大增加。活动于甘州一带的野生岩羊经常闯入牧场，侵食牧草，糟蹋草场。山丹马场放牧的羊时常被出没的狼群活活咬死。岩羊的天敌是雪豹和儿狼，山丹马场距甘州不过百余公里，但甘州的岩羊却未遭狼群侵害。

如果以下哪项陈述为真，能够最好的解释上述反常的现象？

A. 在祁连山自然保护区的部分森林中，近来曾发现雪豹的踪迹。

B. 祁连山区的一些群众和环保工作者呼吁，适当开放狩猎行为，以控制岩羊的数量。

C. 现在民间没有猎枪，面对肆虐的狼群，山丹马场的职工无法有效地保护自己的羊。

D. 甘州与山丹马场之间的草原围栏、高速公路、铁路等设施阻断了野生动物的迁徙通道。

3. 相对论的创立者爱因斯坦是左撇子，发明家富兰克林和科学家牛顿是左撇子，达·芬奇、米开朗琪罗、毕加索和贝多芬也都是左撇子。这表明，创造性研究是左撇子独特的天然禀赋。以下哪项陈述是上述论证所依赖的假设？

A. 自福特以来的美国总统，除少数几位外都是左撇子。

B. 左撇子突出的创新研究能力并不是由教育和环境等后天因素决定的。

C. 20 世纪初，中国的父母还在煞费苦心的矫正孩子惯用左手的"坏毛病"。

D. 左撇子具有一定的遗传性，例如，英国女王伊丽莎白和她的母亲都是左撇子。

4. "羡慕嫉妒恨"是今年的网络流行语，它正好刻画了嫉妒的生长轨迹：始于羡慕终于恨。对一个人来说，被人嫉妒等于领受了嫉妒者最真诚的恭维，是一种精神上的优越和快感。而嫉妒别人，则或多或少透露出自己的自卑、懊恼、羞愧和不甘。忌恨优者、能者和强者，既反映自己人格的卑污，也不会有任何好结果。因此，_____。

以下哪一项陈述可以最合逻辑地完成上文的论述？

A. "羡慕嫉妒恨"是一种有害无益的心理情绪

B. 与其羡慕嫉妒恨，不如知耻而后勇，尽力把自己的事情做好

C. 我们应该用祝福的心态看待他人，用他人的成功激励自己

D. 我们应该保持一种"比上不足，比下有余"的心态，学会宽慰自己

5. 国内以三国历史为背景的游戏《三国杀》、《三国斩》、《三国斗》、《三国梦》等，都借鉴了美国西部牛仔游戏《bang!》。中国网络游戏的龙头企业盛大公司状告一家小公司，认为后者的《三国斩》抄袭了自己的《三国杀》。如果盛大公司败诉，则《三国斩》必定知名度大增，这等于培养了自己的竞争对手；如果盛大公司胜诉，则为《bang!》日后告赢《三国杀》抄袭提供了一个非常好的案例。

如果以上陈述为真，以下哪项陈述一定为真？

A. 著名的大公司与默默无闻的小公司打官司，可以提高小公司的知名度。

B. 如果盛大公司胜诉，那么它会继续打击以三国历史为背景的其他游戏。

C. 盛大公司在培养自己的竞争对手，或者在为《bang!》将来状告自己抄袭提供好的案例。

D. 国内以三国历史为背景的游戏都将面临美国西部牛仔游戏《bang!》的侵权诉讼。

6. "节食族"是指那些早餐吃水果、午餐吃蔬菜，几乎不吃高热量食物的人。在这个物品丰盛的时代，过度节食，就像把一个 5 岁的孩子带进糖果店，却告诉他只能吃一个果冻。营养专家指出，这种做法既不科学也不合乎情理。

如果以下哪项陈述为真，能给专家的观点以最有力的支持？

A. 科学家发现，使老鼠的卡路里摄入量减少30%，就会降低老鼠罹患癌症的可能性。

B. 科学家发现，采用限制卡路里的饮食方法，可以降低血压，减少动脉栓塞的可能。

C. 有专家警告说，限制卡路里的摄入，有造成骨质疏松和生育困难的风险。

D. 冲绳岛是世界上百岁老人比例最高的地区，那里的居民信奉"八分饱"的饮食哲学。

7. 藏獒是世界上最勇猛的狗，一只壮年的藏獒能与 5 只狼搏斗。所有的藏獒都对自己的主人忠心耿耿，而所有忠实于自己主人的狗也为人所珍爱。

如果以上陈述为真，以下陈述都必然为真，除了：

A. 有些为人所珍爱的狗不是藏獒。

B. 任何不为人所珍爱的狗不是藏獒。

C. 有些世界上最勇猛的狗为人所珍爱。

D. 有些忠实于自己主人的狗是世界上最勇猛的狗。

8. 根据诺贝尔经济学奖获得者、欧元之父蒙代尔的理论，在开放经济条件下，一国的独立货币政策、国际资本流动、货币相对稳定的汇率，不能三者都得到，即存在所谓的"不可能三角关系"。

我国经济已经对外开放，如果蒙代尔的理论正确，以下哪项陈述一定为真？

A. 我国坚持独立的货币政策并保持人民币相对稳定的汇率，同时不让国际资本流入中国。

B. 我国坚持独立的货币政策并保持人民币相对稳定的汇率，但无法阻止国际资本流入中国。

C. 虽然国际资本流动的趋势不可逆转，我国仍坚持独立的货币政策，但无法保持人民币相对稳定的汇率。

D. 如果我国坚持独立的货币政策并且国际资本流的趋势不可逆转，则无法保持人民币相对稳定的汇率

9. 近年来，有犯罪前科并在三年内"二进宫"的人数逐年上升。有专家认为，其数量递增可能是由于我们的教育改造体制存在缺陷，所以应当改革。我们需要一种既能帮助刑满释放人员融入社会又能监督他们的措施。

对于以下哪个问题的回答，与评价该专家的观点不相干？

A. 刑满释放人员走出监狱大门后是否无法就业，除重操旧业外别无选择。

B. 父母在监狱服刑的孩子的数量是不是多于父母已刑满释放的孩子的数量？

C. 在刑满释放之后，有关部门是否永久剥夺了曾犯重罪的人的投票权？

D. 政府是否在住房、就业等方面采取措施以帮助有犯罪前科的人重返社会？

10. 在近 20 年世界杯上，凡是淘汰阿根廷的球队，都会在下一轮比赛中输掉，这被称为

"阿根廷魔咒"。1944 年，罗马尼亚在 1/8 决赛中干掉了老马的阿根廷，紧接着就被瑞典人挡在 4 强之外；1998 年，荷兰靠博格坎普灵光一现淘汰阿根廷，下一轮他们就点球负于巴西；2002 年，瑞典在小组赛末轮淘汰阿根廷，一出线就被赛内加尔打败；2006 年，和今年，德国两次淘汰阿根廷，但都在随后的决赛或半决赛中输掉了。

A. 在 2002 年世界杯上，阿根廷队在小组赛中没有出线。

B. 在 2014 年世界杯上，巴西队将淘汰阿根廷队，最终赢得冠军。

C. 1990 年，阿根廷队在首战输给喀麦隆队之后，最后获得亚军。

D. 2006 年，意大利队获得冠军，但比赛过程未遭遇阿根廷队。

11. 某单位组织职工游览上海世博园。所有参观沙特馆的职工都未能参观德国馆。凡参观沙特馆的职工也未能参观日本馆。有些参观丹麦馆的职工参观了德国馆，有些参观丹麦馆的职工参观了日本馆，有些参观丹麦馆的职工参观了沙特馆。

如果以上陈述为真，下面哪项关于该单位职工的陈述必然为真？

A. 有些参观了日本馆的职工未能参观德国馆。

B. 有些参观了德国馆的职工既没有参观日本馆，也没有参观丹麦馆。

C. 有些参观了丹麦馆的职工既没有参观德国馆，也没有参观日本馆。

D. 所有参观丹麦馆的或参观了德国馆，或参观了日本馆，，或参观了沙特馆。

12. 革命根据地等叫做"红色景点"，到红色景点参观叫做"红色旅游"。浙江长兴县新四军苏浙军区纪念馆以前收费卖门票时游客非常多，去年 7 月按省文物局规定免费开放后却变得冷冷清清。全国不少红色景点都出现了类似的尴尬局面。

如果以下哪项陈述为真，能够最好的解释上述奇怪的现象？

A. 很多游客为上海世博会所吸引。

B. 一些红色景点的公共设施比较落后，服务质量不高

C. 国家六部委号召免费开放红色景点，旨在取消价格门槛，让更多的人接受红色教育。

D. 大部分游客通过旅行社的安排进行红色旅游，而旅行社的大部分盈利来自门票提成。

13. 没有人想死，即使是想上天堂的人，也不想搭乘死亡的列车到达那里。然而，死亡是我们共同的宿命，没有人能逃过这个宿命，而且也理应如此。因为死亡很可能是生命独一无二的最棒发明，它是生命改变的原动力，它清除老一代的生命，为新一代开道。

如果以上陈述为真，下面哪一项陈述必定为假？

A. 所有人都逃不过死亡的宿命。　　　　B. 人并不都能逃过死亡的宿命。

C. 并非人都不能逃过死亡的宿命。　　　D. 张博不能逃过死亡的宿命。

14. 将患癌症的实验鼠按居住环境分为两组。一组是普通环境：每个标准容器中生活的实验鼠不多于 5 个，没有娱乐设施。另一组环境复杂：每 20 只实验鼠共同居住在一个宽敞的、配有玩具、转轮等设施的容器中。几周后，与普通环境的实验鼠相比，复杂环境中实验鼠的肿瘤明显缩小了。因此，复杂环境与动物之间的互动可以抑制肿瘤生长。

如果以下哪项陈述为真，能给上面的结论以最有力的支持？

A. 在复杂环境中生活的实验鼠面临更多的纷争和挑战。

B. 两组中都有自身患癌症和因注射患癌细胞而患癌症的实验鼠，且两组均有充足的食物和水。

C. 与普通环境实验鼠相比，复杂环境实验鼠体内一种名为"瘦素"的激素的水平明显偏低。

D. 与普通环境实验鼠相比，复杂环境实验鼠体内的肾上腺素水平有所提高。

15. 曹操墓的具体位置历来争议颇多，宋代以来就有七十二疑冢之说。但该墓在位置已经得到确认，因为河南省文物局于 2009 年 12 月对外公布，经河南省文物考古研究所发掘确认，曹操墓位于河南省安阳县安丰乡西高穴村。

以下哪项陈述是上述认证所依赖的假设？

A. 从西高穴村的墓中发掘出很多文物，上面有文字表明此墓就是曹操墓。

B. 参与发掘工作的所有人员均证明，墓中发掘出来的文物全是真的。

C. 河南省文物考古研究所曾多次成功地发掘古代坟墓，经验很丰富。

D. 河南省文物考古研究所做出的考古发现具有极高的可信度并得到公认。

16. "入幼儿园难，难于考公务员；入幼儿园贵，贵于大学收费"，这一说法虽稍嫌夸张，却也有某些事实根据。在中国一些城市，目前确实存大公办幼儿园"稀缺化"、民办幼儿园"两极化"、收费"贵族化"、优质资源"特权化"等现象。

要从以上陈述推出"入幼儿园难，难于考 GCT"的结论，必须增加以下哪项陈述作为前提？

A. 考 GCT 比考公务员更难　　　　　　B. 考 GCT 比考公务员容易

C. 考 GCT 比考大学容易　　　　　　　D. 考公务员和考 GCT 的难度无法比较

17. 当代一们犹太思想家的问题困扰了罗马教廷 30 年：一个基督教神职人员和一个普通信徒和灵魂是否都能进天堂？一个基督徒和一个其他宗教信徒的灵魂是否都能进天堂？一个有宗教信仰的人和一个无神论者的灵魂是否都能进天堂？如果有人的灵魂不能进天堂，则"上帝之爱"就不是普适；如果"上帝之爱"不是普适的，则上帝的存在就不是合理的。如果所有人的灵魂都能进天堂，那么，信教与不信教、信仰不同宗教之间还有什么重大区别？

如果接收以上陈述，则必须接受下面哪项陈述？

A. 如果"上帝之爱"是普适的，则上帝的存在就是合理的。

B. "上帝之爱"是普适的，但信教与不信教、信仰不同宗教之间有重大区别。

C. 如果上帝的存在是合理的，信上帝与不信上帝之间就没有重大区别。

D. "上帝之爱"是普适的，神职人员、普通信徒和无神论者都是上帝关爱的对象

18. 禁止步行者闯红灯的规定没有任何效果。总是违反该规定的步行者显然没有受到它的约束，而那些遵守该规定的人显然又不需要它，因为即使不禁止步行者闯红灯，这些人也不会闯红灯。

下面哪一个选项最准确的指出了上述论证中的漏洞？

A. 在其前提和结论中，它分别使用了意义不同的"规定"。

B. 它没有提供任何证据去证明，闯红灯比不闯红灯更危险。

C. 它理所当然的认为，多数汽车司机会遵守禁止驾车闯红灯的规定。

D. 它没有考虑到上述规定是否会对那些偶尔闯红灯但不经常闯红灯的人产生影响。

19. 在某个航班的全体乘务员中，飞机驾驶员、副驾驶员和飞行工程师分别是余味、张刚

和王飞中的某一位。已知：副驾驶员是个独生子，钱挣得最少；王飞与张刚的姐姐结了婚，钱挣得比驾驶员多。

从以上陈述，可以推出下面哪一个选项为真？

A. 王飞是飞机工程师，张刚是驾驶员。

B. 余味是副驾驶员，王飞是驾驶员。

C. 余味是驾驶员，张刚是飞机工程师。

D. 张刚是驾驶员，余味是飞机工程师。

20. 某专家：今年 7 月，美国房利美和房地美（简称"两房"）从纽约证券交易所退市，持有巨额"两房"债券的中国能否安全地收回投资？我认为，美国政府不会对"两房"坐视不管。2008 年次贷危机最严重时，美国政府曾向"两房"提供了 2000 亿美元资金。只要美国主权信用等级不被降低，"两房"债券的价格就不会受其股价太大的影响。

如果以下哪项陈述为真，将对这位专家的观点构成最严重的质疑？

A. "两房"债券并没有得到美国政府的信用担保。

B. "两房"今年第一季度亏损 211 亿美元，第二季度房地美亏损 60 亿美元

C. 中国没有投资"两房"股票，目前"两房"退市对其债券尚未造成负面影响。

D. "两房"股价分别从最高时 80 多美元和 140 多美元跌到目前 1 美元以下，"两房"已接近破产的边缘。

21. 杜威：逻辑之所以对人类极端重要，正是因为它在经验中建立，并在实践中应用。

以下哪项陈述是上述论证所依赖的假设？

A. 逻辑在人类知识体系中处于基础地位。

B. 对人类极端重要的东西都是在经验中建立的。

C. 在经验中建立并且在实践中应用的东西对人类极端重要。

D. 经过人类长期实践检验和逻辑证明的东西对人类非常重要。

22. 很多科学家的职业行为只是为了提高他们的职业能力，做出更好的成绩，改善他们的个人状况，对于真理的追求则被置于次要地位。因此，科学家共同体的行为也是为了改善该共同体的状况，纯粹出于偶然，该共同体才会去追求真理。

下面哪一个选项最准确地指出了上述论证中的谬误？

A. 该论证涉嫌贬低科学家的道德品质。

B. 从很多科学家具有某一品质，不合理地推出科学家共同体也有该品质。

C. 毫无理由地假定，个人职业能力的提高不会提高其发现真理的效率。

D. 从多数科学家具有某一品质，不合理地推出每一科学家都有该品质。

23. 干旱和森林大火导致俄罗斯今年粮食歉收，国内粮价快速上涨。要想维持国内粮食价格稳定，俄罗斯必须禁止粮食出口。如果政府禁止粮食出口，俄出口商将避免损失，因为他们此前在低价位时签署出口合同，若在粮价大幅上涨时履行合同将会亏本。但是，如果俄政府禁止出口粮食，俄罗斯奋斗多年才获得的国际市场将被美国和法国所占有。

如果以上陈述为真，以下哪项陈述一定为真？

A. 如果俄罗斯今年不遭遇干旱和森林大火，俄政府就不会禁止粮食出口。

B. 如果今年俄罗斯维持国内粮食价格稳定，就会失去它的国际粮食市场。

C. 俄罗斯粮食出口商为避免损失会积极游说政府，促使其制定粮食出口禁令。

D. 如果俄罗斯禁止粮食出口，其国内的粮食价格就不会继续上涨。

24. 甲、乙、丙共同经营一家理发店。在任何时候，必须至少有一人留守店内。也就是说，如果丙外出，那么，如果甲也外出，则乙必须留在店内。但问题是，只有在乙陪伴时，甲才会外出。也就是说，如果甲外出，乙也必须外出。

以上哪项陈述与上面给定的条件不相容？

A. 甲能够外出。

B. 甲留在店内，乙和丙外出。

C. 乙留在店内，甲和丙外出。

D. 丙总留在店内。

25. 一名粒子物理学家开玩笑说：自 1950 年以来，所有的费米子都是在美国发现的，所有的玻色子都是在欧洲发现的。很遗憾，希格斯粒子是玻色子，所以，它不可能在美国被发现。

必须补充下面哪一项假设，上述推理才能成立？

A. 即使某件事情过去一直怎样，它未来也有可能不再那样。

B. 如果 x 在过去一段时间内一直做成 y，则 x 不可能不做成 y。

C. 如果 x 在过去一段时间内一直未做成 y，则 x 不可能做成 y。

D. 如果 x 在过去一段时间内一直未做成 y，则 x 很可能做不成 y。

26. 研究人员发现，抑郁症会影响患者视觉系统感知黑白对比的能力，从而使患者所看到的世界是"灰色的"。研究人员利用视网膜电图技术对抑郁症患者感知黑白对比的能力进行测量，其结果显示：无论患者是否正在服用抗抑郁药物，其视网膜感知黑白对比的能力都明显弱于健康者；并且，症状越严重的患者感知黑白对比的能力越弱。

研究人员在得出其结论时，没有使用下面哪一项方法？

A. 基于某些测试数据做出归纳概括。

B. 利用了抑郁症状与患者感知黑白对比能力之间的共变关系。

C. 通过对比测试，发现抑郁症患者与健康者感知黑白对比能力的差异。

D. 先提出了一个猜测性假说，然后用实验数据去证实或证伪这个假说。

27. 2009 年哥本哈根气候大会的主题是：全球变暖。但科学家中有两派对立的观点。气候变暖派认为，1900 年以来地球变暖完全是由人类温室气体排放所致。只要二氧化碳的浓度继续增加，地球就会继续变暖；两极冰川融化会使海平面上升，一些岛屿将被海水淹没。气候周期派认为，地球气候主要由太阳活动决定，全球气候变暖已经停止，目前正处于向"寒冷期"转变的过程中。

如果以下陈述为真，都可以支持气候周期派的观点，除了：

A. 1998 年以来全球平均气温没有继续上升。

B. 从 2009 年末到 2010 年初，南半球暴雨成灾，洪水泛滥。

C. 去年冬季，从西欧到北美，从印度到尼泊尔，北半球受到创纪录的寒流或大雪的侵袭。

D. 位于澳大利亚东北海域的大堡礁被认为将被海水淹没，但它的面积目前正在扩大。

28. 德国一水族馆的章鱼保罗在本届世界杯期间名声大噪，它通过选择国旗，准确预测了 8 场比赛的胜负，被称为"章鱼帝"。以至于有这样的说法：人算不如天算，贝利（球王）不如海鲜（章鱼）。

    下面各项都构成对章鱼保罗预测能力的质疑，除了：

    A. 章鱼是一种极其聪明的海洋动物，有相当发达的大脑，还是逃生高手。

    B. 在 2008 年欧洲杯决赛前，章鱼保罗预测德国队胜出，结果却是西班牙队赢得冠军。

    C. 在西班牙队与荷兰队决赛前，章鱼保罗选择的西班牙国旗图案类似于它爱吃的食物：三条大虾加一只螃蟹。

    D. 在德国队和加纳队比赛前，章鱼保罗预测德国队获胜，因为加纳国旗上有一颗五星让章鱼觉得危险，而选择了德国国旗。

29. 经济学家：有人主张对居民的住房开征房产税，其目的是抑制房价，或为地方政府开拓稳定的税源，或调节贫富差别。如果税收不是一门科学，如果税收没有自身运行的规律，那么，根据某些官员的意志而决定开征房产税就是可能的，房产税是财产税，只有我国的税务机关达到征收真接税和存量税的水平，才能开征房产税。

    要从以上陈述推出"我国现在不能开征房产税"的结论，必须增加以下哪项陈述作为前提？

    A. 税收是一门科学，并且税收有自身运行的规律。

    B. 开征房产税将面临评估房地产价值、区分不同性质的房产等难题。

    C. 将房产税作为抑制房价的手段或作为地方政府的稳定税源都不是开征房产税的充足理由。

    D. 我国税务机关目前基本上只能征收间接税和以现金流为前提的税，不能征收直接税和存量税。

30. 《圣经·马太福音》"……凡有的，还要加给他，叫他多余；没有的，连他所有的也要夺过来。"有人用"马太效应"这一术语去指涉下面的社会心理现象：科学家荣誉越高越容易得到新荣誉，成果越少越难创造新成果。马太效应造成各种社会资源（如研究基金、荣誉性职位）向少数科学家集中，由此可知，出类拔萃的科学家总是少数，他们对科学技术发展所做出的贡献比一般科学有大得多。

    为使上述论证成立，需要补充下面哪一项假设？

    A. 有些出类拔萃的科学家，其成就生前未得到承认。

    B. 科学奖励制度在实施时也常出错，甚至诺贝尔奖有时也颁发经了不合格的人。

    C. 在绝大多数情形下，对科学家所做的奖励是有充分根据的，合情合理。

    D. 张爱玲说过，出名要趁早。这一说法很有智慧，是对马太效应的隐含表达。

31. 脊髓中受到损害的神经依靠自身不能自然的再生，即使在神经生长刺激剂的激发下也无法再生。最近发现，其原因是脊髓中存在着抑制神经生长的物质。现在已经开发出降低这种物质的活性的抗体。显然，在可以预见的未来，神经修复将是一项普通的医疗技术。

    如果以下哪项陈述为真，将会对上述预测的准确性提出最严重的质疑？

    A. 某种神经生长刺激剂与这种抑制神经生长的物质具有相似的化学结构。

B. 研究人员只使用神经生长刺激剂，已经能够做到激发不在脊髓内的神经生长。

C. 阻止受损的神经再生只是这种抑制神经生长的物质在人体中主要功能的一个副作用。

D. 要在持续很长的一段时间内降低抑制神经生长物质的活性，必须有抗体的稳定供应。

32. 任何一条鱼都比任何一条比它小的鱼游的快，所以，有一条最大的鱼就有一条游的最快的鱼。

下面哪项陈述中的推理模式与上述推理模式最为类似？

A. 任何父母都有至少一个孩子，所以，任何孩子都有并且只有一对父母。

B. 任何一个偶数都比任何一个比它小的奇数至少大 1，所以，没有最大的偶数就没有只比它小 1 的最大奇数。

C. 任何自然数都有一个只比它在 1 的后继，所以，有一个正偶数就有一个只比它大 1 的正奇数。

D. 在国家行政体系中，任何一个人都比任何一个比他职位低的人权力大，所以，有一位职位最高的人就有一位权力最大的人。

33. 许多报纸有两种版面——免费的网络版和花钱订阅的印刷版。报纸上网使得印刷版的读者迅速流失，而网络版的广告收入有限，报纸经济收益大幅下挫。如果不上网，报纸的影响力会大大下降。如果对网络版收费，很多读者可能会流转到其他网站。要让读者心甘情愿地掏腰包，报纸必须提供优质的，独家的内容。

如果以上陈述为真，以下哪项陈述一定为真？

A. 如果对网络版报纸收费，则一部分读考会重新订阅印刷版。

B. 只有提供优质的、独家的内容，报纸才会有良好的经济收益。

C. 只要报纸具有优质的、独家的内容，即使不上网，也能造成巨大的影响力。

D. 随着越来越多的人通过网络接受信息，印刷版的报纸将逐渐退出历史舞台。

34. 由于全球金融危机，一家大型公司决定裁员 25%。最终，它撤销了占员工总数 25% 的三个部门，再也没有聘用新员工。但实际结果是，该公司员工总数仅仅减少了 15%。

如果以下哪项陈述为真，能很好的解释预计裁员率和实际裁员率之间的差异？

A. 被撤销部门的一些员工有资格提前退休，并且他们最后都选择了退休。

B. 因为公司并未雇佣新员工，未被撤销部门之间的正常摩擦导致该公司继续裁员。

C. 未被撤销部门的员工不得不更卖力工作，以弥补撤销三个部门所带来的损失。

D. 三个部门被撤销后，它们的一些优秀员工被重新分派到该公司的其他部门工作。

35. 法学家：刑法修正案（八）草案规定，对 75 周岁以上的老人不适用死刑，这一修改引起不小的争论。有人说，如果这样规定，一些犯罪集团可能会专门雇佣 75 岁以上老人去犯罪。我认为，这种说法不能成立。按照这种逻辑，不满 18 岁的人不判处死刑，一些犯罪集团也会专门雇佣不满 18 岁的人去犯罪，我们是否应当判处不满 18 岁人的死刑呢？

上面的论证使用了以下哪一种论证技巧？

A. 通过表明一个观点不符合已知的事实，来论证这个观点为假。

B. 通过表明一个观点缺乏事实的支持，来论证这个观点不能成立。

C. 通过假设一个观点为正确会导致明显荒谬的结论，来论证这个观点是错误的。

D. 通过表明一个观点违反公认的一般性准则，来论证这个观点是错误的。

36. 警察发现，每一个政治不稳定事件都有某个人作为幕后策划者。所以，所有政治不稳定事件都是由同一个人策划的。

下面哪一个推理中的错误与上述推理的错误完全相同？

A. 所有中国公民都有一个身份证号码，所以，每个中国公民都有唯一的身份证号码。

B. 任一自然数都小于某个自然数，所以，所有的自然数都小于同一个自然数。

C. 在余婕的生命历程中，每一时刻后面都跟着另一时刻，所以，她的生命不会终结。

D. 每个亚洲国家的电话号码都有一个区号，所以，亚洲必定有与其电话号码一样多的区号。

37. 哥白尼的天体系统理论优于托勒密的理论，而且它刚提出来时就比后者更好，尽管当时所有的观察结果都与两个理论经相符合。托勒密认为星体围绕地球高速旋转，哥白尼认为这是不可能的，它正确的提出了一个较为简单的理论，即地球围绕地轴旋转。

以上论述与下面哪项中所陈述的一般原则最相吻合？

A. 在相互竞争的科学理论进行选择时，应当把简单性作为唯一的决定因素

B. 在其他方面都相同的情况下，两个相互竞争的理论中较为简单的那个在科学上更重要

C. 在其他方面都相同的情况下，两个相互竞争的理论中较为复杂的那个是较差的

D. 如果一个理论看起来是真的，另一个理论看起来是假的，那么，两者中看起来是真的那个理论更好。

38. 有不少医疗或科研机构号称能够通过基因测试疾病。某官方调查机构向 4 家不同的基因测试公司递送了 5 个人的 DNA 样本。对于同一受检者患前列腺癌的风险，一家公司称他的风险高于平均水平，另一家公司则称他的风险低于平均水平，其他两家公司都说他的风险处于平均水平。其中一家公司告知另外一位装有心脏起搏器的受检者，他患心脏病的几率很低。

如果以上陈述为真，引申出下面哪一个结论最为合理？

A. 4 家公司的检测结论不相吻合，或与真实情况不符。

B. 基因检测技术还很不成熟，不宜过早投入市场运作。

C. 这些公司把不成熟的技术投入市场运作，涉嫌商业欺诈。

D. 检测结果迥异，是因为每家公司所使用的分析方法不同。

39. 某省政法委综合治理办公室副主任的妻子陈某在省委大院门口被 6 名便衣警察殴打 16 分钟，造成脑震荡，几十处软组织挫伤，左脚功能障碍，植物神经紊乱。相关公安局领导说"打错了"，表示道歉。

下面各项都是该公安局领导的说的话隐含的意思，除了：

A. 公安干警负有打击犯罪之责，打人是难免的。

B. 如果那些公安干警打的是一般上访群众，就没有什么错。

C. 公安干警不能打领导干部家属，特别是省委大院领导的家属。

D. 即使是罪犯，他也只应受到法律的制裁，而不应受到污辱和殴打。

40. 所谓动态稳定中的"动态"，天然就包含了异见，包含了反对。只有能够包容异见和反对的稳定，才是真正的动态稳定，也才是可持续的和健康的稳定。邓小平一直主张，

要尊重和支持人民的宣泄权利。只要处置得当，就可化"危"为"机"。

A. 如果处置不当，则会转"机"为"危"。

B. 倘若化"危"为"机"，说明处置得当。

C. 如果包容异见和反对，则会达成真正的动态稳定。

D. 如果不能包容异见和反对，则不能达成真正的动态稳定。

41-45 题基于以下共同题干：

某国家领导人要在连续 6 天（分别编号为第一天，第二天，……，第六天）内视察 6 座工厂 F、G、H、J、Q 和 R，每天只视察一座工厂，每座工厂只被视察一次。视察时间的安排必须符合下列条件：

（1）视察 G 在第一天或第六天。

（2）视察 J 的日子比视察 Q 的日子早。

（3）视察 Q 恰在视察 R 的前一天。

（4）如果视察 G 在第三天，则视察 Q 在第五天。

41. 下面哪一个选项是符合要求的按顺序排列的从第一天至第六天视察的工厂的名单？

A. F、Q、R、H、J、G   B. G、H、J、Q、R、F

C. G、J、Q、H、R、F   D. G、J、Q、R、F、H

42. 下面哪一个选项必定是假的？

A. 视察 G 安排在第四天。   B. 视察 H 安排在第六天。

C. 视察 J 安排在第四天。   D. 视察 R 安排在第二天。

43. 对下面哪座工厂的视察不能安排在第五天？

A. G   B. JC. HD. Q

44. 分别安排在第三天和第五天视察的工厂有可能是：

A. R 和 H   B. H 和 GC. J 和 GD. G 和 R

45. 如果视察 R 恰在视察 F 的前一天，下面哪一个选项必定是真的？

A. 视察 G 或者视察 H 安排在第一天。   B. 视察 G 或者视察 J 安排在第二天。

C. 视察 H 或者视察 J 安排在第三天。   D. 视察 H 或者视察 J 安排在第四天。

46-50 题基于以下共同题干：

一家食品店从周一到周日，每天都有 3 种商品特价销售。可供特价销售的商品包括 3 种蔬菜：G、H 和 J；3 种水果：K、L 和 O；3 种饮料：X、Y 和 Z。必须根据以下条件安排特价商品：

（1）每天至少有一种蔬菜特价销售，每天至少一种水果特价销售。

（2）无论在哪天，如果 J 是特价销售，则 L 不能特价销售。

（3）无论在哪天，如果 K 是特价销售，则 Y 也必须特价销售。

（4）每一种商品在一周内特价销售的次数不能超过 3 天。

46. 以下哪项列出的是可以一起特价销售的商品？

A. G，J，Z   B. H，K，X   C. J，L，Y   D. G，K，Y

47. 如果 J 在星期五、星期六、星期日特价销售，K 在星期一、星期二、星期三特价销售，而 G 只在星期四特价销售，则 L 可以在哪几天特价销售？

A. 仅在星期二。   B. 仅在星期四。

C. 仅在星期一、星期二和星期三。   D. 在这一周前 4 天中任何两天。

48. 如果每一种水果在一周中特价销售 3 天，则饮料总共在这一周内可以特价销售的天数最多为：

     A. 3 天   B. 4 天   C. 5 天   D. 6 天

49. 如果 H 和 Y 同时在星期一、星期二、星期三特价销售，G 和 X 同时在星期四、星期五、星期六特价销售，则星期日特价销售的商品一定包括：

     A. J 和 O。   B. J 和 K。   C. J 和 L。   D. K 和 Z。

50. 如果在某一周中恰好有 7 种商品特价销售，关于这一周的以下哪项陈述一定为真？

     A. X 是本周唯一特价销售的饮料。   B. Y 是本周唯一特价销售的饮料。

     C. Z 是本周唯一特价销售的饮料。   D. 至少有一天，G 和 Z 同时特价销售。

第四部分　外语运用能力测试（英语）

（50题，每题2分，满分100分）

Part One   **Vocabulary and Structure**

Directions: *There are ten incomplete sentences in this part. For each sentence there are four choices marked A, B, C and D. Choose the one that best completes the sentence. Mark your answer on the ANSWER SHEET with a single line through the center.*

1. I cannot _____ your plan, for I see no money return for the pursuit.

     A. argue with   B. approve of   C. turn down   D. give up

2. The thief was so _____ by the bright lights and barking dogs that he left hastily.

     A. frightened   B. annoyed   C. puzzled   D. disappointed

3. Making energy use completely harmless to the environment _____ very difficult and usually economically expensive.

     A. are   B. is   C. have been   D. shall be

4. _____ no gravity, there would be no air around the earth, hence no life.

     A. If there was   B. If there had been

     C. Were there   D. Had there been

5. Some members of the committee suggested that the meeting _____.

     A. being postponed   B. to be postponed

     C. postponed   D. be postponed

6. Is there anything else _____ you want to get ready for the party this evening?

     A. which   B. who   C. what   D. that

7. Since any answer may bring _____ to his government, the spokesman tried to avoid the question.

A. embarrassment B. committee   C. failure   D. benefit

8. It is possible for a person to _____ negative attitudes and gain healthy confidence needed to realize his or her dreams.

    A. get away with   B. get rid of

    C. get out of   D. get along with

9. By the end of this term, the girls _____ the basic rules of dinner party conversation.

    A. will have learned   B. will learn

    C. have learned   D. are learning

10. If you miss the cultural references _____ a word, you're very likely to miss its meaning.

    A. below   B. before   C. behind   D. beyond

Part Two   Reading Comprehension

Directions: *In this part there are three passages and one table, each followed by 5 questions or unfinished statements. For each of them there are 4 choices marked A, B, C and D. Choose the best one and mark your answer on the **ANSWER SHEET** with a single line through the center.*

Questions 11 to 15 are based on the following table:

FIVE-DAY WEATHER

TODAY	TOMORROW	SUNDAY	MONDAY	TUESDAY
High 29 Low 21	High 28 Low 20	High 27 Low 19	High 26 Low 17	High 24 Low 16
Variably cloudy	Mainly cloudy with isolated showers ending in the afternoon	Sunny with cloudy periods developing in the afternoon	Thundershowers (**POP** 80%)	Windy with thundershowers and possibly storm in the north
Sunrise: 6:35 a. m. Sunset: 8:04 p. m.	Sunrise: 6:36 a. m. Sunset: 8:02 p. m.	Sunrise: 6:38 a. m. Sunset: 8:00 p. m.	Sunrise: 6:40 a. m. Sunset: 7:57 p. m.	Sunrise: 6:42 a. m. Sunset: 7:55p. m.

11. Which day is best for picnic based on the information in the table?

    A. Friday.   B. Saturday.   C. Monday.   D. Sunday.

12. What does "**POP**" probably mean?

    A. Places of presence.   B. Patterns of presence.

    C. probability of presence.   D. Perriod of presence.

13. Disastrous weather may occur on _____.

    A. Friday   B. Saturday   C. Tuesday   D. Monday

14. What trend can be found from the information given in the table?

A. The nights are getting longer.   B. The days are becoming longer.

C. The days are growing warmer   D. The weather is turning better.

15. What day has the greatest temperature difference between day and night?

A. Tuesday.   B. Monday.   C. Saturday.   D. Sunday.

Questions 16 to 20 are based on the following passage:

Firefighters are often asked to speak to school and community groups about the importance of fire safety, particularly fire prevention and detection. Because smoke detectors reduce the risk of dying in a fire by half, firefighters often provide audiences with information on how to install these protective devices in their homes.

Specifically, they tell them these things: A smoke detector should be placed on each floor of a home. While sleeping, people are in particular danger of an emergent fire, and there must be a detector outside each sleeping area. A good site for a detector would be a hallway that runs between living spaces and bedrooms.

Because of the dead-air space that might be missed by hot air bouncing around above a fire, smoke detector should be install either on the ceiling at least four inches from the nearest wall, or high on a wall at least four, but no further than twelve, inches from the ceiling.

Detectors should not be mounted near windows, entrances, or other places where drafts (过堂风) might direct the smoke away from the unit. Nor should they be placed in kitchens and garages, where cooking and gas fumes are likely to cause false alarms.

16. One responsibility of a firefighter is to _____.

A. install smoke detectors in residents' homes

B. check if smoke detectors are properly installed

C. speak to residents about how to prevent fires

D. develop fire safety programs for schools

17. Compared with homes without smoke detectors, homes with them given their owners a 50% better chance of _____.

A. prevrnting a fire   B. surviving a fire

C. detecting a hidden fire   D. not getting injured in a fire

18. A smoke detector must always be placed _____.

A. outside all bedrooms in a home

B. on any level of a home

C. in all hallways of a home

D. in kitchens where fires are most likely to start

19. The passage implies that dead-air space is most likely to be found _____.

A. on a ceiling four inches away from a wall

B. near an open window

C. in kitchens and garages

D. close to where a wall meets a ceiling

20. What is the focus of this passage?

    A. The proper installation of home smoke detectors.

    B. How firefighters carry out their responsibilities.

    C. The detection of dead-air space on walls and ceilings.

    D. How smoke detectors prevent fires in homes.

Questions 21 to 25 are based on the following passage:

Watch out! Here comes London Mayor Boris Johnson riding a bicycle from his new bike hire plan. "What we put in is a new form of public transport. These bikes are going to everybody."

More than 12,000 people have signed up for the plan. They each receive a key at a cost of three pounds, with costs at one pound for a 24-hour membership, five pounds for seven days, and 45 pounds for an annual membership.

John Payne, a London teacher who cycles a lot, is among the first to use the system. "It's very comfortable. For people who don't cycle much I think it'll be very useful. But for people who cycle regularly, they are possibly a bit slow. But they're perfect for London streets, very strong. I think they'll be very widely used."

And Johnson says it's of good value. "I think it's extremely good value. The first half hour is free. If you cycle smart and you cycle around London — most journeys in London take less than half an hour, you can cycle the whole day free." Some 5,000 bikes are currently available at over 300 docking station (租车点) in central London. Johnson says the city will gradually expand the system. "Clearly one of our ambitions is to make sure that in 2012 when the world comes to London, they will be able to use London hire bikes to go to the Olympic stadiums."

21. Mayor Boris Johnson is riding a bicycle to _____.

    A. go to work   B. attend a competition

    C. show his love for cycling   D. promote his bike hire plan

22. The author mentions John Payne as an example of people who _____.

    A. suppport the bike hire plam   B. oppose the bike hire plan

    C. don't cycle much   D. cycle regularlys

23. According to Boris Johnson, one can cycle around London the whole day free _____.

    A. because most journeys take less than half an hour

    B. because the bike hire is free for the first time

    C. if one is physically strong enough

    D. if one can arrange his London tour in a smart way

24. The bike hire system will _____.

    A. be provided free for the 2012 Olympic athletes

    B. be expanded to serve the 2012 Olympic Games

    C. benefit from the 2012 Olympic Games

    D. be free of charge for the 2012 Olympic visitors

25. Mayor Boris Johnson is _____ about the future of his bike hire plan.

    A. concered   B. optimistic   C. uncertain   D. excited

Questions 26 to 30 are based on the following passage:

Tony Huesman, a heart transplant recipient（接受者）who lived a record 31 years with a single donated organ has died at age 51 of leukemia（白血病）, but his heart still going strong. "He had leukemia," his widow Carol Huesman said, "His heart — believe it or not — held out. His heart never gave up until the end, when it had to."

Huesman got a heart transplant in 1978 at Stanford University. That was just 11 years after the world's first heart transplant was performed in South Africa. At his death, Huesman was listed as the world's longest survivor of a single transplanted heart both by Stanford and the Richmond, Virginia-based United Network for Organ Sharing.

"I'm a living proof of a person who can go through a life-threatening illness, have the operation and return to productive life," Huesman told the *Dayton Daily News* in 2006.

Huesman worked as marketing director at a sporting-goods store. He was found to have serious heart disease while in high school. His heart, attacked by a pneumonia（肺炎）virus, was almost four times its normal size from trying to pump blood with weakened muscles.

Huesman's sister, Linda Huesman Lamb, also was stricken with the same problem and received a heart transplant in 1983. The two were the nation's first brother and sister heart transplant recipients. She died in 1991 at age 29.

Huesman founded the Huesman Heart Foundation in Dayton, which seeks to reduce heart disease by educating children and offers a nursing scholarship in honor of his sister.

26. Tony Huesman died from _____.

    A. heart failure   B. heart transplant

    C. non-heart-related disease   D. pneumonia

27. The phrase "held out" （Para. 1）probably means "_____".

    A. functioned properly   B. failed suddenly

    C. expanded gradually   D. shrank progressively

28. After his heart transplant, Tony Huesman _____.

    A. received another donated organ   B. lived a normal life

    C. couldn't go back to work   D. didn't live as long as expected

29. Tony Huesman died in the year of _____.

    A. 1983   B. 1991   C. 2009   D. 2006

30. Huesman had to receive a heart transplant because _____.

    A. he had an inherited heart disease   B. he was born with heart disability

    C. his heart was injured in an accident   D. his heart was infected by a virus

Part Three   Cloze

Directions: *There are ten blanks in the following passage. For each numbered blank, there are four choices marked A, B, C and D. Choose the best one and mark your answer on the ANSWER SHEET with a single line through the center.*

I have been very lucky to have won the Nobel Prize twice. It is, of course, very exciting to have such an important _____31_____ of my work, but the real pleasure was in the work itself.

Scientific research is like an exploration of a voyage of discovery. You are _____32_____ trying out new things that have not been done before. Many of them will lead _____33_____ and you have to try something different, but sometimes an experiment does _____34_____ and tells you something new and that it is really exciting. _____35_____ small the new finding may be, it is great to think "I am the only person who knows this" and then you will have the fun of thinking what this finding will _____36_____ and of deciding what will be the _____37_____ experiment.

One of the best things about scientific research is that you are always doing something different and it is never _____38_____. There are good times when things go well and bad times when they _____39_____. Some people get discouraged at the difficult times, but when I have a failure my policy has always been not to worry but to start planning the next experiment, _____40_____ is always fun.

31. A. acknowledgment   B. recognition   C. realization   D. assessment
32. A. presently   B. repearedly   C. periodically   D. continually
33. A. nowhere   B. anywhere   C. everywhere   D. somewhere
34. A. fail   B. work   C. begin   D. end
35. A. Somewhat   B. So   C. How   D. However
36. A. result from   B. lie in   C. lead to   D. rely on
37. A. next   B. coming   C. future   D. last
38. A. amusing   B. boring   C. confusing   D. exciting
39. A. will   B. do   C. don't   D. won't
40. A. that   B. which   C. as   D. what

Part Four   Dialogue Completion

Directions: *In this part, there are ten short incomplete dialogues between two speakers, each followed by four choices marked A, B, C and D. Choose the one that most appropriately suits the conversational context and best completes the dialogue. Mark your answer on the ANSWER SHEET with a single line through the center.*

41. Speaker A: Peter, I'm awfully sorry. I won't be able to come this Friday.

Speaker B: What's the matter? _____.

A. I'm really sorry for that   B. Nothing wrong, I hope

C. It's all right with me   D. You can come some other time

42. Speaker A: Ten dollars for this brand?

    Speaker B: _____, I got it in a second-hand store.

    A. Oh, yes, wonderful   B. Do me a favor

    C. Use your head   D. No kidding

43. Speaker A: I saw your boss was angry with you. What happened?

    Speaker B: _____. He was just in a bad mood.

    A. You said it   B. Nothing in particular

    C. Here you go   D. I'm quite surprised

44. Speaker A: We have a booking for tonight. The name's Cliff.

    Speaker B: _____. ... Yes, that was two single rooms with bath.

    A. Just a moment please   B. I'll take care of you

    C. Thank you for coming   D. Nice to meet you

45. Speaker A: We're having a few people over for dinner Saturday. _____

    Speaker B: Oh, thank you. That would be great.

    A. Are you doing anything then?   B. It'll be a lot of fun.

    C. We'd love to have you around.   D. Have you heard about it?

46. Man: Do you have any check-in luggage?

    Woman: _____. They're heavy. I hope they're not overweight.

    A. Yes, two pieces   B. Yes, I'll show you

    C. Yes, there you are   D. Yes, not many

47. Man: How long does the journey take if I go by bus?

    Woman: _____. I think the Airport Express is your best bet.

    A. It depends on the traffic   B. I don't know yet

    C. Let me see   D. You'll consider the distance

48. Nurse: Mr. White, how about Friday at 9:30?

    Patient: Would you have anything in the afternoon?

    Nurse: Hmm..., we do have an opening at 4:00. _____

    A. See you then.   B. Would that be good for you?

    C. Hope you'll like it.   D. Are you sure you can make it?

49. Speaker A: Could you break a 100-dollar bill for me?

    Speaker B: _____

    A. OK. How much do you want?   B. How can I do it, Miss?

    C. Oh. that's inconvenient for me. D. Sure. How do you want it?

50. Speaker A: I'm sorry. The brand of camera you want is not a available now.

    Speaker B: _____

    A. No use saying sorry. That's a real let down.

    B. I'm truly grateful for your help.

    C. It's just as I've expected.

    D. That's a pity. Thank you anyway.

2011 年在职攻读硕士学位全国联考研究生入学资格考试试卷

（仿真试卷一）

第一部分　语言表达能力测试

（50 题，每题 2 分，满分 100 分）

一、选择题

1. 下列各组词语加点字读音完全相同的一组是 _____。

   A. 积极　通缉　即使　痛心疾首

   B. 讴歌　欧洲　殴打　呕心沥血

   C. 叨扰　韬晦　饕餮　滔滔不绝

   D. 桑梓　渣滓　仔细　莘莘学子

2. 下列句子中加点的成语使用不恰当的一句是 _____。

   A. 这事你现在做不了，就不要勉为其难，以后有条件再做不迟

   B. 他谦虚地说："我既不擅长唱歌，也不喜欢运动；除了画画，就别无长物了。"

   C. 随着再就业工程的实施，许多下岗职工坚信山不转水转，自立自强，重新找到了人生的位置。

   D. 在国企改革中，某些人"明修栈道，暗度陈仓"，打着企业改制的幌子，侵吞国有资产。

3. 下列各句没有语病的一句是 _____。

   A. 她用手一摸口袋，发觉钱不见了，她马上推醒身边的覃某追问，覃某假装摇头说"不知道"。

   B. 一般人都把制服孙悟空的"紧箍咒"说成"金箍咒"，这大概是因为孙悟空头上戴着金箍，手上拿着金箍棒的缘故。

   C. 十数年来，我一直害病，在我就医的生涯中，结交了一批从事医务工作的朋友，万隆医院的陈氏父子，就是其中之一。

   D. 电子工业能否迅速发展，并广泛渗透到各行各业中去，关键在于要加速训练并造就一批专门人才。

4. 下面这首古诗描述了我国民间一个传统节令的景象，这个节令是 _____。

   中庭地白树栖鸦，

   冷露无声湿桂花。

   今夜月明人尽望，

   不知秋思落谁家？

   A. 重阳　　　　　B. 七夕　　　　　C. 中秋　　　　　D. 元宵

5. 对下面句子的修辞方法及其作用的表述,判断不正确的一项是 _____。

  A. 那溅着的水花,晶莹而多芒;远望去,像一朵朵小小的白梅,微雨似的纷纷落着。

    ——运用了比喻的手法,描写了水花的颜色、形状和动态。

  B. 思厥先祖父,暴霜露,斩荆棘,以有尺寸之地。

    ——运用了夸张的手法,说明了六国创业的艰辛不易。

  C. 五岭逶迤腾细浪,乌蒙磅礴走泥丸。

    ——运用了对比的手法,写出了山势的起伏而又微不足道。

  D. 这里叫教条主义休息,有些同志却叫它起床。

    ——运用了拟人的手法,使文章的说理更加生动。

6. "开辟荆莽逐荷夷,十年始克复先基。",此诗记述的重大事件是 _____。

  A. 郑成功收复台湾   B. 康熙帝统一台湾

  C. 刘铭传保卫台湾   D. 刘永福坚守台湾

7. "文章西汉两司马,经济南阳一卧龙。",这副对联中的"两司马"指的是 _____。

  A. 司马迁和司马光   B. 两个掌管军权的大臣

  C. 司马光和司马相如   D. 司马相如和司马迁

8. 下列论述中不正确的是 _____。

  A. 荀子是中国先秦时期的唯物主义哲学家,主张"性恶论"。

  B. 休谟在认识论上主张不可知论。

  C. 叔本华是一位唯意志主义哲学家,其代表作有《作为意志和表象的世界》。

  D. "我思故我在"是培根提出的命题。

9. 孙中山"三民主义"的纲领是"驱除鞑虏,恢复中华,建立民国,平均地权",这是辛亥革命的指导思想,在这一思想的指导下,推翻了满清政府的统治。下列说法中对孙中山先生的"三民主义"理解不正确的一项是 _____。

  A. "三民主义"涉及了独立、民主和富强三大主题。

  B. "三民主义"思想中具有极强的种族革命色彩。

  C. "三民主义"思想吸收了西方近代社会的资产阶级自由民主学说。

  D. "三民主义"思想虽然反对清朝政府,但它并不具有反对满族人的色彩。

10. 文艺复兴时期人文主义思潮强调人的价值,追求个性解放,反对神学迷信,主要是因为 _____。

  A. 新航路的开辟打破了"天圆地方"说

  B. 资本主义工商业的发展突出了人的作用

  C. 宗教改革运动动摇了天主教会的地位

  D. 哥白尼"太阳中心说"的创立

11. 公害病是指严重环境污染造成的地区性中毒性疾病。下列哪个不属于公害病 _____。

  A. 美国洛杉矶光化学烟雾引起的红眼病

  B. 日本富士县神通川下游地区镉污染引起的"疼痛病"

  C. 日本熊本县水俣湾沿岸地区以及新泻县阿贺野川下游地区汞污染引起的"水俣病"

  D. 旧中国由于"四害"横行引起的霍乱病流行

12. 欧盟中央银行所在地法兰克福是德国 _____。

    A. 人口最多的城市   B. 最大的港口城市

    C. 最大的航空枢纽城市   D. 最大的高新技术工业中心

13. 下列领先世界的文化成就按其出现的先后顺序排列，正确的是 _____。

    ①天文学著作《甘石星经》   ②太阳黑子的记录   ③关于哈雷彗星的记录   ④地动仪的发明

    A. ①②④③   B. ②④①③   C. ③①②④   D. ④②③①

14. 据《中国环境报》报道：在新西兰测得太阳紫外线辐射比 10 年前所测数据要大 12%。下列现象中与紫外线增多直接有关的是 _____。

    A. 土壤酸性增强，建筑物和文物古迹受腐蚀

    B. 海平面上升，沿海低地被淹

    C. 患白内障和皮肤病的人数明显增多

    D. 季风区的洪涝灾害

15. 土壤退化是人类活动及其与自然环境相互作用的结果，其三个主要类型为 _____。

    A. 生物退化，土壤侵蚀，养分耗竭

    B. 物理退化，化学退化，生物退化

    C. 土壤板结，养分耗竭，有机质减少

    D. 土壤侵蚀，土壤板结，有机质减少

二、填空题

16. 依次填入下列词语，最恰当的一组是 _____。

    ① 对他的那种 _____ 的乐观和自信，我们都持一种怀疑的态度。

    ② 朗夜、繁星、银河，一个多么 _____ 的夜啊！

    ③ 对森林的滥砍滥伐行为，我们一定要采取一切必要的措施予以坚决 _____。

    ④ 对这件文物的制作年代，学术界一直是有很大 _____ 的。

    A. 草率 宁静 禁止 异议   B. 轻率 宁静 制止 争议

    C. 轻率 安静 禁止 争议   D. 草率 安静 制止 异议

17. 依次填入下面一段文字中横线处的语句，与上下文衔接最恰当的一组是 _____。

    成功的得来，看似一蹴而就，_____，却并非一朝一夕之功。它宛如一粒种子，深深埋在土壤之中，_____，苦熬过严寒和干旱，日益具备了破土而出的条件，而这时，机遇便宛如适时的春雨，使种子得以顺利地发芽、开花。一粒生命力很强的种子，即使环境恶劣，也仍可能生存；但如果只是一粒干瘪的种子，不论春雨下得多么恰到好处，也同样无济于事，它只会在土地里发霉乃至腐烂。_____。①带有很大的偶然性 ②带有很大的必然性 ③不断地磨练自己的意志 ④不断地吸收养料水分 ⑤说到底，机遇的作用就是如此 ⑥由此可见，机遇对于成功有多大的作用

    A. ①③⑤   B. ②④⑥   C. ①④⑤   D. ②③⑥

18. 下面是一首对仗工整的古代诗歌，它写的是闲适恬静、清幽自然的夏夜情景，最能表现该诗意境的一组词语是 _____。

溪涨清风_____面，月_____繁星满天。

数只船_____浦口，_____声笛起山前。

A. 拂　落　横　一　　　　　B. 吹　落　泊　几

C. 拂　圆　泊　一　　　　　D. 吹　圆　横　几

19. 依次填入的关联词，最恰当的一组是 _____。

　　　　思维方式的转变比其他几个思想层面的转变更为艰巨，_____也更为重要。_____思维方式是其他几个思想层面的实现形式，作用更为深刻、长久和关键。_____进一步解放思想，必须注重思维方式的变革，_____在更深层次上推进思想解放。

A. 但 因为 要 从而　　　　B. 而且 虽然 为 并且

C. 但 虽然 为 从而　　　　D. 而且 因为 要 并且

20. 太平天国的《天朝田亩制度》与解放战争时期的土地革命路线比较，共同之处在于_____。

A. 提出了"耕者有其田"的思想　　　B. 完全消灭了农村剥削制度

C. 体现了反帝反封建的主张　　　　D. 废除了自给自足经济

21. 轿车是我国关税税率最高的产品，进口轿车的税率原来高达 80%~100%。在高关税多年保护下的中国汽车行业，国际竞争力至今仍然比较弱。这表明_____。

①对于我国汽车行业来说，只有进一步提高关税，才能更好地生存和发展

②我国汽车行业应尽快通过技术和体制创新，提高自身素质

③高关税对我国汽车行业的保护有利也有弊

④高关税不利于我国引进先进技术和投资以提高自身的竞争力

A. ①②③④　　　B. ①③　　　C. ③④　　　D. ②③④

22. 在中国先秦哲学家中，最重视"仁"和"礼"的是 _____。

A. 老子　　　B. 孔子　　　C. 墨子　　　D. 韩非子

23. 佛教广泛传播对中国的影响不包括_____。

A. 绘画题材　　　　　　　　B. 建筑风格

C. 哲学斗争　　　　　　　　D. 成为封建正统思想

24. 下列古诗空白处所填颜色最恰当的是 _____。

　　　　_____烛秋光冷画屏，轻罗小扇扑流萤。

A. 红　　　B. 白　　　C. 翠　　　D. 银

25. 不属于中医学理念的是_____。

A. 头疼医头、脚痛医脚　　　　B. 自我协调、自趋稳态

C. 天人和谐　　　　　　　　　D. 身心合一

26. 我国现行宪法规定，_____是中华人民共和国的根本制度。

A. 社会主义制度　　　　　　　　B. 初级阶段的社会主义制度

C. 全面进入小康阶段的社会主义制度　　D. 有中国特色的社会主义制度

27. 进行税费改革的试点地区，农民负担减幅一般都在 25% 以上。税费改革之所以能减轻农民负担，是因为税收具有_____，有效地遏制农村的乱收费现象。

A. 无偿性　　　　　B. 固定性　　　　　C. 强制性　　　　　D. 灵活性

28. 在国际市场上，商品价值应由 _____。

A. 该商品生产国在生产这一商品时所耗费的社会必要劳动时间决定

B. 发达国家生产该商品所耗费的社会必要劳动时间决定

C. 世界平均的劳动单位决定

D. 任何一国的个别价值决定

29. 绿色植物光合作用的原料是 _____。

A. 二氧化碳、水和光能　　　　　　B. 碳氢化合物、水和二氧化碳

C. 碳氢化合物、光能和氧气　　　　D. 光能、水和氧气

30. 下列哪种行为不能用亲缘选择理论来解释 _____。

A. 兵蚁保卫蚁王的行为　　　　　　B. 挪威旅鼠的自杀行为

C. 鸟类的报警行为　　　　　　　　D. 雄虻的骗婚行为

三、阅读理解题

（一）阅读下面短文，回答下列五道题。

①"人之患在好为人师"，变为成语就是四个字"好为人师"，用以批评那些不谦虚、喜欢以教育别人姿态出现的人。

②其实，在不少情况下，"好为人师"并不错。"闻道有先后，术业有专攻"，如果你的知识比某人多，经验比人家丰富，在别人需要的情况下，给别人作些知识传授或经验介绍，不是应当称颂的吗？

③一个人长了嘴巴，不说话就是"失职"，遇到别人在认识上有缺陷或错误时，能抱着同志式的热忱，给以教育和帮助，是应当提倡的。比如，你看见人家写错了字，告诉他一声，这个字应当怎样写，这样的"好为人师"，人家是欢迎的。

④另一种立意，可以把"师"理解成"教师"，教师本是"太阳底下最光辉的事业"，但是，有些人在经济大潮冲击下，加之旧的传统观念影响，多不愿当老师，而那些有志于教育事业的青年人，"好为人师"，则是应当受到鼓励的。全国特级教师魏书生本是一名工人，为了实现自己的愿望，一共向各级政府部门打了二十几份申请报告。近年来，有的地方在高考时，师范院校提前招生，有的地方在高校录取时，师范院校降档录取，无疑都是在鼓励考生"好为人师"。

⑤还可以将"好"的意思理解为"努力、认真"的意思。即，要好好地当个人民教师。教师担负着教育下一代的重任，必须全身心地投入，但是，由于种种原因造成了教师待遇低，社会地位不高，使得一部分教师跳槽改行，"下海"经商，另一部分教师人在课堂，心在市场，以本职工作为副，以第二职业为主，使得教育工作受到了不良的影响，这是应当否定的。一方面，有关部门要关心教师，使之"好为人师"；另一方面，当教师的要立足本职，当好教师，不能误人子弟。

31. 第⑤段中"使之'好为人师'"的"好"读音、意义全对的一项是 _____。

A. hào，喜欢　　　　　　　　　B. hǎo，易于、便于

C. hào，爱　　　　　　　　　　D. hǎo，完成

32. 第⑤段中画线句"这是应当否定的"中的"这"指代的具体内容是 _____。

A. 一部分教师以本职工作为副，以第二职业为主，使得教育工作受到了不良的影响。

B. 一部分教师因待遇低而跳槽改行，使得教育工作受到了不良的影响。

C. 一部分教师跳槽改行，"下海"经商；另一部分教师人在课堂，心在市场。

D. 教师不能全身心地投入教育事业。

33. 本人中作者对"好为人师"的"师"的解释是 _____。

A. 既指给人以教育和帮助的人，也指教师。

B. 喜欢做别人的老师、不谦虚的人。

C. 既指喜欢做别人的老师、不谦虚的人，也指教师。

D. 既指喜欢做别人的老师、不谦虚的人，也指给人以教育和帮助的人。

34. 为本文选择一个恰当的标题 _____。

A. 好为人师   B. "好为人师"新解

C. "好为人师"当赞   D. 都来作"人师"

35. 在本文中作者倡导的"好为人师"应具备的条件，概括最恰当的一项是 _____。

A. 丰富的专业技术知识经验、助人为乐的热忱、忠于职守的道德风范、努力投入的奉献精神。

B. 谦虚的美德、丰富的知识、助人为乐的热忱、忠于职守。

C. 丰富的知识、擅长讲话、乐于助人、热爱本职工作。

D. 丰富的知识、助人的热忱、反传统精神、努力奉献精神。

（二）阅读下面短文，回答下列五道题。

汉字究竟起源于何时呢？我认为，这可以以西安半坡村遗址距今的年代为指标。半坡遗址的年代，距今有 6000 年左右。我认为，这也就是汉字发展的历史。

半坡遗址是新石器时代仰韶文化的典型，以红质黑纹的彩陶为其特征。其后的龙山文化，则以薄而坚硬的黑陶为其特征。值得注意的是：半坡彩陶上每每有一些类似文字的简单刻画，和器物上的花纹判然不同。黑陶上也有这种刻画，但为数不多。该画的意义至今虽尚未阐明，但无疑是具有文字性质的符号，如花押或者族徽之类。我国后来的器物上，无论是陶器、铜器或者其他成品，有"物勒工名"的传统。特别是殷代的青铜上有一些表示族徽的刻画文字，和这些符号极相类似。由后以例前，也就如由黄河下游以溯源于星宿海，彩陶上的那些刻画记号，可以肯定地说就是中国文字的起源，或者中国原始文字的孑遗。

同样值得注意的，是彩陶上的花纹。结构虽然简单，而笔触颇为精巧，具有引人的魅力。其中有些绘画，如人形、人面形、人着长衫形、鱼形、兽形、鸟形、草木形、轮形（或以为太阳）等，画得颇为得心应手，看来显然在使用着柔软性的笔了。有人以为这些绘画是当时的象形文字，其说不可靠。当时是应该有象形文字的，但这些图形，就其部位而言，确是花纹，而不是文字。

在陶器上既有类似文字的刻画，又有使用着颜料和柔软性的笔所绘画的花纹，不可能否认在别的质地上，如竹木之类，已经在用笔来书写初步的文字，只是这种质地是容易毁灭的，在今天很难有实物保留下来。如果在某种情况之下，幸运地还有万一的保留，那就有待于考古工作的进一步发掘和幸运地发现了。

总之，在我看来，彩陶和黑陶上的刻画符号应该就是汉字的原始阶段。创造它们的是

劳动人民，形式是草率急就的。

（节自郭沫若《古代文字之辩证的发展》）

36. 第2自然段中加点的"由后以例前"的意思是 _____。
    A. 根据以前的来类推后来的　　　　B. 由后来的来规范以前的
    C. 由以前的来规范后来的　　　　　D. 根据后来的来类推以前的。

37. 作者认为半坡彩陶上的刻画具有文字性质，其理由是 _____。
    A. 半坡彩陶上的刻画比较简单，因而意义至今尚未阐明。
    B. 半坡彩陶上的刻画记号同殷代青铜器上的一些刻画文字极相类似。
    C. 半坡彩陶上的刻画虽没有意义，但和器物上的花纹明显不同。
    D. 半坡彩陶上的刻画常见，而黑陶上的刻画为数不多。

38. 第3自然段作者推断"当时是应该有象形文字的"，该推断正确的一项是 _____。
    A. 当时已有写在竹木上的文字，只是质地容易毁灭，难以保留至今。
    B. 彩陶上的花纹虽然简单，而笔触颇为精巧、具有引人的魅力。
    C. 彩陶上所画的人和物的形状，已初步具有象形文字的特点。
    D. 彩陶上的花纹说明当时已用颜料和柔软的笔，某些刻画已具有文字的性质。

39. 下列几种说法中与原文意思不相符合的一项是 _____。
    A. 仰韶文化的彩陶上和龙山文化的黑陶上的刻画符号都是原始文字。
    B. 半坡彩陶上的刻画的意义已能解释，而龙山黑陶上的刻画的意义尚未阐明。
    C. 新石器时代仰韶文化时期已有了用笔书写的初步文字，只是难以保留到今天。
    D. 半坡彩陶上的刻画符号合乎古代"物勒工名"的传统，因此它们是有意义的。

40. 以下不属于半坡文化特征的一项是 _____。
    A. 红质黑纹彩陶　　　　　　　　　B. 有结构简单且笔触颇为精巧的绘画
    C. 在青铜上表示族徽的刻画文字　　D. 用颜料和柔性笔绘制的花纹

（三）阅读下面短文，回答下列五道题。

通过对基因的研究和开发，可以生产出大量人们所需要的产品，并形成开发、营销、消费、扩大再生产等一条龙的经济体系，以此满足人们日益增长的物质与精神需求，为国民经济的发展和人们的生活开辟巨大的发展空间。基因经济，又称生物技术经济，无疑是今天知识经济的重要组成部分，离开了基因经济是不能形成完整的知识经济或新经济的。基因经济还具有广阔的发展空间，这一切是因为无论是植物，还是动物（包括人类），都具有DNA和各种功能基因，正是它们创造了世上的万事万物，无论是物质的，还是精神的。

基因经济的价值体现在其产品的开发和利用上，即发现和利用功能基因。一是人类基因产品。例如，一个肥胖基因的发现和转让，价值1.4亿美元，而利用这一基因生产的供千千万万越来越肥胖的人消费的减肥产品所获利润将是这一基因转让费的十倍至百倍。照此推论，人类基因组的几万个功能基因将会创造天文数字的财富。其次是植物（特别是农作物）基因产品。例如，美国的转基因食品如玉米、西红柿、土豆等，去年仅国内的销售利润就达100多亿美元。据估计，在今后5年内美国的基因工程产品和食品市场规模将达到200亿美元，10年后将达到750亿美元。另外还有各种转基因动物创造的基因产品。荷兰金发马公司的转基因乳牛可以产出含有乳铁蛋白的牛奶和奶粉，这种产品每年的销售额就达 50 亿美元。英国罗斯林研究所所创造的能分泌 al——抗胰蛋白酶的转基因羊每头也价值 30 亿美元,因为它们能分泌出这种特殊的酶可以治疗肺气肿。至于其他被称为动物药厂的各种转基因动物其经济价值就难以估算了。再有,如果这些研究机构和公司上市和发行股票,其上市价值丝毫不会逊色于信息经济的规模,而且无论在人们的观念中,还是从实际的效益来看,基因产品和经济都没有网络那种虚拟的泡沫成分,而是实打实的产物和经济。

但是在今天的新经济热中,基因经济的发展却受到制约,这种制约在人类基因上尤为突出。早在人类基因组研究之初,发展中国家的代表在 1992 年 5 月巴西召开的人类南北基因组会议上就提出,你们(发达国家)过去已经夺走了我们的石油、黄金,现在又要夺走我们身上仅剩的财富——基因。从此,作为一种看似正义的呼声——基因是人类共有的财富,任何人都不得把它们占为己有并以此谋取巨额财富——就成为了一种表面上的共识,并在一定程度上抑制了基因产品的研究和开发。就在人类基因组计划取得重大突破并预计将提前的 2003 年完成所有 DNA 的测序时,按西方惯例向来不干预科学研究和开发的政府首脑现在亲自出面过问基因研究了。2003 年 3 月 14 日,美国总统克林顿和英国首相布莱尔共同发表声明,呼吁把有关人类基因的所有原始研究资料,包括 DNA 测序和基因蓝图向全世界公开,让所有的人共享有这一人类丰盛的"晚宴"。美国国家人类基因组研究所所长科林斯和美国国家卫生研究院前院长瓦穆斯也一直在试图说服美国专利和商标局不要对简单的基因发现授予专利权。

问题的另一面则是,基因研究和产品开发是高技术的复杂而艰苦的劳动以及高风险的巨额投资,无论是投资者还是劳动者都有权提出高额回报的要求,寻求知识专利和保护基因研究的成果和产品也是理所当然的。美国加州大学开发了一种人类生长激素的基因产品,但美国基因技术公司未经同意就利用这种产品,于是前者将后者告上法庭,虽然最终以后者败诉并因侵犯专利而赔偿前者 2 亿美元宣告结束,但这一事件所触发的问题还是引起了广泛的关注。美国 PTO 的生物技术负责人多尔所说,总统的热情支持并不具备法律效力,总统们的呼吁"根本不会影响到生物技术专利的申报",因此也阻挡不了生物技术公司利用基因专利营利的步伐。

41. 对"基因经济"这一概念的理解最准确的一项是 _____。

A. 基因经济是在基因研究开发基础上生产产品并形成体系的经济模式。

B. 基因经济是为满足人们物质与精神需求,生产基因产品的经济模式。

C. 基因经济又称生物技术经济,是知识经济或新经济的重要组成部分。

D. 基因经济是通过研究 DNA 和各种功能基因而发展起来的经济模式。

42. 不属于基因经济的"价值"的一项是 _____。

A. 通过发现和利用功能基因,生产人类基因产品、动植物基因产品,从而获得巨大的经济效益。

B. 有些基因产品的生产,有利于改善人类的健康水平,丰富农产品和食品市场,满足人们的物质和精神需求。

C. 在人类基因产品的研究开发上,发现了人类基因组的几万个功能基因,会创造天文数字般的财富。

D. 基因经济更符合人们的一般观念，从规模和效益来看会优于信息经济，能推动社会经济的发展。

43. 在第 3 段中，本文作者所认为的基因经济发展受到的"制约"主要是指 _____。

A. 民族矛盾和法律规范的制约   B. 道德观念和民族矛盾的制约

C. 政府干预和法律规范的制约   D. 道德观念和政府干预的制约

44. 对全文提供的信息，理解错误的一项是 _____。

A. 动植物体 DNA 和各种功能基因的存在是基因经济在新经济中地位重要并具有广阔发展空间的根本原因。

B. 第 2 段中多处提到"价值"、"销售利润"、"销售额"，旨在说明基因经济确实满足了人们实际的消费需要。

C. 克林顿—布莱尔声明的观点与前文"表面上的共识"本质上相同，科林斯等人的举动与政府首脑的观点相关。

D. 最后一段所说"这一事件所触发的问题"指的是基因研究和产品开发是否享有专利，这个问题与第三段内容有关联。

45. 以下不属于基因产品的一项是 _____。

A. 人类基因组中的功能基因

B. 动植物（包括人类）所具有的 DNA

C. 转基因食品如玉米、西红柿、土豆等

D. 含有乳铁蛋白的牛奶

（四）阅读下面短文。回答下列五道题。

   考古学在某些地区，从旅游的极大重要性中找到自己的价值；在另一些地区，从各种实际应用中找到巨大优势。最为显著的贡献是在农业考古学领域。因为，在一些情况下，考古学家可以变得像上帝一样，灌输荒芜的沙漠或极大地增加谷物的产量。然而，他们做到这一点，不是通过他们自己的才能而是通过重新发掘出被遗忘的我们祖先的智慧。例如，纳巴塔人在两千年之前占据着以色列险恶的内盖夫沙漠，他们生活在城市里，种植葡萄、小麦和橄榄。空中摄影和考古学已经联合起来揭示出，他们做到这一点是借助一种精巧的系统，把这一地区很少发生的大暴雨的雨水引灌到灌溉沟渠与蓄水池中。科学家们已经能够运用同样的方法来重建这一地区的古代农场，这些农场现在甚至在干旱年份中也能生产出很高的谷物产量。

   给人以更为深刻印象的是在秘鲁和玻利维亚高原所发生的事件。空中摄影术与发掘已经揭示出，大约在公元前一千年，在的的喀喀湖周围地区，有至少二十万英亩土地属于一种基于"凸地"的农业体系，这种体系用从地块间沟渠中挖出的泥土来抬高耕种表面。这一体系非常适合于四千米的高度，适合于地区环境，也适合于传统的块根植物。然而，这种体系在五百年前印加帝国被征服之后就被放弃了，现代的农业方法涉及大量的机械、化肥、灌溉和进口谷物，这种方法被证明在这种气候下，恰恰并不成功。考古学家已经清理与重新整修了某些古代凸地，只使用传统工具，在这些地块里种植了土豆和其他传统块根植物。这些田地迄今还没有受到严重干旱、霜冻和严重洪水的影响，而谷物产量则大约是干旱农田上的七倍。许多村庄，数以千计的人民，现在已经开始采用他们祖先的耕作方法，这要感谢考古学家的努力。

反过来说，考古学也能够指出在过去出现过的生态破坏很大程度上是由人所引起的——诸如在公元900年，拜占庭古城佩特拉在几个世纪的对森林的毁灭性开采之后突然崩溃毁灭了；复活节岛上对森林更具破坏性的开采，几乎摧毁了这个小岛唯一的石器时代文化。另一个实例来自阿那萨奇人，他们居住在美洲西南部，在查科峡谷的居住地非常先进，包括有美洲在摩天大楼出现前的最大也最高的建筑。为了这些建筑，从公元10世纪开始，这里在不停地继续着无情的木头采伐。不仅如此，木材还要用于满足日益增长的人口的燃料需求。最终所造成的广泛的环境破坏是无法恢复的，这是这一居住地被毁弃的主要因素之一。

46. 文中画线处"智慧"一词的意思是 _____。

    A. 纳巴塔人生活在城市里，种植着葡萄、小麦和橄榄

    B. 纳巴塔人兴建灌溉沟渠和蓄水池

    C. 从地块沟渠中挖出泥土，并用这种泥土抬高耕种表面

    D. 在被整修的凸地，用传统工具种植土豆和其他传统植物

47. 下列不属于说明考古学家实际应用的一项是 _____。

    A. 基于对古代农业方式的了解，考古学家会灌溉荒芜的沙漠，增加谷物的产量

    B. 使用传统工具，在整修过的古代凸地上种植土豆和块根植物

    C. 指出古城佩特拉因为人为造成的生态破坏于公元900年崩溃毁灭

    D. 空中摄影术与发掘揭示出的的喀喀湖周围地区，有基于"凸地"的农业体系

48. 下列理解不符合原文意思的一项是 _____。

    A. 纳巴塔人占据着险恶的沙漠，能够从农业中获利，关键在于成功地开发了一套取水灌溉系统。

    B. 基于"凸地"的农业体系完全是因地制宜的产物，只要恢复这种体系，便会使人立刻感受到它的效益。

    C. 农业考古学的贡献只在于让人们懂得如何灌溉荒芜的沙漠，如何增加谷物的产量。

    D. 佩特拉、复活节岛、查科峡谷均遭毁弃，有一个共同原因，就是环境破坏使农业文明无法维特。

49. 根据本文提供的信息，以下推断正确的一项是 _____。

    A. 现代的农业方法并非全部都是高效率的，农业考古学提供了继承古代被湮没的优秀农业技术的可能性。

    B. 内盖夫沙漠上，纳巴塔人的农业技术之所以获得成功，在于种植的植物适合地区环境；而的的喀喀湖周围的"凸地"体系获得成功则在于以精巧的系统解决了灌溉用水问题。

    C. 过度采伐木头，造成无法恢复的环境破坏，是导致阿那萨奇人那么先进的居住地被毁弃的唯一原因。

    D. 考古学可以传送来自远古的重大讯息，但它一切研究的目的只在于呈现过去的面貌，并不要求我们从历史中学习。

50. 对文章画线部分理解正确的一项是 _____。

A. 考古学家可以像上帝一样发掘我们祖先的智慧。

B. 考古学家的伟大作为是从我们祖先的智慧中来的。

C. 考古学家的智慧发掘出了我们伟大的祖先。

D. 考古学家发掘祖先的智慧并不是通过自己的才能。

第二部分　数学基础能力测试

(25题，每题4分，满分100分)

1. $\dfrac{1+2+3+4+5+6+7+8+9+10+11}{1-2+3-4+5-6+7-8+9-10+11}=(\qquad)$.

   A. 10 　　　　B. 11 　　　　C. 12 　　　　D. 13

2. 某校有若干女生住校，若每间房住4人，则还剩20人未住下．若每间住8人，则仅有一间未满，那么该校有女生宿舍的房间数为（　　　）．

   A. 4 　　　　B. 5 　　　　C. 6 　　　　D. 7

3. 如果一直角梯形的周长是54cm，两底之和与两腰之和的比是2:1，两腰之比是1:2，那么此梯形的面积为（　　　）cm².

   A. 54 　　　　B. 108 　　　　C. 162 　　　　D. 216

4. 已知圆 O 的半径为5cm，A 为线段 OP 的中点，当 $OP=6\,\mathrm{cm}$ 时，点 A 与圆 O 的位置关系是（　　　）．

   A. 点 A 在圆 O 内 　　　　　　　　B. 点 A 在圆 O 上

   C. 点 A 在圆 O 外 　　　　　　　　D. 不能确定

5. 两个容器的规格相同，现分别装上 A、B 两种液体，其总重量分别是1800克和1250克，已知 A 液体的重量是 B 液体的两倍，那么一个空容器的重量为（　　　）克．

   A. 550 　　　　B. 600 　　　　C. 700 　　　　D. 1100

6. 甲、乙两汽车从 A，B 两地相向而行，甲车速度是乙车速度的 $\dfrac{11}{9}$．若甲出发1小时后，乙再出发，则经6小时后，甲、乙两车在途中相遇．若甲、乙两车同时出发，经过6小时30分钟，它们未相遇，且相距5千米．则 A、B 两地的距离为（　　　）千米．

   A. 565 　　　　B. 655 　　　　C. 675 　　　　D. 765

7. 一个四面体的所有棱长都为 $\sqrt{2}$，四个顶点在同一球面上，则此球的表面积为（　　　）．

   A. 3π 　　　　B. 4π 　　　　C. $3\sqrt{3}\pi$ 　　　　D. 6π

8. 若向量 $a=(1,1)$，$b=(1,-1)$，$c=(-1,2)$，则 c 等于（　　　）．

   A. $-\dfrac{1}{2}a+\dfrac{3}{2}b$ 　　　B. $\dfrac{1}{2}a-\dfrac{3}{2}b$ 　　　C. $\dfrac{3}{2}a-\dfrac{1}{2}b$ 　　　D. $-\dfrac{3}{2}a+\dfrac{1}{2}b$

9. 已知数列 $\{a_n\}$ 的前 n 项和 $S_n=4n^2+n$，那么下面正确的是（　　　）．

   A. $\{a_n\}$ 是等差数列 　　　　　　　B. $a_n=2$

C. $a_n = 2n + 3$ D. $S_{10} = 411$

10. 从 6 名志愿者中选出 4 人分别从事翻译、导游、导购、保洁 4 项不同的工作，若其中甲、乙两名志愿者都不能从事翻译工作，则选派方案共有（ ）.

    A. 280 种   B. 240 种   C. 180 种   D. 96 种

11. 已知圆的方程为 $x^2 + y^2 = 4$，动抛物线过点 $A(-1, 0)$ 和 $B(1, 0)$，且以圆的切线为准线，则抛物线焦点的轨迹方程是（ ）.

    A. $\dfrac{x^2}{4} + \dfrac{y^2}{3} = 1$ B. $\dfrac{y^2}{4} + \dfrac{x^2}{3} = 1$［去掉 $(0, -2)$，$(0, 2)$ 两点］

    C. $\dfrac{y^2}{4} + \dfrac{x^2}{3} = 1$ D. $\dfrac{x^2}{4} + \dfrac{y^2}{3} = 1$［去掉 $(-2, 0)$，$(2, 0)$ 两点］

12. 函数 $y = x + \sin|x|, x \in [-\pi, \pi]$ 的大致图像是下列选项中的（ ）.

    A. 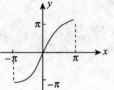   B.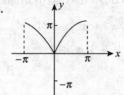

    C. 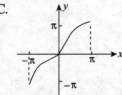   D.

13. 某种药物治疗高血压病的有效率为 0.8，现有 10 位病人服用该种药物，则至少有 2 人有效的概率为（ ）.

    A. 2.8×0.8^9 B. 8.2×0.2^9

    C. $1 - 2.8 \times 0.8^9$ D. $1 - 8.2 \times 0.2^9$

14. 设 $f(x)$ 可导，$F(x) = f(x)(1 + |x|)$，若使 $F(x)$ 在 $x = 0$ 处可导，则必有（ ）.

    A. $f(0) = 0$ B. $f(0) = 1$ C. $f'(0) = 0$ D. $f'(0) = 1$

15. 如图所示，长方形 $ABCD$ 中，阴影部分是直角三角形且面积为 54 cm^2，OB 的长为 9 cm，则长方形的面积为（ ）cm^2.

    A. 300   B. 192

    C. 150   D. 96

16. 设 $f(x) = 2^x$，则 $\lim\limits_{n \to \infty} \dfrac{1}{n^2}\{\ln[f(1)f(2)\cdots f(n)]\} = $（ ）.

    A. $\ln 2$ B. $\dfrac{1}{2}\ln 2$ C. $\ln^2 2$ D. ∞

17. O、B、C 是平面上不共线的 3 个点，动点 P 满足 $\overrightarrow{OP} = \lambda\left(\dfrac{\overrightarrow{OB}}{|\overrightarrow{OB}|} + \dfrac{\overrightarrow{OC}}{|\overrightarrow{OC}|}\right), \lambda \in [0, +\infty)$，则 P 的轨迹一定通过 $\triangle OBC$ 的（ ）.

    A. 外心   B. 内心   C. 重心   D. 垂心

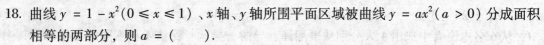
18. 曲线 $y = 1 - x^2 (0 \leq x \leq 1)$、$x$ 轴、y 轴所围平面区域被曲线 $y = ax^2 (a > 0)$ 分成面积相等的两部分，则 $a = ($).

    A. 1   B. 2   C. 3   D. 4

19. $y = \sqrt[5]{(x^2 - 4x)^2}$ 的极值点的个数是 ( ).

    A. 1   B. 2   C. 3   D. 4

20. 设 $F(x) = \int_0^x (2t - x)f(t)\,dt$，$f(x)$ 可导，且 $f'(x) > 0$，则 ( ).

    A. $F(0)$ 是极大值

    B. $F(0)$ 是极小值

    C. $F(0)$ 不是极值，但 $(0, F(0))$ 是曲线 $f(x)$ 的拐点坐标

    D. $F(0)$ 不是极值，$(0, F(0))$ 也不是曲线 $f(x)$ 的拐点坐标

21. 设函数 $f(x) = \begin{cases} \ln \sqrt{x^2 + a^2}, & x > 1 \\ e^{b(x-1)} - 1, & x \leq 1 \end{cases}$，在 $(-\infty, +\infty)$ 上可导，则有 ( ).

    A. $a = 0, b = 2$ B. $a = 0, b = 1$

    C. $a = \dfrac{1}{e} - 1, b = 2$ C. $a = e - 1, b = 1$

22. $f(x) = \begin{vmatrix} 1 & -1 & x+1 \\ 1 & x-1 & 1 \\ x+1 & -1 & 1 \end{vmatrix}$ 中，x^2 的系数为 ( ).

    A. 1   B. -1 C. 0   D. 2

23. 三元一次方程组 $\begin{cases} x_1 + x_2 + x_3 = 1 \\ 2x_1 - x_2 + 3x_3 = 4 \\ 4x_1 + x_2 + 9x_3 = 16 \end{cases}$ 的解中，未知数 x_2 的值为 ( ).

    A. 1   B. $\dfrac{5}{2}$ C. $\dfrac{7}{3}$ D. $\dfrac{1}{6}$

24. 设矩阵 $A = \begin{pmatrix} 2 & -2 & 0 \\ -2 & 1 & -2 \\ 0 & -2 & 0 \end{pmatrix}$，则 A 的三个特征值是 ( ).

    A. $-2, 1, 4$ B. $0, 1, 2$

    C. $1, 2, 3$ D. $1, 1, 3$

25. 设 $A = \begin{pmatrix} 1 & 0 & 0 \\ 0 & 2 & 0 \\ 0 & 0 & 3 \end{pmatrix}$，$B = \begin{pmatrix} 1 & 1 & 0 \\ 1 & 2 & 2 \\ 0 & 1 & 3 \end{pmatrix}$，$C = AB^{-1}$，则矩阵 C^{-1} 中，第 3 行第 2 列的元素是 ( ).

    A. $\dfrac{1}{3}$ B. 2   C. 1   D. $\dfrac{3}{2}$

第三部分　逻辑推理能力测试

(50 题，每小题 2 分，满分 100 分)

1. 大袋鼠是一种奇特的动物。它们平时在原野、灌木丛和森林地带活动，靠吃草为生。它们过群居生活，但没有固定的集群，常因寻找水源和食物而汇集成一个较大的群体。老鹰、蟒蛇和人们都要捕捉袋鼠，然而对袋鼠来说最大的危害莫过于干旱，幼小的袋鼠会死亡，母大袋鼠会停止孕育。

   如果上面的论述正确，则以下各项说法中正确的是：
   A. 有的大袋鼠单独行动。
   B. 大袋鼠常聚集在一起寻找水和食物。
   C. 威胁大袋鼠最严重的是人们的捕捉。
   D. 遇到干旱，袋鼠都会死亡。

2. 北美建筑历史学家对 19 世纪早期有木地板的房子进行了研究，结果发现较大的房间使用的木板一般都比较小的房间使用的木板窄得多。这些历史学家认为，既然拥有大房子的人一般都比拥有较小房子的人富有，那么用窄木板铺地板可能一度是地位的象征，是为表明房屋主人的财富而设计的。

   下面哪一点如果正确，最有助于加强历史学家的论述？
   A. 从 19 世纪早期的大房子里残存下来的原始地板木料要比从 19 世纪早期小房子里残存下来的多。
   B. 在 19 世纪早期，一块窄的地板木料并不比相同长度的宽的地板木料明显地便宜。
   C. 在 19 世纪早期，小房子一般比大房子的房间数目少。
   D. 有些 19 世纪早期的房子，在靠近墙的地方铺有较宽的木板，而在房间中间常铺地毯的地方铺的木板较窄。

3. 约翰：今天早上我开车去上班时，被一警察拦住，并给我开了超速处罚单。因为当时在我周围有许多其他的车开得和我的车一样快，所以很明显那个警察不公正地对待我。

   玛丽：你没有被不公正地对待。因为很明显那个警察不能拦住所有的超速的司机。在那个时间、那个地点所有超速的人被拦住的可能性都是一样的。

   下面哪一条原则如果正确，会最有助于证明玛丽的立场是合理的？
   A. 如果在某一特定场合，所有那些违反同一交通规则的人因违反它而受到惩罚的可能性都是一样的，那么这些人中不管是谁那时受到了惩罚，法律对他来说都是公平的。
   B. 隶属于交通法的处罚不应该作为对违法的惩罚，而应作为对危险驾车的威慑而存在。
   C. 隶属于交通法的处罚应仅对所有违反那些法律的人实施惩罚，并且仅对那些人实施。
   D. 根本不实施交通法要比仅在它适用的人中的一些人身上实施更公平一些。

4. 在 1988 年，波罗的海有很大比例的海豹死于病毒性疾病。然而在苏格兰沿海一带，海豹由于病毒性疾病而死亡的比率是波罗的海的一半。波罗的海海豹血液内的污染性物质水平比苏格兰海豹的高得多。因为人们知道污染性物质能削弱海洋生哺乳动物对病毒的抵抗力，所以波罗的海内海豹的死亡率较高很可能是由于它们的血液中污染性物质含量较高所致。

下面哪一点如果正确，能给上述论述提供最多的附加支持？

A. 绝大多数死亡的苏格兰海豹都是老的或不健康的海豹。

B. 杀死苏格兰海豹的那种病毒击垮受损害的免疫系统的速度要比击垮健康的免疫系统的速度快得多。

C. 在波罗的海海豹的血液中发现的污染性物质的水平略有波动。

D. 1988 年，在波罗的海内除了海豹之外的海洋生哺乳动物死于病毒性疾病的死亡率要比苏格兰海岸沿海水域的多得多。

5. 一块石头被石匠修整后，曝露于自然环境中时，一层泥土和其他矿物质便逐渐开始在刚修整过的石头表面聚集。这层泥土和矿物质被称作岩石覆盖层。在一块安迪斯纪念碑的石头的覆盖层下面，发现了被埋藏一千多年的有机物质。因为那些有机物质肯定是在石头被修整后不久就生长到它上面的，也就是说，那个纪念碑是在 1492 年欧洲人到达美洲之前很早就建造的。

下面哪一点如果正确，能够最严重地削弱上面的论述？

A. 岩石覆盖层自身就含有有机物质。

B. 在安迪斯，1492 年前后重新使用古人修整过的石头的现象非常普遍。

C. 安迪斯纪念碑与在西亚古代遗址上发现的纪念碑极为相似。

D. 最早的关于安迪斯纪念碑的书面资料始于 1778 年。

6. 某机关精简机构，计划减员 25%，撤销三个机构。这三个机构的人数正好占全机关的 25%。计划实施后，上述三个机构被撤销，全机关实际减员 15%。此过程中，机关内部人员有所调动，但全机关只有减员，没有增员。

如果上述断定为真，以下哪些项一定为真？

Ⅰ. 上述计划实施后，有的机构调入新成员。

Ⅱ. 上述计划实施后，没有一个机构，调入的新成员的总数，超出机关原总人数的 10%。

Ⅲ. 上述计划实施后，被撤销机构中的留任人员，不超过机关原总人数的 10%。

A. 只有Ⅰ。　　　　　B. 只有Ⅱ。　　　　　C. 只有Ⅲ。　　　　　D. 只有Ⅰ和Ⅱ。

7. 当政治家们为了赢得竞选，对竞争对手进行人身攻击时，许多报纸和电视记者都对这种做法提出批评，但是绝大多数选民对此却不很在意。人人都知道，一旦竞选结束，这种攻击就会停止。人们可以谴责这些政治家在竞选中诽谤竞争对手，但是政治评论家却不能这样做，因为政治评论家的职责是对政治家们的政治主张和政策进行一贯而严肃的辩论。基于这种认识，政治评论家若是也谴责政治家对于竞争对手的人身攻击，则其结果非但不一定能终止人身攻击，反倒是终止了对于政治家们的政治主张和政策的辩论。

下列哪一项最准确地陈述了上文的主要观点？

A. 对于政治家来说，在竞选中对竞争对手进行人身攻击对自己是有利的。

B. 政治评论家对自己的反对者不应当进行人身攻击。

C. 对政治家们的政治主张和政策进行一贯而严肃的辩论的目的是为了消除政治家们对

于竞争对手进行人身攻击而产生的效果。

　　D. 报纸和电视记者对于那些在竞选中对竞争对手进行人身攻击的政治家们的批评是正确的。

8. 根据一种心理学理论，人要想快乐，就必须与其他人保持亲密关系。然而世界上最伟大的作曲家们通常却是孤独地度过了他们的大部分时光，并且没有和别人保持亲密关系。因此，这种心理学理论必定是错误的。

　　上述结论假定了：

　　A. 世界上最伟大的作曲家们会避免与人保持亲密关系。

　　B. 那些与别人有亲密关系的人在生活中很少有孤独的时候。

　　C. 世界上最伟大的作曲家们是快乐的。

　　D. 不太出名的作曲家通常与别人有亲密关系。

9. 基因药物与其所要取代的原有品牌的药物一样，同样数量的药品里含有同样的活性成分。然而，与同品牌的原有药物相比，基因药物对病人所产生的效果有时会有重要的差别。

　　下列哪一项如果为真，最有助于解释上文中所描述的似乎不一致之处？

　　A. 当一个原有品牌药物的专利期限届满时，法律允许生产可将其替代的基因药物而无须进一步研究其中所包含的活性成分的有效性。

　　B. 有些医生只给病人开某种原有品牌的药物，因为他们对同类的基因药物不熟悉。

　　C. 不同药物中所含有的不同的非活性成分和添加物，能够影响药物被人体吸收的比率和它在人体血液中的浓度。

　　D. 因为基因药物的生产商没有参与研究与开发，所以他们的药品只能以较低的价格出售。

10. 如果象牙贸易继续进行下去，专家们相信，非洲大象很快就会灭绝。因为偷猎大象的活动在许多地区都很盛行。全部禁止象牙贸易将有可能防止大象灭绝。然而，津巴布韦这个国家却反对这个禁令。该国实际上已经消除了本国境内的偷猎活动，它依赖于谨慎地杀掉那些有可能变得太大的象群中的大象所得的收入。津巴布韦认为，问题不在于象牙贸易，而在于其他国家的保护政策。

　　下面哪一项构成了津巴布韦反对禁令的逻辑基础？

　　A. 解决这个问题的国际方案不应当对那些不应对该问题负责任的国家造成负面影响。

　　B. 自由贸易不是一项权利，而是国家之间协议的结果。

　　C. 尊重一个国家的主权比保护物种灭绝更重要。

　　D. 不消除偷猎活动，就不可能达到有效的保护。

11. 不像其他樱草，自花授粉的樱草无需依赖昆虫来给它们授粉。在很多年里，昆虫授粉者很缺乏，并且在这些年里，典型的非自花授粉的樱草结的种子比典型的自花授粉的樱草的少。在其他年份里，两种樱草的种子产量几乎相等。因此，自花授粉的樱草具有平均种子产量高的优点。除了种子产量不同之外，这些自花授粉的樱草和非自花授粉的樱草没有什么差别。虽然如此，在樱草中自花授粉的樱草仍然比较罕见。

　　下面哪一点如果正确，最有助于解决上面论述中的明显矛盾？

　　A. 那些收集樱草花粉的昆虫并不区分一棵樱草是自花授粉的樱草还是非自花授粉的樱草。

B. 当昆虫授粉者稀少时，非自花授粉的樱草会结出较大的种子。这些种子发芽的可能性比自花授粉的樱草结出的种子的可能性大。

C. 那些位于昆虫稀少地区的自花授粉樱草结出的种子不比那些位于昆虫多的地区的自花授粉的樱草结出的种子少。

D. 许多樱草位于土壤状况不适宜它们种子发芽的地区。

12. 鸟类需要大量摄入食物以获得保持其体温的能量。有些鸟类将它们大多数的时间都用在摄取食物上。但是，一项对食种子的鸟类和食蜜的鸟类的比较研究表明，相同的能量需要肯定会使食种子的鸟类比食蜜的鸟类在摄取食物上花费更多的时间。因为相同量的蜜所含的能量大于种子所含的能量。

以下哪项是上述论证所依赖的假设？

A. 不同种类的鸟对能量的需要通常是不一样的。

B. 食蜜的鸟类并不会有时也吃种子。

C. 食蜜的鸟类吃一定量的蜜所需要的时间不短于食种子的鸟类吃同样量的种子所需要的时间。

D. 食蜜的鸟类的体温不低于食种子的鸟类的体温。

13. 在几个大国中，讲卡伦南语言的人占人口的少数。一个国际团体建议以一个独立国家的方式给予讲卡伦南语的人居住的地区的自主权。在那里讲卡伦南语的人可以占人口的大多数。但是，讲卡伦南语的人居住在几个广为分散的地区。这些地区不能以单一连续的边界相连，同时也就不允许讲卡伦南语的人占人口的大多数。因此，那个建议不能得到满足。

上述论述依赖于下面哪条假设？

A. 曾经存在一个讲卡伦南语的人占人口大多数的国家。

B. 讲卡伦南语的人倾向于认为他们自己构成一个单独的社区。

C. 那个建议不能以创建一个互不相连的地区构成的国家的方式得到满足。

D. 新建立的卡伦南国的公民不包括任何不说卡伦南语的人。

14. 地壳中的沉积岩随着层状物质的聚集以及上层物质的压力使下层物质变为岩石而硬化。某一特定的沉积岩中有异常数量的钇元素被认为是 6000 万年前一块陨石撞击地球的理论的有力证据。与地壳相比，陨石中富含钇元素。地质学家创立的理论认为，当陨石与地球相撞时，会升起巨大的富钇灰尘云。他们认为那些灰尘最后将落到地球上，并与其他的物质相混。当新层在上面沉积时，就形成了富含钇的岩石层。

下述哪一点，如果正确的话，能反对短文中所声称的富含钇的岩石层是陨石撞击地球的证据？

A. 短文中所描述的巨大灰尘云将会阻止太阳光的传播，从而使地球的温度降低。

B. 一层沉积岩的硬化要花上几千万年的时间。

C. 不管沉积岩中是否含有钇元素，它们都被用来确定史前时代事件发生的日期。

D. 6000 万年前，地球上发生了非常剧烈的火山爆发，这些火山喷发物形成了巨大的钇灰尘云。

15. 在某一个城市，一个法官推翻了一名嫌疑犯拥有非法武器的罪名。一看到警察，那个嫌疑犯就开始逃跑。当警察追他时，他就随即扔掉了那件非法武器。那个法官的推理如下：警察追击的唯一原因是嫌疑犯逃跑；从警察旁边逃跑自身并不能使人合情合理地怀疑他有犯罪行为；在一个非法追击中收集的证据是不能接受的。因此，这个案例中的证据是不能接受的。

下面哪一条原则如果正确，最有助于证明那个法官关于那些证据是不能接受的判决是合理的？

A. 只要涉及其他重要原因，从警察那儿逃跑就能使人产生一个合情合理的有关犯罪行为的怀疑。

B. 人们可以合法地从警察那儿逃跑，仅当这些人在不卷入任何犯罪行为时。

C. 仅当一个人的举动使人合情合理地怀疑他有犯罪行为时，警察才能合法地追击他。

D. 从警察那儿逃跑自身不应该被认为是一个犯罪行为。

16. 尽管象牙交易已经被国际协议宣布为非法行为，一些钢琴制造者，仍使用象牙来覆盖钢琴键。这些象牙通常通过非法手段获得。最近，专家们发明了一种合成象牙。不像早期的象牙替代物，这种合成象牙受到了全世界范围内音乐会钢琴家的好评。但是因为钢琴制造者从来不是象牙的主要消费者，所以合成象牙的发展可能会对抑制为获得自然象牙而捕杀大象的活动没有什么帮助。

下面哪一项如果正确，最有助于加强上述论述？

A. 大多数弹钢琴，但不是音乐家的人也可以轻易地区分新的合成象牙和较次的象牙的替代物。

B. 新型的合成象牙可以被生产出来，这种象牙的颜色表面质地可以与任何一种具有商业用途的自然象牙的质地相似。

C. 其他自然产物，如骨头和乌龟壳，证明不是自然象牙在钢琴键上的替代物。

D. 自然象牙最普遍的应用是在装饰性雕刻方面。这些雕刻品不但因为它们的雕刻的工艺质量，而且因为它们的材料的真实性而被珍藏。

17. 利文特地区与地中海的东部接界。在史前时代，这个地区的人口相当稠密。尽管具有相同气候的利文特北部地区的人口仍然相当稠密，利文特南部的人口却在 6000 年前离弃了这个地方。最近，考古学家假定，利文特南部人口的突然减少起因于采伐森林引起的经济崩溃。

如果上面的陈述是正确的，且考古学家的假定也是正确的，那么下面哪一条不可能正确？

A. 直到 6000 年以前，南部利文特人放牧的绵羊和山羊大量地吃本地树种的秧苗和幼苗。

B. 在生产石灰时要用到树，直到 6000 年以前，整个南部利文特的人都广泛地使用石灰这种建筑材料。

C. 从北部利文特发现的有机遗物可靠地表明，在南部利文特被遗弃的那段时间内，北部利文特地区树木茂盛，没有受到干扰。

D. 碳元素确定来自南部利文特地区的有机遗物表明的日期可靠地表明，在 6000 年以前那个地区没有森林。

18. 一个人饮食消耗的胆固醇和脂肪量是决定他的血液中胆固醇（血清胆固醇）水平的最重要的因素之一。在胆固醇与脂肪消耗量达到某个界限之前，血清胆固醇水平的升高与胆固醇和脂肪的消耗量的增加成比例。但是，一旦这些物质的消耗量超过界限，即使消耗量急剧增加，血清胆固醇水平也只是逐渐地增加。那个界限是今天北美人饮食平均消耗的胆固醇和脂肪量的1/4。

上面论述如果正确，最强有力地支持下面哪一项？

A. 那个界限可以通过降低胆固醇和脂肪的饮食消耗量而得到降低。

B. 那些食用北美人平均饮食的人，不能做到既增加他们胆固醇和脂肪的消耗量，又不使他们的血清胆固醇水平显著地提高。

C. 那些消耗胆固醇和脂肪的量只有北美人平均水平一半的人的血清胆固醇水平不一定是北美人平均水平的一半。

D. 血清胆固醇的水平不会受非饮食性行为的改变，如增加锻炼和减少抽烟的影响。

19. 阿普兰蒂最高法院的作用是保障所有人的权利不受政府滥用权力的侵犯。因为阿普兰蒂宪法没有明确所有人的权利，所以最高法院有时就必须借助于明确的宪法条款之外的原则来使它的判决具有公正性。然而，除非最高法院坚持单一的客观标准，即宪法，否则人们的权利就会受那些具有审判权的人的兴致所摆布。因此，只有明确的宪法条款才能使法院的判决公正合理。既然这些结论相互之间并不一致，那么阿普兰蒂最高法院的作用是保障所有人的权利不受政府滥用权力的侵犯的说法就是不正确的。

得出短文中第一句话是错误的这个结论的推理是有缺陷的，因为该论述：

A. 企图为某一观点辩护，因为该观点被广泛地支持，并且基于那个观点的判断常常被认为是正确的。

B. 否决一个被认为是谬误的声明，认为如果该声明被人接受的话，那么做出该声明的人就会受益。

C. 做了一个没有根据的假设，认为对一群人中每一个单独成员是正确的，则对那个作为整体的人群是正确的。

D. 当某一特殊前提正确的可能性与其是错误的可能性是一样时就判定那个特殊前提是错误的。

20. 在20年前，任一公司的执行官在选择重新设置公司总部时主要关心的是土地的成本。今天，一个执行官计划重新设置总部时主要关心的东西更广泛了，经常包括当地学校和住房的质量。

假如上面的信息是正确的，下列哪个最好地解释了上面所描述的执行官关心方面的变化？

A. 近来的人员缺乏的问题迫使公司找到尽可能多的方法来吸引新的雇员。

B. 某些地区房地产税和教育税停止增加，现在允许许多人购买房屋。

C. 公司执行官在做出决定时总是优先考虑替换方法将怎样影响公司的利润。

D. 在过去的20年中，一些地区比其他地区土地的价值变化少。

21. 一个研究人员发现免疫系统活性水平较低的人在心理健康测试中得到的分数比免疫系统活性水平正常或较高的人低。该研究人员从这个实验中得出结论，免疫系统既能抵御肉体上的疾病也能抵御心理疾病。

以下哪个如果正确，将最有力地削弱研究人员的结论？

A. 在针对试验的实验性研究的完成与开始试验本身之间有一年的间隔时间。

B. 高度压力首先导致心理疾病，然后导致正常人的免疫系统活性水平的降低。

C. 免疫系统活性水平高的一些人在心理测试方面的得分与免疫系统活性水平正常的人的得分一样。

D. 与免疫系统活性水平正常或高的人相比，免疫系统活性水平低的人更易得过滤性病毒引起的感染。

22. 可投保的政府补贴的保险项目使得任何一个人要在海边的一个经常被飓风袭击的区域建房变得可行。在这样的沿海地区，每次大风暴都能造成数亿美元的损失。大风暴过后，那些投了保险的户主能够领取到一定数量的钱，这些钱足以用来补偿他们的很大一部分损失。

该段落为以下哪一项政府议案的反对意见提供了最有力的支持？

A. 要求电力公司在经常受到暴风袭击的地区把电线埋在地下。

B. 增加在天气项目上的投资，为沿海地区提供一个飓风观测站和报警系统。

C. 建立一个意外基金，来保护那些沿海地区的没有投保的房子的所有者免受由于飓风造成的破坏而给他们造成的灾难性的损失。

D. 建立一个机构，以在生态上负责的方式管理沿海的土地。

23. 水汽会在夜晚凝结，在汽车的前挡风玻璃上形成冰。第二天早上汽车逐渐发动起来以后，因为除霜口调到最大，而除霜口只吹向前挡风玻璃，因此，在前挡风玻璃上的冰很快就融化了。

以下哪一选项如果是正确，最严重地威胁到这种关于冰融化速度的解释？

A. 两边的玻璃没有冰凝结在上边。

B. 尽管没有采取任何措施对后窗进行解冻，但那儿的冰同前挡风玻璃上的冰的融化速度一样快。

C. 冰在一块窗上融化的速度随着吹向这块窗的空气温度的升高而加快。

D. 从除霜口吹向前挡风玻璃的热空气，当它扩散到汽车内其他部分时便迅速地冷却。

24. 美国大众文化的欧洲化已经达到了 25 年前无法想象的程度。那时没有多少人在用餐的时候喝葡萄酒，也没有人喝进口矿泉水。最令人诧异的是，美国人竟然会花钱去看英式足球比赛！这种观点的提出源于一份报告，该报告指出美国州际高速公路与运输官员协会刚刚采纳了一项提议，准备开发美国的第一条州际自行车道路系统。

该段文字最好地支持了下面哪一项推论？

A. 欧洲使用长距离自行车道路。

B. 喝进口矿泉水比喝进口葡萄酒更加奢侈。

C. 美国文化对外国观念的开放性使之受益匪浅。

D. 大多数的欧洲人经常使用自行车。

25. "总体而言"，丹尼斯女士说，"工程学的学生比以往更懒惰了。我知道这一点是因为我的学生中能定期完成布置的作业的人越来越少了。"

以上得出的结论依据下面哪个假设？

A. 在繁荣的市场条件下，工程学的学生做的作业少了。因为他们把越来越多的时间花在调查不同的工作机会上面。

B. 学生做不做布置的作业很好地显示出了他们的勤奋程度。

C. 丹尼斯女士的学生做的布置的作业比以往少了，这是因为她作为老师做的工作不像以前那样有效了。

D. 工程学的学生应该比其他要求稍低的专业的学生更努力学习。

26. 和其他形式的叙述艺术不同，戏剧要想成功，必须通过反映其直接观众的观点和价值观来给观众带来乐趣。小说可以在几个月甚至在几年内才成名，但戏剧必须是一举成名，否则便会销声匿迹。因此，复辟时期获得成功的戏剧是那个时代典型品位和态度的反应。

上文作者假设：

A. 复辟时期的戏剧不符合现代观众的口味。

B. 戏剧作为一种叙述艺术要比小说更高级。

C. 复辟时期的观众是那个时代整个人口的代表。

D. 去戏院的人和看小说的人是两个不同的独立群体。

27. 篮球队教练规定，如果 1 号队员上场，而且 3 号队员不上场，那么，5 号与 7 号队员中至少要有一人上场。

如果教练的规定被贯彻执行了，那么 1 号队员不上场的充分条件是：

A. 3 号队员上场，5 号和 7 号队员不上场。

B. 3 号队员不上场，5 号和 7 号队员上场。

C. 3 号、5 号和 7 号队员都不上场。

D. 3 号和 5 号队员上场，7 号队员不上场。

28. 传统上，人们认为由经理们一步一步理性地分析做出的决策要优于直觉做出的决策。然而，最近的一项研究发现，高级经理使用直觉比大多数中级或低级经理多得多。这确证了一项替代观点，即直觉实际上比仔细的、有条不紊的理性更有效。

以上结论基于以下哪一条假设？

A. 高级经理既有能力使用直觉判断，也有能力使用有条不紊的、一步一步的理性分析来做决策。

B. 使用有计划的分析和使用直觉判断一样，可以轻松地做出中级和低级经理做出的决策。

C. 高级经理使用直觉判断做出他们大多数决策。

D. 高级经理比中级和低级经理在做决策方面更有效。

29. 一个著名的歌手获得了一场诉讼的胜利。这位著名歌手控告一个广告公司在一则广告里使用了由另一名歌手对一首众所周知的由该著名歌手演唱的歌曲进行的翻唱版本。这场诉讼的结果使得广告公司将停止在广告中使用模仿者的版本。因此，由于著名歌手的演唱费用比他们的模仿者高，所以广告费用将上升。

以上结论基于以下哪一项假设？

A. 大多数人无法将一个著名歌手演唱的某一首歌的版本同一个好的模仿者对同一首歌的演唱区分开来。

B. 使用著名歌手做广告比使用著名歌手模仿者做广告更有效果。

C. 一些广为人知的歌曲的原版本不能在广告中使用。

D. 广告业将在广告中继续使用歌曲的广为人知的版本。

30. 最近几年，许多精细木工赢得了很多赞扬，被称为艺术家。但由于家具必须实用，精细木工在施展他们的精湛手艺时，必须同时注意他们产品的实用价值。为此，精细木工不是艺术家。

以下哪一项是支持该结论并能得出该结论的假设？

A. 一些家具制作出来是为了陈放在博物馆里，在那儿它不会被任何人使用。

B. 一些精细木工比其他人更关注他们制作的产品的实用价值。

C. 一个物品，如果它的制作者注意到它的实用价值，就不是艺术品。

D. 精细木工应比他人更加关心他们产品的实用价值。

31. 在一次体育课上，20 名学生进行了箭靶射击测试。随后这些学生上了两天的射箭技能培训课后，又重新进行了测试，结果他们的准确率提高了 30% 。该结果表明，培训课对于提高人们的射靶准确率是十分有效的。

下列哪个选项如果正确，最能支持以上结论？

A. 这些学生都是出色的田径运动员，出色的田径运动员都会射靶。

B. 第一次测试是作为第二次测试的演习阶段。

C. 另一组学生，也进行了箭靶射击测试，但是没有进行培训，他们的准确度没有提高。

D. 人们射箭的准确性和他们的视觉敏锐度有很大关系。

32. 设想一下三条鱼成群而游。一条鱼可能被捕食者 Y 看到的空间是以该鱼为圆心，Y 能看见的最远距离为半径的圆。当 Y 处在这三个圆中的一个时，该鱼群可能受到攻击。由于三条鱼的鱼群之间的距离很近，这三个圆在很大程度上重叠在一起。

下面哪一项是从上面一段话中得出的最可靠推断？

A. 整个鱼群的易受攻击性比鱼群中的每一条鱼的易受攻击性大不了多少。

B. 捕食者 Y 攻击四条鱼的鱼群的可能性比攻击三条鱼的鱼群的可能性小。

C. 成群而游的鱼比单独的鱼更不易被捕食者吞噬。

D. 一条鱼能被看见的最大距离不怎么取决于鱼的大小，而更多地取决于该鱼是否与其他鱼一起成群地游动。

33. 最近一项调查显示：某公司许多工人对他们的工作不满意。调查同时显示：大多数感到不满意的工人认为他们对自己的工作安排没有自主权。因此，为了提高工人对自己的工作的满意度，公司的管理层仅仅需要集中改变工人们对他们工作安排自主权的程度的观念。

下列哪一个假如也在调查中被显示，最能使调查所得的结论有疑问？

A. 不满意的工人感到他们的工资太低并且工作条件不令人满意。

B. 公司中对工作满意的工人的数目比对工作不满意的工人的数目多。

C. 该公司的工人与其他公司的工人相比，对他们的工作更不满意。

D. 公司管理层中的大多数人相信工人对他们的工作已经有太多的控制权利。

34. 在一个实验中，对 200 只同种类通常不患血癌的老鼠施以同等量的辐射，然后一半的老鼠可以不受限制地吃它们常吃的食物，同时另一半被给予足够的相同食物，但是限量。结果第一组中 55 只患了血癌，第二组中患血癌的仅有 3 只。

上述实验最支持下列哪一个结论？

A. 血癌莫名其妙地使一些通常不患该病的老鼠患病。

B. 控制暴露于辐射中的老鼠的血癌的发生，可以通过限制它们的进食达到目的。

C. 对任何种类的老鼠来说，暴露于辐射中很少对患血癌产生影响。

D. 假定无限量地给予食物，老鼠最终能找到一种对其健康最佳的饮食。

35. 那种认为只伤害自己而不伤害别人是正确的态度，通常伴随着对人与人之间实际上的相互依赖关系的忽视。毁掉一个人的生命或健康意味着不能够帮助家庭成员和社会，同时还意味着要消耗食物、健康服务和教育等方面的有限的社会资源，却不能为社会做贡献。

下面哪一个最支持上面表达的观点？

A. 可避免的事故和疾病的费用增加了个人的健康保险费。

B. 伤害一个人可以带给别人间接的利益，如可得到与健康相关的工作。

C. 假如有必要戒绝所有的使纵情于其中的人有冒险伤害的小的欢乐的话，生活将变得枯燥无味。

D. 喝酒、吸烟和服用非法毒品而导致的伤害的对象主要是那些使用这些东西的人。

36. 日本人口的平均年龄自 1960 年以来稳定增加，现在它是世界上平均年龄最高的国家。尽管日本人开始吃西方人的典型食物——高脂肪的饮食之后，日本人的心脏病已经增加。

下列哪一项假如正确，最能帮助解释上面引述的日本人口的平均年龄的稳定增加？

A. 西方人可能患心脏病的平均人数是日本人的 5 倍。

B. 自 1960 年以来，使更多日本人死亡的疾病的下降比心脏病的增加要多。

C. 日本的传统饮食包括许多低脂肪食物，它们被认为能降低患心脏病的危险。

D. 一些日本人的生活特点包括通常的锻炼，这被认为能帮助心脏抵抗伴随着衰老造成的力量的丧失。

37. 某一基因在吸烟时会被化学物质所刺激并使肺细胞在新陈代谢这些化学物质时产生癌变。然而，那些该基因还未被刺激的吸烟者患肺癌的危险却与其他的吸烟者一样高。

如果以上的论述为真，最有可能得出以下哪一项结论？

A. 吸烟时化学物质对基因的刺激并非导致吸烟者患肺癌的唯一原因。

B. 不吸烟的人与这一基因未被刺激的吸烟者患肺癌的危险一样大。

C. 该基因被刺激的吸烟者患肺癌的危险大于其他的吸烟者。

D. 该基因更容易被烟草中的化学物质而非其他化学物质所刺激。

38. 一种在儿童中非常流行的病毒感染导致了 30% 被感染的儿童患了中耳炎。对细菌感染非常有效的抗生素对这种病毒却无能为力。然而，当因病毒感染而患中耳炎的儿童接受抗生素治疗后，中耳炎却得到了治愈。

以下哪一项最好地解释了上文中明显的不一致？

A. 虽然有些抗生素不能杀死病毒，但另一些抗生素却可以杀死病毒。

B. 被病毒感染的儿童极易受到导致中耳炎的细菌的侵害。

C. 有许多没有感染的儿童也患了中耳炎。

D. 大多数病毒感染比细菌更难治疗。

39 ~ 40 题基于以下题干:

如果城市中心的机场仅限于供商业航班和安装了雷达的私人飞机使用,多数私人飞机将被迫使用郊外的机场。这样,在城市中心机场,私人飞机数量将会减少,空中碰撞的风险也就降低了。

39. 第一句的结论建立在以下哪个假设基础之上?

    A. 对于私人飞机来说,郊外机场同城市中心机场一样方便。

    B. 多数郊外机场的设施不足以供商业飞机起降。

    C. 多数现在使用城市中心机场的私人飞机都没有安装雷达。

    D. 商业航班比私人飞机更容易发生空中碰撞。

40. 以下哪项如果为真,最有力地支持了上面的结论?

    A. 城市中心机场飞机过于拥挤,主要是商业航班的激增。

    B. 许多私人飞机拥有者宁可安装雷达,也不愿意被赶到郊外机场。

    C. 在城市中心机场附近发生的空中碰撞数量在近年已经减少。

    D. 未安装雷达的私人飞机导致了绝大多数空中碰撞。

41 ~ 45 题基于以下题干:

一个博物馆将展出七座雕像 P、Q、R、S、T、U 和 W。展出分两个展室:展室 A 和展室 B。其中有四座雕像在展室 A 展出,另外三座雕像在展室 B 展出。每一座雕像在哪一个展室展出由下列条件决定:

    (1) U 与 W 不能在同一个展室展出。

    (2) S 和 T 都不能与 R 在同一个展室展出。

41. 如果 P 在展室 A 展出,W 在展室 B 展出,则展室 A 可以展出下列任意两座雕像,除了:

    A. Q 和 R。   B. Q 和 T。   C. R 和 U。   D. S 和 T。

42. 如果 P 和 Q 在展室 A 展出,则下列哪一座雕像也必须在展室 A 展出?

    A. R。   B. S。   C. T。   D. W。

43. 如果 S 在展室 A 展出,则下列哪一项必定是真的?

    A. P 在展室 A 展出。   B. Q 在展室 A 展出。

    C. R 和 U 在同一展室展出。   D. P 和 Q 不在同一展室展出。

44. 如果 T 在展室 B 展出,那么下列哪两座雕像不能在同一展室展出?

    A. P 和 S。   B. Q 和 R。   C. R 和 U。   D. T 和 W。

45. 如果 Q 和 S 在同一展室展出,下列哪一项必定是真的?

    A. P 在展室 A 展出。   B. R 在展室 B 展出。

    C. Q 和 S 展室 B 展出。   D. P 和 W 在同一展室展出。

46 ~ 50 题基于以下题干:

七个潜水员 F、G、H、J、K、L 和 M 打捞一艘沉船上的物品。打捞过程预计将持续90 分钟左右,于是他们分四班下水作业。四班开始的时间定为 8 点、10 点、12 点和 14 点。四班作业的具体安排取决于下列条件:

    (1) 每班下水的潜水员不能少于两人也不能多于三人。

    (2) 每个潜水员都不能连续两次下水。

（3）F 和 G 不能安排在同一班下水。

（4）K 和 L 必须安排在同一班下水。

（5）J 必须安排 12 点那一班，并且不能安排 12 点以前的班作业。

46. 如果 F 被安排 8 点至 12 点之间的班作业，并且这一班只有两人下水，那么下列哪一个潜水员可以安排这一班？

    A. G。   B. K。   C. L。   D. M。

47. 如果 G、H 和 M 都要安排 8 点那一班，下列哪一个潜水员必须被安排 10 点那一班？

    A. F。   B. H。   C. J。   D. L。

48. 如果 L 和 M 都被安排 8 点那一班，下列哪一个潜水员必须被安排 10 点那一班？

    A. F。   B. G。   C. H。   D. K。

49. 如果每一班都恰好安排 3 个潜水员下水作业，并且 F 和 M 都被安排 8 点那一班下水，那么 12 点那一班下水的潜水员可以是 J 和以下哪两个潜水员？

    A. F 和 G。   B. F 和 H。   C. G 和 H。   D. K 和 L。

50. 如果每一班都恰好安排两个潜水员下水作业，下列哪一项可以是真的？

    A. 有一个潜水员被安排了三个不同的班次下水。

    B. 有三个潜水员一次也没有被安排下水作业。

    C. 有同样两个潜水员被安排 8 点那一班下水作业，也被安排 12 点那一班下水作业。

    D. 有同样两个潜水员被安排 10 点那一班下水作业，也被安排 14 点那一班下水作业。

第四部分　外语运用能力测试（英语）

（50 题，每小题 2 分，满分 100 分）

Part One　　　　　　　　　Vocabulary and Structure

Directions: *In this part there are ten incomplete sentences, each with four suggested answers. Choose the one that you think is the best answer. Mark your answer on the **ANSWER SHEET** by drawing with a pencil a short bar across the corresponding letter in the brackets.*

1. As it known to all that walking is one of the best ways for us to _____ healthy.

    A. stay   B. preserve   C. maintain   D. reserve

2. The lost purse of Susan was found _____ at the corner of the street.

    A. vanished   B. rejected   C. scattered   D. abandoned

3. They didn't find _____ to prepare for the worst conditions they might meet.

    A. worth their while   B. it worth

    C. it worthwhile   D. it worthy

4. I could just see a figure in the darkness, but I couldn't _____ who he or she was.

    A. look out   B. make out   C. get across   D. take after

5. Unfortunately, the structural transformation of the company has turned out to be _____ a

success.

    A. nothing but   B. anything but   C. above all   D. rather than

6. The earliest textbooks _____ for teaching English as a foreign language came out in the 16th century.

    A. having published   B. to be published

    C. being published   D. published

7. Tom is _____ careful than Jack. They two can't manage to do the work which needs care and skill.

    A. not more   B. no more   C. not less   D. no less

8. I insist that a doctor _____ as soon as possible.

    A. has been sent for   B. sends for

    C. will be sent for   D. be sent for

9. By the time her children get home from school at six o'clock, the mother _____ the dinner already.

    A. will learn   B. are preparing   C. have learned   D. will have prepared

10. You can make me _____ the way you speak English, but you can not make yourself _____ to the native speakers.

    A. understand; understand;   B. understand; understood

    C. to understand; understand   D. understand; to be understood

Part Two   Reading Comprehension

Directions: *In this part there are four passages, each followed by five questions or unfinished statements. For each of them, there are four suggested answers. Choose the one that you think is the best answer. Mark your answer on the ANSWER SHEET by drawing with a pencil a short bar across the corresponding letter in the brackets.*

Questions 11-15 are based on the following passage:

Television is an efficient tool of getting entertainment, a comparatively inexpensive one. People never pay for costly seats at the theatre. One thing to do is to push a button or turn a knob, and they can enjoy plays of every kind. Some people, however, think this is where the danger lies. The television viewers need do nothing. He is completely passive and has everything presented to him without any effort in his part.

Television, it is often said, keeps one informed about current events and the latest discoveries in science. The most distant countries and the strangest customs are brought right into one's sitting room. It could be said the radio performs this service as well; but on television everything is much more living. Yet there is a danger. The television screen has a terrible, almost physical charm for us. We get so used to looking at the movements on it, so dependent on its pictures that it begins to control our lives. However, some people say that when television sets have broken down, they get far more time to do other things. It makes one think, doesn't it?

There are many other arguments about television. We must realize television itself is neither good nor bad. It is the uses that are put to that determine its value to society. So right it in a right way.

11. Television, as a source of entertainment, is _____.

    A. not very convenient   B. very expensive

    C. quite dangerous   D. relatively cheap

12. Why are some people against TV?

    A. Because TV programs re not interesting.

    B. Because TV viewers are totally passive.

    C. Because TV prices are very high.

    D. Because TV has both advantages and disadvantages.

13. One of the most obvious advantages of TV is that _____.

    A. it keeps us informed   B. it is very cheap

    C. it enables us to have a rest   D. it controls our lives

14. According to the passage, whether TV is good or not depends on _____.

    A. its quality   B. people's attitude towards it

    C. how we use it   D. when we use it

15. What is the attitude of the author towards TV?

    A. Indifferent.   B. Neutral.   C. Positive.   D. Negative.

Questions 16-20 are based on the following passage:

    Americans of several generations have come to realize a good breakfast is essential to one's life. Eating breakfast at the start of the day, we have been told, and told again, is as necessary as putting gasoline in the family car before starting a trip.

    But for many people, the thought of food as the first thing in the morning is never a pleasure. So in spite of all the efforts, they still take no breakfast. Between 1977 and 1983, the latest years for which figures could be obtained, the number of people who didn't have breakfast increased by 33% — from 8.8 million to 11.7 million — according to the Chicago-based Market Research Corporation of America.

    For those who dislike eating breakfast, however, there is some good news. Several studies in the last few years have shown that, for grown-ups especially, there may be nothing wrong with omitting breakfast. "Going without breakfast does not affect work," said Arnold E. Bender, former professor of nutrition at Queen Elizabeth College in London, "nor does giving people breakfast improve work."

    Scientific evidence linking breakfast to better health or better work is surprisingly inadequate, and most of the recent work involves children, not grown-ups. "The literature," says one researcher, Dr. Earnest Polite at the University of Texas, "is poor."

16. The main idea of the passage is _____.

    A. breakfast has nothing to do with people's health

    B. a good breakfast used to be important to us

    C. breakfast is not as important to us as gasoline to a car

    D. breakfast is not as important as we thought before

17. For those who do not take breakfast, the good news is that _____.

    A. several studies have been done in the past few years

    B. the omission of breakfast does no harm to one's health

    C. grown-ups have especially made studies in this field

    D. eating little in the morning is good for health

18. The sentence "nor does giving people breakfast improve work (Para. 3)" means _____.

    A. people without breakfast can improve their work

    B. not giving people breakfast improves work

    C. having breakfast does not improve work, either

    D. people having breakfast do improve their work, too

19. The word "literature" in the last sentence refers to _____.

    A. stories, poems, play, etc

    B. written works on a particular subject

    C. any printed material

    D. the modern literature of America

20. What is implied but not stated by the author is that _____.

    A. breakfast does not affect work

    B. Dr. Polite works at an institution of higher learning

    C. not eating breakfast might affect the health of children

    D. Professor Bender once taught college courses in nutrition in London

Questions 21-25 are based on the following passage:

    When advertisers intend to lead people to thinking about something bigger, better, or more attractive than the product, they use that very popular word "like". The word "like" is the advertiser's equivalent of the magician's use of misdirection.

    "Like" gets you to ignore the product and concentrate on the claim the advertiser is making about it. "For skin like peaches and cream" claims the ad for a skin cream. What is this ad really claiming? There is no verb in the sentence. How is skin ever like "peaches and cream"? Remember, ads must be studied carefully and exactly according to the dictionary definition of words. If you think this cream will give you soft, smooth, and youthful-looking skin, you are the one who has read the meaning into the ad.

    The wine that claims "It's like taking a trip to France" wants you to think about a romantic evening in Paris as you walk along the street after a wonderful meal. The goal of the ad is to get you to think romantic thoughts, not about how the wine tastes or how expensive it may be. That little word "like" has taken you away from crushed grapes into a world of your own imaginative making.

21. The word "like" in an ad often focuses the consumer's attention on _____.

A. what the advertiser says about the product

B. what magic the product really possesses

C. why the advertiser promotes the product

D. why the product is as good as promised

22. The author suggests that language in ads should be understood _____.

    A. according to its dictionary definition   B. according to its contexts

    C. imaginatively   D. impartially

23. To promote sales, advertisers often exploit consumers' _____.

    A. economic status   B. practical need

    C. emotional need   D. social status

24. Advertisers often use ambiguous language to _____.

    A. promise excellent quality

    B. cash in on grammatical errors

    C. appeal to consumers' rational judgments

    D. take advantage of consumers' imagination

25. The best title for the passage would be _____.

    A. The Magic of "Like" in Advertising

    B. The Promise of "Like" in Advertising

    C. The Definition of "Like" in Advertising

    D. The Application of "Like" in Advertising

Questions 26-30 are based on the following passage:

People like different kinds of vacations. Some go outside. Others like to stay at a hotel in an exciting city. They go shopping all day and go dancing all night. Or maybe they go sightseeing to places such as Disneyland, the Taj Mahan or the Louver.

Some people are bored with sightseeing trips. They don't want to be "tourists". They want to have an adventure, to learn something and maybe help people too. How can they do this? Some travel companies and environmental groups are planning special adventures. Sometimes these trips are difficult and full of hardships, but they're a lot of fun. One organization, Earth watch, sends small groups of volunteers to different parts of the world. Some volunteers spend two weeks and study the environment. Others work with animals. Others learn about people of the past.

Would you like an adventure in the Far North? A team of volunteers is leaving from Mormons, Russia. The leader of this trip is a professor from Alaska. He's worried about chemicals from factories. He and the volunteers will study this pollution in the environment. If you like exercise and cold weather, this is a good trip for you. Volunteers need ski sixteen kilometers every day.

Do you enjoy ocean animals? You can spend two to four weeks in Hawaii. There, you can teach language to dolphins. Dolphins can follow orders such as "Bring me the large ball." They also understand opposites. How much more can they understand? It will be exciting to learn about these intelligent animals. Another study trip goes to Washington State and follows orcs. We call them "killer Whale", but they're really dolphins — the largest kind of dolphin. This beautiful animal travels together in family groups. They move through the ocean with their mothers, grandmothers and great-grandmothers. Ocean pollution is chasing their lives. Earth watch is studying how this happens.

Are you interested in history? Then Greece is the place for your adventure. Thirty-five hundred years ago a volcano exploded there, on Santorum. This explosion was more terrible than Karate or Mount Saint Helens. But today we know a lot about the way of life of the people from that time. There are houses, kitchens, and paintings as interesting as those in Pompeii. Today, teams of volunteers are learning more about people from the past.

Do you want a very different vacation? Do you want to travel far, work hard and learn a lot? Then an Earth watch vacation is for you.

26. The Taj Mahan may be _____.

    A. a shopping center   B. a hotel

    C. a dancing hall   D. a place of interest

27. From the passage, on an adventure trip, people _____.

    A. may not spend much time on sightseeing

    B. won't meet some difficulties or hardships

    C. can't enjoy them

    D. can't learn something

28. If you want to learn something about people of the past, you can _____.

    A. join the team to Hawaii   B. join the team to the Far North

    C. join the team to Washington   D. join the team to Greece

29. The word intelligent in paragraph 4 means _____.

    A. exciting   B. beautiful   C. large   D. clever

30. Which of the following is false?

    A. Some people find sightseeing trips boring.

    B. Earth watch is planning all these special adventures.

    C. The number of orcas is decreasing.

    D. 3 volcano explosions in all broke out 3,500 years ago in Greece.

Part Three   Cloze

Directions: *For each blank in the following passage, choose the best answer from the choices given below. Mark your answer on the **ANSWER SHEET** by drawing with a pencil a short bar across the corresponding letter in the brackets.*

Every so often we buy some faulty goods. Here is a typical example: you buy a pair of shoes. A week later a strap comes right apart making the shoes unwearable. What should you do?

Although there is no duty on you to return the goods, it is ___31___ to take them back as soon as you ___32___ the defect. If it is impracticable for you to return to the shop ___33___, perhaps because you live a long way off, or because the goods are bulky, write to say that you are dissatisfied ___34___ the product and ask for correct arrangements to be ___35___.

Many people believe that the initial complaint about faulty goods should be made to the manufacturer. This is not the ___36___. Your contract is with the retailer, the party who sold you the goods, and so it is to him ___37___ your complaint should be made.

It is also very wise to ask for the manager in a shop or the departmental manager in a large store. In asking for a person in authority you also show that you ___38___ business right from the start. Don't be fooled by the habitual response that the manager is "in a meeting" or "away". You should insist that someone must have been left in ___39___ and that you'll see that person. If it can't be done, you may well register your complaint with the assistant and make an appointment to call back and see the manager at a mutually ___40___ time.

31. A. satisfactory   B. good   C. clever   D. advisable
32. A. discover   B. learn   C. determine   D. recognize
33. A. at all   B. at last   C. at most   D. at once
34. A. with   B. on   C. by   D. at
35. A. approved   B. made   C. offered   D. planned
36. A. situation   B. case   C. point   D. circumstance
37. A. that   B. which   C. where   D. when
38. A. make   B. involve   C. mean   D. mind
39. A. position   B. control   C. power   D. charge
40. A. regular   B. interesting   C. comfortable   D. convenient

Part Four   Dialogue Completion

Directions: *There are ten short incomplete dialogues between two speakers, each followed by four choices marked A, B, C and D. Choose the answer that appropriately suits the conversational context and best completes the dialogue. Mark your answer on the **ANSWER SHEET** by drawing with a pencil a short bar across the corresponding letter in the brackets.*

41. Bruce: Aren't you ready? The Brown's lunch is for one o'clock. We'd better leave right away or we'll arrive late. They'll think we have bad manners.

    Kevin: _____.

    A. To be honest, they don't have manners in France.

    B. Take it easy. It's impolite to be late for the Brown's lunch.

    C. It isn't bad manners to be late. In France everybody is late.

    D. That's too bad. I'll take you there soon.

42. Doctor: Well, Mrs. Anderson, I've completed my examination and I'm happy to say that

there's nothing serious.

Patient: _____.

A. Well, is the examination difficult for you?

B. Don't you think I should have X-rays?

C. Oh, I don't believe it.

D. Are you sure that your examination is correct?

43. Edward: Good morning. I'd like to speak to Mr. Adams, please. This is Edward Miller at the Sun Valley Health Center.

Mrs. Adams: _____.

A. Mr. Miller, my husband isn't at home. I can give you his business phone if you'd like to call him at work, though.

B. My husband is not in. What's the matter?

C. Oh, I'm his wife. May I take a message?

D. This is Mrs. Adams. My husband is out. You can talk to me.

44. Man: Excuse me, madam. Do you mind if I smoke here?

Woman: _____.

A. Well, yes, actually this is a no smoking compartment.

B. Of course not. This is a no smoking compartment.

C. No, I'm sorry.

D. All right. If you just smoke one cigarette a day?

45. Wang: I've got an appointment. I'm going to meet a friend in London at 3 p.m. It's already a quarter past 2. _____.

David: I'm going into London. I can give you a lift if you like.

Wang: Could you really? That would be great.

A. I'll never make it   B. I'll never do it   C. I'll never reach it   D. I'll never attain it

46. Customer: I'm looking for a new living room set.

Salesman: We have a lot of very nice sets. What style do you have in mind?

Customer: _____. What I need is something comfortable.

A. I really don't think   B. It's really not necessary

C. I really don't bother   D. It really makes no sense

47. Lodger: I'm terribly sorry that I broke your precious vase. I'll pay for it.

Landlady: _____.

A. Can't complain   B. Never mind   C. Relax yourself   D. Take care

48. Mark: Sam, what a surprise to see you at the supermarket! I thought you always ate in restaurants.

Sam: _____.

A. I'm used to eating in the restaurants. I eat at home.

B. I often eat in the restaurants. I rarely eat at home.

C. Do you believe I'm fed up with cooking?

D. The restaurants cost too much. I eat at home.

49. Catherine: I was rather dissatisfied with my performance.

Joy: _____.

A. Why don't you be so hard on yourself?

B. You've already tried your best.

C. Don't complain about yourself anymore. Mine was worse than yours.

D. It was really bad.

50. Lynn: It's raining cats and dogs outside.

Susan: _____.

A. It's impossible. Cats can't fall from the heaven.

B. Funny!

C. We'd better stay at home.

D. Let's go and have a look.

2011 年在职攻读硕士学位全国联考研究生入学资格考试试卷

(仿真试卷二)

第一部分　语言表达能力测试

(50 题，每题 2 分，满分 100 分)

一、选择题

1. 加点字读音全都相同的是 _____。
   A. 呈现　　　乘车　　　惩罚　　　承诺
   B. 妥帖　　　粘贴　　　字帖　　　请帖
   C. 狼藉　　　编辑　　　即使　　　脊梁
   D. 伛偻　　　旅途　　　一缕　　　利率

2. 下列句中加点的词语感情色彩没有发生变化的一项是 _____。
   A. 我对玉皇大帝所做的事，腹诽的非常多，独有这一件事却非常满意。
   B. 鸟儿将巢安在繁花嫩叶当中，高兴起来了，呼朋引伴地卖弄清脆的喉咙。
   C. 我心里暗笑他的迂，……而且像我这样大年纪的人，难道还不能料理自己么？唉，我现在想想，那时真是太聪明了。
   D. 也有解散辫子，盘得平的，除下帽来，油光可鉴，宛如小姑娘的发髻一般，还要将脖子扭几扭，实在标致极了。

3. 下列句子中没有语病的一项是 _____。
   A. 作为中国泼墨写意画派的创始者，徐渭的艺术成就已被载入世界画坛的史册。
   B. 新世纪的中国青年应该树立起不畏艰难、勇往直前的勇气。
   C. 第十个五年计划的制定，是我国今后五年发展的总蓝图，是全国人民的努力方向和追求目标。
   D. 一个人在工作中难免不犯错误，犯点错误不要紧，关键是如何正确对待错误。

4. 下列各句中表意明确、没有歧义的一句是 _____。
   A. 母亲终生勤俭朴素，任劳任怨，几十年间一直操持着十几个人的家务。
   B. 会计未按经理的指示，将钱汇给对方，结果产生了误会。
   C. 身体瘦弱的水生的祖父已经七十多岁了，但仍然要照料农田里的事。
   D. 市政府于近日发布了关于严禁在市区养犬和捕杀野犬、狂犬的通告。

5. 排列语句顺序恰当的是 _____。
   ①还有摇荡的水草　　②游人从桥上望去　　③那鱼就在水草和石头间滑动　　④可以清晰地看到水下的鹅卵石
   A. ②③④①　　　　　B. ③①②④　　　　　C. ②③①④　　　　　D. ②④①③

6. 使清政府完全成为帝国主义统治中国的工具的不平等条约是 _____。

   A. 《南京条约》　　 B. 《北京条约》　　 C. 《马关条约》　　 D. 《辛丑条约》

7. 下列选项中，诗句、出处、作者及朝代搭配完全正确的是 _____。

   A. 随风潜入夜，润物细无声。　　《江南春绝句》　　杜牧　　唐朝

   B. 人有悲欢离合，月有阴晴圆缺。　　《水调歌头》　　苏轼　　宋朝

   C. 僵卧孤村不自哀，尚思为国戍轮台。　　《晓出净慈寺送林子方》　　杨万里　　宋朝

   D. 可怜身上衣正单，心忧炭贱愿天寒。　　《卖炭翁》　　李白　　唐朝

8. 下列作品、作家、时代（国别）及体裁对应正确的一项是 _____。

   A. 《死魂灵》——果戈理——俄国——长篇小说

   B. 《再别康桥》——戴望舒——中国现代——诗歌

   C. 《伊索寓言》——荷马——古希腊——小说

   D. 《西游记》——吴敬梓——中国明代——小说

9. "苏湖熟，天下足"的谚语，说明下列哪一地区的稻米产量很高 _____。

   A. 太湖流域　　　　 B. 钱塘江流域　　　　 C. 淮河流域　　　　 D. 黄河流域

10. 20 世纪西欧各国经济相对稳定并持续发展的时期是在 _____。

    A. 30 年代中期　　　　　　　　　　B. 40 年代中期至 60 年代后期

    C. 50 年代中期至 70 年代初期　　　D. 70 年代后期

11. 某酒店的组织结构呈金字塔状，越往上层 _____。

    A. 其管理难度与幅度都越小　　　　B. 其管理难度越小，而管理幅度越大

    C. 其管理难度越大，而管理幅度越小　　D. 其管理难度与幅度都越大

12. 在民事诉讼时效期的最后 6 个月内，权利人因不可抗力或者其他障碍不能行使请求权的，诉讼时效 _____。

    A. 中断　　　　　 B. 中止　　　　　 C. 延长　　　　　 D. 终止

13. 二次大战后，在资本主义国家发展起来的跨国公司是 _____。

    A. 多个国家联合起来经营的大公司

    B. 多个国家通过协议瓜分和占领市场的垄断组织

    C. 不搞生产只搞国际商品流通的大型垄断企业

    D. 一个国家的大公司，通过对外直接投资，广泛设立子公司进行跨国经营的大型垄断企业

14. 牵牛花的红花（A）对白花（a）为显性，阔叶（B）对窄叶（b）为显性。纯合红花窄叶和纯合白花阔叶杂交的后代再与"某植株"杂交，其后代中红花阔叶、红花窄叶、白花阔叶、白花窄叶的比依次是 3:1:3:1，遗传遵循基因的自由组合定律。"某植株"的基因型是 _____。

    A. aaBb　　　　　 B. aaBB　　　　　 C. AaBb　　　　　 D. AABb

15. 水平放置的幼苗，经过一段时间根向下弯曲生长，其原因是 _____。
    ①重力作用，背离地面一侧生长素分布的少　　②光线作用，靠近地面一侧生长素分布的多　　③根对生长素反应敏感　　④根对生长素反应不敏感

    A. ①②　　　　　 B. ③④　　　　　 C. ②④　　　　　 D. ①③

二、填空题

16. 依次填入下面各句横线处的词语，最恰当的一组是 _____。

①作为一名党的干部，在防治禽流感的战斗中，理应把人民的健康放在第一位，这是毫无_____的。

②他经过_____的思考，终于提出了关于改进工作的建议。

③她很早就有一个_____，就是做一名女飞行员。

④各国代表将进行会下_____，以找到一个解决办法。

A. 疑义　　缜密　　愿望　　磋商

B. 疑义　　精密　　夙愿　　商量

C. 异议　　精密　　夙愿　　磋商

D. 异议　　缜密　　愿望　　商量

17. 在下面一段文字横线处，依次填入正确的标点符号的一组是 _____。

抗战开始后，郭沫若回到祖国，在周恩来同志的领导下，组织和团结国统区进步文化人士，从事抗日救亡运动。同时，他还写下大量诗歌①戏剧②杂文和评论。1942年写成名剧《屈原》。他说③我要借古人的骸骨，另行吹嘘些生命进去④剧本通过屈原的悲壮遭遇，特别是剧中一大段⑤雷电颂⑥独白，借古讽今，强烈抒发了诗人的爱国爱民感情，抨击了蒋介石的投降卖国政策。

	①	②	③	④	⑤	⑥
A	，	，	，"	。"	《	》
B	、	、	:"	。"	"	"
C	，	，	，"	。"	《	》
D	、	、	:"	。"	"	"

18. 依次填入下面一段文字中横线处的关联词语，恰当的一组是 _____。

小说家应尽可能把人物对话写得流利自然，生动活泼，_____不能完全像实际说话。_____讲故事或作报告，_____又决不能像日常说话那样支离破碎，_____不写稿子，_____应像一篇文章。

A. 虽然　　而　　　却　　　即使　　也

B. 尽管　　可是　　而　　　虽然　　但

C. 尽管　　而　　　却　　　虽然　　也

D. 虽然　　相反　　可　　　即使　　但

19. 填在横线上最恰当的一组句子是 _____。

门前是一条河，_____。

A. 河边是一片很大的打谷场，三面都栽着高大的柳树。山门里是一个穿堂，迎门供着弥勒佛。

B. 山门里有一个穿堂，弥勒佛供在迎面。三面都栽着高大的柳树，河边是一片很大的打谷场。

C. 打谷场很大，就在河边。高大的柳树栽在里面，穿堂对着山门，迎门供着弥勒佛。

D. 一片很大的打谷场在河边。山门里有一个穿堂，迎门供着弥勒佛，三面都栽着高大的柳树。

20. 下列作品不是出自同一位作家之手的一项是 _____。

① 《从百草园到三味书屋》 ② 《我的老师》 ③ 《社戏》 ④ 《春夜喜雨》
⑤ 《谁是最可爱的人》 ⑥ 《春》 ⑦ 《石壕吏》 ⑧ 《荔枝蜜》
A. ⑥⑧ 　　　 B. ①③ 　　　 C. ②⑤ 　　　 D. ④⑦

21. 刘邦因怀疑韩信谋反而捕获韩信之后，君臣有一段对话。

刘：你看我能领兵多少？

韩：陛下可领兵十万。

刘：你可领兵多少？

韩：多多益善。

刘：（不悦）既如此，为何你始终为我效劳又为我所擒？

韩：那是因为我们两人不一样呀，陛下善于将将，而我则善于将兵。

这段对话里，韩信关于他与刘邦之间不同点的描述最符合 _____ 的基本观点。

A. 领导特质理论　 B. 领导权变理论　 C. 领导风格理论　 D. 两者并不相关

22. 下列各句中加点成语的使用，恰当的一句是 _____。

A. 几乎所有造假者都是这样，随便找几间房子、拉上几个人就开始生产，于是大量的垃圾食品厂就如雨后春笋般地冒出来了。

B. 整改不光是在口头上说，更要落实到行动上，相信到下一次群众评议的时候，大家对机关作风的变化一定都会有口皆碑。

C. 面对光怪陆离的现代观念，他们能从现实生活的感受出发，汲取西方艺术的精华，积极探索新的艺术语言。

D. 加入世贸组织后汽车价格变化备受关注，但作为市场主力的几家汽车大厂，三四个月以来却一直偃旗息鼓，没有太大动作。

23. 在中国哲学中，"机锋"与"棒喝"是 _____ 的术语。

A. 道家 　　　 B. 华严宗 　　　 C. 宋明理学 　　　 D. 禅宗

24. 与下面句子使用同一修辞手法的是 _____。

千呼万唤始出来，犹抱琵琶半遮面。

A. 我们的原则是党指挥枪，而绝不是枪指挥党。

B. 毛竹青了又黄，黄了又青，不向残暴低头，不向敌人弯腰。

C. 最可恨那些毒蛇猛兽，吃尽了我们的血肉。

D. 大家都很淡漠，因为这一类不甚可靠的传闻，是谁都听得耳朵起茧了的。

25. 波德平原波状起伏的主要原因是 _____。

A. 河流冲积、切割作用的结果 　　　 B. 人类长期垦殖、耕作的结果

C. 地壳运动的结果 　　　 D. 冰川作用的结果

26. 关于法律起源一般规律的表述，正确的是 _____。

A. 由无强制性规范的调整发展为有强制性规范的调整

B. 由个别调整逐渐发展为规范调整

C. 由原始社会的习惯发展为习惯再发展为判例法

D. 由公法为主发展为公法和私法并重

27. 1969 年联邦德国政府提出的"新东方政策"的主要内容是 _____。

    A. 改善同苏联、东欧国家的关系   B. 加强同日本的经济合作关系

    C. 调整同中东国家的关系   D. 发展同亚太地区发展中国家的关系

28. "历史不过是追求着自己目的的人的活动而已。"这句话表明 _____。

    A. 人是研究社会历史的出发点   B. 人们自己创造自己的历史

    C. 历史发展的方向是由人自己决定的   D. 人的自我保存和发展是历史的原动力

29. 关于海水盐度的叙述,正确的是 _____。

    A. 赤道地区海水盐度最高   B. 副热带海区,海水盐度最高

    C. 暖流的海水盐度比周围海水盐度低   D. 世界海水的平均盐度为35%

30. 生理有效辐射是 _____。

    A. 红光、橙光、蓝紫光   B. 红光、绿光、青光

    C. 红光、橙光、绿光   D. 绿光、青光、蓝紫光

三、阅读理解题

(一) 阅读下面短文,回答下列五道题。

喝 茶

    前回徐志摩先生在平民中学讲"吃茶"——并不是胡适之先生所说的"吃讲茶"——我没有功夫去听,又可惜没有见到他精心结构的讲稿,但我推想他是在讲日本的"茶道",而且一定说得很好。茶道的意思,用平民的话来讲,可以称做"忙里偷闲,苦中作乐",在不完全的现世享乐一点美与和谐,在刹那间体会永久,是日本之"象征的文化"里的一种代表艺术。关于这一件事,徐先生一定已有透彻巧妙的解说,不必再来多嘴,我现在所想说的,只是我个人的很平常的喝茶罢了。

    喝茶以绿茶为正宗。红茶已没有什么意味,何况又加糖与牛奶?葛辛的《草堂随笔》确是很有趣味的书,但冬之卷里说及饮茶,以为英国家庭里下午的红茶与黄油面包是一日中最大的乐事,支那饮茶已历经千百年,未必能领略此种乐趣与实益的万分之一,则我殊不以为然。红茶带"吐斯"未始不可吃,但这只是当饭,在肚饥时食之而已;我的所谓喝茶,却是在喝清茶,在赏鉴其色与香与味,意未必在止渴,自然更不在果腹了。中国古昔曾吃过煎茶及抹茶,现在所用的都是泡茶,冈仓觉三在《茶之书》里很巧妙的称之曰"自然主义的茶",所以我们所重的即在这自然之妙味。中国人上茶馆去,左一碗右一碗地喝了半天,好像是刚从沙漠里回来的样子,<u>颇合于我的喝茶的意思</u>(听说闽粤有所谓吃功夫茶者自然也有道理),只可惜近来太是洋场化,失了本意,其结果成为饭馆子之流,只在乡村间还保存一点古风,唯是屋宇器具简陋万分,或者但可称为颇有喝茶之意,而未可许为已得喝茶之道也。

    喝茶当于瓦屋纸窗之下,清泉绿茶,用素雅的陶瓷茶具,同二三人共饮,得半日之闲,可抵十年的尘梦。喝茶之后,再去继续修各人的胜业,无论为名为利,都无不可,但偶然的片刻优游乃正亦断不可少,中国喝茶时多吃瓜子,我觉得不很适宜,喝茶时可吃的东西应当是轻淡的"茶食"。中国的茶食却变了"满汉饽饽",不是喝茶时所吃的东西了。

日本的点心虽是豆米的成品，但那优雅的形色，朴素的味道，很合于茶食的资格。江南茶馆中有一种"干丝"。用豆腐干切成细丝，加姜丝酱油，重汤炖热，上浇麻油，出以供客，其利益为"堂馆"所独有。学生们的习惯，平常"干丝"既出，大抵不即食，等到麻油再加，开水重换之后，始行举箸，最为合适，因为一到即罄，次碗即至，不遑应酬，否则麻油三浇，旋即撤去，怒形于色，未免使客不欢而散，茶意都消了。

日本用茶淘饭，名曰"茶渍"，以腌菜及"泽庵"（即福建的黄土萝卜，日本泽庵法师始传此法，盖从中国传去）等为佐，很有清淡而甘香的风味。中国人未尝不这样吃，唯其原因，非由穷困即为节省，殆少有故意往清茶淡饭中寻其固有之味者，此所以为可惜也。

31. 作者对葛辛的《草堂随笔》中的饮茶方法"殊不以为然"的原因，理解不正确的一项是 _____。
    A. 他说的是红茶，不是作者认为"正宗"的绿茶
    B. 喝的不是清茶
    C. 不能在肚饥时食之
    D. 中国饮茶也有乐趣与实益

32. 根据文意，对作者所讲求的"吃茶之道"内容概括不准确的一项是 _____。
    A. 喝茶当于瓦屋纸窗下
    B. 赏鉴其色与香与味
    C. 用素雅的陶瓷茶具饮清泉绿茶
    D. 中国人上茶馆去，左一碗右一碗地喝了半天

33. 第二段中画线句子"颇合于我的喝茶的意思"指的是 _____。
    A. 时间长这一点上合于作者的饮茶之道
    B. 有自然的妙味
    C. 真正起到了止渴的作用
    D. 没有饭馆子的味道

34. 联系全文，对中国茶道衰落的根本原因判断准确的一项是 _____。
    A. 喝茶成了一种止渴的需求   B. 太洋场化
    C. 中国太穷困了   D. 日本"茶道"的渗入

35. 下列各句不符合原文意思的是 _____。
    A. 开头引徐志摩讲吃茶，意在引出自己对中国茶道的看法，也含有对徐志摩崇洋媚外人格的批评。
    B. 文章从饮茶历史讲起，说到人们吃茶的习惯及各地不同的饮茶方法，写来如数家珍。
    C. 作者由饮茶的环境谈及"茶食"时与日本对比，含有对中国茶道衰落的感叹。
    D. 中国本是有着千百年饮茶历史的国家，但饮茶却愈来愈变成一种止渴的需求，只有南方偏僻的山乡才可见到富有意味的饮茶方式。

（二）阅读下面短文，回答下列五道题。

天才与对称

天才与凡人的不同之处，在于所有的天才都具有双重性，恰如意大利哲学家杰洛墨·卡尔当所说，红宝石与水晶玻璃之别，就在于红宝石具有双重折射。

天才与红宝石一样，都有着双重反光，双重折射。在精神与物质领域，此种现象彼此相同。

我不知红宝石这种钻石中的极品是否真的存在，这尚有待于论证。但古时的炼金术对此作了肯定，于是，化学家们便开始了艰难的寻求。但天才却确确实实地存在于我们周围。只需读过埃斯库罗斯和尤维纳尔的第一行诗，我们便可以发现这种人类的"红宝石"。

天才身上的双重反光现象，把修辞学家所称做的对称法上升到了最高境界，这便是从正反面去观察事物的至高无上的才能。

莎士比亚便孜孜不倦于追求诗句的对偶。因此，只透过他的某一特点来评价他整个的人，而且是像他这样一个人，是不公正的。事实上，莎士比亚就像所有真正伟大的诗人一样，无可争辩地应当获得"酷似创造"这个赞语。而何谓创造呢？这便是善与恶、欢乐与忧伤、男人与女人、怒吼与歌唱、雏鹰与秃鹫、闪电与光辉、蜜蜂与黄蜂、高山与深谷、爱情与仇恨、勋章与耻辱、规矩与变形、星辰与庸俗、高尚与卑下。世界上永恒的对称就是大自然。从其中所产生的反义语的对称，充满在人的一切活动中——既存在于寓言与历史，也存在于哲学与语言。你成为复仇女神，人们便称你为欧墨尼德斯；你弑杀生父，人们便称你为菲罗帕特尔；你成为一名功勋卓著的将军，人们便将你昵称为"小小的班长"。

莎士比亚的对称遍存于他的作品，无处不有，俯拾皆是。这种对称普遍存在：生与死、冷与热、公正与偏斜、天使与魔鬼、苍穹与大地、鲜花与雷电、音乐与和声、灵魂与肉体、伟大与渺小、宽广与狭隘、浪花与泡沫、风暴与口哨、灵魂与鬼影。正是基于这些人世间遍存的冲突，这种循环交替的反复，这种永存不变的正反，这种最为基本的对照，这种普遍而永恒的矛盾，画家伦伯朗才构成了他的明暗，雕塑家比拉内斯才创造了他的曲线。若要想将对称从艺术中除去，那你就先将它从大自然中剔除一尽吧。

【法】雨果

36. 对作者说明"红宝石"的特征的作用，分析准确的一项是 _____。
   A. 引出对天才特征的分析　　　　　　B. 与天才的特征形成对比
   C. 引起人们的阅读兴趣　　　　　　　D. 与天才的特征形成类比

37. 对"所有的天才都具有双重性"中的"双重性"表述正确的一项是 _____。
   A. 红宝石的双重反光、双重折射现象　B. 充满在人的一切活动中的反义语的对称
   C. 从正反面观察事物的至高无上的才能　D. 人世间普遍存在的冲突和永恒的矛盾

38. 作者称莎士比亚"无可争辩地应当获得'酷似创造'这个赞语"，下列分析不能作为其理由的一项是 _____。
   A. 莎士比亚孜孜不倦地追求诗句的对偶
   B. 莎士比亚的作品不仅反映了大自然的对称，而且真实地再现了充满永恒对称的人类社会生活
   C. 人世间遍存的冲突、对称在莎士比亚的作品中俯拾皆是
   D. 莎士比亚作为一个文学艺术家，其本身的活动也体现了永恒的对称

39. 不属于莎士比亚作品所体现的"对称"的一项是 _____。
   A. 双重反光和双重折射　　　　　　　B. 人世间遍存的冲突
   C. 永存不变的正反　　　　　　　　　D. 普遍而永恒的矛盾

40. 下列对原文有关内容的理解，不正确的一项是 _____。

    A. 天才的艺术家善于描写生活中的对称，并且通过生动的艺术形象表现出来

    B. 在精神和物质领域，都有着彼此相同的对称现象

    C. 埃斯库罗斯和尤维纳尔的第一行诗，集中体现了诗人自身在精神与物质领域的"双重反光"

    D. 莎士比亚作品具有普遍的对称，这是由自然和社会生活本身所固有的对称性所决定的

（三）阅读下面短文，回答下列五道题。

你必须有一样是出色的

    很久以前，德国一家电视台推出了重金征集"10 秒钟惊险镜头"的活动。许多新闻工作者为此趋之若鹜，征集活动一时成为人们关注的焦点。在诸多参赛作品中，一个名叫"卧倒"的镜头以绝对的优势夺得了冠军。拍摄这 10 秒钟镜头的作者是一个名不见经传的刚刚踏入工作岗位的年轻人，而其他参赛选手多是一些在圈内很有名气的大家。所以，这个 10 秒钟的镜头一时引起轰动。对于这个作品，每个人都渴望一睹为快。几个星期以后，获奖作品在电视的强档栏目中播出。那天晚上，大部分人都坐在电视机前看了这组镜头，最初是等待、好奇或者议论纷纷，10 秒钟后，每一双眼睛里都是泪水。可以毫不夸张地说，德国在那 10 秒钟后足足肃静了 10 分钟。镜头是这样的：在一个小火车站，一个扳道工正走向自己的岗位，去为一列徐徐开来的火车扳道岔。这时在铁轨的另一头，还有一列火车从相反的方向驶近车站。假如他不及时扳道岔，两列火车必定相撞，造成不可估量的损失。这时，他无意中回头一看，发现自己的儿子正在铁轨那一端玩耍，而那列开始进站的火车就行驶在这条铁轨上。抢救儿子或避免一场灾难——他可以（①）的时间太少了。那一刻，他（②）地朝儿子喊了一声："卧倒！"同时，冲过去扳动了道岔。一眨眼的工夫，这列火车进入了预定的轨道。

    那一边，火车也呼啸而过。车上的旅客丝毫不知道，他们的生命曾经千钧一发，他们也丝毫不知道，一个小生命卧倒在铁轨边上——火车轰鸣着驶过的铁轨边上，丝毫未伤。那一幕刚好被一个从此经过的记者摄入镜头中。人们（③），那个扳道工一定是一个非常优秀的人。后来人们才渐渐知道，那个扳道工是一个普普通通的人。许多记者在采访中了解到，他唯一的优点就是忠于职守，从不迟到、旷工或误工过一分钟。这个消息几乎震住了每一个人，而更让人意想不到的是，他的儿子是一个弱智儿童。他告诉记者，他曾一遍又一遍地（④）儿子说："你长大以后能干的工作太少了，你必须有一样是出色的。"儿子听不懂父亲的话，依然傻乎乎的，但在生死攸关的那一秒钟，他却"卧倒"了——这是他在跟父亲玩打仗游戏时唯一听懂并做得最出色的动作。

41. 下列加点词语注音不正确的一项是 _____。

    A. 趋之若鹜（wù）   拍摄（shè）   B. 名不见经传（chuán）   强档（dàng）

    C. 不可估量（liáng）   扳道工（bān）   D. 性命攸关（yōu）   道岔（chà）

42. 文章括号处填入的词语，最恰当的一组是 _____。

    A. 判断　焦急　猜测　告诫   B. 选择　焦急　推断　教导

    C. 判断　威严　推断　教导   D. 选择　威严　猜测　告诫

43. "最初是等待、好奇或者议论纷纷，10 秒钟后，每一双眼睛里都是泪水。可以毫不夸张地说，德国在那 10 秒钟后足足肃静了 10 分钟。"对此句主要采用的手法和作用分析准确的是 _____。

A. 对比　表现作品的震撼力
B. 夸张　表现人们受感动的程度
C. 借代　表现受震撼的范围广
D. 比喻　形象表现人们感动的状态

44. 在面临"抢救儿子或避免一场灾难"时，扳道工的选择体现出他具有怎样的品质？分析准确的一项是 _____。

A. 伟大的父爱
B. 忠于职守，无私忘我
C. 大公无私，舍己为人
D. 强烈的责任心和使命感

45. 对那位名不见经传的记者的作品以绝对的优势获奖的原因，分析不恰当的一项是 _____。

A. 作品足以震慑观众的心灵
B. 展示了普通人的高大形象
C. 作者名不见经传，其他都是名家
D. 突显出忠于职守的总要

(四)阅读下面短文。回答下列五道题。

桥的运动

桥是种固定建筑物，一经造成，便屹立大地，可以千载不移，把它当做地面标志，应当是再准确不过的。《史记·苏秦列传》里有段故事："尾生（人名）与女子期于梁下，女子不来，水至不去，抱柱而死。"他们所以约定在桥下相会，就因为桥是不会动的，但是，这里所谓不动，是指大动而言，至于小动、微动，它却和万物一样，是持续不断、分秒不停的。

车在桥上过，它的重量就使桥身变形，从平直的桥身变为弯曲的桥身，就同人坐在板凳上，把板凳坐弯一样。板凳的腿，因为板的压迫，也要变形，如果这腿是有弹簧的，就可看出，这腿是被压短了。桥身的两头是桥墩，桥上不断行车，桥墩就像板凳腿一样，也要被压短而变形。把板凳放在泥土上，坐上人，板凳腿就把人的重量传到泥土中，使泥土发生变形。桥墩也同样使下面的基础变形。桥身的变形表示桥上的重量传递给桥墩了，桥墩的变形表示桥身上的重量传递给基础了，基础的变形表示桥墩上的重量传递给桥下的土地了。通过桥身、桥墩和基础的变形，桥上的一切重量就都逐层传递，最后到达桥下的土地中，桥上的重量终为地下的抵抗所平衡。物体所以能变形，是由于内部分子的位置有变动，也就是由于分子的运动。

车在桥上高速行驶时，使桥梁整体发生震动。此外，桥还受气候变化的侵袭。在狂风暴雨中，桥是要摆动或扭动的；就是在冷暖不均、温度有升降时，桥也要伸缩，形成蠕动。桥墩在水中，经常受水流的压迫和风浪的打击，就有摇动、转动和滑动的倾向而在地基内发生移动。此外，遇到地震，全桥还会受到水平方向和由下而上的推动。所有以上种种的动而引起的桥的变形，加上桥上重量和桥本身重量所引起的变形，构成全桥各部的总变形。任何一点的变形，就是那里的分子运动的综合表现。

桥是固定建筑物，所谓固定就是不在帘间有走动，不像车船能行走。但是，天地间没有完全固定的东西，桥的平衡只能是瞬间现象，它仍是桥的运动的一种特殊状态。桥的运动是桥的存在形式。

46. 根据文意，对"桥是不会动的"理解正确的一项是 _____。
    A. 桥不会移动，处于完全静止的状态
    B. 桥在有重车疾驰、巨浪冲击时是岿然不动的
    C. 桥上无车无人，只有本身重量时，它不发生变形
    D. 桥小动、微动不止，但人们察觉不出桥在空间中的变化

47. 文中用"人坐在板凳上"为喻的本体是 _____。
    A. 桥   B. 桥身变形   C. 车在桥上驶过   D. 桥能承重

48. 下列不属于桥的运动形态的一项是 _____。
    A. 桥身变形   B. 桥墩变短   C. 桥基变形   D. 桥重改变

49. 按照本文，不属于桥动原因的一项是 _____。
    A. 桥的重量与地下的抗衡   B. 气候变化的侵袭
    C. 冷暖不均、温度有升降   D. 地震

50. 下列对本文中心的归纳，正确的一项是 _____。
    A. 桥在重力作用和各种外力的影响下会发生变形
    B. 桥无时无刻不在运动，桥的运动就是桥的存在形式
    C. 桥的平衡是桥的运动的一种特殊状态，是瞬间现象
    D. 桥任何一点的变形，就是那里的分子运动的综合表现

第二部分 数学基础能力测试

（25 题，每题 4 分，满分 100 分）

1. $\sum_{k=1}^{2n}(-1)^k \cdot \sum_{k=1}^{2n}1$ 的值等于（　　）.
   A. 0   B. n C. $-n$ D. $2n$

2. 一个容器中盛有纯酒精 10 升，第一次倒出若干升后，用水加满，第二次倒出同样的升数，再用水加满，这时容器中酒精的浓度是 36%，则每次倒出的溶液为（　　）.
   A. 4 升   B. 5 升   C. 7 升   D. 8 升

3. 某产品由甲、乙两种原料混合而成，甲、乙两种原料所占比例分别为 x 和 y，若当甲的价格在 60 元的基础上上涨 10%，乙的价格在 40 元的基础上下降 10% 时，该产品的成本保持不变，那么 x 和 y 的值分别为（　　）.
   A. 50%，50%   B. 40%，60%   C. 60%，40%   D. 45%，55%

4. 已知如图所示，梯形 $ABCD$，$AD /\!/ BC$，$\angle B = 45°$，$\angle C = 120°$，$AB = 8$. 则 CD 长为（　　）.

   A. $\dfrac{8\sqrt{6}}{3}$ B. $4\sqrt{6}$

   C. $\dfrac{8\sqrt{2}}{3}$ D. $4\sqrt{2}$

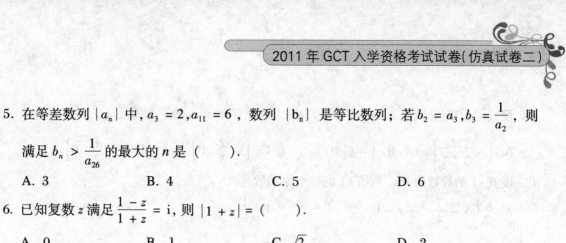

5. 在等差数列 $\{a_n\}$ 中, $a_3 = 2, a_{11} = 6$, 数列 $\{b_n\}$ 是等比数列; 若 $b_2 = a_3, b_3 = \dfrac{1}{a_2}$, 则满足 $b_n > \dfrac{1}{a_{26}}$ 的最大的 n 是 (   ).

A. 3　　　　　　　B. 4　　　　　　　C. 5　　　　　　　D. 6

6. 已知复数 z 满足 $\dfrac{1-z}{1+z} = \mathrm{i}$, 则 $|1+z| = $ (   ).

A. 0　　　　　　　B. 1　　　　　　　C. $\sqrt{2}$　　　　　　　D. 2

7. 把正方形 $ABCD$ 沿对角线 AC 折起, 当以 A、B、C、D 四点为顶点的三棱锥体积最大时, 直线 BD 和平面 ABC 所成的角的大小为 (   ).

A. 90°　　　　　　B. 60°　　　　　　C. 45°　　　　　　D. 30°

8. $\left(|x| + \dfrac{1}{|x|} - 2\right)^3$ 展开式中的常数项是 (   ).

A. 12　　　　　　B. 20　　　　　　C. -12　　　　　　D. -20

9. 已知向量 $a = (\sqrt{2}, 3), b = (-1, 2)$, 若 $ma + b$ 与 $a - 2b$ 平行, 则实数 m 等于 (   ).

A. -2　　　　　　B. 2　　　　　　C. $-\dfrac{1}{2}$　　　　　　D. $\dfrac{1}{2}$

10. 3 名医生和 6 名护士被分配到 3 所学校为学生体检, 每校分配 1 名医生和 2 名护士, 不同的分配方法共有 (   ) 种.

A. 90　　　　　　B. 180　　　　　　C. 270　　　　　　D. 540

11. 抽签面试时, 从 8 个考题中任取 1 个题解答, 如果 8 题中有 2 个难题, 6 个容易题, 第 3 名考生抽到难题的概率 $p = $ (   ).

A. $\dfrac{2}{8}$　　　　　　B. $\dfrac{2}{6}$　　　　　　C. $\dfrac{1}{6}$　　　　　　D. $\dfrac{3}{6}$

12. 若曲线 $y = ax^2$ 与曲线 $y = \sqrt{x-1}$ 相切. 则 $a = $ (   ).

A. $\dfrac{3\sqrt{3}}{16}$　　　　　　B. $\dfrac{9}{16}$　　　　　　C. $\dfrac{3}{4}$　　　　　　D. $\dfrac{3\sqrt{3}}{8}$

13. 平面直角坐标系中向量的集合: $A = \{a \,|\, a = (2, -1) + t(1, -1), t \in \mathbf{R}\}$, $B = \{b \,|\, b = (-1, 2) + t(1, 2), t \in \mathbf{R}\}$, 则 $A \cap B = $ (   ).

A. $\{(2, -1)\}$ 　　　　　　　　　　B. $\{(-1, 2)\}$

C. $\{(2, -1), (-1, 2)\}$ 　　　　　　D. ϕ

14. 设 $r > 0$. 在圆 $x^2 + y^2 = r^2$ 属第一象限部分的任意点作圆的切线, 切线被两坐标轴截下的线段长度的最小值是 (   ).

A. r　　　　　　B. $\sqrt{2}r$　　　　　　C. $\dfrac{\sqrt{2}r}{2}$　　　　　　D. $2r$

15. 已知一个圆锥的高和底面半径相等, 它的一个内接圆柱的高和圆柱的底面半径也相等, 则圆柱的全面积和圆锥的全面积之比等于 (   ).

A. $\dfrac{1}{\sqrt{3}}$　　　　　　B. $\dfrac{1}{\sqrt{2}}$　　　　　　C. $\sqrt{2} - 1$　　　　　　D. $\sqrt{3} - 1$

16. 设 $f(x)$ 的定义域是 $[-1, 0]$，则 $f(x - \frac{1}{3}) + f(\sin\pi x)$ 的定义域是（　　）.

   A. $\left[-\frac{2}{3}, \frac{1}{3}\right]$　　　B. $[-1, 0]$　　　C. $\left[-\frac{2}{3}, 0\right]$　　　D. $\left[-\frac{1}{2}, 0\right]$

17. 设 $f(x)$ 的导数为 $\ln x$，则 $f(x)$ 的一个原函数是（　　）.

   A. $\frac{x^2}{2}\ln x - \frac{3}{4}x^2 + x - 1$　　　　　　B. $\frac{1}{x}$

   C. $x\ln x - x$　　　　　　D. $\frac{1}{x} + x$

18. 设 $I = \int_{-\frac{\pi}{2}}^{\frac{\pi}{2}} (\arctan e^x + \arctan e^{-x})\mathrm{d}x$，则（　　）.

   A. $I < 0$　　　B. $I = 0$　　　C. $I = \pi$　　　D. $I = \frac{\pi^2}{2}$

19. 设 $F(x) = \int_0^x \left[\int_0^{u^2} \ln(1 + t^2)\mathrm{d}t\right]\mathrm{d}u$，则（　　）.

   A. 曲线 $f(x)$ 在 $(-\infty, 0)$ 内是凹的，在 $(0, +\infty)$ 内是凸的

   B. 曲线 $f(x)$ 在 $(-\infty, 0)$ 内是凸的，在 $(0, +\infty)$ 内是凹的

   C. 曲线 $f(x)$ 在 $(-\infty, +\infty)$ 内是凹的

   D. 曲线 $f(x)$ 在 $(-\infty, +\infty)$ 内是凹的

20. $I_1 = \int_{\frac{1}{2}}^1 \frac{\mathrm{d}x}{(1 + x^2)\sqrt{x}}$，$I_2 = \int_{\frac{1}{2}}^1 \frac{\mathrm{d}x}{(1 + x^2)\sqrt[3]{x}}$，$I_3 = \int_{\frac{1}{2}}^1 \frac{\mathrm{d}x}{(1 + x)\sqrt[3]{x}}$，则其大小关系为（　　）.

   A. $I_1 > I_2 > I_3$　　B. $I_2 > I_1 > I_3$　　C. $I_3 > I_2 > I_1$　　D. $I_3 > I_1 > I_2$

21. 在 $(0, +\infty)$ 内 $f'(x) > 0$，若 $\lim\limits_{x \to 2} \frac{f(x - 1)}{x - 2}$ 存在，则（　　）.

   A. 在 $(0, +\infty)$ 内 $f(x) > 0$

   B. 在 $(0, +\infty)$ 内 $f(x) < 0$

   C. 在 $(0, 1)$ 内 $f(x) > 0$，在 $(1, +\infty)$ 内 $f(x) < 0$

   D. 在 $(0, 1)$ 内 $f(x) < 0$，在 $(1, +\infty)$ 内 $f(x) > 0$

22. 行列式 $\begin{vmatrix} 2 & -1 & x & 2x \\ 1 & 1 & x & -1 \\ 0 & x & 2 & 0 \\ x & 0 & -1 & -x \end{vmatrix}$ 展开式中 x^4 的系数是（　　）.

   A. 2　　　　　B. -2　　　　　C. 1　　　　　D. -1

23. 设 α_1、α_2、α_3 线性无关，则（　　）也线性无关.

   A. $\alpha_1 + \alpha_2$、$\alpha_2 + \alpha_3$、$\alpha_3 - \alpha_1$

   B. $\alpha_1 + \alpha_2$、$\alpha_2 + \alpha_3$、$\alpha_1 + 2\alpha_2 + \alpha_3$

   C. $\alpha_1 + 2\alpha_2$、$2\alpha_2 + 3\alpha_3$、$3\alpha_3 + \alpha_1$

   D. $\alpha_1 + \alpha_2 + \alpha_3$、$2\alpha_1 - 3\alpha_2 + 22\alpha_3$、$3\alpha_1 + 5\alpha_2 - 5\alpha_3$.

24. 设 A 为 n 阶方阵，$r(A) = n - 3$，且 α_1、α_2、α_3 是 $AX = 0$ 的 3 个线性无关的解向量，则 $AX = 0$ 的基础解系为（　　）.

A. $\alpha_1 + \alpha_2$、$\alpha_2 + \alpha_3$、$\alpha_3 + \alpha_1$ B. $\alpha_2 - \alpha_1$、$\alpha_3 - \alpha_2$、$\alpha_1 - \alpha_3$

C. $2\alpha_2 - \alpha_1$、$\dfrac{1}{2}\alpha_3 - \alpha_2$、$\alpha_1 - \alpha_3$ D. $\alpha_1 + \alpha_2 + \alpha_3$、$\alpha_3 - \alpha_2$、$-\alpha_1 - 2\alpha_3$

25. 已知矩阵 $A = \begin{pmatrix} 0 & 10 & 6 \\ 1 & -3 & -3 \\ -2 & 10 & 8 \end{pmatrix}$，且 $a = \begin{pmatrix} 2 \\ -1 \\ 2 \end{pmatrix}$ 是 A 的一个特征向量，则 a 所对应的特征值是（   ）.

  A. 1   B. -1 C. 2   D. -2

第三部分   逻辑推理能力测试

（50 题，每小题 2 分，满分 100 分）

1. 在公路发展的早期，它们的走势还能顺从地貌，即沿河流或森林的边缘发展。可如今，公路已无所不在，狼、熊等原本可以自由游荡的动物种群被分割得七零八落。与大型动物的种群相比，较小动物的种群在数量上具有更大的被动性，更容易发生杂居现象。

  对上面文字最恰当的概括是：

  A. 公路发展的趋势。   B. 公路对动物的影响。

  C. 动物生存状态的变化。   D. 不同动物的不同命运。

2. 虽然世界市场上供应的一部分象牙来自被非法捕杀的野生大象，但还有一部分是来自几乎所有国家都认为合法的渠道，如自然死亡的大象。因此，当人们在批发市场上尽量限制自己只购买这种合法象牙时，世界上仅存的少量野生象群便不会受到威胁。

  以上的论证依据这样的假设，即：

  A. 试图将购买限制于与合法象牙的批发部能够可靠地区分合法与非法象牙。

  B. 在不久的将来，对于合法象牙产品的需求会持续增长。

  C. 目前世界上合法象牙的批发来源远远少于非法象牙的批发来源。

  D. 象牙的批发商总是意识不到世界象牙减少的原因。

3. 根据 1980 年的一项调查，所有超过 16 岁的美国公民中有 10% 是功能性文盲。因此，如果在 2000 年 16 岁以上的美国公民将达到 2.5 亿人的设想是正确的，我们可以预计，这些公民中有 2500 万人会是功能性文盲。

  下面哪个如果正确，将最严重地削弱上文作者得出的结论？

  A. 在过去的 20 年中，不上大学的高中毕业生的比例稳步上升。

  B. 从 1975 年到 1980 年，美国 16 岁以上的公民功能性文盲的比率减少了 3%。

  C. 在 1980 年接受调查的很多美国公民在 2000 年进行的一项调查中也将被包括在内。

  D. 设计不当的调查通常提供不准确的信息。

4. 检测系统 X 和检测系统 Y 尽管依据的原理不同，但都能及时测出并报告产品缺陷，而它们也都会错误地淘汰 3% 的无瑕疵产品。由于错误淘汰的成本很高，所以通过同时安装两套系统，而不是其中的一套或另一套，并且只淘汰两套系统都认为有瑕疵的产品就可以省钱。

以上论述需要下面哪一项假设？

A. 系统 X 错误地淘汰的 3% 的无瑕疵产品与系统 Y 错误地淘汰的 3% 的无瑕疵产品不完全相同。

B. 接受一个次品所造成的损失比淘汰一个无瑕疵产品所造成的损失更大。

C. 在同等价格范围的产品中，X 系统和 Y 系统是市场上最少出错的检测系统。

D. 不论采用哪一系统，第二次检测只需要对第一次没被淘汰的产品进行检测。

5. 为提供额外收入改善城市公交服务，格林威尔的市长建议提高车费。公交服务公司的领导却指出，前一次提高公交车费导致很多通常乘公交车的人放弃了公交服务系统，以致该服务公司的总收入下降。这名领导争辩道，再次提高车费只会导致另一次总收入下降。

该名领导的论述基于下面哪个假设？

A. 太高车费不一定引起城市公共汽车服务业的收入减少。

B. 降低车费可以吸引更多的乘客，从而提高了公共汽车服务的收入。

C. 抬高车费，格林威尔的公共汽车服务会比同等城市的公共汽车服务昂贵。

D. 目前乘坐公共汽车的人可以选择不坐公共汽车。

6. 所有种类的毛虫都产生一种同样的称为"幼年荷尔蒙"的激素。这种激素维持了进食的行为。只有当毛虫生长到可以化蛹的大小时，一种特殊的酶才会阻止幼年荷尔蒙的产生。这种酶可以被合成，一旦被未成熟的毛虫吸收，就可以通过阻止毛虫进食而杀死它们。

下面哪个如果正确，最强有力地支持了这种观点，即通过向农田喷射上文中提到的酶来消灭经历毛虫阶段的农业害虫是不可取的？

A. 大多数种类的毛虫被一些自然捕食行为吃掉了。

B. 许多农业害虫不经历毛虫阶段。

C. 许多对农业有益的昆虫经历毛虫阶段。

D. 因为不同种类的毛虫出现在不同时期，必须进行若干次喷射。

7. 某研究所对该所上年度研究成果的统计显示：在该所所有的研究人员中，没有两个人发表的论文的数量完全相同；没有人恰好发表了 10 篇论文；没有人发表的论文的数量等于或超过全所研究人员的数量。

如果上述统计是真实的，则以下哪项断定也一定是真实的？

Ⅰ. 该所研究人员中，有人上年度没有发表 1 篇论文。

Ⅱ. 该所研究人员的数量，不少于 3 人。

Ⅲ. 该所研究人员的数量，不多于 10 人。

A. 只有Ⅱ。　　　　 B. 只有Ⅲ。　　　　 C. 只有Ⅰ和Ⅲ。　　　 D. Ⅰ、Ⅱ和Ⅲ。

8. 虽然美国和加拿大内科医生占人口总数的比例大致相同，但美国人均拥有的外科医生比加拿大多 33%。显然正是因为这个原因，在美国平均每人做的手术比加拿大人多 40%。

上面的解释依据的假设是：

A. 美国的患者对手术的需要不比加拿大的患者多。

  B. 美国的人口不比加拿大人口多。

  C. 美国患者有时去加拿大做某种手术。

  D. 美国的普通医生直接把患者交给外科医生之前，原则上不给要做手术的患者检查。

9. 除了企业购买外，在过去五年中，购买一辆新汽车的平均开支金额增长了 30%。在同样的时间中，购买汽车的开支占家庭平均预算的比例并未发生变化。因此，在过去的 5 年中家庭的平均预算一定也增加了 30%。

  以上论述依据下面哪个假设？

  A. 在过去 5 年中，平均每个家庭购买的新车的数量没有变化。

  B. 在过去 5 年中，企业平均在每辆新车上的花费增长了 30%。

  C. 在过去 5 年中，家庭平均花在和汽车有关的方面的费用没有变。

  D. 在过去 5 年中，家庭平均花在食物和住房上的花费没有变。

10. 社论：对核能持批评态度的人抱怨继续经营现有的核电厂可能会导致严重的危害。但是这样的抱怨并不能证明关闭这些核电厂是合理的。毕竟，它们的经营导致的危害还不及燃煤和燃油发电厂——最重要的其他电力来源——产生的污染导致的危害大。

  以上论述依据下面哪个假设？

  A. 仅当能证实核电厂的继续经营比现在经营已造成的危害大时，现有核电厂才应该被关闭。

  B. 关闭核电厂会大量增加对燃煤发电厂或燃油发电厂的依靠性。

  C. 到目前为止，现在燃煤发电厂和燃油发电厂的经营产生的危害已相当大。

  D. 继续经营核电厂可能产生的危害能根据它们以前产生的危害可靠地预测。

11. 上一个冰川形成并从极地扩散时期的一种珊瑚化石在比它现在生长的地方深得多的海底发现了。因此，尽管它与现在生长的这种珊瑚看起来没有多大区别，但能在深水中生长说明它们之间在重要的方面有很大的不同。

  以上论述依据下面哪个假设？

  A. 尚未发现在冰川未从极地扩散之前的时期有这种珊瑚的化石。

  B. 冰川扩散时代的地理变动并未使这种珊瑚化石下沉。

  C. 今天的这种珊瑚化石大都生活在与那些在较深处发现的这种珊瑚化石具有相同地理区域的较浅位置。

  D. 已发现了冰川从极地扩散的各个时期的这种化石。

12. 普里兰的人口普查数据表明，当地 30 多岁未婚男性的人数是当地 30 多岁未婚女性人数的 10 倍。这些男性都想结婚，但是很显然，除非他们多数与普里兰以外的妇女结婚，否则除去一小部分外，大多数还会是独身。

  以上论述依据下面哪个假设？

  A. 女性比男性更容易离开普里兰。

  B. 30 多岁的女性比同年龄的男性更趋向于独身。

  C. 普里兰的男性不大可能和比他们大几岁或小几岁的女性结婚。

  D. 绝大部分未婚的普里兰的男性都不愿和外地女性结婚。

13. 对那些最先给封建主义起名字的作家来说，封建主义的存在也就预先假定了贵族主义的存在。然而正确地说来贵族阶级是不可能存在的，除非那些表明较高的贵族地位的头衔和这些头衔的继承权被法律所认可。尽管封建主义早在 8 世纪前就已经存在，但是直到 12 世纪，当许多封建机构处于衰落时，法律上承认的世袭贵族头衔才第一次出现。

上面的陈述如果正确，最强有力地支持下面的哪一个主张？

A. 认为封建主义从定义上讲要求贵族阶级的存在就是在使用一个歪曲历史的定义。

B. 12 世纪之前，欧洲的封建制度机构是在没有统治阶级存在的情况下运行的。

C. 某个社会团体具有与众不同的法律地位的事实本身并不足以说明这个团体可被合情合理地认为是一个社会阶层。

D. 按照贵族这一词的最严格的定义来讲，先前的封建机构的存在是贵族阶级出现的先决条件。

14. 美国某些州针对在其境内购买的大多数产品的价格增收了 7% 的销售税。从而，这项税收如果被视为一种收入税，则其与联邦收入税的效果是相反的。即：收入越低，每年收入被征税的比率越高。

下面哪个说法被假定为前提时，可以适当得出以上结论？

A. 不同收入水平的人在该州税法适用的产品上所花费的钱都是一样的。

B. 联邦收入税对高收入的人有利，而某些州的消费税对低收入的人有利。

C. 年收入较低的人可能把他们的收入中相对较高的比例用来支付州的消费税。因为他们的联邦收入税相对要低。

D. 一个州的消费税越低，它越倾向于把较富的人的收入再分配到社会其他人那里。

15. 面试是成功的招聘程序中必要的一部分。因为有了面试之后，性格不符合工作需要的求职者可以不予考虑。

以上论证逻辑上依据下面哪个假设？

A. 如果一项招聘程序包括面试，它就会是成功的。

B. 一项成功的招聘程序中，面试比求职信的情况更重要。

C. 面试可以准确识别出性格不符合工作需要的求职者。

D. 面试的唯一目的是评价求职者的性格是否符合工作需要。

16. 一份最近的报告确定，尽管只有 3% 的在马里兰州的高速公路上驾驶的司机为其汽车装备了雷达探测器，因超速而被开罚单的汽车却有 33% 以上装备了雷达探测器。显然，在车上装备了雷达探测器的司机比没有这么做的司机更有可能经常超速。

以上得出的结论依据下面哪个假设？

A. 在汽车上装备了雷达探测器的司机比没有这么做的司机因超速而被开罚单的可能性更小。

B. 因超速时被开罚单的司机比超速而未被开罚单的司机更可能经常超速。

C. 因超速时被开罚单的汽车数量大于装备了雷达探测器的汽车数量。

D. 在该州报告涉及的时期内，许多因超速而被开罚单的汽车不止一次地被开罚单。

17. 在一个减肥计划开始前，病人被测试每天消耗的卡路里的平均数目。该计划中的医生给每个病人安排饮食，使其每日卡路里的摄入量低于正常摄入量的一定比值。医生预测遵从该饮食的每个病人可能会体重下降到预测重量。然而，病人没有减去预测中的重量。

下面哪一项如果为真，最能解释为什么病人没有减去医生所预测的体重？

A. 尽管他们遵从在讨论中的饮食，大多数病人没有成功地遵从其他饮食的经历。

B. 当病人限制他们的卡路里摄入，他们每天消耗的卡路里的平均数量下降了。

C. 该项目的医生成功预测过其他病人减去的体重。

D. 病人的卡路里摄入的迅速下降不会对他们遵从他们的饮食计划产生问题。

18. 由陨石撞击地球所形成的陨石坑在地球上虽然到处都有，但在地质较稳定的地区出现的陨石坑则最为密集。这种陨石坑的相对密集现象，肯定是由于地质较稳定地区较小的地表变化所造成的。

以下哪项是使上文结论成立的假设？

A. 落在同一地点的陨石，较晚落下的陨石会抹掉上一次陨石碰撞的所有痕迹。

B. 任何一个地区的地表变化节奏在不同的地质时期都不相同。

C. 最近，陨石在地球上的比例在不断上升。

D. 在整个地球的发展史上，陨石的碰撞均匀地分布在地球表面的各个地方。

19. 美国纸浆的出口量会显著上升，出口量上升的原因在于美元的贬值使得日本和西欧的造纸商从美国购买纸将比从其他渠道购买便宜。

下面哪个是为了得出以上结论所作的假设？

A. 日本和西欧的工厂产出的纸制品今年会急剧增加。

B. 美国生产的纸浆量足以满足日本和西欧的造纸商的生产目的。

C. 如果成本不成为影响因素，日本和西欧的造纸商倾向于使用美国生产的纸浆。

D. 对日本和西欧生产的纸制品的需求今年不会急剧增加。

20. 一家公司的人事主管调查了员工们对公司奖励员工绩效等级体系的满意度。调查数据显示得到较高等级的员工对该体系非常满意。这位人事主管从这些数据中得出结论认为，公司表现最好的员工喜欢这个体系。

这个人事主管的结论假定了下面的哪个说法？

A. 其他的绩效等级体系都比不上既有的体系。

B. 该公司表现最好的员工得到了了高的等级。

C. 得到低等级的员工对该体系不满意。

D. 从一种绩效等级体系中得到高等级的员工会喜欢这个体系。

21. 科西嘉岛上的野生摩佛伦绵羊是8000年前该岛逃出的家庭驯养的绵羊的直接后代。因此，它们为考古学家们提供了在刻意选种产生的现代绵羊开始之前早期驯养的绵羊的模样。

以上论证假设了下面哪一项？

A. 8000年前的驯养绵羊与现代的野生绵羊非常不同。

B. 同时逃过被家庭驯养的绵羊品种中，不存在其他的品种作为摩佛伦绵羊的祖先。

C. 现代驯养的绵羊是8000年前野生绵羊的直接后代。

D. 摩佛伦绵羊与它们8000年前的祖先的相似之处比它们与现代驯养的绵羊的相似之处多。

22. 在 20 年内，识别针对某个人可能有的对某种疾病的基因敏感性或许是可以做到的。结果是，可以找出有效的措施来抵制每种这样的敏感性。所以，一旦找到了这样的措施，按这些措施做的人就再也不会生病了。

    以上的结论依据下面哪个假设？

    A. 对每种疾病来讲只有一种阻止其发生的措施。

    B. 在将来，基因学是唯一的有重要意义的医学专业。

    C. 所有的人类疾病部分意义上都是个人基因敏感性的结果。

    D. 所有的人在基因上对某些疾病都是敏感的。

23. 地理学家和历史学家过去一直持有的观点认为南极是在 1820 年左右第一次被发现的。但是有些 16 世纪的欧洲地图上显示着与极地相似的一片区域，虽然那时的探险家从未见到过它。因此，有些学者争论说该大陆是被古代人发现并被画到地图上的，而大家知道这些古代人的地图曾为欧洲的制图者起到了模型的作用。

    下面哪个如果正确，最能削弱上面学者所得的推论？

    A. 谁最先发现南极的问题在现在依然很有争议，没有人能给出结论性的论据。

    B. 在 3000 年到 9000 年以前，地球比现在更温暖，极地很可能要比现在小。

    C. 只有几张 16 世纪的世界地图显示了南极大陆。

    D. 古代的哲学家认为在南极应该会有一大块地域来与北极大陆相平衡并使地球对称。

24. 航空公司是怎样来防止商业飞机的坠落的呢？研究表明，在所有这样的坠毁事故中，有 2/3 的事故归因于飞行员的失误。为了正视这个问题，航空公司通过增加课堂教育时间和强调飞行员在座舱里的通讯技巧来升级它们的训练方案。但是，期望这些措施能补偿飞行员实际飞行时间的缺乏是不现实的。因此，航空公司应当重新考虑它们的通过训练来减少商业飞机坠毁的方法。

    以上结论依据下面哪个假设？

    A. 训练计划能够消除飞行员的失误。

    B. 商业飞行员在他们的整个职业生涯中，要经历附加的日常训练。

    C. 缺乏实际飞行经验是飞行员在商业飞机坠毁事故中失误的主要原因。

    D. 如果飞行员训练计划能着重增加飞行员实际飞行的时间，那么航空公司的飞机坠毁数量就会下降。

25. 目前，要求私营企业为抽烟者和不抽烟者设立不同的办公区的法规是一种对私营部门进行侵犯的不合理法规。研究指出的不抽烟者可能会由于其吸入其他抽烟者的烟味而受害的事实并不是主要的问题。相反，主要的问题是政府侵犯了私营企业决定它们自己的政策和法规的权利。

    下面哪条原则如果能被接受，能合理地推出上述结论？

    A. 仅当个人可能会被伤害时，政府侵犯了私营企业的政策和法规的行为才是正当的。

    B. 个人呼吸安全空气的权利高于企业不受政府侵犯的权利。

    C. 企业的独自裁决权高于政府必须保护的个人的一切权利和义务。

    D. 保护雇员在工作场合不受伤害是私营企业的义务。

26. 同卵双生子的大脑在遗传上是完全相同的。当一对同卵双生子中的一个人患上精神分裂症时，受感染的那个人的大脑中的某个区域比没有受感染的那个人的大脑中的相应区域小。当双胞胎中的两个人都没有精神分裂症时，两个人就没有这样的差异。因此，这个发现为精神分裂症是由大脑的物质结构受损而引起的理论提供了确定的论据。

下面哪一点是上述论述所需要的假设？

A. 患有精神分裂症的人的大脑比任何不患精神分裂症的人的大脑小。

B. 精神分裂症患者大脑的某些区域相对较小不是精神分裂症治疗过程中使用药物的结果。

C. 同卵双生子中的一个人的大脑平均来说不比非同卵双生子的人的大脑小。

D. 当一对同卵双生子都患有精神分裂症时，他们大脑的大小是一样的。

27. 来自巴西的火蚁现在正大批出没于美国的南部地区。不像巴西的火蚁王后，在美国两个火蚁王后分享一个窝。来自这些窝的火蚁比来自单一王后的窝里的火蚁更具侵略性。通过摧毁几乎所有在它们的窝所属区域内出现的昆虫，这些具有侵略性的火蚁独自霸占了食物资源。于是这些火蚁的数量猛烈地增长。既然来自巴西的某些捕食火蚁的昆虫能限制那里的火蚁数量的增加，那么向美国进口这些不是火蚁的昆虫来抑制该地区火蚁数量的增加将从整体上对那儿的环境有益。

下面每一项如果正确都可以推出上面的结论，除了：

A. 进口的捕食火蚁的巴西昆虫对美国环境造成的危害不比火蚁自身对环境造成的危害大。

B. 来自巴西的那些捕食火蚁的昆虫在美国环境中也能存活。

C. 火蚁的天敌能在这些火蚁扩展到更北方的州之前控制住火蚁的增长。

D. 那些来自巴西的捕食火蚁的昆虫不会被异常凶猛的双火蚁王后杀死。

28. 戴尔制造业的工人很快就要举行罢工了，除非管理部门给他们涨工资。因为戴尔的总裁很清楚，为给工人涨工资，戴尔必须卖掉它的一些子公司。所以，戴尔的某些子公司将被出售。

假设下面哪一项，就可以推出上面的结论？

A. 戴尔制造业将会开始蒙受更多的损失。

B. 戴尔的管理部门将会拒绝给它的工人涨工资。

C. 在戴尔制造业工作的工人将不会举行罢工。

D. 戴尔的工人不会接受以一系列改善的福利来代替他们渴望的工资增加。

29. 要断定一个新的概念，例如"私人化"这个概念能多快在公众中占据一席之地的一个确信的办法是观察代表这个概念的单词或短语多快能变成一种习惯用法。关于短语是否确实已被认为变成一种习惯用法可以从字典编辑那里得到专业的意见。他们对这个问题总是非常地关心。

上面描述的断定一个新概念能多快被公众接受的办法依赖于下面哪个结论？

A. 字典编辑从职业上讲对那些很少使用的短语并不感兴趣。

B. 字典编辑有确切的数量标准来断定一个单词是在什么时候转变成一种习惯用法的。

C. 当一个单词转变成一个习惯用法时，它的意思在转变的过程中不会受到任何严重的歪曲。

D. 一个新的概念要被接受，字典编辑就必须在他们的字典里收录相关的单词和语句。

30. OSHA（职业安全与健康署）的成立是为了保护工人免遭事故及远离工作中的危险条

件。在存在 OSHA 的情况下，与工作相关的事故数量实际上有所增加。这显示了该机构的无能。

下面哪个关于事故发生数量增加期间的陈述，如果正确，将最严重地削弱以上的论述？

A. 很多工作在 OSHA 最初成立时的立法中被排除在其管辖范围之外，现在继续处于其管辖范围之外。

B. OSHA 被分配到更多种类的工作场所去进行监督。

C. 工作的工人总数有所增加，而在 OSHA 监管的职业中，与工作相关的死伤数与劳动力数量之比有所下降。

D. OSHA 发布的规章制度遇到当选官员和大众媒体的政治批评。

31. 在一些 19 世纪的绘画作品中，雅典卫城的大理石建筑物被画成红色。但这些建筑物现在并不是红色，而大理石的天然色彩从 19 世纪以来不可能发生变化。因此，这些画表现的色彩一定不是这些建筑物实际的色彩。

下面哪一个如果正确，最严重地削弱上面的论述？

A. 雅典卫城几乎可以在雅典的任何地点被看见。

B. 生长在大理石上的一种叫做地衣的小植物可使大理石呈红色。

C. 19 世纪许多画家在绘画时极力在细节上忠实于真实生活。

D. 不是所有的 19 世纪的关于雅典卫城的油画都把大理石建筑物描绘成红色。

32. 在 20 世纪 80 年代期间，海洛因服用者就诊医院急诊室的次数增加比率超过了 25%。因此很明显，在那个 10 年中海洛因的服用在增加。

假设下面哪一项，作者的结论可被合理地推出？

A. 那些因服用海洛因而寻求医学治疗的人通常在上瘾的后期阶段接受治疗。

B. 那些海洛因服用者经常就诊医院急诊室。

C. 海洛因服用者就诊医院急诊室的次数与海洛因被吸食的发生率成比例。

D. 自从 1980 年以来，服用海洛因的方法已经改变，新的方法降低了服用海洛因的危害性。

33. 一种病毒可以通过杀死吉卜赛蛾的幼虫从而有助于控制该蛾的数量。这种病毒一直存在于幼虫的身上，但每隔六七年才能杀死大部分幼虫，从而大大降低吉卜赛蛾的数量。科学家们认为，这种通常处于潜伏状态的病毒，只有当幼虫受到生理上的压迫时才会被激活。

如果上文中科学家所说的是正确的，下面哪种情况最有可能激活这种病毒？

A. 在吉卜赛蛾泛滥成灾的地区，天气由干旱转变为正常降雨。

B. 连续两年被吉卜赛蛾侵袭的树林，树叶脱落的情况与日加剧。

C. 寄生的黄蜂和苍蝇对各类幼虫的捕食。

D. 由于吉卜赛蛾数量过多而导致的食物严重短缺。

34. 弗吉尼亚和她的兄弟威廉在关于他们的父亲的生日问题上意见不一致。弗吉尼亚认为是 1935 年，威廉则认为是 1933 年。他们的父亲出生的那家医院没有 1933 年的记录，但是有 1935 年的完整记录——记录中不包括他们的父亲的出生记录。因此，他们的父亲一定出生在 1933 年。

以上论证依赖于下列哪一项假设？

A. 或者弗吉尼亚或者威廉的看法是正确的。

B. 他们的父亲出生的那家医院的纪录始于 1933 年。

C. 弗吉尼亚和威廉知道他们的父亲出生的日期和月份。

D. 弗吉尼亚和威廉的亲戚中没有一个知道他们的父亲的生日。

35. 在美国所有的捐献血液中 45% 是 O 型的。由于 O 型血液适合于任何人，所以在没有时间测定患者是何种血型的危急时刻，O 型血是不可缺少的。O 型血是唯一可以与其他人和血型相融的血型，所以它可以输给任何患者。然而正是由于这一用途，O 型血长期处于短缺状态。

如果上文的陈述是正确的，那么下面哪一项也一定是正确的？

A. O 型血的特殊用途基于这样一个事实：它与大部分人的血型是相融的。

B. O 型血的供应一直很少，以至于在最能体现它有用性的危急时刻，它往往是不够用的。

C. 美国 45% 的人的血型是 O 型，这使得 O 型血成为最普遍的血型。

D. 要决定输送任何非 O 型血时患者的血型都必须被快速地测定出来。

36. 厚厚的积雪可以使非同寻常的恶劣天气持续下去。如果一场严重的冬季暴风雪覆盖了大平原地区，那么积雪将太阳光的辐射反射回空中从而保持地面低温。由此，从加拿大南下的冷空气可以保持足够冷的温度从而引发更多的暴风雪。

从上述信息中能适当地得出以下哪项结论？

A. 大平原地区的冬天气候是气团不正常运动的结果。

B. 大平原比其他地区更易遭受非常恶劣天气的影响。

C. 如果在大平原地区的初冬有比正常情况下更多的降雪，并且降雪一直保留到春天才融化，则该冬季很可能比通常的冬季更冷。

D. 即使大平原的气温只是低于冰点而不是非常低，一场不大的降雪也可能会转变成大的暴风雪。

37. 关于财务混乱的错误谣言损害了一家银行的声誉。如果管理人员不试图反驳这些谣言，它们就会传播开来并最终摧毁顾客的信心。但如果管理人员努力驳斥这种谣言，这种驳斥使怀疑增加的程度比使它减少的程度更大。

如果以上的陈述都是正确的，根据这些陈述，下列哪一项一定是正确的？

A. 银行的声誉不会受到猛烈的广告宣传活动的影响。

B. 管理人员无法阻止已经出现的威胁银行声誉的谣言。

C. 面对错误的谣言，银行经理的最佳对策是直接说出财务的真实情况。

D. 关于财务混乱的正确的传言，对银行储户对该银行的信心的影响没有错误的流言大。

38. 在 20 世纪 30 年代，可以产出绿色或褐色纤维的特种棉花就已经出现了。但是，直到最近培育出一种可以机纺的长纤维品种之后，它们才具有了商业上的价值。由于这种棉花不需要染色，加工企业就避免了染色的开销以及由于除去残余的染料及其副产品所带来的生态危险。

如果以上论述为真，可以推出以下哪个结论？

A. 就生态而言，加工长纤维棉花要比加工短纤维棉花更安全。

B. 只能手纺的绿色或褐色棉花在商业上不具有价值。

C. 就生态而言，手纺的棉花比机纺的棉花会更安全。

D. 短纤维的普通棉花从经济角度说比合成纤维更有竞争力。

39～40 题基于以下题干：

气象学家称，当他们设计出能够刻画大气层一切复杂细节的准确数学模型的时候，他们就能做出完全准确的天气预报。这其实是一种似是而非的夸耀。这种夸耀永远无法证明是错的。因为任意一次天气预报只要有失误，就能在相关的数学模型上找到不准确之处。因此，气象学家的这种宣称是没有意义的。

39. 以下哪项如果为真，最能作为驳斥上述观点（即气象学家的宣称没有意义）的依据？

A. 某些不同寻常的数据结构可以作为准确天气预报的基础，即使确切的原因机制尚不明了。

B. 随着数学模型的准确性越来越高，天气预报的准确性也越来越高。

C. 像火山爆发这样的灾难性事件的气象后果的数学模型正在开始构建。

D. 现代天气预报已达到85% 的准确率。

40. 除上述题干提出的质疑以外，以下哪项如果为真，将对气象学家的宣称提出最严重的质疑？

A. 像火山爆发这类矿物燃料的燃烧，以及其他一些自然过程是不能精确量化的。这些自然过程正对大气层结构产生巨大和持续的影响。

B. 随着最新的大气数学模型的不断改进，数学模型处理复杂细节的能力越来越强。但在处理复杂性细节上哪怕上一个小台阶，都意味着要增加一大群计算机。

C. 要建立大气层理想的数学模型，首先必须确保在地面和空中的巨大数量的网点上源源不断地收集准确的气象数据。

D. 依据目前的大气层数学模型，大范围的天气预报要比局部性的天气预报准确得多。

41～45 题基于以下题干：

一场马术表演中共有七个障碍物：一个鸡笼、一道障碍门、两道石墙以及三道栅栏。这七个障碍物从 1 到 7 被连续编号，它们的编号和摆放依赖下列条件：

（1）任何两道栅栏都不能连续摆放。

（2）石墙必须连续摆放。

41. 如果有一道栅栏被摆放在 3 号位，还有一道栅栏被摆放在 6 号位，则下列哪一项必定为真？

A. 鸡笼在 7 号位。 B. 障碍门在 2 号位。

C. 有一道石墙在 1 号位。 D. 有一道石墙在 4 号位。

42. 如果有一道石墙被摆放在 7 号位，则下列哪一项必定为假？

A. 鸡笼在 2 号位。 B. 有一道栅栏在 1 号位。

C. 有一道栅栏在 2 号位。 D. 障碍门在 4 号位。

43. 下列哪一项中描述的位置不能摆放三道栅栏？

A. 1、3、5 号位。　　　　　　　　　　　B. 1、3、6 号位。

C. 2、4、6 号位。　　　　　　　　　　　D. 2、4、7 号位。

44. 如果有一道石墙紧邻障碍门后面摆放，则关于障碍门可以摆放的位置，下列哪一项是完全而准确的描述？

A. 2、3 号位。　　　　　　　　　　　　B. 2、4 号位。

C. 2、3、4 号位。　　　　　　　　　　　D. 3、4 号位。

45. 如果鸡笼不紧邻任何栅栏后面摆放，则关于鸡笼可以摆放的位置，下列哪一项是完全而准确的描述？

A. 1、2、3 号位。　　　　　　　　　　　B. 1、3、4 号位。

C. 1、2、3、4 号位。　　　　　　　　　D. 1、3、4、6 号位。

46～50 题基于以下题干：

一个徒步旅行者打算利用一周时间（周一至周六）在一个山区进行一次包括五段旅程的徒步旅行。这五段旅程分别是：峡谷行、湖泊行、松林行、河流行和村庄行。其中村庄行要用连续两天时间，其他旅行各用一天时间。徒步旅行者的总体计划由于受不同旅程段自然条件的制约，因而将受到下列限制：

（1）峡谷行必须安排在周一或周二。

（2）周五和周六不能都安排村庄行。

（3）湖泊行既不能安排在村庄行的前一天，也不能安排在村庄行的后一天。

46. 如果徒步旅行者的计划中包括将松林行安排在周三，那么下列哪项也必须包括在计划之内？

A. 峡谷行安排在周一。　　　　　　　　　B. 湖泊行安排在周一。

C. 湖泊行安排在周二。　　　　　　　　　D. 河流行安排在周六。

47. 如果徒步旅行者的计划中包括将松林行和河流行（就是这个顺序）连续安排两天，那么这两天必定是：

A. 在峡谷行之前。　　B. 在湖泊行之后。　　C. 在村庄行之后。　　D. 在湖泊行之前。

48. 就徒步旅行可以安排湖泊行的日期而言，下列哪一项是一个完全而准确的排列？

A. 周一，周二。　　　　　　　　　　　　B. 周一，周二，周五。

C. 周一，周二，周三，周六。　　　　　　D. 周一，周二，周五，周六。

49. 如果徒步旅行者的计划中将湖泊行安排在村庄行之前某一天，那么该计划也必须包括：

A. 湖泊行安排在峡谷行之前某一天。　　　B. 湖泊行安排在松林行之前某一天。

C. 松林行安排在河流行之前某一天。　　　D. 河流行安排在村庄行之前某一天。

50. 关于徒步旅行者的计划，下列哪一项是真的？

A. 峡谷行必须安排在村庄行之前某一天。

B. 峡谷行和湖泊行必须安排成连续的两天。

C. 松林行和河流行必须安排成连续的两天。

D. 村庄行必须安排在周三。

第四部分　外语运用能力测试（英语）

（50 题，每小题 2 分，满分 100 分）

Part One　　　　　　Vocabulary and Structure

Directions: *In this part there are ten incomplete sentences, each with four suggested answers. Choose the one that you think is the best answer. Mark your answer on the **ANSWER SHEET** by drawing with a pencil a short bar across the corresponding letter in the brackets.*

1. The plastic flowers look so _____ that many people think they are real and can't help touching them.

　　A. beautiful　　　　B. natural　　　　C. artificial　　　　D. similar

2. The police officer stopped David when he was driving home and _____ him of speeding.

　　A. charged　　　　B. accused　　　　C. blamed　　　　D. deprived

3. July didn't quite like her new boss, because she thought he always found _____ with her.

　　A. error　　　　B. mistake　　　　C. fault　　　　D. failure

4. The early typewriters produced letters quickly and neatly; the typists, _____ couldn't see their work on their machine.

　　A. however　　　　B. therefore　　　　C. yet　　　　D. although

5. I left for the office earlier than usual this morning _____ traffic jam.

　　A. at the risk of　　　　B. in case of　　　　C. for the sake of　　　　D. in line with

6. There is no doubt that the _____ you are, the _____ mistakes you will make in the exam.

　　A. careful; little　　　　　　　　B. more careful; less

　　C. more careful; few　　　　　　D. more careful; fewer

7. The next morning, she found the man _____ in bed dead.

　　A. lying　　　　B. lie　　　　C. lay　　　　D. laying

8. One of my friends asked _____ for the violin.

　　A. did I pay how much　　　　　　B. I paid how much

　　C. how much did I pay　　　　　　D. how much I paid

9. This must be the reason _____ he didn't come to the contest.

　　A. in which　　　　B. with which　　　　C. that　　　　D. for which

10. Under that tall tree _____ a man whose leg was broken.

　　A. lay　　　　B. lying　　　　C. is lying　　　　D. lies

Part Two　　　　　　Reading Comprehension

Directions: *In this part there are three passages and four advertisements. Each passage and the four advertisements are followed by five questions or unfinished statements. For each of them,* *there are four suggested answers. Choose the one that you think is the best answer. Mark your answer on the* **ANSWER SHEET** *by drawing with a pencil a short bar across the corresponding letter in the brackets.*

Questions 11-15 are based on the following passage:

Once, Angela shared her feelings about money, "Money worries me. I think I intend to live without money because I HATE MONEY." We were all touched by her words as they reminded us of the spiritual burdens that money managing can bring to us. Later I offered to help Angela deal with her financial problems. She hesitated to accept my offer, and I could see she was afraid of what it might involve. I quickly assured her that I wouldn't make her do more than she was able to. I told her frankly that I wouldn't burden her with guilt, judgments, or impossible tasks. All I would ask her to do was to let me help her look at her fears and try to make some sense of them.

Angela still resisted my offer, and I can remember the excuses she gave me as the repeated complaints I had heard from so many people. "I'll never understand money," "I don't deserve to have money." and the most **devastating** one of all, "I just can't do it."

Angela's attitude conveyed the same negativity and fear that I believed annoyed many people. I was sure it was this attitude that prevented people from managing their money effectively. My counseling has taught me that these anxieties are inseparably connected to our self-doubts and fear for survival. At a deeper level we know that money is not the source of life, but sense of worth that drives us to act as if it were. It locks us up in self-doubts and prevents us from tapping into the true source of our management power and spirit.

11. Angela's words moved the author and others because they were _____.
    A. in the same financial trouble   B. in the same financial condition
    C. of the same family background   D. of the same feeling over the issue

12. Angela wouldn't take the author's offer of help in fear of _____.
    A. being forced to share her money with others
    B. having to do something beyond her reach
    C. being found guilty of making impossible errors
    D. revealing her judgment about money

13. As for money managing, the author intended to tell Angela how to _____.
    A. overcome her fears   B. make wise decisions
    C. avoid making mistakes   D. learn the necessary skills

14. The word "devastating" (in boldface in paragraph 2) probably means _____.
    A. convincing   B. instructive   C. shocking   D. shameful

15. According to the author, people's anxieties about managing money result from their understanding of money as the only source of _____.
    A. life   B. evil   C. spirit   D. peace

Questions 16-20 are based on the following passage:

I started a company years ago, and consumed MYM 75,000 a month. Four months after my company was set up, I had only a quarter of the starting capital left in the bank. Looking for guidance, I went to talk to my friend, Arthur Walworth about my new venture.

"Times of great change always bring out the risk-takers," he said, "and they leave winners and losers." There was a period when CD-ROM sales had bombed. Investors were fleeing from the field. I didn't turn away from mine entirely, but instead linked it to the internet. My plan was to offer consumers descriptions of home-design products by using a special software and let them modify the designs. Then we can enable them to get online professional and constructional help to have their houses built, decorated and furnished according to their own choice. To realize my plan I needed investors, so I continued to meet regularly with venture capitalists. One said I had a great idea. But I needed to test it.

I was working nonstop-struggling to find the right way ahead. The pressure was terrible. To get the money from a venture capitalist is going to cost my wife and my children! It was just at this time that my parents and sisters stepped up. Two hundred thousand dollars is a lot of money to them, but they invested in this crazy son and brother without a moment's hesitation. With their help my company survived and has been prospering ever since.

16. When the author's company started operation, he had _____.

A. MYM 450,000   B. MYM 400,000   C. MYM 350,000   D. MYM 300,000

17. Arthur implies that to start a business in times of change, people have to _____.

A. rely on famous people all the time   B. invest as much money as possible
C. face the risks of possible failure   D. think about nothing but success

18. The author's company was engaged in _____.

A. furniture design and production   B. online home-design service
C. traditional home designing   D. home decoration business

19. Faced with a very unfavorable market situation, the author decided _____.

A. to improve his service   B. to start a new business
C. to withdraw his money   D. to reduce his investment

20. It is implied that venture capital is often _____.

A. risky   B. timely   C. secure   D. abundant

Questions 21-25 are based on the following passage:

Maybe everyone has such an experience that you have to unwrap several layers of packaging when you enjoy a piece of candy. But this overuse of wrapping is not confined to luxuries. It is becoming increasingly difficult to buy anything that is not done up in beautiful wrapping.

The package itself is of no interest to the shopper, who usually throws it away immediately. So why is it done? Some of it, like the cellophane on meat, is necessary, but most of the rest is simply competitive selling. This is absurd. Packaging is using up scarce energy and resources and messing up the environment.

Recycling is already happening with milk bottles which are returned to the dairies, washed out, and refilled. But both glass and paper are being threatened by the growing use of plastic. More dairies are experimenting with plastic bottles.

The trouble with plastic is that it does not rot. Some environmentalists argue that the only solution to the problem of ever increasing plastic containers is to do away with plastic altogether in the shops, a suggestion unacceptable to many manufacturers who say there is no alternative to their handy plastic packs.

It is evident that more research is needed into the recovery and reuse of various materials and into the cost of collecting and recycling containers as opposed to producing new ones. Unnecessary packaging, intended to be used just once, and make things look better so more people will buy them, is clearly becoming increasingly absurd. But it is not so much a question of doing away with packaging as using it sensibly. What is needed now is a more advanced approach to using scarce resources for what is, after all, a relatively unimportant function.

21. "This overuse of wrapping is not confined to luxuries." (Line 2, Paragraph 1) means _____.
　　A. more wrapping is needed for ordinary products
　　B. more wrapping is used for luxuries than for ordinary products
　　C. too much wrapping is used for both luxury and ordinary products
　　D. the wrapping used for luxury products is unnecessary

22. Packaging is important to manufacturers because _____.
　　A. it is easy to use it again
　　B. shoppers are interested in beautiful packaging
　　C. they want to attract more shoppers
　　D. packaged things will not go rotten

23. According to the passage, dairies are _____.
　　A. experimenting with the use of paper bottles
　　B. giving up the use of glass bottles
　　C. increasing the use of plastic bottles
　　D. re-using their paper containers

24. Some environmentalists think that _____.
　　A. plastic packaging should be made more convenient
　　B. no alternative can be found to plastic packaging
　　C. too much plastic is wasted
　　D. shops should stop using plastic containers

25. The author thinks that _____.
　　A. packing is actually useless and could be ignored
　　B. people will soon stop using packaging altogether
　　C. enough research has been done into recycling
　　D. it is better to produce new materials than to re-use old ones

Questions 26-30 are based on the following advertisements:

◇ Any need for the somewhere?

Share Flats

Happy Valley big flat, 1 room ready for use immediately.

Quiet and convenient, fully furnished, park view.

MYM 6,800 including bills with maid.

Female nonsmoker.

No pet.

Sara: 25720836 or 10077809.

◇ Moving Sale

2 armchairs, red/brown at MYM 400 each;

coffee table, black, wood, MYM 800;

oil painting, big, MYM 900;

Tianjin carpet, green 3 × 7, MYM 600;

double bed, MYM 500;

mirror, big, square, MYM 500;

fridge, big, double-door, MYM 1000;

old pictures, MYM 140, up, each;

plants, big and small.

Tel: Weekend, 2521-6011/Weekday, 2524-5867.

◇ Part-time Laboratory Assistant Wanted

Required by busy electronics company to help with development of computer.

Should have an electronics degree and some practical experience of working in an electronics laboratory.

Hours 9:30 a. m. -1:00 p. m. Mon. -Fri. Fourteen days paid leave.

Salary ¥6598-10230 dependent on experience.

Letter of application to: Mrs. G. Chan, NOVA ELECTRONICS, 45 Gordon Rd, Hung Hom Kowloon.

◇ Our present Principal/Chief Executive has reached retirement age and the governing board wants to make the crucial appointment of his replacement in 1994. If you are a highly qualified and experienced individual and you think you have the vision, energy and enthusiasm to lead the college into the next century, please write for further information and post particulars to xxxxx.

26. The one who put on the first ad probably wants to _____.

    A. rent a beautiful flat of her own in Happy Valley

    B. find another lady to share the cost to rent a flat

    C. share her room in a flat with whoever has no pet

    D. take on a maid to look after herself and the flat

27. According to the ads, you may _____.

    A. buy an old picture for MYM 150

B. call at 25720836 and see a beautiful park

C. buy two armchairs for MYM 400

D. hire a maid by paying MYM 6,800

28. If you want to buy some old furniture, you should _____.

    A. get in touch with NOVA ELECTRONICS

    B. call at 2524-5867 any day except Monday

    C. do it before you move to another place

    D. call at either 2524-5867 on Monday or 2521-6011 on Saturday

29. Once you can get a part-time job in NOVA ELECTRONICS, _____.

    A. you have to work at least 4 hours a day

    B. you should write a letter to Mrs. G Chan

    C. you will be given 14 days off each year besides weekends

    D. you will get no more than MYM 6,598 each month

30. What is the last ad for?

    A. employment   B. the lost   C. retirement   D. proposal

Part Three   Cloze

Directions: *For each blank in the following passage, choose the best answer from the choices given below. Mark your answer on the **ANSWER SHEET** by drawing with a pencil a short bar across the corresponding letter in the brackets.*

My grandmother died just a few months after my grandfather, even ___31___ she was in good health and had ___32___ been sick in her life. My grandfather was a strong independent man who worshipped my grandmother. He never allowed her to work or to want ___33___ anything and remained deeply in love with her, often publicly ___34___ his affection, until he died.

He was a traditional family doctor who made house calls and regarded his patients as his family. My grandmother's ___35___ identity revolved around being "doctor's wife". In hindsight I realized she never developed any interests of her own. In fact, she seemed to have no interest ___36___ from his interests. As "doctor's wife", she looked after him, the family and the house. When the children became independent, she became even more attentive to him and didn't ___37___ any other interests to replace the missing children.

When grandfather died, we all tried to visit her often and tried to persuade her to visit our families. She told us to give her a little time to ___38___ and said that for the time being she preferred to stay home. About three months later, I found her ___39___ in grandfather's bed having passed away from an apparent heart ___40___. In retrospect I think that she had died in spirit when grandfather passed away. When he died, her identity died and soon thereafter her body.

31. A. if   B. now   C. when   D. though

32. A. often   B. never   C. seldom   D. always
33. A. of   B. to   C. for   D. in
34. A. showing   B. displaying   C. demonstrating D. exhibiting
35. A. entire   B. complete   C. total   D. full
36. A. part   B. depart   C. apart   D. party
37. A. cultivate   B. flourish   C. develop   D. grow
38. A. conform   B. change   C. regulate   D. adjust
39. A. lain   B. lie   C. laying   D. lying
40. A. effect   B. illness   C. attack   D. disease

Part Four   Dialogue Completion

Directions: *There are ten short incomplete dialogues between two speakers, each followed by four choices marked A, B, C and D. Choose the answer that appropriately suits the conversational context and best completes the dialogue. Mark your answer on the ANSWER SHEET by drawing with a pencil a short bar across the corresponding letter in the brackets.*

41. Oscar: My watch stopped again and I've just got a new battery.

    Paul: _____.

    A. You should take it to the supermarket.

    B. I've told you that you shouldn't buy it.

    C. Oh, what's wrong with your battery?

    D. Why don't you take it to Smith Jewelry? They can check it for you and it's pretty reasonable.

42. Nurse: Do you have any designated doctor?

    Patient: Yes, Dr. Hurt, Cliff Hurt.

    Nurse: Here is your registration card. Dr. Hurt is at clinic No. 6. _____.

    A. You may stay here and wait for your right

    B. You can sit over there and wait for your turn

    C. You may stand in line here and wait for your arrangement

    D. You may sit here and wait for your order

43. A: Could you get me Extension 6459, please?

    B: _____.

    A. Hello? This is Tom Brown.

    B. Sure. Here you are.

    C. Sorry. The line is engaged.

    D. John Smith's office. What can I do for you?

44. Ann: Could you go to the store nearby right away? I need a few things for painting.

    Betty: _____.

    A. Yes, storing a few things away is quite necessary, right?

B. For me, going there is not a problem. I'd like to do some exercises.

C. Yes. I could. I want painting.

D. All right. What do you want me to get?

45. Mary (after work): Shall I punch out for you, Juliet? I'm leaving now.

Juliet: _____. I've to work overtime.

A. Yes, thanks   B. No, not necessary

C. No, thanks   D. I don't care

46. Daisy: My roommate and I are going hiking this weekend.

Bruce: _____.

A. That's great. Can I go with you together?

B. I'd like to have a quiet morning.

C. I hope you have a good time. Look out for each other, OK?

D. I don't think it's as exciting as mountain-climbing.

47. Bob: It's really a wonderful Chinese dinner. We have enjoyed it so much. Thank you, Mrs. Li.

Mrs. Li: _____.

A. Oh, I'm afraid I didn't cook very well.

B. I'm glad you enjoyed it.

C. Come again when you are free.

D. It's not necessary for you to say so.

48. Jim: What do you think of the movie?

Mary: _____.

A. I had no idea about it.

B. Oh, you've already seen that movie.

C. We should go to see it together tomorrow.

D. It was worth neither the time nor the money.

49. Student A: How do you do? I'm very pleased to meet you.

Student B: _____.

A. How do you do? Have a good day.

B. I'm fine. It's nice to meet you.

C. How do you do? The pleasure is mine.

D. I'm fine. I'm delighted to know you.

50. Jim: I have a pair of tickets for an opera Saturday night. Would you like to go?

Cindy: I don't think so. _____.

A. I'm not too wild about opera

B. I'm not too interested about opera

C. I'm not very excited about opera

D. I'm not very anxious about opera

2011 年在职攻读硕士学位全国联考研究生入学资格考试试卷

（仿真试卷三）

第一部分　语言表达能力测试

（50 题，每题 2 分，满分 100 分）

一、选择题

1. 下列各组词语中，加点字的读音完全正确的一组是 _____。

A. 鞭笞（tà）　　剔（tī）除　　庇（bì）护　　长歌当（dàng）哭

B. 角（jué）逐　　瞭（liào）望　　毗（pí）邻　　睚眦（zì）必报

C. 粗犷（guǎng）　　歼（qiān）灭　　悼（dào）念　　恪（kè）守不渝

D. 嫉（jì）妒　　黜（chù）免　　拯（zhěng）救　　层见（jiàn）叠出

2. 下列加点字的释义有误的一项是 _____。

A. 无可訾（说人坏话）议　　囿（局限）于成见　　自惭形秽（丑陋）　　临危不苟（苟且）

B. 敞开心扉（心灵之门）　　瞬息（眨眼）万变　　戮（拼死）力同心　　党（纠合）同伐异

C. 万籁（泛指声响）俱寂　　越俎（砧板）代庖　　拾（通涉）级而上　　赏心悦（使愉快）目

D. 恬（满不在乎）不知耻　　励（劝勉）精图治　　同仇敌忾（愤恨）　　涸（使水干）泽而渔

3. 下列各组词语中，没有错别字的一组是 _____。

A. 戳穿　　力挽狂澜　　暧昧　　食不果腹

B. 震撼　　融汇贯通　　喧嚣　　响彻云霄

C. 深奥　　死不瞑目　　气慨　　雍容华贵

D. 凋蔽　　哗众取宠　　辍学　　愤世嫉俗

4. 对下列句子所用修辞手法的表述，不正确的一项是 _____。

A. "这个手术我来给你做，希望你能配合。"话语轻柔得像一团云，一团雾，不，像一团松软的棉球，轻轻地擦着疼痛的伤口。

　　——"棉球"这个喻体贴切，不仅符合医生职业的特点，而且切合患者当时的心态。

B. 哦，我突然感觉到，我是看到了一个更是巴金的巴金，文静、温和、诚挚的外表里，却有一颗无比坚强的心。

　　——后一个"巴金"指巴金的风格和精神，突出了描述对象的特征，给人印象鲜明深刻。

C. 目前，我正兴致勃勃地对自己的作品"减肥"，将可有可无的字句段删除，绝不吝惜。

——将作品拟人化，把删除冗繁说成是"减肥"，生动幽默。

    D. 小雪和妹妹常常不吃晚饭就跑到海边，把自己焊在礁石上，听潮起潮落，看日升日落。

——用拟物的方法夸大人物听潮观海的痴迷程度，形象生动，有感染力。

5. 下列各句中，加点的词语使用不恰当的一句是 _____。

    A. 这事你现在做不了，就不要勉为其难，以后有条件再做不迟。

    B. 他谦虚地说："我既不擅长唱歌，也不喜欢运动；除了画画，就别无长物了。"

    C. 随着再就业工程的实施，许多下岗职工坚信山不转水转，自立自强，重新找到了人生的位置。

    D. 在国企改革中，某些人"明修栈道，暗度陈仓"，打着企业改制的幌子，侵吞国有资产。

6. 下列各句中，没有语病的一句是 _____。

    A.《坦然看生活》一文用大量的笔墨和许多事例阐述了正确对待生活的态度。

    B. 不难看出，这起明显的错案迟迟得不到公正的判决，其根本原因是官官相护在作怪。

    C. 宽松、民主的家庭环境给学生心理和人格发展提供了广阔的空间，学生可以按照自己的特长和爱好自主发展。

    D. 为了积极应对外来生物入侵和预防外来入侵对农林业生态的严重破坏，建立国家生物入侵协调机制和公众科普宣传是十分必要的。

7. 下列各句中，语义明确、没有歧义的一句是 _____。

    A. 松下公司这个新产品，14毫米的厚度给人的视觉感受，并不像索尼公司的产品那样，有一种比实际厚度稍薄的错觉。

    B. 美国政府表示仍然强势支持美元，但这到底只是嘴上说说还是要采取果断措施，经济学家对此的看法是否定的。

    C. 入世后，面对强大的竞争对手，通过强强联合的方式来实现文化产业的集团化，无疑是一个重要的举措。

    D. 校门口一边放着一个写满红字的牌子，他慌慌张张地赶进去，没看牌子上写的是什么。

8. 下列关于文史知识的表述，有错误的一项是 _____。

    A."骚体"又称"楚辞体"，得名于屈原的"离骚"，特点之一是多用"兮"字。

    B. 散曲包括套曲和杂剧，是盛行于元代的一种曲子形式，体式比较自由。

    C.《白洋淀记事》是孙犁最负盛名和最能代表他创作风格的一部作品集。

    D. 惠特曼是美国伟大的诗人，他的诗对我国"五四"以来的新诗影响很大。

9. 下边括号中对《青玉案·元夕》一词使用的修辞手法解析有误的一句是 _____。

    A. 东风夜放花千树，更吹落、星如雨。（借喻）

    B. 宝马雕车香满路。凤箫声动，玉壶光转，一夜鱼龙舞。（借代）

    C. 蛾儿雪柳黄金缕，笑语盈盈暗香去。（借喻）

    D. 众里寻他千百度。蓦然回首，那人却在，灯光阑珊处。（夸张）

10. 我国法律监督的专门机关是 _____。

    A. 人民法院   B. 人民检察院   C. 公安机关   D. 人民代表大会

11. 下列表述有误的一项是 _____。

    A. 已满 16 周岁的人犯罪，应当负刑事责任。

    B. 已满 14 周岁的人犯罪，应当负刑事责任。

    C. 已满 14 周岁的不满 16 周岁的人，犯故意杀人、故意伤害致人重伤或者死亡的，应负刑事责任。

    D. 已满 14 周岁不满 18 周岁的人犯罪，应当从轻或者减轻处罚。

12. "教育即生活"，"学校即社会"，"生长是生活的特征，所以教育就是生长"。这些言论是下面哪位教育家所说：

    A. 夸美纽斯　　　　B 蒙台梭利　　　　C. 布卢姆　　　　D 杜威

13. 目前能解决华北平原春旱用水紧张，且符合可持续发展原则的措施有 _____。

    A. 增加地下水的开采　　　　　　　　B. 缩减农田面积以降低农业用水量

    C. 直接利用工业和生活用水灌溉　　　　D. 推广喷灌、滴灌，发展节水农业。

14. 某地新建一日用化工厂，当人们问及该厂厂长如何经营时，他毫不犹豫地说："努力提高产品质量，降低成本，只要价廉物美，还怕卖不出去？"对该厂长的话应做的评价是 _____。

    A. "酒香不怕巷子深"，该厂长的话很有道理。

    B. 该厂长的话反映了他的生产导向性，最终会害了这个厂。

    C. 该厂长的话反映了他的营销导向性，最终会造福这个厂。

    D. 该厂长的话反映了他抓住了问题的要害。

15. "兵之情主速，乘人之不及，由不虞之道，攻其所不戒也。"这里所讲的"兵贵神速"出自：

    A.《孙子兵法》　　B.《战国策》　　C.《兵法百言》　　D.《国语》

二、填空题

16. 在下列各句横线处，依次填入最恰当的词语。

    ①虽然他尽了最大的努力，还是没能 _____住对方凌厉的攻势，痛失奖杯。

    ②能源短缺，加上恶劣的自然条件，极大地 _____着这个小镇经济的发展。

    ③那些见利忘义、损人利己的人，不仅为正人君子所 _____，还可能滑向犯罪的深渊。

    A. 遏制　限制　不耻　　　　　　　　B. 遏止　制约　不耻

    C. 遏制　制约　不齿　　　　　　　　D. 遏止　限制　不齿

17. 下列各句中，标点使用正确的一项是 _____。

    A. 节日的北京，到处是人，到处是花，到处是歌声，到处是笑语……

    B. 穿西装的问："这一位是……""我的大哥。"穿中山装的回答。

    C. "行啊，"小王停了一会儿说："叫我干什么我就干什么。"

    D. 今天会议的主题，是讨论如何改进工作方法，提高工作效率？

18. 在下面文字中的横线处，依次填入最恰当的关联词语。

    _____你学习和研究什么东西，_____专心致志，痛下工夫，坚持不断地努力，_____一定会有收获，最怕的是不能坚持学习和研究，抓一阵子又放松了，这就是"_____作_____辍"的状态，必须注意克服。

A. 尽管　如果　就　或　或　　　　　B. 无论　即使　也　且　且

C. 哪怕　除非　才　且　且　　　　　D. 不管　只要　就　或　或

19. 在下面文字中的横线处填上一句话，使之与上下文衔接。

自由是对必然的认识和对客观世界的改造，人们在没有认识客观必然性之前，只能是必然性的奴隶；认识了必然性，＿＿＿＿＿＿，就获得了自由。真正的自由是建立在对必然性的科学认识上的。自由绝不排斥必然，而恰恰是以必然为依据；相反，违反必然，就没有自由可言。

A. 利用必然性去征服自然，改造自然，改造自己

B. 改造自然，征服自然，并利用必然性去改造自己

C. 利用必然性去改造自己，改造自然，征服自然

D. 改造自然，改造自己，并利用必然性去征服自然

20. 下列《行行重行行》中的诗句，形象表达思妇经受久别相思煎熬之苦的是 ＿＿＿＿＿＿＿。

A. 相去万余里，各在天一涯　　　　　B. 道路阻且长，会面安可知

C. 相去日已远，衣带日已缓　　　　　D. 浮云蔽白日，游子不顾反

21. 下列各句中，必须删去加点词的一句是 ＿＿＿＿＿＿＿。

A. 业内人士认为，消费者平均购房面积的下降，一方面是政策作用的显现，一方面也说明了购房人更加趋于理性。

B. 对于有 1.28 亿人口的日本来说，这个销售量，相当于每 10 个日本人中，就有一个人购买了这种高热量的食品。

C. 目前，安徽省考古研究所和宿州市文物管理所将联合对宿州市区内的一段隋唐大运河遗址进行了抢救性考古发掘。

D. 在瑞士洛桑国际管理学院所评估的 55 个经济体中，中国内地的竞争力在前一年度的基础上提高了 3 位，升至第 15 位。

22. 在下列诗句的空格中，依次填入最恰当的花名 ＿＿＿＿＿＿＿。

①忽如一夜春风来，千树万树 ＿＿＿＿＿＿ 开。

② ＿＿＿＿＿＿ 草上大如钱，挥刀不入迷蒙天。

③春风 ＿＿＿＿＿＿ 花开日，秋雨梧桐叶落时。

④白雪却嫌春色晚，故穿庭树作 ＿＿＿＿＿＿。

⑤时有 ＿＿＿＿＿＿ 至，远随流水香。

⑥有情 ＿＿＿＿＿＿ 含春泪，无力蔷薇卧晓枝。

A. 梨花　霜花　桃李　飞花　落花　芍药

B. 桃李　落花　梨花　霜花　桃李　山花

C. 梨花　飞花　霜花　桃李　落花　杜鹃

D. 杏花　霜花　梨花　落花　飞花　牡丹

23. "假如生活欺骗了你，不要悲伤，不要心急，忧郁的日子里须心平气和，相信吧，那快乐的一天一定会来到。"这是被尊称为"俄罗斯诗歌的太阳" ＿＿＿＿＿＿＿ 的诗句。

A. 莱蒙托夫　　　B. 普希金　　　C. 高尔基　　　D. 托尔斯泰

24. 《三国演义》中诸葛亮与周瑜联手指挥的一场著名的以少胜多的战役是 ＿＿＿＿＿＿＿ ；诸

葛亮挥泪斩马谡是因为 _____ 一事。

A. 赤壁之战　　失街亭　　　　　　　　B. 赤壁之战　　败走麦城

C. 官渡之战　　失街亭　　　　　　　　D. 官渡之战　　败走麦城

25. 某甲为毒杀某乙，将毒药分多次给乙服用，最后累计达到致死剂量，致乙中毒死亡。甲的犯罪行为属于 _____ 的犯罪形态。

A. 惯犯　　　　　B. 连续犯　　　　　C. 牵连犯　　　　　D. 徐行犯

26. 心理健康的含义就是充分发挥人的潜能，使自己在社会生活中获得：_____。

A. 完全的适应　　B. 良好的适应　　C. 满意的成就　　D. 最大的成就

27. 热带雨林是地球表面生物种类最丰富、结构最复杂的植物群落，现在因人们片面追求经济利益而遭受破坏，其面积大大下降，并造成气候异常，大量生物物种灭绝或濒危。为此，许多有识之士强烈呼吁保护热带雨林。这表明 _____。

①坚持两点论不能讲重点论

②事物之间的联系是客观的、具体的

③正确的认识来自社会实践

④发挥主观能动性要尊重客观规律

A. ①②③　　　　B. ②③④　　　　　C. ①②④　　　　　D. ①③④

28. 在自然界中，空气 _____，促使空气达到 _____，是大气中水汽凝结的主要方式。

A. 上升冷却　　饱和　　　　　　　　　B. 下降冷却　　不太饱和

C. 上升冷却　　过饱和　　　　　　　　D. 下降冷却　　一般饱和

29. 由地壳运动引起的地壳_____、_____称为地质构造，它是研究地壳运动 _____和_____的依据。

A. 拉伸　张裂　性质　方式　　　　　　B. 变形　变位　性质　方式

C. 变形　变位　变化　发展　　　　　　D. 拉伸　变位　变化　方式

30. 17 世纪早期，英国科学家 _____建立了血液循环学说，对人体的工作原理有了正确的基本了解，是现代 _____的起点。

A. 亨利·格雷　　病理学　　　　　　　B. 托马斯·扬　　生理学

C. 哈维　　　　生理学　　　　　　　　D. 詹姆斯·林德　　病理学

三、阅读理解题

（一）阅读下面短文，回答下列五道题。

我的老师、武汉大学教授李格非先生年届八十，德高学硕，_____，知识界多尊称他"我们的格老"。他担任《汉语大字典》常务副主编，主持编纂工作十又五年，确实用他自己的话说，是"十载铅椠虫鱼，一片寒毡，埋头修纂"，"不为利锁名牵，不省疾病淹缠。编摩愍悟，呕出心肝一片丹"（《增字锦堂月曲·编纂抒怀》）。我曾亲见格老推敲例句十分辛苦，忍不住劝他："您成竹在胸，资料卡片又那么丰富，可以手到拈来，例句只要证明释义就行，何必尽善尽美？"格老正色答到："同样解释一个'把'字，林语堂的例子是'把人杀死，把钱抢走'，我的例子是'把方便让给别人，把困难留给自己'。善恶分明自不待言，但佳者得之不易。"又说："_____，著书立说者岂可轻忽！"

格老业余喜撰对联,认为可以寄托性情,不必以雕虫小技视之。一日,他想起唐朝娄师德逆来顺受、忍辱负重的故事:人家把口水吐在其脸上,擦也不擦,让他自己干去;能够喝下五斗老醋,肚量亦自不凡。格老就用"唾面自干鼻吸五斗醋"为初句,反复推敲对句。一位才子对以"掉头不顾耳听万松声",可说气象恢弘,对仗工稳熨帖。但格老以为潇洒有余,谦诚不足。他宁愿声律小疵,对以"虚怀好学心念一字经"。"一字经"用的是《荀子·劝学》"用心一也"、"淑人君子,其仪一兮。其仪一兮,心如结兮"的典故。格老安贫乐道,不完全赞成《论语》上"居无求安,食无求饱"和《礼记》上"富润屋,德润身"的说法。略加增删,集成一幅佳联:"居无求安食求饱",于此可见先生襟怀。我久为人师,最苦不过学生水平参差不齐。而聪明好学的令人愉悦,反之使人头痛,这大概也是常情。一日与格老讲论此事,先生略一沉吟,说起他在成都的一件往事:某一工艺作坊竟以最不起眼的树根老藤雕刻嫁接为绝妙盆景,令人叹为观止。老人应嘱撰题一联:"天生我才必有用,世无朽木不可雕。"店主十分感激,我听后也是深受启发。

先生忙余小憩,爱听京戏,并能清唱,自得其乐。曾观赏某名家演艺,十分佩服其做工老到,功力深厚。但随后又万分惋惜他有一处败笔。原来这是一幕悲剧,那位艺术家随意一个惟妙惟肖的抽烟动作,嘴唇一张一合特别招摇,惹得观众忍俊不禁,但同时全然破坏了悲壮气氛。格老因此告诫:"有些人运思作文,全不顾通篇情调意境,一味在丽辞佳句上施才逞能,正与此一般无异。"我不禁使我检讨起多年前的一段往事:我的家乡生产队死了耕牛,托我写一份贷款买牛的申请,我煞费苦心,洋洋洒洒写了几百字,中有一句"牛乃耕者之本",当时颇引为得意。不料一识字老农事先已写好了申请,也让我来润色,那纸上径直写道:"我们队耕牛死了,眼下青黄不接,申请贷款五百买牛,秋后一定偿还。"我霎时羞愧得无地自容。格老对此感喟再三,说,这正如鲁迅先生告诫过的,要"有真意,去粉饰,少做作,勿卖弄"啊!

注释:榘:音欠。古代记事用的木板。愍:同悯。

31. 依次填入第一自然段两个横线处恰当的一组词语是 _____。

    A. 劳苦功高   扬善惩恶   B. 苦心孤诣   潜移默化

    C. 煞费苦心   明理去非   D. 用心良苦   耳濡目染

32. 格老选择例句"尽善尽美",其具体标准正确的是 _____。

    A. 内容健康,善恶分明,形式完美   B. 善恶分明,内容健康,证明释义

    C. 证明释义,内容健康,形式完美   D. 内容健康,善恶分明,证明释义

33. 引用"唾面自干鼻吸五斗醋,虚怀好学心念一字经"要表现的意思是 _____。

    A. 为人的大度与为学的谦诚   B. 为人要逆来顺受,为学要谦诚专一

    C. 为人能忍辱负重,创作不拘声律对仗   D. 学识渊博,擅长用典

34. 指出本文的中心是 _____。

    A. 赞扬李格非先生的严谨的学风和淳朴的文风。

    B. 赞扬李格非先生治学严谨、人品高尚。

    C. 赞扬李格非先生知识渊博、多才多艺。

    D. 赞扬李格非先生著作甚丰、贡献卓著。

35. 下列对李格非的描述，不符合文意的是 _____。

    A. 李格非是一位德高学硕的老教授。

    B. 李格非对待著书立说态度认真严谨。

    C. 李格非谨守为学当谦诚的原则，认为在居食方面不必有所求。

    D. 李格非认为世无不可造之材。

（二）阅读下面短文，回答下列五道题。

战争结束了。他回到了从德军手里夺回来的故乡。他匆匆忙忙地在街灯昏黄的路上走着。一个女人捉住了他的手，用吃醉了酒似的口气对他说："到哪儿去？是不是上我那里？"

他笑笑，说："不。不上你那里——我找我的恋人。"他回看了女人一下。他们两个人走到路灯下。

女人突然嚷了起来："啊！"

他也不由地抓住女人的肩头，迎着灯光。他的手指嵌进了女人的肉里。他们的眼睛闪着光，他喊着"约安！"把女人抱了起来。

36. 从文章可以看出，其时代背景应是 _____。

    A. 反法西斯德国的正义战争时期。　　B. 德法战争时期。

    C. 一个平常的晚上。　　D. 法国波旁王朝复辟时期。

37. 下面几句话中，_____最能体现文章的思想内容。

    A. 他们的眼睛闪着光。

    B. 不，不上你那里——我找我的恋人。

    C. 德军剩下来的东西。

    D. 战争结束了，他回到了从德军手里夺回来的故乡。

38. 文章的基调是 _____。

    A. 这是一对情人偶然相遇的浪漫故事。

    B. 这是一个悲惨的故事，一对情人在这样的场景下相遇，可悲可叹。

    C. 这是一个一见钟情的故事。

    D. 这是一个破镜重圆的故事，因战争而失散，因战争而相聚。

39. 关于文章的思想内容，下列说法不妥的一项是 _____。

    A. 反法西斯战士在前线浴血抗击德军，可他的恋人却因被德军侮辱而堕落了。

    B. 德军践踏过的家园剩下的难道仅仅是废墟吗？不！还有被糟蹋的灵魂。

    C. 两个恋人在昏黄的街灯下不期而遇，使这世界顿时明亮起来。爱情是最崇高、伟大的人类情感。

    D. 医治战争的创伤不单是重建家园，更重要的是医治那些堕落的灵魂。

40. 下列分析错误的一项是 _____。

    A. 女人和他搭话，可能是想和他交易。

    B. 他"笑笑"，是因为战争胜利后，他以为很快就可以见到自己的恋人，心情十分愉快。

    C. 他回看了女人一下，是因为他发现女人长得很漂亮。

    D. 他抱起女人的同时既难过，又决定勇敢地抚平战争带给女人的创伤。

(三) 阅读下面短文,回答下列五道题。

我对中央电视台的奥运会转播有一点儿意见,那就是它对别国运动员的成绩说的少,在奥运会头几天,我们错过了多少游泳比赛的精彩场面呀。可网上的一项调查显示,六成以上的观众就喜欢看国旗升起、听国歌奏响,关心全人类的是少数。

美国 NBC 的转播也受到一堆批评,他们酷爱沙滩排球,阳光、沙滩、海浪、大美人,还有什么项目能展现如此的运动之美。可一个美国的专栏作家说了,奥运会又不是沙滩排球比赛。NBC 的转播太关注皮肤,肉色天香。除了美国人参加的比赛,就剩下沙滩排球了。《悉尼先驱晨报》说的好,女运动员不再仅仅展现其体育技能,还要显示好身材,就如一位模特儿所言,这是一种上瘾的事,因为你通过别人的眼睛获得自己存在的意义。

据说,在澳大利亚看电视,你就很难看到乒乓球和体操,他们把奥运会改成了游泳比赛,从早上的预赛到晚上的决赛,场场转播。别的项目,那只有澳大利亚人参加的马术、赛艇和田径了,简直可以算是一场"澳运会"。

由此说来,一场全人类的聚会被分割了,观众在这里加强了对自己祖国的认同感,而不是对人类的认同。有记者跑到悉尼,说世界多和平呀,伊朗人和美国人能和谐共处,朝鲜和韩国都携手入场了,这世界不要霸权主义和恐怖主义。是呀,这愿望是美好的,奥林匹克给人这种假象,但检点一下自己被奥运会鼓荡起来的民族情绪,就会警惕,1936 年的柏林奥运会,被一位德国导演拍摄下一个纪录片,片名叫《意志的胜利》,据说它展现了纳粹的美感,给德国人灌上了迷魂药。

(选自《生活周刊》2000 年第 19 期)

41. 作者评论的奥运会是在 _____ 举行的第 _____ 届奥运会。
    A. 洛杉矶 26   B. 悉尼 27   C. 雅典 28   D. 北京 29

42. 作者开篇说"对中央电视台的奥运会转播有一点儿意见","意见"指的是 _____。
    A. 中央电视台很少报道别国运动员的成绩,使作者错过了许多精彩的节目。
    B. 六成以上的观众只喜欢看国旗升起,听国歌奏响,而不关心全人类。
    C. 中国、美国、澳大利亚等国的奥运转播电视节目,分割了全人类的聚会。
    D. 中央电视台的奥运报道,有一种淡化全人类认同感的倾向。

43. 文中第二段末说"通过别人的眼睛获得自己存在的意义"是一种"上瘾的事",指的是 _____。
    A. 美国人酷爱沙滩排球,以展示运动之美。
    B. 女运动员在展现自己的运动技能的同时,还能向世人显示自己的形体美。
    C. 模特儿在运动会上的表演,将一副好身材展露无遗。
    D. 观众观看精彩的体育节目,大饱眼福。

44. 对文章的内容理解正确的一项是 _____。
    A. 中国、美国、澳大利亚三国只关心自己国家的运动项目,对其他国家的运动员漠不关心。
    B. 伊朗人和美国人、朝鲜和韩国和谐相处,说明世界不要霸权主义和恐怖主义了。
    C. 作者认为各国电视台转播奥运会表现出来的民族情绪,是将"一场全人类的聚会""分割"了。

D. 澳大利亚电视转播，只转播澳大利亚人参加的游泳、乒乓球和体操比赛，将奥运会变成了"澳运会"。

45. 根据文章内容，推断错误的一项是 _____。

A. 中、美、澳三国电视台在转播奥运会时，对别国运动员的成绩极少报道，这对于各国体育的全面发展是不利的。

B. 作者说在澳大利亚，奥运会成了"澳运会"，这是一种讽刺的说法。

C. 作者认为奥运电视转播显露了一种不健康的民族情绪，这种情绪发展下去是危险的。

D. 作者认为奥运电视转播应加强对全人类的认同，而不是对自己祖国的认同。

（四）阅读下面短文，回答下列五道题。

在美国的许多城市，人们希望能呼吸到最清洁的空气，这种追求几乎达到了宗教般的狂热。为此，一些减少空气污染的新技术应运而生，可是谁也不曾想到，人们却为此不断付出巨大的代价。

1990 年，美国的《洁净空气法规》强制空气质量差的地区在汽油中添加充氧剂等化学制品，从而减少一氧化碳和苯等有害气体的排放量。但是，现在发现，大多数常用的充氧剂如甲基叔丁基乙醚已从地下贮油箱中渗入地下水，并已污染了地下饮水源，使这一地区可能在几年内成为美国最严重的地下水污染区。科学家认为，水中即使有十亿分之几十的甲基叔丁基乙醚，也会对人的健康有严重影响，甚至可能会致癌。一些曾坚决反对运用这项技术的团体还认为，加油站的空气中这种充氧气体含量过高，会使人呼吸困难、头痛或眩晕，不仅加油站的人，就连路上的行人也会受到影响。

麻烦的事远不止这些。科学家们证实，这种化学物质具有很强的水溶性，对土壤几乎没有亲和力，同时它又是很难分解的寿命很长的物质。虽说甲基叔丁基乙醚见光可分解，但阳光很难进入土壤和地下水中，人们就很难将它"请"出来，而它渗入到更深水层的可能性则是不可避免的了。美国政府有关部门也采取了一些措施，如关闭受污染的水井，断绝受污染的水源，设法从受污染区外部调水，当然，解决这些问题所需的资金数量是巨大的。还有一个办法是通过改进贮油箱来减少含有有害物质的汽油的泄漏，但这仍不能解决已经发生的水源污染问题。

目前，美国的科学家们正在制定一个从水源中清除这种有害物质的计划，他们试图把从土壤中分离出来的被称做 PMI 的细菌注入受污染的地下水中，据说，PMI 可以在较短的时间内吸收大剂量的甲基叔丁基乙醚。科学家们同时坦率地说，这项在受污染的土壤和水的试样已经获得成功的试验，却在清洁地下水的具体应用中，还没有让人信服的实例。看来，这种"按下葫芦起来瓢"的情况，在环境保护问题上是值得注意的。

46. 对人体健康有严重影响的甲基叔丁基乙醚的泄漏会造成地下饮水源的污染，其根本原因是 _____。

A. 它的寿命很长。　　　　　　　　　B. 即使很少的含量，也会有害人体。

C. 在没有阳光的条件下，很难分解。　D. 水溶性强，不亲和土壤，难分解。

47. 对"麻烦的事远不止这些"这句话所包含的内容理解正确的一项是 _____。

A. "这些"是指甲基叔丁基乙醚污染地下饮水源和局部地区空气的影响。

B. "这些"是指曾反对运用这项技术的人所认为的该物质对环境造成的严重污染。

C. "麻烦的事"是指由于甲基叔丁基乙醚有毒性，而且对环境造成严重污染。

D. "麻烦的事"是指甲基叔丁乙醚污染深水层的地下水资源的必然性。

48. 不属于"巨大的代价"所指的内容是 _____。

A. 已经对地下饮水源造成严重污染。

B. 使人们希望呼吸清洁空气的追求落空。

C. 为解决污染耗费大量人力与资金。

D. 水污染问题从根本上解决目前还很难。

49. 政府有关部门为解决水源污染问题尚未采取的措施有 _____。

A. 关闭受污染的水井

B. 改造贮油箱来减少含有有害物质的汽油的泄漏

C. 把受污染的水调入外部

D. 断绝受污染的水源

50. 不符合本文内容的一项是 _____。

A. 减少空气污染的新技术主要是在汽油中添加充氧剂，以减少有害气体的排放量。

B. 新技术所造成的水污染是严重的，而目前要解决这个问题仍只能采取被动的方法。

C. PMI 细菌吸收甲基叔丁基乙醚的试验成功，意味着问题的解决指日可待。

D. 文末所说的"按下葫芦起来瓢"是说在环境保护问题上顾此失彼的现象。

第二部分　数学基础能力测试

(25 题，每题 4 分，满分 100 分)

1. $\sqrt{\dfrac{1\times2\times3+2\times4\times6+\cdots+n\times2n\times3n}{1\times5\times10+2\times10\times20+\cdots+n\times5n\times10n}}=(\quad)$.

A. $\dfrac{\sqrt{3}}{2}$ 　　B. $\dfrac{\sqrt{3}}{3}$ 　　C. $\dfrac{\sqrt{3}}{4}$ 　　D. $\dfrac{\sqrt{3}}{5}$

2. 实数 a，b 满足 $a>b>0$，集合 $A=\{0,a,b\}$，$B\{x\,|\,x=uv,u,v\in A\}$，则集合 B 的子集共有（　　）个.

A. 2 　　B. 4 　　C. 8 　　D. 16

3. 两个码头相距 198 km，如果一艘客轮顺流而下行完全程需要 6 h，逆流而上行完全程需要 9 h，那么该艘客轮的航速和这条河的水流速度分别是（　　）km/h。

A. 27.5 和 5.5　　B. 27.5 和 11　　C. 26.4 和 5.5　　D. 26.4 和 11

4. 要使方程 $3x^2+(m-5)x+m^2-m-2=0$ 的两个实根分别满足 $0<x_1<1$ 和 $1<x_2<2$，那么，实数 m 的取值范围是（　　）.

A. $-2<m<-1$　B. $-4<m<-1$　C. $-4<m<-2$　D. $-3<m<1$

5. 设 p 为质数，方程 $x^2 - px - 580p = 0$ 的两根均为整数，则 p 属于范围是（　　）．

A. $(0, 10)$　　　　B. $(10, 20)$　　　　C. $(20, 30)$　　　　D. $(30, 40)$

6. 若复数 z 满足 $z \cdot \bar{z} + z + \bar{z} \leqslant 0$，$z_1 = 1 + 2i$，则 $|z_1 - z|$ 的最大值是（　　）．

A. $2\sqrt{2} + 1$　　　B. $2\sqrt{2} - 1$　　　C. $2\sqrt{2}$　　　D. 2

7. 设圆柱体的底半径和高之比为 $1:2$，若体积增大到原来的 8 倍，底半径和高的比值仍为 $1:2$，则底半径增大到原来的（　　）．

A. 4 倍　　　　B. 3 倍　　　　C. 2.5 倍　　　　D. 2 倍

8. 设 $f(x) = \dfrac{1}{2^x + \sqrt{2}}$，利用推导等差数列前 n 项和的公式的方法，可求得 $f(-5) + f(-4) + \cdots + f(0) + \cdots + f(5) + f(6)$ 的值为（　　）．

A. $\sqrt{2}$　　　　B. $3\sqrt{2}$　　　　C. $2\sqrt{2}$　　　　D. $\dfrac{1}{2}\sqrt{2}$

9. 平面内有 4 个红点、6 个蓝点，其中只有一个红点和两个蓝点共线，其余任何三点不共线，过这 10 个点中任意两点确定的直线中，过红点的直线有（　　）条．

A. 27　　　　B. 28　　　　C. 29　　　　D. 30

10. 在共有 10 个座位的小会议室随机地坐上 6 个与会者，那么指定的 4 个座位被坐满的概率为（　　）．

A. $\dfrac{1}{7}$　　　　B. $\dfrac{7}{9}$　　　　C. $\dfrac{1}{15}$　　　　D. $\dfrac{1}{14}$

11. 直线 $ax - by = 0$ 与圆 $x^2 + y^2 - ax + by = 0$ $(a, b \neq 0)$ 的位置关系是（　　）．

A. 相交　　　　B. 相切　　　　C. 相离　　　　D. 由 a、b 的值而定

12. 如图，有一矩形纸片 $ABCD$，$AB = 10$，$AD = 6$，将纸片折叠，使 AD 边落在 AB 边上，折痕为 AE，再将 ΔAED 以 DE 为折痕向右折叠，AE 与 BC 交于点 F，则 ΔCEF 的面积为（　　）．

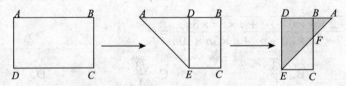

A. 4　　　　B. 6　　　　C. 8　　　　D. 10

13. 双曲线 $\dfrac{x^2}{m-1} - \dfrac{y^2}{m+1} = 1$ 的离心率 $e = \dfrac{3}{2}$，则实数 m 的值是（　　）．

A. 9　　　　B. ± 9　　　　C. $\dfrac{13 + \sqrt{22}}{9}$　　　　D. $\dfrac{13 \pm \sqrt{22}}{9}$

14. 在区间 $[0, +\infty)$ 内，方程 $x^{\frac{1}{2}} + x^{\frac{2}{3}} + \sin x - 1 = 0$（　　）．

A. 无实根　　　　　　　　　　　　　　B. 有且仅有一个实根
C. 有且仅有两个实根　　　　　　　　　D. 有无穷多个实根

15. 函数 $f(x)$ 在 $[a,b]$ 内有定义,其导数 $f'(x)$ 的图形如图所示,则 ( ).

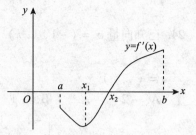

  A. $(x_1,f(y_1)),(x_2,f(x_2))$ 都是极值点

  B. $(x_1,f(x_1)),(x_2,f(x_2))$ 都是拐点

  C. $(x_1,f(x_1))$ 是极值点,$(x_2,f(x_2))$ 是拐点

  D. $(x_1,f(x_1))$ 是拐点,$(x_2,f(x_2))$ 是极值点

16. 设两条抛物线 $y = nx^2 + \dfrac{1}{n}$ 和 $y = (n+1)x^2 + \dfrac{1}{n+1}$ 所围成的图形面积为 A_n,则 $\lim\limits_{n\to\infty} A_n =$ ( ).

  A. 0   B. 1   C. 2   D. 3

17. 设 $x > 0$,$y = 2^{\frac{x}{\ln x}} + x^x$,则 $y' =$ ( ).

  A. $2^{\frac{x}{\ln x}}\dfrac{\ln x - 1}{\ln^2 x}\ln 2 + x^x(\ln x + 1)$ B. $2^{\frac{x}{\ln x}}\dfrac{x-1}{\ln^2 x}\ln 2 + xx^{x-1}$

  C. $2^{\frac{x}{\ln x}}\dfrac{x-1}{\ln^2 x}\ln 2 + x^x(\ln x + 1)$ D. $2^{\frac{x}{\ln x}}\dfrac{x-1}{\ln^2 x}\ln 2 + x^x\ln x$

18. 方程 $\displaystyle\int_0^x \sqrt{1+t^4}\,\mathrm{d}t + \int_{\cos x}^0 \mathrm{e}^{-t^2}\,\mathrm{d}t = 0$ 根的个数为 ( ).

  A. 0   B. 1   C. 2   D. 3

19. 设 $f(x)$ 在 $[0,2]$ 上连续,并且对任意的 $x \in [0,1]$ 都有 $f(1-x) = -f(1+x)$,则 $\displaystyle\int_0^\pi f(1+\cos x)\,\mathrm{d}x =$ ( ).

  A. 1   B. 0   C. -1 D. 以上都不正确

20. 设 $f(x) = x\mathrm{e}^{-\frac{1}{x}}$,$g(x) = x\mathrm{e}^{-\frac{1}{x^2}}$,则 ( ).

  A. 曲线 $f(x),g(x)$ 均有垂直渐近线

  B. 曲线 $f(x),g(x)$ 均无垂直渐近线

  C. 曲线 $f(x)$ 有垂直渐近线,曲线 $g(x)$ 无垂直渐近线

  D. 曲线 $f(x)$ 无垂直渐近线,曲线 $g(x)$ 有垂直渐近线

21. 设 $A = \begin{pmatrix} 1 & -1 \\ 2 & 0 \\ 3 & 1 \end{pmatrix}$,$B = \begin{pmatrix} 1 & 1 & 0 \\ 2 & 3 & 1 \end{pmatrix}$,则必有 ( ).

  A. $AB = BA$ B. $AB = B^TA^T$ C. $|BA| = -8$ D. $|AB| = 0$

22. A 为 $m \times n$ 矩阵,且 $m < n$,$Ax = 0$ 是 $Ax = b$ 的导出组,则下述正确的是 ( ).

  A. $Ax = b$ 必有无穷多解   B. $Ax = 0$ 必有无穷多解

  C. $Ax = 0$ 只有零解   D. $Ax = b$ 必无解

23. $a = 2$ 是向量组 $\alpha_1 = (1,1,-1,1)^T$,$\alpha_2 = (1,0,a,0)^T$,$\alpha_3 = (1,2,2,a)^T$ 线性无关的 ( ).

  A. 充分但非必要条件   B. 必要但非充分条件

  C. 充分必要条件   D. 既不充分也不必要条件

24. 已知向量 $\alpha = (-1, 1, k)^T$ 是矩阵 $A = \begin{pmatrix} 4 & 6 & 0 \\ -3 & -5 & 0 \\ -3 & -6 & 1 \end{pmatrix}$ 的逆矩阵 A^{-1} 的特征向量,则 k

= (　　).

    A. -2 B. -1 C. 0   D. 1

25. 已知三阶矩阵 $A = \begin{vmatrix} -1 & 1 & 1 \\ 0 & -2 & 2 \\ 1 & 1 & -1 \end{vmatrix}$,三维向量 $\boldsymbol{\beta} = (a, 1, 1)'$,且线性方程组 $A\boldsymbol{X} = \boldsymbol{\beta}$

有两个不同的解,则 a = (　　).

    A. 1   B. -1 C. 2   D. -2

第三部分　逻辑推理能力测试

(50题,每小题2分,满分100分)

1. 关于台风预报的准确率,尽管我国这几年在探测设备方面投入较大,数值预报也开始起步,但国外一些发达国家在这两方面仍处于领先地位。不过,由于国外的预报员经常换岗,而我国拥有一支认真负责,具有多年实践经验的预报员队伍,弥补了探测设备和数值预报方面的不足。

如果上面的论述为真,则最能得出以下哪项结论?

A. 国外的预报员不如我国的预报员工作认真。

B. 探测设备和数值预报决定了台风预报的准确率。

C. 台风预报的准确率也受预报员本身情况的影响。

D. 我国的台风预报准确率与发达国家相比还有很大差距。

2. 当颁发向河道内排放化学物质的许可证时,它们是以每天可向河道内排放多少磅每种化学物质的形式来颁发的。通过对每种化学物质单独计算来颁发许可证。这些许可证所需数据是基于对流过河道的水量对排放到河道内的化学物质的稀释效果的估计。因此河道在许可证的保护之下,可以免受排放到它里面的化学物质对它产生的不良影响。

上面论述基于的假设是 _____

A. 相对无害的化学物质在水中不会相互反应形成有害的化合物。

B. 河道内的水流动得很快,能确保排放到河道内的化学物质快速地散开。

C. 没有完全禁止向河道内排放化学物质。

D. 那些持有许可证的人通常不会向河道内排放许可证所允许的最大量的化学物质。

3. 学术期刊《索特》和《爱格》都有一个检查委员会负责防止错误的引语出现在其发表的文章中。然而,《索特》发表的文章中10%的引语有错误,而《爱格》发表的文章中却没有引语错误。因此,在发现引语错误方面,《爱格》的检查委员会比《索特》的检查委员会更有效。

以上论证假设了下面哪一项?

A. 绝大多数投给《索特》要求发表的文章都包含有引语错误。

B. 投给《爱格》要求发表的文章中至少有一些引语错误。

C. 总体上看,《爱格》检查委员会的成员比《索特》检查委员会的成员更有知识。

D. 投稿给《爱格》要求发表文章的作者比投稿给《索特》要求发表文章的作者在使用引语方面更认真。

4. 猎头公司是这样一种公司,收取客户的费用,然后为客户招募那种非常需要却又很难找到的人才。反过来,客户要求自己所雇用的猎头公司将自己的公司列在"猎头"范围之外,即,猎头公司不能为了其他客户的利益而去猎取雇用它的公司的员工。

如果一个公司既想利用猎头公司来为自己弥补人员空缺,当空缺弥补后又想降低这些新员工被竞争对手挖走的风险,那么,下列各项如果可行,哪一项对该公司来讲是最佳策略?

A. 查出正在寻找那类员工的所有猎头公司,并将它们全部雇用。

B. 查出哪一家猎头公司在为其客户招募员工时成功率最高,然后雇用这家猎头公司。

C. 查出作为竞争对手的其他公司支付给所需要的那类员工的薪水数额,然后给这些未来员工更高的薪水。

D. 查出是否有作为竞争对手的其他公司正在寻找那类员工,如果有,绝对不要和这些公司雇用相同的猎头公司。

5. 有机农业的提议者声称在耕作中使用化肥和杀虫剂对当地的野生动物有害。然而,当使用有机农业技术时,要生产相同数量的食物,就要比使用化学物质时耕种更多的土地。因此有机农业减少了当地野生动物可用的生活领地。

下面哪一项是作者的论述所依赖的一个假设?

A. 化肥和杀虫剂不会对当地的野生动物的健康造成威胁。

B. 生活在使用化学物质的农场附近的野生动物不会摄取任何含有那些化学物质的食物或水。

C. 用有机农业方法耕作的土地不再能够成为野生动物的栖息地。

D. 在农业中使用化学物质的唯一缺点是它们对野生动物有潜在的影响。

6. 一年多以前,市政当局宣布警察将对非法停车进行严厉打击,将从写超速罚单的人员中抽出更多的资源对非法停车开单处罚。但是这一措施并没有产生任何效果。警察局局长声称,必须从写超速罚单的警察中抽出一部分人来打击本市非常严重的毒品问题。然而,警察们一如既往地写了许多超速罚单。因此,人力被困在打击与毒品有关的犯罪中的说法很显然是不正确的。

文中的结论基于下面哪个假设?

A. 与毒品有关的犯罪并不像警察局局长声称的那样严重。

B. 对这个城市来说,写超速罚单与打击毒品犯罪一样重要。

C. 如果警察当局把人力都转移到了打击与毒品有关的犯罪上,警察将不能写那么多的超速罚单。

D. 警察可以在处罚非法停车和打击毒品犯罪的同时,并不减少超速处罚单的数量。

7. 在工作场所,流感通常由受感染的个人传给其他在他附近工作的人。因此一种新型的抑制流感症状的药实际上增加了流感的受感染人数。因为这种药使本应在家卧床休息的人在受感染时返回到工作场所。

以下哪项如果为真，将最严重地质疑了这一预测？

A. 咳嗽——这种新药抑制的流感症状是流感传染的主要渠道。

B. 一些用于抑制感冒症状的药也被人用来治由于其他病引起的症状。

C. 许多染上流感的工人得待在家中，因为流感症状妨碍他们有效地工作。

D. 一种疾病症状是身体本身治疗疾病的一种方法，因此抑制症状会延长感冒的时间。

8. 注意到某城市 1982 年的犯罪率与 1981 年相比减少了 5.2%，该城市的警察局局长说，"我们现在看到了 1982 年年初开始在该城市实施的新警察计划的结果了"。

下面哪个如果正确，最严重地削弱了警察局长得出的结论？

A. 若干最近增加用在警察计划上的开销的城市 1982 年犯罪率并不比 1981 年有所下降。

B. 该城市通过报告犯罪数目估计实际犯罪数目，每年使用的估计方法是一样的。

C. 城市内最容易犯罪年龄段的人数在 1982 年比 1981 年有了相当的减少，原因是出生率的降低。

D. 1982 年城市的犯罪数比 1972 年高出 10%。

9. 17 世纪的物理学家伊萨克·牛顿爵士主要因他在运动和地球引力方面的论文而受到纪念。但牛顿曾基于神秘的炼丹术理论秘密地做了许多年的试验，试图使普通的金属变成金子，并制出返老还童的长生不老药。这些尝试都以失败告终。如果 17 世纪的炼丹家发表了他们的试验结果，那么 18 世纪的化学将会比它实际上更为先进。

下面哪一项假设可以合理地推出关于 18 世纪化学的结论？

A. 科学的进步因历史学家不愿承认一些伟大的科学家的失败而受阻。

B. 不管试验成功与否，有关这些试验的报道若能被其他科学家所借鉴，将会促进科学的进步。

C. 如果牛顿在炼丹术方面的工作结果也被公布于众的话，那么他在运动和地球引力方面的工作将不会得到普遍的接受。

D. 如果 17 世纪的炼丹家让他们的试验结果接受公众的审查的话，那么他们将有可能达到他们的目标。

10. 当一群观看暴力活动内容的电视节目的孩子被送去与观看不包括暴力活动内容的电视节目的孩子一块玩耍时，那些观看暴力节目的孩子诉诸暴力行为的次数比那些观看非暴力节目的孩子要高得多。因此，不让孩子们观看暴力节目能防止他们在玩耍时表现出暴力行为。

文中的结论依赖于下面哪个假设？

A. 电视对社会有不良影响。

B. 父母应对他们孩子的行为负责。

C. 暴力行为与被动地观看暴力表演没有关系。

D. 两群孩子之间并没有其他的不同来解释他们在暴力行为方面的差异。

11. 众所周知，高的血液胆固醇水平会增加血液凝结而引起中风的危险。但是，最近的一篇报告指出，血液胆固醇水平低使人患其他致命类型的中风（即脑溢血，由大脑的动脉血管破裂而引起)的危险性在增大。报告建议,因为血液胆固醇在维持细胞膜的韧性方面起着非常重要的作用,所以低的血液胆固醇会削弱动脉血管壁的强度,从而使它们易于破裂。由此,上述结论证实了日本研究者长期争论的问题,即西方饮食比非西方饮食能更好地防止脑溢血。

以上的结论依据下面哪个假设?

A. 西方饮食比非西方饮食更有益于健康。

B. 与非西方饮食相比,西方饮食易使人产生较高的血液胆固醇。

C. 高的血液胆固醇水平能消除动脉血管的衰弱。

D. 脑溢血比血液凝结引起的中风更危险。

12. 孩子们看的电视越多,他们的数学知识就越贫乏。美国有超过 1/3 的孩子每天看电视的时间在 5 小时以上,在韩国仅有 7% 的孩子这样做。但是鉴于在美国只有不到 15% 的孩子懂得高等测量与几何学的概念,而在韩国却有 40% 的孩子在这个领域有该种能力。所以,如果美国孩子要在数学上出色的话,他们就必须少看电视。

下面哪一个是上述论证所依赖的假设?

A. 美国孩子对高等测量和几何学的概念的兴趣比韩国的孩子小。

B. 韩国的孩子在功课方面的训练比美国孩子多。

C. 美国孩子在高等测量与几何学方面所能接受的教育并不比韩国孩子差很多。

D. 想在高等测量和几何学上取得好的成绩的孩子会少看电视。

13. 轻型实用卡车已越来越受消费者的欢迎,他们购买这种卡车的主要原因是因为它们具有结实的外表。然而,尽管这类卡车看起来非常结实,他们并不需要达到政府的汽车安全标准,该标准规定了车顶的最低强度和汽车最低冲击能力。因此,如果这类卡车遇上了一起非常严重的高速碰撞事故,这类卡车的司机就很可能比那些符合政府标准的汽车司机更易受到伤害。

上面论述依赖于下列哪一个假设?

A. 政府已经制定了制造轻型实用卡车的安全标准。

B. 那些买车时只在乎汽车外表的人很有可能比其他人开车粗心。

C. 轻型实用卡车达到汽车安全标准的可能性不如那些符合标准的汽车大。

D. 轻型实用卡车比其他类型的车辆更易卷入致使伤残的事故。

14. 医学研究方面的发现在医学杂志上发表之前通常并不公布于众,它们首先得被专家小组以所谓的评委审阅的方式审查通过后才能发表。据称,这种做法延迟了公众接触潜在的有益信息的时间。这种信息在极特殊的情况下,可以挽救生命。然而,发表前的评委审阅是仅有的可以防止错误的方式,并从而使自身缺乏评价医学声明的公众免受了潜在有害信息的袭击。因此,为了防止公众基于不合标准的研究而做出的选择,我们就必须等待,直到研究结果被评委审阅通过,并在医学杂志上发表。

上面论述假设:

A. 除非医学研究结果被医学杂志送给评委评阅,否则评委评阅不会发生。

B. 不在医学评委小组工作的人不具有评价医学研究结果的必要知识和专业技能。

C. 普通群众没有接触那些发表医学研究结果的期刊的机会。

D. 所有医学研究结果都要接受发表前的评委评阅。

15. 在马尔西尼亚，古典唱片的销量急剧增加。这次销售强劲的买者是音乐方面的新手，他们要么被来自于电视广告的古典音乐所吸引，要么被电视上引入的重大体育盛事的主题曲所吸引。然而，马尔西尼亚的古典音乐会上的观众却持续下降。我们可以从这个事实得出结论：马尔西尼亚的古典音乐的新入道者由于最初欣赏古典音乐是通过唱片音乐的方式，所以很满意作为唱片音乐的古典音乐，并且实际上也没有听取现场表演的欲望。

以上结论依赖于下面哪个假设？

A. 古典唱片要想在马尔西尼亚畅销，它至少应包括一首来自电视的耳熟能详的音乐。

B. 在马尔西尼亚古典唱片的购买者中，至少有一部分人能得到参加古典音乐会的赠券。

C. 在马尔西尼亚上演的古典音乐会的数量并没有由于更少的观众而减少。

D. 在马尔西尼亚可以得到的古典唱片绝大部分都不是现场音乐会的录音。

16. 在某住宅小区的居民中，大多数中老年教员都办理了人寿保险。所有买了四居室以上住房的居民都办理了财产保险。而所有办理了人寿保险的都没有办理财产保险。

如果上述断定是真的，以下哪项关于该小区居民的断定必定是真的？

Ⅰ. 有中老年教员买了四居室以上的住房。

Ⅱ. 有中老年教员没有办理财产保险。

Ⅲ. 买了四居室以上住房的居民都没有办理人寿保险。

A. 仅Ⅱ。　　　　B. 仅Ⅲ。　　　　C. 仅Ⅱ和Ⅲ。　　　　D. Ⅰ、Ⅱ和Ⅲ。

17. 保险公司 X 正在考虑发行一种新的保单，为那些身患困扰老年人疾病的老年人提供他们要求的服务。该保单的保险费必须足够低廉以吸引顾客。因此，X 公司将为从保单中得到的收入不足以支付将要产生的索赔而忧虑。

以下哪一种策略将最有可能将 X 公司在该保单上的损失降到最低？

A. 吸引那些将来很多年里都不可能提出要求从该保单中获益的中年顾客。

B. 仅向那些在幼年时没有得过任何严重疾病的人提供保险。

C. 仅向那些被其他保险公司在类似保险项目中拒绝的个人提供保险。

D. 仅向那些足够富有，可以支付医疗服务费用的个人提供保险。

18. 阿尔法公司从那些由于经常乘坐布拉沃航空公司的飞机而得到布拉沃航空公司奖励票券的人们那里买来一些免费旅行票券，将这些票券以低于布拉沃航空公司的机票价的价格向人们出售。这种票券的市场交易导致了布拉沃航空公司的收入损失。

为抑制这种免费旅行票券的买卖行为，对布拉沃航空公司来说最好是限制：

A. 某一年里的一个人被奖励的票券的数量。

B. 票券的使用仅限于那些被奖励了票券的人和他们的直系家庭成员。

C. 票券的使用时间为周一至周五。

D. 票券发行后可以被使用的时间的长短。

19. 最近关于电视卫星发射和运营中发生的大量事故导致相应的向承担卫星保险的公司提出索赔的大幅增加。结果保险费大幅上升，使得发射和运营卫星更加昂贵。反过来，这又增加了从目前仍在运行的卫星榨取更多工作负荷的压力。

以下哪一项如果是正确的，同以上信息结合在一起，能最好地支持电视卫星成本将继续增加这个结论？

A. 由于向卫星提供的保险金由为数很少的保险公司承担，保险费必须非常高。

B. 若卫星达到轨道后无法工作，通常来说不可能很有把握地指出它无法工作的原因。

C. 要求安装在卫星上的工作能力越大，卫星就越有可能出现故障。

D. 大多数卫星生产的数量很少，因此不可能实现规模经济。

20. "肯定性行动"是一宗好买卖，全国制造商协会在努力促使保留一项要求一些联邦政府采购供应商设立可用数字表示的雇佣少数民族和妇女的目标的行政命令时宣称。"劳动力的多元化可能在管理、产品的发展和市场营销方面产生出新的想法"，该协会这样宣称。

以下哪一项如果正确，将最有力地加强该协会在以上短文中所论述的观点？

A. 工商业中少数民族和妇女工人比例的上升比很多少数民族和妇女组织预期的慢。

B. 那些少数民族和妇女工人的比例最高的企业也是最有创新能力和效率最高的企业。

C. 可支配收入在少数民族和妇女中与在全体人中上升的一样快。

D. 制造业中销售增长最快的是那些销售最有创新能力的产品的行业。

21. 蝙蝠发射声波并非常高效地利用声波的反射来发现、定位并捕捉其猎物。然而，据说该过程特有的效率因蛾子能听到蝙蝠发出的声波而减低。

下面哪个说法如果正确，最能支持上面的说法？

A. 听不见蝙蝠发射声波的蛾子与听得见该声波的蛾子如果都生活在持续没有该类蝙蝠的环境中，听不见的蛾子平均而言比听得见的蛾子寿命长。

B. 当蛾子改变其飞行的速度和方向时，其翅膀运动所产生的声波波形也改变。

C. 听不见食昆虫的蝙蝠发射声波的蛾子是最易被这种蝙蝠捕捉的昆虫之一。

D. 能听见食昆虫的蝙蝠产生的声波的蛾子比听不到的蛾子被这种蝙蝠捕捉到的可能性更小。

22. 埃默拉德河大坝建成 20 年后，这条河土产的 8 种鱼中没有一种仍能在大坝下游充分繁殖。由于该坝将大坝下游的河水温度每年的变化范围由 50 度降到 6 度，科学家们提出一个假想，认为迅速升高河水温度在提示土产鱼开始繁殖周期方面起一定作用。

以下哪一项论述如果是正确的，将最有力地加强科学家们的假想？

A. 土产的 8 种鱼仍能但只能在大坝下游的支流中繁殖，在那里每年温度的变化范围保持在大约 50 度。

B. 在大坝修建以前，埃默拉德河水每年都要漫出河岸，从而产生出土产鱼类最主要繁殖区域的回流水。

C. 该坝修建以前，埃默拉德河有记录的最低温度是 34 度，而大坝建成以后的有记录的最低温度是 43 度。

D. 非土产的鱼类，在大坝建成之后引入埃默拉德河，开始同日益减少的土产鱼争夺食物的空间。

23. 政治行动委员会 PAC 的主要目的是从个人那儿获得资助为候选人的选战服务。通过增加捐助者的数目，PAC 使更多的人对政治活动感兴趣。那些怀疑这个主张的人仅仅需要下一次在赛马中赌 50 美元，他们将看到比他们什么也不赌增大多少兴趣。

上面的论述依赖下列哪一个假设？

A. 捐款给 PAC 的人在任一次政治竞选中通常不会超过 50 美元。

B. 捐款给 PAC 的人通常在赛马比赛中或其他运动中也赌许多钱。

C. 捐款给 PAC 的人是那些假如不捐的话就对政治活动不感兴趣的人。

D. 那些对政治活动感兴趣的人来自总人口中很少的一部分人。

24. 日益苛刻的雇佣标准并不是目前公立学校师资缺乏的主要原因，教师的缺乏主要是由于最近几年教师们的工作条件没有任何改善和他们的薪水的提高跟不上其他职业薪水的提高。

以下哪一项如果是正确的，将最能支持以上所述的观点？

A. 如果按照新的雇佣标准，现在很多已经是教师的人就不会被雇佣。

B. 现在更多地进入这个职业的教师拥有比以前更高的教育水平。

C. 一些教师认为更高的雇佣标准是当前教师缺乏的原因之一。

D. 许多教师认为工资低和缺乏职业自由是他们离开这个职业的原因。

25. 一个解决机场拥挤问题的节省成本的方案是在间距 200 到 500 英里的大城市间提供高速的地面交通。成功地实施这项计划的花费远远少于扩建现有的机场，并且能减少阻塞在机场和空中的飞机的数量。

以上计划的支持者们为了论证该计划的正确性，最适于将下面哪一项，如果是正确的，作为一项论据？

A. 一个有效的高速地面交通系统要求对许许多多的高速公路进行大修，并改善主干道。

B. 在全国最忙的机场，一半的离港班机是飞往一个 225 英里以外的大城市。

C. 从乡村地区机场出来的旅行者，大多数飞往 600 英里以外的城市。

D. 在目前由高速公路地面交通系统提供服务的地区，修建了很多新机场。

26. 如果石油供应出现波动导致国际油价的上涨，在开放市场的国家，如美国，国内油价也会上涨，不管这些国家的石油是全部进口还是完全不进口。

如果以上关于石油供应波动的论述是正确的，在开放市场的国家，下面哪一种政策最有可能减少由于未预料到的国际油价剧烈上涨而对该国经济产生的长期影响？

A. 把每年进口的石油数量保持在一个恒定的水平上。

B. 暂停同主要石油生产国的外交关系。

C. 通过节能措施减少石油的消耗量。

D. 减少国内石油的生产。

27. 雄性的园丁鸟能够筑精心装饰的鸟巢，或称为凉棚。基于它们与本地同种园丁鸟不同群落构筑凉棚的建筑和装饰风格不同这一事实的判断，研究者们得出结论，园丁鸟构筑鸟巢的风格是一个后天习得的，而不是基因遗传的特征。

以下哪一项如果是正确的，将最有力地加强研究者们得出的结论？

A. 经过最广泛研究的本地园丁鸟群落的凉棚构筑风格中，共同的特征多于它们之间的区别。

B. 年幼的雄性园丁鸟不会构筑凉棚，在能以本地凉棚风格构筑凉棚之前很明显地花了好几年时间观看比它们年纪大的鸟构筑凉棚。

C. 有一种园丁鸟的凉棚缺少大多数其他种类园丁鸟构筑凉棚的塔形和装饰特征。

D. 众所周知，一些鸣禽的鸣唱方法是后天习得的，而不是基因遗传的。

28. 自 1965 年到 1980 年，印第安纳波利斯 500 赛车比赛中赛车手的平均年龄和赛车经历逐年增长。这一增长的原因是高速赛车手们比他们的前辈活得长了。赛车的安全性能减少了以前能夺走驾驶者生命的冲撞的严重性。它们是印第安纳波利斯 500 赛车比赛中车手平均年龄增长的根本原因。

下面哪个选项如果正确，最可能成为证明汽车安全性能在重大撞车中保护了赛车车手，是赛车中赛车手平均年龄增长的原因？

A. 在 1965 年到 1980 年间，快速车道上发生重大事故的年轻车手略多于年长的车手。

B. 在 1965 年之前和之后，发生在高速赛车道上的重大事故发生频率相同。

C. 在 1965 年到 1980 年间，试图取得资格参赛印第安纳波利斯 500 的车手的平均年龄有轻微下降。

D. 在 1965 年之前和之后，在美国高速公路上事故发生的频率相同。

29. 赵、钱、孙和李是同班同学。

赵说："我班同学都是南方人"。

钱说："李不是南方人"。

孙说："我班有人不是南方人"。

李说："钱也不是南方人"。

已知只有一人说假话，则可推出以下哪项断定是真的？

A. 说假话的是赵，钱不是南方人。　　　　B. 说假话的是钱，孙不是南方人。

C. 说假话的是孙，李不是南方人。　　　　D. 说假话的是李，钱是南方人。

30. 当一名司机被怀疑饮用了过多的酒精时，检验该司机走直线的能力与检验该司机血液中的酒精水平相比，是检验该司机是否适于驾车的一个更可靠的指标。

以下哪项如果正确，能最好地支持上文中的声明？

A. 观察者们对一个人是否成功地走了直线不能全部达成一致。

B. 由于基因的不同和对酒精的抵抗能力的差别，一些人在高的血液酒精含量水平时所受的运动肌肉损伤比另一些人要多。

C. 用于检验血液酒精含量水平的测试是准确、低成本，并且易于实施的。

D. 一些人在血液酒精含量水平很高的时候，还可以走直线，但却不能完全驾车。

31. 常规的抗生素的使用可以产生能在抗生素环境下存活的抗生菌。人们体内存在抗生素是由于人们使用处方抗生素。但是一些科学家相信人体内大多数抗生素是由于人们吃下了已经被细菌感染的肉类而来。

以下哪一项论述如果是正确的，将最显著地增强这些科学家们的假想？

A. 给牲畜喂的饲料中通常含有抗生素，这样畜牧业主可以提高他们牲畜的生长速度。

B. 大多数吃了已经被细菌感染的肉类而食物中毒的人，使用处方药来医治。

C. 在城市人口中抗生素的发现率比在肉类质量相仿的乡村地区高得多。

D. 畜牧业主宣称动物中的抗生菌不能通过感染的肉类向人类传播。

32. 疟疾热寄生虫的血红细胞在 120 天后被排除出人体。由于这种寄生虫无法转移到新一代的血红细胞内，在一个人迁移到一个没有疟疾的地区 120 天后，发生在这个人身上的任何发烧情况都不是由疟疾热寄生虫引起的。

    以下哪一项如果正确，将最严重地削弱以上的结论？

    A. 疟疾热寄生虫引起的发烧可能同流感病毒引起的发烧相似。

    B. 在某些情况下，引起疟疾热的寄生虫可以转移到脾细胞内，而脾细胞被清除出人体的频率比血红细胞的频率低。

    C. 除发烧外的很多疟疾的其他症状，能被抗疟疾药物抑制，但停用药物之后 120 天后会重新出现。

    D. 主要的疟疾热寄生虫携带者是疟蚊，在世界上很多地区已被消灭。

33. 正确地度量服务部门工人的生产率很复杂。例如，考虑邮政工人的情况：如果每个邮政工人平均投递更多的信件，就称他们有更高的生产率。但这真的正确吗？如果投递更多信件的同时每个工人平均丢失或延迟更多的信件将会是什么情况呢？

    以上对度量生产率的方法暗含的反对意见是基于对以下哪一项论述的怀疑？

    A. 在计算生产率时可以适当地忽略提供服务的质量。

    B. 投递信件是邮政服务的主要活动。

    C. 生产率应归于工人所在的部门，而不是单个人。

    D. 邮政工人总是服务部门工人的代表。

34. 社会习俗影响人的性格的形成这一教条已经被普遍接受了。这个教条把个人看做是社会影响的顺从接受者。个性完全是社会的产物，并且在生活中的任何一个方面，人的性格都能够通过社会的管理而改变。而犯罪之所以会存在，据说仅仅是因为社会在某些方面没能尽到使每个人都能够过上富足的生活这一责任。然而显而易见的是，尽管极端贫困会迫使人去偷盗是事实，有些人不管社会对他们多么好，他们仍会去犯罪。

    上文描述的"教条"所隐含的意思是以下哪一项？

    A. 社会习俗可以像影响人的性格形成一样而反映性格。

    B. 富人最能强烈地感觉到社会对其性格的影响。

    C. 社会财富积聚到少数有特权的人手中是犯罪存在的原因。

    D. 进行社会改革是最可能减少犯罪的办法。

35. 19 世纪的艺术评论家根据表现手法中的现实主义来评价艺术作品。他们认为这种现实主义手法已从开始阶段发展到了正规的现实主义的完美阶段。而 20 世纪美学革命的永久性成果之一便是摆脱了这种审美类型。

    从上文可以推断出 20 世纪美学革命产生了以下哪个效果？

    A. 它降低了现实主义表现手法作为评价艺术作品的考虑因素的地位。

    B. 它允许现代艺术评论家欣赏原始艺术的单纯性。

    C. 它驳斥了在过去的艺术作品中发现的现实主义的表现手法。

    D. 它增强了欣赏和评价伟大艺术的传统方式。

36. 这里有一个控制农业杂草的新办法。它不是试图合成那种能杀死特殊野草且对谷物无害的除草剂，而是使用对所有植物都有效的除草剂，同时运用特殊的基因工程来使谷物对除草剂具有免疫力。

下面哪个如果正确，是以上提出的新办法实施的最严重障碍？

A. 对某些特定种类杂草有效的除草剂，施用后两年内会阻碍某些农作物的生长。

B. 最新研究表明，进行基因重组并非想象的那样可以使农作物中的营养成分有所提高。

C. 虽然基因重组已使单个谷物植株免受万能除草剂的影响，但这些农作物产出的种子却由于万能除草剂的影响而不发芽。

D. 这种万能除草剂已经上市，但它的万能作用使得人们认为它不适合作为农业控制杂草的方法。

37. 据人口普查司报告说，扣除通货膨胀因素后，1983 年中等家庭收入增加了 1.6%。通常情况下，随着家庭收入上升，贫困人数就会减少。然而 1983 年全国贫困率是 18 年来的最高水平。人口普查司提供了两种可能的原因：影响深、持续时间长的 1981-1982 年经济衰退的持续影响；由妇女赡养的家庭人口数量和不与亲戚们同住的成年人数量的增多。这两种人都比整体人口更加贫困。

根据这个报告能得出以下哪个结论？

A. 全国贫困率在最近的 18 年里一直稳步增长。

B. 如果早期的经济衰退仍带来持续的影响，那么全国的贫困率会升高。

C. 即使人口中有些家庭收入下降或未增加，中等家庭收入仍然可能增加。

D. 中等家庭收入受家庭形势变化的影响比受国民经济扩张或衰退程度的影响更大。

38. 表面上看，1982 年的大学毕业生很像 1964 年的大学毕业生。他们相当保守，衣着讲究，对传统感兴趣，尊敬父母。但他们却有一种根深蒂固的差异：大部分 1982 年的大学毕业生在大学一年级被调查中都认为，有一份好收入是他们决定上大学的一个重要原因。

上面陈述如果正确，最好地支持了下面哪个结论？

A. 1964 年的大学毕业生对收入问题的关心要比 1982 年的大学毕业生肤浅。

B. 1964 年的大学毕业生中不到一半人在刚入学时宣称上大学是为了增加他们赚钱的能力。

C. 教育背景对收入的决定在 1964 年没有在 1982 年那么明显。

D. 大多数 1964 年的大学毕业生在入学的头一年和接受大学教育期间改变了他们上大学的理由。

39~40 题基于以下题干：

一个花匠正在插花。可供配制的花共有苍兰、玫瑰、百合、牡丹、海棠和秋菊六个品种。一件合格的插花须由两种以上的花组成，同时须满足以下条件：

（1）如果有苍兰，则不能有秋菊。

（2）如果有海棠，则不能有秋菊。

（3）如果有牡丹，则必须有秋菊，并且秋菊的数量必须和牡丹一样多。

（4）如果有玫瑰，则必须有海棠，并且海棠的数量必须是玫瑰的 2 倍。

（5）如果有苍兰，则苍兰的数量必须大于所用到的其他花的数量的总和。

39. 以下各项配制都不是一件合格的插花。其中哪项，只要去掉其中某种花的一部分或全部，就可以成为一件合格的配制？

A. 四枝苍兰，一枝玫瑰，一枝百合，一枝牡丹。

B. 四枝苍兰，一枝玫瑰，二枝海棠，一枝秋菊。

C. 四枝苍兰，二枝玫瑰，二枝海棠，一枝秋菊。

D. 三枝苍兰，一枝百合，二枝牡丹，一枝秋菊。

40. 一件不合格的插花配制由四枝苍兰、一枝百合、一枝牡丹和两枝海棠组成。在这个配制中，以下哪项是满足上述要求的操作？

A. 增加一枝玫瑰。　　　　　　　　　　B. 增加一枝秋菊。

C. 去掉牡丹。　　　　　　　　　　　　D. 去掉一枝海棠。

41~45 题基于以下题干：

一次学术会议，有六个学者要作讲座。这六个学者是 F、G、J、L、M 和 N，每位学者的讲座时间是一小时。有三个学者的讲座时间安排在午餐前，另三个学者的讲座时间安排在午餐后。在安排讲座的时间表时，下列条件必须得到满足：

（1）G 必须被安排在午餐前。

（2）在 M 和 N 之间必须安排一个讲座人，不论中间是否刚好赶上午餐。

（3）F 必须被安排在第一场或第三场讲座。

41. 如果 J 的讲座被安排在第四场，则第三场讲座的学者必定是 _____

A. F 或 G。　　　B. G 或 L。　　　C. L 或 N。　　　D. M 或 N。

42. 如果 L 的讲座被安排在午餐前，并且 M 的讲座不是第六场，则 M 之后讲座的学者必定是 _____

A. F。　　　　　B. G。　　　　　　C. J。　　　　　D. L。

43. 如果午餐发生在 M 和 N 的讲座之间，则下列哪一项列出了可以安排在 M 和 N 之间的讲座的所有可能的学者？

A. F、G、J、L。　B. G、J。　　　　C. J、L。　　　　D. F、G、J。

44. 如果 J 的讲座被安排在 F 之前的某一场，则 N 的讲座可以被安排到下列哪一场？

A. 第一场。　　　B. 第三场。　　　　C. 第四场。　　　D. 第五场。

45. 如果 L 的讲座被安排紧接在 J 之后，则一共有多少场讲座必须被安排在 L 的讲座之前？

A. 二场。　　　　B. 三场。　　　　　C. 四场。　　　　D. 五场。

46~50 题基于以下题干：

一次义演音乐会上，有七个歌手 H、J、M、N、S、T 和 W 要演唱。音乐会导演将他们的演唱编成连续的七个节目，依据下列条件安排了他们的演唱次序：

（1）H 必须在 M 之前演唱。

（2）S 必须在 J 之前演唱。

（3）T 必须紧接在 N 之前或之后演唱。

（4）W 必须第三个演唱。

46. 如果有四个歌手要在 N 之后并且在 S 之前演唱，那么 H 第几个演唱？

A. 第一个。　　　B. 第二个。　　　　C. 第四个。　　　D. 第五个。

47. 如果 W 紧接 H 之后并且紧接在 T 之前演唱，下列哪一个歌手可以第六个演唱？

  A. H。   B. J。   C. N。   D. S。

48. 如果 J 紧接在 H 之前演唱，下列哪一个歌手必须第七个演唱？

  A. H。   B. J。   C. M。   D. T。

49. 如果 M 紧接在 S 之前演唱，T 可以是第几个演唱？

  A. 第二个。   B. 第四个。

  C. 第六个。   D. 第七个。

50. 如果 M 第四个演唱，下列哪一项必定是真的？

  A. H 在 S 之前演唱。   B. N 在 M 之前演唱。

  C. S 在 W 之前演唱。   D. T 在 J 之前演唱。

第四部分 外语运用能力测试（英语）

(50 题，每小题 2 分，满分 100 分)

Part One   Vocabulary and Structure

Directions: *In this part there are ten incomplete sentences, each with four suggested answers. Choose the one that you think is the best answer. Mark your answer on the* **ANSWER SHEET** *by drawing with a pencil a short bar across the corresponding letter in the brackets.*

1. The great earthquake _____ him to lost almost all his family members.

  A. compelled   B. led   C. made   D. resulted

2. It needs a great _____ for him to understand what Francis is saying.

  A. attempt   B. trouble   C. power   D. effort

3. He is a very honest official and never _____ any gifts from the people who sought his help.

  A. accepted   B. received   C. took up   D. obtain

4. We are all _____ spending whatever is necessary to combat air pollution.

  A. in relation to B. in excess of C. in contrast to D. in favor of

5. It was only a _____ escape from death for him in these miseries.

  A. close   B. short   C. narrow   D. fine

6. It rained for two weeks on end, completely _____ our holiday.

  A. ruining   B. ruins   C. ruined   D. to ruin

7. What the doctors really doubt is _____ the patient will recover from the serious disease soon.

  A. when   B. how   C. whether   D. why

8. _____ today, he would get there by Friday.

  A. Would he leave   B. Was he leaving

  C. Were he to leave   D. If he leaves

9. Americans eat _____ as they actually need every day.

A. twice as much protein   B. twice protein as much twice

C. twice protein as much   D. protein as twice much

10. This is the very film _____ I am looking forward to for a long time.

     A. what   B. which   C. that   D. why

Part Two   Reading Comprehension

Directions: *In this part there are three passages and one advertisement, each followed by five questions or unfinished statements. For each of them, there are four suggested answers. Choose the one that you think is the best answer. Mark your answer on the* **ANSWER SHEET** *by drawing with a pencil a short bar across the corresponding letter in the brackets.*

Questions 11-15 are based on the following passage:

Bra, where there is a church clock that is a half hour slow, is not only the home of an international movement that promotes "slow food" but also one of 31 Italian municipalities that have joined the "slow cities". These cities have declared themselves paradises from the accelerating pace of life in the global economy. In Bin, the town fathers have declared that all small food shops be closed every Thursday and Sunday. They forbid cars in the town square. All fruits and vegetables served in local schools must be organic. The city offers cut-rate mortgages to homeowners who do up their houses using a local butter-colored material and reserves commercial choice real estate for family shops selling handmade chocolates or specialty cheeses. And if the movement leaders get their way, the slow conception will gradually spread across Europe.

The argument for a "Slow Europe" is not only that slow is good, but also that it can work. The Slow City movement, which started in 1999, has turned around local economies by promoting local goods and tourism. Young Italians are moving from larger cities to Bra, where unemployment is only 5 percent, about half the nationwide rate. Slow food and wine festivals draw thousands of tourists every year. Shops are thriving, many with sales rising at a rate of 15 percent per year. "This is our answer to globalization" says Paolo Satumini, the founder of Slow Cities.

France is the favored proving ground for supporters of what might be called slow economics. Most outsiders have long been doubtful of the French model: short hours and long vacations. Yet the French are more productive on an hourly basis than counterparts in the United States and Britain, and have been for years. The mystery of French productivity has fueled a Europe-wide debate about the merits of working more slowly.

11. The church clock that is a half hour slow serves as a symbol of _____.

     A. fast movement   B. slow movement

     C. global economy   D. city growth

12. In Bra, local specialty businesses _____.

     A. are not open on Thursdays and Sundays B. are not allowed in the town square

    C. enjoy low-rate loans from the bank   D. enjoy priority in business sites

13. The low unemployment in Bra is mentioned to prove that _____.

    A. unemployment is in proportion to population

    B. a good concept works well in its birthplace

    C. the Slow City movement is successful in Bra

    D. tourism brings great job opportunities

14. It can be inferred from the passage that _____.

    A. British workers work longer hours than the French

    B. French workers work longer hours than the Italians

    C. Italian workers are less productive than the Americans

    D. American workers are more productive than the British

15. The increased French productivity tends to _____.

    A. throw doubt on slow economics   B. confirm merits of slow economics

    C. favor an accelerating pace of life   D. encourage a slow economic growth

Questions 16-20 are based on the following passage:

    As we all know that the common cold spreads widely in the whole world. The most widespread mistake is that colds are caused by cold. They are not. They are caused by viruses passing on from person to person. You catch a cold by coming into contact with someone who already has one. If cold causes colds, it would be reasonable to expect the Eskimos to suffer from them forever. But they do not. And in isolated Arctic regions explorers have reported being free from colds until coming into contact again with infected people from the outside world

    During the First World War, soldiers who spent long periods in the trenches, cold and wet, showed no increased tendency to catch colds. In the Second World War prisoners at the notorious Auschwitz concentration camp, naked and starving, were astonished to find that the seldom had colds. At the Common Cold Research Unit in England, astonished took part in experiments in which they gave themselves to the discomforts of being cold and wet for long stretches of time. Some exercised in the rain until close to exhaustion. Not one of the volunteers came down with a cold unless a cold virus was actually dropped in his nose. If, then, cold and wet have nothing to do with catching colds, why are they more frequent in the winter? Despite the most painstaking research, no one has yet found the answer. One explanation offered by scientists is that people tend to stay together indoors more in cold weather than at other times, and this makes it easier for cold viruses to be passed on.

    No one has yet found a cure for the cold. There are drugs and pain suppressors such as aspirin, but all they do is to relieve the symptoms

16. The writer offered _____ examples to support his argument.

    A. 4   B. 5   C. 6   D. 3

17. Which of the following does not agree with the passage?

    A. The Eskimos do not suffer from colds all the time.

B. Colds are not caused by cold.

C. People suffer from colds just because they like to stay indoors.

D. A person may catch a cold by touching someone who already had one.

18. Arctic explorers may catch colds when _____.

    A. they are working in the isolated Arctic regions

    B. they are writing reports in terribly cold weather

    C. they are free from work in the isolated Arctic regions

    D. they are coming into touch again with the outside world

19. According to the passage, which is true for the cold?

    A. cure for cold will be found in the near future

    B. there are drugs that can cure the cold

    C. aspirin is the best drug to cure cold

    D. the cold is still irremediable nowadays

20. The passage mainly discusses _____.

    A. the experiments on the common cold

    B. the fallacy about the common cold

    C. the reason and the way people catch colds

    D. the continued spread of common colds

Questions 21-25 are based on the following passage:

There is no denying the fact that many young people finally get the jobs quite by accident, not knowing what lies in the way of opportunity for promotion, happiness and security. As a result, they are employed doing jobs that afford them little or no satisfaction. Our school leavers face so much competition that they seldom care what they do as long as they can earn a living. Some stay long at a job and learn to like it, others quite from one to another looking for something to suit them, the young graduates who leave the university look for jobs that offer a salary up to their expectation. Very few go out into the world knowing exactly what they want and realizing their own abilities. The reason behind all this confusion is that there never has been a proper vocational guidance in our educational institution. Nearly all grope in the dark and their chief concern when they look for a job is to ask what salary is like. They never bother to think whether they are suited for the job or even more important, whether the job suits them, Having a job is more than merely providing yourself and your dependants with daily bread and some money for leisure and entertainment, It sets a pattern of life and, in many ways, determines social status in life, selection of friends, leisure and interest.

In choosing a career you should first consider the type of work which will suit your interest. Noting is more pathetic than taking on a job in which you have no interest, for it will not only discourage your desire to succeed in life but also ruin your talents and ultimately make you an emotional wreck and a bitter person.

21. The reason why some people are unlikely to succeed in life is that they _____.

A. have ruined their talents   B. have taken on an unsuitable job

C. think of nothing but their salary   D. are not aware of their own potential

22. The difficulty in choosing a suitable job lies mainly in that _____.

A. much competition has to be faced

B. many employees have no working experience

C. the young people only care about how much they can earn

D. schools fail to offer students appropriate vocational guidance

23. Which of the following statements is most important according to the passage?

A. Your job must suit your interest.   B. Your job must set a pattern of life.

C. Your job must offer you a high salary.   D. Your job must not ruin your talents.

24. The best title for this passage would be _____.

A. What Can a Good Job Offer   B. Earning a Living

C. Correct Attitude on Job-hunting   D. How to Choose a Job

25. The word "pathetic" in paragraph 2 most probably means _____.

A. splendid   B. miserable   C. disgusted   D. touching

Questions 26-30 are based on the following advertisement:

OUR KIDS ARE AMAZING – especially compared with everybody else's（who seem to cry all the time）. How do you show your love for your kids this holiday season? With toys that are smooth and colorful, interactive and exciting. And with ones that have educational value – because you are the boss.

1. FLAX ART HOSPITAL PUZZLE AND PLAY SET

Here is a toy that doesn't need power – and the bike have to put it together themselves. This 50-piece puzzle set is made of soft-edged hardwood and makes a complete hospital, with an X-ray room. It also includes eight patients, a car and a driver. MYM 135; flaxart. com.

2. TINY LOVE ACTIVITY BALL

Sure, it's cool, but this colorful baby toy also develops problem solving and motor skills. It has a head and legs, a magnetic hand and a tail. Suitable for little ones from 6 to 36 months. MYM 19. 95; tinylove. com.

3. ROBOSAPIEN

This small, remote-control robot is really powerful. It performs 67 preprogrammed functions, including throwing, kicking, picking up and dancing. You can even program your own function — which, sadly, does not include doing windows. MYM 99; robosapienonline. com.

4. MINI PEDAL CAR

Want a Mini Cooper but can't fit the family inside? Get one for the kids. They can jump into this Mini car, which comes in hot orange with a single adjustable seat, and ride away. But it could spoil them for that used car they'll be driving when they turn 16. For ages 3 to 5. MYM 189; miniusabc. com (click on "gear up" then "Mini motoring gear")

26. Which toy is said to have the special design for children's safety?

    A. robosapien

    B. mini pedal car

    C. flax art hospital puzzle and play set

    D. tiny love activity ball

27. Which toys are fit for three-year-old kids?

    A. 1 and 3   B. 2 and 4   C. 1 and 2   D. 3 and 4

28. Educational value is mentioned in all the toys EXCEPT _____.

    A. flax art hospital puzzle and play set

    B. tiny lve activity ball

    C. robosapien

    D. mini pedal car

29. This passage is written for _____.

    A. parents   B. children   C. the writer   D. the boss

30. Which website can you take a look if you want money-saving to come first?

    A. flaxart. com   B. Tinylove. com

    C. MYM 99; robosapienonline. com   D. miniusabc. com

Part Three   Cloze

Directions: *For each blank in the following passage, choose the best answer from the choices given below. Mark your answer on the **ANSWER SHEET** by drawing with a pencil a short bar across the corresponding letter in the brackets.*

    Quite a few years ago when the summers seemed longer and life was not that complicated, we had rented a cottage by a river in the heart of the country ____31____ the whole family was going to ____32____ a three-week holiday. There were four of us: Mum and Dad, Mum's sister — Aunt Jane and I. And I mustn't forget to ____33____ Spot, our little dog. I was allowed to go off by myself all day, ____34____ I promised to be careful and took Spot with me for protection.

    One nice day I went out fishing with Spot when we heard a lot of shouting in the ____35____ followed by a scream and splash. I was a bit ____36____ so I called Spot and we both hid behind a bush. After a few moments, a straw hat came drifting down the river, followed by an oar, a picnic basket and ____37____ oar. Then came the rowing boat itself, but it was ____38____ upside down! A few seconds later my Dad and Aunt Jane came running down the river bank, both wet ____39____. Spot started barking so I came out of hiding and said hello. My Dad got really angry at me for not trying to catch the boat as it went past. Luckily, ____40____, the boat and both the oars had been caught by an overhanging tree a little further downstream, but not the hat or picnic basket. So I had to let them share my sandwiches.

31. A. where   B. that   C. which   D. when
32. A. plan   B. manage   C. consume   D. spend
33. A. mention   B. bring   C. send   D. lead
34. A. even though B. provided   C. lest   D. as if
35. A. place   B. space   C. sky   D. distance
36. A. scared   B. amused   C. excited   D. disturbed
37. A. the other   B. each other   C. another   D. one another
38. A. rolling   B. floating   C. circling   D. sinking
39. A. within   B. over   C. under   D. through
40. A. moreover   B. then   C. therefore   D. however

Part Four   Dialogue Completion

Directions: *There are ten short incomplete dialogues between two speakers, each followed by four choices marked A, B, C and D. Choose the answer that appropriately suits the conversational context and best completes the dialogue. Mark your answer on the **ANSWER SHEET** by drawing with a pencil a short bar across the corresponding letter in the brackets.*

41. Kitty: _____.

    Linda: The high is twenty-four degrees centigrade and the low is eighteen degrees centigrade today.

    A. What's the usual temperature?   B. How high is the temperature?

    C. How is the weather today?   D. How low is the temperature?

42. Customer: This is ridiculous. I've been waiting for my meal for more than half an hour.

    Waiter: _____.

    A. Sorry, but you have to wait longer.

    B. Sorry, I know, but you see the restaurant is full and we're shorthanded today.

    C. You can see the manager if you want to complain.

    D. Sorry, but you can go to another restaurant.

43. Nancy: You couldn't have chosen any gift better for me.

    Serena: _____.

    A. That's all right. I'll give you a better one next time.

    B. I'm sorry I can't let you be satisfied.

    C. I'm glad you like it so much.

    D. You have a gift, don't you?

44. Passer-by: _____?

    Local resident: Sure. It's on Elm Street, between Eleventh and Twelfth Avenue.

    Passer-by: Thank you.

    A. Help please. Could you tell me where the post office is

    B. Sorry, where is the post office, please

C. Trouble you. Could you please tell me where the post office is

D. Excuse me. Do you know where the post office is

45. Bob: It's a beautiful day today! How about a little trip out into the country?

Mark: _____

A. That sounds great. What should I do for the preparation?

B. I don't know. I really haven't thought about what we'd do.

C. Well, would you like me to pack picnic or to buy something?

D. It's all right. That sounds like a good idea.

46. Doctor: _____

Patient: I think I've caught a bad cold and got a terrible sour throat.

A. Do you have anything to declare, Sir?

B. Good morning. May I help you?

C. How have you been getting along with your job recently?

D. What seems to be the problem?

47. Policeman: May I see your driver's license and vehicle registration card, please?

Driver: _____

A. Sorry, don't write me a ticket.

B. Ok. But I was driving at 65 miles per hour.

C. Sure. Did I do anything wrong?

D. Yes. But I don't think I'm a bad driver.

48. Nancy: Have you heard about Dana? She is going to get married with Graham!

Scott: _____

A. You're kidding!　　　　　　B. Congratulations!

C. Is it a real thing?　　　　　　D. Good luck!

49. Kitty: What do you think of that tea set as a gift for Mary's birthday?

Bruce: _____. But I don't particularly care for the design.

A. It's the right thing　　　　　　B. I think it's a Chinese style

C. Not bad　　　　　　D. Let me think it over once again

50. Winnie: The singers all act strangely, they shout instead of singing.

Kate: _____. Popular music is exciting.

A. I agree with you　　　　　　B. I'm afraid not

C. I don't think so　　　　　　D. That's true

2011 年在职攻读硕士学位全国联考研究生入学资格考试试卷
(仿真试卷四)

第一部分 语言表达能力测试

(50 题，每题 2 分，满分 100 分)

一、选择题

1. 下列加点字注音、释义全都正确的一组是 _____。
   - A. 稔（rěn 熟悉）知　　　　　　潜（qiǎn 隐藏）力
     忖（cūn 揣度）度　　　　　　悭（qiān 吝啬）吝
   - B. 弹劾（hé 免职）　　　　　　攻讦（jié 指责别人的过失）
     遒劲（jìng 有力）　　　　　　裨（bì 补）益
   - C. 翔（xiáng 详细）实　　　　　悚（sǒng 害怕）然
     矜（jīn 拘谨）持　　　　　　披靡（mí 倒下）
   - D. 笃（dǔ 忠实）信　　　　　　僭（jiàn 超越本分）越
     赧（nǎn 因羞愧而脸红）颜　　矫（jiǎo 假托）命

2. 下列加点字的释义全都正确的一组是 _____。
   - A. 胆大妄为（乱）　鞭长莫及（达到）　长篇累牍（累进）　面面相觑（看）
   - B. 民生凋敝（衰败）　不胫而走（小腿）　不经之谈（正常）　卓绝千古（高而直，指程度）
   - C. 夸大其辞（张扬）　居心叵测（不可）　不速之客（认识）　美不胜收（尽）
   - D. 莫名其妙（说出）　素不相识（一向）　秣马厉兵（军队）　休戚相关（喜悦）

3. 下列各句中，没有语病的一句是 _____。
   - A. 旧北京城经元明两代的建造经营，在中国历代封建王朝设计的基础上，最后完成的杰作。
   - B. 时隔两日，在距离这一地点 40 公里的林场，又一只野生东北虎出现，并把一村民咬成重伤后死亡。
   - C. 近年骑马爱好者剧增，使得赛马运动发展迅速，一些骑马俱乐部也应运而生。
   - D. 一代代艺术家通过对中华民族优秀艺术传统的继承、提高、升华，才有了艺术新形式、审美新形态的诞生和发展。

4. 下列各句中，语义明确、没有歧义的一句是 _____。
   - A. 这饭不热了。　　　　　　　　B. 三个学生的家长到齐了。
   - C. 他的发理得好。　　　　　　　D. 我们不认识这个人。

5. 对下文中所用修辞手法的表述, 准确的一项是 _____。

　　① 王老汉种的甜瓜, 几十里外就闻到瓜香了。

　　② 黄家就是鬼门关。

　　③ 南国烽烟正十年。

　　④ 有的人活着, 他已经死了; 有的人死了, 他还活着。

　　A. 夸张　比喻　借代　对比　　　　　　B. 比喻　借代　比喻　对比

　　C. 夸张　借代　借代　对偶　　　　　　D. 比喻　比喻　比喻　对偶

6. 下列关于文史知识的表述, 有错误的一项是 _____。

　　A. "传奇", 传述奇事的意思, 又指唐代的一种文学形式, 如《柳毅传书》便属传奇。鲁迅曾编纂《唐宋传奇集》。

　　B. 《文选》是南朝梁文艺理论家刘勰编著的, 记录了自先秦到梁的诗文辞赋, 为现存最早的诗文选集。

　　C. 叶圣陶, 原名叶绍钧, 我国著名作家、教育家。小说《倪焕之》、《多收了三五斗》、《夜》等都是他的力作。

　　D. 马克思的挚友海涅是德国十八至十九世纪期间的著名诗人, 长诗《德国——一个冬天的童话》是他的代表作品。

7. 对下列诗句加点的 "意象" 解释不正确的一项是 _____。

　　A. 去年天气旧亭台, 夕阳西下几时回。(晏殊《浣溪沙》)

　　　　夕阳: 表现对年华易老的慨叹。

　　B. 犹喜故人先折桂, 自怜羁客尚飘蓬。(温庭筠《春日将欲东归寄新及第功绅先辈》)

　　　　折桂: 比喻科举及第。(传说月亮上有桂树。)

　　C. 飘飘何所似, 天地一沙鸥。(杜甫《旅夜书怀》)

　　　　沙鸥: 比喻自由自在的心情。

　　D. 低头弄莲子, 莲子清如水。(《西洲曲》)

　　　　莲子: 借以表达爱情。

8. 根据历史的记载, 人们发现我国东部地区河流的洪水发生是每隔 10～11 年为一次大的周期, 每隔 22 年、110 年左右为更大的洪水周期, 这说明:

　　A. 河流的洪涝灾害和植被的破坏有直接关系。

　　B. 河流的洪涝灾害和太阳活动周期呈正相关关系。

　　C. 历史上曾多次改道。

　　D. 中原地区的战乱与洪涝灾害有关。

9. 下边不含比喻修辞的一句是 _____。

　　A. 朱门酒肉臭, 路有冻死骨。

　　B. 人生的一切变化, 一切魅力, 一切美好都是由光明和阴影构成的。

　　C. 在人类的航船上, 意志是舵, 感情是帆。

　　D. 民犹水也, 水可以载舟, 亦可以覆舟。

10. 下列各句中, 加点的成语使用恰当的一句是 _____。

　　A. 班里出现了不良的现象要及时制止, 等到蔚然成风后再治理就困难多了。

B. 曹雪芹在十分艰难的条件下，经过十年左右呕心沥血，惨淡经营，写出了巨著《红楼梦》。

C. 对错别字，有的同学不以为然，未引起足够重视，长此下去是要吃亏的。

D. 我到了兰亭，漫步在山阴道上，风景络绎不绝，使我应接不暇。

11. 山西某煤矿区，有游人被邀请到井下参观。在矿灯的照耀下，看见夹在页岩地层中的巨厚煤层乌黑发亮，仔细辨认还能看出苏铁、银杏等植物粗大的树干。该地质时代地壳运动的特点是 _____。

　　A. 出现了喜马拉雅造山运动。

　　B. 环太平洋地壳运动剧烈。

　　C. 火山活动频繁，地壳变质很深。

　　D. 地壳运动剧烈，许多地方反复上升、下沉。

12. 关于气压带、风带的叙述，正确的是 _____。

　　A. 低气压带均盛行上升气流，易成云致雨。

　　B. 高气压带均由空气冷却下沉形成。

　　C. 信风和西风都从高纬度吹向低纬度，温暖而湿润。

　　D. 气压带、风带随太阳直射点的移动，冬季北移，夏季南移。

13. "有意栽花花不开，无心插柳柳成荫"的哲学寓意是 _____。

　　A. 规律是客观的，不能被利用和改变

　　B. 事物的变化发展不以人的意志为转移

　　C. 从实际出发是搞好一切工作的根本出发点

　　D. 意识对物质有能动的反作用

14. 陈某在抢劫时造成被害人重伤，法院以抢劫罪判处陈某有期徒刑 15 年，并处罚金 5 万元，赔偿被害人经济损失 5 万元。经查，陈某个人财产只有 8 万元，对本判决的财产部分应当 _____。

　　A. 罚金和赔偿经济损失以陈某现有财产按同等比例同时执行。

　　B. 先执行罚金 5 万元，剩余的 3 万元赔偿给被害人。

　　C. 先执行赔偿经济损失 5 万元，剩余的 3 万元作为罚金执行。

　　D. 先执行罚金 5 万元，经济赔偿不足部分，待陈某刑满后继续履行赔偿义务。

15. 目前已进入信息社会、知识经济时代。为适应时代要求，社会各界的学习欲望普遍高涨，企业也在极力地想将自己改造成为学习型组织。一位学者在北方某城市开展的大样本问卷调查结果却显示出这样的结论：企业总经理的受教育程度与企业的经营绩效之间呈现显著的负相关关系。有人尝试给出了以下四种解释，最为科学的一项是 _____。

　　A. 理论与实践有差距，受教育水平的高低并不代表管理能力的强弱，所以受教育程度与企业经营业绩无关。

　　B. 我国目前市场竞争缺乏规范，谁胆大谁赚钱，严密的决策分析不但不会把握住瞬息万变的市场机会，反而会因遵循僵化的教条而丧失市场机会。我国需要敢于冒险的创业家，不需要职业经理群体。

    C. 目前企业总经理受教育程度普遍偏低，受教育程度高的总经理比例很小，从统计学的原理看，自然应该得到这样的统计结果。

    D. 可能有很多原因，但首要的原因是市场竞争机制不规范。

二、填空题

16. 为下面各句子中的横线处选择一组正确的词语：

① 美国对伊拉克的军事行动，引起了世界各国爱好和平的人们的极大＿＿＿＿＿，他们纷纷走上街头，举行各种各样的抗议活动。

② 俗语说"忠厚是无用的别名"，也许太＿＿＿＿＿一点吧，但仔细想起来，却也并无教人作恶的意思，只是经验的教训。

③ 这个创造性的设计，不但＿＿＿＿＿了石料，减轻了桥身的重量，而且在河水暴涨的时候，还可以增加桥洞的过水量，减轻洪水对桥身的冲击。

    A. 愤怒   苛刻   节约   B. 愤怒   刻薄   节俭

    C. 愤慨   刻薄   节约   D. 愤慨   苛刻   节俭

17. 依次在一段文字中的横线上填入下面的关联词语，最恰当的一组是 ＿＿＿＿＿：

    任何人承担对外的各种业务，一律实行有限授权，不得自行其是、自作主张，＿＿＿＿＿不允许假公济私、中饱私囊，违者＿＿＿＿＿予惩处，＿＿＿＿＿追究法律责任。这种领导体制＿＿＿＿＿体现了民主管理的思想，＿＿＿＿＿确保了厂长的中心地位，使整个生产指挥系统运行畅通。

    A. 也   就   及至   既   还   B. 更   则   直至   既   又

    C. 也   则   直至   又   又   D. 更   就   及至   又   还

18. 世界上某些企业、公司实行"柔性生产方式"，从掌握市场需求信息到确定商品的概念、开发、设计、生产、销售，是同步进行的。＿＿＿＿＿＿＿＿＿＿＿＿＿＿＿.

    A. 这就大大降低了成本，大大提高了效益，缩短了开发周期，快速适应了市场需求

    B. 这就大大缩短了开发周期，降低了成本，提高了效益，快速适应了市场需求

    C. 这就大大提高了效益，降低了成本，缩短了开发周期，快速适应了市场需求

    D. 这就快速适应了市场需求，大大提高了效益，缩短了开发周期，降低了成本。

19. 在下面文字的横线处依次填入恰当的标点符号。

    恩格斯说过："言简意赅的句子，一经了解，就能牢牢记住，变成口号；而这是冗长的论述绝对做不到的 ＿＿＿＿＿毛泽东同志也强调过，讲话、写文章"都应当简明扼要 ＿＿＿＿＿我国历代作家常以"意则期多，字则唯少 ＿＿＿＿＿作为写文章的准则，力求"句句无余字，篇中无长语 ＿＿＿＿＿（姜夔《白石诗说》）＿＿＿＿＿

    A. "。   。"   "，   "   。   B. 。"   "。   "，   "   。

    C. "。   。"   "，   "，   。   D. 。"   "。   "，   "，   。

20. 根据对仗的要求，在下面横线处填入最贴切的句子。

    江汉思归客，乾坤一腐儒。片云天共远，＿＿＿＿＿。

    落日心犹壮，秋风病欲苏。古来存老马，不必取长途。（杜甫《江汉》）

    A. 荷露终非珠   B. 水宿鸟相呼   C. 长松半堰枯   D. 永夜月同孤

21. 辛亥革命后，一些有识之士倡导发展实业，＿＿＿＿＿和＿＿＿＿＿成为当时并存的两大

社会潮流。

    A. 白话文　　科学　　　　　　　　　B. 白话文　　新文学

    C. 实业救国　民主共和　　　　　　　D. 科学　　　　民主

22. 泰戈尔因 _____ 的成就,获得诺贝尔文学奖。此书直译的意思是"歌之献"。

    A.《飞鸟集》　　　B.《吉檀迦利》　　　C.《新月集》　　　D.《沉船》

23. 下列各诗句所描写的传统节日,依次对应正确的一项是 _____ 。

    ① 独在异乡为异客,每逢佳节倍思亲。

    ② 东风夜放花千树,更吹落、星如雨。

    ③ 爆竹声中一岁除,春风送暖入屠苏。

    ④ 柔情似水,佳期如梦,忍顾鹊桥归路。

    ⑤ 堪笑楚江空渺渺,不能洗得直臣冤。

    A. 重阳节　　春节　　　元宵节　　七夕节　　　冬至

    B. 春节　　　重阳节　元宵节　　冬至　　　　端午

    C. 元宵节　　春节　　　端午　　　重阳节　　七夕节

    D. 重阳节　　元宵节　春节　　　七夕节　　端午

24. 在下列诗句的空格中,依次填入最恰当的词语。

    ① 罗幕轻寒, _____ 双飞去。

    ② 江晚正愁余,山深闻 _____ 。

    ③ 中有双飞鸟,自名为 _____ 。

    ④ 松间沙路净无泥,潇潇暮雨 _____ 啼。

    ⑤ 孤 ____ 号外野,翔鸟鸣北林。

    ⑥ 西陆 ____ 声唱,南冠客思深。

    A. 燕子　鹧鸪　鸳鸯　子规　鸿　蝉　　　B. 鸿雁　子规　燕子　鹧鸪　雁　蝉

    C. 燕子　子规　鸳鸯　鹧鸪　鸿　蛙　　　D. 鸿雁　鹧鸪　燕子　子规　雁　蛙

25. 下列说法中不正确的一项是 _____ 。

    A.《战国策》是一部国别体史书;《汉书》是继《史记》之后的又一部纪传体史书;

而《左传》则是一部编年体史书。

    B.《论语》、《孟子》、《荀子》都属于诸子散文。

    C.《诗经》、《论语》、《尚书》都在"五经"之列。

    D.《史记》、《汉书》、《后汉书》、《三国志》合称为"四史"。

26. 消费者依法享有的各项权利中,最重要的权利是 _____ 。

    A. 公平交易权　　B. 安全权　　　C. 知情权　　　　D. 求偿权

27. "龙生龙,凤生凤,老鼠生来会打洞。"这种观点是典型的 _____ 。

    A. 教育万能论　　B. 环境决定论　　C. 遗传环境辐射论　D 遗传决定论

28. 形成赤潮的直接原因是 _____ 。

    A. 海水综合治理差　　　　　　　　　B. 海水中浮游生物突发性繁殖

    C. 海水受生活垃圾污染　　　　　　　D. 水土流失严重,大量红壤进入海洋

29. 在脊椎动物中,只有鱼类、两栖类和爬行类能随环境而迅速发生色变。其中避役是出

名的"变色龙"，能在较短的时间（小于 5 分钟）完全改变体色，比蛙等变色动物快得多，它变色的调节机制是 _____。

A. 激素调节

B. 神经调节

C. 神经—激素调节

D. 激素—神经调节

30."薄利多销"对于商家促销某种产品或许是非常有效的办法。也就是说，当商家发现某种商品销量很少的时候，可以通过降低价格来吸引消费者购买，尽管价格下降会造成单个商品的盈利降低，但是从总体上，销售出去更多产品，会得到更大收益。然而"薄利多销"这一营销策略并不是在所有的情况下都适用，只有在 _____ 情况下，薄利才能多销。

A. 需求富有价格弹性

B. 供给具有价格弹性

C. 消费者满意

D. 商家盈利

三、阅读理解题

（一）阅读下面短文，回答问题

鲁迅先生家里的花瓶，好像画上所见的西洋女子用以取水的瓶子，灰蓝色，有点瓷釉自然堆起的纹痕，瓶口的两边，还有两个瓶子，瓶里种的是几棵万年青。

我第一次看到这花的时候，就问过："这叫什么名字，屋中不生火炉，也不冻死？"

第一次，走进鲁迅家里去，那是快接近黄昏的时节，而且是个冬天，那楼下的卧室稍稍有一点暗，看鲁迅先生的纸烟，当它离开嘴边而停在桌角的地方，那烟纹的卷痕一直升腾到他有一些白丝的发梢那么高，而且再升腾就看不见了。

"这花，叫'万年青'，永远这样！"他在花瓶旁边的烟灰盒中，抖掉了纸烟上的灰烬，那红的烟火，就越发红了，好像一朵小花似的，和他的袖相距离着。

"这花不怕冻？"以后，我又问过，记不得在什么时候了。

许先生说："不怕的，最耐久！"而且她还拿着瓶口给我摇着。

我还看到了花瓶的底边是一些圆石子，以后，因为熟识的缘故，我就自己动手看过一两次，又加上这花瓶是常常摆在客厅的黑色长桌上，又加上自己是在寒带的北方，对于这在四季里都不凋零的植物，总带着一点惊奇。

而现在这"万年青"依旧活着，每次到许先生家里，看到那花，有时仍站在那黑色长桌上，有时站在鲁迅先生的遗像的前面。

花瓶是换了，用一个玻璃瓶装着，看得到淡黄色的须根，站在瓶底。

有时候许先生一面和我们谈论着，一面检查着房中所有的花草。看一看叶子是不是黄了？该剪掉的剪掉，该洒水的洒水，因为不停地动作是她的习惯。有时就检查着这"万年青"，有时候就谈着鲁迅先生，就在他的遗像前面，但那感觉，却像谈着古人那么悠远了。

至于那花瓶呢？站在墓地的青草上面去了，而且瓶底已经丢失，虽然丢失了也就让它空空地站在墓边。我所看到的是从春天一直站到秋天；它一直治到邻旁墓头的石榴树开了花而后结成了石榴。

从开炮以后，只有许先生绕道去过一次，别人就没有去过。当然那墓草长得很高了，而且荒了，还说什么花瓶，恐怕鲁迅先生的瓷半身像也要被荒了的草埋到他的胸口了。

我们在这边，只能写些纪念鲁迅先生的文章，而谁去剪齐墓上的荒草？我们越去越远了，但无论多么远，那荒草是总要记在心上的。

31. 文中第一次暗示鲁迅先生已经去世是 _____ 。

 A. 这花瓶是常常摆在客厅的黑色长桌上

 B. 看到那花，有时仍站在那黑色的长桌上，有时站在鲁迅先生的遗像的前面

 C. 有时候就谈着鲁迅先生，就在他的遗像前面

 D. 至于那花瓶呢？站在墓地的青草上面去了

32. 文章虽然没有直接说万年青就是鲁迅先生，但字里行间，我们可以清楚地看出这一用意。以下不含这一用意的是 _____ 。

 A. 瓶里种的是几棵万年青

 B. "这花，叫'万年青'，永远这样！"

 C. "不怕的，最耐久！"

 D. 至于那花瓶呢？……一直站到邻旁墓头的石榴树开了花而后结成了石榴。

33. 下面对本文有关文句的分析，不恰当的一项是 _____ 。

 A. 文章前面，作者说"我第一次看到这花的时候"，后面又接着说"第一次，走进鲁迅家里去"。显然，这两个"第一次"是作者有意这么说的，有意将"万年青"和"鲁迅"视为一体。

 B. 文章直接写鲁迅，有一个抖掉烟灰的动作："他在花瓶旁边的烟灰盒中，抖掉了纸烟上的灰烬，那红的烟火，就越发红了，好像一朵小花似的……"。那"就越发红了，好像一朵小花似的"烟火（作者特意不写烟火的熄灭），正是鲁迅火红的生命的写照。

 C. "至于那花瓶呢？站在墓地的青草上面去了"，将花瓶和花一分为二，实际上是合二为一：家里鲁迅像下的万年青实指鲁迅，墓前的花瓶指的则是鲁迅这株万年青。

 D. "而现在这'万年青'依旧活着"，这里的"万年青"加上引号，除表示着重和引用外，还有双关的意思，即鲁迅依旧活着，鲁迅的精神永存。

34. 本文的标题其实是"鲁迅先生记"，但实际"记"的是"万年青"，显然，记万年青就是记鲁迅。作者这样写，所用的表现手法是 _____ 。

 A. 衬托 B. 象征 C. 对比 D. 比喻

35. 从全文看，对"万年青"这种植物得名理由的说明，最恰当的一项是 _____ 。

 A. 不怕冻、最耐久、四季不凋零

 B. 鲁迅先生的精神品格

 C. 一年四季都不凋零

 D. 从养护它到鲁迅先生去世，这植物都没有死

（二）阅读下面短文，回答问题

不知有花

 那时候是五月，桐花在一夜之间，攻占了所有的山头。历史或者是由一个一个的英雄豪杰叠成的，但岁月——岁月对我而言是花和花的禅让所缔造的。

 桐花极白，极矜持，花心却又泄露些许微红。我和我的朋友都认定这花有点诡秘——

平日守口如瓶，一旦花开，则所向披靡，灿如一片低飞的云。

车子停在一个客家小山村，走过紫苏茂盛的小径，我们站在高大的桐树下。山路上落满白花，每一块石头都因花罩而极尽温柔，仿佛战马一旦披上了绣帔，也可以供女人骑乘。而阳光那么好，像一种叫"桂花蜜酿"的酒，人走到 林子深处，不免叹息气短，对着这惊心动魄的手笔感到无能为力，强大的美有时令人虚脱。

忽然有个妇人行来，赭红的皮肤特别像那一带泥土的色调。"你们来找人？""我们——来看花。""花？"妇人匆匆赶路，一面丢下一句，"哪有花？"由于她并不在求答案，我们也噤然不知如何接腔，只是相顾愕然，如此满山林扑面迎鼻的桐花，她居然问我们"哪有花——"！

但风过处花落如雨，似乎也并不反对她的说法。忽然，我懂了，这是她的家，这前山后山的桐树是他们的农作物，是大型的庄稼。而农人对它们，一向是视而不见的。在他们看来，玫瑰是花，剑兰是花，菊是花，至于稻花桐花，那是不算的。使我们为之绝倒发痴的花，她竟可以担着水夷然走过千遍，并且说："花？哪有花？"

我想起少年时游狮头山，站在庵前看晚霞落日，只觉如万艳争流竞渡，一片西天华美到几乎受伤的地步，忍不住返身对行过的老尼说："快看那落日！"她安静垂眉道："天天都是这样的！"

事隔二十年，这山村女子的口气，同那老尼竟如此相似，我不禁暗暗嫉妒起来。

不为花而目醉神迷、惊愕叹息的，才是花的主人吧！对那山村妇人而言，花是树的一部分，树是山林的一部分，山林是生活的一部分，而生活是浑然大化的一部分。她与花就像山与云，相亲相融而不相知。

年年桐花开的时候，我总想起那步过花潮花汐而不知有花的妇人，并且暗暗嫉妒。

（作者：张晓风 略有改动）

注释：帔：音配。古代披在肩上的服饰。如凤冠霞帔。赭：音者。红褐色。

36. "不知有花"从反面落笔，从文中摘取语句能正面解说它的主旨的一项是 _____。

    A. 风过处花落如雨　　　　　　　　　B. 是花的主人，与花相亲相融

    C. 不为花而目醉神迷、惊愕叹息　　　D. 天天都是这样的

37. 文章前三个段落极写桐花之美，从下文看，这种手法是 _____。

    A. 反面衬托　　　　B. 正面衬托　　　　C. 夸张　　　　D. 先抑后扬

38. 从人物描写的角度看，第五段中加点的词语"夷然"描写的是。

    A. 神态　　　　　　B. 肖像　　　　　　C. 动作　　　　D. 心理

39. 对第六段写少年时候看晚霞落日的理解不准确的是 _____。

    A. 游离主题，是多余的笔墨。

    B. 是为了引出老尼面对晚霞落日的态度，用以衬托农妇对桐花的态度。

    C. 说明少年、老尼、农妇融入自然造化的人，心理是一样的。

    D. 这种写法正是散文"形散"特点的体现。

40. 对第七段、第九段两处"暗暗嫉妒"在文中的作用理解不准确的是 _____。

    A. 第一处的作用是引起下文的议论　　　B. 第一处承上启下

    C. 第二处的作用是收束全文　　　　　　D. 第二处同时呼应第一处

(三) 阅读下面短文, 回答问题

史学原以记述近现代事实为主要任务, 在任何时代, 近现代史都是史学家的研究中心。史学容易触犯政治禁忌, 成为文字狱和其他变相文字狱的主要对象。清代的文字狱几乎等于历史狱。朴学反是以经学为中心, 以小学 (文字学) 的训诂、音韵等为附庸, 在其范围内的诸子、古史考证、地理、方志等, 都和政治现实没有直接关系。清代顺、康、雍、乾文网太密, 文字狱大兴之后, 史学因为首当其冲而大衰, 考证学因为可以避祸而极盛, 便是明证。由于中国封建社会历经的时期特别长, 君主权威无限大, 一切都被严密控制, 学术界便越来越明显地出现这种极其反常的怪现象: 现代史成为空白点, 近代史成为薄弱点, 古代史成为集中点, 越古越厚, 越今越薄, 甚至有古无今, 许多学者都成为"信而好古"者。这自然是由于统治者极端专制和极端愚民造成的, 而学术界死气沉沉, 学术家畏难避祸, 以古代史为防空洞、避风港, 也是无法辩解和否认的原因。明末清初许多伟大的史学家, 在国变之后, 毅然决然地都要集中余生精力, 就亲身见闻去私编《明史》。《明史》就是他们的近代史。当时, 从学术界老前辈黄宗羲、顾炎武、王夫之到万斯同、全祖望等大史学家, 多专心致志私著《明史》, 把私著《明史》看做高于一切的神圣任务。黄、万、全等清初史学家在中国史学史上的地位是难以比拟的, 因为在二十四史中, 只有《史记》敢于写到"今上"即当代史。在明代以前, 如后汉初修的《前汉书》, 唐初的官修《隋书》, 元初的官修《宋史》等, 均属隔代修史, 而且由于官修, 那是根本谈不上史德问题的。在清代以后, 如民国初年以清朝遗老为主官修的《清史稿》, 等于清王朝的奴才为清王朝的主子服务, 也是可鄙的。只有明清间的一大群史学家敢于不惜牺牲、无所畏惧地私著信史实录, 确为难能可贵, 这是中国史学史上最值得大书特书的一点。由此可见史学是以同现实有密切关系的近现代历史为中心的, 历史科学工作者必须是大智大勇者, 缺乏勇敢精神, 就不可能成为伟大的历史学家。

41. 下面对"清代的文字狱几乎等于历史狱"一句理解正确的是 _____。

    A. 清代文字狱的灾祸大多落在了触犯政治禁忌的史学家头上。

    B. 清代顺、康、雍、乾四代的文网皆因史学而设。

    C. 清代史学是以记述现代事实为主要任务的, 所以酿成文字狱。

    D. 清代文字狱和其他变相文字狱都是以史学研究为对象的。

42. 下列说法, 不是导致学术界产生"怪现象"的原因的一项是 _____。

    A. 中国封建统治者为维护其专制权力, 采用了极端的愚民政策, 严密控制学术研究。

    B. 史学的研究中心与政治现实有直接联系容易触犯政治禁忌。

    C. 学术家畏难避祸, 缺乏直言事实的勇敢精神, 于是转向考证学和古代史研究。

    D. 中国史学多属于隔代修史和官修, 无法做到信史实录。

43. 下列对本文内容理解正确的一项是 _____。

    A. 朴学研究不易酿成文字狱, 因为朴学以经学为中心, 以小学的训诂、音韵等为附庸, 跟政治现实并没有直接的关系。

    B. 清代的考证学极其兴盛, 是由于顺、康、雍、乾大兴文字狱后, 史学研究大大衰落造成的。

    C. 明代以前, 后汉初修的《前汉书》, 唐初的官修《隋史》, 元初的官修《宋史》等,其史学价值都在官修《清史稿》之上。

D. 黄、万、全等清初史学家在中国史学史上地位崇高，是因为他们私著《明史》的成就达到了司马迁《史记》的高度。

44. 根据本文信息，下列推断有误的一项是 _____。

A. 明清间一大群史学家私著《明史》，表现出他们尊重历史事实，对文字狱无所畏惧的可贵的精神和品格。

B. 《史记》在中国史学史上有其重要地位，其中一个原因就是司马迁是个大智大勇者，敢于记述当代史实。

C. 一个编史者，只要既有才智识见，又有编修同现实有密切关系的近现代史的经历，就可成为一代伟大的史学家。

D. 隔代编修或者出于官修的史书，往往不能还原历史的本来面目，因此，我们看史书应像鲁迅先生说的那样，多方参照和论证。

45. 依据本文提供的信息，下列分析正确的一项是 _____。

A. 史学的主要任务是记述近现代事实，但历代史学家却都是"信而好古"者。

B. 统治者极端专制和极端愚民，造成了现代史成为空白点，近代史成为薄弱点，古代史成为集中点的反常怪现象。

C. 黄宗羲、顾炎武、王夫之、万斯同、全祖望等人是大智大勇、不畏牺牲的伟大历史学家，他们著的《明史》是一部堪与《史记》相媲美的史书。

D. 《清史稿》虽然是一部近代史，但并不具备真正的史学精神。

（四）阅读下面短文，回答问题

要说清楚纳米科技的真正涵义不是一件易事。"纳米"只是一个长度单位，大约是10个氢原子排列起来的长度。纳米科技被广泛地定义为纳米尺度空间（如从一纳米至几百纳米）的科学技术。当科学家和工程技术人员力图在用纳米尺度来理解和控制物质的时候，就会发现许多新的现象，发明许多新的技术。用纳米颗粒粉体制成的纳米材料或具有纳米尺度晶粒的材料会显示出比一般材料更优异的性能。光刻技术的不断进步，已经使芯片的制造技术正在接近或达到100纳米，使计算机的速度越来越快，而体积越来越小。这些科技进步对工业技术发展和社会进步都具有重要意义。然而，这并不是科学家们正在探索研究的纳米科技的核心和本质，这一切不过都是传统显微加工技术的扩展和延伸而已。它们都是通过车床、铣床、钻床等加工设备，通过"切削"材料加工成所需的产品。这种技术统称为"由上到下"或"由大到小"的加工技术。纳米科技的核心和本质在于人们创造物质的生产方式将完全不同于自石器时代以来人类用工具创造物质世界的方式，而决不仅仅是一个长度单位所能涵盖的。纳米科技决不意味着制造纳米尺度的产品，纳米产品可以小到分子尺度，大到汽车、飞机，只是制造的方式完全不同罢了。

要理解纳米技术的真正涵义还须从纳米技术思想的起源开始。纳米技术的灵感来自于已故美国物理学家查理·范曼的演讲，他在1959年向加州理工学院的同事们提出了一个新的想法。从石器时代开始，人类从磨尖箭头到光刻芯片的所有技术，都与一次性地削去或者融合数以亿计的原子以便把物质做成有用的形态有关。范曼质问道，为什么我们不可以从另外一个角度出发，从单个的分子甚至原子开始进行组装，以达到我们的要求呢？实际上这一灵感来自大自然从单个分子，甚至单个原子创造物质的启示。如果把人体分解成组成它的单元，我们获得的将是一小桶的氧、氢和氮，一小堆碳、钙和盐，微量的硫、磷、铁和镁，以及微不足道的 20 种或更多的其他化学元素。它们的总价值可以说是微不足道的。然而，大自然就是采用它们自己的、科学家们称之为纳米工程的方法，把这些廉价的、丰富的、无生命的单元转成具有自生成、自维持、自修复、自意识能力的生灵，可以行走、扭动、游泳，具有嗅觉和视觉，甚至可以思想和做梦，其价值无与伦比。因此，纳米技术就是向大自然学习，力图在纳米尺度精确操纵原子或分子来制造产品的技术，统称为"由底向上"或"由小到大"的加工技术。

科学家们已经或正在意识到纳米科技将给人类带来的社会变革。由于可能通过精确地控制原子或分子制造新产品，生产过程将变得非常清洁，将不产生副产品和废物。纳米技术将采用资源丰富的元素来制造完美的金刚石材料，不仅强度会比钢高几十倍，而且重量仅是钢的几十分之一。利用纳米技术，人类有可能在原子和分子尺度诊断和治愈疾病，甚至修补细胞。纳米技术将可以制造分子开关和导线，从而将导致一场计算机制造技术的革命。

（节选自张永刚《纳米科技的迷雾》）

46. 对文中划线词语"纳米科技的核心和本质"的具体含义理解正确的一项是 _____。
    A. 传统显微加工技术的扩展和延伸
    B. 在纳米尺度精确地操纵原子或分子来制造产品的技术
    C. 制造纳米尺度的产品，可以小到分子尺度，大到汽车、飞机
    D. 与石器时代以来用工具创造物质世界完全不同的一种生产方式

47. 下列说法不属于"由小到大"的加工技术的一项是 _____。
    A. 与大自然从单个分子甚至原子创造物质的方式一样
    B. 从单个分子或原子开始进行重组、装配来生产产品
    C. 与凭借类似于车床、钻床等加工设备"切削"材料加工产品的方式完全不一样
    D. 在纳米尺度，一次性地削去或者融合数以亿计的原子，以制造新的物质产品

48. 下列理解不符合原文信息的一项是 _____。
    A. 人类已能精确地控制原子或分子来制造产品，生产过程很清洁，既无副产品又无废物。
    B. 纳米技术统称为"由底向上"或"由小到大"的加工技术。
    C. "纳米"是一个相当于约 10 个氢原子排列起来那样长的长度单位。
    D. 计算机速度越来越快，而体积越来越小，这是光刻技术不断进步的结果。

49. 根据本文提供的信息，以下推断正确的一项是 _____。
    A. 人类已能借助纳米技术，在原子和分子尺度诊断和治愈疾病，修补细胞。
    B. 人类尚未觉悟到纳米科技给人类带来的社会变革。
    C. 纳米科技纯粹是科学幻想，而制造芯片的光刻技术永远也不会寿终正寝。
    D. 随着纳米技术的发展，将来能用空气中的二氧化碳所含的碳原子作原料来制造金刚石。

50. 根据文章所给的信息，以下各项错误的是 _____。
    A. 光刻不断进步，已经使芯片的制造技术接近或达到 100 纳米。

B. 光刻技术属于"由上到下"（或"由大到小"）的加工技术。

C. 自石器时代以来，人类用工具创造物质世界的方式是"由上到下"的方式。

D. 纳米技术是从单个分子甚至原子开始进行组装的"由小到大"的加工技术。

第二部分　数学基础能力测试

（25 题，每题 4 分，满分 100 分）

1. $\dfrac{(2 \times 5 + 2)(4 \times 7 + 2)(6 \times 9 + 2)\cdots(2004 \times 2007 + 2)}{(1 \times 4 + 2)(3 \times 6 + 2)(5 \times 8 + 2)\cdots(2003 \times 2006 + 2)} = ($ $)$.

   A. $\dfrac{2005}{2}$ B. 1003 C. $\dfrac{2007}{2}$ D. 1004

2. 设 $|a + 2| \leqslant 1$，$|b + 2| \leqslant 2$，则正确的不等式为（   ）.

   A. $|a - b| \leqslant 3$ B. $|a - b| \leqslant 2$ C. $|a - b| \leqslant 1$ D. $|a + b| \leqslant 7$

3. 下面四个图形中的实线部分表示函数 $y = 1 - |x - x^2|$ 的图像是（   ）.

A. 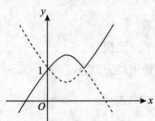   B.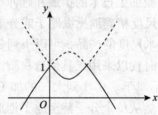

C. 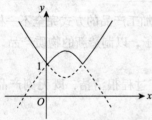   D.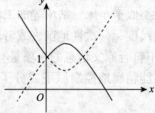

4. 已知 $-2x^2 + 5x + c \geqslant 0$ 的解为 $-\dfrac{1}{2} \leqslant x \leqslant 3$，则 c 为（   ）.

   A. $\dfrac{1}{3}$ B. 3 C. $\dfrac{1}{3}$ D. -3

5. 在 $\left(x - \dfrac{1}{\sqrt{x}}\right)^8$ 的展开式中，x^5 的系数是（   ）.

   A. 56 B. -56 C. -28 D. 28

6. 在等差数列 $\{a_n\}$ 中，满足 $3a_4 = 7a_7$，且 $a_1 > 0$，S_n 是数列 $\{a_n\}$ 前 n 项的和，若 S_n 取得最大值，则 $n = ($ $)$.

   A. 7 B. 8 C. 9 D. 10

7. 已知 $0 < \alpha < \dfrac{\pi}{2}$，$\tan \dfrac{\alpha}{2} + \cot \dfrac{\alpha}{2} = \dfrac{5}{2}$，那么，$\sin(\alpha - \dfrac{\pi}{3}) = ($ $)$.

    A. $\dfrac{1}{5}(4 - 3\sqrt{3})$ B. $\dfrac{1}{10}(4 - 3\sqrt{3})$ C. $\dfrac{\sqrt{3}}{2}(4 + 3\sqrt{3})$ D. $\dfrac{3}{5}(4 - \sqrt{3})$

8. 已知向量 $a = (\cos\theta, \sin\theta)$，向量 $b = (\sqrt{3}, -1)$，则 $|2a - b|$ 的最大值为 (   ).

    A. 1   B. 2   C. 3   D. 4

9. $\dfrac{1 - \sqrt{3}i}{(\sqrt{3} + i)^2} = ($ $)$.

    A. $\dfrac{1}{4} + \dfrac{\sqrt{3}}{4}i$ B. $-\dfrac{1}{4} - \dfrac{\sqrt{3}}{4}i$ C. $\dfrac{1}{2} - \dfrac{\sqrt{3}}{2}i$ D. $-\dfrac{1}{2} + \dfrac{\sqrt{3}}{2}i$

10. 如图所示，半径为 r 的 $\dfrac{1}{4}$ 的圆 ABC 上，分别以 AB 和 BC 为直径作两

    个半圆，则阴影部分面积 a 与阴影部分面积 b 有 (   ).

    A. $a > b$ B. $a < b$

    C. $a = b$ D. 均错

11. 若椭圆 $\dfrac{x^2}{a^2} + \dfrac{y^2}{b^2} = 1 (a > b > 0)$ 的左右焦点分别为 F_1、F_2，线段 F_1F_2 被抛物线 $y^2 = 2bx$

    的焦点分成 $5:3$ 的两段，则此椭圆的离心率为 (   ).

    A. $\dfrac{16}{17}$ B. $\dfrac{4\sqrt{17}}{17}$ C. $\dfrac{4}{5}$ D. $\dfrac{2\sqrt{5}}{5}$

12. 棱长均为 4 的正三棱柱 $ABC - A_1B_1C_1$ 中，M 为 A_1B_1 的中点，则点 M 到 BC 的距离为
    (   ).

    A. $\sqrt{19}$ B. $2\sqrt{5}$ C. $2\sqrt{6}$ D. $2\sqrt{7}$

13. 从数 1、2、3、4、5 中，随机抽取 3 个数字（允许重复）组成一个三位数，其各位数
    字之和等于 9 的概率为 (   ).

    A. $\dfrac{13}{125}$ B. $\dfrac{16}{125}$ C. $\dfrac{18}{125}$ D. $\dfrac{19}{125}$

14. 已知两点 $A (3, 2)$ 和 $B (-1, 4)$ 到直线 $mx + y + 3 = 0$ 的距离相等，则 m 值为 (   ).

    A. 0 或 $-\dfrac{1}{2}$ B. -6 或 $\dfrac{1}{2}$ C. $\dfrac{1}{2}$ 或 $-\dfrac{1}{2}$ D. 0 或 $\dfrac{1}{2}$

15. 定义域为 $\boldsymbol{R}$ 的函数 $y = f(x)$ 的值域为 $[a, b]$，则函数 $y = f(x + a)$ 的值域为 (   ).

    A. $[2a, a + b]$ B. $[0, b - a]$ C. $[a, b]$ D. $[-a, a + b]$

16. 设 $y = f^2(\dfrac{3x - 2}{3x + 2})$，$f(x) = \ln(1 + x^2)$，则 $\dfrac{dy}{dx}\big|_{x = 0} = ($ $)$.

    A. -6 B. $-6\ln 2$ C. $6\ln 2$ D. 6

17. 设 $f(x)$ 有连续导数，且 $f(0) = 0$，$f'(0) \neq 0$，$F(x) = \displaystyle\int_0^x (x^2 - t^2)f(t)dt$，当 $x \to 0$ 时，
    $F'(x)$ 与 x^k 是同阶无穷小量，则 $k = ($ $)$.

    A. 1   B. 2   C. 3   D. 4

18. 设 $f(x) = \int_0^{1-\cos x} \sin t^2 dt$，$g(x) = \dfrac{x^5}{5} + \dfrac{x^6}{6}$，则当 $x \to 0$ 时 $f(x)$ 是 $g(x)$ 的（　　）.

    A. 低阶无穷小量　　　　　　　　　　B. 高阶无穷小量

    C. 等阶无穷小量　　　　　　　　　　D. 同阶但非等阶无穷小量

19. 已知 $f(x)$ 的一个原函数为 $\ln^2 x$，那么 $\int x f'(x) dx = （　　）$.

    A. $\ln^2 x - 2\ln x$　　　　　　　　　　B. $-\ln^2 x + 2\ln x$

    C. $-\ln^2 x + 2\ln x + C$　　　　　　　　D. $\ln^2 x - 2\ln x + C$

20. 设 $a_n = \dfrac{3}{2} \int_0^{\frac{n+1}{n}} x^{n-1} \cdot \sqrt{1 + x^n} \, dx$，则 $\lim\limits_{x \to \infty} n a_n = （　　）$.

    A. $(1+e)^{\frac{3}{2}} + 1$　　　　B. $(1+e^{-1})^{\frac{3}{2}} - 1$　　　　C. $(1+e^{-1})^{\frac{3}{2}} + 1$　　　　D. $(1+e)^{\frac{3}{2}} - 1$

21. 曲线 $y = e^x$ 与其过原点的切线及 y 轴所围成图形的面积为（　　）.

    A. $\dfrac{e}{2}$　　　　　　B. e　　　　　　C. $\dfrac{e}{2} - 1$　　　　　　D. $\dfrac{e}{2} + 1$

22. 齐次线性方程组 $\begin{cases} \lambda x_1 + x_2 + \lambda^2 x_3 = 0 \\ x_1 + \lambda x_2 - x_3 = 0 \\ x_1 + 3x_2 + x_3 = 0 \end{cases}$ 的系数矩阵为 A，若有 3 阶非零矩阵 B，使 $AB = 0$，

则（　　）.

    A. $\lambda = -1$ 且 $|B| = 0$　　　　　　　B. $\lambda = -1$ 且 $|B| \neq 0$

    C. $\lambda = 3$ 且 $|B| = 0$　　　　　　　D. $\lambda = 3$ 且 $|B| \neq 0$

23. 已知 $A = \begin{pmatrix} 2 & 0 & 1 \\ 0 & 3 & 0 \\ 2 & 0 & 2 \end{pmatrix}$，$B = \begin{pmatrix} 1 & 0 & 0 \\ 0 & -1 & 0 \\ 0 & 0 & 0 \end{pmatrix}$，若矩阵 X 满足 $AX + 2B = BA + 2X$，则 $X^4 = （　　）$.

    A. $\begin{pmatrix} 0 & 0 & 0 \\ 1 & 0 & 0 \\ 0 & 0 & 2 \end{pmatrix}$　　　　B. $\begin{pmatrix} 0 & 0 & 0 \\ 0 & 1 & 0 \\ 0 & 0 & 1 \end{pmatrix}$　　　　C. $\begin{pmatrix} 1 & 0 & 0 \\ 0 & 1 & 0 \\ 0 & 0 & 1 \end{pmatrix}$　　　　D. $\begin{pmatrix} 1 & 0 & 0 \\ 0 & -1 & 0 \\ 0 & 0 & 1 \end{pmatrix}$

24. 设 $\boldsymbol{\alpha}_1 = (1, 2, 1)^T$，$\boldsymbol{\alpha}_2 = (2, 3, a)^T$，$\boldsymbol{\alpha}_3 = (1, a+2, -2)^T$，$\boldsymbol{\beta} = (1, 3, 0)^T$. 已知 $\boldsymbol{\beta}$ 不能被 $\boldsymbol{\alpha}_1$，$\boldsymbol{\alpha}_2$，$\boldsymbol{\alpha}_3$ 线性表出，则 $a = （　　）$.

    A. 3　　　　　　　B. -1　　　　　　C. -3　　　　　　D. 1

25. 3 阶矩阵 A 的特征值是 1、2、3，A^* 是 A 的伴随矩阵，那么 $|A^* - E| = （　　）$.

    A. 12　　　　　　B. 10　　　　　　C. 9　　　　　　D. 8

第三部分　逻辑推理能力测试

（50 题，每小题 2 分，满分 100 分）

1. 贾女士：你不应该喝那么多白酒。你应该知道，酒精对人的健康是非常不利的。

   陈先生：你错了。我这样喝白酒足足已经有 15 年了，可从来没有喝醉过。

以下哪项如果为真，最能加强贾女士对陈先生的劝告？

A. 许多经常醉酒的人的健康受到了严重的损害。

B. 喝酒能够成瘾，喝酒的时间越长，改变喝酒的习惯就越为困难。

C. 喝醉并不是酒精损害健康的唯一表现。

D. 事实上，15 年陈先生也醉过几次。

2. 一项调查表明，一些新闻类期刊每一份杂志平均有 4 到 5 个读者。由此可以推断，在《诗刊》12000 订户的背后约有 48000 到 60000 个读者。

上述估算的前提是：

A. 大多数《诗刊》的读者都是该刊物的订户。

B.《诗刊》的读者与订户的比例与文中提到的新闻类期刊的读者与订户的比例相同。

C. 读者通常都喜欢阅读一种以上的刊物。

D. 新闻类期刊的读者数与《诗刊》的读者数相近。

3. 最近由于在蜜橘成熟季节出现持续干旱，四川蜜橘的价格比平时同期上涨了三倍，这就大大提高了橘汁酿造业的成本，估计橘汁的价格将有大幅度的提高。

以下哪项如果是真的，最能削弱上述结论？

A. 去年橘汁的价格是历年最低的。

B. 其他替代原料可以用来生产仿橘汁。

C. 最近的干旱并不如专家们估计的那么严重。

D. 除了四川外，其他省份也可以提供蜜橘。

4. 在某次足球联赛中，如果甲队或乙队没有出线，那么丙队出线。

上述前提中再增加以下哪项，可以推出"乙队出线"的结论？

A. 丙队不出线。　　　　　　　　　　B. 甲队和丙队都出线。

C. 甲队不出线。　　　　　　　　　　D. 甲队或丙队有一个不出线。

5. 某个饭店中，一桌人边用餐边谈生意。其中，一个人是哈尔滨人，第二个人是北方人，一个人是广东人，两个人只做电脑生意，三个人兼做服装生意。假设以上的介绍涉及这餐桌上所有的人，那么，这一餐桌上最少可能是几个人？最多可能是几个人？

A. 最少可能是 3 人，最多可能是 8 人。　　B. 最少可能是 5 人，最多可能是 8 人。

C. 最少可能是 5 人，最多可能是 9 人。　　D. 最少可能是 3 人，最多可能是 8 人。

6. 在上个打猎季节，在人行道上行走时被汽车撞伤的人数是在树林中的打猎事故中受伤的人数的 2 倍。因此，在上个打猎季节，人们在树林里比在人行道上行走时安全。

为了评价上述论证，以下哪项是 _____ 必须知道的？

A. 平均来讲，在非狩猎季节，有多少人在打猎事故中受伤。

B. 如果汽车司机和开枪的猎手都小心点儿，有多少事故可以免于发生。

C. 在上个打猎季节中，打猎事故中受伤的人中有多少在过去类似的事故中也受过伤。

D. 上个打猎季节，马路上的行人和树林中人数的比例。

7. 市妇联对本市 8100 名 9 到 12 岁的少年儿童进行了问卷调查。统计显示：75% 的孩子"愿意写家庭作业"，只有 12% 的孩子认为"写作业挤占了玩的时间"。对于这些"乖孩子"的答卷，一位家长的看法是：要么孩子们没有说实话，要么他们爱玩的天性已经被扭曲了。

以下哪一项陈述是这位家长的推论所依赖的假设？

A. 要是孩子们能实话实说，就不会有那么多的孩子表示"愿意写家庭作业"，而只有很少的孩子认为"写作业挤占了玩的时间"。

B. 在学校和家庭的教育下，孩子们已经认同了"好学生、乖孩子"的心理定位，他们已经不习惯于袒露自己的真实想法。

C. 过重的学习压力使孩子们整天埋头学习，逐渐习惯了缺乏娱乐的生活，从而失去了爱玩的天性。

D. 与写家庭作业相比，天性爱玩的孩子们更喜欢玩，而写家庭作业肯定会减少他们玩的时间。

8. 人类学家发现早在旧石器时代，人类就有了死后复生的信念。在发掘出的那个时代的古墓中，死者的身边有衣服、饰物和武器等陪葬物，这是最早的关于人类具有死后复生信念的证据。

以下哪项，是上述议论所假定的？

A. 死者身边的陪葬物是死者生前所使用过的。

B. 死后复生是大多数宗教信仰的核心信念。

C. 放置陪葬物是后人表示对死者的怀念与崇敬。

D. 陪葬物是为了死者在复生后使用而准备的。

9. "常在河边走，哪能不湿鞋"。搞财会工作的，都免不了有或多或少的经济问题，特别是在当前商品经济大潮下，更是如此。

以下哪项如果是真的，最有力地削弱了上述断定？

A. 以上断定，宣扬的是一种"人不为己，天诛地灭"的剥削阶级世界观。

B. 随着法制的健全，以及打击经济犯罪的深入，经济犯罪已受到严厉的追究与打击。

C. 由于进行了两个文明建设，广大财务人员的思想觉悟与敬业精神有了明显的提高。

D. 万国投资信托公司房产经营部会计胡大全，经营财务 30 年，分文不差，一丝不苟，并勇于揭发上司的贪污受贿行为，多次受到表彰嘉奖。

10. 随着市场经济的发展，我国的一些城市出现了这样一种现象：许多工种由外来人口去做，而本地却有大量的待业人员。假设各城市的就业条件是一样的，则以下各项都可能是造成这种现象的原因，除了：

A. 外来的劳动力大多数是其他城市的待业人员。

B. 本地人对工种过于挑剔。

C. 外地的劳动力的价格比较低廉。

D. 外来劳动力比较能吃苦耐劳。

11. 在经济全球化的今天，西方的文化经典与传统仍在生存和延续。在美国，总统手按着《圣经》宣誓就职，小学生每周都要手按胸口背诵"一个在上帝庇护下的国家"的誓言。而在中国，小学生早已不再读经，也没有人手按《论语》宣誓就职，中国已成为一个几乎将文化经典与传统丧失殆尽的国家。

以下哪项陈述是上面论证所依赖的假设？

A. 随着科学技术的突飞猛进，西方的文化经典与传统正在走向衰落。

B. 中国历史上的官员从来没有手按某一部经典宣誓就职的传统。

C. 小学生读经是一个国家和民族保持文化经典与传统的象征。

D. 一个国家和民族的文化经典与传统具有科学难以替代的作用。

12. 认为大学的附属医院比社区医院或私立医院要好，是一种误解。事实上，大学的附属医院抢救病人的成功率比其他医院要小。这说明大学的附属医院的医疗护理水平比其他医院要低。

以下哪项，如果为真，最能驳斥上述论证？

A. 很多医生既在大学工作又在私立医院工作。

B. 大学，特别是医科大学的附属医院拥有其他医院所缺少的精密设备。

C. 大学附属医院的主要任务是科学研究，而不是治疗和护理病人。

D. 去大学附属医院就诊的病人的病情，通常比去私立医院或社区医院的病人的病情重。

13. 某海滨城市的市长指着离海岸不远的岛屿，向前来投资的客商说："这座岛屿是一个风景旅游胜地，现在游客都从渡口乘船过去。如果修建一座大桥通向该岛，在桥上设一个收费站，对进入的车辆收费，可以取得可观的投资效益。"

以下哪项最不受投资者的重视？

A. 大桥建成通车后，渡口是否关闭？   B. 各种车的收费标准。

C. 平均每天进入该岛的车流量。   D. 进口车和国产车占车流量的比例。

14. 事实1：电视广告已经变得不是那么有效：在电视上推广的品牌中，观看者能够回忆起来的比重在慢慢下降。

事实2：电视的收看者对由一系列连续播出的广告组成的广告段中第一个和最后一个商业广告的回忆效果，远远比对中间广告的回忆效果好。

以下哪项如果为真，事实2最有可能解释事实1？

A. 由于因特网的迅速发展，人们每天用来看电视的平均时间减少了。

B. 一般电视观众目前能够记住的电视广告的品牌名称，还不到他看过的一半。

C. 在每一小时的电视节目中，广告段的数目增加了。

D. 一个广告段中所包含的电视广告的平均数目增加了。

15. 美国科普作家雷切尔·卡逊撰写的《寂静的春天》被誉为西方现代环保运动的开山之作。这本书以滴滴涕为主要案例，得出了化学药品对人类健康和地球环境有严重危害的结论。此书的出版引发了西方国家全民大论战。

以下各项陈述如果为真，都能削弱雷切尔·卡逊的结论，除了

A. 滴滴涕不仅能杀灭传播疟疾的蚊子，而且对环境的危害并不是那样严重。

B. 非洲一些地方停止使用滴滴涕后，疟疾病又卷土重来。

C. 发达国家使用滴滴涕的替代品同样对环境有危害。

D. 天津化工厂去年生产了1000吨滴滴涕，绝大部分出口非洲，帮助当地居民对抗疟疾。

16. 如果锡剧团今晚来村里演出，则全村的人不会都外出。只有村长今晚去县里，才能拿到化肥供应计划。只有拿到化肥供应计划，村里庄稼的夏收才有保证。事实上，锡剧团今晚来村里演出了。

如果上述断定都是真的，则下列各项都可能是真的，除了：

A. 村长没有拿到化肥计划。

B. 村长今晚去了县里。

C. 拿到了化肥计划，但村里庄稼的夏收仍没保证。

D. 全村人都没外出，但村里庄稼的夏收还是有了保证。

17. 偏头痛一直被认为是由食物过敏引起的。但是，如果我们让患者停止食用那些已经证明会不断引起过敏性偏头痛的食物，他们的偏头痛并没有停止。因此，显然存在别的某种原因引起偏头痛。

下列哪项，如果是真的，最能削弱上面的结论？

A. 许多普通食物只在食用几天后才诱发偏头痛，因此，不容易观察患者的过敏反应和他们食用的食物之间的关系。

B. 许多不患偏头痛的人同样有食物过敏反应。

C. 诱发许多患者偏头病的那些食物往往是他们最喜欢吃的食物。

D. 很少有食物过敏会引起像偏头痛那样严重的症状。

18. 东方航空公司实行对教师机票六五折优惠，这实际上是吸引乘客的一种经营策略，该航空公司并没有实际让利，因为当某天航班的满员率超过 90% 时，就停售当天优惠价机票，而即使在高峰期，航班的满员率也很少超过 90%。有座位空着，何不以优惠价促销它呢？

以下哪项如果为真，将最有力地削弱上述论证？

A. 绝大多数教师乘客并不是因为票价优惠才选择东方航空公司的航班的。

B. 该航空公司实施优惠价的 7 月份的营业额比未实施优惠价的 2 月份增加了 30%。

C. 实施教师优惠票价表示对教师职业的一种尊重，不应从功利角度对此进行评价。

D. 该航空公司各航班全年的平均满员率是 50%。

19. 经济学家：最近，W 同志的报告建议将住房预售制度改为现房销售，这引发了激烈的争论。有人认为中国的住房预售制度早就应该废止，另一些人则说取消这项制度会推高房价。我基本赞成前者。至于后者则是一个荒谬的观点，如果废除住房预售制度会推高房价，那么这个制度不用政府来取消，房地产开发商早就会千方百计地规避该制度了。

上述论证使用了以下哪一种论证技巧？

A. 通过表明对一个观点缺乏事实的支持，来论证这个观点不能成立。

B. 通过指明一个观点违反某个一般原则，来论证这个观点是错误的。

C. 通过指明一个观点与另一个已确定为真的陈述相矛盾，来论证这个观点为假。

D. 通过指明接受某个观点为真会导致令人难以置信的结果，来论证这个观点为假。

20. 市场上推出了一种新型的电脑键盘。新型键盘具有传统键盘所没有的"三最"特点，即最常用的键设计在最靠近最灵活手指的部位。新型键盘能大大提高键入速度，并减少错误率。因此，用新型键盘替换传统键盘能迅速地提高相关部门的工作效率。

以下哪项如果为真，最能削弱上述论证？

A. 有的键盘使用者最灵活的手指和平常人不同。

B. 传统键盘中最常用的键并非设计在离最灵活手指最远的部位。

C. 越能高效率地使用传统键盘，短期内越不易熟练地使用新型键盘。

D. 新型键盘的价格高于传统键盘的价格。

21. 面试是招聘的一个不可取代的环节，因为通过面试，可以了解应聘者的个性。那些个性不适合的应聘者将被淘汰。

以下哪项是上述论证最可能假设的？

A. 应聘者的个性很难通过招聘的其他环节展示。

B. 个性是确定录用应聘者的最主要因素。

C. 只有经验丰富的招聘者才能通过面试准确把握应聘者的个性。

D. 在招聘各环节中，面试比其他环节更重要。

22. 也许令许多经常不刷牙的人感到意外的是，这种不良习惯已使他们成为易患口腔癌的高危人群。为了帮助这部分人早期发现口腔癌，市卫生部门发行了一个小册子、教人们如何使用一些简单的家用照明工具，如台灯、手电等，进行每周一次的口腔自检。

以下哪项如果为真，最能对上述小册子的效果提出质疑？

A. 有些口腔疾病的病征靠自检难以发现。

B. 预防口腔癌的方案因人而异。

C. 经常刷牙的人也可能患口腔癌。

D. 经常不刷牙的人不大可能作每周一次的口腔自检。

23. 户籍改革的要点是放宽对外来人口的限制。G 市在对待户籍改革上面临两难。一方面，市政府懂得吸引外来人口对城市化进程的意义，另一方面又担心人口激增的压力。在决策班子里形成了"开放"和"保守"两派意见。

以下各项如果为真，都只能支持上述某一派的意见，除了

A. 城市与农村户口分离的户籍制度，不适应目前社会主义市场经济的需要。

B. G 市存在严重的交通堵塞、环境污染等问题，其城市人口的合理容量有限。

C. G 市近几年的犯罪案件增加，案犯中来自农村的打工人员比例增高。

D. 近年来，G 市的许多工程的建设者多数是来自农村的农民工，其子女的就学成为市教育部门面临的难题。

24. 某市一项对交谊舞爱好者的调查表明，那些称自己每周固定去跳交谊舞一至二次的人近三年来由 28% 增加到 35%，而对该市大多数舞厅的调查则显示，近三年来交谊舞厅的顾客人数明显下降。

以下哪项如果为真，最无助于解释上述看来矛盾的断定：

A. 去舞厅没什么规律的人在数量上明显减少。

B. 舞厅出于非正常的考虑，往往少报顾客的人数。

C. 家庭交谊舞会逐渐流行。

D. 迪斯科舞厅的兴起抢了交谊舞厅的生意。

25. 近来，信用卡公司遭到了很多顾客的指责，他们认为公司向他们的透支部分所收取的利息率太高了。事实上，公司收取的利率只比普通的银行给个人贷款的利率高两个百分点。但是，顾客忽视了信用卡给他们带来的便利，比如，他们可以在货物削价时及

时购物。

上文是以下列哪个选项为前提的？

A. 购物折扣省下来的钱至少可以弥补以信用卡付款超出普通银行个人贷款利率的那部分花费。

B. 信用卡的申请人除非有长期的拖欠历史或其他信用问题，否则申请很容易批准。

C. 消费者在削价时购买的货物价格并不很低，无法使消费者抵消高利率成本，并有适当盈利。

D. 那些用信用卡付款买削价货物的消费者可能不具有在银行以低息获得贷款的资格。

26. 全国政协常委、著名社会学家、法律专家钟万春教授认为：我们应当制订全国性的政策，用立法的方式规定父母每日与未成年子女共处的时间下限。这样的法律能够减少子女平日的压力。因此，这样的法律也就能够使家庭幸福。

以下各项如果为真，哪项最能够加强上述的推论？

A. 父母有责任抚养好自己的孩子，这是社会对每一个公民的起码要求。

B. 大部分的孩子平常都能够与父母经常地在一起。

C. 这项政策的目标是降低孩子们在平日生活中的压力。

D. 未成年孩子较高的压力水平是成长过程以及长大后家庭幸福很大的障碍。

27. 石船市的某些中学办起了"校中校"，引起人们的议论，褒贬不一。"校中校"指的是在公办学校另设的、高价接收自费择校生的学校。择校生包括学习优秀生、特长生，也包括没有特长还要择校的"特需生"。其中"特需生"每年要交纳 3000 元左右的学费。学费的数量大大超过公费生交的学杂费。别看费用高，择校生的考试还是火爆得很，有的家长缠着校长，宁可花两三万元，也要把孩子送进来。

以下分析除哪项外，都对此"校中校"基本持否定的态度？

A. 现在国家对教育投入不足，应该加大投入，不要光想从家长那里收钱。

B. 在现在的经济条件下，下岗职工那么多，有几家能付得起那么高的学费？

C. 现在是市场经济，对特殊生的特殊需求应该采取各种措施满足。

D. "有钱的孩子上好学校，没钱的孩子上差学校"，这公平吗？

28. 要杜绝令人深恶痛绝的"黑哨"，必须对其课以罚款，或者永久性地取消其裁判资格，或者直至追究其刑事责任。事实证明，罚款的手段在这里难以完全奏效，因为在一些大型赛事中，高额的贿金往往足以抵消被罚款的损失。因此，如果不永久性地取消"黑哨"的裁判资格，就不可能杜绝令人深恶痛绝的"黑哨"现象。

以下哪项，是上述论证最可能假设的？

A. 一个被追究刑事责任的"黑哨"，必定被永久性地取消裁判资格。

B. 大型赛事中对裁判的贿金没有上限。

C. "黑哨"是一种职务犯罪，本身已触犯刑律。

D. 对"黑哨"的罚金不可能没有上限。

29. 为降低成本，华强生公司考虑对中层管理者大幅减员。这一减员准备按如下方法完成：首先让 50 岁以上、工龄满 15 年者提前退休，然后解雇足够多的其他人使总数缩减为以前的 50% 。

以下各项如果为真，则都可能是公司这一计划的缺点，除了：

A. 由于人心浮动，经过该次减员后员工的忠诚度将会下降。

B. 管理工作的改革将迫使商业团体适应商业环境的变化。

C. 公司可以从中选拔未来高层经理人员的候选人将减少。

D. 有些最好的管理人员在不知道其是否会被解雇的情况下选择提前退休。

30. 为了挽救濒临灭绝的大熊猫，一种有效的方法是把它们都捕获到动物园进行人工饲养和繁殖。

以下哪项如果为真，最能对上述结论提出质疑？

A. 在北京动物园出生的小熊猫京京，在出生 24 小时后，意外地被它的母亲咬断颈动脉而不幸夭折。

B. 近五年在全世界各动物园中出生的熊猫总数是 9 只，而在野生自然环境中出生的熊猫的数字，不可能准确地获得。

C. 只有在熊猫生活的自然环境中，才有它们足够吃的嫩竹，而嫩竹几乎是熊猫的唯一食物。

D. 动物学家警告，对野生动物的人工饲养将会改变它们的某些遗传特性。

31. 人应对自己的正常行为负责，这种负责甚至包括因行为触犯法律而承受制裁。但是，人不应该对自己不可控制的行为负责。

以下哪项结论能从上述断定推出？

Ⅰ 人的有些正常行为会导致触犯法律。

Ⅱ 人对自己的正常行为有控制力。

Ⅲ 不可控制的行为不可能触犯法律。

A. Ⅰ、Ⅱ 和 Ⅲ。　　　　B. 只有 Ⅱ。　　　　C. 只有 Ⅲ。　　　　D. 只有 Ⅰ 和 Ⅱ。

32. 鸡油菌这种野生蘑菇生长在宿主树下，如在道氏杉树的底部生长。道氏杉树为它提供生长所需的糖分。鸡油菌在地下用来汲取糖分的纤维部分为它的宿主提供养料和水。由于它们之间这种互利关系，过量采摘道氏杉树根部的鸡油菌会对道氏杉树的生长不利。

以下哪项如果为真，将对题干的论述构成质疑？

A. 在最近的几年中，野生蘑菇的产量有所上升。

B. 鸡油菌不只在道氏杉树底部生长，也在其他树木的底部生长。

C. 很多在森林中生长的野生蘑菇在其他地方无法生长。

D. 对某些野生蘑菇的采摘会促进其他有利于道氏杉树的蘑菇的生长。

33. 当有些纳税人隐瞒实际收入逃避缴纳所得税时，一个恶性循环就出现了。逃税造成了年度总税收量的减少；总税收量的减少迫使立法者提高所得税率；所得税率的提高增加了合法纳税者的税负，这促使更多的人设法通过隐瞒实际收入逃税。

如果以下哪项为真，上述恶性循环可以打破？

A. 提高所得税率的目的之一是激励纳税人努力增加税前收入。

B. 能有效识别逃税行为的金税工程即将实施。

C. 年度税收总量不允许因逃税等原因而减少。

D. 所得税率必须有上限。

34. 厂长：采用新的工艺流程可以大大减少炼铜车间所产生的二氧化硫。这一新流程的要点是用封闭式熔炉替代原来的开放式熔炉。但是，不仅购置和安装新的设备是笔大的开支，而且运作新流程的成本也高于目前的流程。因此，从总体上说，采用新的工艺流程将大大增加生产成本而使本厂无利可图。

总工程师：我有不同意见。事实上，最新的封闭式熔炉的熔炼能力是现有的开放式熔炉无法相比的。

在以下哪个问题上，总工程师和厂长最可能有不同意见？

A. 采用新的工艺流程是否确实可以大大减少炼铜车间所产生的二氧化硫？

B. 运作新流程的成本是否一定高于目前的流程？

C. 采用新的工艺流程是否一定使本厂无利可图？

D. 最新的封闭式熔炉的熔炼能力是否确实明显优于现有的开放式熔炉？

35. 香蕉叶斑病是一种严重影响香蕉树生长的传染病，它的危害范围遍及全球。这种疾病可由一种专门的杀菌剂有效控制，但喷洒这种杀菌剂会对周边人群的健康造成危害。因此，在人口集中的地区对小块香蕉林喷洒这种杀菌剂是不妥当的。幸亏规模香蕉种植园大都远离人口集中的地区，可以安全地使用这种杀菌剂。因此，全世界的香蕉产量，大部分不会受到香蕉叶斑病的影响。

以下哪项最可能是上述论证所假设的？

A. 人类最终可以培育出抗叶斑病的香蕉品种。

B. 全世界生产的香蕉，大部分产自规模香蕉种植园。

C. 和在小块香蕉林中相比，香蕉叶斑病在规模香蕉种植园中传播得较慢。

D. 香蕉叶斑病是全球范围内唯一危害香蕉生长的传染病。

36. 英国研究各类精神紧张症的专家们发现，越来越多的人在使用互联网之后都会出现不同程度的不适反应。根据一项对 10000 个经常上网的人的抽样调查，承认上网后感到烦躁和恼火的人数达到了三分之一；而 20 岁以下的网迷则有百分之四十四承认上网后感到紧张和烦躁。有关心理专家认为确实存在着某种"互联网狂躁症"。

根据上述资料，以下哪项最不可能成为导致"互联网狂躁症"的病因？

A. 由于上网者的人数剧增，通道拥挤，如果要访问比较繁忙的网址，有时需要等待很长时间。

B. 上网者经常是在不知道网址的情况下搜寻所需的资料和信息，成功的概率很小，有时花费了工夫也得不到预想的结果。

C. 虽然在有些国家使用互联网是免费的，但在我国实行上网交费制，这对网络用户的上网时间起到了制约作用。

D. 在互联网上能够接触到各种各样的信息，但很多时候信息过量会使人们无所适从，失去自信，个人注意力丧失。

37. 在新一年的电影节的评比上，准备打破过去的只有一部最佳影片的限制，而按照历史片、爱情片等几种专门的类型分别评选最佳影片，这样可以使电影工作者的工作能够得到更为公平的对待，也可以使观众和电影爱好者对电影的优劣有更多的发言权。

根据以上信息，这种评比制度的改革隐含了以下哪项假设？

A. 划分影片类型，对于规范影片拍摄有重要的引导作用。

B. 每一部影片都可以按照这几种专门的类型来进行分类，没有遗漏。

C. 观众和电影爱好者在进行电影评论时喜欢进行类型的划分。

D. 按照类型来进行影片的划分，不会使有些冷门题材的影片被忽视。

38. 前年引进美国大片《廊桥遗梦》，仅仅在滨洲市放映了一周时间，各影剧院的总票房收入就达到八百万元。这一次滨洲市又引进了《泰坦尼克号》，准备连续放映 10 天，一千万元的票房收入应该能够突破。

根据上文包括的信息，分析以上推断最可能隐含了以下哪项假设？

A. 滨洲市很多人因为映期时间短都没有看上《廊桥遗梦》，这一次可以得到补偿。

B. 这一次各影剧院普遍更新了设备，音响效果比以前有很大改善。

C. 这两部片子都是艺术精品，预计每天的上座率、票价等非常类似。

D. 连续放映 10 天是以往比较少见的映期安排，可以吸引更多的观众。

39 ~ 40 题基于以下题干：

股票市场分析家总将股市的暴跌归咎于国内或国际的一些政治事件的影响，根据是二者显示出近似的周期性。如果这种见解能够成立的话，我们完全有理由认为，股市的起落和月球的运转周期有关，正是它同时也造成周期性的政局动乱和世界事务的紧张，如同它引起周期性的潮汐一样。

39. 以下哪项最为恰当地概括了题干的作者对股票市场分析家的观点提出质疑时所使用的方法？

A. 他提出了一个反例，从而否定股票市场分析家的一般结论。

B. 他从股票市场分析家的论证中引出一个荒谬的结论，从而对他的观点提出质疑。

C. 他指出了另一种因果关系，通过论证这种因果关系的成立来说明股市分析家观点的不成立。

D. 他援用了被普遍接受的观念来说明股市分析家观点的不成立。

40. 以下哪项最可能是作者事实上想说明的？

A. 股票市场分析家在两种没有关系的现象之间人为地建立因果联系。

B. 股票市场分析家将股市跌落和政治事件的关系过于简单化。

C. 股市的起落和月球的运转周期的关系的揭示，是科学的重大成果。

D. 股票市场分析家缺乏必要的自然科学知识。

41 ~ 45 题基于以下题干：

在一条街道的同一侧恰好连续并排着七所房子，每所房子住着一户人家。这七户人家是：K，L，M，N，O，P，R。七户人家由西向东的排列符合下列条件：

R 不住在这条街道的最西边，也不住在这条街道的最东边；

K 住在从西向东数的第四家；

M 与 K 相邻；

P 住在 K 和 M 以东，并且在 L 以西。

41. 以下哪一家不可能与 K 相邻？

A. L   B. N   C. P   D. R

42. 如果 M 住在 K 以西，那么 R 不可能住在以下哪两家之间？

A. M 和 N   B. M 和 O   C. M 和 P   D. K 和 P

43. 如果 N 在 K 西侧与 K 相邻，那么以下哪项必假？

A. O 与 R 相邻。   B. O 与 N 相邻。   C. P 与 L 相邻。   D. P 与 M 相邻。

44. 如果 O 住在 M 以东，那么以下哪一项必然是真的？

A. K 住在 M 以东。   B. K 住在 R 以西。   C. O 住在 P 以西。   D. O 住在 L 以西。

45. 如果 O 住在 K 以东，那么以下哪两家必相邻？

A. K 和 P   B. L 和 O   C. M 和 N   D. N 和 R

46 ~ 50 题基于以下题干：

一位药物专家只从 G、H、J、K、L 这 5 种不同的鱼类药物中选择 3 种，并且只从 W、X、Y、Z 这 4 种不同的草类药物中选择 2 种，来配制一副药方。他的选择必须符合下列条件：

    （1）如果他选 G，就不能选 H，也不能选 Y；

    （2）他不能选 H，除非他选 K；

    （3）他不能选 J，除非他选 W；

    （4）如果他选 K，就一定选 X。

46. 如果药物专家选 H，那么以下哪项一定是真的？

    A. 他至少选一种 W。   B. 他至少选一种 X。

    C. 他选 J，但不选 Y。   D. 他选 K，但不选 X。

47. 如果药物专家选 X 和 Z，那么以下哪项可能是药物的配制？

A. G、H、K   B. G、J、K   C. G、K、L   D. H、J、L

48. 以下哪项不可能是鱼类药物的配制？

A. G、K、L   B. H、J、K   C. H、J、L   D. J、K、L

49. 如果药物专家选 Y，那么以下哪项一定是鱼类药物的配制？

A. G、H、K   B. H、J、K   C. H、J、L   D. H、K、L

50. 以下除了哪项外都可能是药物的配制？

A. W 和 X   B. W 和 Y   C. W 和 Z   D. X 和 Y

第四部分 外语运用能力测试（英语）

（50 题，每小题 2 分，满分 100 分）

Part One   **Vocabulary and Structure**

Directions: *In this part there are ten incomplete sentences, each with four suggested answers. Choose the one that you think is the best answer. Mark your answer on the **ANSWER SHEET** by drawing with a pencil a short bar across the corresponding letter in the brackets.*

1. When college students _____ future employment, they often consider status, income, and prestige.

A. demand   B. assume   C. apply   D. anticipate

2. He did not find a job yet because he had no _____ to people who could help him.

A. approach   B. application   C. access   D. approval

3. When there's doubt, the examiner's decision is _____.

A. right   B. final   C. definite   D. fixed

4. Candy is one of those women who always _____ the latest fashions.

A. put up with   B. come up with   C. get on with   D. keep up with

5. He gave me some very _____ advice on buying a house.

A. precious   B. worthy   C. precise   D. valuable

6. _____ we need more practice is quite clear.

A. When   B. What   C. That   D. /

7. If she had worked harder, she _____.

A. would succeed   B. had succeeded

C. should succeed   D. would have succeeded

8. Julie wanted to become a friend of _____ shares her interests.

A. anyone   B. whomever   C. whoever   D. no matter who

9. Is _____ some German friends visited last week?

A. this school   B. this the school   C. this school one   D. this school where

10. With trees, flowers and grass _____ everywhere, my hometown had taken on a new look.

A. planted   B. planting   C. to plant   D. to be planted

Part Two   Reading Comprehension

Directions: *In this part there are four passages, each followed by five questions or unfinished statements. For each of them, there are four suggested answers. Choose the one that you think is the best answer. Mark your answer on the ANSWER SHEET by drawing with a pencil a short bar across the corresponding letter in the brackets.*

Questions 11-15 are based on the following passage:

As people continue to grow and age, our body system continues to change. At a certain point in your life your body systems will begin to weaken. Your joints may become stiff. It may become more difficult for you to see and hear. The slow change of aging causes our bodies to lose some of their ability to bounce back from disease and injury. In order to live longer, we have always tried to slow or stop this change that leads us toward the end of our lives.

Many factors contribute to your health. A well-balanced diet plays an important role. The amount and the type of exercise you get is another factor. Your living environment and the amount of stress you are under is yet another. But scientists studying senescence want to know: Why do people grow old? They hope that by examining the aging process on a cellular level medical science may be able to extend the length of life.

11. When people become aging, they will lose some of their ability to bounce back from disease and injury, "bounce back" here means _____.

    A. to improve in health after one's disease and injury

    B. to recover from disease and injury

    C. to jump after recovering

    D. to run fast

12. In order to live longer _____.

    A. we have to try to be on a diet   B. we should keep in high spirits

    C. we should try to do more exercise   D. we should postpone the process of aging

13. Why are some scientists interested in studying senescence?

    A. They want to increase the general ability of our bodies.

    B. They may be able to find a better way to our life.

    C. If they can pin down the biochemical process that makes us age, there will be hope for extending the length of life.

    D. They want to find out if there is a link between how efficiently a cell could repair itself and how long a creature lives.

14. Which of the following is NOT mentioned as a factor contributing to one's health?

    A. The right food you eat.   B. Lots of exercise you get.

    C. Your living conditions.   D. The amount of stress you are under.

15. This passage is mainly concerned with _____.

    A. man's aging process   B. man's life span

    C. man's health   D. man's medical care

Questions 16-20 are based on the following passage:

Some spiders hunt on the ground, others build webs to trap their food, but the grass water spider catches its prey by running along the surface of the water. This special water spider lives on the grassy banks of streams where mosquitoes, damselflies and other insects come to feed and breed.

Although it is one of the largest spiders in New Zealand, it has an unusual ability. It doesn't disturb the water as it waits for its meal, and there is barely a ripple when it skims across the surface at lightning speed to catch its prey. Grass water spiders deal swiftly with larger insects like damselflies by pulling their heads under the water and holding them there until they drown.

After a meal, the grass water spider spends up to half an hour grooming itself. It wipes its eight eyes, brushes its antennae, and takes special care to clean the hairs on its body. It is the hairs that trap tiny bubbles of air so that the spider can run down a blade of grass and stay underwater for up to an hour when it is frightened. The hairs also keep the spider dry, even underwater.

It is only when the female spider is caring for the young that she does not hunt on the water. After mating, she produces a large egg sac, which she carries around for five weeks. Once the eggs start to hatch, she attaches the sac to some blades of grass or a thistle. She then tears the sac open and releases the tiny spiders into the nursery web.

16. How does the grass water spider kill its prey?

    A. in a web   B. by drowning   C. by poisoning   D. with its antennae

17. The writer describes the special spider as "special" because _____.

    A. it walks on water   B. it has eight eyes

    C. of its hairy appearance   D. of the way it produces its young

18. The passage tells us that the spider _____.

    A. feeds grass and thistles to its young   B. lives on blades of grass under the water

    C. lives in the grass on the banks of streams D. eats a meal once every five weeks

19. The purpose of the passage is to _____.

    A. convince readers that spiders are dangerous

    B. indicate that the grass water spider is endangered

    C. list all of the spiders that can be found in New Zealand

    D. describe the characteristics of the grass water spider

20. How long will the egg be taken before the eggs start to hatch?

    A. a month   B. five months   C. a year   D. not mentioned

Questions 21-25 are based on the following passage:

I think uniforms are demeaning to the human spirit and totally unnecessary in a democratic society. Uniforms tell the world that the person who wears one has no value as an individual but only lives to function as a part of the whole. The individual in a uniform loses all self-worth. There are those who say that wearing a uniform gives a person a sense of identification with a large, more important concept. What could be more important than the individual oneself?

Others say wearing uniforms eliminates all envy and competition, such that a poor person who cannot afford good-quality clothing. Why would anyone strive to be better. It is only a short step from forcing everyone to wear the same clothing to forcing everyone to drive the same car, have the same type of house, eat the same type of food. When this happens, all incentive to improve one's life is removed. Why would parents bother to work hard so that their children could have a better life than they had when they know that their children are going to be forced to have exactly the same life that they had?

Uniforms also hurt the economy. Right now, billions of dollars are spent on the fashion industry yearly. Thousands of persons are employed in designing, creating, and marketing different types of clothing. If everyone were forced to wear uniforms, artistic personnel would be unnecessary. Why bother to sell the only items that are available? The wearing of uniforms would destroy the fashion industry which in turn would have a ripple effect on such industries as advertising and promotion. Without advertising, newspapers, magazines, and television would not be able to remain in business. Our entire information and entertainment industries would founder.

21. The author's viewpoint on uniforms can best be described as _____.

    A. practical   B. hysterical   C. radical   D. approval

22. Judged from its style, this passage might be found in _____.

    A. a children's comics book   B. an editorial in a paper

    C. a sociology textbook   D. a political platform

23. It can be inferred that the author believes that _____.

    A. individuals have no self-worth when they become part of an organization

    B. individuals are more important than organizations

    C. individuals are not so important as organizations

    D. individuals are the same important as organizations

24. The author brings in the example of a parent striving to make life better for his children to make the point that _____.

    A. parents have responsibilities for their children

    B. uniforms would be less expensive than clothing for children

    C. uniforms cause dissension between parents and children

    D. individual motivation would be destroyed by uniforms

25. The last word of the passage "founder" probably means _____.

    A. collapse   B. shrink   C. disappear   D. establish

Questions 26-30 are based on the following passage:

    The German port of Hamburg has been offered MYM 15,500 to change its name to "Veggieburg" by animal rights activists who are unhappy about the city's association with hamburgers. "Hamburg could improve animal welfare and bring kindness to animals by changing its name to Veggieburg", the People for the Ethical Treatment of Animals (PETA) wrote in a letter sent to Hamburg Mayor Ole von Beust. The German branch of PETA, which has 750,000 members worldwide, said the organization would give Hamburg's childcare facilities 10,000 euro's worth of vegetarian burgers if the city changed its name. But city officials in Hamburg, Germany's second largest city which traces its roots to the ninth century, were unmoved. "I cannot afford to waste my time with this. I don't even want to look at nonsense like this," said Klaus May, a city government spokesman. "But that doesn't mean we Hamburgers don't have a sense of humor." In its letter, PETA said the name Hamburg reminded people of "unhealthy beef patties made of dead cattle". "Millions of people fall ill each year with deadly illnesses like heart disease, cancer, strokes and diabetes from eating hamburgers," PETA said in the letter.

    The original "hamburger steak", a dish made of ground beef, traveled west with Germans to the United States in the 19th century. The first mention of "hamburgers" appeared on a menu in a New York restaurant in 1834. Some historians trace its beginning to a beef sandwich once popular with sailors in Hamburg. The city's name "Hamburg" comes from the old Saxon words "ham" (bay) and "burg" (castle). PETA recently made a similar offer to the U.S. town of

Hamburg, New York. But their MYM 15,000 bid was refused.

26. Why did PETA suggest changing the name "Hamburg"?

    A. Because the name reminded people of a food made of animal meat.

    B. Because changing the name can prevent people from eating hamburgers.

    C. Because it can bring children much food to change the name.

    D. Because hamburgers cause so many diseases every year.

27. What does the new name "Veggieburg" suggest?

    A. Stopping eating meat.   B. Eating vegetables instead of meat.

    C. It's better for children to eat vegetables.   D. Treating animals better.

28. Which of the following statements of the German name "Hamburg" is true?

    A. The name came from a kind of food.

    B. The name came from the old German language.

    C. The name has a long history.

    D. The name has something to do with sailors.

29. What do you think is the result of the suggestion raised by PETA?

    A. The two cities will have new names.

    B. The present names of the two cities will last.

    C. The children in Hamburg will have nothing to eat.

    D. People won't eat hamburgers in the future.

30. where is the passage probably from?

    A. A history book   B. A cook book

    C. A tourist book   D. A fashion designed book

Part Three   Cloze

Directions: *For each blank in the following passage, choose the best answer from the choices given below. Mark your answer on the **ANSWER SHEET** by drawing with a pencil a short bar across the corresponding letter in the brackets.*

    The way of thinking in English is quite important for English learners. But how can you do that? I think the best way is to _____31_____ as what a football player does every day. During the practice the football player will pass the ball to his _____32_____ over and over again. So he won't have to think about passing the ball in the game, he will just do it _____33_____. You can _____34_____ yourself to think in English this way. The first step is to think of the words that you use daily, simple everyday words _____35_____ a book or cherry or tree. For example, whenever you _____36_____ a "book" you should think of it in English instead of in your mother tongue.

    After you have learned to think of several words in English, then move on to the next step — thinking in _____37_____. Listening and repeating is a very useful _____38_____ to learn a language. Listen first and don't care too much about _____39_____ you fully understand what you're hearing. Try to repeat what you hear. The more you listen, the _____40_____ you learn.

After reaching a higher level, you can try to have conversations with yourself in English. This will lead you to think in English.

31. A. train   B. make   C. practice   D. follow
32. A. colleagues   B. teammates   C. trainers   D. referees
33. A. completely   B. initially   C. automatically   D. physically
34. A. imitate   B. train   C. imagine   D. perceive
35. A. for example B. such as   C. as   D. alike
36. A. purchase   B. retain   C. borrow   D. see
37. A. sentences   B. passages   C. lessons   D. paragraphs
38. A. perception   B. reproach   C. approach   D. horizon
39. A. which   B. whether   C. how   D. why
40. A. harder   B. less   C. later   D. more

Part Four   Dialogue Completion

Directions: *There are ten short incomplete dialogues between two speakers, each followed by four choices marked A, B, C and D. Choose the answer that appropriately suits the conversational context and best completes the dialogue. Mark your answer on the* **ANSWER SHEET** *by drawing with a pencil a short bar across the corresponding letter in the brackets.*

41. Sister: Do you mind if I play the recorder for a while?

    Brother: _____ I'm writing my assignment.

    A. Not at all.   B. Of course, I would.
    C. Of course not.   D. Certainly.

42. Bob: Can I help with your luggage?

    Mary: _____

    A. No, thanks. I can manage it.   B. No, Many thanks. I can do.
    C. No, not necessary. Thank you anyway. D. No, you needn't. Thank you anyway.

43. Wife: Look at this pink watch. It looks great, doesn't it? And it's only twenty dollars.

    Husband: _____

    A. But MYM 20 watch will break in no time, and besides, you already have a watch.

    B. But MYM 20 watch will break soon, and besides, it's too expensive.

    C. It's nice, but I'm broke now.

    D. Sorry, I don't think I need a watch. Thanks anyway.

44. Pupil: Sorry, Mr. Wang. I'm late. My alarm clock didn't ring.

    Teacher: _____

    A. It doesn't matter. These things happen.

    B. Excuse me, sir. I never accept any apologies all.

    C. Thank you. You're welcome.

    D. Never mind. You don't have to be so polite.

45. Green: Congratulations! I hope you'll be very happy.

    Harry: _____

    A. Thanks, the same to you.

    B. Thanks, I'm sure we will.

    C. Yes, that's for sure.

    D. Yes. I am sure we'll be the happiest couple in the world.

46. Father: How are your German lessons going?

    Son: _____

    A. I do. I enjoy them very much.

    B. Don't worry. I can deal with it easily.

    C. Very well. My teacher thinks I'm making progress, and I find the lessons well worth the time and trouble.

    D. Very good. My students like my lectures very much.

47. Brown: Firstly, allow me to introduce myself. My name is John Brown, manager of the company.

    Nate: _____

    A. You must be mistaken. I don't know you at all.

    B. Hello, Brown! I haven't seen you for ages.

    C. Very nice to see you, Mr. Brown.

    D. Hi, John! Welcome to our company.

48. Brown: You are thirsty? There are some cans of coke in the fridge.

    Bill: _____

    A. Forget it. Is there any coffee?

    B. Well, I don't like canned food.

    C. You know something, I'm hungry now.

    D. I forget. Is there any wine?

49. Nancy: Hello, Ted. What's wrong with your arm?

    Ted: I broke it when I was skating on the holiday.

    Nancy: Oh, no! _____

    Ted: Much better, thanks.

    A. What a nuisance!   B. How awful!

    C. Why was that?   D. What a trouble!

50. Carl: I wonder what the weather will be like tomorrow.

    Bush: _____

    A. I don't like the weather at this time of the year.

    B. I don't mind if it is going to rain tomorrow.

    C. Didn't you read the newspaper yourself?

    D. Let's listen to the weather report on the radio.

2011 年在职攻读硕士学位全国联考研究生入学资格考试试卷

（仿真试卷五）

第一部分　语言表达能力测试

（50 题，每题 2 分，满分 100 分）

一、选择题

1. 下列词语中加点的字，读音无误的一组是 _____。

   A. 肖（xiào）像　　角（jué）色　　兴（xìng）奋　　自给（jǐ）自足

   B. 应（yìng）届　　逮（dài）捕　　咀嚼（jué）　　屡见不鲜（xiān）

   C. 玫瑰（guì）　　瞭（liào）望　　粗犷（guǎng）　　情不自禁（jìn）

   D. 发酵（jiào）　　尽（jǐn）管　　熨（yù）帖　　心广体胖（pán）

2. 下列各组词语中，没有错别字的一组是 _____。

   A. 联结　　坐收余利　　引申　　拾人牙惠

   B. 繁衍　　冠名权　　坚韧　　磬竹难书

   C. 范畴　　抠字眼　　部署　　郑重其事

   D. 传诵　　喋血　　耗费　　精兵减政

3. 下列各句没有语病的一句是 _____。

   A. 10 兆瓦高温气冷核反应堆实验工程的完成，超大规模并行处理计算机的研制成功，标志着我国在相关领域已跨入世界先进行列。

   B. 参加釜山亚运会的中国游泳队，是由 20 名集训队员中挑出的 12 名优秀选手组成。

   C. 针对国际原油价格步步攀升，美国、印度等国家纷纷建立或增加了石油储备，我国也必须尽快建立国家的石油战略储备体系。

   D. 在国际间文化交流日趋频繁、不同民族文化相互交融和碰撞的今天，更应重视继承和发扬传统节日文化。

4. 下列各句中，语义明确、没有歧义的一句是 _____。

   A. 介绍菲律宾的一部权威著作。

   B. 团部通知：连长、指导员马上到团部开会，其他连的干部集合部队，准备出发。

   C. 最近，省博物馆展出两千多年前新出土的文物。

   D. 对于我来说，这部小说还是很有吸引力的。

5. 对下文中所用修辞手法的表述，准确的一项是 _____。

   ①（虽寥寥十四字），对方生与垂死之力量，爱憎分明，将团结与斗争之精神，表现具足。

   ②哈里希岛上的姐姐为弟弟点在窗前的长夜孤灯，虽然不曾唤回航海远去的弟弟，可

是不少捕鱼归来的邻人都得到了它的帮助。

③ 这就是他给我们留下来的作品，崇高而又扎实的作品，金刚岩层堆积起来的雄伟的纪念碑。

④ 百姓一遇到莫名其妙的战争，稍富的迁进租界，妇孺则避入教堂里去了，因为那些地方都比较的"稳"，暂不至于想做奴隶而不得。

A. 对偶　象征　比喻　双关　　　　　B. 双关　象征　比喻　双关

C. 对偶　比喻　象征　双关　　　　　D. 对仗　比喻　象征　双关

6. 下列关于文史知识的表述，有错误的一项是 _____。

   A. 郭沫若是我国现代杰出的文学家、诗人、剧作家，历史剧《屈原》、《胆剑篇》、《虎符》都是他的作品。

   B. "赋"是富有文采，句子大致整齐押韵，善于铺陈，兼具诗歌和散文特点的一种文体。

   C. "二十四史"是清乾隆时所定的历代正史，始于《史记》，终于《明史》，共二十四部史书。

   D. "文艺复兴"指十四至十六世纪欧洲新兴资产阶级的思想文化运动。就文学说，意大利诗人但丁、英国戏剧家莎士比亚都是其主要代表人物。

7. 清华大学的校训是"自强不息，厚德载物"，说明其蕴含的哲理有误的一项是 _____。

   A. 内因是事物变化发展的根据　　　　B. 人应发挥主观能动性

   C. 外因是事物变化发展的条件　　　　D. 重视量的积累

8. 散光是一种常见的视力缺陷，发生散光后，光无法聚焦，其形成原因是 _____。

   A. 角膜或晶状体弯曲度不均匀　　　　B. 眼球前后径过短

   C. 角膜弯曲曲度变小　　　　　　　　D. 视网膜与晶状体间的距离过长

9. 对下列古诗中所运用的修辞方式的解说不恰当的一句是 _____。

   A. 问君能有几多愁，恰似一江春水向东流。

   ——把无形的"愁"比做有形的"水"，具体生动地表现了愁苦之多。

   B. 飞流直下三千尺，疑是银河落九天。

   ——"三千尺"、"落九天"夸张地写出了庐山瀑布的气势。

   C. 借问此何时？春风语流萤。

   ——说"春风"能"语"，赋予物以人的动作，生动而别有情趣。

   D. 两岸猿声啼不住，轻舟已过万重山。

   ——通过"轻舟"过"万重山"之快，强调猿啼声之长，感情强烈。

10. 下列句子中成语使用正确的一句是 _____。

    A. 这些年轻的科学家决心以无所不为的勇气，克服重重困难，去探索大自然的奥秘。

    B. 陕西剪纸粗犷朴实，简练夸张，同江南一带细致工整的风格相比，真是半斤八两，各有千秋。

    C. 这自然还不过是略图，叙事和写景胜于人物的描写，然而北方人民的对于生的坚强，对于死的挣扎，却往往已经力透纸背。

    D. 第二次世界大战时，德国展开了潜艇战，于是使用水声设备来寻找潜艇，成了同盟国要解决的首当其冲的问题。

11. 下列诗句中，表达深切思念亲人的是 _____。

    A. 小楼昨夜又东风，故国不堪回首月明中。

    B. 何当共剪西窗烛，却话巴山夜雨时。

    C. 把吴钩看了，栏杆拍遍，无人会，登临意。

    D. 又送王孙去，萋萋满别情。

12. _____ 是人体必需的六大营养元素。

    A. 蛋白质   脂类   醣类   水   维生素   植物酵素

    B. 蛋白质   微量元素   醣类   水   维生素   矿物质

    C. 蛋白质   脂类   醣类   水   维生素   矿物质

    D. 蛋白质   脂类   碳水化合物   水   维生素   矿物质

13. "近朱者未必赤，近墨者未必黑。"这表明 _____。

    A. 矛盾双方在一定条件下相互转化   B. 内因是变化的根据。

    C. 外因是变化的条件。   D. 矛盾是普遍存在的

14. 我国的全国人民代表大会享有最高立法权，它包括 _____。

    ① 制定宪法   ② 修改宪法   ③ 制定基本法律

    ④ 修改基本法律   ⑤ 监督宪法的实施

    A. ①③⑤   B. ②③④   C. ①②③   D. ②③④

15. "不要把所有的鸡蛋都放在同一个篮子里"的投资理念，强调的是重视股票、债券等投资方式的 _____。

    A. 流动性   B. 灵活性   C. 风险性   D. 稳定性

二、填空题

16. 在下列各句横线处，依次填入最恰当的词语。

    ① 西天的云霞一会儿像激起的浪花，一会儿像堆起的棉絮，_____ 不定。

    ② 我这一次没有带孩子来，是想专心干点事情，同时也想使耳根 _____ 一会儿。

    ③ 海伦·凯勒在她的《假如给我三天光明》一文中所表现出来的坚强乐观、积极进取的精神，使同学们受到很大 _____。

    A. 变换   清净   激励   B. 变幻   清静   鼓励

    C. 变幻   清净   激励   D. 变换   清静   鼓励

17. 依次在下面句子空缺处填入正确的关联词语，全都正确的一组是 _____。

    阿 Q 的耳朵里，本来早就听到过革命党这一句话，今年又亲眼见过杀掉革命党。_____ 他有一种不知从哪里来的意见，以为革命党便是造反，造反便是与他为难，_____ 一向是"深恶而痛绝之"的。殊不料这却使百里闻名的举人老爷有这样怕，_____ 他未免也有些"神往"了，_____ 未庄的一群鸟男女的慌张的神情，也使阿 Q 更快意。

    A. 但 所以 于是 况且   B. 但 并且 所以 何况

    C. 而 所以 于是 何况   D. 而 并且 所以 况且

18. 下面文段横线处应填的语句排列最恰当的一组是 _____。

    经过 17 年的研究和实验，英国的新概念武器——超高速电炮即将问世。据透露，

_____，更有可能首先拥有这种高速动能武器。

①但进展较快　②都在研究这种武器　③英国起步稍晚　④美、俄加大投入　⑤发射技术先进

A.④③②⑤①　　　B.③①④⑤②　　　C.④②③①⑤　　D.③⑤④①②

19. 在下面文字的横线处依次填入恰当的标点符号。

　　语言是思维的工具_____著名哲学家、物理学家爱因斯坦说_____一个人的智力发展和他形成概念的方法在很大程度上是取决于语言的_____爱因斯坦文集_____第一卷_____第395页_____一个没有很好掌握语言这一思维工具的人_____其智力发展会受到很大的限制_____

A. 。　：" 　。" 　（《　　》 　，）， 　。

B. ，。　《　　》（ 　， 　） 　，， 　。

C. 。　：" 　。"《　　》（ 　， 　） 　，， 　。

D. ，。　 （《　　》 　， 　。）

20. 根据对仗的要求，在下面横线处填入最贴切的句子。

　　抽弦促柱听秦筝，无限秦人悲怨声。似逐春风知柳态，_____。

　　谁家独夜愁灯影？_____。更入几重离别恨，江南歧路洛阳城。

A. 花情如随啼鸟识　　何处空楼思月明

B. 如随啼鸟识花情　　何处空楼思月明

C. 花情如随啼鸟识　　空楼何处思月明

D. 如随啼鸟识花情　　空楼何处思月明

21. 依次填入下列各句横线上的成语，与句意最贴切的一组是 _____。

① 要是真看明白了一件事，就能_____地把它写出来，写得简洁有力。

② 你的话真是_____，问题的实质就在这里。

③ 刘爷是个痛快人，对于这个玄机_____。

④ 毛遂先生_____，当即促成了谈判成功。

A. 一针见血　　一言九鼎　　一语道破　　一语破的

B. 一语道破　　一言九鼎　　一针见血　　一语破的

C. 一针见血　　一语破的　　一语道破　　一言九鼎

D. 一语道破　　一语破的　　一针见血　　一言九鼎

22. 下列判断中有误的一项是 _____。

A. 印度著名诗人泰戈尔，一生创作丰富，其代表诗集有《新月集》、《飞鸟集》、《园丁集》。他的诗歌格调清新，具有民族风格。

B. 马克·吐温和欧·亨利都擅长写讽刺小说。马克·吐温的《竞选州长》、《百万英镑》和欧·亨利的《警察与赞美诗》等都深受读者的喜爱。

C. 短篇小说《羊脂球》和长篇小说《简·爱》分别是法国作家莫泊桑和英国作家夏洛蒂·勃朗特的作品。

D. 法国有两个"仲马"，一是大仲马，著有《三个火枪手》、《茶花女》，一是小仲马，著有《基督山伯爵》。

23. 司马迁在 _____ 中陈说了写作《史记》的目的及《史记》包含的内容，反映了自己的处境和心情，并说："人固有一死，或重于泰山，或轻于鸿毛。"

    A. 《报任安书》　　　　　　　　　B. 《陈涉世家》

    C. 《货殖列传》　　　　　　　　　D. 《史记·太史公自序》

24. 在下列诗句的空格中，依次填入最恰当的词语。

    ① 细雨鱼儿出，_____ 燕子斜。

    ② _____ 不解禁杨花，蒙蒙乱扑行人面。

    ③ 等闲识得 _____ 面，万紫千红总是春。

    ④ 微雨池塘见，_____ 襟袖知。

    ⑤ _____ 知劲草，板荡识诚臣。

    ⑥ 胡马依 _____，越鸟巢南枝。

    A. 东风　　春风　　微风　　北风　　疾风　　好风

    B. 疾风　　微风　　春风　　东风　　好风　　北风

    C. 微风　　春风　　东风　　好风　　疾风　　北风

    D. 春风　　东风　　好风　　微风　　北风　　疾风

25. 下列诗句涉及到的人物判断都正确的一项是 _____。

    ① 先知先觉人称圣，老圃老农自服输。

    ② 四面湖山归眼底，万家忧乐到心头。

    ③ 三顾频繁天下计，一番晤对古今情。

    ④ 世上疮痍，诗中圣哲；民间疾苦，笔底波澜。

    A. 杜甫　　　诸葛亮　　　孔子　　　　范仲淹

    B. 孔子　　　范仲淹　　　诸葛亮　　　杜甫

    C. 杜甫　　　范仲淹　　　孔子　　　　诸葛亮

    D. 孔子　　　杜甫　　　　诸葛亮　　　范仲淹

26. 在明治维新实行的改革措施中，对社会的进步和持续发展最为关键的是 _____。

    A. 废藩置县　　　　　　　　　　　B. 废除土地买卖禁令

    C. 实行征兵制　　　　　　　　　　D. 发展近代教育

27. 板块构造学说认为，大西洋是由 _____ 形成的。喜马拉雅山脉是由 _____ 相碰撞形成的。

    A. 板块飘移　印度板块和太平洋板块　　B. 板块张裂　印度板块和亚欧板块

    C. 板块断裂　印度板块和美洲板块　　　D. 板块扩张　印度板块和澳洲板块

28. "在商品交换中等价交换只存在于平均数中，并不存在于每个个别场合。"这说明 _____。

    A. 价格围绕价值上下波动，正是价值规律发生作用的表现形式。

    B. 等价交换原则在绝大多数场合是存在的。

    C. 任何一个个别场合都不会出现等价交换的现象

    D. 等价交换只是一个原则，在现实的商品交换中是不存在的。

29. 当北京炎热多雨时，意大利首都罗马是 _____。

    A. 寒冷干燥的冬季　　　　　　　　B. 炎热干燥的夏季

C. 温和多雨的冬季   D. 炎热多雨的夏季

30. 六西格玛管理中,"百万采样缺陷数(DPMO)"中的"缺陷"是指 _____。

    A. 产品质量导致顾客不满意的情况   B. 产品价格导致顾客不满的情况

    C. 产品售后服务导致顾客不满的情况   D. 所有导致顾客不满的情况

三、阅读理解题

(一)阅读下面短文,回答问题

有人记下一条逸事,说,历史学家陈寅恪曾对人说过,他年轻时去见历史学家夏曾佑,那位老人对他说:"你能读外国书,很好;我只能读中国书,都读完了,没得读了。"他当时很惊讶,以为那位学者老糊涂了。等到自己也老了时,他才觉得那话有点道理:中国古书不过是那几十种,是读得完的。

中国古书浩如烟海,怎么读得完呢?谁敢夸这个海口?是说胡话还是打哑谜?

文化不是杂乱无章的而是有结构、有系统的。过去的书也应是有条理的,可以理出一个头绪的。两位老学者为什么说中国古书不过几十种,是读得完的呢?显然他们是看出了古书间的关系,发现了其中的头绪、结构、系统。只就书籍而言,总有些书是绝大部分的书的基础,离开了这些书,其他书就无所依附,因为书籍和文化一样总是累积起来的。因此,我想,有些不依附其他而为其他所依附的书应当是少不了的必读书,或者说必备的知识基础。举例说,只读过《红楼梦》可以说是知道一点《红楼梦》,若只读"红学"著作,不论如何博大精深,说来头头是道,却没有读过《红楼梦》,那只能算是知道别人讲的《红楼梦》。读《红楼梦》也不能只读"脂批",不看原文。所以《红楼梦》就是一切有关它的书的基础。

如果这种看法还有点道理,我们就可以依此类推。若照这样来看中国古书,那就有头绪了。首先是所有写古书的人,或古代读书人,必须读那些不依附其他而为其他所依附的书,不然就不能读懂堆在那上面的无数古书,包括小说、戏曲。

这样的书就是《易》、《诗》、《书》、《春秋》、《礼记》、《论语》、《孟子》、《荀子》、《老子》、《庄子》。这十部书若不知道,唐朝的韩愈、宋朝的朱熹、明朝的王守仁(阳明)的书都无法读,连《镜花缘》《红楼梦》《西厢记》《牡丹亭》里许多词句和用意也难以体会。这不是提倡复古、读经,为了扫荡封建残余非反对读经不可,但为了理解封建文化又非读经不可。

以上是算总账,再下去,分类区别就比较容易了。举例来说,读史书,可先后齐读,至少要读《史记》、《资治通鉴》,加上《续资治通鉴》、《文献通考》。读文学书总要先读第一部总集《文选》。如不略读《文选》,就不知道唐以前文学从屈原的《离骚》起是怎么一回事,也就看不出以后的发展。

中国的书不必每人每书全读,例如《礼记》中的有些篇目,《史记》中的《表》、《书》,《文献通考》中的资料,就不是供人"读"的,可以"溜"览过去。这样算来,把这些书通看一遍,花不了多少时间,不用"皓首"即可"穷经"。依此类推,若想知道某一国的书本文化,例如印度、日本,也可以先读其本国人历来受教育时的必读书。孩子们和青少年看得快,"正课"别压得太重,考试莫逼得太紧,给点"业余"时间,让他们多少了解一点中外一百年前的书本文化的大意并非难事。有这些作基础,和历史、哲学史、文学史之类的"简编"配合起来，就不是"空谈无根"、心中无把握了，也可以说是学到诸葛亮的"观其大略"的"法门"了。花费比"三冬"多一点的时间，也可以说是"文史足用"了。没有史和概论是不能入门的，但光有史和概论而未见原书，那好像是看照片甚至漫画去想象本人了。本文开头那两位老前辈说的"书读完了"的意思大概也就是"本人"都认识了，其他不过是肖像画而已，多看少看无关大体了。

31. 第二自然段连用三个问句的作用是 _____。

    A. 一是肯定老学者的话，二是引出论题。   B. 一是否定老学者的话，二是提出疑问。

    C. 一是引起兴趣，二是概括全文   D. 一是引起兴趣，二是承上启下。

32. 第三自然段中"为其他所依附"的书是指 _____，依附其他的书是指 _____。

    A.《红楼梦》   红学著作（或脂批）   B.《西游记》   《红楼梦》

    C.《水浒》   《红楼梦》   D.《红楼梦》   其他的著作

33. 最后一段中，"照片与漫画"比喻 _____，"本人"比喻 _____。

    A. 原著   史和概论   B. 史和概论   原著

    C. 史和概论 曹雪芹   D. 原著   历史本身

34. 全文的中心论点是 _____。

    A. 书是读得完的   B. 读书首先要有计划有系统

    C. 读书首先要读必读的基础书   D. 读书首先要读原著

35. 下面不属于"中国的书是可以读得完的"的原因的是 _____。

    A. 书和文化一样，总是累积起来的，其中有头绪、结构和系统。

    B. 总有些书是绝大部分的书的基础，离开了这些书，其他书就无所依附，这些是必读书。

    C. 中国的书不必每人每书全读，且年轻人有足够的时间。

    D. 夏曾佑和陈寅恪都读完了中国的书。

（二）阅读下面短文，回答问题

    蜜蜂是带着甜蜜和一身几乎无瑕的美德飞进我们这个大千世界的。

    一个养蜂人曾经告诉我，蜜蜂酿蜜却不食其蜜。精于计算的养蜂人，用一小点蜜拌上糖或糖精喂它们。它们不懂，也不会计较。吃这样的饭食，照样欢欢喜喜地飞去采蜜了。哪只蜜蜂要是光吃不动了，蜂王就要咬死它。——难怪世人对蜜蜂的赞美，几乎和它得名的历史一样长。《礼记》上称蜂有"君臣之礼"，它们分工有序，被认为是人类社会的楷模。

    访花的使者中，蝴蝶可就没有蜜蜂那种"老黄牛"精神了。看它飞东飞西，吃花粉却不生蜜，轻浮、缺乏创造，因而它往往成为人们赞美蜜蜂时的"陪衬人"。陆游诗云："来禽海棠相续开，轻狂蝶蛱去还来。山蜂却是有风味，偏采桧花供蜜材。"在那个生活简单，只崇尚"老黄牛"精神的时代，蝴蝶那一身俏丽的打扮，更称为"心灵丑"的借代，"轻狂蝶蛱"，"轻狂蝶蛱"！也正是我的眼光。

    那是去年深秋的春城昆明，一天清晨，我起了个大早到招待所院里的花园散步。花园里静无一人，唯有早起的蜜蜂。在一朵盛开的紫蔷薇上，嗡嗡嘤嘤飞着一只小黄蜂。只见小黄蜂旋了几圈后，就一头扎进花蕊，只留了尾部在外。小黄蜂的两只后腿上，已经挂了两包花粉，像飞机的副油箱一样。

我又想起这个花园有那么多好看的蝴蝶，此刻它们在哪里呢？一定还在睡梦中吧。正当我陷入遐想时，一场奇观出现了：邻近一朵花上，一只黑红相间的粉蝶正同钻进花蕊的一条毛毛虫进行一场恶战。它的长长的吸须毕竟太纤细了。毛毛虫张口就咬它，粉蝶竟被它扭了个趔趄。但见粉蝶扑闪几下翅膀，吃力地拖出吸须，重整旗鼓，一搏再搏，一扫它平日花枝招展、招摇过市的样子，俨然是一个冲锋不止的战士。终于，那只毛毛虫被它用吸须从花蕊里拔了出来，掉在花丛下，立即就有一队蚂蚁赶来会餐了。

我不禁怦然心动，后悔我的腹诽蝴蝶，也愤于世人对它不公正的评价。是的，蝴蝶不能像蜜蜂那样酿出蜜来，然而它的一万三千多个族类，却几乎全是害虫的天敌，它不可以算一个护花者吗？是的，蝴蝶的打扮过于漂亮了，也可以说有点显眼。但生活中许多美好的事物不正是因其存在方式的"出格"，使那些"老眼光"感到扎眼而轻易将它们骂杀么？爱美的人们扑杀蝴蝶，将其作为标本、书签，满足美的渴求，却不肯承认蝴蝶美化自己。正是对敌人的尊重，不肯承认没有蜜的蝴蝶也是生活的酿蜜者。故余作此文以志感。

注释：蛱：音颊。趔趄：音列且的轻声。走路不稳。桧：音会。

36. 指出第二段引用《礼记》上的话，用意是 _____。

    A. 说明蜜蜂分工有序。

    B. 赞美蜜蜂是人类社会的楷模。

    C. 引用历史文献，增加文章的内容含量。

    D. 说明世人对蜜蜂的赞美几乎和它得名的历史一样长。

37. 对第三段画线句子所使用的修辞方法判断正确的一项是 _____。

    A. 比喻、比拟   B. 比喻、对比   C. 比拟、对比   D. 比拟、夸张

38. 第四段横线上是个过渡句，最恰当的应是 _____。

    A. 然而，一次意外的奇观却轰毁了我的"老眼光"。

    B. 事实原来不是这样的。

    C. 能说"老眼光"是正确的吗？

    D. 可是，我所见到的事实令人难以置信。

39. 下边对第七段画线句子含义的理解最恰当的一项是 _____。

    A. 肯定，蝴蝶是美好的。

    B. 惋惜，蝴蝶美中不足的正是它打扮得过于漂亮。

    C. 讽刺，蝴蝶其实并不是这样的。

    D. 强调，说明蝴蝶的确是漂亮的。

40. 从全文看，本文在写作方式上的最大特点是 _____。

    A. 托物言志   B. 借物抒情   C. 对比说明   D. 首尾圆合

(三) 阅读下面短文，回答问题

    每一个时代有一个时代的主潮，小的波澜总得跟着主潮的方向推进，跟不上的只好留在港汊里干死完事。战国秦汉时代的主潮是散文。一部分诗服从了时代的意志，散文化了，便成就了楚辞和汉赋，这些都是朝代的光荣。另一部分诗，如《郊祀歌》、《安世房

中歌》、韦孟"讽谏诗"之类，跟不上潮流，便成了港汉中的泥淖。

明代的主潮是小说，《先妣事略》、《寒花葬志》和《项脊轩志》的作者归有光，采取了小说的以寻常人物的日常生活为描写对象的态度和刻画景物的技巧，总算沾上了时代潮流的边儿，所以是散文家中唯一顶天立地的人物。其他同时代的散文家，依照各人小说化的程度，也多多少少有些成就，至于那班诗人们只忙于复古，没有理会时代，无疑那将被未来的时代忘掉。以上两个历史的教训，是值得我们的新诗人牢牢记住的。

四个文化同时出发，三个文化都转了手（指印度、波斯、希腊的文化传统发生的变化），有的转给近亲，有的转给外人，主人自己却都没落了，也许是因为他们都只勇于"予"而怯于"受"。中国是勇于"予"而不太怯于"受"的，所以还是自己文化的主人，然而也只免于没落的劫运而已。为文化的主人自己打算，"取"不比"予"重要吗？所以仅仅不怯于"受"是不够的，要真正勇于"受"。让我们的文化更彻底的向小说戏剧发展，等于说要我们死心塌地走人家路。这是一个"受"的勇气的测验，也是我们能否继续是自己文化的主人的测验。

（摘自闻一多《文学的历史动向》）

41. 作者认为归有光是"散文家中唯一顶天立地的人物"，其主要原因是 _____。

   A. 归有光的《项脊轩志》等被后人传诵，影响很大
   B. 归有光的散文以寻常人物的日常生活为描写对象
   C. 归有光的散文采取了刻画人物的技巧
   D. 归有光的散文采取了小说的某些写法，沾上了明代以小说为主潮的时代潮流的边儿

42. 第二段的"以上两个教训"指的是 _____。

   A. 汉代另一部分诗和明代忙于复古的诗人
   B. 汉代另一部分诗跟不上时代潮流，成了港汉中的泥淖和明代一些诗人忙于复古终被未来时代忘掉
   C. 《郊祀歌》、《安世房中歌》、韦孟的"讽谏诗"和明代一些诗人没有吸收小说的技法
   D. 汉代另一部分诗跟不上潮流，成了港汉中的泥淖和明代一些散文家没吸收小说的技法

43. 第三段里作者把中国同另外三个文化古国进行比较，判断错误的一项是 _____。

   A. 另外三个文化古国没落了，中国没有没落
   B. 另外三个文化古国和中国都勇于"予"
   C. 另外三个文化古国的文化传统都丧失了，中国却能保持自己的文化
   D. 另外三个文化古国不敢吸收外国文化，只有中国勇于"受"。

44. 对文末画横线的一句话理解正确的是 _____。

   A. 中国文学应彻底地发展小说戏剧
   B. 中国文学要死心塌地的走别国文学的道路
   C. 在当前，中国的传统文学只有大胆地吸收小说戏剧等外国文学的营养才有前途
   D. 彻底地接受外国文学的影响就能保持自己作为文化主人的地位

45. 下列各项不符合作者意思的是 _____。

   A. 战国秦汉时代，楚辞和汉赋是当时的"主潮"。
   B. 《先妣事略》、《寒花葬志》和《项脊轩志》虽然不是明代的"主潮"，但作为"小

的波澜"无疑是最成功的。

C. 新时代的诗人要牢记时代的主潮,以史为鉴。

D. 四个文化中的三个文化发生了变化,只有中国还是自己文化的主人。

(四) 阅读下面短文,回答问题

尘埃无处不有,虽然它们的个体很小,但汇聚起来威力却不小。据记载,北美大陆在 20 世纪 30 年代发生的一次尘暴中,由于狂风将美国平原的泥土大量向东吹去,有难以估计的牲畜被尘埃窒息致死。尽管如此,尘埃的积极作用却是不可低估的。悬浮在大气中的尘埃粒子,能够将太阳光中的较短光柱拦截,使其进行有规则的发散,这样,才会使天空呈现蔚蓝,在太阳升起和降落时,由于阳光穿过较低层的空间,空气中的尘埃密度大,并伴有水汽,可以吸收和反射阳光中的黄色和红色部分,因此,这时看到的太阳呈现橙色、红色和黄色。气象学家指出,在降雨时,每一个雨滴都必须有一颗尘埃参与,以它作为核心,水汽在其周围凝结,形成云、雾,再由云层形成雨点。若是纯净的空气中没有尘埃的存在,水分子无所依附,就不能形成雨滴降落。此外阳光在射向地球的时候,因受到尘埃的吸收和反射,能使地球上的生物得到适量的光照,以满足生长发育所需要。

现代科学发现,有的尘埃在一定的条件下会发生爆炸,这种现象被称做"尘炸"。据解析,能够产生尘炸的物质有粮食粉尘、砂糖、奶粉、咖啡、金属粉末以及其他非金属粉末等。物质发生爆炸,是一种剧烈的化学反应。而化学反应的速度与反应物质的颗粒大小有关。物质分散得越细,颗粒越小,它的表面积就越大,与具有固定面积的物质相比,接触空气吸附氧分子多,氧化和放热的过程都很快,所以反应性能就更活泼。当其中的某一质点被火点燃,就会发生连锁反应,产生爆炸。此外,易爆尘埃的颗粒越细,浓度越大,它所产生的爆炸力就会越强。当粉尘含量低于大气含氧量一半时,就不会引起爆炸。物质形成"尘炸",还和诱因、速度等因素有关。产生"尘炸"的诱因很多,其中最主要的是摩擦冲击以及电器设备或静电产生的火花。

随着现代城市的迅速发展,人们发现尘埃已经成为一种危及环境和人类健康的污染物。流行病学家对尘埃进入人体后的机理进行研究后指出,人们在呼吸时,每次大约要吸入 50 万个浮游微粒;这些微粒进入人的身体后,可以一直进入肺部深处,并作为经常性刺激物留在那里,它会导致发生炎症,产生黏液,使人呼吸困难,甚至导致死亡的发生。除此之外,浮游微粒还可以向肺部传送化学污染物,而且在传送过程中,可以加速一种叫做游离基的有害物质的产生,从而进一步加剧有害物质对人体的危害程度。进入人体内的浮游微粒尘埃,主要来源于工业废弃物、汽车尾气及建筑、装饰材料中的化学成分。资料表明,在我们生活环境内排放的浮游微粒 70% 来自人为因素。另据调查,哮喘病、肺炎、心脏病等疾病的发病率,都与浮游微粒的增减有关。

46. 下列对尘埃积极作用的理解,表述正确的一项是 _____。

A. 天空呈现蔚蓝是太阳光中的光柱受尘埃拦截的结果。

B. 每一个水分子中有一颗尘埃,才会形成云、雾,最后形成雨滴。

C. 空气中的尘埃密度变化使太阳颜色发生变化。

D. 尘埃能够吸收和反射射向地球的阳光,使地球上的生物得到适量的光照而茁壮成长。

47. 下列对"尘炸"现象的表述不正确的一项是 _____。

    A. 砂糖、面粉、铝粉、铁粉、咖啡、干奶粉等都是能产生"尘炸"的物质。

    B. 易爆尘埃分散得越细，颗粒越小，表面积就越大，反应性能就更活泼、产生"尘炸"的可能性就越大。

    C. "尘炸"的威力与物质分散的颗粒大小有关：颗粒越大，尘埃的浓度也就越大，"尘炸"的威力也越大。

    D. 产生"尘炸"的诱因最主要的是摩擦冲击以及电器设备或静电产生的火花。

48. 下列对第三段的理解，正确的一项是 _____。

    A. 在我们生活环境内排放的浮游微粒 70% 来自工业废弃物、汽车尾气等人为因素，因而可以采取措施，加强治理，减轻浮游微粒的危害。

    B. 空气中的浮游微粒进入人体肺部后，就使人体发生炎症，甚至导致生命的终结。

    C. 浮游微粒在向人体肺部传送化学污染物的过程中会快速产生一种有害物质——游离基。

    D. 人们发现，在现代城市中危及环境和人类健康的污染物就是尘埃。

49. 根据原文所提供的信息，以下推断不正确的一项是 _____。

    A. 加强机器的维护保养，不过度使用机器，防止摩擦起火是防止"尘炸"的一种有效方法。

    B. 只要粉尘含量超大气含氧量一半时，就会发生爆炸，所以我们要随时测量粉尘含量是否超出大气含氧量的一半。

    C. 在容易产生"尘炸"的厂房车间内，配备足够的通风设施，可以降低尘埃的浓度，从而防止"尘炸"的发生。

    D. 如果我们通过治理，能够有效地减少空气中浮游微尘的数量，就能大大地降低哮喘病、肺炎、心脏病等疾病的发病率。

50. 对"有了尘埃，就使得近地面的低空多了一层'保护膜'"理解错误的一项是 _____。

    A. 尘埃的存在可以平衡地球表面的温度，使人类和植物不被"烤干"。

    B. "保护膜"指由尘埃和水汽结合成的雨滴。

    C. "保护膜"指成片的由尘埃和水汽结合成的云雾组成的厚厚的云层。

    D. "保护膜"就像"反光镜"一样将太阳辐射反射回宇宙空间，从而削弱太阳的威势。

第二部分　数学基础能力测试

(25 题，每题 4 分，满分 100 分)

1. $\left(\dfrac{1}{2}+\dfrac{1}{3}+\cdots+\dfrac{1}{2007}\right)\left(1+\dfrac{1}{2}+\cdots+\dfrac{1}{2006}\right)-\left(1+\dfrac{1}{2}+\dfrac{1}{3}+\cdots+\dfrac{1}{2007}\right)\left(\dfrac{1}{2}+\dfrac{1}{3}+\cdots+\dfrac{1}{2006}\right)=$
（　　）.

    A. $\dfrac{1}{2007}$ B. $\dfrac{1}{2006}$ C. $\dfrac{1}{2005}$ D. $\dfrac{1}{2004}$

2. 已知 $a, b \in \mathbf{R}$,且 $|a-1| + 4b^2 + 4b = -1$,则 $a-b$ 的值为 (   ).

    A. $\dfrac{3}{2}$ B. $-\dfrac{3}{2}$ C. $\dfrac{1}{2}$ D. $-\dfrac{1}{2}$

3. a, b, c 是满足 $a > b > c > 1$ 的 3 个正整数,如果它们的算术平均值为 $\dfrac{14}{3}$,几何平均值为 4,且 b, c 之积恰为 a,那么 b 的值等于 (   ).

    A. 2   B. 4   C. 6   D. 8

4. 如右图所示,$AD = DE = EC$,F 是 BC 的中点,G 是 FC 的中点,如果 $\triangle ABC$ 的面积是 24 平方厘米,则阴影部分的面积是 (   ) 平方厘米.

    A. 13   B. 16

    C. 15   D. 14

5. 一个圆柱的侧面展开图是正方形,那么它的侧面积是底面积的 (   ) 倍.

    A. 2   B. 4   C. 2π D. 4π

6. 当 $ab < 0$ 时,直线 $y = ax + b$ 必然 (   ).

    A. 经过 1、2、4 象限   B. 经过 1、3、4 象限

    C. 在 x 轴上的截距为正数   D. 在 y 轴上的截距为正数

7. $\left(x + \dfrac{1}{x} - 2\right)^3$ 的展开式中,含 x 项的系数是 (   ).

    A. 15   B. 14   C. 13   D. 12

8. 某项任务甲 4 天可以完成,乙 5 天可以完成,而丙需要 6 天完成,今甲、乙、丙三人依次一日一轮换工作,则完成此任务需要 (   ) 天.

    A. 5   B. $4\dfrac{3}{4}$ C. $4\dfrac{2}{3}$ D. $4\dfrac{1}{2}$

9. 右图是我国古代的"杨辉三角形",按其数字构成规律,图中所有〇中应填数字的和等于 (   ).

    A. 68   B. 67

    C. 66   D. 65

10. 设复数 $z = -\dfrac{1}{2} + \dfrac{\sqrt{3}}{2}i$,则 $|z^2| = $ (   ).

    A. $\dfrac{5}{2}$ B. 2

    C. $\dfrac{3}{2}$ D. 1

11. 如右图所示,在三角形 ABC 中,$AB = 5$,$AC = 3$,$\angle A = x$,该三角形 BC 边上的中线长是 x 是函数 $y = f(x)$,则当 x 在 $(0, \pi)$ 中变化时,函数 $f(x)$ 的取值范围是 (   ).

    A. $(0, 5)$ B. $(1, 4)$

    C. $(3, 4)$ D. $(2, 5)$

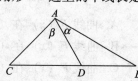

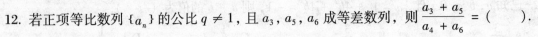

12. 若正项等比数列 $\{a_n\}$ 的公比 $q \neq 1$，且 a_3，a_5，a_6 成等差数列，则 $\dfrac{a_3 + a_5}{a_4 + a_6} = ($ $)$.

   A. $\dfrac{\sqrt{5} - 1}{2}$ B. $\dfrac{\sqrt{5} + 1}{2}$ C. $\dfrac{1}{2}$ D. $\dfrac{\sqrt{5}}{2}$

13. 不等式 $\sqrt{4 - x^2} + \dfrac{|x|}{x} \geqslant 0$ 的解集是（   ）.

   A. $[-\sqrt{3}, 0)$ B. $(0, 2]$

   C. $[-\sqrt{3}, 0) \cup (0, 2]$ D. $[-\sqrt{3}, 2]$

14. 一口袋中放有大量红球、白球和黑球，它们的球数之比为 $1 : 2 : 3$，现从中任取 4 只，查得黑球至少有一只的概率是（   ）.

   A. $\dfrac{15}{16}$ B. $\dfrac{7}{8}$ C. $\dfrac{13}{16}$ D. $\dfrac{3}{4}$

15. P 是椭圆 $\dfrac{x^2}{a^2} + \dfrac{y^2}{b^2} = 1 (a > b > 0)$ 上一点，F_1、F_2 是椭圆的两个焦点，若 $\angle F_1 P F_2 \leqslant \dfrac{\pi}{2}$，则该椭圆的离心率的取值范围是（   ）.

   A. $(1, \sqrt{2}]$ B. $\left(0, \dfrac{\sqrt{2}}{2}\right]$ C. $\left[\dfrac{\sqrt{2}}{2}, 1\right)$ D. $(0, 1)$

16. 设常数 $k > 0$，$f(x) = \ln x - \dfrac{x}{e} + k$，在 $(0, +\infty)$ 内的零点个数为（   ）.

   A. 1   B. 0   C. 3   D. 2

17. 当 $x \to 0$ 时，下列函数（   ）是其他三个函数的高阶无穷小.

   A. x^2 B. $1 - \cos x^2$ C. $x - \tan x$ D. $\ln(1 + x^2)$

18. 如右图所示，$f(x)$、$g(x)$ 是两个逐段线性的连续函数，设 $\mu(x) = f(g(x))$，$\mu'(1) = ($ $)$.

   A. $\dfrac{3}{4}$ B. $-\dfrac{3}{4}$

   C. $-\dfrac{1}{12}$ D. $\dfrac{1}{12}$

19. 设 $\displaystyle\int_0^x f(t) \, \mathrm{d}x = x \sin x$，则 $f(x) = ($ $)$.

   A. $\sin x$ B. $\cos x$

   C. $x \sin x + \cos x$ D. $\sin x + x \cos x$

20. 设 $F(x) = \displaystyle\int_0^x \left(\int_0^{u^2} \ln(1 + t^2) \, \mathrm{d}t \right) \mathrm{d}u$，则（   ）.

   A. 曲线 $F(x)$ 在 $(-\infty, 0)$ 内是凹的，在 $(0, +\infty)$ 内是凸的

   B. 曲线 $F(x)$ 在 $(-\infty, 0)$ 内是凸的，在 $(0, +\infty)$ 内是凹的

   C. 曲线 $F(x)$ 在 $(-\infty, +\infty)$ 内是凹的

   D. 曲线 $F(x)$ 在 $(-\infty, +\infty)$ 内是凸的

21. $\lim\limits_{x \to 0} \dfrac{e^x - e^{-x} - 2x}{x - \sin x} = ($ $)$.

    A. 2   B. 1   C. 0   D. -1

22. $f(x) = \begin{vmatrix} x & x-1 & x-4 \\ 2x & 2x-1 & 2x-3 \\ 3x & 3x-1 & 3x-5 \end{vmatrix} = 0$ 的根的个数是 (   ).

    A. 0   B. 1   C. 2   D. 3

23. 设 $A = \begin{pmatrix} 1 & -2 & 2 & -1 \\ 2 & -4 & 8 & 0 \\ -2 & 4 & -2 & 3 \\ 3 & -6 & 0 & -6 \end{pmatrix}$, $b = \begin{pmatrix} 1 \\ 2 \\ 3 \\ 4 \end{pmatrix}$, 且 $B = (A \mid b)$, 则 $r(A)$, $r(B)$ 为(   ).

    A. 2, 4   B. 2, 2   C. 3, 2   D. 2, 3

24. 设方程 $\begin{pmatrix} a & 1 & 1 \\ 1 & a & 1 \\ 1 & 1 & a \end{pmatrix} \begin{pmatrix} x_1 \\ x_2 \\ x_3 \end{pmatrix} = \begin{pmatrix} 1 \\ 1 \\ -2 \end{pmatrix}$ 有无穷多解, 则 $a = ($ $)$.

    A. 0   B. -1 C. -2 D. 1

25. 已知 $A^2 = A$, 则 A 的特征值为 (   ).

    A. 0 或 1   B. 1 或 2   C. 1   D. 2

第三部分   逻辑推理能力测试

(50 题, 每小题 2 分, 满分 100 分)

1. 宏大公司以前规定, 本公司的雇员, 只要工作满 700 小时, 就能享受 2.5 个带薪休假日; 最近该公司出台了一项新规定, 本公司的雇员, 只要工作满 1200 小时, 就能享受 5.0 个带薪休假日。这项规定给该公司的雇员普遍带来了较多的收益, 因为显然每个工作小时所包含的带薪休假日的量较前有了增加。

   上述论证依赖于以下哪项假设?

   A. 宏大公司规定, 工作不满 1200 小时的雇员, 不得享受带薪休假日。

   B. 宏大公司的上述新规定受到了雇员的普遍欢迎。

   C. 宏大公司的大多数雇员在该公司工作的时间都不会少于 1200 小时。

   D. 宏大公司出台上述新规定的目的, 是为了制止雇员的跳槽。

2. 在美国与西班牙作战期间, 美国海军曾经广为散发海报, 招募兵员。当时最有名的一个海军广告是这样说的: 美国海军的死亡率比纽约市民还要低。海军的官员具体就这个广告解释说: "根据统计, 现在纽约市民的死亡率是每千人有 16 人, 而尽管是战时, 美国海军士兵的死亡率也不过每千人只有 9 人。"

如果以上资料为真，则以下哪项最能解释上述这种看起来很让人怀疑的结论？

A. 在战争期间，海军士兵的死亡率要低于陆军士兵。

B. 在纽约市民中包括生存能力较差的婴儿和老人。

C. 敌军打击美国海军的手段和途径没有打击普通市民的手段和途径来的多。

D. 美国海军的这种宣传主要是为了鼓动入伍，所以，要考虑其中夸张的成分。

3. 在冷战时代，有分析家认为，美苏两个超级大国的军事实力基本相当。但是，包括美国在内的北约组织的军事实力，要明显地超过包括苏联在内的华约组织。这使得在整个冷战时代，美国一直有着在军事上超过苏联的优越感。

从上述分析家的观点，能推出以下哪项结论？

Ⅰ 北约组织中美国盟国的军事实力的总和，要超过华约组织中苏联的盟国。

Ⅱ 如果发生军事对抗，美国自信能支配北约组织的军事力量。

Ⅲ 如果发生军事对抗，苏联自信能支配华约组织的军事力量。

A. 只有Ⅰ和Ⅱ。

B. 只有Ⅰ和Ⅲ。

C. Ⅰ、Ⅱ和Ⅲ。

D. Ⅰ、Ⅱ和Ⅲ都不是。

4. 刘易斯、汤丹逊、萨利三人被哈佛大学、加利福尼亚大学和麻省理工学院录取。他们分别被哪个学校录取的？邻居们作了如下的猜测：

邻居 A 猜：刘易斯被加利福尼亚大学录取，萨利被麻省理工学院录取。

邻居 B 猜：刘易斯被麻省理工学院录取，汤丹逊被加利福尼亚大学录取。

邻居 C 猜：刘易斯被哈佛大学录取，萨利被加利福尼亚大学录取。

结果，邻居们的猜测各对了一半。

那么，他们的录取情况是：

A. 刘易斯、汤丹逊、萨利分别被哈佛大学、加利福尼亚大学和麻省理工学院录取。

B. 刘易斯、汤丹逊、萨利分别被加利福尼亚大学、麻省理工学院和哈佛大学录取。

C. 刘易斯、汤丹逊、萨利分别被麻省理工学院、加利福尼亚大学和哈佛大学录取。

D. 刘易斯、汤丹逊、萨利分别被哈佛大学、麻省理工学院和加利福尼亚大学录取。

5. 今年华业公司第五分部创造了十年来该部年销售额的最高记录。这一纪录的最令人惊异之处在于，和该公司的其他分部比起来，第五分部的市场最小，销售额最低。

下述哪项最为确切地指出了上述议论的逻辑漏洞？

A. 因为第五分部在整个公司中的地位最微不足道，所以它的销售创纪录对整个公司意义不大。

B. 因为第五分部的销售创纪录是和它自身的各年销售额相比的，因此，把这一纪录和其他分部的销售额相比是没有意义的。

C. 如果这是第一年第五分部的销售额在整个公司排行最末，那么，它的创纪录没什么可惊异之处。

D. 如果华业公司的总销售额比通常大幅度提高，那么，第五分部排行最末没什么可惊异之处。

6. 龙口开发区消防站向市政府申请购置一辆新的云梯消防车，这种云梯消防车是扑灭高层建筑火灾的重要设施。市政府否决了这项申请，理由是：龙口开发区现只有五幢高层建筑,消防站现有的云梯消防车足够了。

以下哪项是市政府的决定所必须假设的?

A. 龙口开发区至少近期内不会有新的高层建筑封顶投入使用。

B. 市政府的财政面临困难无力购置云梯消防车。

C. 消防站的云梯消防车中,至少有一辆近期内不会退役。

D. 龙口开发区的高层建筑内的防火设施都符合标准。

7. 在美国,本国制造的汽车的平均耗油量是每 21.5 英里一加仑,而进口汽车的平均耗油量是每 30.5 英里一加仑。显然,美国车的买主在汽油上的花费要远高于进口汽车的买主。因此,美国的汽车工业在和外国汽车制造商的竞争中将失去很大一部分国内市场。

上述论证基于以下哪假设?

A. 美国制造的汽车和进口汽车的价格性能比大致相同。

B. 汽车在使用过程中的花费是买主在购买汽车时的主要考虑之一。

C. 美国汽油的价格呈上涨趋势。

D. 美国汽车的最高时速要高于进口汽车。

8. 有人向某衬衫厂老板提出一项建议:在机器上换上大型号的缝纫线团,这样就可不必经常停机换线团,有利于减少劳动力成本。

这一建议预设了以下哪项?

A. 大型号缝纫线团不如小型号的结实。

B. 该衬衫厂实行的是计时工资制,不是计件工资制。

C. 缝纫机器不必定期停机保养检修。

D. 操作工人在工作期间不允许离开机器。

9. 对于任一演绎推理,如果它的推理形式正确并且前提真实,那么它的结论一定真实。

如果上述断定为真,则以下哪项一定为真?

A. 某演绎推理的推理形式正确但结论虚假,因此,它的前提一定虚假。

B. 某演绎推理的推理形式不正确但前提真实,因此,它的结论一定虚假。

C. 某演绎推理的结论虚假,因此,它的推理形式一定不正确,并且前提一定虚假。

D. 某演绎推理的前提和结论都真实,因此,它的推理形式一定正确。

10. 在美国,癌症病人的平均生存年限(即从确诊为癌症到死亡的年限)是 7 年,而在亚洲,癌症病人的平均生存年限只有 4 年。因此,美国在延长癌症病人生命方面的医疗水平要高于亚洲。

以下哪项如果为真,最能削弱上述论证?

A. 美国人的自我保健意识总体上高于亚洲人,因此,美国癌症患者的早期确诊率要高于亚洲。

B. 美国人的平均寿命要高于亚洲人。

C. 美国医学界也承认,中医在治疗某些癌症方面,有西医不具有的独到疗效。

D. 在亚洲,日本的癌症患者的平均生存年限是 8 年。

11. 随着年龄的增长,人体对卡路里的日需求量逐渐减少,而对维生素和微量元素的需求却日趋增多。因此,为了摄取足够的维生素和微量元素,老年人应当服用一些补充维生素和微量元素的保健品，或者应当注意比年轻时食用更多的含有维生素和微量元素的食物。

为了对上述断定作出评价，回答以下哪个问题最为重要？

A. 对老年人来说，人体对卡路里需求量的减少幅度，是否小于对维生素和微量元素需求量的增加幅度？

B. 保健品中的维生素和微量元素，是否比日常食品中的维生素和微量元素更易被人体吸收？

C. 缺乏维生素和微量元素所造成的后果，对老年人是否比对年轻人更严重？

D. 一般地说，年轻人的日常食物中的维生素和微量元素含量，是否较多地超过人体的实际需要？

12. 当一只鱼鹰捕捉到一条白鲢、一条草鱼或一条鲤鱼而飞离水面时，往往会有许多鱼鹰几乎同时跟着飞聚到这一水面捕食。但当一只鱼鹰捕捉到一条鲶鱼时，这种情况却很少出现。

以下哪项如果为真，最能合理地解释上述现象？

A. 草鱼或鲤鱼比鲶鱼更符合鱼鹰的口味。

B. 在鱼鹰捕食的水域中，白鲢、草鱼和鲤鱼比较多见，而鲶鱼比较少见。

C. 在鱼鹰捕食的水域中，白鲢、草鱼和鲤鱼比较少见，而鲶鱼比较多见。

D. 白鲢、草鱼或鲤鱼经常成群出现，而鲶鱼则没有这种习性。

13. 塑料垃圾因为难以被自然分解一直令人类感到头疼。近年来，许多易于被自然分解的塑料代用品纷纷问世，这是人类为减少塑料垃圾的一种努力。但是，这种努力几乎没有成效，因为据全球范围内大多数垃圾处理公司统计，近年来，它们每年填埋的垃圾中塑料垃圾的比例，不但没有减少，反而有所增加。

以下哪项如果为真，最能削弱上述论证？

A. 近年来，由于实行了垃圾分类，越来越多过去被填埋的垃圾被回收利用了。

B. 塑料代用品利润很低，生产商缺乏投资的积极性。

C. 近年来，原来用塑料包装的商品的品种有了很大的增长，但其中一部分改用塑料代用品包装。

D. 上述垃圾处理公司绝大多数属于发达或中等发达国家。

14. 一项产品要成功占领市场，必须既有合格的质量，又有必要的包装；一项产品，不具备足够的技术投入，合格的质量和必要的包装难以两全；而只有足够的资金投入，才能保证足够的技术投入。

以下哪项结论可以从题干的断定中推出？

Ⅰ. 一项成功占领市场的产品，其中不可能不包含足够的技术投入。

Ⅱ. 一项资金投入不足但质量合格的产品，一定缺少必要的包装。

Ⅲ. 一项产品，只要既有合格的质量，又有必要的包装，就一定能成功占领市场。

A. 只有Ⅰ。　　　　B. 只有Ⅱ。　　　　C. 只有Ⅲ。　　　　D. 只有Ⅰ和Ⅱ。

15. 靠一个"俗"字争得了一大批讨厌一本正经说教的读者，又经常被人一本正经地斥之为"俗"的某作家，竟然一本正经地斥起别人为"俗"来，这确实是令许多人包括文艺界业内人士百思不得其解的。贾女士和陈先生都是文艺界业内人士,他们在网上该作家上述所为的动机和缘由,以及该作家的个人性格和个人品质,争得不亦乐乎。在经过了 20 多个来回后,陈先生收到了贾女士的一封电子邮件,其中称:"看来你是对的。昨天,我遇到了一个认识该作家的人,他肯定了你的观点。"

以下各项,都可能是贾女士用以和陈先生争论的根据,除了

A. 该作家斥别人为"俗"的言论或别人斥该作家为"俗"的言论。

B. 和被该作家斥为"俗"的人的私人交往。

C. 和斥该作家为"俗"的人的私人交往。

D. 和该作家本人的私人交往。

16. 一项统计表明,近五年来,脑黄金营养液在各种营养滋补品中的销售比例提高了近 10%。其间,这种营养液的电视广告的出现频率,特别是在黄金时段的出现频率也有明显增加。这一事实有力地说明:电视广告是产品促销的有效手段。

以下哪项如果为真,最能削弱题干的论证?

A. 电视观众的普遍习惯是,看到电视广告就立即换频道。

B. 一项对脑黄金营养液买主的调查显示:99% 的被调查者回答:没有注意该产品的电视广告。

C. 一项对注意到脑黄金营养液广告的电视观众的调查显示:几乎没有被调查者购买脑黄金营养液。

D. 巨额广告费极大地降低了脑黄金营养液的利润率。

17. 一位海关检查员认为,他在特殊工作经历中培养了一种特殊的技能,即能够准确地判定一个人是否在欺骗他。他的根据是,在海关通道执行公务时,短短的几句对话就能使他确定对方是否可疑;而在他认为可疑的人身上,无一例外地都查出了违禁物品。

以下哪项如果为真,能削弱上述海关检查员的论证?

Ⅰ 在他认为不可疑而未经检查的入关人员中,有人无意地携带了违禁物品。

Ⅱ 在他认为不可疑而未经检查的入关人员中,有人有意地携带了违禁物品。

Ⅲ 在他认为可疑并查出违禁物品的入关人员中,有人是无意地携带的违禁物品。

A. 只有Ⅰ和Ⅲ。　　B. 只有Ⅰ和Ⅱ。　　C. 只有Ⅱ和Ⅲ。　　D. Ⅰ、Ⅱ和Ⅲ。

18. 商业伦理调查员:XYZ 钱币交易所一直误导它的客户说,它的一些钱币是很稀有的。实际上那些钱币是比较常见而且很容易得到的。

XYZ 钱币交易所:这太可笑了。XYZ 钱币交易所是世界上最大的几个钱币交易所之一。我们销售钱币是经过一家国际认证的公司鉴定的,并且有钱币经销的执照。

XYZ 钱币交易所的回答显得很没有说服力,因为它……

以下哪项作为上文的后继最为恰当?

A. 故意夸大了商业伦理调查员的论述,使其显得不可信。

B. 指责商业伦理调查员有偏见,但不能提供足够的证据来证实他的指责。

C. 没能证实其他钱币交易所也不能鉴定他们所卖的钱币。

D. 列出了 XYZ 钱币交易所的优势,但没有对商业伦理调查员的问题做出回答。

19. 某些种类的海豚利用回声定位来发现猎物:它们发射出滴答的声音,然后接收水域中

远处物体反射的回音。海洋生物学家推测这些滴答声可能有另一个作用：海豚用异常高频的滴答声使猎物的感官超负荷，从而击晕近距离的猎物。

以下哪项如果为真，最能对上述推测构成质疑？

A. 海豚用回声定位不仅能发现远距离的猎物，而且能发现中距离的猎物。

B. 作为一种发现猎物的讯号，海豚发出的滴答声，是它的猎物的感官所不能感知的，只有海豚能够感知从而定位。

C. 海豚发出的高频讯号即使能击晕它们的猎物，这种效果也是很短暂的。

D. 蝙蝠发出的声波不仅能使它发现猎物，而且这种声波能对猎物形成特殊刺激，从而有助于蝙蝠捕获它的猎物。

20. 用蒸馏麦芽渣提取的酒精作为汽油的替代品进入市场，使得粮食市场和能源市场发生了前所未有的直接联系。到 1995 年，谷物作为酒精的价值已经超过了作为粮食的价值。西方国家已经或正在考虑用从谷物提取的酒精来替代一部分进口石油。

如果上述断定为真，则对于那些已经用从谷物提取的酒精来替代一部分进口石油的西方国家，以下哪项，最可能是 1995 年后进口石油价格下跌的后果？

A. 一些谷物从能源市场转入粮食市场。　　B. 一些谷物从粮食市场转入能源市场。

C. 谷物的价格面临下跌的压力。　　　　D. 谷物的价格出现上浮。

21. 清朝雍正年间，市面流通的铸币，其金属构成是铜六铅四，即六成为铜，四成为铅。不少商人出以利计，纷纷融币取铜，使得市面的铸币严重匮乏，不少地方出现以物易物。但朝廷征于市民的赋税，须以铸币缴纳，不得代以实物或银子。市民只得以银子向官吏购兑铸币用以纳税，不少官吏因此大发了一笔。这种情况，明清两朝以来从未出现过。

从以上陈述，可推出以下哪项结论？

Ⅰ 上述铸币中所含铜的价值要高于该铸币的面值。

Ⅱ 上述用银子购兑铸币的交易中，不少并不按朝廷规定的比价成交。

Ⅲ 雍正以前明清诸朝，铸币的铜含量，均在六成以下。

A. 只有Ⅰ和Ⅲ。　　　　　　　　　　B. 只有Ⅱ和Ⅲ。

C. 只有Ⅰ和Ⅱ。　　　　　　　　　　D. Ⅰ、Ⅱ和Ⅲ。

22. 某保健医院进行了为期 10 周的减肥试验。结果显示，参加者平均减肥 9 公斤。其中，男性参加者平均减肥 13 公斤，女性参加者平均减肥 7 公斤。

如果以上陈述是真的，并且其中的统计数据是精确的，则以下哪项也一定是真的？

A. 所有参加者体重均下降。　　　　　　B. 男性参加者和女性参加者一样多。

C. 女性参加者比男性参加者多。　　　　D. 男性参加者比女性参加者多。

23. 贾女士：马是所有动物中最高贵的。它们既忠诚又勇敢，我知道有这样一匹马，在它的主人去世后因悲伤过度而死亡。

陈先生：您错了。狗同样是既忠诚又勇敢的。我有一条狗，每天都在楼梯上等我回家，即使我过了午夜回家，它还是等在那儿。

以下各项断定都符合贾女士和陈先生的看法，除了……

A. 两种看法都认为忠诚和勇敢是高贵的动物应具有的特点。

B. 两种看法都认为高贵的动物中包括马和狗。

C. 两种看法都认为人的品质也能为动物所具有。

D. 两种看法得出结论所使用的推理都是归纳推理，即从个别事实得出一般性的结论。

24. 现在市面上电子版图书越来越多，其中包括电子版的文学名著，而且价格都很低。另外，人们只要打开电脑，在网上几乎可以读到任何一本名著。这种文学名著的普及，会大大改变大众的阅读品味，有利于造就高素质的读者群。

以下哪项如果为真，最能削弱上述论证？

A. 文学名著的普及率一直不如大众读物，特别是不如健身、美容和智力开发等大众读物。

B. 许多读者认为电脑阅读不方便，宁可选择印刷版读物。

C. 一个高素质的读者不仅仅需要具备文学素养。

D. 真正对文学有兴趣的人不会因文学名著的价钱高或不方便而放弃获得和阅读文学名著的机会，而对文学没有兴趣的人则相反。

25. 有着悠久历史的肯尼亚国家自然公园以野生动物在其中自由出没而著称。在这个公园中，已经有10多年没有出现灰狼了。最近，公园的董事会决定引进灰狼。董事会认为，灰狼不会对游客造成危害，因为灰狼的习性是避免与人接触的；灰狼也不会对公园中的其他野生动物造成危害，因为公园为灰狼准备了足够的家畜如山羊、兔子等作为食物。

以下各项如果为真，都能加强题干中董事会的论证，除了

A. 作为灰狼食物的山羊兔子等，和野生动物一样在公园中自由出没，这增加了公园的自然气息和游客的乐趣。

B. 灰狼在进入公园前将经过严格的检疫，事实证明，只有患有狂犬病的灰狼才会主动攻击人。

C. 自然公园中，游客通常坐在汽车中游览，不会遭到野兽的直接攻击。

D. 麋鹿是一种反应极其敏捷的野生动物。灰狼在公园中对麋鹿可能的捕食将减少其中的不良个体，从总体上有利于麋鹿的优化繁衍。

26. 急性视网膜坏死综合症是由疱疹病毒引起的眼部炎症综合症。急性视网膜坏死综合症患者大多临床表现反复出现，相关的症状体征时有时无，药物治疗效果不佳。这说明，此病是无法治愈的。

上述论证假设反复出现急性视网膜坏死综合症症状体征的患者

A. 没有重新感染过疱疹病毒。　　　　B. 没有采取防止疱疹病毒感染的措施。

C. 对疱疹病毒的药物治疗特别抗药。　　D. 可能患有其他相关疾病。

27. 在法庭的被告中，被指控偷盗、抢劫的定罪率，要远高于被指控贪污、受贿的定罪率。其重要原因是后者能聘请收费昂贵的私人律师，而前者主要由法庭指定的律师辩护。

以下哪项如果为真，最能支持题干的叙述？

A. 被指控偷盗、抢劫的被告，远多于被指控贪污、受贿的被告。

B. 一个合格的私人律师，与法庭指定的律师一样，既忠实于法律，又努力维护委托人的合法权益。

C. 被指控偷盗、抢劫的被告中事实上犯罪的人的比例，不高于被指控贪污、受贿的被告。

D. 一些被指控偷盗、抢劫的被告，有能力聘请私人律师。

28. 在除臭剂中，只有白熊牌能提供一次性全天除臭效果，并且只有白熊牌能提供雨林檀香味。

如果上述广告是真的，那么以下哪项不可能是真的？

Ⅰ. 红旗牌除臭剂能提供一次性全天除臭效果。

Ⅱ. 北海牌除臭剂比白熊牌在市场上更受欢迎

Ⅲ. 洪波浴液能提供雨林檀香味

A. 只有Ⅰ。   B. 只有Ⅰ和Ⅱ。

C. 只有Ⅰ和Ⅲ。   D. Ⅰ、Ⅱ和Ⅲ

29. 为了减少天然气使用中的浪费，某区政府将出台一项天然气调价措施：对每个用户包括民用户和工业用户，分别规定月消费限额；不超过限额的，按平价收费；超过限额的，按累进高价收费。该项调价措施的论证报告估计，实施调价后，虽然不能解决浪费所造成的损失，但全区天然气的月消耗量至少可以合理节省10%。

为了使上述论证报告及其所作的估计成立，以下哪项是必须假设的？

Ⅰ. 天然气价格偏低是造成该区天然气使用中存在浪费现象的重要原因。

Ⅱ. 该区目前天然气消费量的至少10%是浪费。

Ⅲ. 该区至少有10%的天然气用户浪费使用天然气。

Ⅳ. 天然气价格上调的幅度足以对浪费使用天然气的用户产生经济压力。

A. Ⅰ、Ⅱ、Ⅲ和Ⅳ。   B. Ⅰ、Ⅱ、Ⅲ和Ⅳ都不是必须假设的。

C. 仅Ⅰ和Ⅳ。   D. 仅Ⅰ、Ⅱ、和Ⅳ。

30. 十二月上旬，某城市的气候已相当寒冷，湖面的冰层已经非常坚实。城市居民中爱好溜冰的人都希望到溜冰场去溜冰。但溜冰场要等到十二月中旬才开放。为此，溜冰爱好者颇有意见。

以下哪项最不可能是溜冰场管理人员所做的解释？

A. 十二月上旬溜冰场安排有赛事。

B. 由于门票收费过低，上级领导又不同意提高门票收费，多开一场，溜冰场的亏损就越大。

C. 此时溜冰具有一定的危险性。

D. 溜冰场每年都到十二月中旬开放，这已形成惯例。

31. 有些具有优良效果的护肤化妆品是诺亚公司生产的。所有诺亚公司生产的护肤化妆品都价格昂贵，而价格昂贵的护肤化妆品无一例外地受到女士们的信任。

以下各项都能从题干的断定中推出，除了（   ）

A. 受到女士们信任的护肤化妆品中，有些实际效果并不优良。

B. 有些效果优良的化妆品受到女士们的信任。

C. 所有诺亚公司生产的护肤化妆品都受到女士们的信任。

D. 有些价格昂贵的护肤化妆品是效果优良的。

32. 在汉语和英语中，"塔"的发音是一样的，这是英语借用了汉语；"幽默"的发音也是一样的，这是汉语借用了英语。而在英语和姆巴拉拉语中，"狗"的发音也是一样的，但可以肯定，使用这两种语言的人的交往只是近两个世纪的事，而姆巴拉拉语（包括"狗"的发音）的历史，几乎和英语一样古老。另外，这两种语言，属于完全不同的语系，没有任何亲缘关系。因此，这说明，不同的语言中出现意义和发音相同的词，并不一定是由于语言间的相互借用，或是由于语言的亲缘关系所致。

上述论证必须假设以下哪项？

A. 汉语和英语中，意义和发音相同的词都是互相借用的结果。

B. 除了英语和姆巴拉拉语以外，还有多种语言对"狗"有相同的发音。

C. 没有第三种语言从英语或姆巴拉拉语中借用"狗"一词。

D. 如果两种不同语系的语言中有的词发音相同，则使用这两种语言的人一定在某个时期彼此接触过。

33. 现在市面上充斥着《成功的十大要素》之类的书。出版商在推销此类书时声称，这些书将能切实地帮助读者成为卓越的成功者。事实上，几乎每个人都知道，卓越的成功，注定只属于少数人，人们不可能通过书本都成为这少数人群中的一个。基于这一点，出版商故意所作的上述夸张乃至虚假的宣传不能认为是不道德的。退一步说，即使有人相信了出版商的虚假宣传，但只要读此类书对他在争取成功中确实利大于弊，作此类宣传也不能认为是不道德的。

以下哪项断定最符合以上的议论？

A. 只有当虚假宣传完全没有任何"歪打正着"的正面效应时，故意作此种虚假宣传才是不道德的。

B. 只有当人们受了欺骗，并深受其害时，故意作这种宣传才是不道德的。

C. 如果故意作虚假宣传的人，通过损害受骗者获利，那么，故意作此种虚假宣传是不道德的。

D. 只有当虚假宣传的受骗者的数量，超出了未受骗者时，故意作此种虚假宣传才是不道德的。

34. 为了保护某些新开发的工业，A 国政府禁止这类在国内刚刚开始研制的产品进口。但这类产品的购买者是 A 国几家依赖国际贸易的大公司，对该类产品的禁止进口大大提高了这几家大公司的生产成本，严重地削弱了它们在国际市场上的竞争力。

以下哪项是上述议论的最恰当的推论？

A. 这些产品的价格，进口要比在 A 国国内自行生产便宜得多。

B. A 国政府的上述政策使本国经济得不偿失。

C. A 国只进口它的出口国的产品。

D. 为了提高本国公司的出口竞争能力，A 国政府不应实行任何进口限制。

35. 自从 20 世纪中叶化学工业在世界范围内成为一个产业以来，人们一直担心，它所造成的污染将会严重影响人类的健康。但统计数据表明，这半个世纪以来，化学工业发达的工业化国家的人均寿命增长率，大大高于化学工业不发达的发展中国家。因此，人们关于化学工业危害人类健康的担心是多余的。

以下哪项是上述论证必须假设的?

A. 20 世纪中叶,发展中国家的人均寿命,低于发达国家。

B. 如果出现发达的化学工业,发展中国家的人均寿命增长率会因此更低。

C. 如果不出现发达的化学工业,发达国家的人均寿命增长率不会因此更高。

D. 化学工业带来的污染与它带给人类的巨大效益相比是微不足道的。

36. 在微波炉清洁剂中加入漂白剂,就会释放出氯气;在浴盆清洁剂中加入漂白剂,也会释放出氯气;在排烟机清洁剂中加入漂白剂,没有释放出任何气体。现有一种未知类型的清洁剂,加入漂白剂后,没有释放出氯气。

根据上述实验,以下哪项关于这种未知类型的清洁剂的断定一定为真?

Ⅰ. 它是排烟机清洁剂。

Ⅱ. 它既不是微波炉清洁剂,也不是浴盆清洁剂。

Ⅲ. 它要么是排烟机清洁剂,要么是微波炉清洁剂或浴盆清洁剂。

A. 仅Ⅰ。   B. 仅Ⅱ。   C. 仅Ⅲ。   D. 仅Ⅰ和Ⅱ。

37. 在当前的音像市场上,正版的激光唱盘和影视盘销售不佳,而盗版的激光唱盘和影视盘却屡禁不绝,销售异常火爆。有的分析人员认为这主要是因为在价格上盗版盘更有优势,所以在市场上更有活力。

以下哪项是这位分析人员在分析中隐含的假定?

A. 正版的激光唱盘和影视盘往往内容呆板,不适应市场的需要。

B. 与价格的差别相比,正版与盗版盘在质量方面的差别不大。

C. 盗版的激光唱盘和影视盘比正版的盘进货渠道畅通。

D. 正版的激光唱盘和影视盘不如盗版的盘销售网络完善。

38. 劳山牌酸奶中含有丰富的亚 1 号乳酸,这种乳酸被全国十分之九的医院用于治疗先天性消化不良。

如果以上断定是真的,则以下哪项也一定是真的?

Ⅰ 全国有十分之九的医院使用劳山牌酸奶作为药用饮料;

Ⅱ 全国至少有十分之一的医院不治疗先天性消化不良;

Ⅲ 全国只有十分之一的医院不向患有先天消化不良的患者推荐使用劳山牌酸奶。

A. 只有Ⅰ   B. 只有Ⅱ

C. 只有Ⅲ   D. Ⅰ、Ⅱ和Ⅲ都不必然是真的

39~40 题基于以下题干:

张教授:智人是一种早期人种。最近在百万年前的智人遗址发现了烧焦的羚羊骨头碎片的化石。这说明人类在自己进化的早期就已经知道用火来烧肉了。

李研究员:但是在同样的地方也同时发现了被烧焦的智人骨头碎片的化石。

39. 以下哪项最可能是李研究员所要说明的?

A. 百万年前森林大火的发生概率要远高于现代。

B. 百万年前的智人不可能掌握取火用火的技能。

C. 上述羚羊的骨头不是被人控制的火烧焦的。

D. 羚羊并不是智人所喜欢的食物。

40. 以下哪项最可能是李研究员的议论所假设的？

A. 包括人在内的所有动物，一般不以自己的同类为食。

B. 即使在发展的早期，人类也不会以自己的同类为食。

C. 上述被发现的智人骨头碎片的化石不少于羚羊骨头碎片的化石。

D. 张教授并没有掌握关于智人研究的所有考古资料。

41～45 题基于以下题干：

在古代的部落社会中，每个人都属于某个家族，每个家族的每个人只崇拜以下五个图腾之一，这五个图腾是：熊、狼、鹿、鸟、鱼。这个社会中的婚姻关系遵守以下法则：

崇拜同一图腾的男女可以成婚。(1)

崇拜狼的男子可以娶崇拜鹿和崇拜鸟的女子。(2)

崇拜狼的女子可以嫁崇拜鸟和崇拜鱼的男子。(3)

崇拜鸟的男子可以娶崇拜鱼的女子。(4)

儿子与父亲的图腾崇拜相同。(5)

女儿与母亲的图腾崇拜相同。(6)

41. 崇拜以下哪些图腾的男子可能娶崇拜鱼的女子？

A. 狼和鸟　　　　B. 鸟和鹿　　　　C. 鱼和鹿　　　　D. 鸟和鱼

42. 崇拜鱼的妇女的儿子所崇拜的图腾可能是：

A. 鸟和鱼　　　　B. 鱼和鹿　　　　C. 熊和狼　　　　D. 狼和鹿

43. 如果某男子崇拜的图腾是狼，他妹妹崇拜的图腾可能是：

A. 狼、鱼和鸟　　B. 狼、鹿和熊　　C. 狼、熊和鸟　　D. 狼、鹿和鸟

44. 崇拜鹿的男子的女儿可能和崇拜以下哪些图腾的男子结婚？

A. 鹿和鸟　　　　B. 狼和熊　　　　C. 狼和鱼　　　　D. 鹿和狼

45. 崇拜鱼的男人的妻子的父亲所崇拜的图腾可能是：

A. 熊、狼和鸟　　B. 熊、狼和鱼　　C. 狼、鹿和鸟　　D. 狼、鸟和鱼

46～50 题基于以下题干：

L、M 和 N 三个人，在汉堡、热狗、苹果派和薯条四种快餐食品中，至少买了一种。他们对食品的选择满足以下条件：

每一种食品最多只买一份。(1)

如果买热狗，则不买薯条。(2)

三人中，至少有一人买热狗，并且至少有一人买苹果派。(3)

M 买了薯条。(4)

N 买了汉堡。(5)

L 和 N 都没买苹果派。(6)

N 买的食品，M 都没买。(7)

46. 以下哪项断定一定为真？

A. L 买了热狗。　　B. L 买了薯条。　　C. M 买了热狗。　　D. M 买了苹果派。

47. 如果每份快餐食品的价格均为 10 元，则三个人的最高花费可能是

A. 50 元　　　　B. 60 元　　　　C. 70 元　　　　D. 80 元

48. 如果 L 和 M 各自买了两种食品，则以下哪项一定为真？

    A. L 买了汉堡。

    B. L 买了热狗。

    C. M 买了汉堡。

    D. 有并且只有一种食品，L 和 M 都买了。

49. 如果 L 买了薯条，则以下哪项一定为真？

    A. L 买了汉堡。

    B. M 买了汉堡。

    C. N 买了热狗。

    D. N 只买了一种食品。

50. 假设在题干的条件中去掉：如果买热狗，则不买薯条，其余保持不变。在此假设下，如果每份快餐食品的价格均为 10 元，则三个人的最高花费可能是

    A. 50 元   B. 60 元   C. 70 元   D. 80 元

第四部分 外语运用能力测试（英语）

（50 题，每小题 2 分，满分 100 分）

Part One   Vocabulary and Structure

Directions: *In this part there are ten incomplete sentences, each with four suggested answers. Choose the one that you think is the best answer. Mark your answer on the **ANSWER SHEET** by drawing with a pencil a short bar across the corresponding letter in the brackets.*

1. As long as the economic foundation changes, the entire superstructure is _____ rapidly transformed.

   A. anything but   B. more or less   C. at large   D. any more

2. It is _____ that he would spend four hours weeding the garden.

   A. estimated   B. exceeded   C. escaped   D. excluded

3. In those less developed countries, the exports are mainly _____ materials, such as timbers and minerals.

   A. raw   B. crude   C. fresh   D. original

4. Carl wanted to play a joke on Bob, but gave himself _____ by laughing.

   A. away   B. in   C. out   D. up

5. As soon as Judy had _____ a little from the great pain, she threw herself body and soul into her work.

   A. returned   B. absorbed   C. dissolved   D. recovered

6. When _____, the museum will be open to the public next year.

   A. completed   B. completing

   C. being completed   D. to be completed

7. No sooner _____ anchor（锚）than a storm broke.

   A. the ship had dropped   B. had the ship dropped

C. the ship dropped   D. the ship did drop

8. _____ do you think will be promoted to supervisor of our department?

    A. Whom   B. Who   C. What   D. That

9. It was after he got what he had desired _____ realized it was not so important.

    A. that   B. when   C. since   D. as

10. I will never forget the days _____ we worked together and the days _____ we spent together.

    A. when; which   B. which; when   C. what; that   D. on which; when

Part Two   Reading Comprehension

Directions: *In this part there are four passages, each followed by five questions or unfinished statements. For each of them, there are four suggested answers. Choose the one that you think is the best answer. Mark your answer on the **ANSWER SHEET** by drawing with a pencil a short bar across the corresponding letter in the brackets.*

Questions 11-15 are based on the following passage:

After a 300 million Yuan renovation project, the Imperial Temple of Emperors of Successive Dynasties was reopened to the public last weekend.

Originally constructed about 470 years ago, during the reign of Emperor Jiajing of the Ming Dynasty, the temple was used by emperors of both the Ming and Qing to offer sacrifices to their ancestors.

It underwent two periods of renovation in the Qing Dynasty, during the reigns of emperors Yongzheng and Qianlong. From 1929 until early 2000, it was part of Beijing No. 159 Middle School.

The temple's Jingdechongsheng Hall contains stone tablets memorializing 188 Chinese emperors. The jinzhuan bricks used to pave the floor, the same as those used in the Forbidden City, are finely textured and golden-yellow in color. According to Xi Wei, an official from the Xicheng District government present at the re-opening of the temple, jinzhuan bricks were made in Yuyao, Suzhou, especially for imperial use.

The renovation was done strictly according to what had been carried out at the orders of Emperor Qianlong, and only those sections of the temple too damaged to repair have been replaced.

11. What does the verb form of the word "renovation" mean in Para. 1?

    A. reform   B. rearrange   C. retreat   D. restore

12. Which of the following statements is TRUE?

    A. The temple is still not reopened yet to the public.

    B. The jinzhuan bricks were made in Hangzhou for imperial use.

    C. The jinzhuan bricks used to pave the wall in the temple.

    D. The temple was at first constructed 470 years ago.

13. How long has the Imperial Temple of Emperors of Successive Dynasties been in part of a middle school in Beijing?

A. 470 years.   B. 159 years.   C. 71 years   D. 88 years.

14. What can we infer from the passage?

A. The temple has a long history.

B. The renovation of the temple was easy with modern technology.

C. The bricks in the temple are not so valuable as those in the Forbidden City.

D. The renovation was done according to the orders of Emperor Qianlong.

15. Which of the following is NOT true according to the author?

A. The renovation project cost 300 million Yuan.

B. The temple was once a part of Beijing No. 159 Middle School.

C. Those parts of the temple too destroyed to repair are still there.

D. The temple was built about 470 years ago.

Questions 16-20 are based on the following passage:

While still in its early stages, welfare reform has already been judged a great success in many states — at least in getting people off welfare. It's estimated that more than 2 million people have left the rolls since 1994.

In the past four years, welfare rolls in Athens Country have been cut in half. But 70 percent of the people who left in the past two years took jobs that paid less than MYM 6 an hour. The result: The Athens County poverty rate still remains at more than 30 percent — twice the national average. For advocates for the poor, that's an indication much more needs to be done. "More people are getting jobs, but it's not making their lives any better," says Kathy Lairn, a policy analyst at the Center on Budget and Policy Priorities in Washington.

A center analysis of US Census data nationwide found that between 1995 and 1996, a greater percentage of single, female-headed households were earning money on their own, but that average income for these households actually went down. But for many, the fact that poor people are able to support themselves almost as well without government aid as they did, with it is in itself a huge victory. "Welfare was a poison. It was a toxin that was poisoning the family," says Robert Rector, a welfare-reform policy analyst. "The reform is changing the moral climate in low-income communities. It's beginning to rebuild the work ethic, which is much more important." Mr. Rector and others argued that once "the habit of dependency is cracked," then the country can make other policy changes aimed at improving living standards.

16. From the passage, it can be seen that the author _____.

A. believes the reform has reduced the government's burden

B. insists that welfare reform is doing little good for the poor

C. is overenthusiastic about the success of welfare reform

D. considers welfare reform to be fundamentally successful

17. Why aren't people enjoying better lives when they have jobs?
    A. Because many families are divorced. B. Because government aid is now rare.
    C. Because their wages are low. D. Because the cost of living is rising.

18. What is worth noting from the example of Athens County is that _____.
    A. greater efforts should be made to improve people's living standards
    B. 70 percent of the people there have been employed for two years
    C. 50 percent of the population no longer relies on welfare
    D. the living standards of most people are going down

19. From the passage we know that welfare reform aims at _____.
    A. saving welfare funds B. rebuilding the work ethic
    C. providing more jobs D. cutting government expenses

20. According to the passage before the welfare reform was carried out, _____.
    A. the poverty rate was lover B. average living standards were higher
    C. the average worker was paid higher wages D. the poor used to rely on government aid

Questions 21-25 are based on the following passage:

It is assumed that the glare from snow causes snow-blindness. Yet, dark glasses or not, they find themselves suffering from headaches and watering eyes, and even snow-blindness, when exposed to several hours of "snow light".

The United States Army has now determined that glare from snow does not cause snow-blindness in troops in a snow-covered country. Rather, a man's eyes frequently find nothing to focus on in a broad expanse of barren snow-covered terrain. So his gaze continually shifts and jumps back and forth over the entire landscape in search of something to look at. Finding nothing, hour after hour, the eyes never stop searching and the eyeballs become sore and the eye muscles ache. Nature offsets this irritation by producing more and more fluid which covers the eyeball. The fluid covers the eyeball in increasing quantity until vision blurs, then is obscured, and the result is total, even though temporary, snow-blindness.

Experiments led the Army to a simple method of overcoming this problem. Scouts ahead of a main body of troops are trained to shake snow from evergreen bushes, creating a dotted line as they cross completely snow-covered landscape. Even the scouts themselves throw lightweight, dark colored objects ahead on which they too can focus. The men following can then see something. Their gaze is arrested. Their eyes focus on a bush and having found something to see, stop scouring the snow-blanketed landscape. By focusing their attention on one object at a time, the men can cross the snow without becoming hopelessly snow-blind or lost. In this way the problem of crossing a solid white terrain is overcome.

21. The eyeballs become sore and the eye muscles ache because _____.
    A. tears cover the eyeballs B. the eyes are annoyed by blinding sunlight
    C. the eyes are annoyed by blinding snow D. there is nothing to focus on

22. When the eyes are sore, tears are produced to _____.

A. clear the vision   B. remedy snow blindness

C. ease the irritation   D. loosen the muscles

23. Snow blindness may be avoided by _____.

    A. concentrating to the solid white terrain

    B. searching for something to look at in snow-covered terrain

    C. preventing the eyes from focusing on something

    D. covering the eyeballs with fluid

24. The first paragraph is mainly concerned with _____.

    A. snow glare and snow-blindness

    B. the whiteness from snow

    C. headaches, watering eyes and snow-blindness

    D. the need for dark glasses

25. A suitable title for this passage would be _____.

    A. snow-blindness and how to overcome it   B. nature's cure for snow-blindness

    C. soldiers in the snow   D. snow vision

Questions 26-30 are based on the following passage:

Television is the most crucial of the influences that children in the United States are faced by. By the time that the average child finishes high school, he or she will have spent 18,000 hours in front of a television.

Parents are concerned about these figures. They are also concerned about the lack of quality in television programs for children. The degree of violence in many of these shows also worries them. Even if it is unreal, violence may have a negative effect on the young minds. Studies indicate that, when children are exposed to violence, they may become aggressive or insecure. Parents are also concerned about the commercials that their children see on television. Many parents would like to see fewer commercials. And some parents feel that these shows should not have any commercials at all because young minds are not mature enough to deal with the claims made by advertisers. Some educational programs have no commercials.

While some critics argue that all television, whether educational or not, is harmful to children. These critics feel that the habit of watching hours of television every day turns children into bored and passive consumers of their world rather than encouraging them to become active explorers of it.

We still do not know enough about the effects of watching television, perhaps it would be wise to put a warning on television sets: "Caution: Watching Too Much Television May Be Harmful to Your Child's Developing Mind."

26. We can infer from the text that _____.

    A. parents are strongly opposed to children watching TV

    B. a cartoon program is not harmful if it is not real

    C. children may imitate what they have seen on television

D. the quality of children's programs is not the parents' main concern

27. Which of the following is NOT mentioned in the text about some parents' attitudes towards commercials?

    A. Children should never watch commercials on TV.

    B. Advertisers are not always telling truth in commercials.

    C. Children can benefit from some commercials.

    D. There shouldn't be too many commercials in children's programs.

28. Some critics argue that children should not watch TV because _____.

    A. they can learn little from educational programs

    B. TV programs are of poor quality

    C. there is too much violence on TV

    D. watching TV makes their way of life passive

29. Which of the following is the author's opinion?

    A. We should limit the children's time in watching TV.

    B. We should improve educational programs for children.

    C. No commercials should be shown in children's programs.

    D. TV programs may prevent children from developing their minds.

30. The best title for the text would be _____.

    A. Education and Television   B. Children and Television

    C. Bad Influence of Television   D. TV Programs for Children

Part Three   Cloze

Directions: *For each blank in the following passage, choose the best answer from the choices given below. Mark your answer on the ANSWER SHEET by drawing with a pencil a short bar across the corresponding letter in the brackets.*

    Last year I paid my first visit to Hong Kong and went shopping with my friend. _____31_____ from cold and cloudy England, I enjoyed the sun and dressed in a T-shirt and a short skirt. Not having much _____32_____ to enjoy the sun in England, my legs were very white. In England this is not a fashionable look at _____33_____. Most women spend every sunny day out trying to get darker skin. The _____34_____ he skin, the better the look.

    As we walked around one shop, the two shop assistants kept looking at my legs the whole time, _____35_____ quietly to each other in Chinese. I began to feel _____36_____ and asked my friend if we could leave. After we left the shop, she asked me what was wrong. I complained about the shop assistants' being very _____37_____. They must be talking about my white skin. My friend laughed. "They weren't laughing at you. They were saying how nice your legs are. Many Chinese women want to have white skin like yours. _____38_____, there are many beauty products in the shops to make skin whiter and a lot of money is spent on them."

    It just shows that we are never _____39_____ with what we have. The grass is always greener on the other side. If the women of the West and East ___40___ the same way, they would not spend so much money on different kinds of cream.

31. A. Coming   B. Beginning   C. Driving   D. Hurrying
32. A. money   B. exercise   C. space   D. chance
33. A. first   B. last   C. all   D. least
34. A. whiter   B. darker   C. greener   D. fairer
35. A. talking   B. talked   C. talk   D. to talk
36. A. unlucky   B. uninterested   C. embarrassed D. ill
37. A. polite   B. impolite   C. glad   D. sad
38. A. Probably   B. Mostly   C. In fact   D. From now on
39. A. free   B. famous   C. tired   D. contented
40. A. thought   B. saw   C. worked   D. decided

Part Four   Dialogue Completion

Directions: *There are ten short incomplete dialogues between two speakers, each followed by four choices marked A, B, C and D. Choose the answer that appropriately suits the conversational context and best completes the dialogue. Mark your answer on the **ANSWER SHEET** by drawing with a pencil a short bar across the corresponding letter in the brackets.*

41. George: Just call me dad! My wife and I had our first baby.
    Mary: _____
    A. What a nonsense!   B. Really? Congratulations!
    C. Dad, are you Ok?   D. Sorry to hear it.

42. Nephew: The film was really wonderful. Thank you, Uncle.
    Uncle: _____
    A. It was nothing.   B. I'm glad.
    C. I'm glad you enjoyed it.   D. You are right.

43. Wendy: Have you been to the new bakery on the corner?
    Arthur: No, how is it?
    Wendy: It is heaven! _____!
    A. Their cakes are to strive for   B. Their cakes are to struggle for
    C. Their cakes are to die for   D. Their cakes are to pay for

44. Nancy: Sorry, I couldn't come to the party. I was sick that day.
    Ted: _____
    A. It's ok with me.   B. Don't be sorry, we'll have another party.
    C. Not at all.   D. I don't care it.

45. James: I must go back home right now because my uncle has had an accident and was sent to hospital.
    Lucas: _____

A. Oh, I'm sorry to hear that.　　　　B. You're kidding.

C. That's too bad　　　　D. That's worse

46. Paul: I was thinking of staying in for tonight to surf the Internet. Do you want to join me?

Blare: _____

A. You bet. I worked on computer all day at work. I need a break.

B. Absolutely. I worked on computer all day at work. I need a rest from a computer screen.

C. Not really. I worked on computer all day at work. I need a break from a computer screen.

D. I doubt it. I worked on computer all day at work. I need a break.

47. Ellen: I love your skirt. It's so beautiful on you!

Emma: _____

A. Thank you! It's just an ordinary skirt.

B. Oh, really? Do you like? I bought it in Yunnan.

C. Thank you! I'm glad you think so.

D. Oh, no. Your dress looks more beautiful than my skirt.

48. Passer-by: Excuse me. Could you show me the way to the nearest post office?

Director: _____

A. OK. I'd like to go with you.

B. No problem. It's my pleasure to direct you.

C. Sorry. I'm busy now. Go away.

D. Of course. Go down this street and turn left.

49. Bob: Hi, Tim, would you like to go swimming this afternoon?

Tim: _____

A. Wow, that's a great idea, but I can't swim.

B. Gee, I'm going to a party.

C. I wish I could, but I have to spend the rest of the day in the library. I have a ten-page paper due tomorrow.

D. I'm fine, and I'll ask if Linda would like to go.

50. Speaker A: Can I cash these travelers' checks here, please?

Speaker B: _____

A. Certainly. Please sign your name on each of these checks. Can you show me your driver's license?

B. Sure, but I can't help you unless you have a driver's license.

C. No problem. Do you need the cash right now?

D. Oh dear, you've got the wrong counter.

2006 年在职攻读硕士学位全国联考研究生入学资格考试试卷

参考答案与解析

第一部分　语言表达能力测试

一、选择题

1. 答案：C

　　解析：目不暇接，精神涣散，风靡一时

2. 答案：C

　　解析：旁（广泛），孤诣（他人达不到的境地），掉（摇动）

3. 答案：A

　　解析：B 缺少一个动词，应是"参加县里召开"。C 不能各种意见都否定。D "是否"
　　应对应"关键"，而非"条件"。

4. 答案：C

　　解析：A 一个公司，还是所有公司。　C 是说的我，还是说的他。　D 是行长意见，还
　　是对行长的意见。

5. 答案：D

　　解析：用了比喻和排比，应在 B、D 中选，而句子中要说明的是理想的作用，故选 D。

6. 答案：D

　　解析：②③ 为建国后。

7. 答案：B

　　解析：① 虽不是雪，正常应是雪；梅花，冬。② 茱萸，重阳节，秋。③ 夜仍热，夏。
　　④ 清明，春。

8. 答案：B

　　解析：错误：不是《樱桃园》；无纪事本末体；谢灵运是南北朝人

9. 答案：A

10. 答案：B

　　解析：排除法。

11. 答案：D

12. 答案：D

　　解析：排除法。

13. 答案：C

14. 答案：D

15. 答案：B

二、填空题

16. 答案：B

解析：重点在辨别爆发和暴发。

17. 答案：B

解析：先将 A、C 排除。

18. 答案：D

解析：用平常语言习惯即可选择。

19. 答案：C

20. 答案：C

解析：注意"系统阐述文学理论"字样。

21. 答案：A

解析：先从格律判断第三句，再由对偶判断第四句。

22. 答案：C

解析：由"泪眼"、"孤"可知为有我之境，不要把"采菊"误认为有我之境。

23. 答案：B

解析：《悲惨世界》是雨果的作品。

24. 答案：C

解析："顶针"的修辞手法是：前一句的末字作为后一句的首字。本句是典型的顶针。

25. 答案：D

26. 答案：C

27. 答案：C

解析：由"人大"决定，由国家主席签署。

28. 答案：D

解析：姓名没有转让之说。

29. 答案：B

30. 答案：B

解析：属于阅读理解，细读后半部分。

三. 阅读理解

31. 答案：B

32. 答案：C

33. 答案：A

解析：例句中从"好像"可判断是一个明喻，A 中"我的呼吸没有搅动出一点波澜似的"也是明喻。

34. 答案：A

35. 答案：C

36. 答案：C

37. 答案：C

38. 答案：B

39. 答案：C

40. 答案：D

   解析：A、B、C 同类，只能选 D。

41. 答案：C

42. 答案：D

43. 答案：A

44. 答案：C

45. 答案：B

   解析：本文言辞不甚激烈，故不能选 A。

46. 答案：B

47. 答案：C

48. 答案：C

49. 答案：C

50. 答案：A

   解析：仔细阅读、分析、理解倒数第二段，B、C、D 在文中皆直接或间接说到。

第二部分　数学基础能力测试

1. 答案：C

   解析：$11 + 22\frac{1}{2} + 33\frac{1}{4} + 44\frac{1}{8} + 55\frac{1}{16} + 66\frac{1}{32} + 77\frac{1}{64}$

   $= (11 + 22 + 33 + 44 + 55 + 66 + 77) + (\frac{1}{2} + \frac{1}{4} + \frac{1}{8} + \frac{1}{16} + \frac{1}{32} + \frac{1}{64})$

   利用等差数列与等比数列的求和公式，

   上式 $= 11 \times \frac{7 \times (1 + 7)}{2} + \frac{\frac{1}{2}(1 - \frac{1}{2^6})}{1 - \frac{1}{2}} = 308\frac{63}{64}$. 故选 C.

   事实上，注意到 A、B、C、D 四个选项整数部分均为 308，故只需计算分数部分即可确定 C 为正确答案.

2. 答案：D

   解析：因为 88 人有手机，而有手机没电脑的共 15 人，故有手机又有电脑的共 88 − 15 = 73 人，又因 76 人有电脑，故有电脑没有手机的人共 76 − 73 = 3 人. 故选 D.

3. 答案：B

   解析：设大半圆圆心为 O，将小半圆平移至其圆心与 O 重合，（如图）设大圆半径为 R，小圆半径为 r，则在 $Rt\triangle BHO$ 中，由勾股定理得：$R^2 - r^2 = 5^2 = 25$.

   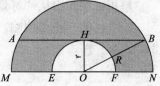

   $S_{影} = S_{大} - S_{小} = \frac{1}{2}\pi R^2 - \frac{1}{2}\pi r^2 = \frac{1}{2}\pi(R^2 - r^2) = 12.5\pi$. 故选 B.

4. 答案：C

   解析：当 $x > 0$ 时，原方程可写为 $x^2 - 2006x = 2007 \Rightarrow (x - 2007)(x + 1) = 0$

得方程的根为 $x = 2007$（$x = -1$ 舍去）.

当 $x < 0$ 时，原方程可写为 $x^2 + 2006x = 2007 \Rightarrow (x + 2007)(x - 1) = 0$

得方程的根为 $x = -2007$（$x = 1$ 舍去）.

故方程的根之和为 $2007 + (-2007) = 0$. 故选 C.

5. 答案：B

解析：如图，$AC = \sqrt{8^2 + 4^2} = 4\sqrt{5}$，$OC = 2\sqrt{5}$，

因为 $\tan\angle BCA = \dfrac{4}{8} = \dfrac{1}{2} = \dfrac{EO}{OC} = \dfrac{EO}{2\sqrt{5}}$

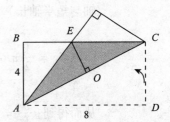

所以 $EO = \sqrt{5}$.

故 $S_{影} = \dfrac{1}{2}AC \cdot EO = \dfrac{1}{2} \times 4\sqrt{5} \times \sqrt{5} = 10$. 故选 B.

6. 答案：A

解析：因为 $z = \dfrac{1}{i} = -i$，所以 $\bar{z} = i$. 故选 A.

7. 答案：D

解析：由图可知，圆柱形容器的体积为 $V_{柱} = \pi R^2 h = \pi \cdot 10^2 \cdot 10 = 1000\pi$

铁球的体积为：$V_{球} = \dfrac{4}{3}\pi r^3 = \dfrac{4}{3}\pi \cdot 5^3 = \dfrac{500}{3}\pi$

水所占的体积为：$V_{水} = V_{柱} - V_{球} = \dfrac{2500}{3}\pi$，

故取走铁球后水面的高度为：$h = \dfrac{V_{水}}{\pi R^2} = \dfrac{\dfrac{2500}{3}\pi}{100\pi} = 8\dfrac{1}{3}$（cm）. 故选 D.

8. 答案：A

解析：由图可知，$0 < m \le a \le n$，$0 < q \le b \le p$

所以 $\dfrac{b}{a}$ 的最大值是 $\dfrac{p}{m}$，最小值为 $\dfrac{q}{n}$. 故选 A.

9. 答案：B

解析：第一次倒出 a 升酒精后，所剩纯酒精为 $(10 - a)$ 升，

用水注满后，酒精浓度为 $\dfrac{10 - a}{10}$.

第二次倒出 a 升溶液后，所剩纯酒精为 $10 - a - a \cdot \dfrac{10 - a}{10}$

用水注满后的酒精浓度为 $\dfrac{10 - a - a \cdot \dfrac{10 - a}{10}}{10} = 49\%$，从而解得：$a = 3$.

故选 B.

10. 答案：B

解析：木板的面积为 $S_1 = \dfrac{1}{2}\pi R^2$（$R$ 为木板半径）

阴影部分面积为 $S_2 = \dfrac{1}{2}\pi ab$（a、b 为椭圆的长半

轴与短半轴长）.

所以 $S_2 = \dfrac{1}{2}\pi Rb$　又 $\dfrac{S_2}{S_1} = \dfrac{\frac{1}{2}\pi Rb}{\frac{1}{2}\pi R^2} = \sqrt{3}$

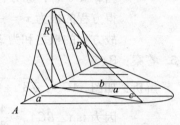

从而得到：$\dfrac{b}{R} = \sqrt{3}$，所以 $\cot\alpha = \sqrt{3}$，$\alpha = 30°$. 故选 B.

11. 答案：A

解析：因主动轮齿数为 48、36、24，后轴齿轮数为 36、24、16、12，故所获得的变速

比共有以下 8 种 $\dfrac{4}{3}$、2、3、4、1、$\dfrac{3}{2}$、$\dfrac{9}{4}$、$\dfrac{2}{3}$. 故选 A.

12. 答案：C

解析：对于三角形，若两顶点固定，则另一顶点的轨迹是一对双曲线. 故选 C.

本题也可利用排除法.

13. 答案：C

解析：$P = \dfrac{C_6^1 C_6^1 C_3^1}{C_{15}^3} = \dfrac{108}{455}$. 故选 C.

14. 答案：A

解析：设所构成等比数列的公比为 q，则 $n + 1 = q^{n+1}$，

中间插入的 n 个正数之积为 $q \cdot q^2 \cdot q^3 \cdots q^n = q^{\frac{n(n+1)}{2}}$

又 $n + 1 = q^{n+1}$，所以 $q^{\frac{n(n+1)}{2}} = (n+1)^{\frac{n}{2}}$. 故选 A.

15. 答案：D

解析：由于对称轴为 $x = 1$，故 $-\dfrac{b}{2a} = 1$，即 $b = -2a$，由于图像过点 $(2,0)$，

故 $4a + 2b + c = 0$. 将 $b = -2a$ 代入得：$c = 0$.

故 $\dfrac{f(-1)}{f(1)} = \dfrac{a - b}{a + b} = \dfrac{a - (-2a)}{a - 2a} = -3$. 故选 D.

16. 答案：D

解析：令 $t = \dfrac{1}{n}$，当 $n \to \infty$，$t \to 0$

原极限 $= \lim\limits_{t \to 0} \dfrac{\ln \dfrac{f(a+t)}{f(a)}}{t} = \lim\limits_{t \to 0} \dfrac{\ln[f(a+t)] - \ln[f(a)]}{t}$

利用洛必达法则，上式 $= \lim\limits_{t \to 0} \dfrac{\dfrac{1}{f(a+t)} f'(a+t)}{1} = \lim\limits_{t \to 0} \dfrac{f'(a+t)}{f(a+t)} = \dfrac{f'(a)}{f(a)}$.

故选 D.

17. 答案：A

解析：当 $0 \leqslant x \leqslant 1$ 时，$y' = (x-1)^2 + 2x(x-1) = 3(x-1)(x-\frac{1}{3})$

驻点为 $x_1 = 1$，$x_2 = \frac{1}{3}$，$y'' = 6(x - \frac{2}{3})$

令 $y'' = 0$，得 $x = \frac{2}{3}$.

当 $1 < x \leqslant 2$ 时，$y' = 2(x-1)(x-2) + (x-1)^2 = 3(x-1)(x-\frac{5}{3})$

驻点为 $x_3 = \frac{5}{3}$，$y'' = 6(x - \frac{4}{3})$.

令 $y'' = 0$，得 $x = \frac{4}{3}$.

由函数 y 的驻点分割定义域，得到下表：

x	$\left[0,\frac{1}{3}\right)$	$\frac{1}{3}$	$(\frac{1}{3},1)$	1	$(1,\frac{5}{3})$	$\frac{5}{3}$	$\left(\frac{5}{3},2\right]$
y'	+	0	−	。	−	0	+
y	↗	极大值	↘	非极值	↘	极小值	↗

由使得 $y'' = 0$ 的点分割定义域，得到下表：

x	$\left[0,\frac{2}{3}\right)$	$\frac{2}{3}$	$(\frac{2}{3},1)$	1	$(1,\frac{4}{3})$	$\frac{4}{3}$	$\left(\frac{4}{3},2\right]$
y''	−	0	+		−	0	+
y	∩	拐点	∪	拐点	∩	拐点	∪

由表可知 y 的极值点有 2 个，拐点有 3 个. 故选 A.

18. 答案：C

解析：如图，$r^2 = 5^2 - h^2 = 25 - h^2$

$V = \frac{1}{3}\pi r^2 h = \frac{1}{3}\pi(25 - h^2)h \quad (0 < h < 5)$

$V' = \frac{1}{3}\pi(25 - 3h^2)$

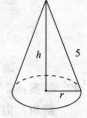

令 $V' = 0$，得 $h = \frac{5}{\sqrt{3}}$，$V''|_{h=\frac{5}{\sqrt{3}}} = \frac{1}{3}\pi(-6h)|_{h=\frac{5}{\sqrt{3}}} < 0$

所以 $h = \frac{5}{\sqrt{3}}$，$r = \sqrt{25 - h^2} = \frac{5\sqrt{2}}{\sqrt{3}}$；此时，$\frac{r}{h} = \frac{\frac{5\sqrt{2}}{\sqrt{3}}}{\frac{5}{\sqrt{3}}} = \sqrt{2}$. 故选 C.

19. 答案：B

解析：设 $F(x) = \int_0^x \sqrt{4a^2 - t^2}\,\mathrm{d}t + \int_a^x \dfrac{1}{\sqrt{4a^2 - t^2}}\,\mathrm{d}t$

$$F(0) = 0 + \int_a^0 \frac{1}{\sqrt{4a^2 - t^2}}\,\mathrm{d}t = -\int_0^a \frac{1}{\sqrt{4a^2 - t^2}}\,\mathrm{d}t < 0$$

$$F(a) = \int_0^a \sqrt{4a^2 - t^2}\,\mathrm{d}t + 0 = \int_0^a \sqrt{4a^2 - t^2}\,\mathrm{d}t > 0$$

故由零点定理存在 ξ，使 $F(\xi) = 0$，即原方程至少有一个根.

又由于 $F'(x) = \sqrt{4a^2 - x^2} + \dfrac{1}{\sqrt{4a^2 - x^2}} > 0.$

故 $F(x)$ 在 $[0, a]$ 严格增加，故 $F(x) = 0$ 在 $[0, a]$ 上最多有一实根.

综上所述，$F(x) = 0$ 在 $[0, a]$ 上有且仅有一个实根. 故选 B.

20. 答案：A

解析：由图可知，当 $0 \leqslant t \leqslant 2$ 时，$P = f(t)$ 为凸曲线，$f'(t)$ 单调减小，即增长速度越来越慢. 当 $5 \leqslant t \leqslant 10$ 时，$P = f(t)$ 为凹曲线，$f'(t)$ 单调增加，即增长速度越来越快. 故选 A.

21. 答案：B

解析：由图可知 $g(x) = 3x + 1$，

$$f(x) = \begin{cases} x & 0 \leqslant x \leqslant 1 \\ -x + 2 & 1 \leqslant x \leqslant 2 \\ x - 2 & 2 \leqslant x \leqslant 3 \\ -x + 4 & 3 \leqslant x \leqslant 4 \\ x - 4 & 4 \leqslant x \leqslant 5 \\ -x + 6 & 5 \leqslant x \leqslant 6 \\ x - 6 & 6 \leqslant x \leqslant 7 \end{cases}$$

所以 $\displaystyle\int_0^2 f(g(x))\,\mathrm{d}x = \int_0^{\frac{1}{3}} (-3x + 1)\,\mathrm{d}x + \int_{\frac{1}{3}}^{\frac{2}{3}} (3x - 1)\,\mathrm{d}x + \int_{\frac{2}{3}}^{1} (-3x + 3)\,\mathrm{d}x$

$\qquad + \displaystyle\int_1^{\frac{4}{3}} (3x - 3)\,\mathrm{d}x + \int_{\frac{4}{3}}^{\frac{5}{3}} (-3x + 5)\,\mathrm{d}x + \int_{\frac{5}{3}}^{2} (3x - 5)\,\mathrm{d}x = 1.$

故选 B.

22. 答案：C

解析：由 $AQ + E = A^2 + Q$ 得：$Q = (A - E)^{-1}(A^2 - E)$（$(A - E)^{-1}$ 存在）

将 A、E 代入上式得：$Q = \begin{pmatrix} 0 & 0 & 1 \\ 0 & 1 & 0 \\ 1 & 0 & 0 \end{pmatrix} \begin{pmatrix} 1 & 0 & 2 \\ 0 & 3 & 0 \\ 2 & 0 & 1 \end{pmatrix}$

计算可得 Q 的第一行的行向量为 $(2 \quad 0 \quad 1)$. 故选 C.

23. 答案：D

解析：因为 $r(A) = 1$，故由 η_1, η_2, η_3 构成的矩阵的秩应不超过 2.

$$\begin{bmatrix} -1 & 2 & 5 \\ 3 & -1 & 0 \\ 0 & 1 & k \end{bmatrix} \rightarrow \begin{bmatrix} -1 & 2 & 5 \\ 0 & 5 & 15 \\ 0 & 1 & k \end{bmatrix} \rightarrow \begin{bmatrix} -1 & 2 & 5 \\ 0 & 1 & 3 \\ 0 & 0 & k-3 \end{bmatrix}$$

所以 $k - 3 = 0$，即 $k = 3$. 故选 D.

24. 答案：C

解析：对于本题可以举例说明，

若 $k = 1$，因为 $-(\alpha + \beta) + (\beta + \gamma) + (\alpha - \gamma) = 0$

所以 $\alpha + k\beta$、$\beta + k\gamma$、$\alpha - \gamma$ 线性相关，

故若 $\alpha + k\beta$、$\beta + k\gamma$、$\alpha - \gamma$ 线性无关则必有 $k \neq 1$.

即 $k \neq 1$ 是上述向量组线性无关的必要条件.

若 $k = -1$，则因 $(\alpha - \beta) + (\beta - \gamma) - (\alpha - \gamma) = 0$，

所以 $\alpha + k\beta$、$\beta + k\gamma$、$\alpha - \gamma$ 线性相关，故 $k \neq 1$ 不是 $\alpha + k\beta$、$\beta + k\gamma$、$\alpha - \gamma$ 线性无关的充分条件. 故选 C.

25. 答案：B

解析：由 $|\lambda E - A| = 0$ 得，$(\lambda - 2)(\lambda^2 - \lambda x - 1) = 0$

由 $|\lambda E - B| = 0$ 得，$(\lambda - 2)(\lambda - y)(\lambda + 1) = 0$

因为 A、B 的特征值对应相等，即 $\lambda^2 - \lambda x - 1 = 0$ 与 $(\lambda - y)(\lambda + 1) = 0$ 同解.

所以 $x = 0$，$y = 1$. 故选 B.

第三部分　逻辑推理能力测试

1. 答案：A

解析：题干认为，沙尘暴是由于草原退化、沙化引起的。沙尘暴是天灾，因此不可避免。选项 A 通过年代对比说明草原确实退化了。这一事实不仅不质疑，反而支持题干的观点，因此正确答案是 A。

选项 B 和 C 都举出具体实例说明草原退化是可以避免的，因此能够对题干的观点提出质疑。

选项 D 认为沙尘暴的原因是人祸，暗示了不是天灾，因此也能够对题干的观点提出质疑。

2. 答案：C

解析：因为题干中说"在很多时候"，不开出许多空头支票，就无法迎合选民，并不是"所有时候"，因此选 C，"很可能"向选民开出了许多空头支票，而不是选 A "肯定"向选民开出了许多空头支票。

3. 答案：B

解析：选项 B 不可能假。因为根据 p（q =（p（q，选项 B：

或者高层管理人员本人参与薪酬政策的制定，或者公司最后确定的薪酬政策不会成功。

在逻辑上等值于

如果高层管理人员本人不参与薪酬政策的制定，公司最后确定的薪酬政策就不会成功。而后者正是题干中的第一句话。

选项 D 可能假。它与题干第二句话的差别在于缺少"另外"二字，即缺少高层管理人员本人参与薪酬政策制定的前提。

选项 A 可能假。因为题干的陈述没有涉及选项 A 的内容。

选项 C 可能假。因为关于"高层管理人员本人参与薪酬政策的制定"和"公司最后确定的薪酬政策会成功"二者之间的关系，题干陈述的是前者是后者的必要条件，而选项 C 却陈述成了充分条件。

4. 答案：A

　　解析：根据题干已知：

　　（1）¬ 加入欧盟→¬ 合作

　　（2）加入欧盟→带来问题

　　下面是推理过程：

　　（3）¬ 合作 ∨ 带来问题 （（1）（2）二难推理）

　　（4）¬（合作 ∧ ¬ 带来问题） （（3）德摩根律）

　　由（4）可知选项 A 是正确答案。

选项 C 不正确。因为从上述推理步骤（3）可知，从题干只能推出"欧盟或者不能得到土耳其的全面合作，或者土耳其加入欧盟会带来麻烦"，而不能推出"欧盟或者得到土耳其的全面合作，或者完全避免土耳其加入欧盟而带来的麻烦"。

5. 答案：C

　　解析：题干中统计推理的谬误在于，把这 134 名在职人员死亡的平均年龄，当做是中关村所有知识分子的平均死亡年龄。这显然是以偏概全。选项 C 用类似的例子揭示了题干中统计推理存在的谬误，所以是正确答案。

6. 答案：C

　　解析：根据题干的陈述，如果高级经理人在报酬上的差距较小，那么它激励的是部门之间的合作和集体的表现。既然 3M 公司各个部门之间是以合作的方式工作的，那就表明 3M 公司的高级经理人在报酬上的差距较小。所以，选项 C 作为上述论证的结论最为恰当。

7. 答案：A

　　解析：直接对题干进行概括就可得出选项 A 的结论。

选项 B 不合适。因为题干的论述想表达的思想是，引进国外的物种是有风险的，弄不好会造成灾难性后果。所以，选项 B 并不是题干想要得出的结论。

8. 答案：D

　　解析：已知：

　　（1）G ∨ J

　　（2）（¬ E ∨ ¬ F）→¬ G

(3) ¬ E→¬ H

(4) I←J

(5) ¬ I

从上述前提可推出：

(6) ¬ J （（4）（5）假言推理）

(7) G （（1）（6）选言推理）

(8) ¬（¬ E∨¬ F）（（2）（7）假言推理）

(9) E∧F （（8）德摩根律）

(10) E （（9）联言推理）

(11) F （（9）联言推理）

由（7）和（11）可知，选项 D 是正确的。

9. 答案：D

解析：题干的问题是，要求对统计数据与百姓感受之间的差距作出解释。而选项 D 描述的是高收入群体对物价上涨的感觉，显然不可能用它来解释统计数据与百姓感受之间的差距。

10. 答案：B

解析：根据题干中关于肥胖儿的标准可以认定，北京城区平均每 100 个儿童中必定有 15 个肥胖儿和 85 个不肥胖儿，即：肥胖儿/不肥胖儿 = 15/85。于是，从 10 年来北京城区肥胖儿数量一直在持续上升（分子增大），一定能推出 10 年来北京城区的不肥胖儿的数量也在持续上升（分母必须增大）。所以正确答案是 B。

选项 A 和 D 从题干中都得不出来。因为题干中没有相关方面的信息。

11. 答案：D

解析：问题涉及两个因素，一是桥，二是船。题干中专家的观点是桥有问题，因此要重建桥。现在选项 D 提出，可以不动桥而去解决船的问题。这样就对专家的观点提出了严重质疑。

选项 A 和 C 都是支持专家的观点的。

选项 B 也能质疑专家的观点。不过，由于选项 B 只提供了停泊在南京大桥下游的港口的船舶的比例方面的数据，而没有提供具体数量方面的数据，所以拆除南京大桥是否值得并不明确。因此，选项 B 并不正确。

12. 答案：C

解析：画图：

可以直观地看出，如果选项 C 是真的，则说明题干推理的前提"所有的理发师都是北方人"是假的。

13. 答案：C

解析：根据题干的论述，在文化轴心时期，每一个文化区有它的中坚思想。中国的中坚思想是儒、道、墨兼而有之。因此很明显，题干的论证假设了中国是文化轴心时期的文化区之一。

14. 答案：B

解析：选项 B 说明农村低保每年需要的资金占我国财政总收入的比例很小。因此，国家财力应该可以负担得起。这就极大地支持了题干中经济学家的断言。

选项 C 不能支持题干中经济学家的断言。因为相对于国家财力而言，题干中并没有提供相应的信息来判断修建三峡工程所用的 2000 亿元资金究竟是多还是少。

15. 答案：C

解析：选项 C 不支持题干的观点。因为经济适用房的价格对于有些社会弱势群体来说仍然太高与房价是否会继续上涨并没有直接的关系。

16. 答案：D

解析：题干中评论者对马尔克斯获得诺贝尔文学奖后还能写出新的好作品的吃惊态度表明，他认为作者在获得诺贝尔文学奖后，一般都不再能写出好作品了。所以，选项 D 是题干评论所依赖的假设。

17. 答案：A

解析：题干中李明的观点是，川剧变脸艺术对外开放并没有什么不好。

选项 A 的论述与李明的观点是一致的，所以能够支持李明的观点。

选项 B 有些离题。因为川剧的情况毕竟与京剧是有区别的，有利于京剧发展的做法未必也有利于川剧。

选项 C 和 D 的论述明显不利于李明的观点。

18. 答案：B

解析：硬币本身不会有记忆力，它不会记住前面已抛掷过的结果。因此，每一次抛掷都是独立事件，后面的抛掷并不受前面的抛掷的影响。

19. 答案：D

解析：如果选项 D 的陈述为真，则表明在刑法中，只要有作案动机而不论作案成功与否都应受到惩罚。而在民法中，一个蓄意诈骗而没有成功的人并没有给别人造成实际的伤害。既然没有受害者，补偿也就无从说起。这样，选项 D 便严重地削弱了题干议论中的看法。

20. 答案：D

解析：选项 D 基本上不构成对题干中的观点的质疑。因为矿工的家人靠矿工养活而且希望矿工安全回家很难说和矿难有什么直接的关系。

选项 A、B 和 C 都揭示了矿难产生的深层次原因，而这些都是题干的论述所忽视了的，所以都能对题干中的观点构成质疑。

21. 答案：C

    解析：设甲没说谎，则可推出乙说谎。从乙说谎可推出丙没说谎。从丙没说谎可推出甲和乙都说谎。于是进一步推出甲说谎。但是，这个结论和最初假设甲没说谎是矛盾的。所以最初假设甲没说谎不成立，即甲说谎。

    从甲说谎可推出乙没说谎。从乙没说谎可推出丙说谎。由于甲和丙都说谎，所以正确答案是 C。

22. 答案：B

    解析：只需看四个选项中，哪一项表明人事部门起的作用大，哪一项就是正确答案。相比较而言，由于选项 B 描述的人事部门起的作用最大，所以正确答案应该是 B。毕竟，人才是公司生存和发展的关键。而人事部门能为公司留住有才能的人，就是对公司的最大贡献。

    选项 A 指出人事部门有雇用中层管理者的决策权。但是这种决策权能对公司的发展起多大作用，似乎不是很清楚。

    选项 D 只是一个个案，未必具有普遍性，因此说服力有限。

23. 答案：B

    解析：如果选项 B 为真，则说明对新病毒的认识可以从已知病毒中获得。这就为人们研制主动防御新病毒的反病毒工具提供了理论上的可能性。因而也就削弱了题干的论述。

24. 答案：D

    解析：显然，进行亲子鉴定的费用的高低与鉴定的结果是否可靠并没有太大的关系，当然也就谈不上对题干中建立在亲子鉴定基础上的统计推断的可靠性进行质疑。

25. 答案：C

    解析：题干论证的结论是，我们不仅要持续推进经济体制改革，而且要加速推进政治体制改革。选项 C 指出了政治体制改革的必要性，所以在很大程度上支持了题干的论证。

    选项 A 指出我国的经济体制和政治体制还存在很多严重的弊端，暗示了应该进行改革。但是它不能说明题干的论证为什么更强调政治体制改革。

26. 答案：A

    解析：如果选项 A 为真，那么就可以说明，出租车司机反对出租车价上涨是因为涨价会导致乘客人数减少，而乘客人数减少便意味着出租车司机收入的减少。但是反对涨价并不意味着他们愿意降低收入，因为出租车司机希望减少向出租车公司交纳的月租金，以便将油价上涨的部分成本转移给出租车公司。这样便很好地解释了题干中北京出租车司机的这种看似矛盾的态度。

27. 答案：B

    解析：如果造成看病贵、看病难最根本的原因是医疗体制方面的问题，则迅速推进医疗体制改革就是必要的。反之，如果造成看病贵、看病难最根本的原因不是医疗体制方面的问题，则倡导推进医疗体制改革就不一定合适了。

28. 答案：C

解析：题干中的推理的特征是左右为难。由于选项C也是如此，所以正确答案是选项C。

29. 答案：A

解析：直接对题干进行概括，即可看出只有选项A最合适。

30. 答案：D

解析：从逻辑上说，"战胜"作为一种关系并不具有传递性。所以，尽管甲战胜了乙，乙又战胜了丙，但甲能否战胜丙仍然是无法预测的。由此可见，选项D对比赛结果的预测是最安全的。

31. 答案：C

解析：选项A不成立。因为它违反了条件（2）。

选项B不成立。因为它违反了条件（3）。

选项D不成立。因为它违反了条件（1）

排除掉选项A、B和D，所以正确答案是C。

32. 答案：A

解析：假如G与I相邻并且在I的北边，则根据条件（2）可推出G、I、E相邻，并且由北向南的顺序是：G、I、E。

根据条件（1）和（3）可推出G在F、H的北边。因此，进一步可推出G、I、E在F、H的北边。即五个岛屿由北向南的顺序是：G、I、E、F、H。因此，正确答案是A。

33. 答案：B

解析：假如I在G北边的某个位置，则根据条件（2）可推出I、E都在G北边的某个位置。另外，根据条件（1）和（3）可推出G在F、H北边。所以，I、E、G都在F、H北边。可见正确答案是B。

34. 答案：C

解析：假设发现G是最北边的岛屿，根据条件（1）和（2）已知F、H和I、E是两组相邻的岛屿，并且F、H这一组岛屿的顺序不能改变。由于这两组岛屿的顺序不受限制，于是当F、H在I、E的北边时，由于I、E可互换位置，所以岛屿有2种可能的排列顺序；当I、E在F、H的北边时，仍然由于I、E可互换位置，所以岛屿又产生2种可能的排列顺序。因此，假设发现G是最北边的岛屿，该组岛屿一共有4种可能的排列顺序。可见选项C是正确答案。

35. 答案：D

解析：假如G和E相邻，则根据条件（2）可推出G、I、E相邻。根据条件（1）和（3）可推出G在F、H的北边。这样，进一步可以推出G、I、E在F、H的北边。所以，I必然在F的北边。可见正确答案是D。

36. 答案：B

解析：既然医学检查已经排除了喝啤酒与青少年的肝功能退化是碰巧发生的可能性，自然可以得出喝酒与青少年的肝功能退化呈显著的相关性的结论。

37. 答案：B

解析：相比较而言，选项 B 能够较好地解释题干中矛盾的现象。因为如果选项 B 为真，则说明我国国民图书阅读率下降的一个重要原因是被网上图书阅读所代替。因此，图书阅读率下降和社会大众学习热情持续高涨并不矛盾。

38. 答案：D

解析：选项 D 指出，可以用人所共有的、普遍的道德良知去判断对与错。这就说明我们可以评价一些规定的对与错。题干中的论证因此而得到了支持。

39. 答案：D

解析：题干中一位经济学家提出把污染型工业从发达国家转移到发展中国家，认为这样做双方都可以受益。因此很明显，这种观点要成立，必须假设这种转移是发展中国家愿意接受的，而愿意接受的原因就是因为有利可图。逐一考察四个选项，可以看到只有选项 D 表明这种转移能给发展中国家带来好处，所以正确答案是 D。否则，如果污染型工业在发展中国家不能比在发达国家产生更多的利润，则这种转移就是不能实现的。这显然不是题干中经济学家的论述的应有之意。

40. 答案：C

解析：不识庐山真面目，只缘身在此山中。说明一个国家的人民只因身处自己的国家中，因此不能了解自己国家的真实情况。这种看法明显与题干的观点不一致，所以不支持题干的论证。

选项 A 不正确。因为美国对伊拉克的入侵和干涉虽然对美国人自己也造成了重大灾难，但从某种意义上讲，这种入侵和干涉仍然是由美国人自己决定的。

41. 答案：A

解析：选项 A 不对题干的观点提出质疑。因为今年重庆、四川的高温天气是 50 年来最严重的与三峡水库的建成之间的关系并不明显，所以无法将前者发生的原因归结于后者。

选项 B、C 和 D 都提出了某种与三峡水库的建成不相干的原因来说明今年重庆、四川的高温天气何以会产生，所以都能对题干的观点提出质疑。

42. 答案：B

解析：请注意题干第一句话里面的"通常"二字。既然是"通常"，则说明可能有例外。另外，由于题干中的推理是有效的，所以可以推出选项 B 的结论。

43. 答案：B

解析：题干的陈述表明，碳元素是恒星的产物。也即先有恒星，后有碳。因此，根据题干提供的信息可形成如下推理：

碳元素是在恒星的核反应中产生的。

一个最近发现的星云中含有碳，当时宇宙的年龄不超过 15 亿年。

所以，有些恒星形成于宇宙年龄不到 15 亿年时。

44. 答案：C

解析：赞成死刑的人给出了两条理由：一是对死的畏惧能阻止犯罪，二是死刑省钱。

但是题干中反对死刑的论证只否定了赞成一方的第二个理由，而忽视了第一个理由。所以，它不是一个好的论证。

45. 答案：A

解析：题干所论述的原则是，如果能认识自己的弱点，就能更好地发展。因此，选项 A 最符合题干的原则。

46. 答案：D

解析：选项 A 不成立。因为它违反条件（3）。

选项 B 不成立。因为它违反条件（4）。

选项 C 不成立。因为它违反条件（1）。

所以正确答案是 D。

47. 答案：D

解析：根据条件（2）和（4），可推出 G 不可能分配到生产部。

其他人分配到生产部都是可能的。所以正确答案是 D。

48. 答案：C

解析：如果 I 和 W 分配到销售部，则根据条件（1）可推出 H 和 Y 必须分配到生产部；根据条件（4）可知 F 只能分配到生产部。这样，生产部的名额已满。

根据条件（3），从 W 没有分配到生产部可推出 X 不能分配到销售部。所以，X 只能分配到公关部。这样，公关部的名额已满。

由于生产部和销售部都已满员，所以最后一名雇员 G 只能分配到销售部。这样，三个部的人员分配情况如下：

公关部：X

生产部：H、Y、F

销售部：I、W、G

所以选项 C 是正确的。

49. 答案：B

解析：如果 G 和 X 分配到销售部，则根据条件（3），从 X 分配到销售部可推出 W 分配到生产部。另外，根据条件（1）可推出 H 和 Y 必须分配到生产部；再根据条件（4）可知 F 也必须到生产部。可是这样一来，分配到生产部的就多于三人了。所以，G 和 X 不可能都分配到生产部。

50. 答案：B

解析：如果 X 和 F 被分配到同一部门，根据条件（4）可推出 X 和 F 被分配到生产部。于是，根据条件（1）可推出 H 和 Y 被分配到销售部。因此，H 不可能被分配到生产部门。

第四部分　外语运用能力测试（英语）

Part One　Vocabulary and Structure

1. 答案：A

解析：植物、动物和人都需要水来维持生命。stay alive "生存"，是一个常用搭配。

2. 答案：C

   解析：现在把运动视为一种娱乐产业是很普遍的想法。本题的关键词是时间状语 "now"，因此应该用现在时。

3. 答案：B

   解析：气候在缓慢地逐年发生变化。take place 发生；make progress 前进，进步；keep pace 跟上，不落后；与……同步；set sail 扬帆，启航。根据句意可知，答案为 B。

4. 答案：A

   解析：科学家们可以预测在哪个地区最有可能发现新的物种。本题考查定语从句的用法，定语从句中关系词的选择取决于该词在从句中的句法作用。该定语从句既不缺主语，也不缺宾语，故需要关系副词，且先行词为 "regions"，所以要选择 where 来修饰，在从句中做状语。

5. 答案：D

   解析：在写私人信件的时候需要使用朴素自然的语言。plain *adj.* 简单的，明白的，朴素的；formal *adj.* 正式的，合礼仪的，合形式的，例如：a formal document 正式文件；political *adj.* 政治的，行政上的；magic *adj.* 魔术的，有魔力的，不可思议的。

6. 答案：C

   解析：如今收音机很少会被维修或者受到技师的重视。本题考查情态动词 need 的用法，因为主语为 "radio"，所以要使用被动语态，这里 need doing = need to be done。

7. 答案：C

   解析：在学校董事会议上发生争吵事件是很令人遗憾的。本题考查 there to be 句型。

8. 答案：C

   解析：魔术师巧妙地运用科学技术和艺术技巧来麻痹人们的思维和视觉。cleverly *adv.* 聪明地，灵活地；generously *adv.* 宽大地；genetically *adv.* 遗传地，基因上地；subsequently *adv.* 后来，随后。根据句意，应选 C。

9. 答案：C

   解析：为了能更好地观赏悉尼港，最好乘坐一架悉尼海上飞机飞越该港和邦迪海滩。根据句意可排除 B 项，above 指 "在……不垂直的上方"；如：We were flying above the clouds. 我们在云层上飞行。over 指 "在……垂直的上方"；across 指 "横过，在……对面"。

10. 答案：B

    解析：巧克力生产商们把多种豆子混合在一起，根据需求生产出风味和颜色不同的成品。flavor *n.* 风味，滋味；shape *n.* 外形，形状，形态，（尤指女子的）体形，身段，形式；function *n.* 官能，功能，作用；brand *n.* 商标，牌子，烙印。

Part Two   Reading Comprehension

11. 答案：D

    解析：推理题。从第一段我们可能判断不出答案，但从下文中几个关键句子 "They

can continue studying Chinese in middle and high schools." "About 24,000 American students are currently learning Chinese." 可知正确答案是 D。A、B、C 选项是 D 项的具体方法。

12. 答案：C
解析：细节题。答案在文中第二段 "The goal: to speak like natives."

13. 答案：D
解析：细节题。在原文的第三段 "But the number of younger students is growing in response to China's emergence as a global superpower." 可找到答案。

14. 答案：A
解析：细节题。文中第四段已经直接给出了答案 "Children who learn Chinese at a young age will have more opportunities for jobs in the future."

15. 答案：B
解析：细节题。见原文的最后一段 "She thinks learning Chinese is fun."

16. 答案：A
解析：细节题。从原文第一段 "'And this time,' according to a NASA press release, 'we're going to stay.'" 判断出来。

17. 答案：C
解析：细节题。见原文第二段 "NASA wants to make a new spaceship for the missions using parts from the Apollo program, which first took people to the moon in 1969, and the space shuttle."

18. 答案：A
解析：细节题。根据文中第三段第二句话 "The plan is to have the CEV dock（对接）in space with the lunar lander — the vehicle astronauts will use to land on the moon — which will be launched separately into space." 可得出答案。B、D 两项断章取义，C 项与原文相悖。

19. 答案：D
解析：细节题。答案在文中最后一段 "Exploration and construction of a moon base will be the astronauts' top priorities（最优先考虑的事）."

20. 答案：B
解析：细节题。原文最后一段指出 "NASA hopes to have a minimum of two moon missions a year starting in 2018. This will allow for quick moon base construction, constant scientific study, and training for future missions to Mars." 故答案是 B。A 的前半部分文中未提，C、D 不完整。

21. 答案：A
解析：细节题。文中第一段说到 "Now, people around the world can hear some of the former slaves' stories for the first time ever, as told in their own voices." 由此可知，正确答案为 A。

22. 答案：C

解析：细节题。可从文中第三段第一句话"The Library of Congress released the collection of recordings, *Voices from the Days of Slavery*, in January."得出答案。

23. 答案：C

解析：细节题。见原文第三段"The recordings were made between 1932 and 1975."

24. 答案：D

解析：细节题。文中第三段已经指出"Speaking at least 60 years after their emancipation （解放），the storytellers discuss their experiences as slaves. They also tell about their lives as free men and women."因此选择选项 D。

25. 答案：B

解析：细节题。原文最后一段 Michael Taft 说到"the recordings reveal something that written stories cannot." "It's how something is said — the dialect, the low pitches, the pauses — that helps tell the story."

26. 答案：A

解析：文中明确给出"Recipient will be selected on the basis of submitted papers which must be received along with completed application forms no later than November 30, 2006."

27. 答案：C

解析：原文指出申请者可致信 Loma Linda University SD，由此可判断题中号码应为邮政编码。A 项"传真号"；B 项"电话号码"；D 项"街牌号"都不正确。

28. 答案：D

解析：文中 1、2、3 条对应 A、B、C 项，只有 D 项没有提及。

29. 答案：B

解析：选项 B 包含其他几项，最为恰当。

30. 答案：B

解析：推断题。根据原文"Recipient will be selected on the basis of submitted papers..."可判断答案为 B。

Part Three   Cloze

31. 答案：D

解析：collect *v.* 收集，聚集，集中，搜集；neglect *vt.* 忽视，疏忽；arrange *v.* 安排，排列，协商；read *v.* 读，阅读，理解，学习。句意为"人们收集各种各样的亲笔签名。"故答案为 D。

32. 答案：B

解析：句中所提到的独立宣言的签署，总统大选和太空计划都是事件，因此空中要填 B 项"events *n.* 事件"。

33. 答案：A

解析：此句为陈述句且主语"collectors"是复数，可排除 B、C 两项，又因为是泛指，故答案是 A。

34. 答案：A

解析：句意为"收集者们也会亲自或者通过信件来索取名人的亲笔签名。"根据语境，应选择 A。

35. 答案：C

解析：此句是说大部分初级的签名收集者不会辨别签名的真伪，因此最符合句意的是 C。

36. 答案：D

解析：genuine 前文已出现过，此题很好理解。

37. 答案：B

解析：句意为"一些人向那些求取其签名的收集者们发送批量生产的信件和签名照片。"根据句意应选择"request"，其他搭配都不恰当。

38. 答案：B

解析：前文提到许多名人用一种叫做签名笔的机器来签名，因此选项 B 是正确的。

39. 答案：D

解析：identical *adj.* 同一的，同样的。本句是说所有用自动笔的签名都是一模一样的笔迹，而没有哪两个手写的笔迹是完全相同的。

40. 答案：C

解析：exactly *adv.* 正确地，严密地；fluently *adv.* 流利地，通畅地；initially *adv.* 最初，开头；conveniently *adv.* 便利地。

Part Four   Dialogue Completion

41. 答案：C

解析：此题属于日常见面问候语，大家应该很熟悉，因此很容易能选出答案。

42. 答案：D

解析：本题中 Jill 问 Jane 是否有时间谈话，根据 Jane 的后半句回答，选择 D 项最为恰当。

43. 答案：A

解析：这是售货员和顾客间的一组对话，后半部分售货员说"好的，您请自便"，根据语境判断，A "我只是随便看看"是正确的回答。

44. 答案：A

解析：此题可运用排除法，最得体的回答应为 A。

45. 答案：B

解析：对话中 John 问 Harry 在做什么，根据语境应选择 B 项。

46. 答案：C

解析：C 项意为"我不能这么做"，对话中 Bill 说他不得不去看望医院中的外婆，故答案是 C。

47. 答案：C

解析：这是收银员与 Nancy 之间的一组对话，根据收银员的回答，最为恰当的答案是 C。

2006 年 GCT 入学资格考试真题参考答案与解析

48. 答案：B

    解析：Friend B 说"谢谢，但是不是该轮到我请你了"，根据语境判断，Friend A 应说
    "我请客"，故选择 B。

49. 答案：A

    解析：本题是女乘务员与乘客间的一组对话。女乘务员："请把您的座位调好，过会儿
    我们将提供正餐。"乘客："我想调好，但座椅好像出了什么问题。"根据语境，
    应选 A。

50. 答案：C

    解析：B 项可译为"有你的陪伴我也很高兴"，其他三项都不符合语境。

2007 年在职攻读硕士学位全国联考研究生入学资格考试试卷

参考答案与解析

第一部分　语言表达能力测试

一、选择题

1. 答案：C
   解析：妄自菲薄，矫揉造作，自顾不暇

2. 答案：C
   解析：颠：上下摇动；扪：摸着；衷：决断

3. 答案：D
   解析：姹紫嫣红形容各种颜色的花卉十分娇艳，红牡丹只有一种颜色；噤若寒蝉指像秋蝉一样不再鸣叫，形容害怕不敢说话，与情况不符；肆无忌惮一词为贬义。

4. 答案：D
   解析：文字中没有顶真的手法，因此排除 A、B，第一句是拟人的手法，因此选 D。

5. 答案：A
   解析：B "不适当" 可以是指根本不管，也可以是指管的方法不得当；C：是老王最关心小李，还是 "他" 最关心老王，下来才是小李？没有表达清楚；D：老王坐出租车是去目的地还是离开了，没有表达清楚。

6. 答案：C
   解析：A："电量" 和 "使用" 搭配不当；B：下降不能说一倍；D：理论上说明，政策上规定，次序不能颠倒。

7. 答案：D
   解析：闲窗锁昼、篆香烧尽、日影下帘钩，与评论的情景心境相符。

8. 答案：D
   解析：古文观止上起于周朝。

9. 答案：A
   解析：应称 "令尊"、"令堂"。

10. 答案：D

11. 答案：B
    解析：《物权法》184 条：耕地、宅基地、自留地、自留山等集体所有的土地使用权不得抵押。

12. 答案：D
    解析：光合作用产生的是主要气体为氧气。

13. 答案：C

解析：确切地说，南极臭氧空洞最为严重的时段在春季的 9—11 月。

14. 答案：D

15. 答案：B

解析：唾液内溶菌酶的杀菌作用是在机体形成的过程中就产生的，属于先天性免疫。

二、填空题

16. 答案：A

17. 答案：A

解析："分辩"为辩解、解释；"各别"为分别；"汇合"可泛指事物合在一起，而"会合"主要指碰面、相见。

18. 答案：C

解析：后句有转折的意味，因此前半句应该是一个涉及富贵的语句。

19. 答案：B

解析：第一空为转折，排除 A、D；第三空是假设，因此选择 B。

20. 答案：B

21. 答案：B

解析：关键在于"鸡犬"的对仗。首先必须是名词，因此有"佛花"和"鱼龙"，而"鸡犬"为动物，因此选择"鱼龙"。

22. 答案：C

解析：《源氏物语》是日本的一部古典文学名著，对于日本文学的发展产生过巨大的影响，被誉为日本文学的高峰。作品的成书年代至今未有确切的说法，一般认为是在公元 1001 年至公元 1008 年间，因此可以说，《源氏物语》是世界上最早的长篇写实小说，在世界文学史上也占有一定的地位。

23. 答案：C

24. 答案：D

25. 答案：C

解析：这句话反映了教与学都可在实践交流的过程中得到完善。

26. 答案：C

解析：人民法院审理离婚案件，应当进行调解；如感情确已破裂，调解无效，应准予离婚。

27. 答案：B

解析：生态系统的主要功能包括物质循环与能量流动，两者同时进行，相互依存，不可分割。

28. 答案：D

29. 答案：C

解析：光的衍射：光绕过障碍物偏离直线传播而进入几何阴影，并在屏幕上出现光强不均匀分布的现象。

30. 答案：A

三、阅读理解

31. 答案：D

32. 答案：D

    解析：二氧化碳吸收的是地面辐射出的长波。

33. 答案：B

    解析：火山爆发只形成大气尘埃的一小部分，阳伞效应主要是人为尘埃造成的。

34. 答案：A

    解析：参考第二段。只要打破力学平衡，就有打破热平衡的可能。

35. 答案：B

36. 答案：C

37. 答案：B

    解析：第一自然段中有大量篇幅对眼睛的描写。

38. 答案：D

39. 答案：C

    解析：喻体为钢丝、峭壁等。

40. 答案：A

    解析：描写中用到了触觉、听觉、视觉、味觉，但是没有嗅觉的描写。

41. 答案：D

42. 答案：C

    解析：语言中有明显的讽刺意味。

43. 答案：D

44. 答案：C

45. 答案：D

46. 答案：D

47. 答案：D

48. 答案：C

    解析：这是对前句的解释说明。

49. 答案：B

50. 答案：A

第二部分　数学基础能力测试

1. 答案：C

   解析：若集合中有 n 个元素，则集合子集的个数为 2^n.

   所以集合 $\{0,1,2,3\}$ 的子集的个数为 $2^4 = 16$.

2. 答案：B

   解析：将分子中相邻的两个数两两结合，结果是一个等差数列，利用求和公式得到分子，即 $1^2 - 2^2 + 3^2 - 4^2 + 5^2 - 6^2 + 7^2 - 8^2 + 9^2 - 10^2 = -3 - 7 - 11 - 15 - 19 =$

$\dfrac{1}{2} \times 5 \times (-3 - 19) = -55$. 分母是一个首项为 $2^0 = 1$，公比为 2 的等比数列，求

得 $\dfrac{1 \times (1 - 2^8)}{1 - 2} = 255$. 题中原等式 $= \dfrac{-55}{255} = -\dfrac{11}{51}$，故正确答案为 B.

3. 答案：B

解析：本题主要查的是比例性质的应用. 由题意，有：$\dfrac{9}{12} = \dfrac{15}{x}$，得 $x = 20$.

4. 答案：D

解析：本题主要考查的是非负性相加知识的应用.

$\because \sqrt{x + y - 2} + |x + 2y| = 0$

$\therefore \begin{cases} x + y - 2 = 0 \\ x + 2y = 0 \end{cases}$

解得 $\begin{cases} x = 4 \\ y = -2 \end{cases}$

5. 答案：B

解析：设甲出发后 x 分钟可以追上乙，由题意，知：$v_乙(x + 5) = v_甲 x$

因为 $v_乙 : v_甲 = 3 : 4$，所以有 $3(x + 5) = 4x$，即 $x = 15$.

6. 答案：A

解析：由题意知，倾斜放置和垂直放置的细搅棒所在平面正好将量杯分成相等的两部

分，量杯的高 $h = 12 - 4 = 8$，$l = 12 - 2 = 10$，则量杯的底面圆直径 $2r = \sqrt{l^2 - h^2}$

$= 6$，即 $r = 3$. 量杯的容积为 $V = \pi r^2 h = \pi 3^2 \times 8 = 72\pi$.

7. 答案：C

解析：先将复数 z 进行化简，$z = i + i^2 + i^3 + i^4 + i^5 + i^6 + i^7 = i - 1 - i = -1$

则 $|z + i| = |-1 + i| = \sqrt{(-1)^2 + 1^2} = \sqrt{2}$.

8. 答案：A

解析：令 $CD = 1$，则 $AB = 2CD = 2$

由图知，$BF = \dfrac{2}{\sqrt{3}} \times 2 = \dfrac{4}{\sqrt{3}}$，$BE = \dfrac{BF}{\sqrt{2}} = \dfrac{4}{\sqrt{6}}$，$CE = 2 \times \dfrac{\frac{4}{\sqrt{6}}}{\sqrt{3}} = 2 \times \dfrac{4}{3\sqrt{2}} = \dfrac{4\sqrt{2}}{3}$.

因为 $\tan \angle CDE = \dfrac{CE}{CD}$，所以 $\tan \angle CDE = \dfrac{4\sqrt{2}}{3}$.

9. 答案：C

解析：先对 $\dfrac{b^2}{a} + \dfrac{a^2}{b}$ 进行通分：$\dfrac{b^2}{a} + \dfrac{a^2}{b} = \dfrac{a^3 + b^3}{ab} = \dfrac{(a + b)^3 - 3ab(a + b)}{ab}$

因为 a、b 满足 $x^2 - 3x = 1$，所以 $a + b = 3$，$a \cdot b = -1$

所以 $\dfrac{b^2}{a} + \dfrac{a^2}{b} = -36$.

10. 答案：D

解析：解法一：设事件 A 为"1 个报警器发出的信号"，事件 B 为"另一个报警器发出的信号"，则 $P(A) = 0.95, P(B) = 0.92$. 事件 A、B 至少有一个发生的对立事件为两个均不发生，此事件的概率为：$1 - [1 - P(A)][1 - P(B)] = 1 - (1 - 0.95)(1 - 0.92) = 0.996$.

解法二：$P(A) = 0.95, P(B) = 0.92$

$P(A + B) = P(A) + P(B) - P(A)P(B) = 0.95 + 0.92 - 0.95 \times 0.92 = 0.996$.

11. 答案：A

解析：解法一：令 $x = 0$，则 $-\dfrac{1}{2} = m + \dfrac{n}{2}$，即 $2m + n = -1$.

所以选择 A.

解法二：先将 $\dfrac{m}{x+1} + \dfrac{n}{x+2}$ 通分.

即 $\dfrac{m}{x+1} + \dfrac{n}{x+2} = \dfrac{m(x+2) + n(x+1)}{(x+1)(x+2)} = \dfrac{(m+n)x + (2m+n)}{(x+1)(x+2)}$

所以 $\begin{cases} m + n = 1 \\ 2m + n = -1 \end{cases} \Rightarrow \begin{cases} m = -2 \\ n = 3 \end{cases}$.

12. 答案：B

解析：48 支足球队等分为 8 组，则每组 6 支球队。要求每组中的各队之间都要比赛一场，那么就是 6 支球队中任取 2 支的组合，共有 C_6^2 场比赛，即 15 场比赛。每组要比赛 15 场，共有 8 组，则初赛的场次共有 $8 \times 15 = 120$ 场.

13. 答案：B

解析：如图所示

取临界状态，正好经过点 C，即 $CD = DB$

在 $\triangle ABC$ 中，因为 $\angle A : \angle B : \angle C = 3 : 2 : 7$，所以 $\angle A = 45°$，$\angle B = 30°$，$\angle C = 105°$

又因为 $\angle ADE = 60°$，所以 $\angle ACD = 75° > \angle A = 45°$，所以 $AD > CD = DB$.

说明 D 不是 AB 的中点. 所以 D 应向左平移，即 E 点落在 AC 上. 故选择 B.

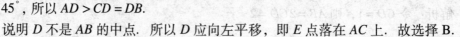

14. 答案：D

解析：观察两种运算不难发现，$a \times b$ 的结果是 a 与 b 中的较大者，$a \otimes b$ 的结果则取较小者，则算式 $(5 \oplus 7) \otimes 5 = 5$，$(5 \otimes 7) \oplus 7 = 7$. 故正确答案为 D.

15. 答案：C

解析：圆的方程可化为：$(x-3)^2 + (y-4)^2 = 2^2$，即圆心为 $O'(3,4)$，半径为 2，整个圆处于第一象限.

直线 $y = kx$ 与圆相切时，$\dfrac{y}{x}$ 取得最大值和最小值，

如图所示，上下切点即为 P 和 Q. 连接 $O'P$，$O'Q$，PQ 和 OO'. 根据圆的切线的性质，$O'P = O'Q = 2$，$\angle OPO' = \angle OQO' = 90°$，则 $\triangle OPO' \cong \triangle OQO'$，

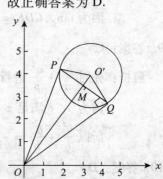

OO' 平分 $\angle PO'Q$，$OO' \perp PQ$ 且平分 PQ 于 M. $OO' = \sqrt{3^2 + 4^2} = 5$. 则在 $Rt\triangle OO'Q$ 中，$OQ = \sqrt{5^2 - 2^2} = \sqrt{21}$，$\sin\angle OO'Q = \dfrac{\sqrt{21}}{5}$.

在 $Rt\triangle O'MQ$ 中，$MQ = \dfrac{1}{2}PQ = O'Q \cdot \sin\angle OO'Q = 2 \times \dfrac{\sqrt{21}}{5} = \dfrac{2\sqrt{21}}{5}$，$PQ = 2 \times \dfrac{2\sqrt{21}}{5} = \dfrac{4\sqrt{21}}{5}$. 所以正确答案为 C.

16. 答案：C

解析：根据极限的定义可知，某一点的极限是否存在与该点有无函数无关，因此可排除 A、B 两项；$f(x) = 4$ 也满足题意，故可排除 D. 对于 C 选项，因 $\lim\limits_{x\to 1}f(x) = 4$，则 $\lim\limits_{x\to 1}[f(x) - 2] = 4 - 2 = 2 > 0$，故有在 $x = 1$ 的某邻域（ $x \neq 1$ ）中，$f(x) - 2 > 0$ 即 $f(x) > 2$. 故正确答案选 C.

17. 答案：B

解析：因为 $y = \ln\left(\tan\dfrac{x}{2}\right) - \ln\dfrac{1}{2} = \ln\left(\dfrac{\sin\dfrac{x}{2}}{\cos\dfrac{x}{2}}\right) - \ln\dfrac{1}{2} = \ln\sin\dfrac{x}{2} - \ln\cos\dfrac{x}{2} - \ln\dfrac{1}{2}$

所以 $y' = \dfrac{1}{2}\dfrac{\cos\dfrac{x}{2}}{\sin\dfrac{x}{2}} + \dfrac{1}{2}\dfrac{\sin\dfrac{x}{2}}{\cos\dfrac{x}{2}}$　所以 $y'\left(\dfrac{\lambda}{2}\right) = \dfrac{1}{2} + \dfrac{1}{2} = 1$.

18. 答案：A

解析：设 $-\ln x = x$，则 $x = e^{-t}$，由 $f'(-\ln x) = x$ 得 $f'(t) = e^{-t}$，又 $f(0) = 1$，$f(x) - f(0) = \int_0^x f'(t)\mathrm{d}t = \int_0^x e^{-t}\mathrm{d}t = 1 - e^{-x}$，则：$f(x) = 2 - e^{-x}$，$f(1) = 2 - e^{-1}$.

19. 答案：D

解析：$\int_x^{x+1} f(t)\mathrm{d}t$ 与 $\dfrac{1}{3}\int_x^{x+3} f(t)\mathrm{d}t$ 分别为函数 $f(x)$ 在区间 $[x, x+1]$ 和区间 $[x, x+3]$ 上的平均值. 因为 $y_1(x)$、$y_2(x)$、$y_3(x)$ 在区间 $[x, x+1]$ 和区间 $[x, x+3]$ 上均有负值，其平均值应比 $f(x)$ 的峰值小，因此 $f(x) = y_3(x)$. 此时 $\int_0^1 y_3(t)dt$ 明显小于 0，而 $y_2(0)$ 明显小于 0，可知 $\int_x^{x+1} f(t) = y_2(x)\mathrm{d}t$，则 $\dfrac{1}{3}\int_x^{x+3} f(t)dt = y_1(x)$.

20. 答案：A

解析：若函数 $f(x)$ 在点 $x = 0$ 处连续，$f(0) = a = \lim\limits_{x\to 0}f(x) = \lim\limits_{x\to 0}\dfrac{\int_0^{3x}(e^{-t^2} - 1)}{x^3}$

$\underline{\text{洛必达法则}}\lim\limits_{x\to 0}\dfrac{3(e^{-9x^2} - 1)at}{3x^2}$ $\underline{\text{洛必达法则}}\lim\limits_{x\to 0}\dfrac{3\times(-18x)e^{-9x^2}}{6x} = \lim\limits_{x\to 0} -9e^{-9x^2} = -9$.

21. 答案: D

解析: 设曲线 $y = x + \dfrac{1}{x}$ 上任意一点坐标为 $\left(x, x + \dfrac{1}{x}\right)$, 它到单位圆圆心上的距离为:

$\sqrt{x^2 + \left(x + \dfrac{1}{x}\right)^2} = \sqrt{2x^2 + \dfrac{1}{x^2} + 2} \geqslant \sqrt{2\sqrt{2x^2 \times \dfrac{1}{x^2}} + 2} = \sqrt{2\sqrt{2} + 2}$, 当且仅

当 $2x^2 = \dfrac{1}{x^2}$ 时等号成立. 最短距离 $d = \sqrt{2\sqrt{2} + 2} - 1$。因为 $4 < 2\sqrt{2} + 2 < 2\sqrt{2}$

$+ 3 = (\sqrt{2} + 1)^2$, 所以 $\sqrt{4} - 1 < d < \sqrt{3 + 2\sqrt{2}} - 1$, 即 $1 < d < \sqrt{2}$.

22. 答案: D

解析: 因为 $\begin{vmatrix} x & 1 & 0 & 1 \\ 0 & 1 & x & 1 \\ 1 & x & 1 & 0 \\ 1 & 0 & 1 & x \end{vmatrix} = \begin{vmatrix} x & 1 & 0 & 1 \\ 0 & 1 & x & 1 \\ 1 & x & 1 & 0 \\ 0 & -x & 0 & x \end{vmatrix} = x \begin{vmatrix} x & 1 & 0 & 1 \\ 0 & 1 & x & 1 \\ 1 & x & 1 & 0 \\ 0 & -1 & 0 & 1 \end{vmatrix}$

所以 行列式展开式中没有常数项. 故选 D.

23. 答案: C

解析: $|A| = \begin{vmatrix} 1 & 1 & 0 \\ 0 & 1 & 1 \\ 1 & 0 & 1 \end{vmatrix} = 2 \neq 0$, 则矩阵 A 可逆且 $A^* = |A| \cdot A^{-1}$.

$A^* X = A$ 化为 $|A| A^{-1} X = A$, 两边同乘以 A, 得 $X = \dfrac{1}{|A|} \cdot A^2 = \dfrac{1}{2} A^2 = $

$\dfrac{1}{2} \begin{pmatrix} 1 & 1 & 0 \\ 0 & 1 & 1 \\ 1 & 0 & 1 \end{pmatrix} \begin{pmatrix} 1 & 1 & 0 \\ 0 & 1 & 1 \\ 1 & 0 & 1 \end{pmatrix} = \dfrac{1}{2} \begin{pmatrix} 1 & 2 & 1 \\ 1 & 1 & 2 \\ 2 & 1 & 1 \end{pmatrix}$, 则 X 的第 3 行的行向量为 $\left(1 \quad \dfrac{1}{2} \quad \dfrac{1}{2}\right)$.

24. 答案: D

解析: 方程组 $AX = b$ 无解, 知 $r(A) \neq r(A : b)$, 对增广矩阵进行变换,

$(A : b) = \begin{pmatrix} 1 & 1 & \alpha & -1 \\ 0 & 1 & -1 & -1 \\ 1 & \alpha^2 & -1 & \alpha \end{pmatrix} \rightarrow \begin{pmatrix} 1 & 1 & \alpha & -1 \\ 0 & 1 & -1 & -1 \\ 0 & \alpha^2 - 1 & -1 - \alpha & \alpha + 1 \end{pmatrix} \rightarrow \begin{pmatrix} 1 & 1 & \alpha & -1 \\ 0 & 1 & -1 & -1 \\ 0 & 0 & (\alpha+1)(\alpha-2) & \alpha(\alpha+1) \end{pmatrix}$

若 $r(A) \neq r(A : b)$, 则有 $\begin{cases} (\alpha + 1)(\alpha - 2) = 0 \\ \alpha(\alpha + 1) \neq 0 \end{cases}$, 得 $\alpha = 2$.

25. 答案: B

解析: 根据特征值的性质知, 特征值之和等于矩阵 A 对角线元素之和, 则得第三个特征值为: $(3 - 1 - 3) - (1 - 1) = -1$, 即 -1 为二重特征值。要使 A 对角化, 则 -1 必对应两个无关的特征向量, 即秩 $r(A + E) = 1$, 对 $A + E$ 进行等效变换:

$A + E = \begin{pmatrix} 4 & 1 & -2 \\ -t & 0 & t \\ 4 & 1 & -2 \end{pmatrix} \rightarrow \begin{pmatrix} 4 & 1 & -2 \\ -t & 0 & t \\ 0 & 0 & 0 \end{pmatrix}$, $r(A + E) = 1$, 则 $t = 0$. 即 $t = 0$ 时,

矩阵 A 可对角化.

第三部分　逻辑推理能力测试

1. 答案：D

　　解析：如果我思考，那么人生就意味着虚无缥缈。人生并不意味着虚无缥缈。所以，我不思考。

2. 答案：B

　　解析：教授给出的答案超越了记者的问题所限定的范围。所以 B 项正确。

3. 答案：D

　　解析：只有假设 D 项成立，才能解释家长的看法。

4. 答案：C

　　解析：C 项化解了公众在大学生当保姆问题上的言行不一。

5. 答案：B

　　解析：粮食安全比缓解石油紧缺更重要，当然应首先考虑前者。

6. 答案：A

　　解析：只有假设除放花炮以外的春节习俗在城里都已消失，才能得出题干的结论。

7. 答案：D

　　解析：从题干最后一句话可看出 D 项是正确的。

8. 答案：C

　　解析：C 项非但不削弱，反而支持雷切尔·卡逊的结论。

9. 答案：C

　　解析：C 项说明在年代上应该是《乐记》在先而《系辞》在后。

10. 答案：C

　　解析：题干从中国小学生不再读经推出中国已丧失文化经典与传统，暗示了 C 项。

11. 答案：B

　　解析：题干与 B 项都犯有混淆整体与个体的错误。

12. 答案：C

　　解析：直接从题干出发即可推出 C 项。

13. 答案：B

　　解析：家长对子女整形的总支持率达到 95%，所以，不支持的不会超过 5%。

14. 答案：D

　　解析：只有假设"学期论文优"是"不做报告就不能通过考试"的必要条件，才能推出题干的结论。而题干只认定前者是后者的充分条件。

15. 答案：D

　　解析：C 选项说明鼠灾可能与去年的大旱有关，而非环境破坏；而 D 选项则说明排水破坏了湿地，引起鼠灾。

16. 答案：D

　　解析：D 项说明"治疗性克隆"技术的疗效和安全性问题都尚未解决。

17. 答案：B

    解析：根据题干的论证，《周易》可能产生于西周初叶，但也可能产生于西周之后。

18. 答案：B

    解析：直接从题干推理即可得出 B 项。

19. 答案：A

    解析：若 A 项真，则说明生理表征与撒谎并不具有必然联系。

20. 答案：C

    解析：直接从题干推理即可得出答案。

21. 答案：B

    解析：若 B 不成立，则题干的论证也不成立。

22. 答案：D

    解析：题干断定"暴力抗法的后果不比服法差"是"暴力抗法"的必要条件，而 D 项则断定前者是后者的充分条件。

23. 答案：D

    解析：很明显，A、B、C 项都能对题干做出合理的解释。

24. 答案：B

    解析：很明显，A、C、D 项都能增强这位记者的信心。

25. 答案：A

    解析：A 项说明不通过长期共同生活也可以受到高等待遇。

26. 答案：A

    解析：若亮度不同，则题干的论证就不成立。

27. 答案：D

    解析：主要食物来源没有了，鳕鱼当然会受影响。

28. 答案：D

    解析：如果理智且了解行情，则只有比国内便宜才买。所以，在比利时巧克比国内更贵的情况下，理智并了解行情的中国旅游者不会在比利时购买巧克力。

29. 答案：D

    解析：题干已证明仅对高考内容进行改革对减轻学生课业负担来说是失败的。

30. 答案：C

    解析：根据题干可知，股票和基金小王至少买了一种，又知若小王买了股票，则他买了基金。所以小王肯定买了基金。

31. 答案：D

    解析：A、B、C 必然真是明显的。

32. 答案：C

    解析："当你开始说真话时，我们就开始相信你。"这句话暗示了选项 C。

33. 答案：D

    解析：D 项说明私家车主不可能被吸引乘坐公交车。

34. 答案：C

    解析：事故的发生与事故的伤害是两个概念。

35. 答案：B
    解析：B 项说明"网络游戏防沉迷系统"的实施方案有漏洞。

36. 答案：C
    解析：C 项列出了目前开征遗产税所不具备的一个条件。

37. 答案：D
    解析：D 项指出了起诉后期再开始调解的弊端。

38. 答案：C
    解析：A、B、D 项都可以从题干中推出。

39. 答案：B
    解析：B 项说明集体鼓励活动能够延长 T 型患者的寿命。

40. 答案：C
    解析：没有证明这两种病毒能够完全删除计算机文件并不能保证这些病毒真的不能完全删除计算机文件。

41. 答案：A
    解析：对照条件逐一检查即可得出结论。

42. 答案：C
    解析：若 S 种在偶数号，则据条件（4）S 不能种在 6 号；据条件（3）和（4）S 不能种在 2 号，所以 S 种在 4 号。进一步可推出 Y 种在 3 号。

43. 答案：B
    解析：A 项不正确。因为若 H 种在 1 号，据条件（2）则 X 种在 6 号。可是这样一来 Q 就没有地方可种了。C 项不正确。因为若 H 种在 4 号，据条件（1）则 Q 种在 1 号，于是据条件（2）X 种 6 号。可是这样一来 S 就没有地方种了。D 项不正确。因为若 L 种在 6 号，据条件（2）则 X 种在 1 号。可是这样一来 Q 就没有地方种了。

44. 答案：D
    解析：若 D 项真，据条件（2）则 X 种在 1 号而 H 种在 2 号。可是这样一来 Q 就没有地方种了。

45. 答案：A
    解析：若 H 种在 2 号，据条件（1）则 Q 种在 1 号，于是据条件（2）则 X 种在 6 号。

46. 答案：D
    解析：A 项和 C 项不可能真。因为它们都与条件（2）冲突。B 项不可能真。因为它与条件（3）相冲突。

47. 答案：B
    解析：据条件（2）和（3）可知 F、G、H 和 I 不能在三个分委会中任委员。另外，M 也不能在三个分委会中任委员，否则 I 也在三个分委会中任委员。所以，在三个分委会中任委员的只能是 P。所以 A 项和 C 项排除。D 项也应排除。因为若 F 和 M 在同一个分委会任委员，则加上 P 和 I 该分委会就有四个委员了。

48. 答案：C

解析：若 F 不和 M 在同一个分委会任委员，则 P 必定在三个分委会任委员。所以不论 I 在哪一个分委会，都会和 P 在同一个分委会任委员。

49. 答案：A

解析：由于 F、G、H 和 I 不能在三个分委会中任委员，所以 M 和 P 必有一人在三个分委会任委员。所以 A 项正确。

50. 答案：D

解析：三个分委会一共需要 9 个委员，6 个委员占了 6 席，剩下 3 席有一个委员占 2 席，剩下最后一席必定由某一个委员兼任。

第四部分　外语运用能力测试（英语）

Part One　Vocabulary and Structure

1. 答案：A

解析：本题考查固定搭配。decide on 意为"就……做出决定，决定要"；make up "编造，弥补，偿还，组成"；lead to "把……带到，领到，导致，引起"；respond to "对……作出反应，顺从，服从"。根据题意可知此处应选 respond to 表示对周围"作出反应"。故答案为 A。

2. 答案：D

解析：make v. 制造，安排，使成为，认为；feel v. 试探，感觉，觉得，触摸，以为；seek v. 寻找，探索，寻求；enjoy v. 享受……的乐趣，欣赏，喜爱。根据题意可知，enjoy doing sth. 意为"喜欢做某事"只有 D 项符合题意。故答案为 D。

3. 答案：B

解析：pilot n. 飞行员，引航员，舵手；astronaut n. 宇航员，太空人；engineer n. 工程师，机械师；scientist n. 科学家。根据题意可知，此处应选宇航员 astronaut。故答案为 B。

4. 答案：D

解析：本题句意："最低工资是雇主法定应支付工人的每小时最少数量的钱数。" minimum 表示"最小，最少"；只有"smallest"和"least"是最高级与其对应；而修饰 amount 的形容词用 small，不用 little。故答案为 D。

5. 答案：C

解析：本题句意："有的时候，艺术家就是为了自我娱乐和表达自我，选择他们自己的主题进行创作"。本题考查词汇含义。reluctantly "不情愿地"；occasionally "偶尔地"；primarily "首要的，原来的"；generously "慷慨地"。故答案为 C。

6. 答案：D

解析：句意："当我们到达机场的时候，我们被告知我们的航班被取消了。"本题考时态呼应。航班被取消发生在"told"动作之前，"told"是过去时，因此选用过去完成时的被动形式。此处只有 had been cancelled 表示过去完成时的被动，意为"（航班）已经被取消"，符合语法。故答案为 D。

7. 答案：A

解析：本题考查宾语从句的用法。whomever 是 whoever 的宾格；whatever 的意思是 "凡是……无论什么"；whoever 的意思是 "任何人，无论谁"；whichever 的意思 是 "无论哪一个，任何一个"。根据题意可知，此处应选 whoever 来引导宾语从 句。故答案为 A。句意："凯西想结交能够与她分享痛苦和喜悦的朋友。"

8. 答案：C

解析：句意："我现在穿的这件衣服价格是挂在那边的那件的两倍。" 本题考查倍数比 较的表达方式。"… times ＋ the ＋ 名词（如：size, height, weight, length, width 等）＋ of…" 为固定用法。故答案为 C。

9. 答案：D

解析：本题考查固定搭配的用法。in case of 意为 "万一，如果，防备"；in spite of 意 为 "虽然，尽管"；as of 意为 "在……时，到……为止"；but for 意为 "要不 是"。would have reached 是虚拟语气，表示与过去事实相反，可判断只有 but for 合乎句意。故答案为 D。

10. 答案：C

解析：without 的宾语 the sun's light 和动词 warm 是主动关系，所以用现在分词形式做 宾语补足语。故答案为 C。

Part Two　　Reading Comprehension

11. 答案：A

解析：由第一段的最后一句 "They made the switch because they wanted every basketball they use to feel and bounce（弹起）the same" 可知，NBA 用合成篮球代替皮革 篮球的原因是官方想让所有的球使用起来的感觉都一样并且弹起的高度也一 样。故答案为 A。

12. 答案：C

解析：由第二段的第一句话 "However, some players complained right away that the new balls bounced differently, and were actually harder to control than the leather ones." 可知，一些球员开始抱怨合成篮球。故答案为 C。

13. 答案：A

解析：由第二段的最后一句话 "The greater the friction, the better it will stick to his hand" 可知，摩擦力越大，球在手上的粘连度就越好。故答案为 A。

14. 答案：D

解析：由第三段的第一句话 "Tests on both wet and dry balls showed that while the plastic ball was easier to grip when dry, it had less friction and became much harder to hold onto when wet. That's because sweating stays on the surface of the synthetic balls…" 可知，当球表面干的时候，球容易控制，表面湿的时候则反之。故答 案为 D。

15. 答案：A

解析：由最后一段可知，一月的时候，NBA 球员又重新使用皮革篮球，因为尽管古老，但经过实践和实验证明，这仍是最佳选择。故答案为 A。

16. 答案：B

    解析：由第一段第一句 "A mother dolphin（海豚）chats with her baby over the telephone! They were in separate tanks connected by a special underwater audio link." 可知，海豚妈妈与小海豚是通过一个特殊的水下音频线来交流的。故答案为 B。

17. 答案：D

    解析：根据第二段可知，科学家们认为海豚之间的谈话内容涉及年龄、食物来源及它们的情绪状态，只有 D 未被提及。故答案为 D。

18. 答案：A

    解析：由第三段第一句 "Deciphering（译解）'dolphin speak' is also tricky because their language is so dependent on what they're doing," 可知，译解海豚语言也很具有挑战性，因为它们的语言与其行为关系太紧密。故答案为 A。

19. 答案：C

    解析：由最后一段 "as if to show who's king of the underwater playground" 可知：在玩耍中碰撞下颚表示 "我才是水下乐园之王"。故答案为 C。

20. 答案：B

    解析：从文中可知，科学家们对海豚的交流技能是通过试验、观察推测出来的。affirmative 意为 "肯定的"；negative 意为 "否定的"；playful 意为 "玩笑的，轻松的"；speculative 意为 "思索的，猜测的"。故答案为 B。

21. 答案：A

    解析：纵观全文，主要是围绕一项新的安全项目的试验而展开叙述的。故答案为 A。

22. 答案：B

    解析：由第一段第二句话 "Three workers from CityWatcher.com, a company that provides security camera equipment, have volunteered to be electronically monitored." 可知，这三个人自愿被监控。故答案为 B。

23. 答案：C

    解析：由第一段最后一句话 "The chips were originally designed for medical purposes." 可知，这个芯片最初是为医疗目的开发的。故答案为 C。

24. 答案：C

    解析：本题中的 A、B、C 三项与文中含意不符，只有 C 项符合原文意思。故答案为 C。

25. 答案：A

    解析：有全文倒数第三句话 "many people are worried about the issue of privacy" 可知，人们担心的是隐私（privacy）被侵犯的问题。C 选项认为 "新法案被滥用" 而原文则说的是 "新技术被滥用"，偷换概念，属于错误选项范畴。故答案为 A。

26. 答案：D

    解析：根据表格中所列的各个航空公司、飞行目的地、飞行时间及价位，可以判断这是一张由旅行社提供的信息表，故答案为 D。

27. 答案：A

解析：根据表中内容可知，新西兰航空公司提供的飞往香港的票价是£282，为最低价位，故答案为 A。

28. 答案：C

解析：根据表中目的地一览可知，有两家航空公司飞往 Hanoi，价位分别为£425 和 £395，选项中只有£395 这一价位，故答案为 C。

29. 答案：D

解析：根据表中内容可知，飞往北京的航班中，Lufthansa 航空公司提供的价位是 £233，为最低价位，故答案为 D。

30. 答案：C

解析：根据表中内容可知，热线号码 0207 484 8925 是为个人或团体旅行提供咨询的。故答案为 C。

Part Three　　Cloze

31. 答案：C

解析：全文第一句话便告知文章主旨为爵士乐 jazz。故答案为 C。

32. 答案：B

解析：从 including 后面的内容可以看出爵士乐来自于不同元素，因此应该选择 combination。selection *n.* 选择；assurance *n.* 确认；emphasis *n.* 重点，均不符合句意。故答案为 B。

33. 答案：D

解析：很多优秀爵士乐作品仍然在美国演出，"perform 演出"是最佳选项。

34. 答案：C

解析：固定搭配 make contribution 意为"作贡献"。故答案为 C。

35. 答案：D

解析：上文讲的爵士乐在美国的情况，该句转移到欧洲，强调爵士乐在欧洲受到广泛的欣赏。restrictively *adv.* 限制性地；flexibly *adv.* 灵活地；slightly *adv.* 轻微地，稍许；widely *adv.* 广泛地。故答案为 D。

36. 答案：A

解析：爵士乐在美国流行之前，已经在欧洲备受欣赏了。故答案为 A。

37. 答案：B

解析：上文提到最早期的爵士乐是由美国黑人表演的，因此，他们的音乐文化则来自于黑人的生活。故答案为 B。

38. 答案：D

解析：本题空格处是说当爵士乐开始流行，应用介词用 in。故答案为 D。

39. 答案：A

解析：上文讲的是未受过正规音乐培训的黑人音乐家，本句则讲到爵士乐也受到科班出身音乐家的影响。故答案为 A。

40. 答案：B

　　解析：强调的是新的、不同特色的乐器的发展对爵士乐的影响。故答案为 B。

Part Four　Dialogue Completion

41. 答案：A

　　解析：双方互问近况。男士回答"我很好，你呢?"How about you 表示回问对方的情况。故答案为 A。

42. 答案：C

　　解析：该对话是在机场等地问路的场景。男士问"哪个是 6A 通道"，女士回答"往那边走两行"；D 选项是回答大街上问路的情景，four blocks away 意为"还有四个街区"，与问路场景不符。故答案为 C。

43. 答案：B

　　解析：对感谢的回答用"不用客气"，B 选项正好表示此意。故答案为 B。

44. 答案：D

　　解析：Mike 得到了工作邀请，非常高兴，邀请 John 去喝啤酒，并由他请客。A 认为喝啤酒贵；C 表示 Mike 让对方请客，与说话场景不符合，并且不太礼貌；B 表示今天天气好；只有 D 表示对应的意思，故答案为 D。

45. 答案：D

　　解析：从女孩的回答"我一会儿再来"可以看出，该男士没有准备好点菜，因此选择 D，礼貌地表达还未准备好点菜的意思。故答案为 D。

46. 答案：D

　　解析：Speaker B 回答想开一个储蓄账户，证明这是在银行办理业务的环境中，D 选项是标准的服务行业用语"我能帮您做什么吗?"。故答案为 D。

47. 答案：A

　　解析：Paul 在抱怨对方将自己的过去公之于众，Jeffery 则表示抱歉并解释原因"自己兴奋过头了"。其他选项都不太礼貌。故答案为 A。

48. 答案：C

　　解析：男士邀请对方喝饮料，女士表示感谢。感谢的表达方式为"It's very kind of you"意为"你太好了"。故答案为 C。

49. 答案：B

　　解析：这是电话对话场景。学生已告知自己的姓名，并说出自己想找谁，而选项 A 和 C 都是接电话人在询问对方姓名，是不正确的；D 说这里没有他要找的人，表达方式不礼貌，正确表达方式为"Wrong number."。因此只有 B 选项委婉表示了他要找的人暂时不能接听，故答案为 B。

50. 答案：B

　　解析：Joe 祝福 Cindy "Have a good day"，Cindy 给予对方同样的祝福，用"You too"来表示。故答案为 B.

2008 年在职攻读硕士学位全国联考研究生入学资格考试试卷

参考答案与解析

第一部分　语言表达能力测试

一、选择题

1. 答案：B

解析：A 盥音 guàn（灌）；C 隘音 ài（爱）；D 谄音 chǎn（产）。这三个音与同组的其他音不同。

2. 答案：D

解析：D 中的三个"动"意思都不一样："动人心弦"的"动"是"激动"，"兴师动众"的"动"是"发动"，"动辄得咎"的"动"是"动不动"的意思。A 中的"沽名钓誉"、"徒有虚名"中的"名"意思一样，都是"名声，名誉"，"不可名状"的"名"是"说出"的意思。"不可名状"指"不可以用语言形容"。B "栉风沐雨"、"风声鹤唳"中的"风"都是指自然界的"风"。"栉风沐雨"的意思是"风梳头，雨洗发，形容奔波劳碌，不避风雨"。"风声鹤唳"的典故是"前秦苻坚领兵进攻东晋，大败而逃，溃兵听到风声和鹤叫，都疑心是追兵"，形容惊慌疑惧。"移风易俗"中的"风"是"风俗"义。C 中的"横生枝节"、"无中生有"的"生"都是"产生，发生，生出"的意思，而"起死回生"的"生"是"生存，活着（与'死'相对）"义。

3. 答案：D

解析：A 句子成分残缺，缺介词"使"，应该说"使积存于代表们心中的疑虑得到了一定程度的消除"。C 用词不当，不能说"节省了将近一倍"，节省了一倍就变成零了。只能说"增加了一倍、两倍"，"减少"或"节省"只能说"一半"，几分之分，或百分之几，其数字不能超过 1。B 搭配不当。"业务水平"可以"提高"，不能"培养"。

4. 答案：A

解析：B "他连你都不认识"有歧义。是"他"不认识"你"呢，还是"你"不认识"他"呢？C "那幅画上头有一只苍蝇"有歧义。是一只苍蝇飞到了那幅画上呢，还是画上本身画着一只苍蝇呢？D "正方对反方的反驳是有充分准备的"有歧义。是"正方对反方"的"反驳"有准备呢（反驳是正方的行为)？还是"正方"对"反方的反驳"有准备呢（反驳是反方的行为)？

5. 答案：C

解析：A 是比喻中的明喻，B、D 是比喻中的暗喻。C 是借代。借代与借喻的区别与联系是：两者的本体都不出现，只出现借体，这是共同点。不同之处在于，借代是借用现实中存在的实实在在的事物来代替，借体与本体之间是相关的关系。

借喻的喻体与本体之间是相似的关系。借喻都可以还原为明喻或暗喻，借代则不能。如不能说"小学生像红领巾"。

6. 答案：A

解析：《西厢记》是元杂剧而非传奇。杂剧至明以后称传奇。

7. 答案：C

解析：原文"天才并不比其他人有更多的光"对应"并非由于他比别人有更多才能"，原文"但他有一个能聚集光至燃点的特殊透镜"对应"他能集中发挥这些才能"。"透镜"的作用就是把"光"聚集起来，那么，天才就是把这些才能"集中"起来发挥。

8. 答案：D

解析：原文明确说"限乘当日当次车"，也就是只能坐当日的当次车。则 A、C 都不对。B 的逻辑有问题。D 的解释是正确的。

9. 答案：C

解析：原文用了比喻修辞，A、B、D 也是，只有 C 没有使用任何修辞手法。

10. 答案：A

解析："始作俑者，其无后乎!"这句话是孟子记载的孔子所说的话，意思是开始用俑（木偶：用木头做的人）殉葬的人，大概会断绝子嗣吧！因为孔子不赞成用俑殉葬，所以说了这样的话。后用"始作俑者"来比喻恶劣风气的创始者。故这个成语是贬义的，只有 A 用得正确，B、C、D 把它当做褒义来用，是不对的。

11. 答案：B

解析：这句话道出了"学"、"思"结合的规律。

12. 答案：B

解析："使用维修资金"符合"《物权法》"的内容规定。

13. 答案：C

解析：CNP 强调的是"一个国家（或地区）的所有国民"，外商独资企业不包括在此之内。

14. 答案：C

解析：一次地震，只有一个震级，它与地震释放出来的能量大小有关。因此不会"离震中越近，地震震级越大"，有可能是"离震中越近，地震烈度越大"。

15. 答案：D

解析：由"光线由折射率大的介质进入折射率小的介质的情况下才会发生全反射现象"可知"包层折射率较小"。

二、填空题

16. 答案：D

解析："不耻"意为"不以为羞耻"，如成语"不耻下问"。"不齿"则意为"鄙夷不屑"，句子①当用"不齿"；"涣"从水，意思是像水一样流散消失，"焕"从火，是"容光焕发"的"焕"，意思是像火焰一样闪闪发光。由句子②的意思，当用"焕然";"淡薄"是越来越少的意思,"淡泊"则是一种心境,表示心中宁静,淡泊名利。依句子③的意思,当用"淡薄"。

17. 答案:C

解析:第一句是假设关系,第二句是转折关系,第三句是递进关系,第四句是转折关系。

18. 答案:C

解析:从逻辑上看,先说"直面难题"、"承受风险"、"付出代价",再说需要什么——"需要锐气和胆识"、"需要实事求是的科学品格"。

19. 答案:B

解析:"换言之"后当用逗号,"长驱直入"后当用逗号,因为一句话还没有说完。"溃退的迹象"后当用句号,这句话已经说完了,下面说另外一个意思。"重提这样的论断"后当用分号,因为后面是"论断"的具体内容,分号在这里有提示作用。

20. 答案:C

解析:依对仗的原则可知,"掬水"对"弄花","月在手"对"香满衣"。对仗的原则是:一是词性的对应,二是平仄的对应。

21. 答案:A

解析:"民胞物与"意为"全体同胞的共同参与","民不堪命"意为"老百姓受不了这样的烦苛的政令","民康物阜"意为"百姓康健,物产丰富"。分析句意可知 A 为正确答案。

22. 答案:D

解析:答案扣住"二十四岁时创作"、"书信体"、"爱情小说",可知是《少年维特之烦恼》。

23. 答案:B

解析:"自在飞花"对"无边丝雨","轻似梦"对"细如愁"。

24. 答案:A

解析:兰花香气清幽,故幽香者,"兰花"也;杏花开时多雨,故"雨声中"开的,"杏花"也;"雪后园林才半树",雪中开放的,无疑是"梅花",况林逋向来以写"梅花"诗见长;"八月桂花香",八月十五,中秋月明,弥漫在空中的,是"桂花"的香气。

25. 答案:A

解析:《孙子》,即《孙子兵法》,作者孙武,是我国春秋战国时期伟大的军事家,他的《孙子兵法》是我国古代第一部军事理论著作,影响深远,向来被称为"武经"或"兵经"。

26. 答案:D

解析:A、B、C 都存在着信息不对称的因素,信息不对称指的是双方或几方知道的信息量并不相同。而"价格垄断"不同于上三者,垄断是国家体制或竞争体制不完善形成的。

27. 答案:A

解析：B "胃" 是消化而非吸收器官。C "食道" 是食物经过的通道。D "结肠" 是大肠的中段，其主要作用是吸收水分和形成粪便。

28. 答案：B

解析：依内海的定义可知。"渤海" 仅有 "渤海海峡" 与太平洋相通。

29. 答案：C

解析：由 "生物多样性" 的定义可知。

30. 答案：B

解析："反射" 指 "光线、声波从一种媒质进入另一种媒质时返回原媒质的现象"，所谓 "漫反射" 就是向各个方向反射。"衍射" 的定义是："波在传播时，如果被一个大小近于或小于波长的物体阻挡，就绕过这个物体，继续进行。如果通过一个大小近于或小于波长的孔，则以孔为中心，形成环形波向前传播，这种现象叫'衍射'，也叫'绕射'。""折射" 的定义是："光线、声波从一种媒质进入另一种媒质时传播方向发生偏折的现象。如光线从空气到水中会发生折射。"

三、阅读理解

31. 答案：B "缩影"

解析："缩影" 的意思是 "可以代表同一类型的具体而微的人或事物"，最符合文意。

32. 答案：A "才，要是，那就"

解析：第一句是条件句，故选 "才"。第二句是假设句，故选 "要是"、"那就"。

33. 答案：D "本身是活着的历史"

解析：由文中说 "会觉得历史至今还活着" 可知。

34. 答案：D "缺乏历经沧桑的历史真实感"

解析：文中说 "真古迹使人留恋之处，在于它历经沧桑直到如今，在它身边生活，你才会觉得历史至今还活着"。

35. 答案：C "只有用文字记录下来的历史才值得珍惜"

解析：文中说 "中国人只重用文字写成的历史，不重保存在环境中的历史"，言外之意是说 "保存在环境中的历史更值得珍惜"，所以 C 项不符合文意。

36. 答案：C "作家的旧作"

解析：由文末 "我问陆文夫兄：'当你看到自己旧作的时候，你有什么感想？'……" 可知。

37. 答案：A "作品一旦完成，就有了独立的生命"

解析：依文意可知。B、D 分割了作家和作品的关系，是不对的，文中说到 "它们曾经是树的。现在也还是树的。"，说明作家与作品之间并不是完全无关的。

38. 答案：B "作家创作必须追求新的突破"

解析：由上下文 "树不会愿意再看自己早年落下的树叶，树又不能忘怀它们，不能不怀着长出新的树叶的小小的愿望"，可知作家不愿意沉浸在早先的创作之中，希望有新的作品、新的突破。

39. 答案：C "作者对自己的作品的复杂的情感和态度"

解析：A、B 都不全面，作者对自己的作品，即有珍惜，又有惆怅。D 仅强调作品，不全面。

40. 答案：B "'自己'指树叶而非树干"

解析：由上下文"太多的树叶会不会成为自己的负担呢？太多的树叶会不会使树干弯腰低头，不好意思，黯然神伤？"，可知，"自己"指"树干"而非"树叶"。

41. 答案：A "权利的限制"

解析：文中开头说："在下列情况下使用作品"，意思是只能在下列情况下使用作品，即表明了对使用作品的权利的限制。

42. 答案：C "适当引用只能适用于介绍被引用作品"

解析：由第（三）款"为介绍、评论某一作品或者说明某一问题，在作品中适当引用他人已经发表的作品"，可知 C "适当引用只能适用于介绍被引用作品"不全面，有误。

43. 答案：D

解析：A 不符合第（九）款"免费表演已经发表的作品"；B 不符合第（六）款"为学校课堂教学或者科学研究，翻译或者少量复制已经发表的作品，供教学或科研人员使用"；C 不符合第（三）款"为介绍、评论某一作品或者说明某一问题，在作品中适当引用他人已经发表的作品"。

44. 答案：A

解析：A 所说的情况不在《中华人民共和国著作权法》第 22 条的 12 小款之内，说明这种情况下不可以不经著作人许可、不向其支付报酬，因而属于侵犯了他人知识产权的行为。B 符合第（一）款，C 符合第（四）款，D 符合第（十二）款，故都不侵犯他人知识产权。

45. 答案：C

解析：只有 C 符合本条第（十二）款"将已经发表的作品改成盲文出版"，A、B、D 都不符合本规定。A 翻译成英文（即外文）应经作者同意并向其支付报酬。B 翻译成蒙文（少数民族文字）符合本规定的只有中国公民、法人或其他组织已发表的作品。杰克是外国人，不在其内。D 所说的情况不在规定之内，所以一定要征得本人同意并付报酬，否则是侵权行为。

46. 答案：B

解析：文中说到：获得热能后，"金属原子由于获得了运动所需的足够能量，同时在原结构合力的作用下，就又重新回到原来的位置上，合金便又恢复了原来的形状。""受到很大的外力作用时，内部的金属原子可以暂时离开自己原来的位置，被迫迁到邻近的位置上"。所以，记忆合金内部的原子发生"被迫迁移"时，是受到"很大的外力"时，而不是"获得热能"后。故 B 是不对的。

47. 答案：D

解析：A 文中没有提到它的形状通常是规则的。B 形状记忆合金记住的是高温下压制成形的状态，而不是"低温下压缩的致密形态"。C 不是主要原因。

48. 答案：D

解析：在体温环境下制作成所需的形状，使它记忆，再在低温环境下加工成便于植入

人体的形状。

49. 答案：D

解析：文中说"工业生产中，通过各种'形状记忆'元件的互相配合，可以实现各工序间甚至整个生产过程的自动控制"。既然是"各种'形状记忆'元件的互相配合"，就不可能使用同一种材料，并在相同温度下制造。

50. 答案：C

解析：文中没有详细说明各种有"形状记忆"功能的合金的组成。

第二部分　数学基础能力测试

1. 答案：A

解析：$\dfrac{a}{d} = \dfrac{\frac{a}{b} \cdot \frac{b}{c}}{\frac{d}{c}} = \dfrac{\frac{3}{5} \cdot (-\frac{7}{9})}{\frac{5}{2}} = -\dfrac{14}{75}$. 故选择 A.

2. 答案：D

解析：设想好的那个数为 a，则有 $[(a + 5) \times 2 - 4] \div 2 - a = a + 5 - 2 - a = 3$.

3. 答案：C

解析：设 $AB = a$，则由题意知 $r^2 = a^2 + \dfrac{a^2}{4} = \dfrac{5}{4}a^2$，

因为 $S_{正方形ABCD} = a^2 = 8$，所以 $r^2 = 10$。即 $S_{圆} = \pi r^2 = 10\pi$.

4. 答案：D

解析：此人离开家的路程随着时间的增加而增加，且前半路程所用的时间比后半路程所用的时间要长. 综上所述，应选择 D.

5. 答案：B

解析：因为抛物线 $y = -x^2 + 4x - 3$ 经过点 $(0, -3)$，且对称轴方程为 $x = 2$，所以图像不经过第二象限.

6. 答案：B

解析：由题意知，$\begin{cases} \sqrt{a^2 + b^2 + c^2} = \sqrt{14} \\ 2ab + 2bc + 2ac = 22 \end{cases}$，

因为 $(a + b + c)^2 = a^2 + b^2 + c^2 + 2ab + 2bc + 2ca = 14 + 22 = 36$，则这个长方体所有的棱长之和为 $4(a + b + c) = 24$（厘米）.

7. 答案：A

解析：稀释之前的酒精量与稀释之后的酒精量相等，设加水 x 千克，即有等式 $90 \times 50\% = (90 + x) \times 30\%$ 成立，解得 $x = 60$. 故选择 A.

8. 答案：C

解析：因为 $(1 + i)^6 = [(1 + i)^2]^3 = (2i)^3 = -8i$

所以 $|(1 + i)^6| = |-8i| = \sqrt{(-8)^2} = 8$.

9. 答案：A

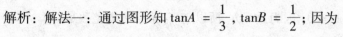

解析：解法一：通过图形知 $\tan A = \dfrac{1}{3}$，$\tan B = \dfrac{1}{2}$；因为

$$\tan\theta = \tan[\pi - (A + B)] = -\tan(A + B) = -\frac{\tan A + \tan B}{1 - \tan A \cdot \tan B},$$ 所以 $\tan\theta = -1$.

解法二：利用正弦定理

因为 $S_{\Delta ABC} = \dfrac{5}{2}$，所以 $\dfrac{5}{2} = \dfrac{1}{2}AC \cdot AB \cdot \sin\theta$，求得 $\theta = 135°$，所以 $\tan\theta = -1$.

10. 答案：D

解析：解法一：从 8 个人中选出 4 人，共有 C_8^4 种选法，所以就有 $P = \dfrac{2C_6^3}{C_8^4} = \dfrac{4}{7}$.

解法二：假设甲乙两人分在同一组，则有 $P(A) = \dfrac{2C_6^2}{C_8^4}$，所以 $P = 1 - P(A) = 1$

$- \dfrac{2C_6^2}{C_8^4} = \dfrac{4}{7}$.

11. 答案：C

解析：由于 A 卫星绕地球一周用 1.8 小时，所以 144 小时 A 卫星总共绕地球 80 周；又因为卫星 A 比卫星 B 多绕地球 35 周，所以 B 卫星在 144 小时内绕地球 45 周，即卫星 B 绕地球一周用 $\dfrac{144}{45} = 3\dfrac{1}{5}$ 小时.

12. 答案：D

解析：设这五个不同的数为 a, b, c, d, e. 由题意，有
$a+b, a+c, a+d, a+e, b+c, b+d, b+e, c+d, c+e, d+e$ 的值应对应于 3, 4, 5, 6, 7, 8, 11, 12, 13, 15. 所以 $4(a+b+c+d+e) = 3+4+5+6+7+8+11+12+13+15$，即 $a+b+c+d+e = 21$，所以 $\dfrac{a+b+c+d+e}{5} = 4.2$.

13. 答案：C

解析：解法一：由题意知 A、B 两点在以原点为圆心，半径为 1 的圆上，如图所示，且 A、B 所成的圆心角为 $60°$. 因为 $OA = OB$，所以 ΔAOB 为等边三角形.

O 到 AB 中点 M 的距离是 $\dfrac{\sqrt{3}}{2}$.

解法二：AB 中点 M 的坐标是

$(\dfrac{\cos 110° + \cos 50°}{2}, \dfrac{\sin 110° + \sin 50°}{2}) = (\dfrac{\sqrt{3}}{2}\cos 80°,$

$\dfrac{\sqrt{3}}{2}\sin 80°)$，所以 $|OM| = \dfrac{\sqrt{3}}{2}$.

14. 答案：C

解析：由题意知，$a + b = 4\sqrt{ab}$；两边平方得 $a^2 + b^2 - 14ab = 0$，方程两边同时除以 b^2，

得 $(\dfrac{a}{b})^2 - 14\dfrac{a}{b} + 1 = 0$，因为 $a > b$，所以与 $\dfrac{a}{b}$ 最接近的整数是 14.

15. 答案：B

解析：由抛物线的定义，知抛物线上的点到焦点的距离等于该点到准线的距离。$AC = AF$，$BD = BF$，

由题意知：$MN = \dfrac{1}{2}(AC + BD) = 3$，

所以 $AB = AF + BF = AC + BD = 6$.

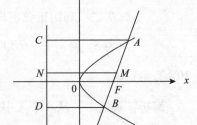

16. 答案：B

解析：① 当 $x > 0$ 时，$f(f(x)) = f(x) = x$

② 当 $x < 0$ 时，$1 - x > 0$，所以 $f(f(x)) = f(1 - x) = 1 - x = f(x)$

所以无论 x 取何值时，都有 $f(f(x)) = f(x)$.

17. 答案：D

解析：$\lim\limits_{h \to 0}\dfrac{f^2(h) - 2}{h} \xlongequal{\text{洛必达法则}} \lim\limits_{h \to 0}\dfrac{2f(h)f'(h)}{1} = 2f(0)\lim\limits_{h \to 0}f'(h) = 2 \times \sqrt{2} \times \sqrt{2} = 4$

18. 答案：D

解析：解法一：因为 $f(x)$ 在 $(1, +\infty)$ 上具有连续导数，所以由拉格朗日中值定理得：

$\lim\limits_{x \to \infty}(f(x + 1) - f(x)) = \lim\limits_{\xi \to \infty}f'(\xi) \cdot 1 = 0$.

解法二：特例法，设 $f(x) = \sqrt{x}$，也能进行求解.

19. 答案：B

解析：因为 $f(x)$ 可导，有非负的反函数 $g(x)$，且恒等式 $\displaystyle\int_1^{f(x)} g(t)\mathrm{d}t = x^2 - 1$ 成立。所以由变上限积分求导公式：$g[f(x)]f'(x) = 2x$ 即 $f'(x) \cdot x = 2x$，所以 $f'(x) = 2$，$f(x) = 2x + C$ 又当 $x = 1$ 时，有 $\displaystyle\int_1^{f(1)} g(t)\mathrm{d}t = 0$ 恒成立，所以有 $f(1) = 1$，则 $f(x) = 2x - 1$。所以应选择 B.

20. 答案：B

解析：对 $f(x)$ 进行求导，得 $f'(x) = 6x - 3kx^{-4}(k > 0)$，令 $f'(x) = 0$，得 $x = \sqrt[5]{\dfrac{k}{2}}$，所以当 $k = 64$ 时，$x = 2$，$f(x)$ 有最小值为 20.

21. 答案：A

解析：因为 e^{-x} 是 $f(x)$ 的一个原函数，所以 $f(x) = -\mathrm{e}^{-x}$.

则 $\displaystyle\int_1^{\sqrt{2}}\dfrac{1}{x^2}f(\ln x)\,\mathrm{d}x = \int_1^{\sqrt{2}}\dfrac{1}{x^2}(-\mathrm{e}^{-\ln x})\,\mathrm{d}x = \int_1^{\sqrt{2}} -\dfrac{1}{x^3}\mathrm{d}x = \dfrac{1}{2x^2}\Big|_1^{\sqrt{2}} = -\dfrac{1}{4}$.

22. 答案：C

解析：化增广矩阵为阶梯矩阵

$$\overline{A} = \begin{pmatrix} 1 & 1 & a & 0 \\ 1 & -1 & 2 & 0 \\ -1 & a & 1 & 0 \end{pmatrix} \rightarrow \begin{pmatrix} 1 & 1 & a & 0 \\ 0 & 2 & a-2 & 0 \\ 0 & 1+a & 1+a & 0 \end{pmatrix} \rightarrow \begin{pmatrix} 1 & 1 & a & 0 \\ 0 & 2 & a-2 & 0 \\ 0 & 0 & \dfrac{-a^2+3a+4}{2} & 0 \end{pmatrix}$$

由题设，有系数矩阵的秩 $r(A) < 3$，必有 $-a^2 + 3a + 4 = 0$，即 $a = -1$ 或 $a = 4$.

当 $a = -1$ 时，$r(A) = r(\overline{A}) = 2$. 方程组有无穷多解；

当 $a = 4$ 时，$r(A) = r(\overline{A}) = 2$. 方程组有无穷多解.　　故 $a = -1$ 或 4. 故选 C.

23. 答案：A

解析：$\begin{bmatrix} 1 & 0 & 0 & 2 \\ 0 & -1 & 2 & 1 \\ 1 & t & -2 & 3t-2 \\ 1 & 2 & -4 & 0 \end{bmatrix} \rightarrow \begin{bmatrix} 1 & 0 & 0 & 2 \\ 0 & -1 & 2 & 1 \\ 0 & t & -2 & 3t-4 \\ -2 & 2 & -4 & 2 \end{bmatrix} \rightarrow \begin{bmatrix} 1 & 0 & 0 & 2 \\ 0 & -1 & 2 & 1 \\ 0 & t & -2 & 3t-4 \\ 0 & 0 & 0 & 0 \end{bmatrix}$

因为 $r(\alpha_1 \,、\alpha_2 \,、\alpha_3 \,、\alpha_4) = 2$

所以 $t = 1$. 故选择 A.

24. 答案：B

解析：可令 $\beta\beta^T = \begin{pmatrix} 1 & -1 & -2 \\ -1 & 1 & 2 \\ -2 & 2 & 4 \end{pmatrix} = \begin{pmatrix} 1 \\ -1 \\ -2 \end{pmatrix}(1 \quad -1 \quad -2)$

$\Rightarrow \beta^T\beta = (1 \quad -1 \quad -2)\begin{pmatrix} 1 \\ -1 \\ -2 \end{pmatrix} = 1 + 1 + 4 = 6$

故选择 B.

25. 答案：A

解析：因为 $A = \begin{pmatrix} 1 & 3 & 0 \\ 0 & 3 & 5 \\ 0 & 0 & 5 \end{pmatrix}$，所以 $|A| = 15$ 且 $A^{-1} = \begin{pmatrix} 1 & -1 & 1 \\ 0 & \dfrac{1}{3} & -\dfrac{1}{3} \\ 0 & 0 & \dfrac{1}{5} \end{pmatrix}$

又因为 $A^* = |A|A^{-1}$，　所以 $A^* = 15 \times \begin{bmatrix} 1 & -1 & 1 \\ 0 & \dfrac{1}{3} & \dfrac{1}{3} \\ 0 & 0 & \dfrac{1}{5} \end{bmatrix} = \begin{bmatrix} 15 & -15 & 15 \\ 0 & 5 & -5 \\ 0 & 0 & 3 \end{bmatrix}$

求 A^* 的特征值，先求出 A^* 的特征方程

$$|\lambda E - A^*| = \begin{vmatrix} \lambda-15 & 15 & -15 \\ 0 & \lambda-5 & 5 \\ 0 & 0 & \lambda-3 \end{vmatrix} = (\lambda-15)(\lambda-5)(\lambda-3) = 0$$

得到 $\lambda_1 = 15$，$\lambda_2 = 5$，$\lambda_3 = 3$ 是 A^* 的三个特征值. 故选择 A.

第三部分　逻辑推理能力测试

1. 答案：C

   解析：本题考查直言命题对当关系。题干命题所表达的是"所有运动员都想登上奥运舞台∧想在舞台上表演"，这是一个 A 命题，A 命题真则 O 命题一定假，所以选 C。

2. 答案：D

   解析：考归纳论证。题干已给出的前提是"川菜馆数量在增加"，题干的结论是"更多的人在餐馆请客"。由"川菜馆数量增加"要得出"更多人在餐馆请客"显然是一个由一般到特殊推理过程。考虑归纳论证的推理规则：某类事物中每个对象都具有某种属性，才能推出该类事物对象都具有这种属性。由川菜馆推出餐馆，显然需要说明所有的其他餐馆都是如此，选 D。

3. 答案：B

   解析：考察联言命题及充分条件削弱论证。题干的用逻辑语言可以表述为：《孙子兵法》讲速胜∧《论持久战》讲持久→二者矛盾，要削弱这样一个充分条件推理，我们可以考虑最常见的两个方案，一是完全反驳即 p∧-q，一是削弱论论据-p。首选第一个方案，我们可以看出只要替换结论为"二者并不矛盾即可"，选项中无此答案。我们考虑弱论论据-p，而-p 对于本题来讲就是要 -（《孙子兵法》讲速胜∧《论持久战》讲持久）= -《孙子兵法》讲速胜 ∨ -《论持久战》讲持久，那就可以看出答案 B 从战术和战略角度实现了 -《论持久战》讲持久这样一个意图，因此选 B。

4. 答案：B

   解析：考察充分条件论证推理。这句俗语的逻辑关系是：赛场失意→情场得意，题目要求该命题为真则以下哪项为假，实际上就是要求该命题的负命题，-（赛场失意→情场得意）=赛场失意∧-情场得意，选 B。

5. 答案：C

   解析：考察必要条件论证推理。题干中的结论实际上是说：只有改变政策才能杜绝豆腐渣工程，其逻辑表达为：改变政策←杜绝豆腐渣工程，P←q 的削弱方式为：-p∧q，也就是要说明不需要改变政策。显然答案 C 通过补充现有政策的内容实现了上述意图。

6. 答案：D

   解析：考察联言命题及充分条件推理论证。题干逻辑关系为：有意义的词语能引起人们消极或积极反应∧无意义的词语能引起人们消极或积极反应→人们对词语的反应不受意义的影响而受发音的影响。能正确反映上述逻辑关系的只有 D。

7. 答案：A

   解析：考察联言命题及充分条件削弱论证。题干第一句话表达的意思是：武器装备好∧人员素质高→军队战斗力强。题干后面的话表明美国希望加强其军队战斗力但是却不愿意给其先进的武器装备，结合题目选项能解释这种做法的逻辑只能是：即使给其先进的武器装备，也不一定就提高军队战斗力。显然这又是一个考察 p→q 的削弱论证 p∧-q 或者是-p，显然根据题干该题只能选择后者，具体到本题就是 –(p∧q)=-p∨-q 则 –(武器装备好∧人员素质高)= – 武器装备好∨ – 人员素质高，题目中已经排除了 – 武器装备好这种可能，那么只能选 – 人员素质高，选项中除了 A 选项都能说明这一点。

8. 答案：B

解析：考察充分条件削弱论证。题干的逻辑关系为：中国需求大→价格暴涨，题目要求"最大质疑"，而最大的质疑无疑就是彻底反驳，也就是找其负命题。中国需求大→价格暴涨的负命题为：中国需求大∧ – 价格暴涨，选项 B 说明了这一点。

9. 答案：C

解析：考察归纳论证和论证结构。要求论证相似需要不但论证逻辑相似而且论证结构相似。本题的论证逻辑是，部分归纳不能得出正确的结论；而论证结构是先举出一个一般结论，然后说明通过部分归纳是不足以推翻上述结论的。与此相似的只有 C。

10. 答案：D

解析：考察论证推理的补充论题。本题实际上是要求归纳和总结题干的论题。根据"寓意题抓本质"的原则，选 D。

11. 答案：D

解析：考察联言命题及充分条件削弱论证。题干的逻辑结构为：与美国签署协议→联合北约∧借助最好的设备∧确保本国安全。对该题的最强削弱为其负命题：与美国签署协议∧（ – 联合北约∨ – 借助最好的设备∨ – 确保本国安全），可见答案 D 符合 – 确保本国安全。

12. 答案：B

解析：考察充分条件负命题。题干逻辑关系为：有一杯水→可以自用∧有一桶水→可以放家∧有一条河→应当分享，与上述逻辑关系最严重的不一致就是其负命题：（有一杯水∧ – 自用）∨（有一桶水∧ – 放家）∨（有一条河∧ – 分享），显然选项 B 符合要求。

13. 答案：A

解析：考察构造加强型论证推理。本题题干给出了一个类比论证中的求异类比：

对象条件 ：结果

人　单一项目卡路里消耗少

推出：锻炼项目与卡路里消耗成正比

人　多种锻炼卡路里消耗多

但是，题干所要论证的是锻炼项目与锻炼效果成正比，因此，需要构造一个充分条件连锁推理：锻炼项目多→卡路里消耗多→锻炼效果好，因此选 A。

14. 答案：D

解析：考察构造加强型论证推理。题干所要推翻的逻辑推理：思想自由→——思考法则

→智力进步。这是一个充分条件连锁推理 P→q→r，其负命题是-q（对前：p∧—q）和 -r（p∧—q）因此本题只要找到：思想自由→思考法则，或者，—思考法则→—智力进步任意一个都可以满足题目要求。选项 D 的逻辑是：思考法则←思想自由，转换为充分条件关系为：思想自由→思考法则，符合要求。

15. 答案：B

解析：考察归纳论证。题干给出的逻辑是：韩国、西班牙、希腊奥运后都出现了经济衰退，所以奥运后经济衰退是必然的，中国也会出现。这是典型的由一般到特殊的归纳论证，归纳论证的反驳方式为举出反例。因此，选项 B 符合要求。

16. 答案：C

解析：考察削弱论证。题干的逻辑是：赃款来源不必查明∧司法裁量权过大→巨额财产来源不明罪应改变。注意，题目要求的是"不支持"，也就是只要不强化即可而不一定非要削弱或反驳。只有 C 选项与本题无关从而符合要求，其他三项都是通过补充论证来进行强化。

17. 答案：B

解析：考查强化论证。该题给出的逻辑关系是：出生阶段缺乏父母社会化训练→幼仔表现出很强的侵略性。我们曾经讲过，对于这种 P→q 充分条件的强化可以通过构造以 P 为条件的类比推理来实现。本题 B 答案即是如此：

对象　条件　结果：
黑猩猩有父母社会化训练 侵略性低
有无父母社会化训练决定侵略性高低
黑猩猩无父母社会化训练 侵略性高

18. 答案：A

解析：考察言语理解能力。选 A。

19. 答案：D

解析：考察充分条件推理和联言推理。题干给出的逻辑关系分别是：中央以 GDP 为目标→地方想提高 GDP→地方需要大量资金→地方需要高价拍卖土地→地方房价提高→受到中央责罚，根据充分条件推理规则肯前否后，选 D。

20. 答案：A

解析：考察强化论证。题干的逻辑为：化合物对人体有害→专家呼吁禁止在饲料中添加，对 P→q 的强化可以直接采取直接强化 P 的方法，选项 A 与题干给出的在荷兰饲料中发现该化合物一起论证了"化合物对人体有害"因此选 A。

21. 答案：B

解析：考察类比推理。本题的逻辑关系是：

对象　条件　结果
中国 从非洲进口石油　不掠夺
说明进口非洲石油不是掠夺
其他国家 从非洲进口石油？
显然要想让该求同论证完整，？处只能填"不掠夺"，因此，本题选 B。

22. 答案：A

解析：考察充分条件推理规则。题干的逻辑为：工厂→生产杀虫剂→水獭不育。其推理为：肯定水獭不育从而肯定是工厂造成的，这是犯了充分条件推理肯定后件的错误，与此相似的为 A，低钙→产蛋量低，通过肯定产蛋量低来推出低钙。

23. 答案：B

解析：考察三段论推理。做题时，如果发现 1. 符合两个前提一个结论的三部分结构，且 2. 结论和一个已经给出的前提有重复部分，则考虑三段论。题干要求的结论是：照片不能最终证实任何东西，已给出的题干是：照片不具有完全真实性。符合上述形式，考虑三段论。根据三段论做题从结论看结构，我们发现：照片为 S，任何东西为 P，而题干中：照片为 S，不具有完全真实性为 M，那么本题显然是缺大前提 P 任何东西，构造 MAP，就是选项 B。

24. 答案：A

解析：考察联言命题推理。题目中给出的四句话分别是：

甲：乙

乙：丙

丙：甲∨乙

丁：乙∨丙

综合甲、乙、丁我们发现，其中只要一个是真，则至少两个为真，因此不符合题意"只有一个说真话。"推出，（—丙∧—乙）∧丙（甲∨乙）说真话，进一步可推出，甲偷了鱼。选 A。

考察概念间关系。

25. 答案：A

解析：题干的推理是：大学教师∧重度失眠→90% 工作到两点，而关于张宏的推理是：大学教师∧经常工作到两点→可能重度失眠，显然这是一个与已有逻辑不符的，未经证实的推理，因此选 A。

26. 答案：C

解析：考察充分条件推理。题干给出的逻辑关系是：工业发展超过 4000-5000∨工业发展未达到 4000-5000→环境污染会减轻。题目已给出 X 国目前经济水平是 5000，因此满足上述两个条件均可，因此选 C，符合工业发展超过 4000-5000。D 选项只是说"受影响"并没有说会减退，因此不选。

27. 答案：B

解析：考察直言命题对当关系。题干给出的逻辑关系是：没有人知道终点∧没有人知道怎样下车，也就是两个 E 命题。根据直言命题对当关系我们知道 E 命题为真，则 I 命题一定为假，选项 B 的前半句为 I 命题，所以为假。选 B。

28. 答案：B

解析：考察削弱论证。本题的逻辑结构是：不产生污染∧不需运输∧没有辐射∧不依赖电力公司→应该鼓励使用太阳能，这是一个 P→q 的充分条件推理，前面的几个联言项实际上是说明一个问题就是太阳能好，对此的否定—p 也就是说明太阳能不好就可以削弱P→q，只有选项B满足这一点。其他选项都是说明太阳能还不能实际应用，不符合要求。

29. 答案：D

解析：考察类比论证。本题的逻辑结构是一个求异类比：

对象　条件　结果

A组　不说谎话眨眼少

推出：是否说谎是眨眼多少的重要因素

B组　说谎话 眨眼多

我们讲过，削弱类比论证的方法有指出机械类比或者是指出违反类比规则，包括求异类比对象相异和求同类比对象相同相同，本题中A和C选项质疑对象是否相同，B选项质疑是否是机械类比，均构成对求异类比的质疑。只有D选项与本题无关，所以选D。

30. 答案：C

解析：考察三段论推理以及换质位推理。观察本题在结构上三段论的形式，共同项为结论中的P项"参加了4×100米"因此可以推知，M项为"参加了100米比赛"而且本题论证缺S项。结论中的S项是"有些参加200米比赛的田径运动员"，结合S和M项以及三段论推理规则，大小前提由一个否定才能推出否定，得出本题需补充的是：有些参加200米的运动员没有参加100米比赛，选项中无此项，需要转换命题。SOP命题不能先换位，所以先换质为：有些参加200米的运动员参加了非100米比赛。再换位为：有些没有参加100米比赛的运动员参加了200米，因此选C。

31. 答案：C

解析：考察充分条件推理。题目需要的逻辑结构是：看法能够改变→自杀就能避免。因此需要再自杀和看法之间建立充分条件关系，选项C符合要求。

32. 答案：A

解析：所谓的评估，就是能够有助于判断其正确或是错误。题干的逻辑结构是：直接摄入B6∨食用含更多B6的食物←获得老年人所需的B6，有助于对此逻辑评估就是要求能够判断该逻辑各组成部分真假，选项中A选项如果是真，则"食用含更多B6的食物，才能获得所需B6"为假，如果其为假则"食用含更多B6的食物，才能获得所需B6"为真，因此选A。其余选项均与题干逻辑无关。

33. 答案：D

解析：考察削弱论证与联言命题。题干所表达的意思是全球甲烷多半来自植物而非传统认为的湿地与动物，用逻辑关系表达就是：主要是植物∧—主要是湿地与动物→甲烷，选项D直接反驳"主要是植物"，而联言命题一个联言项为假则整个为假，所以选项D通过—p的方式削弱了题干逻辑。选D。

34. 答案：D

解析：考查联言命题和充分条件推理。题干的逻辑结构是：

（收入↑∧价格↓）∨（收入↓∧价格↑）→需求有弹性

对于 W 大学，题目告知学费降低了 20%，就是说明价格下降了，但是收入却上升了，如果这一点为真，我们知道收入 = 价格 × 数量，因此招生数量必然上升，选 D。

35. 答案：B

    解析：考察补充论题。对于此类题我们提出了语意关系原则，本题为其中的转折型关系。其判断原则为：重点在转折部分，转折以后所有的判断，包括对主语的判断都以转折部分为准。因此，选 B。

36. 答案：C

    解析：考察充分条件推理。本题的逻辑关系是：

    张强：运用电子订单→快速准确→增加利润

    李明：运用电子订单→顾客减少→收入减少

    可见，二者的直接分歧在于整个逻辑关系的最后一部分，即最终是否会增加或减少利润。因此，选 C。

37. 答案：B

    解析：考察充分条件推理和直言命题对当关系。题干的逻辑是：到过牛津→不相信任何人说的任何话。此逻辑真则其负命题一定为假，即：到过牛津∧﹣不相信任何人说的任何话，而根据直言命题对当关系，﹣不相信任何人说的任何话 = 相信有些人说的话，因此选 B。

38. 答案：C

    解析：考察类比推理。题干所犯的错误为机械类比，即用以比较的两个对象缺乏属性的相似性，C 选项犯了同样的错误。选 C。

39. 答案：D

    解析：考察选言命题推理。朱红的逻辑是：松树打洞为了找水∨松树打洞为了找糖，既然松树打洞—为了找水，即否定了一个选言支，那么就自然可以肯定另一个选言支：松树打洞为了找糖。因此选 D。

40. 答案：C

    解析：林娜的逻辑为：糖松的糖浓度太低→一定不是为了糖而打洞，C 选项构造了-p，即糖的浓度其实并不低，从而削弱了林娜的论证，选 C。

41. 答案：A

    解析：根据题目已经给出的条件（1）和（3）可以知道，Y 之前至少有三个人到达，因此排除 B。再根据条件（2）：Y 在 T 和 W 之前可以排除 C 和 D 选项，因此选 A。

42. 答案：B

    解析：根据条件（1），题干的要求实际上可以转化为哪两位是相继到达的，根据上题的推导同时结合条件（2）和条件（3）我们可以知道 Y 一定排在第 4 位，既然 S 排在第 6 位那么 T 就排在第 5 位，W 排在第 7 位。进一步可以推知，Z、U、X 为前三名，也就是说 Z、U、X 和 T、S、W 两两相互之间相继到达的，因此选 B。

43. 答案：C

解析：根据条件（1），题干的要求实际上是哪位运动员一定夹在两个相继到达的运动员中间。如果 X 第三个到达，那么结合上题的推导，可以确定 Z、U 一定是前两个到达的，结合条件（5），U 一定是夹在 Z 和 X 之间的，因此选 C。

44. 答案：A

解析：根据条件（1）和（3），Y 的服装一定是绿色的，则如果有三个人是绿色的，那么在后三个人中 S 必须是绿色的，所以选 A。

45. 答案：D

解析：综合条件（2）、（3）、（5），Z 和 Y 一定不是相继到达的。选 D。

46. 答案：D

解析：方案选择，首选排除法。根据条件 4 排除 B，根据条件（2）排除 C，根据条件（3）排除 A，因此答案为 D。

47. 答案：D

解析：首先根据条件（4）排除 A 选项；根据条件（2）和（4）可知 G 一定不能是工程兵，因此排除 C 选项；剩下只需再看 H 和 Y 是否是工程兵，如果他们是，则根据题干给出的只有（3）个工程兵和条件 3，X 一定不能使运输兵，则 X 只能是通信兵，G、W、I 一定是运输兵，该方案可行，所以排除 B 选项，选 D。

48. 答案：C

解析：在所给出的四个选项中，只有 C 选项知道了 I、W 为运输兵，则根据条件 1 和 4F、H、Y 为工程兵，根据条件（3）可知既然不是工程兵，那么 X 就不是运输兵，也不可能是工程兵只能是通信兵，则可以确定 G 为运输兵，因此选 C。

49. 答案：B

解析：如果 X 为运输兵则 W 为工程兵，因为条件（1）以及 G、X 为运输兵，所以 H、Y 必为工程兵，这与 F 为工程兵相矛盾，所以选 B。

50. 答案：C

解析：因为 F 是最确定的条件，所以先看含 F 的选项 C，F、Y 为工程兵，则意味着 H 也为工程兵；根据条件（3）前述推理，X 一定不能是运输兵只能是通信兵，则 W、G、I 为运输兵，所以选 C。

第四部分　外语运用能力测试（英语）

Part One　Vocabulary and Structure

1. 答案：C

解析：句意为："这些年电子商务经历了稳定的发展。" fixed "固定的"；stable "稳固的"；steady "稳定的"；regular "规律的"。C 符合句意，为正确答案。stable 和 steady 为近义词，均为形容词，但是 stable 强调 "稳固，难以移动"，而 steady 则含有发展趋势 "稳定" 之意。

2. 答案：B

解析：句意为："研究者们想出很多理由来解释他们的失败。" excuse "饶恕，宽赦"，justify "证明……有理"；admit "承认"；avoid "避免"。B 符合句意，为正确选项。

3. 答案：B

解析：句意为："我无法解释他的言外之意。"本题考查介词隐含意义。below "在……之下"，beyond "超越"，beyond sb. to do sth. 意思为"某事超越了某人的能力"，即"做不了某事"；past 经过；above "在……之上"，强调物理位置。B 为正确选项。

4. 答案：A

解析：句意为："做成这笔买卖需要的就是最后一搏。"本题考查复合句的连接词。all 为不定代词做主语，同时也是后面定语从句的先行词，此时定语从句的关系代词只能用 that，而不能用 which，因此 A 为正确答案。

注意：定语从句关系代词只能用 that 而不能用 which 的情况有以下几种：

1）不定代词如 something/nothing/all 做先行词时候；

2）先行词有人有物；

3）先行词由序数词或形容词最高级修饰的时候；

4）先行词为有 the only 修饰的事物时。

5. 答案：A

解析：句意为："我不建议你在一年中的这个时候去爬山，因为太热了"。本题考查 much too 和 too much 的区别，too much 修饰不可数名词，表示"太多"；much too 修饰形容词或副词，意为"太"，much too hot 意思为"太热"，因此 A 为正确选项。

6. 答案：A

解析：句意为："他别无选择，只能向他姐姐（妹妹）求助。"has no alternative/choice to do 为固定用法，表示"别无他法，别无选择"。故 A 为正确答案。

7. 答案：A

解析：句意为："摇滚歌手、街舞演员、嬉皮士都有独有的、与众不同的发型。"本题考查近义词辨析和固定搭配，peculiar to sb. 意为"某人独有的"。故 A 为正确答案。

8. 答案：D

解析：句意为："他急于知道一切有关自己在大学里即将学习的课程。"本题考查形容词词组含义。lost in "迷失的"；attentive to "小心翼翼的"；clear of "清楚的"；keep on "急切的"。D 为正确答案。

9. 答案：A

解析：句意为："我宁愿要一间小点但舒适的房间。"would rather 后面加动词原形，意为"宁愿"，因此 A 为正确选项。

10. 答案：C

解析：句意为："是小得只有高倍显微镜才能看见的病毒造成了疾病。"本题考查主谓一致和时态。A 项中的 virus 是单数，且讲述的是常理，所以用一般现在时，且是单数谓语。C 为正确选项。

Part Two　　Reading Comprehension

11. 答案：B

解析：作者对 Bill 的第一印象可能是_____。本题为细节题。从第一段最后一句可知，Bill 对我们的到来表示欢迎（in welcome），同时从第二段第一句可得知，他整个夏天都在教我们骑马、砍柴、圈羊，因此 B 选项"友好"是最佳选项。

12. 答案：D

解析：作者暗示了问题少年最需要的是_____。本题是推理题。从文章最后一句可得知，这是一群需要信任的年轻人。同时文章第三、四段都在描述 Bill 是如何地鼓励我、信任我。因此，相比 A 正确行为的引导、B 艰苦工作的挑战、C 成年人的同情和宽容，D 其他人的理解和信任是最佳选项。

13. 答案：C

解析："四年后，我 took him up on that offer"的意思是_____。本题实际为猜词题，询问 take sb. on sth. 的含义。通过后文所知，作者给他打电话要一份工作，从而推理得出作者接受了 Bill 的帮助。C 为正确选项。take up on 就是"接受"的意思。

14. 答案：D

解析：作者的自豪来自于_____。本题为细节推理题。从文章最后一句话"我现在是农场上的那个人，打开大门，迎接一车年轻人，他们需要别人信任，从而学会相信自己"可推理得知，作者现在也能像当初 Bill 帮助他一样去帮助其他年轻人。因此 D"他能帮助别人"是正确选项。

15. 答案：A

解析：作者想通过自己的经历来告知_____的重要性。本题为总结归纳题。全文的中心思想为"信任的重要性"，而信任又是人际关系的一种，因此 A"人际关系"是正确答案。

16. 答案：C

解析：作者举 Jane Fonda 为例来说明_____。本题为例证题。例子往往是为了说明作者的观点。本文开篇明义点出作者观点"人们一有成就就会止步不前吗？不是的，在生活中，人们总是在尝试将事情做得更好，或者取得更多的成功"，因此后面的例子所说明的对象即为第一段陈述的观点，C"成功人士不满足自己的成就"是正确答案。D"真正成功的人需要在多个领域里出人头地"是混淆选项，看似正确，实际并未说明本文的观点。

17. 答案：D

解析：人们追求成功的动机是_____。本题为细节题。文章第六自然段最后一句"正是成就带来的内在的喜悦和满足（使努力变得有价值）"，对应 D"成就感"。D 为正确选项。

18. 答案：B

解析：最后一段里"dimensions"的意思是_____。本题为词语解释题。dimension 在原文中的意思为"方面，特征"，故选 aspects。

19. 答案：A

    解析：作者对人们追求成功持有的态度是_____。本题为态度题，因此全文中表示作者态度的字词就很重要。文章最后一句话"这（追求成功）能使你成为社会中更为有意思、有用的人"表明，作者持"支持、赞成"的态度，故选 A 赞成。

20. 答案：A

    解析：本文的最佳题目是_____。本题为主旨题。本文的主题段为第一段，意即"成功无止境"，A 为最佳选项。B 成功来自于努力，C 小成就也有用，D 人人皆能成功，均不全面。

21. 答案：D

    解析：第一段中的"drawbacks"的意思是_____。本题为词语解释题，本句含义为"然而，明亮的世界也有其 drawbacks"，通过上下文的语意走向能判断，drawbacks 应在语意上保持与 brighter（明亮的）相反，四个选项中只有 D 问题是明显的反面语意走向，因此可判断 D 为正确选项。drawbacks 本意是"缺点，不足"的意思。

22. 答案：D

    解析：黑色天空国际联合会是一个_____的组织。本题为细节题。采用专有名词定位方法，从第二段最后一句"……一个旨在控制光污染的非营利组织"可以得知"D 努力减少光污染"为正确选项。

23. 答案：A

    解析：今年 3 月 29 日，全世界众多城市里有很多人_____。本题为细节题。仍然采用专有名词（时间）定位的方式，到第三自然段找到回现。通过本段第一句得知，很多澳大利亚人在"地球时"关掉电灯，这一举动引发全球很多城市的效仿。因此，"A 关掉电灯一个小时"是正确选项，turned out 是原文 switched off 的同义词。其他选项皆为干扰项。

24. 答案：A

    解析：科学家计算星星的数量时为了_____。此题为推理题。从文章第四段第一句"很多组织测量光污染，并且评估其对环境的影响，希望人们能够减少造成污染的行为"推理可知，正确答案为 A。

25. 答案：B

    解析：上晚班的人_____。本题为细节题，原文回现在最后一段。最后一段共有三句话，每一句都能解答这一题。第一句大意为，晚上工作的人风险更大。第二、三句则是举例证明上晚班的人有健康方面的危险。因此答案为"B 健康面临的风险更大"，其他皆为干扰项。

26. 答案：B

    解析：广告者无一提到的是_____。本题需先浏览选项，然后有目的地回到原文进行查找。A 项"身高"，在 E 中有所提及；B 项"体重"，无一提及；C "头发颜色"，E 中有所提及；D 项"个性"，在 4、5 等都有所提及。因此 B 为正确选项。

27. 答案：A

解析：广告中所有人都提及的是_____。只有 A "年龄" 在每则广告中有所提及。

28. 答案：C

解析："GOSH" 的意思是_____。从选项中可以得知，"GOSH" 是四个单词的缩写。在 4、5、C 中都有所出现。在 4 中 "caring & sincere, with a GOSH," 可看出它应该是与 "体贴，诚挚" 的近义词，并且能用 a 修饰，那么只能选择 C "良好的幽默感"。A "温柔；理智；顺从；诚实"，B "慷慨，诚挚，开明，英俊"，均不能用 a 修饰，且含义与前文有所重复，D "很强的荣誉感" 则与上下文语意走向不一致，故选 C。

29. 答案：D

解析：与 D 号女征婚者可能搭配的是_____。该征婚者的征 "年龄相仿，慷慨，热心，热爱交友和出游" 的男士，按此要求，男 4 号最为匹配。

30. 答案：C

解析：本则广告可能出现在的版面是_____。根据每则广告的描述和前面几个题的题干，可证明这是一则征友或征婚广告，因此 C 家庭广告的版面是最佳答案.

Part Three   Cloze

31. 答案：A

解析：考查句意。根据上下文，此处填 afford（负担得起）最合适，大意为；你只应该买那些你真正需要的和能买得起的. find 找到，possess 拥有，gain 获得均不符合句意。

32. 答案：C

解析：根据上下文，此句的大致含义为：不要让自己对销售员的感觉影响你去买他的东西。本体考查上下文含义，也考查 affect 和 influence 的词义辨析。affect sb. to do sth. 影响某人做某事，influence 后面常跟 on/over 等介词，表示潜移默化的影响。销售员的促销往往是煽动性的，因此从用法和含义上讲，C 为正确选项。

33. 答案：B

解析：句意为：你有权利去询问销售员你关于产品或服务而想问的的任何问题。介词 about 是正确答案。

34. 答案：B

解析：句意为：你有权利得到一个明确的、完整的回答。故答案为 B。

35. 答案：C

解析：句意为：你可以告诉销售员你得考虑几天，或者询问一下买过这个产品或使用过这个服务的人。本题考查结构，"tell the salesperson" 后面是两个并列的宾语从句，因此选择 C 选项。

36. 答案：B

解析：句意为：你也可以绕开销售员，无需什么礼节来结束你们的谈话。选择 "away

from"表示"远离",符合上下文含义,因此 B 为正确答案。

37. 答案:D

   解析:句意为:你可以什么都不说就挂掉电话。本题考查词组含义。cut up"切断",hold up"举起",pull up"拔起,停下",hang up"挂断",根据上下文含义,D 为正确答案。

38. 答案:C

   解析:句意为:当然,很多销售员是真心想给你提供合理的产品和价格。表"提供"有两种说法:provide sb. with sth. ／provide sth. for sb.,或者 offer sb. sth.,C 为正确选项。

39. 答案:A

   解析:句意为:如果你对这次购物有疑点。A 符合句义,故为正确答案。

40. 答案:A

   解析:句意为:你可以去询问有过类似经历的人。consult with"与……协商";concern about"关心,涉及";infer from"推断出";go after"追逐,追求",A 为正确答案。

Part Four　Dialogue Completion

41. 答案:B

   解析:句意为:我对钓鱼没有兴趣。回答;我也没有。对否定句的附和,要选用 neither do I,故 B 正确。

42. 答案:A

   解析:A 向 B 发出一起看电影的邀请,B 回答"假如我能完成我的作业",这实际是对邀请的委婉的拒绝。此时选择 A"哦,别了",是对别人拒绝最好的回应。

43. 答案:D

   解析:采访者感谢王先生给了他一次印象深刻的采访,并且表示没有问题了。对感谢的正确回应应是 D"我很乐意(效劳)"。A"感谢您的时间",这不是回答感谢的,而是感谢别人的用语;B 是吗?太好了,暗含不耐烦。终于问完了之意;C 抱歉,我没想伤害你,这是对抱歉的说法。故 D 为最佳选项。

44. 答案:B

   解析:男士说:"我已经坚持去健身房半年了",女士回答"看的出来,你现在看上去很健康匀称。"B 为最佳选项。

45. 答案:B

   解析:Tom 说:"别忙了,我一点儿都不渴。"Henry 的回答实际是再次确认:"你真的不来杯冰啤酒或可乐?",B 为最佳选项。

46. 答案:D

   解析:学生 A 说"登机时间到了",这是在分别前告别和回答。B 回答"旅途愉快"是正确答案。

47. 答案:D

   解析:Bob 说:"这是 20 美元。"收银员回答:"这是找您的钱",此题为购物场景用于的考查。D 为正确选项，其他均不合适。

48. 答案：B

    解析：老师说："别跟我说车又爆胎了，我不是小孩子。"学生回道："对不起，下次我不会再迟到了。"这是一个老师责备学生迟到的场景，此时学生应该表示道歉。

49. 答案：C

    解析：在口语中，当给对方指完路时，常常加上 "You can't miss it"，表示"没错的，你肯定能找到"。

50. 答案：A

    解析：A 说："我觉得有点头晕。我刚才喝了很多啤酒。" B 说："是吗？难道你不知道这是一个很重要的聚会吗？注意举止，别闹出笑话。" "behave yourself" 意为注意举止，是最佳答案。

2009 年在职攻读硕士学位全国联考研究生入学资格考试试卷

参考答案与解析

第一部分　语言表达能力测试

一、选择题

1. 答案：C

解析：A "慷慨" 有两个意思：一是充满正义、情绪激昂：慷慨陈词。二是不吝惜：慷慨解囊。试题中第一句是第二个意思，第二句是第一个意思。B "颓唐" 有两个意思：一是精神委靡。二是衰颓败落：老境颓唐（这是一个古语书面语）。试题中第一句是第一个意思，第二句是第二个意思。C "清新" 有两个意思：一是指清爽而新鲜，如空气清新。二是指新颖而不俗气。试题中两句都是第二个意思，都是用来形容诗句的新颖不俗。D "朦胧" 是个形容词，意思是 "不清楚，模糊"。试题中第二句用的是它的本义，第一句用的是它的动词活用法，意思是 "融化"，词性不同，意义不同。

2. 答案：A

解析：B 应当写做 "记忆犹新"。"犹" 意为 "好像"。C 应当是 "气概" 而非 "慷慨" 的 "慨"。D 应当写做 "笼络"，"笼" 此处念上声。

3. 答案：B。"流程"：水流的路程。

解析：A "再现了" 与 "生活情趣" 不搭配。"再现" 意为 "（过去的事情）再次出现"。可以用 "表现"。C 句式杂糅。"比较合适" 与前句式杂糅。D "塑造" 与 "人格力量" 不搭配，且后面的分句缺主语，要把前面的 "了" 改成 "的"。

4. 答案：C

解析：A "三分之二" 语意不明。B "法官谋杀案" 语意不明，是法官杀了人呢，还是法官被杀了？D "都已经吃了" 语意不明，是吃了一点儿呢，还是全部吃光了呢？C 的前半部分看似语意不明，但后面的 "远在祖国的父母" 的限定，使语意明白了。

5. 答案：D

解析：日本第一位获诺贝尔文学奖的作家是川端康成，1968 年，他的《雪国》被认为是日本现代抒情文学的经典。大江健三郎是日本第二位获此项殊荣的作家。

6. 答案：C

解析：A "丈夫" 古指成年男子，现指女子的配偶，语义缩小了。B "臭" 古指味道，现指不好的味道，语义缩小了。C "河" 古专指黄河，现在语义扩大了，可泛称一切河流。D "睡" 古指打瞌睡，现指睡觉，词义转移了。

7. 答案：A

解析：由 "继东坡"、"美芹" 可知为辛弃疾；由 "新乐府" 可知为白居易；由 "两表"、"尽瘁"可知为诸葛亮；由"志复中原"、"铁也铜驼"可知为陆游。

8. 答案：D

解析：A"笑纳"不妥，应请别人笑纳。B"拜读"不妥。称自己拜读他人的作品。C"遗风"不妥。杨阳并未离世，不当称为遗风。

9. 答案：B

解析：讲的是德育的社会性功能。古代中国是一个很重视道德教化的国度。德育一直是统治者"齐风俗，一民心"、"齐家治国平天下"的工具，可见，人们很早就注意到德育的社会功能。

10. 答案：A

解析："宁可枝头抱香死"是写菊花的。

11. 答案：B

解析：由"无论自己有多少军队，在一个时间内，主要的使用方向只应有一个"可知，要集中使用军队资源。

12. 答案：B

解析：A、C、D皆不全面。

13. 答案：D

解析：A因为金属会反射微波（把微波反射掉），故不能用，一般微波炉壁是用金属做的。B严格来讲有问题，不能是普通的塑料，一定要是耐高温的，否则会变形，还会释放出毒素。C是对的，中间受热快。D不是对上述三个基本特性的描写。况且，微波炉的输出功率本身并不可以调节，所谓高、中、低火只是改变了加热与停止加热的时间比例而已。

14. 答案：B

解析：下列生理过程不需要酶的参与：氧气进入细胞、质壁分离、叶绿体吸收光能。在光合作用中，叶绿体吸收光能只需色素参与，不需要酶。这是一道高考题。

15. 答案：A

解析：A不是必要条件。台风产生的必要条件有：a. 首先要有足够广阔的热带洋面，这个洋面不仅要求海水表面温度要高于26.5℃，而且在60米深的一层海水里，水温都要超过这个数值。b. 在台风形成之前，预先要有一个弱的热带涡旋存在。c. 要有足够大的地球自转偏向力，因赤道的地转偏向力为零，而向两极逐渐增大，故台风发生地点大约离开赤道5个纬度以上。d. 在弱低压上方，高低空之间的风向风速差别要小。在这种情况下，上下空气柱一致行动，高层空气中热量容易积聚，从而增暖。

二、填空题

16. 答案：D

解析："颐指气使"：不说话而用面部表情来示意。指有权势的人傲慢的神气。贬义。"耳提面命"：《诗经·大雅·抑》："匪面命之，言提其耳"，意思是不但当面告诉他，而且揪着他的耳朵叮嘱。后来用来形容恳切地教导。褒义。"涣然冰释"：形容嫌隙、疑虑、误会等完全消除。"烟消云散"：比喻事物消失净尽。

17. 答案：C。窜改，起用，清净

解析："窜改"：改动（成语、文件、古书）等，如"窜改原文"。"篡（音窜）改"：用作伪的手段改动或曲解（经典、理论、政策）等。"启用"：开始使用。"起用"：重新任用已退职或免职的官员，或提拔使用。起用新人，大胆起用年轻干部。"清净"：没有事物打扰。"清静"：（环境）安静，不嘈杂。

18. 答案：D

解析：借代了擦了雪花膏的那个人。

19. 答案：A

解析：依逻辑关系分析可得。

20. 答案：A

21. 答案：C

解析：第一句与第二句话之间应该有递进的意思。后面的两句话进行补充说明。

22. 答案：B

解析：典型人物：小说等叙事性文学作品中塑造的具有典型性的人物形象。指那些个性鲜明，同时又能反映出特定社会生活的普遍性，揭示出社会关系发展的某些规律性和本质方面的人物形象。典型人物性格是共性与个性的统一，表现为非常复杂的状况，究竟哪种性格成分会成为人物的共性。一方面受人物所处的历史条件所制约，另一方面又受到作家创作意图的影响，只有直接体现着时代的特色和要求，又引起作者特别注意，并被用以寄托作者对社会、人生等重大问题的态度和看法的性格成分，才能成为典型性格中反映某些社会本质的东西。因此，典型人物的共性一般都带有阶级性，而且带有某一时代、民族、地域、阶层的人物所共有的属性。如，曹雪芹创造的贾宝玉、林黛玉，鲁迅创造的阿Q 等，都是著名的典型人物。

23. 答案：A

24. 答案：C

解析：所谓管理幅度，又称管理宽度，是指在一个组织结构中，管理人员所能直接管理或控制的部属数目。对企业来说，确定管理幅度需考虑以下影响因素：①计划制定的完善程度。②工作任务的复杂程度。③企业员工的经验和知识水平。④完成工作任务需要的协调程度。⑤企业信息沟通渠道的状况。当企业沟通渠道畅通，通讯手段先进，信息传递及时，可加大管理幅度。

25. 答案：D

解析：流动资产包括货币资金、短期投资、应收票据、应收股息、应收账款、其他应收款、存货、待摊费用、一年内到期的长期债权投资等。

26. 答案：B

解析：刑法的溯及力，是指刑法生效后，对于其生效以前未经审判或者判决尚未确定的行为是否适用的问题。如果适用，则有溯及力；如果不适用，则没有溯及力。

从旧兼从轻原则既符合罪刑法定的要求，又适应实际的需要，为绝大多数国家刑法所采，我国刑法亦采此原则。我国修订后的《刑法典》第12条规定："中华人民共和国成立以后本法施行以前的行为，如果当时的法律不认为是犯罪的，适用当时的法律；如果当时的法律认为是犯罪的，依照本法总则第四章第八节的规定应当追诉的，按照当时的法律追究刑事责任，但是如果本法不认为是犯罪或者处刑较轻的，适用本法。"

27. 答案：A

   解析：我国宪法规定："中华人民共和国的国家机构实行民主集中制的原则。"我国国家机构实行民主集中制原则主要表现为：第一，全国各级人民代表大会由民主选举产生，对人民负责，受人民监督。第二，国家行政机关、审判机关、检察机关都由人民代表大会产生，对它负责，受它监督。第三，中央和地方国家机构职权的划分，遵循在中央的统一领导下，充分发挥地方的主动性、积极性的原则。

28. 答案：C

   解析：在生态系统的食物链中，凡是以相同的方式获取相同性质食物的植物类群和动物类群可分别称做一个营养级。在食物链中从生产者植物起到顶部肉食动物止。即在食物链上凡属同一级环节上的所有生物种就是一个营养级。
   "螳螂捕蝉，黄雀在后"表达了黄雀捕食螳螂，螳螂捕食蝉，看起来只有三个营养级，但是营养级是食物链的结构，其中事物链一定要包括生产者，这样这个题目的答案应该是四个营养级，第一营养级为绿色植物，即蝉正在吃食物；第二营养级为蝉；第三营养级为螳螂；最后是黄雀。

29. 答案：C

   解析：大于0.2是酒后驾车，大于0.8是醉酒驾车。

30. 答案：C

   解析：房间将会越来越热，因为压缩机工作会产生热量，根据能量守衡定律，压缩机消耗电能所产生的热量不能消失，房间又是密封的，所以房间越来越热。

三、阅读理解题

31. 答案：C

   解析：文章中只有索普被提到使用过两代以上的鲨鱼皮游泳衣。

32. 答案：D

   解析：最后一段第一句话就提到："泳衣问题何曾有过公平？"可见讨论的是游泳比赛的公平性问题。

33. 答案：D

   解析：文中第二段提到："不知道是出于厂商利益和泳联让比赛提速的美好愿望，抑或是2000年悉尼奥运会东道主澳大利亚的暗中要求，总之这种泳衣在悉尼奥运会改变了世界泳坛格局。"只有D项原因未被提到。

34. 答案：C

   解析：C项最能概括本文意旨。

35. **答案：B**

   解析：文中没有提到鲨鱼皮泳衣可以增加动作的协调性。第六段中也提到"对于身材修长、灵活的中国和日本等亚洲选手而言，其实最需要的并不是所谓的减少身体在水中所产生的阻力，而是要在增加手腕、臂力等动作的协调和划力上下足功夫，只有这样才会如夺得巴塞罗那游泳金牌的岩崎恭子一样争夺金牌。"可见协调性要靠平时的训练，而不是泳衣所能解决提高的问题。

36. **答案：A**

   解析：强调它们的比喻义，指出这里用的不是它们的本义。

37. **答案：D**

   解析：文中提到："我们经由交易，可以互蒙其利而皆大欢喜。"故应选 D。

38. **答案：B**

   解析：文中提到："专业化的生产对自己、对别人、对大家，都好。"这就是"正面价值"的含义。

39. **答案：C**

   解析：文中说的是"下次我帮儿子喂奶换尿布时也不要再嘀咕抱怨"，C 项刚好说反了。

40. **答案：D**

   解析：文章第一段提到："他的为人处世也很特立独行，在报纸杂志上以老妪能解的笔调撰文载道，花很多时间和同事进行切磋琢磨。这和一般成名的经济学家离世索居，在象牙塔里经营学问大不相同。"没有提到的是 D 项。

41. **答案：C**

   解析：依《论语》："君子和而不同，小人同而不和"可知。

42. **答案：B**

   解析：由文中所涉及的内容，可知主要是指和西方国家的关系。

43. **答案：D**

   解析：题干中说"让中国面对世界的时候，难免于仰视和俯视的视角"，"仰视和俯视"的主语都是"中国"，选项 A 的主语分别是"中国"和"世界"，不对。B 项和 C 项提到了过去和现在，时间不统一，故当选 D 项。

44. **答案：A**

   解析：中国作为发展中国家，没有"已经变得十分强大，与世界发达国家可以平起平坐"，文中没有这样的信息。

45. **答案：B**

   解析：出自《论语·子路》："君子和而不同，小人同而不和。"

46. **答案：C**

   解析："洋洋大观"：形容事物繁多，丰富多彩。用在文中最合适。"洋洋洒洒"：形容规模或气势盛大。"汗牛充栋"：形容书籍极多。"多如牛毛"：形容数量极多。此词太夸张了，用在文中不合适。又因为此词只形容多，没有"丰富多彩"义，故 C 项是最合适的。

47. **答案：A**

解析：文中提到"太师们保存下这些唱本儿，带着乐谱；唱词儿共有三百多篇，当时通称做'诗三百'。"故当选 A。文中还提到"但纪录的人似乎并不是因为欣赏的缘故，更不是因为研究的缘故。"可知 B 是不对的。C 没有提到"太师整理和保存下来的"的信息，不完整。文中还提到："太师们所保存的还有贵族们为了特种事情，如祭祖、宴客、房屋落成、出兵、打猎等作的诗。这些可以说是典礼的诗。又有讽谏、颂美等的献诗；献诗是臣下作了献给君上，准备让乐工唱给君上听的，可以说是政治的诗。"可见"诗三百"里不仅有从民间搜集的歌谣，还有贵族的献诗，故 D 也是不完整的。

48. 答案：D

解析：文中第四段明确提到"诗言志"，其方式就是"断章取义"。

49. 答案：A

解析：文中第四段提到："春秋时通行赋诗。在外交的宴会里，各国使臣往往得点一篇诗或几篇诗叫乐工唱。这很像现在的请客点戏，不同处是所点的诗句必加上政治的意味。这可以表示这国对那国或这人对那人的愿望、感谢、责难等等，都从诗篇里断章取义。断章取义是不管上下文的意义，只将一章中一两句拉出来，就当前的环境，作政治的暗示。"可见赋诗既不是诗人作诗，也不是泛泛指乐工唱诗，也不是去解释"诗意"，而是用此诗中几句表达现实的政治含义。

50. 答案：A

解析：第一段开头便说"诗的源头是歌谣"，这是第一段的主要意思。

第二部分　数学基础能力测试

1. 答案：D

解析：设二次函数的表达式为 $f(x) = ax^2 + bx + c$；由图像知二次函数过点 $(-1,0)$，$(5,0)$，$(0,-5)$。所以有 $\begin{cases} a - b + c = 0 \\ 25a + 5b + c = 0 \\ c = -5 \end{cases}$　解得 $\begin{cases} a = 1 \\ b = -4 \\ c = -5 \end{cases}$

所以 $f(x) = x^2 - 4x - 5$. 故选 D.

2. 答案：B

解析：$\dfrac{2010 \times 2008 + 1}{(1 + 3 + 5 + 7 + 9 + 11 + 13)^2} = \dfrac{(2009 + 1) \times (2009 - 1) + 1}{(49)^2}$

$= \left(\dfrac{2009}{49}\right)^2 = (41)^2 = 1681$. 故选 B.

3. 答案：B

解析：由图知：$S_{阴影} = S_{CAC'} + S_{\triangle AD'C'} - S_{\triangle ADC} - S_{DAD'}$

所以有 $S_{阴影} = \dfrac{\pi}{4}(a^2 + b^2) + \dfrac{ab}{2} - \dfrac{ab}{2} - \dfrac{\pi}{4}b^2$

$= \dfrac{\pi}{4}a^2$. 故选 B.

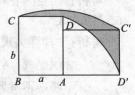

4. 答案：D

解析：由题意知，依次排列为： $\underbrace{2\quad 4\quad 6\quad 8}_{4\text{个数码}}\quad \underbrace{10\quad 12\quad \cdots\quad 96\quad 98}_{\frac{98-10}{2}+1=45\text{ 组数}=90\text{ 个数码}}\quad 100\quad 102\quad 104$

所以第 101 个数码是 1. 故选 D.

5. 答案：C

解析：因为函数 $f(x)$ 是周期为 3 的周期函数，所以有：

$f(2009) = f(670 \times 3 - 1) = f(-1)$，$f(-3) = f(0)$，$f(4) = f(1)$

且由图像知： $f(-1) = -1$，$f(0) = 1$，$f(1) = 2$

所以 $\dfrac{f(-1) + f(2009)}{f(-3) - f(4)} = \dfrac{-1-1}{1-2} = 2$. 故选 C.

6. 答案：A

解析：设这两个正数为 a，b，则由题意有： $\begin{cases} \dfrac{a+b}{2} = 15 \\ ab = 12^2 \end{cases}$

所以 $|a-b| = \sqrt{(a-b)^2} = \sqrt{(a+b)^2 - 4ab} = 18$. 故选 A.

7. 答案：D

解析：设当甲车驶到 A，B 两地路程的 $\dfrac{1}{3}$ 时的时间为 t，A，B 两地的路程为 s.

根据题意，有： $\begin{cases} 50t = \dfrac{1}{3}s \\ 50(t+1) + 40(t+1) = s \end{cases}$　解得 $\begin{cases} t = 1.5 \\ s = 225 \end{cases}$

故选 D.

8. 答案：D

解析：如图所示， $\sin\dfrac{A}{2} > \dfrac{1.5}{\sqrt{3}} = \dfrac{\sqrt{3}}{2}$

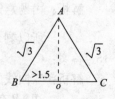

所以 $\dfrac{A}{2} > 60^0$，即 $A > \dfrac{2\pi}{3}$

又 $\angle A$ 是 $\triangle ABC$ 中的一内角，所以 $\angle A$ 的取值范围是 $\left(\dfrac{2\pi}{3}, \pi\right)$. 故选 D.

9. 答案：B

解析：由杨辉三角形数字构成的规律，知图中第八行○中从左到右的数字依次为：

1，7，21，35，35，21，7，1

所以这些数字之和为：$1 + 7 + 21 + 35 + 35 + 21 + 7 + 1 = 128$. 故选 B.

10. 答案：B

解析：因为 $z_1 = 1 - \dfrac{1}{i} = 1 + i$，$z_2 = -2i^2 + 5i^3 = 2 - 5i$

所以 $z_1 + z_2 = 3 - 4i$

所以 $|z_1 + z_2| = \sqrt{3^2 + (-4)^2} = 5$. 故选 B.

11. 答案：C

解析：如右图所示，当斜率 k 的取值范围是 $\left(\dfrac{2}{3},2\right)$

时，直线 $y = kx$ 与函数 y 的图像恰有 3 个

不同的交点. 故选 C.

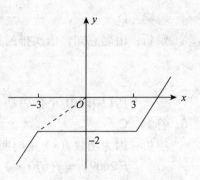

12. 答案：D

解析：如图所示，设 $\angle DNM = \alpha$，$MN = x$

所以有 $\begin{cases} 2x\cos\alpha + 5x\sin\alpha = 10 \\ 5x\cos\alpha = 10 \end{cases}$

解得 $\begin{cases} x\cos\alpha = 2 \\ x\sin\alpha = \dfrac{6}{5} \end{cases}$

所以这六个小正方形的面积为

$S = 6x^2 = 6(x^2\cos^2\alpha + x^2\sin^2\alpha)$

$= 6\left[2^2 + \left(\dfrac{6}{5}\right)^2\right] = 32\dfrac{16}{25}$. 故选 D.

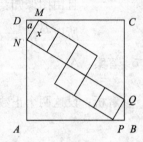

13. 答案：A

解析：由题意，知抽到 A 型螺杆的概率是 $P_1 = \dfrac{160}{200} = \dfrac{4}{5}$，

抽到 A 型螺母的概率是 $P_2 = \dfrac{180}{240} = \dfrac{3}{4}$.

所以能配成 A 型螺栓的概率为 $P = P_1 \cdot P_2 = \dfrac{3}{5}$. 故选 A.

14. 答案：A

解析：由题意知，$V_{\text{小四面体}} = \dfrac{1}{8}V_{\text{四面体}} = \dfrac{1}{8} \times 64 = 8 \text{ cm}^3$

所以剩余部分的体积为 $V_{\text{剩}} = V_{\text{四面体}} - 4V_{\text{小四面体}} = 64 - 4 \times 8 = 32 \text{ cm}^3$. 故选 A.

15. 答案：C

解析：双曲线的性质：以焦点半径 PF_1 为直径的圆必与以实轴为直径的圆相切（内切：P 在左支上；外切：P 在右支上）. 故选 C.

16. 答案：B

解析：$\lim\limits_{x\to 1} \dfrac{\pi(x-1)}{\sin\pi x} \xlongequal{\text{洛必达法则}} \lim\limits_{x\to 1} \dfrac{\pi}{\pi\cos\pi x} = -1$. 故选 B.

17. 答案：B

解析：$y = f(x)$ 的图像如右图所示，

知 $f(x)_{\min} = 1$. 故选 B.

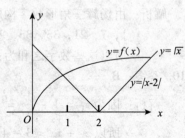

18. 答案：D

解析：因为当 $x \in \left(0, \dfrac{\pi}{2}\right)$，有 $t < \sin t$.

所以有 $\int_x^{\frac{\pi}{2}} g(t)\,\mathrm{d}t \leqslant \int_x^{\frac{\pi}{2}} g(\sin t)\,\mathrm{d}t$. 故选 D.

19. 答案：A

解析：因为 $\lim\limits_{x\to 0}\dfrac{x-g(x)}{\sin x}=1$ 成立，所以有 $\lim\limits_{x\to 0}\dfrac{x}{\sin x}-\lim\limits_{x\to 0}\dfrac{g(x)}{\sin x}=1$

又因为 $\lim\limits_{x\to 0}\dfrac{x}{\sin x}=1$，$\sin x \sim x$

所以 $\lim\limits_{x\to 0}\dfrac{g(x)}{x}=0$，所以当 $x\to 0$ 时，$g(x)$ 是 x 的高阶无穷小量. 故选 A.

20. 答案：C

解析：令 $x-u=t$，则有 $u=x-t$；当 $u=0$ 时，有 $t=x$；当 $u=x$ 时，有 $t=0$.

$\displaystyle\int_0^x uf(x-u)\,\mathrm{d}u=-\int_x^0(x-t)f(t)\,\mathrm{d}t=x\int_0^x f(t)\,\mathrm{d}t-\int_0^x tf(t)\,\mathrm{d}t=-\sqrt{x}+\ln 2$

对等号的两边进行求导，得：$\displaystyle\int_0^x f(t)\,\mathrm{d}t=-\dfrac{1}{2}x^{-\frac{1}{2}}$

所以有 $\displaystyle\int_0^1 f(t)\,\mathrm{d}t=-\dfrac{1}{2}$. 故选 C.

21. 答案：A

解析：因为 $f'(x)=f^2(x)$，所以 $f''(x)=2f(x)f'(x)=2f^3(x)$

$f'''(x)=6f^2(x)f'(x)=6f^4(x)$.

又 $f(0)=-1$，所以 $f'''(0)=6$. 故选 A.

22. 答案：D

解析：设 $A=\begin{pmatrix} a_{11} & a_{12} & a_{13} \\ a_{21} & a_{22} & a_{23} \\ a_{31} & a_{32} & a_{33} \end{pmatrix}$，则 $A^{\mathrm{T}}=\begin{pmatrix} a_{11} & a_{21} & a_{31} \\ a_{12} & a_{22} & a_{32} \\ a_{13} & a_{23} & a_{33} \end{pmatrix}$，由 $A^{\mathrm{T}}A=E$，所以 $A^{\mathrm{T}}=A^{-1}$

因为 $AX=b$，所以 $X=A^{\mathrm{T}}b$，即 $X=(a_{11},a_{12},a_{13})^{\mathrm{T}}$.

又因为 $AA^{\mathrm{T}}=E$，所以 $A^{\mathrm{T}}A=E$，即 $a_{11}^2+a_{12}^2+a_{13}^2=1$.

所以 $a_{12}=a_{13}=0$. 故选 D.

23. 答案：D

解析：$f(x)=\begin{vmatrix} a_1+x & b_1+x & c_1+x \\ a_2+x & b_2+x & c_2+x \\ a_3+x & b_3+x & c_3+x \end{vmatrix}=\begin{vmatrix} a_1 & b_1+x & c_1+x \\ a_2 & b_2+x & c_2+x \\ a_3 & b_3+x & c_3+x \end{vmatrix}+\begin{vmatrix} x & b_1+x & c_1+x \\ x & b_2+x & c_2+x \\ x & b_3+x & c_3+x \end{vmatrix}$

因为 $\begin{vmatrix} x & b_1+x & c_1+x \\ x & b_2+x & c_2+x \\ x & b_3+x & c_3+x \end{vmatrix}=0$，所以 $f(x)=\begin{vmatrix} a_1 & b_1 & c_1 \\ a_2 & b_2 & c_2 \\ a_3 & b_3 & c_3 \end{vmatrix}$

又因为 $f(x)$ 不恒为 0，所以 $\begin{vmatrix} a_1 & b_1 & c_1 \\ a_2 & b_2 & c_2 \\ a_3 & b_3 & c_3 \end{vmatrix}\neq 0$.

即 $f(x)$ 无零点. 故选 D.

24. 答案：B

解析：因为相似的矩阵有相同的特征多项式，进而有相同的特征值.

$$由 B = \begin{pmatrix} -1 & 0 & 0 \\ 0 & 0 & 1 \\ 0 & 1 & 0 \end{pmatrix} \Rightarrow \lambda_1 = \lambda_2 = -1, \lambda_3 = 1.$$

所以 $A + E$ 的特征值为 0, 0, 2. 秩为 1. 故选 B.

25. 答案：A

$$解析：(a_1, a_2, a_3, B) \begin{pmatrix} 1 & 2 & 0 & 3 \\ 2 & 3 & 1 & 5 \\ 0 & 1 & -1 & k \end{pmatrix} \rightarrow \begin{pmatrix} 1 & 2 & 0 & 3 \\ 0 & -1 & 1 & -1 \\ 0 & 1 & -1 & k \end{pmatrix}$$

由于 β 可由 $\alpha_1, \alpha_2, \alpha_3$ 线性表示，所以 $k = 1$. 故选 A.

第三部分 逻辑推理能力测试

1. 答案：D

解析：要削弱题干的论证，也就是要证明"瓷枕头非常硬，活人不好枕→北宋的瓷枕一定是专门给死者枕的冥器"错误性，选项 D 说明将军耶律羽之在睡觉时曾经用过这种瓷枕头，构造了该逻辑的负命题，所以 D 为选项。

2. 答案：C

解析：题干中专家的论断是"转基因食品是安全的→可放心食用"，选项 A 支持了前提，既不使用含有致癌物质的除草剂来保证安全；选项 B 用事实归纳来支持专家的断言；选项 D 举例法来支持论断；选项 C 削弱了该逻辑的前提，所以 C 为选项。

3. 答案：B

解析：石家庄小汽车平均价格比北京便宜→如果你想买一辆新的小汽车，若去石家庄购买，有可能得到一个更好的价钱，"平均价格"可比的前提是对象相同，选项 B 指出这一逻辑漏洞，所以 B 为选项。

4. 答案：B

解析：该题为主旨题，注意题目中的转折句，"说他的兴趣和专长是化学，而他的报告却几乎没有谈到化学方面的问题，详述的是怎样出货和陈设商品的事情"，选项 B 正是这句的同一转述，B 为答案。

5. 答案：A

解析：(中国人越来越多地食用高热量、高脂肪的食品→心脏病和糖尿病的发病率也提高了)∧平均预期寿命提高，矛盾解释型题目，只有 A 选项能够使前后联言支均为真。

6. 答案：B

解析：同第 4 题，该题为主旨题，注意句中的转折结构"即使"，题干中说改变观念，即使身处沙漠，也会有很大收获，选项 B 正是表达了这种意思，B 为正确选项。

7. 答案：B

解析：根据秦兵马俑的情况→当时的骑兵没法在马上打仗，寻找前提型题目，选项 B

假设陪葬品反映社会情况，如果不能反映，那么该题逻辑推断的前提就不正确了。B 符合增加论据确保前提真这一情形，B 为正确选项。

8. 答案：C

　　解析：该题属于削弱型题目，网友的论断为"实际售票数超出有效席位→严重超员"，选项 A 与该论断没有关系，选项 B 没有抓住主要问题，选项 C 构造了负命题，选项 D 不如 C 的质疑强烈，C 为正确选项。

9. 答案：A

　　解析：不称职的人或者愚蠢的人→看不见这衣服，即 p∨q→r，选项 A 为 r→p∨q，选项 B 为 ¬ p→¬ r，选项 C 为 ¬ r→¬ p∨¬ q，选项 D 为 ¬ q→¬ r，根据充分条件推理规则，A 不成立，所以 A 为正确选项。

10. 答案：D

　　解析：此题为削弱型题目，选项 A 为论断提供了事实上的质疑，选项 B 使用的为反问语句，即"国际地震学界不认可蟾蜍大迁移这类动物异常行为与地震之间的相关性"，选项 C 也是事实上的质疑，D 选项与地震无关，不具有针对性，所以，D 为正确选项。

11. 答案：A

　　解析：由题干可得出如下逻辑推论：A 地旅馆→A 地∧B 地；C 花园旅馆→C 花园∧（A 地∨B 地）；B 地→C 花园；那么如果¬ B，利用逻辑规则，¬ B→¬ A 地旅馆，所以 A 为正确选项。

12. 答案：D

　　解析：该题为支持型题目，该题的论断为食盐加碘→国内部分地区甲状腺疾病增多，A 为无关选项，B 和 C 是对甲状腺疾病的解决办法，D 构造了求异类比推理，通过与未加碘的乡镇比较，得出结论，支持了上述观点，D 为正确选项。

13. 答案：D

　　解析：该题考察基数问题，因为中国和墨西哥的男性与女性体重的基数不同，所以不具有可比性，选项 D 为正确选项。

14. 答案：D

　　解析：解释型题。产品价格的上升通常会使其销量减少∧服装却例外，只有 D 选项符合两个联言项，D 为正确选项。

15. 答案：B。

　　解析：数字比例型题目。有一定难度。

　　由题干可以得出，正常情况下，男婴和女婴的出生数量基本相同，比例相同。如果一个医院出生的婴儿越多，男女比例趋于正常值的稳定性越强，则出现非正常周的可能性越小；一个医院出生的婴儿越少，则男女比例趋于正常值的稳定性越差，出现非正常周的可能性就越大。由于乡镇小医院每周出生的婴儿量小，非正常周的可能性更大，而大医院出生的婴儿数量多，正常周的比例明显要大于乡镇小医院，因此 B 项是正确选项。

16. 答案：A

　　解析：考察三段论。（政府效率低下，荒废政事，贪污腐败，以及社会道德价值在整体上的堕落→民主体制衰落∧所有这些弊端都正在美国重现）→美国的民主制正在衰落中，所以 A 为正确选项。

17. 答案：A

解析：该题属于支持型题目，题目的论断为"排斥女性神职人员→减少教徒的流失"，A 增加了论据使前后关联性增强，所以 A 为正确选项。

18. 答案：D

解析：该题的矛盾用逻辑解释为"外资企业经营状况良好∧账面连年亏损∧不断扩大在华投资规模"，只有选项 D 符合所有联言项，所以 D 为正确选项。

19. 答案：C

解析：胡：疫病在今秋继续传播蔓延→国民经济的巨大损失将是不可挽回的；

吴：阻止疫病的传播→就能挽回这种损失。根据充分条件推理规则，与胡晶的断言一致而与吴艳的断言不一致，C 符合，所以 C 为正确选项。

20. 答案：B

解析：该题属于削弱型题目，题干的结论为"狗最倾向于咬 13 岁以下的儿童"，而推断方式是"被狗咬伤而前来就医的大多是 13 岁以下儿童→狗最倾向于咬 13 岁以下的儿童"，证明为不完全归纳，选项 B 否定了充分条件推理规则的前件，B 为正确选项。

21. 答案：A

解析：题干中的推理为举出反例，选项 A 符合，A 为正确选项。

22. 答案：C

解析：考察三段论。题干中的推断为"在每一个这样的系统中，卫星都以一种椭圆轨道运行∧天王星也是这样的系统→天王星这颗行星的卫星是以椭圆轨道运行"，所以 C 为答案。

23. 答案：B。

解析：削弱型题目。

C 项有利于说明开发商即使受损失，其数额也不大；而 B 项和 D 项都能削弱题干，但 B 项有利于说明开发商即使受损失，也不如其受益。因此 B 项更能削弱题干。

24. 答案：C

解析：题干中前面提到"按当前水消费量来计算，增加则每年可增加 25 亿元收入"，可以看出增加水费导致增加收入的前提是用水量不减少，而其后又说明用水量减少，C 为答案。

25. 答案：D

解析：

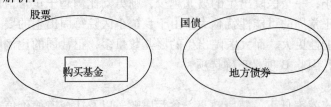

26. 答案：B。

解析：逻辑推断型题目。

题干中并未提及漏洞，因此攻击网络业未必必须通过漏洞，因此 C 项排除；而军事行动将于网络相结合，所以网络将成为新的战争形势，因此 B 项是自然的逻辑推理结果。

27. 答案：B

解析：题干的论断为"商代晚期的妇好墓中出土了一件俏色玉龟→"俏色"工艺最早始于商代晚期"，增加论据确保前提为真，选 B。

28. 答案：D

解析：考察三段论。题干的逻辑推断为"（特别冷的空气不能保持很多的湿气→所以不能产生大量降雪）∧两极地区的空气无一例外地特别冷"，从选项中只可以得出"如果现在两极地区的冰有任何增加和扩张，它的速度也是非常缓慢的"，D 为答案。

29. 答案：B

解析：主旨题，该题的推断为"因为圈养动物比野生动物有意思，所以研究人员从圈养动物中比从野生动物中学到更多的东西"，B 项符合，所以 B 为答案。

30. 答案：C

解析：该题为削弱型题目，题干的推论为"受污染的 20 只水鸟中只有 1 只死掉了→石油泄漏区域水鸟的存活率为 95%"，C 项通过削弱前提从而削弱了结论，C 为答案。

31. 答案：C

解析：解释型题目。男性比例下降，并且女性比例上升，C 项正好解释了这一原因，C 为答案。

32. 答案：D

解析：该题干中制造商反驳的是"F717 存在设计问题"，也就是"F717 不存在设计问题"，再加上题干中的制造商的推论"飞行员操作失误→飞机坠毁"，确保因果关系顺序，可以得出 D 项，所以 D 为正确选项。

33. 答案：A

解析：本题属于削弱型题目，题干中的推论为"不能控制→不应承担责任"，利用充分条件推理规则，A 支持论证，B 与论证无关，C 项是对题目的削弱，D 也是对题目的削弱，A 为正确答案。

34. 答案：A

解析：该题为削弱题型，不过是削弱程度最小，选项 A 与题目所述问题无关，B、C、D 项均是对题目论证的削弱，所以 C 为正确答案。

35. 答案：C

解析：题目的论证结果为"增加压铁这个部件→增加家用电器在使用时的减震效果"，A 选项中的金价与题干中的压铁关系不大，B 中讲的是非塑料壳彩电，与题目无关，C 构造负命题，D 是对题目论证的解释与支持，C 为正确选项。

36. 答案：D

解析：该市目前的水库蓄水量与 8 年前该市干旱期间的蓄水量持平→当时居民用水量并未受到限制，那么现在也不应该受到限制，增加论据削弱关联性，选 D。

37. 答案：B

解析：充分条件推理的等价命题，p→q = ¬ p∨q，B 为正确选项。

38. 答案：A

解析：题目中是以北京的 93 号汽油与美国的汽油相比。二者不具有可比性。此题要注意对象的可比性，A 为正确答案。

39. 答案：C

解析：题目中先列举了癌症病人的不同点，然后找到了他们之间的共同点，由此得出结论，使用的是求同类比法，C 为正确选项。

40. 答案：D

解析：主旨题，题目中说到"现在接受魏格纳的理论，并不是因为我们确认了足以使大陆漂移的动力，而是因为新的仪器最终使我们能够通过观察去确认大陆的移动"，因此可以断定 D 正确，D 为正确选项。

41. 答案：C

解析：题干条件如下：1. G∧S→W；2. N→-R∨-S；3. P→-L；4. （M∧L）∨（M∧R）∨（L∧R）；5. 隐含条件：N 与 R 或 S 不能同时被削减；P 与 L 不能同时被削减。根据条件（5）得出 A 或者 C 正确，又根据条件（4）得出 C 正确，C 为正确选项。

42. 答案：A

解析：根据条件（5），A 为正确选项。

43. 答案：B

解析：R 未被削减，根据条件（2）可知 N 未被削减，B 为正确选项。

44. 答案：B

解析：M 和 R 同被削减，根据条件（4）可知 L 没有被削减，又根据条件（2）可知 N 不会被削减，所以选 B。

45. 答案：A

解析：因为条件（4），W、N、P、S 中将有 3 个被削减。因此，G、S、W 当中必有一个被削减，无论哪个被削减，W 都会被削减。因此选 A。此外，从第 41 题的答案中也可排除 B、C、D 选项。

46. 答案：D

解析：1，1 号安插红旗→2 号安插黄旗；2，2 号安插绿旗→1 号安插绿旗；3，3 号安插红旗或者黄旗→2 号安插红旗；根据条件带入排除，D 为正确选项。

47. 答案：D

解析：根据条件（2），充分条件否定后件式，那么前件也要否定，所以 D 为正确选项。

48. 答案：A。

解析：如果 1 号插红旗，则由条件（1）➔2 号插黄旗，再由条件（4）➔3 号插绿旗。

49. 答案：C。

解析：如果不选用绿旗，则 2 号插红旗（否则由条件（4），3 号插绿旗）。由 2 号插红旗，和条件（1），得 1 号插黄旗。因此，可得恰有二种可行方案：第一种：1 号黄旗，2 号红旗，3 号红旗；第二种：1 号黄旗，2 号红旗，3 号黄旗。

50. 答案：B

解析：根据条件（1），（2），（3），带入排除，B 为正确选项。

第四部分　外语运用能力测试（英语）

Part One　Vocabulary and Structure

1. 答案：C

解析：经过四年的模特经历后，Saffron 回到伦敦追求她的演艺事业。A follow 跟随；B chase 追捕，后面一般接猎物或者罪犯；C pursue 追求某种事业；D seek 寻求，一般指寻求帮助等。故答案为 C。

2. 答案：C

解析：他对生活有着华丽的梦想，但是生活从来不像他所期待的那样。A make 制造；B match 符合；C 能够得到某物，一般不和抽象的概念连接；D 意识到。故答案为 C。

3. 答案：B

解析：为了帮助我邻居的孩子通过考试，我每天花一个小时和他做作业。这两个句子用逗号连接，后半句是个完整的句子，所以前半句做状语成分。to + 动词做状语表示为了某个目的。A 表示正在帮；C 表示已经帮完了，和后面的 everyday 搭配不上；D 项表示刚帮完，不符合时间条件。故答案为 B。

4. 答案：C

解析：当我作为一个银行职员时，我有机会接触多种类型的人，他们有学生，军人还有工厂的工人。A diversity 多样性，一般指物种；B kind 种类，指拥有共同特性而联合在一起的个体集合；C variety 指许多不同东西或不同东西的集合；range 范围。故答案为 C。

5. 答案：B

解析：基金的削减意味着设备已经超长使用了。should "本应该"。后半句的意思是"在设备本应该____替换之后长时间持续使用" would 将要；could 能，可以；might，可能，也许。都和前半句的完成时态不符，故答案为 B。

6. 答案：D

解析：他补充说，州政府已经为会议做了足够的安排。A accurate 精确的，准确的，一般形容计算结果，得到的数据等；B absolute 绝对的；C active 积极的；D adequate 足够的，充足的。故答案为 D。

7. 答案：D

解析：根据商业推广及销售情况，这个光碟可以被自由复制。A 除非；B 至于，关于；C 多亏，都和句意不符。故答案为 D。

8. 答案：A

解析：had better（not）do 表示"最好（不）做……"这句话的意思是除非你想长时间遭受攻击，你最好不要与他人激烈辩论和讨论。故答案为 A。

9. 答案：C

解析：before 意思是：在……之前，是从现在算起的时间。而 since 是从以前开始算起的时间。during 和 for 后面接时间段。故答案为 C。

10. 答案：C

解析：到 2050 年，将会有 20 亿超过 60 岁的老年人，是现在的 3 倍。those 代指"people aged over 60"。as many as 的正确用法是 as three times many as，故答案为 C。

Part Two   Reading Comprehension

11. 答案：B

解析：根据第三段最后一句话 a sleepy or hiding animal was less likely to be on the red list than a regular animal 可知相比一般动物，冬眠的动物不容易灭绝。故答案为 B。

12. 答案：A

解析：根据这个词组所在句子的前一句 a previous study on extinct animals, which showed that species exhibiting "sleep or hide" behaviors did better than others 先前关于灭绝的动物研究表明，冬眠的动物表现得更好。可知冬眠的动物在物竞天择的生存环境中存在优势。故答案为 A。

13. 答案：D

解析：文章第二段 if the same was true of modern creatures like moles and bears 可知科学家通过研究现在的生物，来验证冬眠生物是否生命力更强。故答案为 D。

14. 答案：C

解析：A 懒惰的；B 害羞的；C 少觉的；D 长寿的。red-list animal 指的是濒临灭绝的动物即非冬眠的动物，故答案为 C。

15. 答案：A

解析：最后一段，作者提到冬眠动物之所以能够存活是因为安全的生活环境有和适应性强的新陈代谢。故答案为 A。

16. 答案：A

解析：根据文章第一段 they（happy hours）have become a part of the ritual of the office worker and businessman 可知快乐时光已经成为办公室职员和商人的惯例。ritual 固定程序。故答案为 A。

17. 答案：B

解析：A 远离家庭劳动；B 下班后好好休息；C 交朋友；D 庆祝他们的成就。happy hour 是指下班后的娱乐，故答案为 B。

18. 答案：D

解析：filled to capacity 充满了容积。A 太拥挤；B 相当快乐；C 非常吵闹；D 完全满了。故答案为 D。

19. 答案：D

解析：A 职位的晋升；B 社会合作；C 忠于公司；D 社会连接。根据最后一段第一句话 social binding occurs between people 人们之间发生社会黏合。故答案为 D。

20. 答案：A

解析：文章第二段倒数第二句话中 chat about the trifles of office life（谈论工作琐事）可知，人们在 happy hour 也讨论工作的事情，故答案为 A。

21. 答案：C

解析：这个表格介绍海运和航运的运输物品限制。只有选项 C 同时提到了海运和航运，故答案为 C。

22. 答案：A

解析：根据 international airport to airport 对应的说明，答案为 A，无限制。表格第二列到第四列都是说明海运的要求，只有最后一列说明的空运。故答案为 A。

23. 答案：B

解析：根据表格，二、三、五列的表格符合长度的条件，但是第三、五列是国际运输，只有第二列是美国国内运输。故答案为 B。

24. 答案：B

解析：A 测量物体重量；B 测量物体一周；C 计算物体宽度的公式；D 计算物体长度的公式。根据下面的图示，是测量物体的一周。故答案为 B。

25. 答案：D

解析：根据表格，只有邮件长度有不同的限制。故答案为 D。

26. 答案：A

解析：根据文章第一段第三句话 office workers now have to remember an average of twelve system passwords（工作人员不得不记住平均 12 套的密码）可知密码难以记住。故答案为 A。

27. 答案：C

解析：根据文章第二段 more secure combinations of number and letters 可知使用数字和字母的组合安全性更高。故答案为 C。

28. 答案：D

解析：A 记住大量的头像；B 选一个喜欢的头像；C 在电脑面前显示人脸；D 认出一序列的人物头像。根据文章第三段第二句，select a series of photographs of face 可知答案为 D。

29. 答案：A

解析：根据文章最后一句话 is easier to remember than password 可以得知头像识别密码比普通密码容易记住，故答案为 D。

30. 答案：D

解析：整篇文章都在介绍这种新的密码即头像识别系统，说明密码已经进入到了一个

更先进的阶段。故答案为 D。

Part Three   Cloze

31. 答案：C

解析：A after all 毕竟；B above all 首先；C on average 平均；D in sum 总之。这句话说，在美国，每年平均要有十万场森林大火烧毁四百万至五百万英亩的土地。故答案为 C。

32. 答案：D

解析：选项 A 和 D 都有道路的意思，区别在于 route 指抽象的，事先设计好的路线，而 path 指现实中的道路。track 和 trace 这两个词侧重于强调踪迹，故答案为 D。

33. 答案：A

解析：A 呈现的；B 稳定的；C 固定的；D 最喜爱的。这句话的意思是：为了说明着火的原因，这有三个条件需要被说明。B，C 和 D 三项都和句意不符，故答案为 A。

34. 答案：B

解析：选项 C 和 D 都是对 fuel 的直接解释，与后文列举项目搭配不当。而选项 A 与后面的 burn quickly and easily 不符，故答案为 B。

35. 答案：A

解析：这句话说，空气为火提供了所需要的氧气。B 要求，主语为能发出动作的人或物；C 抓住；D 遇见。故答案为 A。

36. 答案：D

解析：四个选项中选项 D temperatures 与 fuel 相搭配更合适，故答案为 D。

37. 答案：C

解析：A 附加的；B 过多的；C 充足的；D 丰富的，多样的，一般形容种类。这句话说闪电、篝火、香烟、热风甚至阳光都能提供足够的热量来引起火灾。故答案为 C。

38. 答案：B

解析：这句话说虽然森林火灾对于人类来说是危险和毁灭性的，但是自然发生的火灾对自然界有正面的意义。选项 B 符合题意，选项 D whereas 有"然而"的意思，表示转折，但是应该用在 naturally occurring 之前，故答案为 B。

39. 答案：D

解析：通过燃烧死亡和腐烂的物质，野火将养分归还给土壤。A 驾驶；B 减少；C 指派（工作、转让）都不合题意，故答案为 D。

40. 答案：A

解析：burn through 烧毁。其他选项均没有意义，故答案为 A。

Part Four   Dialogue Completion

41. 答案：A

解析：A：都是因为约翰，我们失去了我们最重要的客户。

B：我告诉过你他不适合这个职位。

选项 A 我本应该听你的话；B 我不同意你的说法；C 没关系，我信任他；D 谢谢你的帮助。故答案为 A。

42. 答案：B

解析：这段对话考查的是请求的语境。A 选项不够礼貌；C 选项 what's up（发生什么事情了？）是向对方提问的语气；D what's on your mind?（你想什么呢？）是责备的意味。B go ahead（说吧）最符合题意。故答案为 B。

43. 答案：A

解析：女人的后半段话说，婚礼在下周举行，但是我不久就没有时间去给他们买东西了。所以她只有现在有时间去买礼物，应该是赞同男人的建议，只有 A 是肯定的语气。选项 D 与后半句不搭配。故答案为 A。

44. 答案：C

解析：根据题意，Mason 没有钱了。A 我们来想办法；B 我们来分担付款吧；C 我请客；D 就来点快餐。故答案为 C。

45. 答案：A

解析：学生说：对不起，我错过了公交车。老师的后半句是：你必须按时到。答案 A 别找借口，最为合适。故答案为 A。

46. 答案：C

解析：根据 B 说的最后一句话 what year are you?（你是几年级的？）可以判断，答案 C 符合题意，故答案为 C。

47. 答案：D

解析：A 我支持你，回答别人建议的，回答者只是口头支持，不一定发出提议者的动作；选项 B（谁在乎呢？）和 C（我喜欢雨）与前句搭配不当，故答案为 D。

48. 答案：D

解析：男人说，这个夏天，我们去了南非。最后男人回答：是的，事实上，我们甚至遇上了一头狮子。根据男人的肯定回答，可以排除选项 A 和 B。而选项 C，我想你是去了，和前面的问句不符，故答案为 D。

49. 答案：D

解析：男人问：你知道 Jason 的电话号码吗？A 给我点时间；B 据我所知，事情不是这样的；C 为什么问这个？；D 我现在也不知道。男人回答：好吧，我最好自己在电话号码本去查查吧。根据回答，可以排除 A。而 B 和 C，明显所答非所问。故答案为 D。

50. 答案：C

解析：这是考查面试情景的考题。考官：看看我理解的对不对，你的意思是，如果需要，你会加班，对吗？A 是的，无论你怎么说；B 是的，谢谢你的说明；C 是的，绝对正确；D 是的，你确实理解我了。A 和 B 和考官的文化搭配不当，选项 D 不够礼貌，C 选项最符合英语语言习惯，故答案为 C。

2010年在职攻读硕士学位全国联考研究生入学资格考试试卷

参考答案与解析

第一部分　语言表达能力测试

一、选择题

1. 答案：A

解析：B"棉里藏针"的"棉"当为"绵"。比喻柔中有刚。C当为"桀骜不驯"。"骛"音"傲"。D当为杀"戮"而非"戳"。

2. 答案：A

解析：A"狭隘"有两个意思：一是"宽度小"，二是"（心胸、气量、见识等）局限在一个小范围里；不宽广；不宏大。"A中两句中的"狭隘"都是第二个意思。B"淡漠"有两个意思：一是"没有热情，冷淡"，二是"记忆不真切，印象淡薄"。两句分别是这两个意思。C"可怜"有三个意思，一是"值得怜悯"，如"可怜的孩子"。二是"怜悯"，如"绝不能可怜他"。三是"（数量少到或质量坏到）不值得一提"，极其低的，如"少得可怜"。两句中第一句是第三个意思，第二句是第一个意思。D"恍惚"有两个意思：一是"神志不清，精神不集中"，二是"（记得、听得、看得）不真切，不清楚。"两句分别是这两个意思。两句意思相同的只有A。

3. 答案：D

解析：A"沽名钓誉"、"徒有虚名"中的"名"意思一样，都是"名声、名誉"，"沽名钓誉"，指用某种不正确的手段捞取名誉。"徒有虚名"，空有名望，指有名无实。"不可名状"的"名"是"说出"的意思。"不可名状"，不能说出来，指不能用语言来形容和描绘。"师出无名"，出兵没有正当理由，泛指行事没有正当理由。名，理由。

B "栉风沐语"、"捕风捉影"中的"风"都是指自然界的"风"。"栉风沐语"的意思是"风梳头，雨洗发，形容奔波劳碌，不避风雨"。"捕风捉影"，风和影子都是抓不着的，比喻说话做事都没有事实依据。"移风易俗"中的"风"是"风俗"义。"移风易俗"，改变旧的风俗习惯。"附庸风雅"，风雅指《诗经》中的风和雅。《诗经》是我国第一部诗歌总集，取得了杰出的艺术成就，《诗经》分三部分：风、雅、颂。后来人们就以风雅指代诗文、艺术方面的事。不懂而装懂，为了装点门面而结交名士，从事文化方面的活动，叫附庸风雅。风，泛指诗歌。

C "横生枝节"，"枝节"指细小或旁生的事情。比喻在解决问题中意外地发生了一些麻烦事。"无中生有"，把没有的说成有的，比喻毫无事实，凭空捏造。"妙笔生花"的"生"是"长出，生长出"的意思。妙笔，神奇美妙的文笔。

"横生枝节"、"无中生有"、"妙笔生花"的"生"都是"产生，发生，生出"的意思，而"起死回生"的"生"是"生存，活着（与'死'相对）"义。

D 四个"动"意思都不一样。"动人心弦"，把心比做琴，拨动心中的琴弦，形容事物激动人心，动，拨动。"兴师动众"，指大规模出兵，现多指动用很多人力做某件事（多含不值得义）。动，发动。"动辄得咎"，动不动就受到责备或处分。动，动不动。"惊心动魄"，使人神魂震惊，原指文辞优美，意境深远，使人感受极深，震动极大。后常形容使人十分惊骇紧张的情况。动，震动，惊动。

4. 答案：C

解析：A"不再"赘余。B一面对两面。D语序不当，应先国内后国外。

5. 答案：D

解析：A是星光公司和（华威公司与数家国有企业），还是（星光公司和华威公司）和数家国有企业。B是（如果发现了敌人的哨兵），迅速将情况报告……。或者是发现了敌人的"哨兵"（主语）迅速……C可以理解为"对新闻媒体有意见和建议"，或者是有关部门对"新闻媒体"给它们的"意见和建议"。

6. 答案：C

解析：A"战国七雄"有"秦、楚、齐、燕、韩、赵、魏"，没有"越"。少"燕"。B以贝多芬为原型的克里斯朵夫是德国音乐家，出生在德国莱茵河畔。他也不是平民出身，父亲和祖父都是宫廷乐师。D"三别"中没有《故乡别》，应是《无家别》。又，三吏三别不是律诗，而是古体诗。

7. 答案：B

解析：这道题很单纯，就是考十个天干的排列顺序。

8. 答案：C

解析：第一个秋"形容破败萧条"，第二个秋指"各种作物成熟"，第三个秋代指"一年的时间"。

9. 答案：B

解析：由"在瑶池"可知是白莲。由"奉君子"可知是兰花。由"地满霜、秋风后、不改香"可知是菊花。

10. 答案：D

解析：甲乙已经结婚，婚姻关系不能撤销或解除。二人不是同居关系，不能要求解除同居关系。可以要求离婚。

11. 答案：B

解析：根据物权法规定，所有者不得对原著进行复制、修改等，但可以作为自己的藏品对其进行展览。

12. 答案：D

解析：在一个组织的内部，除了有由组织根据目标设计、组建的正式组织外，必然还存在着非正式组织。所谓非正式组织，是指组织内的一些成员在共同的工作中，由于性格、价值观、兴趣爱好趋同而自发形成的松散的群体组织。非正式群体是指没有明文规定，没有正式结构，不是由组织确定，而是在成员的某种共同利益的基础上，为满足心理需要而自然形成的群体。在非正式组织里，共同的情感是维系群体的纽带，人们彼此的情感较密切，互相依赖，互相信任，有时甚至出现不讲原则的现象。非正式组织的凝聚力往往超过正式组织的凝聚力。也正因为这样高度情感协调性使非正式组织成员对某些问题的看法基本是一致的，因而情绪共振，感情融洽，行为协调，行动一致，归属感强。组织管理者要尊重他们，要多征求和听取他们的意见，并通过他们了解非正式群体成员的反应，让他们成为正式组织管理的有效中介而不是对抗者。总之，非正式组织是人际间相互沟通的一条途径，是对正式组织的补充。管理者很好利用非正式组织，对企业管理和企业发展可以起到事半功倍的效果。

13. 答案：C

解析：设人总重为 m，且 m＝人的密度×V（人的体积）。浮力公式：$F_浮$＝液体密度×g（重力加速度）×V（游泳圈排出的液体的体积，也就是游泳圈浸入液体的体积）。刚开始大家都在游泳圈上这样就可以找到一个平衡公式：m×g（重力加速度）＝$F_浮$＝液体密度×g（重力加速度）×V。简化：m＝人的密度×V（人的体积）＝液体密度×V。人的密度略大于水的密度，即：人的密度＞水的密度，$V_人$＜$V_水$，所以这样的话水面会下降。

14. 答案：A

解析：免疫防御指机体免疫系统抵御病原微生物感染，这是题干中提到的免疫系统对人体保护的第一个方面。

免疫自稳是指机体清除自身衰老和损伤细胞、对自身正常成分产生免疫耐受、并通过免疫调节达到维持机体内环境稳定的功能。这是题干中提到的免疫系统对人体保护的第二个方面。

免疫系统具有识别、杀伤并及时清除体内突变细胞，防止肿瘤发生的功能，称为免疫监视。免疫监视是免疫系统最基本的功能之一。免疫监视功能过低会形成肿瘤。这是题干中提到的免疫系统对人体保护的第三个方面。

四个选项中只有 A 免疫清除没有被提到。

15. 答案：B

解析：夏至这一天白天最长。

16. 答案：C

解析："遏止"的意思是"用力阻止"，如"洪流滚滚，不可遏止。""遏止"一般用于句尾，不带宾语。"遏制"的意思是"制止，控制"。根据题意以及两个词的语法特点，第一句应选用"遏制"。

"妨害"比"妨碍"语义更重，"妨碍"是对人或事造成一定障碍，词义较轻，如：在阅览室里大声说笑会妨碍别人学习。"妨害"指使人或事物受到损害，词义较重，如：过度烟酒会妨害人的身体健康。根据题意应选用"妨害"。

"隔膜"多用作名词，这里当选用"隔阂"。

17. 答案：B

解析：第一个空选"因为"，表示因果关系；第二个空选"然而"，表转折关系；第三个空选"因为"，表述的仍是因果关系；第四个空选"甚至"，表示递进关系。

18. 答案：A

解析："不佞"：没有才能。"不才"、"不佞"旧时用来谦称自己。B"小子"、"竖子"是对别人的蔑称。如"竖子不足与谋"。C 夫子、先生是对老师的敬称。D 足下、大人是对上级的敬称。

19. 答案：D

解析：由"有气节的杨树"和"讲友谊的柏树"可知是拟人的修辞手法。题干中提到了杨树、柏树和草坪，并用了一个词语"托照"来形容它们三者之间的相映生辉的关系。B 没有提到草坪。

20. 答案：D

解析：这是 2003 年的原题。考查语言表达思路，先后顺序要符合逻辑和实际。先了解才能协调活动，最后才能组织社会生产。

21. 答案：C

解析：古人常用"抚节悲歌，声振林木，响遏行云"的典故描写唱歌，而 C"何曾解报稻粱恩，金距花冠气遏云"讽刺了那些食国家俸禄，却割据一方，抢地盘，乱打仗的军阀，与唱歌无关。"金距"是斗鸡时给鸡戴上的武装。"距"是雄鸡跗庶骨后方所生的尖突部分，内有坚骨，外披角质鞘，是鸡在啄斗时的武器。金距，是嫌鸡距不够尖硬而用金属制成假距，套在鸡距上，以利于战。

22. 答案：B

解析：考文献学知识。司马光的《资治通鉴》，杜佑的《通典》，马端临的《文献通考》。

23. 答案：D

解析：一个作家个性化以及创作成熟的表现，在于形成了其独特的风格。

24. 答案：C

解析：孙子这句话的意思是："用兵之法，不要依靠着敌人不来，所能依靠的是我已经做好的准备；不要依靠着敌人不进攻，所能依靠的是我有敌人不可进攻的准备。"这句话体现了"有备无患"的军事思想。

25. 答案：B

解析：《西游记》经常写到面临各种妖魔鬼怪时孙悟空的随机应变，最终皆能降妖除魔，我们可以从中学到"应变策略"。《三国演义》在军事战争中非常强调要运用智谋，我们可以从中学到"智谋运用"。《红楼梦》描写了一大家族的兴衰，涉及众多的人物管理，故可学到"人际管理"的知识。

26. 答案：A

解析：元宵节不是法定假日。

27. 答案：D

解析：这句话选自唐代著名散文家，"古文运动"的首倡者，唐宋八大家之一的韩愈的名篇《师说》。

28. 答案：B

解析：由"化学修复"的定义可知。

29. 答案：A

解析：现在常用的食品色素包括两类：天然色素与人工合成色素。天然色素来自天然物，主要由植物组织中提取，也包括来自动物和微生物的一些色素。人工合成色素是指用人工化学合成方法所制得的有机色素，主要是以煤焦油中分离出来的苯胺染料为原料制成的。

30. 答案：A

解析：乙肝病毒主要通过血液进行传播。

31. 答案：B

解析：第一个空填"或者"，表示选择关系；第二个空填"当然"，表示顺承；第三个空填"但是"，表示转折；第四个空填"也"，表示递进关系。

32. 答案：C

解析：文章第一段第一句话说"近代以来，科学建立了一种理性的权威——这种权威和以往任何一种权威不同。"这是此段的中心意思，至于如何与"以往任何一种权威不同"，作者下面接着说"科学的道理不同于'夫子曰'，也不同于红头文件。科学家发表的结果，不需要凭借自己的身份来要人相信。"这句话的意思是科学的权威不依赖社会地位和政府权力。那么为什么不依赖于二者呢，作者接着说出了原因"你可以拿一支笔，一张纸，_____ 备几件简单的实验器材，马上就可以验证别人的结论。_____，这是一百年前的事。验证最新的科学成果要麻烦得多，_____这种原则一点都没有改变。"可见，作者强调的是科学的结论是经得起验证的，这种原则自科学诞生起从来就没有改变。这就是科学的权威和以往的权威的根本区别。

D 项"成果可以自由发表"在文章中没有提到。文中提到的是"科学是自由的事业"，但"自由的事业"并不等于"成果可以自由发表"，在历史上，科学的成果不能自由发表的例子很多，科学家受到迫害的例子也有，如哥白尼、布鲁诺、伽利略等。

所以，科学的权威在于它的结论可以经得起验证，这是科学的实质。历史上，某些伪科学、迷信的东西不见得不能自由发表，在政治权力、宗教权力庇佑之下的言论、思想不见得在那时的社会不受宠，所以"成果可以自由发表"不是科学的权威与以往其他权威的根本区别。

33. 答案：D

解析：这是一道细节题。第一段中说到："真正的科学没有在中国诞生，这是有原因的。这是因为中国的文化传统里没有平等"。

34. 答案：C

解析：ABD 三项的说法都体现着"自由"的意思。C项与"自由"关系不大。

35. 答案：D

解析：一篇文章的主旨往往在开头或末尾。本篇末尾说"除了学习科学已有的内容，还要学习它所有、我们所无的素质。我现在不学科学了，但我始终在学习这些素质。这就是说，人要爱平等、爱自由，人类开创的一切事业中，科学最有成就，就是因为有这两样做要基。对个人而言，没有这两样东西，不仅谈不上成就，而且会活得像一只猪。"这段话点出本篇的主旨就是：科学的平等和自由这两项素质也是为人之根本。

36. 答案：C
   解析：第一段开头一句说："描写泰山是很困难的"，这就是这一段的主旨。并通过讨论泰山之不好写，强调泰山的伟大。这就为后面发表"伟大与平凡"的议论做好铺垫。

37. 答案：A
   解析："洒狗血"，原特指戏曲演员脱离情节而卖弄滑稽、武艺或做过火的表演。后泛指不顾情境的需要卖弄才情或技巧。

38. 答案：D
   解析：ABC 在第三段中都提到了，是作者"写不了泰山"的理由。没有提到的是 D。

39. 答案：C
   解析：C"揭发其对泰山的利用"文中没有提到。

40. 答案：B
   解析：B 不恰当。作者围绕着泰山针砭人物，说伟大的人物也有其平凡或虚弱的一面。泰山确实是伟大的，它的出名也是因其伟大，它可以映衬出某些人的平凡。选项中说"泰山的出名""也因其平凡"没有正确理解文意。

41. 答案：C
   解析：这是"从"的一个古代义项。

42. 答案：B
   解析：这是一个细节题。答案在第三段的中间"他在心理学和生物学界的卓越成就，使得他在科学界与爱因斯坦齐名"。

43. 答案：C
   解析：细节题。答案在第二段的中间"在结构主义理论的基础上，采用形式主义模型方法建立了'生成语法理论'。"

44. 答案：D
   解析：D 项原文第三段中表述的是"计算机科学特别是程序语言文法及语言信息处理科学的兴起和发展也与乔姆斯基的理论学说有着密切关系，乔姆斯基也被称为'计算机信息处理科学之父'。"选项在某些地方存在着故意的错漏。

45. 答案：C
   解析：文章最后说道："乔姆斯基对大学的功能、知识分子的责任、西方主流传媒的片面倾向、美国的霸权主义等方面都有广泛深入的论述，他先后撰写了 40 多本有关的著作，他的《911》和《帝国主义野心》等著作探讨了"9·11"后世界的变化。因此乔姆斯基也被公认为是当代最有影响力的政论家和社会活动家之一。"可见，成为一名有影响力的知识分子，除了在专业领域卓有贡献以外，其言论还要在社会政治领域产生重要影响。

46. 答案：B

解析：见第五十二条："盗窃、抢劫或者抢夺的机动车发生交通事故造成损害的，由盗窃人、抢劫人或者抢夺人承担赔偿责任。保险公司在机动车强制保险责任限额范围内垫付抢救费用的，有权向交通事故责任人追偿。"

47. 答案B

解析：见第四十九条："因租赁、借用等情形机动车所有人与使用人不是同一人时，发生交通事保险责任限额范围内予以赔偿。<u>不足部分，由机动车使用人承担赔偿责任</u>；机动车所有人对损害的发生有过错的，承担相应的赔偿责任。""使用人"即承租人。

48. 答案：D

解析：见第七十六第的第二小条："（二）机动车与非机动车驾驶人、行人之间发生交通事故，非机动车驾驶人、行人没有过错的，由机动车一方承担赔偿责任；有证据证明非机动车驾驶人、行人有过错的，根据过错程度适当减轻机动车一方的赔偿责任；<u>机动车一方没有过错的，承担不超过百分之十的赔偿责任</u>。"

49. 答案：C

解析：见第五十一条："以买卖等方式转让拼装或者已达到报废标准的机动车，发生交通事故造成损害的，<u>由转让人和受让人承担连带责任</u>。"

50. 答案：B

解析：仍见第七十六条的第二小条："交通事故的损失是由非机动车驾驶人、行人故意碰撞机动车造成的，<u>机动车一方不承担赔偿责任</u>。"由于该车参加了丙保险公司的机动车第三者责任强制保险，故先由丙在其保险责任限额范围内赔偿，不足部分，由甲承担，因为交通事故是由甲故意造成的，故乙机动车一方不承担任何赔偿责任。

第二部分 数学基础能力测试

1. 答案：A

解析：原式 $= \dfrac{2^3(1^3 - 2^3 + 3^3 - 4^3 + 5^3 - 6^3)}{3^3(1^3 - 2^3 + 3^3 - 4^3 + 5^3 - 6^3)} = \dfrac{8}{27}$. 故选 A.

2. 答案：B

解析：由题意及图形可知，$a < 0$，$b > 0$.

所以点 (a, b) 在第 II 象限. 故选 B.

3. 答案：C

解析：设单位男工人数为 x，女工人数为 y.

则根据题意，有：$45(x + y) = 55x + 40y$. 所以 $\dfrac{x}{y} = \dfrac{1}{2}$. 故选 C.

4. **答案：C**

解析：由题意及右图可知：

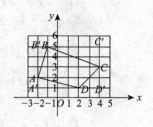

$$S_{四边形ABCD} = S_{四边形A'B'C'D'} - S_{\triangle AB'B} - S_{\triangle AA'D} - S_{\triangle DD'C} - S_{\triangle BC'C}$$

$$= 4 \times 6 - \frac{1}{2} \times 1 \times 3 - \frac{1}{2} \times 1 \times 4 - \frac{1}{2} \times 2 \times 2 - \frac{1}{2} \times 5 \times 2$$

$$= 13.5. \; 故选 C.$$

5. **答案：D**

解析：由题意知，此种细菌密度的增长构成等比数列，且公比为 $q = 2$。

设细菌密度从 $\frac{1}{4}$ 百万株/m^3 增长到 4 百万株/m^3 用了 n 天。

所以有 $4 = \frac{1}{4} \cdot (2)^{20-n} \Rightarrow n = 16$。

即该细菌从开始增长到 $\frac{1}{4}$ 百万株/m^3 时用了 16 天。故选 D。

6. **答案：D**

解析：由题意可知，$\Delta = 0$ 且 $a \neq 0$；即 $\Delta = a^2 - 4a = 0$ 且 $a \neq 0$。

所以 $a = 4$. 故选 D。

7. **答案：C**

解析：因为 $\sin(\alpha + \beta) = 0.8$，$\cos(\alpha - \beta) = 0.3$

所以 $\sin\alpha\cos\beta + \cos\alpha\sin\beta = 0.8$，$\cos\alpha\cos\beta + \sin\alpha\sin\beta = 0.3$。

所以 $(\sin\alpha - \cos\alpha)(\sin\beta - \cos\beta) = \sin\alpha\sin\beta - \sin\alpha\cos\beta + \cos\alpha\cos\beta - \cos\alpha\sin\beta$

$= (\cos\alpha\cos\beta + \sin\alpha\sin\beta) - (\sin\alpha\cos\beta + \cos\alpha\sin\beta) = -0.5$. 故选 C。

8. **答案：A**

解析：因为 $f(x)$ 是奇函数，所以 $f(0) = 0$，$f(-2) = -f(2) = 6$。

又 $g(x)$ 是以 4 为周期的周期函数，所以 $g(0) = g(12) = g(-120)$。

那么有 $\dfrac{f(0) + g(f(-2) + g(-2))}{g^2(20f(2))} = \dfrac{f(0) + g(12)}{g^2(-120)} = \dfrac{g(0)}{g^2(0)} = \dfrac{1}{2}$

所以得出 $g(0) = 2$. 故选 A。

9. **答案：A**

解析：因为 $z = 1 + i + \dfrac{1}{i} + i^2 + \dfrac{1}{i^2} + i^3 = 1 + i - i - 1 - 1 - i = -1 - i$

所以 $|z| = \sqrt{(-1)^2 + (-1)^2} = \sqrt{2}$. 故选 A。

10. **答案：B**

解析：解法一，将 D 点移至与 A 点，使得 ED 同在 AC 边上。如右图所示，根据题意得 $AB = 8$ 厘米，$CG = 4$ 厘米，$CF = 7$ 厘米。

又 $\triangle ABC$ 为正三角形

所以 $\angle A = \angle B = \angle C = 60°$。

由余弦定理，得

$GF^2 = CF^2 + CG^2 - 2CF \cdot CG \cdot \cos 60° = 37$，所以 $GF = \sqrt{37}$.

解法二，取三角形边长为 12，以 G 为原点，BC 为 x 轴建立平面直角坐标系.

则可得 D 点的坐标为 $(-2, 4\sqrt{3})$，E 点的坐标为 $(3, 3\sqrt{3})$，所以 F 点的坐标为

$\left(\dfrac{1}{2}, \dfrac{7}{2}\sqrt{3}\right)$.

所以 $GF = \sqrt{\left(\dfrac{1}{2}\right)^2 + \left(\dfrac{7}{2}\sqrt{3}\right)^2} = \sqrt{37}$. 故选 B.

11. 答案：A

解析：当边长为 1 的小正方形穿进边长为 2 的大正方形中，大正方形的面积由 4 均匀减小到 3；一段时间内（小正方形还未穿过大正方形时）大正方形面积保持为 3 不变；小正方形全部穿出大正方形，大正方形的面积从 3 均匀增加到 4. 故选 A.

12. 答案：A.

解析：设公司的其他 9 个股东所持股份占总股份均为 x，持股最多的一个股东占总股份为 y.

所以根据题意有 $\begin{cases} 6x \geqslant \dfrac{1}{2} \\ 9x + y = 1 \end{cases} \Rightarrow y \leqslant \dfrac{1}{4}$.

所以持股最多的一个股东占总股份不超过 25%.　　　故选 A.

13. 答案：D

解析：解法一，设四面体的边长为 a，则由题意有：四面体内水的体积 $V_{水}$ 等于四面体的体积 V 减去水面上方小四面体的体积 $V_{空}$，即 $V_{水} = V - V_{空}$.

所以 $V_{水} = \dfrac{1}{3} S \cdot h - \dfrac{1}{3} S_{空} \cdot \left(\dfrac{1}{2} h\right) = \dfrac{1}{3} \cdot \dfrac{\sqrt{3}}{4} a^2 \cdot h - \dfrac{1}{3} \cdot \dfrac{\sqrt{3}}{4}\left(\dfrac{1}{2} a\right)^2 \cdot \left(\dfrac{1}{2} h\right) = \dfrac{7\sqrt{3}}{96} a^2 h$.

设将其倒置后水面高度为 h'，则水面形成的正三角形的边长为 $\dfrac{a}{h} \cdot h'$

所以 $V_{水} = \dfrac{1}{3} \cdot \dfrac{\sqrt{3}}{4}\left(\dfrac{a}{h} \cdot h'\right)^2 \cdot h' = \dfrac{\sqrt{3}}{12} \cdot \dfrac{a^2}{h^2} \cdot h'^3$.

则有 $\dfrac{7\sqrt{3}}{96} a^2 h = \dfrac{\sqrt{3}}{12} \cdot \dfrac{a^2}{h^2} \cdot h'^3 \Rightarrow \dfrac{h'}{h} = \sqrt[3]{\dfrac{7}{8}} = \dfrac{\sqrt[3]{7}}{2}$.

解法二，设四面体的体积为 V，则水的体积为 $V - \dfrac{1}{8} V = \dfrac{7}{8} V$.

所以水面的高度与四面体高 h 的比值为 $\sqrt[3]{\dfrac{7}{8}} = \dfrac{\sqrt[3]{7}}{2}$. 故选 D.

14. 答案：B

解析：从 1，2，3，4，5，6，7，8，9，10 这十个数中取 3 个数，有 C_{10}^3 种选法；则这三个数能构成公比大于 1 的等比数列只有：1，2，4；1，3，9；2，4，8；4，

6，9. 这 4 种情况.

所以 $P = \dfrac{4}{C_{10}^3} = \dfrac{1}{30}$. 故选 B.

15. 答案：D

解析：如图所示，$\triangle OAF_2$ 为直角三角形.

由题意知，$OA = a$，$OF_2 = c$.

又切线的方程是 $x + \sqrt{3}y - c = 0$，所以切线与 x 轴所成的

角为 $150°$，故 $\angle AF_2O = 30°$.

因为 $\sin 30° = \dfrac{a}{c} = \dfrac{1}{2}$，所以 $e = \dfrac{c}{a} = 2$. 故选 D.

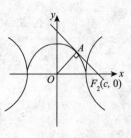

16. 答案：C

解析：因为当 $x \to \infty$ 时，$\sin \dfrac{2}{x} \sim \dfrac{2}{x}$

所以 $\lim\limits_{x \to \infty} \dfrac{2x^2 + 1}{x + 2} \sin \dfrac{2}{x} = \lim\limits_{x \to \infty} \dfrac{2x^2 + 1}{x + 2} \cdot \dfrac{2}{x} = \lim\limits_{x \to \infty} \dfrac{4x^2 + 2}{x^2 + 2x} = 4$. 故选 C.

17. 答案：B

解析：由题意知：$h(x) = (1 + g(x))^2$，所以 $h'(x) = 2[1 + g(x)] g'(x)$.

又 $g'(1) = h'(1) = 2$，所以 $g(1) = -\dfrac{1}{2}$. 故选 B.

18. 答案：D

解析：由题意有 $g'(0) = y'|_{x=0}$

因为 $\lim\limits_{x \to 0} \dfrac{g(x)}{x} = \dfrac{g(x) - g(0)}{x - 0} = g'(0)$，$y'|_{x=0} = \dfrac{2}{1 + 2x}\bigg|_{x=0} = 2$；且函数

$f(x) \begin{cases} \dfrac{g(x)}{x}, x \neq 0 \\ a, x = 0 \end{cases}$ 在原点可导.

所以 $a = 2$. 故选 D.

19. 答案：D

解析：由题意取 $a = b = c = d = 1$，则 $y = \dfrac{1}{3}ax^3 + bx^2 + cx + d = \dfrac{1}{3}x^3 + x^2 + x + 1$

所以 $y' = x^2 + 2x + 1 = (x + 1)^2 \geqslant 0$，即函数 $y = \dfrac{1}{3}x^3 + x^2 + x + 1$ 单调递增.

所以原函数 $y = \dfrac{1}{3}ax^3 + bx^2 + cx + d$ 无极大值也无极小值. 故选 D.

20. 答案：C

解析：由 $\int_{-1}^{x+6} f(t)\mathrm{d}t + \int_{x-3}^4 f(t)\mathrm{d}t = 14$，求导得 $f(x + 6) - f(x - 3) = 0$.

即 $f((x - 3) + 9) = f(x - 3)$，所以 $f(x)$ 的周期为 9. 故选 C.

21. 答案：C

解析：曲线 $L: y = x(1-x)$ 在点 $O(0, 0)$ 和 $A(1, 0)$ 的切线分别

为：$y = x$ 与 $y = -x+1$. 所以其交点 B 的坐标为 $\left(\dfrac{1}{2}, \dfrac{1}{2}\right)$.

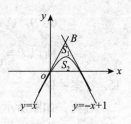

那么 $S_1 + S_2 = \dfrac{1}{2} \times 1 \times \dfrac{1}{2} = \dfrac{1}{4}$，$S_2 = \displaystyle\int_0^1 x(1-x)\,\mathrm{d}x =$

$\left(\dfrac{x^2}{2} - \dfrac{x^3}{3}\right)\Big|_0^1 = \dfrac{1}{6}$.

所以 $S_1 = \dfrac{1}{12}$. 即 $S_1 = \dfrac{1}{2}S_2$. 故选 C.

22. 答案：A

解析：因为 $|A + E| = \begin{vmatrix} 2 & -1 & 0 \\ 0 & 1 & 0 \\ 2 & -2 & 1 \end{vmatrix} = 2$，所以 $A + E$ 可逆.

由 $r(AB + B) = 2$，知 $r(B) = 2$.

又因为 $B = \begin{pmatrix} 1 & -1 & 2 \\ 2 & a & 1 \\ -1 & 3 & 0 \end{pmatrix} = \begin{pmatrix} 1 & -1 & 2 \\ 0 & a+2 & -3 \\ 0 & 2 & 2 \end{pmatrix}$，所以 $a = -5$. 故选 A.

23. 答案：B

解析：因为 $2\alpha_1 = \alpha_1 - \alpha_3 + \alpha_1 + \alpha_3$，$3\alpha_3 = \dfrac{3}{2}(\alpha_1 + \alpha_3) + \dfrac{3}{2}(\alpha_1 - \alpha_3)$；所以向量组①和

③的秩最大值为 2，即其不可能与 α_1，α_2，α_3 等价.

由于②α_1，$\alpha_1 + \alpha_2$，$\alpha_1 + \alpha_2 + \alpha_3$ 及④$\alpha_1 - \alpha_3$，$\alpha_1 + \alpha_3$，$2\alpha_2$，$3\alpha_3$ 与向量组 α_1，

α_2，α_3，都能相互线性表示，所以它们与向量组 α_1，α_2，α_3 等价. 故选 B.

24. 答案：D

解析：因为 $\overline{A} = \begin{pmatrix} 4 & t & 1 & 1 \\ 0 & 4 & 5 & 1 \\ -1 & 1 & 1 & 0 \\ -5 & 1 & 0 & -1 \end{pmatrix} \to \begin{pmatrix} 0 & t+4 & 5 & 1 \\ 0 & 4 & 5 & 1 \\ -1 & 1 & 1 & 0 \\ 0 & -4 & -5 & -1 \end{pmatrix} \to \begin{pmatrix} 0 & t+4 & 5 & 1 \\ 0 & 4 & 5 & 1 \\ -1 & 1 & 1 & 0 \\ 0 & 0 & 0 & 0 \end{pmatrix}$

所以，当 $t \neq 0$ 时，$r(A) = r(\overline{A}) = 3$. 即方程组只有唯一解.

当 $t = 0$ 时，$r(A) = r(\overline{A}) = 2 < 3$. 即方程组有无穷多解. 故选 D.

25. 答案：B

解析：选项 A 中的矩阵有三个不同特征值，所以可对角化；

选项 C 中的矩阵是对称矩阵，也可以对角化；

选项 B 中，有 $|\lambda E - B| = \begin{vmatrix} \lambda+1 & -1 & 0 \\ 4 & \lambda-3 & 0 \\ -1 & 0 & \lambda-2 \end{vmatrix} = (\lambda-2)(\lambda-1)^2$，所以选

项 B 中有重特征值 $\lambda = 1$.

那么当 $\lambda = 1$ 时，$(E - B) = \begin{pmatrix} 2 & -1 & 0 \\ 4 & -2 & 0 \\ -1 & 0 & -1 \end{pmatrix} \rightarrow \begin{pmatrix} -1 & 0 & -1 \\ 2 & -1 & 0 \\ 0 & 0 & 0 \end{pmatrix}$，即 $r(E - B) = 2$.

所以重特征值 $\lambda = 1$ 只对应一个线性无关的特征向量，故选项 B 中的矩阵不能对角化.

第三部分　逻辑推理能力测试

1. 答案：D。

　　解析：样本和总体的关系。

　　　　　根据统计推理，是否更安全取决于比例而不是具体数字，所以选 D。

2. 答案：D。

　　解析：题干提出了一个矛盾，山丹马场的羊经常被狼吃，但是甘州却不受影响。

　　　　　选项需要提出山丹和甘州的不同之处，A、B、C 项不能给予解释，D 项提出了因为狼无法到达甘州，提供了解释。

3. 答案：B。

　　解析：排除他因型题目。

　　　　　题干的逻辑，因为很多创造性研究的人是左撇子，所以创造性是左撇子天生的禀赋。如果创造性是后天培养，那么跟左撇子的禀赋就没有关系。

4. 答案：A。

　　解析：此题目为结论推出。

　　　　　题干给出了两句：①对于被嫉妒的人，是一种精神上的快感。

　　　　　　　　　　　　　　②嫉妒别人的人，只能反映人格卑污，没有任何好处。

　　　　　由此可直接推出选项为 A。

5. 答案：C。

　　解析：两难推理。

　　　　　题干了两种可能：①胜诉：以后会被《bang!》告

　　　　　　　　　　　　　②败诉：为《三国斩》做宣传

　　　　　C 项直接解释了这两种后果的结果；A 项是必须大公司败诉，才能题高知名度；B、D 项属于题干未提及信息。

6. 答案：C。

　　解析：专家的观点是节食不好，A、B、D 项均是说节食的好处，只有 C 项表示了对专家观点的支持。

7. 答案：A。

　　解析：集合关系。

　　　　　有些 = 至少有一只。由题干可以推出有些为主人珍爱的狗是藏獒，但是不能推出有些为主人珍爱的狗不是藏獒。"有些是"不能推出"有些不是"。

8. 答案：D。

　　解析：相容性选言命题。

不能 3 种可能都得到，即非（A&B&C）＝非 A or 非 B or 非 C ＝非（A and B）or 非 C

所以 or 左边部分加非，可以推出右边，A&B⇒非 C。

9. 答案：B。

解析：题干要求选项是"与评价该专家的观点不相干"，而 A、C、D 都能直接与"评价"有关联，只有 B 项是完全可独立于该"评价"之外的。

10. 答案：B。

解析：削弱型，有因无果。赢阿根廷 ⇒ 第二局输掉，若要质疑，前真后假。

11. 答案：C。

解析：直言命题。同时参观丹麦馆和沙特馆的人，既没有参观德国馆，也没有参观日本馆。

12. 答案：D。

解析：题干提出了两个现象：① 门票便宜，不要钱了。

② 参观的人少了。

只有 D 项同时解释了题干的两个现象。

13. 答案：C。

解析：题干给的是 E 命题，所有人都不能逃过宿命。

C 项为非 E 命题，恰好与命题矛盾；而 B 项是"有的人不能逃过宿命"，等同于 O 命题。

14. 答案：B。

解析：排除他因型。

排除其他削弱逻辑的可能，求异法即可得知选项为 B 项。

15. 答案：A。

解析：前提假设型。

题干：河南省文物考古研究所发现曹操墓在安阳。

结论：该墓位置得到确认。

16. 答案：B。

解析：关系命题。

题干：幼儿园 ＞ 公务员

结论：幼儿园 ＞ GCT

则需要假设：公务员 ＞ GCT

17. 答案：C。

解析：必然性推理。

题干给出 3 个逻辑：

① 有人灵魂不能进天堂⇒上帝之爱不是普适的

② 上帝之爱不是普适的⇒上帝存在不合理

③ 所有人进天堂⇒信仰不同宗教就没区别

所以，上帝存在合理⇒上帝之爱是普适的⇒所有人能进天堂⇒信仰不同宗教没区别。

所以答案选 C 项。

18. 答案：D。

解析：评价型题目。此题目为老题。D 项直接指出了该题论证中存在的漏洞。

19. 答案：选 A。

解析：角色对应题。

王飞赚的钱比驾驶员多，说明王飞不是驾驶员。

副驾驶赚的钱最少，说明王飞不是副驾驶。

所以，王飞是工程师。

副驾驶是独生子，张刚有姐姐，所以张刚不是副驾驶，是正驾驶。

20. 答案：选 A。

解析：削弱质疑，否定前题。

题干说明了，美国信用等级不降低⇒债券价格不受股价影响。所以 D 项的股价暴跌，并不影响题干的逻辑。

21. 答案：选 C。

解析：典型假设题目，三段论。

题干：逻辑⇒经验中建立，实践中应用。

结论：逻辑⇒极端重要的。

实现结论则需要的假设为 C 项。

22. 答案：选 B。

解析：评价型题目。个体不能代表总体，B 项直接说明了这一点。

23. 答案：选 B

解析：复合命题推理。

由题干可以得到以下的逻辑关系：

①维持价格稳定⇒ 禁止出口

②禁止出口 ⇒ 避免损失 ⇒ 国际市场被美国占有

出口⇒ 亏本

综合①与②，可得 B 项是必然为真。

24. 答案：选 C。

解析：复合命题推理。

丙外出 and 甲外出 ⇒乙不外出

乙外出 ⇐ 甲外出 = 乙不外出 ⇒ 甲不外出，由此可得出 C 项与此条件矛盾。

25. 答案：C。

解析：前提假设。

题干逻辑实际上是：玻色子一直不是美国发现的⇒希格斯粒子不是美国发现的。

26. 答案：A。

解析：评价型题目。

题干并未对数据进行归纳概括，除 A 项外，其他选项均没有提及。

27. 答案：B。

    解析：类似第 6 题，属于不支持型题目。

    B 项是说气候变暖，其他 A、C、D 选项都说气候并未变暖。

28. 答案：A。

    解析：引入他因，不质疑。

    只要是不是胜负的任何其他原因导致章鱼选择某队，都是对题干的质疑。

29. 答案：D。

    解析：前提假设，简单质疑。

    注意题干中最后一句的"只有……才……"，可以推出：

    税务机关达到征收直接税和存量税的水平 ⇐ 开征房产税

    做逆否即可推出不能开征房产税。

30. 答案：C。

    解析：前提假设。

    结论：少数的这些科学家作出的贡献比一般科学家大。

    原因：社会资源等等荣誉都向这些少数科学家集中。

    需要的假设是：这些荣誉和资源的集中会导致贡献大。既然奖励都是合情合理的，那么奖励多的人自然贡献大。

31. 答案：C。

    解析：引入他因。

    如果这种活性物质还有其他的功能，那么抑制这种物质会导致其他的更不利后果。

32. 答案：D。

    解析：类比推理结构论证，可得出正确选项为 D 选项。

33. 答案：B。

    解析：复合命题。

    除 B 项外，其他 A、C、D 项均不能达到质疑最后一句"读者心甘情愿掏腰包 ⇒ 提供独家优质内容"这个结论。

34. 答案：D。

    解析：解释型题目，直接可推出 D 项为正确选项。

    此题为往年公务员考试真题，原题如下：

    为适应城市规划调整及自身发展的需要，某商业银行计划对全市营业网点进行调整，拟减员 3%，并撤销三个位于老城区的营业网点，这三个营业网点的人数正好占该商业银行总人数的 3%。计划实施后，上述三个营业网点被撤销，整个商业银行实际减员 1.5%。此过程中，该银行内部人员有所调整，但整个银行只有减员，没有增员。据此可知，下列陈述正确的有：

    Ⅰ．有的营业网点调入了新成员

    Ⅱ．没有一个营业网点调入新成员的总数超出该银行原来总人数的 1.5%

Ⅲ. 被撤销营业网点中的留任人员不超过该银行原来总人数的 1. 5%

    A. 只有Ⅰ   B. 只有Ⅰ和Ⅱ   C. 只有Ⅱ和Ⅲ   D. Ⅰ、Ⅱ和Ⅲ

35. 答案：C。

    解析：通过假设观点成立，得到应该判处不足 18 岁的人死刑的谬误来驳斥观点。

36. 答案：B。

    解析：此题类似第 32 题，由类比推理得出正确选项为 B 项。

37. 答案：C。

    解析：本题的结论为第一句，即哥白尼理论优于托勒密理论，原因在后面陈述，即哥白尼的更为简单。

    A 项过于绝对；B 项比较接近，但是否更重要未在题干中提及；D 项在题干中未提及，看不出真假。

38. 答案：A。(答案 B，推论型?)

    解析：B 项中的市场运作，C 项中的商业欺诈，D 项中的分析方法均为题干中未提及的信息。

39. 答案：D。

    解析：推论型题目。可有题干直接推论得出正确选项为 D 项。

40. 答案：D。

    解析：简单逻辑。

    题干中有：① 包容意见和反对的稳定 ⟸ 动态稳定

    ②处置得当 ⟹ 化危为机

    A 项无法推出所需结论；B 项箭头方向相反；C 项方向相反；D 项做逆否后一致。

41 - 45

由题干得知：

(1) F 在 1 or 6

(2) J 早于 Q

(3) Q、R 位置固定

(4) G 在第三天⟹ Q 在第五天

41. 答案：B。

    解析：排除法。

    A 项：与 (2) 矛盾，C 项与 (3) 矛盾，D 项与 (1) 矛盾。

42. 答案：D。

    解析：R 前面有 Q，Q 前面有 J。所以 R 只能在 3 号位及 3 号位以后的位置。

43. 答案：C。

    解析：同 42 题，J 不能在第五天。J 后面还有 Q 和 R。所以 J 不可能在 4 号位之后。

44. 答案：D。

    解析：因为 Q、R 必须相连，且不能放在 1 和 2 的位置上 (J 在这两个之前)，所以如果 3 和 5 的位置不包含 Q 与 R，而被其他占掉，剩下的 4 与 6 无法相连，所以 3 和 5 必须包含 Q 或者 R。从而 B、C 项被排除；G 若在第三天，Q 必须在第五天，所以 A 项被排除。

45. 答案：B。

解析：R 在 F 前一天，所以 4、5、6 分别为 Q、R、F，还剩 J、G、H，如果 G 在第三天，那么 Q 必须在第 5 天，而 Q 在第四天，所以 G 不能在第三天，所以 J 或者 H 在第三天，因此选项 B 项是正确的。

46 - 50

由题干得知：

（1）至少有 1 种蔬菜和 1 中水果特价

（2）J⇒非 L

（3）K ⇒ Y

（4）任何一种不能超过 3 天

46. 答案：D。

解析：排除法。

A 项无水果，违背条件（1）；B 项有 K 没有 Y，违背条件（3）；C 项有 J，且有 L，违背条件（2）；D 项没有矛盾。

47. 答案：B。

解析：J 在五六日，所以 L 不能在五六日。K 排在一二三，那么 Y 也必须在一二三，周一二三必须有水果，而 J 已经有 3 次，G 仅排在周四，也不能在一二三，所以 H 必须排在一二三。所以必须排在一二三的有 KYH，每天 3 种特价已经排满，L 只能排在周四。

48. 答案：C。

解析：一共 7 天每天 3 中产品，所以一共 21 个名额。其中每种水果都卖 3 天，所以 3 种水果占了 9 天，每天必须有 1 中蔬菜，占去 7 个名额，还剩下 21 - 9 - 7 = 5。

49. 答案：A。

解析：因为水果 H，G 都排满 3 天，周日必须有水果，所以必须有 J，同时不能有 L，排除 D 项和 C 项。因为 Y 也排满了 3 天，所以周日必然没有 Y，由第三条逆否，可知无 Y⇒无 K，排除 B 项。

50. 答案：B。

解析：因为每种水果每周只能出现 3 次，2 种水果最多只能拍 6 天，所以 7 天中，必须 3 种水果都出现 1 次，同理每种蔬菜也要出现一次，这样一共占了 6 个名额。优于 K⇒Y，所以 Y 一定也会出现，占掉第七个名额。

第四部分　外语运用能力测试（英语）

Part One　Vocabulary and Structure

1. 答案：B

解析：我不赞同你的计划，因为我看不到任何回报。argue with 与……争辩，争论；approve of 赞成，赞同；turn down 减少，关小，拒绝；give up 放弃，投降。根据句意可知，答案为 B。

2. 答案：A

解析：这个贼对亮光和犬吠感到非常害怕以至于落荒而逃。frightened 惊吓的，害怕的；annoyed 生气的，烦恼的；puzzled 困惑的，茫然的；disappointed 失望的，沮丧的。由句意可知，答案为 A。

3. 答案：B

解析：要让能源对环境无任何破坏是困难且花费昂贵的。Making energy use completely harmless to the environment 在句中做主语，谓语为单数。

4. 答案：C

解析：要是没有重力，地球周围就不会有空气，因而也不会有生命。本题考查虚拟语气。本题主句中用的是一般现在时，表示发生在现在或将来的虚拟条件句，从句中的谓语用过去式形式。在条件句从句中有时还可以用 were to + 动词，或 should + 动词。故排除 B，D。而 If there was 中 was 应为 were，D 项是省略 if 后语序改为倒装。

5. 答案：D

解析：委员会的一些成员建议将会议推迟。suggested 接 that 宾语从句表示建议时，that 从句用 should + 动词原形，should 可以省略。故答案为 D。

6. 答案：D

解析：你还有什么要为今晚聚会准备的东西吗？当先行词是不定代词，如 all，everything，anything，nothing，much，few，little，none，the one 等，或先行词（指物的）前面有 only，few，one of，little，no，all，every，very 等词修饰时，关系词只能用 that。故答案为 D。

7. 答案：A

解析：发言人努力回避这个问题，因为任何回答都将使他的政府陷入困境。embarrassment 尴尬，困境；commitment 承诺，贡献；failure 失败；benefit 利益，好处。根据句意，故答案为 A。

8. 答案：C

解析：对于一个人来说，摆脱悲观情绪并获得实现梦想的自信是有可能实现的。根据语意走向，空白处需要填入 gain 的反义词，C 最合适。

9. 答案：A

解析：到这学期末，这些女孩将学会聚餐社交谈话技巧的基本原则。本题考查将来完成时。其形式为 should have been + 现在分词用于第一人称，而 would have been + 现在分词用于其他人称。故答案为 A。

10. 答案：C

解析：如果你不理解一个词的典故，那么也很可能不会理解它的真正含义。cultural references 表示典故。

Part Two   Reading Comprehension

11. 答案：D

解析：由 Sunny with cloudy periods 可知，周日的天气是晴间多云，而其他日期的天气不是刮风就是下雨，故答案为 D。

12. 答案：C

解析：由本题意思是"降水概率是 80%"，而不是出现雷雨的频率是 80% 故答案为 C。

13. 答案：C

解析：由 Windy with thundershowers and possibly storm in the north 可知，灾害性天气可能在周二发生。

14. 答案：A

解析：由 Sunrise 每天日出的时间越来越晚，而 Sunset 日落的时间越来越早，可知夜晚越来越长。

15. 答案：B

解析：由 High29，Low21 可知，最高气温 29 度，最低 21 度，其早晚温差最大，故答案为 B。

16. 答案：C

解析：由 Firefighters are often asked to speak to school and community groups about the importance of fire safety，particularly fire prevention and detection. 可知，消防员要告诉学校及社区防火尤其是火灾预防与探测。

17. 答案：B

解析：由 Because smoke detectors reduce the risk of dying in a fire by half…可知，烟雾探测器降低了一半的火灾死亡危险，题目说的是相对于不安装烟雾探测器的家庭而言，安装烟雾探测器的家庭在火灾后幸存的概率会增加一半。故答案为 B。

18. 答案：A

解析：本题可用排除法。由 smoke detector should be install either on the ceiling at least four inches from the nearest wall，or high on a wall at least four，but no further than twelve，inches from the ceiling… 可以排除 B 项；由 Detectors should not be mounted near windows，entrances… 可以排除 C 项；由 Nor should they be placed in kitchens and garages…可以排除 D 项。故答案为 A。

19. 答案：D

解析：文中表明闭塞空间很可能是哪里？由 smoke detector should be install either on the ceiling at least four inches from the nearest wall，or high on a wall at least four，but no further than twelve，inches from the ceiling. 可知，烟雾探测器要安装到房顶或墙壁的适当位置，以避免由于探测器安装至闭塞空间而探测不到火灾的情况。

20. 答案：A

解析：本文每段都在介绍安装烟雾探测器，更着重强调了安装的恰当位置。故答案为 A。

21. 答案：D

    解析：由 Here comes London Mayor Boris Johnson riding a bicycle from his new bike hire plan. 可知，Boris Johnson 市长骑自行车是在发起租赁自行车计划。

22. 答案：A

    解析：由 It's very comfortable. For people who don't cycle much I think it'll be very useful. But for people who cycle regularly, they are possibly a bit slow…可知，John Payne 是非常支持这一计划的，且由他所说相对于经常骑车的人，自行车有点慢，所以可以排除 D 项。故答案为 A。

23. 答案：D

    解析：由 The first half hour is free. If you cycle smart and you cycle around London…可知，前半小时是免费的，如果灵活安排伦敦附近的骑行，可以全天免费。

24. 答案：B

    解析：由 Johnson says the city will gradually expand the system. "Clearly one of our ambitions is to make sure that in 2012 when the world comes to London, they will be able to use London hire bikes to go to the Olympic stadiums." 可知，租赁自行车计划将推广服务于 2012 年伦敦奥运会。

25. 答案：B

    解析：由最后一句话可知，Boris Johnson 市长对于租赁自行车计划的前景很乐观。

26. 答案：C

    解析：由 Tony Huesman, a heart transplant recipient who lived a record 31 years with a single donated organ has died at age 51 of leukemia. 可知，Tony Huesman 死于白血病。

27. 答案：A

    解析：由 His heart never gave up until the end, when it had to. 可知，他的心脏甚至在应该停止的时候还一直不停地跳动着。故答案为 A。

28. 答案：B

    解析：由… with a single donated organ…可知，他只进行了一次心脏移植手术，故排除 A 项；由 Huesman worked as marketing director at a sporting-goods store. 可知，他在体育用品店做市场经理，所以他能够工作，故排除 C 项；由 Huesman was listed as the world's longest survivor of a single transplanted heart…可知，他是世界上做一次心脏移植手术存活最久的人，故排除 D 项。

29. 答案：C

    解析：由 Tony Huesman, a heart transplant recipient who lived a record 31 years with a single donated organ 和 Huesman got a heart transplant in 1978 at Stanford University. 可以推断，他死于 2009 年。

30. 答案：D

    解析：由 He was found to have serious heart disease while in high school. His heart, attacked by a pneumonia virus…可知，他的心脏因被病毒感染而接受移植。

Part Three　Cloze

31. 答案：B
解析：我的工作能得到这么高的认可，这当然是非常令人激动的，但真正的乐趣却蕴含在工作本身之中。acknowledgment 承认，感谢；recognition 认可，认识，赞誉；realization 认识，实现；assessment 评价，看法。故答案为 B。

32. 答案：D
解析：科学研究就像发现新大陆，你不断地尝试以前没有尝试过的新事物。presently 不久，一会儿，目前，现在；repeatedly 重复地，再三地；periodically 周期性地，定期地，偶尔；continually 持续地，不断地。

33. 答案：A
解析：这些尝试中有很多是没有结果的，于是你不得不尝试另外一些不同的事物。nowhere 无处，哪里都不；anywhere 任何地方，无论何处；everywhere 处处，到处；somewhere 某处。

34. 答案：B
解析：有时，尝试是奏效的，并且告诉你某些新东西，这的确令人兴奋。work 作动词时除了当使工作讲，还可表示使运转/作，使产生效果。

35. 答案：D
解析：somewhat 稍微，有点，达到某种程度；so 因此；how 怎样，如何（表示疑问）；however 不管到什么程度，无论如何。无论新的发现多么微小，只要想到"我是唯一知道它的人"，这种感觉就非常好。

36. 答案：C
解析：result from 产生于……，由……引起；lie in 在于，位于；lead to 导致，引起；rely on 依靠，信任。根据句意，故答案为 C。

37. 答案：A
解析：然后你就会有兴趣思考所发现的东西将导致什么结果并决定下一次实验应是什么。应与本句话中 this 相对而使用 next experiment，下一次实验。

38. 答案：B
解析：科学研究最大的乐趣之一就是你总是可以进行一些不同的尝试，它从来不会令人厌倦。amusing 有趣的，好玩的；boring 枯燥的；confusing 莫名其妙的，混乱的；exciting 使人兴奋地，令人激动的。

39. 答案：C
解析：事情进展顺利是令人高兴的，事情进展不顺利则令人苦恼。根据句意，故答案为 C。

40. 答案：B
解析：有些人在遇到困难时就泄气，但我面对失败的做法是从不着急，并且开始设计下一次实验，整个探索的过程都充满了欢乐。此处是非限制性定语从句，which 指代前边整个句子，故答案为 B。

Part Four   Dialogue Completion

41. 答案：B

解析：A 说 实在抱歉，彼得，这周五我不能来了。B 说 怎么了？I'm really sorry for that 对此我深感抱歉；It's all right with me 我对这事儿没意见；You can come some other time 你可以其他时间再来；Nothing wrong, I hope 我希望一切顺利。

42. 答案：D

解析：A 说 这个牌子只要十美元吗？No kidding 在这里意思不是开玩笑。这里表示"真不是胡说的，我在二手店里买的。"而其他选项不符合对话场景，故答案为 D。

43. 答案：B

解析：A 说 我看见老板对你很生气，怎么了？Nothing in particular 没什么特别的事儿。他只是刚刚心情不好。

44. 答案：A

解析：A 说 我们预订了今晚的房间，姓名是 Cliff。B 说 是的，两间带浴室的单间。本题是住宿的对话场景。当 A 说他们订了房之后，B 需要查看并核实，所以需要一定的时间。因此会说，请稍等。

45. 答案：C

解析：A 说 周六会有很多人来我们这里吃饭。从 B 的回答中可以看出，A 邀请 B 也过来吃饭。故答案为 C。

46. 答案：A

解析：A 问 你们有没有什么要登记的行李呢？Yes, two pieces 是的，有两件。

47. 答案：A

解析：A 说 如果乘公交去大概需要多久？B 说 我觉得机场快轨是最佳选择。best bet 最佳选择。It depends on the traffic 这取决于交通状况。B 对 A 的问题给出最实际的回答，还是坐机场快轨比较好。

48. 答案：B

解析：A 问 周五早上九点半怎么样？B 说 下午还有什么时间可以吗？A 说 我们四点还有一个空缺。这是预约看病的场景。护士回答下午的空缺的时间后，出于礼貌需要征求病人的意见。

49. 答案：D

解析：A 问 你能给我换 100 块的零钱吗？B 说 好的，你想换成什么样的？这里的 How 问的是 A 想把 100 块换成什么面额的零钱。

50. 答案：D

解析：A 说 抱歉，你想要的那个牌子的相机现在缺货。B 说 真可惜，不过还是谢谢你。

2011年在职攻读硕士学位全国联考研究生入学资格考试试卷
（仿真试卷一）

参考答案与解析

第一部分　语言表达能力测试

一、选择题

1. 答案：C

　　解析：C项都读 tāo；A 积 jī 极；B 呕 ǒu 心沥血；D 莘莘 shēn 学子

2. 答案：B

　　解析："别无长物"形容穷困或俭朴，不用来表示没有才艺。

3. 答案：B

　　解析：A 是摇头假装，而不是假装摇头；C "陈氏父子"不能是"其中之一"；D 对应不完整。

4. 答案：C

5. 答案：C

　　解析：使用了夸张的手法

6. 答案：A

7. 答案：D

8. 答案：D

　　解析："我思故我在"是法国哲学家笛卡儿的名言。

9. 答案：D

　　解析："驱除鞑虏"就是指驱除满族人。

10. 答案：C

11. 答案：D

12. 答案：C

13. 答案：C

14. 答案：C

15. 答案：B

二、填空题

16. 答案：B

17. 答案：C

18. 答案：A

19. 答案：A

20. 答案：A

21. 答案：D

解析：进一步提高关税并不能从根源上提高我国汽车行业的国际竞争力，发展才是硬道理。

22. 答案：B

23. 答案：D

24. 答案：D

25. 答案：A

26. 答案：A

27. 答案：B

28. 答案：C

29. 答案：A

30. 答案：D

三、阅读理解题

31. 答案：B

32. 答案：C

解析：A、B 各说了一半，不够全面；D 欠具体。

33. 答案：A

34. 答案：C

解析：扣住文章主旨考虑

35. 答案：A

解析：B"谦虚的美德"，C"擅长讲话"，D"反传统精神"都概括失当。

36. 答案：D

37. 答案：B

38. 答案：D

39. 答案：B

解析：半坡彩陶上的刻画与黑陶上的刻画意义尚未阐明。文中"该画"二字并非单指黑陶上的刻画。

40. 答案：C

41. 答案：A

42. 答案：C

43. 答案：D

44. 答案：B

45. 答案：B

46. 答案：C

47. 答案：D

48. 答案：C

49. 答案：A

50. 答案：B

第二部分　数学基础能力测试

1. 答案：B

   解析：因等差数列求和公式为 $S_n = \dfrac{(a_1 + a_n)n}{2}$，所以分子 $= \dfrac{(1 + 11) \times 11}{2} = 66$

   又分母 $= -5 + 11 = 6$，所以原式 $= \dfrac{66}{6} = 11$.

2. 答案：C

   解析：设该校共有女生宿舍 x 间，则有

$$\begin{cases} 4x + 20 > 8(x - 1) \\ 4x + 20 < 8x \end{cases} \Rightarrow 5 < x < 7 \Rightarrow x = 6$$

3. 答案：B

   解析：设该梯形的两腰中短的长为 a，两底中短的长为 b. 因为两腰之比为 $1 : 2$，所以另一腰长度为 $2a$. 如图所示，另一底长度为 $b + \sqrt{(2a)^2 - a^2} = b + $

   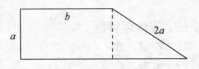

   $\sqrt{3}a$. 又两底之和与两腰之和的比是 $2 : 1$，从而得 $2b + \sqrt{3}a = 6a$. 已知该梯形的周长为 54cm.，因此 $2b + \sqrt{3}a + 3a = 54$cm，将 $2b + \sqrt{3}a = 6a$ 代入，得 $9a = 54$cm，$a = 6$cm.

   所以该梯形的面积为 $\dfrac{1}{2}(b + b + \sqrt{3}a) \cdot a = \dfrac{1}{2} \times 6a^2 = 108$cm^2.

4. 答案：A

   解析：要判断点 A 与圆 O 的位置关系，只需判断点 A 到圆心 O 的距离，即 OA 的长. 因为 $OP = 2OA$，所以 $OA = 3$cm < 5cm. 即点 A 在圆内，故正确答案为 A.

5. 答案：C

   解析：设每个空容器的重量为 x 克，B 液体的重量是 y 克，根据题意可得：

$$\begin{cases} x + 2y = 1800 \\ x + y = 1250 \end{cases}$$

   解得 $x = 700$. 故选 C.

6. 答案：B

   解析：设 A、B 两地相距 S 千米，乙车的速度为 x 千米/小时，则甲车速度为 $\dfrac{11}{9}x$ 千米/小时. 由题意，有 $\begin{cases} \left(\dfrac{11}{9}x\right) \times 7 + x \times 6 = S \\ \left(\dfrac{11}{9}x + x\right) \times 6\dfrac{1}{2} + 5 = S \end{cases}$，解得 $\begin{cases} x = 45 \\ S = 655 \end{cases}$. 故选 B.

7. 答案：A

   解析：球心为正四面体的中心，过球心 O 和一条侧棱 AB 作截面，如图所示. 设球半径 $OA = R$，F 是 AB 的中点，不包含顶点 A 的正四面体底面外接圆的圆心为 O_1，半

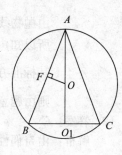

径 $BO_1 = \dfrac{2}{3} \times \sqrt{2} \times \dfrac{\sqrt{3}}{2} = \dfrac{\sqrt{6}}{3}$

则四面体的高 $AO_1 = \sqrt{AB^2 - BO_1^2} = \dfrac{2\sqrt{3}}{3}$.

又 $\mathrm{Rt}\Delta FAO \sim \mathrm{Rt}\Delta AO_1B \Rightarrow \dfrac{AO}{AB} = \dfrac{AF}{AO_1}$, 即 $\dfrac{R}{\sqrt{2}} = \dfrac{\dfrac{\sqrt{2}}{2}}{\dfrac{2}{3}\sqrt{3}} \Rightarrow R = \dfrac{\sqrt{3}}{2}$

$\Rightarrow S_{球} = 4\pi R^2 = 3\pi$.

8. 答案：B

解析：解法一：设实数 x, y 满足 $c = xa + yb$, 则

$(-1, 2) = x(1, 1) + y(1, -1) = (x + y, x - y)$, 有 $\begin{cases} x + y = -1 \\ x - y = 2 \end{cases}$,

解得 $\begin{cases} x = \dfrac{1}{2} \\ y = -\dfrac{3}{2} \end{cases}$, 即 $c = \dfrac{1}{2}a - \dfrac{3}{2}b$, 故正确答案为 B.

解法二：将这四个选项逐一检验，

A. $-\dfrac{1}{2}a + \dfrac{3}{2}b = -\dfrac{1}{2}(1, 1) + \dfrac{3}{2}(1, -1) = (1, -2) \neq c$

B. $\dfrac{1}{2}a - \dfrac{3}{2}b = \dfrac{1}{2}(1, 1) - \dfrac{3}{2}(1, -1) = (-1, 2) = c$

C. $\dfrac{3}{2}a - \dfrac{1}{2}b = \dfrac{3}{2}(1, 1) - \dfrac{1}{2}(1, -1) = (1, 2) \neq c$

D. $-\dfrac{3}{2}a + \dfrac{1}{2}b = -\dfrac{3}{2}(1, 1) + \dfrac{1}{2}(1, -1) = (-1, -2) \neq c$

9. 答案：A

解析：由题意知 $\begin{cases} a_1 = S_1 = 5 \\ a_n = S_n - S_{n-1} = 4n^2 + n - 4(n-1)^2 - (n-1) = 8n - 3 \end{cases}$

从而排除 B、C 两项.

将 $n = 10$ 代入 $S_n = 4n^2 + n$, 得 $S_{10} = 410$, 排除 D.

又 $a_n - a_{n-1} = 8n - 3 - 8(n-1) + 3 = 8$ 是常数，

所以 $\{a_n\}$ 是等差数列. 故选 A.

10. 答案：B

解析：解法一：从甲、乙之外的 4 个人中选一个做翻译，再从余下的 5 个人中选 3 个做其余工作，共有 $C_4^1 \cdot A_5^3 = 240$ 种.

解法二：从 6 个人中选派 4 个人的所有方法中去掉甲或乙做翻译的选派方法，共有 $A_6^4 - 2A_5^3 = 240$ 种.

11. 答案：D

解析：已知 AB 中点 O 到准线（圆的切线）的距离为 $d = 2$.

由抛物线的性质知：$|FA| + |FB| = 2d = 4$

所以知焦点 F 的轨迹是以 A、B 为焦点、长轴长为 4 的椭圆，

其标准方程为：$\dfrac{x^2}{4} + \dfrac{y^2}{3} = 1$.

则由题意知：方程式中用去掉 $(-2, 0)$，$(2, 0)$ 两点. 故选 D.

12. 答案：C

解析：由奇偶性定义可知，函数 $y = x + \sin|x|, x \in [-\pi, \pi]$ 为非奇非偶函数，所以选项 A，D 为奇函数，B 为偶函数，不满足题意，应舍去.

选项 C 为非奇非偶函数图像. 故选 C.

13. 答案：D

解析：至少有两人有效的事件记为 A，则该事件对立事件是有 1 人有效或全无效，记为 $\bar{A}$.

那么 $P(A) = 1 - P(\bar{A}) = 1 - C_{10}^1 0.8^1(1 - 0.8)^9 - C_{10}^0 0.8^0(1 - 0.8)^{10}$

$\qquad\qquad = 1 - 8.2 \times 0.2^9$. 故选 D.

14. 答案：A

解析：要使 $F'(0) = \lim\limits_{x \to 0} \dfrac{F(x) - F(0)}{x} = \lim\limits_{x \to 0} \dfrac{f(x)(1 + |x|) - f(0)}{x}$

$\qquad\qquad = \lim\limits_{x \to 0}\left[\dfrac{f(x) - f(0)}{x} + f(x)\dfrac{|x|}{x}\right]$ 存在，

必须 $\lim\limits_{x \to 0} f(x)\dfrac{|x|}{x}$ 存在. 因 $\lim\limits_{x \to 0^{\pm}} \dfrac{|x|}{x} = \pm 1$，所以必须 $\lim\limits_{x \to 0} f(x) = f(0) = 0$.

故选 A.

注意：(1) $\lim\limits_{x \to 0} \dfrac{f(x) - f(0)}{x} = f'(0)$；

$\qquad$ (2) 由 $f(x)$ 可导有 $f(x)$ 连续，所以 $\lim\limits_{x \to 0} f(x) = f(0)$.

15. 答案：A

解析：阴影部分直角三角形面积为 $54\,\text{cm}^2$，$OB = 9\text{cm}$，因此 $AO = \dfrac{54}{\frac{1}{2}BO} = \dfrac{108}{9} = 12\text{cm}$

ΔABD 的面积等于 $\dfrac{1}{2}BD \cdot AO$，因此长方形面积为

$BD \cdot AO = (BO + OD) \cdot AO = (9 + 16) \times 12 = 300\text{cm}^2$. 故选 A.

16. 答案：B

解析：$\lim\limits_{n \to \infty} \dfrac{1}{n^2}\{\ln[f(1)f(2)\cdots f(n)]\} = \lim\limits_{n \to \infty} \dfrac{1}{n^2}[\ln f(1) + \ln f(2) + \cdots + \ln f(n)]$

$\qquad\qquad = \lim\limits_{n \to \infty} \dfrac{1}{n^2}(\ln 2 + \ln 2^2 + \cdots + \ln 2^n)$

$\qquad\qquad = \lim\limits_{n \to \infty} \dfrac{1 + 2 + \cdots + n}{n^2}\ln 2$

$\qquad\qquad = \ln 2 \lim\limits_{n \to \infty} \dfrac{\frac{1}{2}(n + 1)n}{n^2} = \dfrac{1}{2}\ln 2.$

17. 答案: B

解析: 如图所示, $\overrightarrow{OB'}$ 为 $\overrightarrow{OB}$ 方向的单位向量,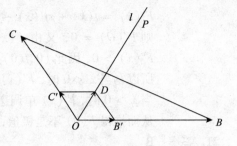
$\overrightarrow{OC'}$ 为 $\overrightarrow{OC}$ 方向的单位向量, 即 $\overrightarrow{OB'} =$
$\dfrac{\overrightarrow{OB}}{|\overrightarrow{OB}|}$, $\overrightarrow{OC'} = \dfrac{\overrightarrow{OC}}{|\overrightarrow{OC}|}$, $\overrightarrow{OB'} + \overrightarrow{OC'} = \overrightarrow{OD}$. 边
长为 1 的平行四边形 $OB'DC'$ 的一条对角
线是 OD, OD 所在的半直线 l 是 $\angle BOC$
的平分线. 因为 $\overrightarrow{OP} = \lambda \overrightarrow{OD}$, $\lambda \in [0, +\infty)$, 所以半直线 l 就是动点 P 的轨迹,
它通过 ΔOBC 内切圆的圆心. 故选 B.

18. 答案: C

解析: 如图所示, 设两抛物线的交点坐标为 (x_0, y_0)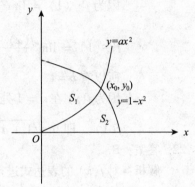
则 $ax_0^2 = 1 - x_0^2$, 解此方程得 $x_0 = \dfrac{1}{\sqrt{1+a}}$
(注意 $x_0 > 0$), 代入 $y = 1 - x^2$ 中得
$y_0 = \dfrac{a}{1+a}$, 于是
$S_1 = \displaystyle\int_0^{\frac{1}{\sqrt{1+a}}} [(1 - x^2) - ax^2]dx = \int_0^{\frac{1}{\sqrt{1+a}}}dx - (1 +$
$a)\displaystyle\int_0^{\frac{1}{\sqrt{1+a}}} x^2 dx$
$= \dfrac{1}{\sqrt{1+a}} - \dfrac{1}{3}\dfrac{1}{\sqrt{1+a}} = \dfrac{2}{3}\dfrac{1}{\sqrt{1+a}}$
又因 $S_1 = \dfrac{1}{2}\displaystyle\int_0^1 (1 - x^2)dx = \dfrac{1}{3}$, 因此有 $\dfrac{2}{3}\dfrac{1}{\sqrt{1+a}} = \dfrac{1}{3}$, 解得 $a = 3$. 故选 C.

注意: $S_1 = \dfrac{1}{2}\displaystyle\int_0^1 (1 - x^2)dx$ 这一步很关键, 如果利用 $S_1 = S_2$ 来解 a 要复杂的多.

19. 答案: C

解析: $y' = \dfrac{2}{5} \times \dfrac{2(x - 2)}{\sqrt[5]{(x^2 - 4x)^3}}$, 可知 $x = 2$ 为 $y(x)$ 的驻点, $x_1 = 0$, $x_2 = 4$ 为 $y(x)$ 的
导数不存在点, 列表如下:

x	$(-\infty, 0)$	0	$(0, 2)$	2	$(2, 4)$	4	$(4, +\infty)$
$y'(x)$	−	×	+	0	−	×	+
$y(x)$	↘	极小	↗	极大	↘	极小	↗

20. 答案: C

解析: $F(x) = 2\displaystyle\int_0^x tf(t)dt - x\int_0^x f(t)dt$

$F'(x) = 2xf(x) - \displaystyle\int_0^x f(t)dt - xf(x) = xf(x) - \int_0^x f(t)dt$

$$F''(x) = f(x) + xf'(x) - f(x) = xf'(x)$$

则 $F''(0) = 0$，又由 $f'(x) > 0$，得当 $x < 0$ 时，$F''(x) < 0$；当 $x > 0$ 时，$F''(x) > 0$，因此 $(0, f(0))$ 是曲线的拐点.

所以，当 $x < 0$ 时，$F'(x)$ 单调递减，因此 $F'(x) > F'(0) = 0$；

当 $x > 0$ 时，$F'(x)$ 单调递增，因此 $F'(x) > F'(0) = 0$.

从而推得 $F(0)$ 不是极值，因此选 C.

21. 答案：B

解析：若 $f(x)$ 在 $x = 1$ 处可导，则有 $f'_-(1) = f'_+(1)$.

因为 $f'_-(1) = \lim\limits_{x \to 1^-} \dfrac{f(x) - f(1)}{x - 1} = \lim\limits_{x \to 1^-} \dfrac{e^{b(x-1)} - 1}{x - 1} = b$，

$f'_+(1) = \lim\limits_{x \to 1^+} \dfrac{f(x) - f(1)}{x - 1} = \lim\limits_{x \to 1^+} \dfrac{\ln \sqrt{x^2 + a^2}}{x - 1} = \lim\limits_{x \to 1^+} \dfrac{\ln x}{x - 1} = \lim\limits_{x \to 1^+} \dfrac{1}{x} = 1$

所以有 $b = 1$.

因为 $f(x)$ 在 $x = 1$ 处可导，所以 $f(x)$ 在 $x = 1$ 处连续，则有 $\lim\limits_{x \to 1^+} f(x) = \lim\limits_{x \to 1^-} f(x) = f(1)$，即 $\ln \sqrt{1 + a^2} = 0$，所以 $a = 0$. 故选 B.

22. 答案：B.

解析：对 $f(x)$ 的表达式进行变换，有：

$$\begin{vmatrix} 1 & -1 & x+1 \\ 0 & x & -x \\ x+1 & -1 & 1 \end{vmatrix} = \begin{vmatrix} 1 & -1 & x \\ 0 & x & 0 \\ x+1 & -1 & 0 \end{vmatrix} = (-1)^{1+3} x \begin{vmatrix} 0 & x \\ x+1 & -1 \end{vmatrix} = x \cdot [-x(x+1)] = -x^3 - x^2$$

所以 x^2 的系数是 -1. 故选 B.

23. 答案：D

解析：方程组的系数矩阵是范德蒙行列式，有

$$D = \begin{vmatrix} 1 & 1 & 1 \\ 2 & -1 & 3 \\ 4 & 1 & 9 \end{vmatrix} = (-1 - 2)(3 - 2)[3 - (-1)] = -12$$

根据克莱姆法则，$x_2 = \dfrac{D_2}{D}$，其中

$$D_2 = \begin{vmatrix} 1 & 1 & 1 \\ 2 & 4 & 3 \\ 4 & 16 & 9 \end{vmatrix} = (4 - 2)(3 - 2)(3 - 4) = -2$$

可得 $x_2 = \dfrac{1}{6}$. 故选 D.

24. 答案：A

解析：由矩阵特征值的性质有 $\sum\limits_i \lambda_i = \sum\limits_i a_{ii}$（其中 λ_i 是矩阵的特征值，a_{ii} 是 A 中的对角线元素），有 $\sum\limits_{i=1}^{3} \lambda_i = 2 + 1 + 0 = 3$.

C 和 D 中的三个数加起来都不等于 3，所以不选 C 和 D.

$$|A| = \begin{vmatrix} 2 & -2 & 0 \\ -2 & 1 & -2 \\ 0 & -2 & 0 \end{vmatrix} \xrightarrow{\text{按第3列展开}} -2 \begin{vmatrix} 2 & -2 \\ 0 & -2 \end{vmatrix} = -8 \neq 0$$

这说明 0 不是 A 的特征值，因此不选 B，由排除法，选 A.

评注：本题可以直接计算 $|A - \lambda E| = 0$，从而求出 λ，但较复杂，利用矩阵特征值的性质判断有关特征值的问题，有时会很简单.

25. 答案：A

解析：$|B| = 4 - 3 = 1$, $\quad B^{-1} = \dfrac{1}{|B|}B^* = B^* = \begin{pmatrix} 1 & 1 & 0 \\ 1 & 2 & 1 \\ 0 & 2 & 3 \end{pmatrix}$

由 $C = AB^{-1} = A = \begin{pmatrix} 1 & 0 & 0 \\ 0 & 2 & 0 \\ 0 & 0 & 3 \end{pmatrix} \begin{pmatrix} 1 & 1 & 0 \\ 1 & 2 & 1 \\ 0 & 2 & 3 \end{pmatrix} = \begin{pmatrix} 1 & 1 & 0 \\ 2 & 4 & 2 \\ 0 & 6 & 9 \end{pmatrix}$

所以 $|C| = 24 - 18 = 6$, $C^{-1} = \dfrac{1}{|C|}C^* = \dfrac{1}{6}\begin{pmatrix} 1 & 2 & 0 \\ 1 & 4 & 6 \\ 0 & 2 & 9 \end{pmatrix}$

所以，第 3 行第 2 列的元素是 $\dfrac{1}{3}$. 故选 B.

第三部分　逻辑推理能力测试

1. 答案：B

解析：题干中已明确说明：大袋鼠过群居生活，但没有固定的集群，常因寻找水源和食物而汇集成一个较大的群体。所以选项 B 正确。

选项 C 不正确。因为虽然题干中提到人捕捉袋鼠，但这种捕捉对大袋鼠的生存而言是否构成最严重的威胁却不得而知。

选项 D 不正确。因为题干中只提到遇到干旱，幼小的袋鼠会死亡，并没有说袋鼠都会死亡。

2. 答案：B

解析：一个显而易见的道理是，如果地板木料的长度相同，则铺同样面积的房屋，窄的地板木料要用得多一些。因此，如果在 19 世纪早期一块窄的地板木料并不比相同长度的宽的地板木料明显地便宜，那么房屋主人用窄的地板木料铺地板就非常有可能是为了显示自己的地位和财富，否则房屋主人就没有理由这么做。

3. 答案：A

解析：如果选项 A 作为一条原则正确，那就说明约翰并没有被警察不公正地对待。这是因为，既然约翰属于那天早晨上班途中违反同一交通规则的人中的一个，那他就应该受到处罚。至于只有他受到处罚而别人没有受到处罚，这并不影响法律对他的公平性。

4. 答案：D

解析：选项 D 提供了新的事实来证明题干的观点，所以为题干的论述提供了附加支持。

5. 答案：B

解析：如果在 1492 年前后安迪斯人重新使用古人修整过的石头的现象非常普遍，那就说明那个纪念碑非常有可能是安迪斯人重新使用古人修整过的石头建造的。因此建造时间就在 1492 年前后，而不是在 1492 年欧洲人到达美洲之前很早就建造的。

6. 答案：A

解析：Ⅰ 项一定为真。因为全机关计划减员 25%，而实际减员 15%，说明没有完成原来的减员计划。因此，在被撤销的三个机构中的人员中，至少有占全机关人数 10% 的人员调入到未撤销的机构中。可见 Ⅰ 项一定为真。

Ⅱ 项不一定为真。因为题干中所说的机关内部人员有所调动，并不一定局限于被撤销机构的人员调入未撤销机构，也可能包括未撤销机构之间人员的相互调动。

Ⅲ 项不一定为真。因为三个被撤销的机构的人员完全可以都被留任，而实际被减掉的人员其实是未撤销机构的人员。

7. 答案：C

解析：题干的主要观点是：人们可以谴责政治家在竞选中诽谤竞争对手，但是政治评论家却不能这样做。顺着这个思路往下推，可以看出只有选项 C 的陈述与题干的观点最接近。所以，选项 C 最准确地陈述了题干的主要观点。

8. 答案：C

解析：题干叙述的心理学理论是：如果人要想快乐，就必须与其他人保持亲密关系。而要想证明这种心理学理论是错误的，就必须提供证据说明：有些人是快乐的，但是他们却没有与其他人保持亲密关系。鉴于题干中已提供了世界上最伟大的作曲家们没有和其他人保持亲密关系的事实，所以，题干还必须假定世界上最伟大的作曲家们是快乐的。

9. 答案：C

解析：如果选项 C 正确，则说明虽然基因药物与同品牌的原有药物含有的活性成分相同，但由于它们所含有的非活性成分和添加物不同，结果就导致了它们二者的效果有时会有重要的差别。

10. 答案：A

解析：如果解决偷猎问题的国际方案不应当对那些不应对该问题负责任的国家造成负面影响，那么鉴于津巴布韦这个国家没有偷猎活动，所以解决这个问题的国际方案不应当对津巴布韦这个国家造成负面的影响。而现在的情况是，全部禁止象牙贸易的解决方案有可能对津巴布韦造成负面的影响。所以，津巴布韦有理由反对这个禁令。

11. 答案：B

解析：题干中的表面性矛盾是，与非自花授粉的樱草相比，自花授粉的樱草在生存方面具有竞争优势。然而尽管如此，在樱草中自花授粉的樱草仍然比较罕见。解决这一表面性矛盾的一种可能的途径是，指出题干中未叙述到的非自花授粉的樱草可能具有的某种生存竞争优势。选项 B 正是这样一个选项。所以正确答案是 B。

12. 答案：C

解析：根据题干的叙述，由于相同量的蜜所含的能量大于种子所含的能量，所以相同的能量需要会使食种子的鸟类比食蜜的鸟类在摄取食物上花费更多的时间。可是，假如食蜜的鸟类摄取一定量的蜜比食种子的鸟类摄取同样量的食物所需要的时间短，则题干的论证就不成立了。所以，为了使题干的论证成立，必须假设选项 C 是正确的。

13. 答案：C

解析：根据题干的描述，一个国际团体建议以一个独立国家的方式给予讲卡伦南语的人居住的地区的自主权。但是，讲卡伦南语的人居住在几个广为分散的地区。这些地区不能以单一连续的边界相连接。所以那个建议不能得到满足。现在进一步考虑，为什么讲卡伦南语的人居住地区分散，并且边界不连接，那个建议就不能得到满足呢？逐一检查四个选项，可以发现选项 C 对于这个问题给出了一个圆满的解答。所以，正确答案是选项 C。

14. 答案：D

解析：选项 D 对于题干中所描述的富含钇的岩石层的来历提供了一种与题干完全不同的解释。因此，如果选项 D 正确的话，将是反对题干的解释的最强有力的证据。

15. 答案：C

解析：选项 C 作为一条原则在法官的证明中能够起到如下作用：

只有一个人的举动使人合情合理地怀疑他有犯罪行为时，警察才能合法地追击他。（选项 C 提供的理由）

那个嫌疑犯从警察身边逃跑的举动不能使人合情合理地怀疑他有犯罪行为。（题干提供的理由）

所以，警察不能合法地追击他。

在一个非法追击中收集的证据是不能接受的。（题干提供的理由）

所以，这个案例中警察收集的证据是不能接受的。

16. 答案：D

解析：选项 D 最有助于加强题干的论述。因为如果自然象牙最普遍的应用是在装饰性雕刻方面，则钢琴制造商即便完全用人工合成象牙来替代自然象牙，自然象牙交易看来也不会受到太大的冲击。因此，合成象牙的发展可能对抑制为获得自然象牙而捕杀大象的活动没有什么帮助。

17. 答案：D

解析：既然利文特南部地区人口的突然减少起因于采伐森林引起的经济崩溃，就说明利文特南部地区在历史是有森林的。因此，选项 D 说有证据表明在 6000 年以前利文特南部地区没有森林就值得怀疑了。

18. 答案：C

解析：题干的论述最强有力地支持选项 C。因为当一个人消耗的胆固醇和脂肪的量只有北美人平均水平一半时，其消耗的胆固醇和脂肪的量显然已超过了那个界限。于是根据题干的论述可以推出，他们的血清胆固醇水平不一定是北美人平均水平的一半。

19. 答案：D

解析：题干是这样得出结论的：阿普兰蒂最高法院的作用是保护人们的权利。而如果要保护人们的权利，就必须借助于明确的宪法条款对于人们的权利的规定。但是另一方面，由于宪法并没有明确规定人们有哪些权利，因此人们的权利不能得到阿普兰蒂最高法院的保护。所以，阿普兰蒂最高法院的作用是保障人们的权利的说法是不正确的。

题干推理的错误在于：在宪法没有明确规定人们有哪些权利的情况下，阿普兰蒂最高法院能否起到保护人们的权利的作用，是一个不确定的问题。但是题干却走向一个极端，得出了人们的权利不能得到保护的结论。选项 D 正是对这一情况的概括，所以是正确答案。

20. 答案：A

解析：一个公司的执行官在为公司总部设置选址时，为什么要考虑当地学校的情况和住房的质量问题？显然是在考虑这个地方是否具备能够吸引人才的外部环境和条件。

21. 答案：B

解析：题干认为，在免疫系统活性水平和心理健康的关系中，免疫系统活性水平的高低决定心理是否健康。即免疫系统活性水平的高低是原因，心理是否健康是结果。但是选项 B 的看法却相反：认为心理是否健康是原因，而免疫系统活性水平的高低则是结果。因此，如果选项 B 正确，则说明题干犯了因果倒置的错误，所以最有力地削弱题干中研究人员的结论。

22. 答案：C

解析：既然已经存在一个户主们可投保的由政府补贴的保险项目，则再提一个政府议案，主张建立一个意外基金来防止飓风造成的损失，就显得是多余的了。

23. 答案：B

解析：选项 B 说明前挡风玻璃上的冰的融化速度与除霜口吹出的风没有关系。所以最严重地威胁到题干中关于冰融化速度的解释。

24. 答案：A

解析：题干的论述表明，美国大众文化极大地受到了欧洲的影响。因此可以推出，美国州际高速公路与运输官员协会准备开发美国的第一条州际自行车道路系统，看来是受到了欧洲大众文化的影响。这便说明了欧洲有长距离的自行车道路系统。选项 C 不正确。因为题干只是客观地对欧洲大众文化对美国的影响进行描述，并不涉及这种影响的价值评价问题。

25. 答案：B

解析：丹尼斯女士从学生能定期完成布置的作业的人少了的事实，推出学生比以往懒惰的结论,这显然是以学生是否能定期完成布置的作业作为衡量学生勤奋程度的标准。

26. 答案:C

解析:假定复辟时期的观众是那个时代整个人口的代表,那么,由于成功的戏剧反映了观众的观点和价值观,所以复辟时期获得成功的戏剧是那个时代典型品位和态度的反应。

27. 答案:C

解析:题干的问题其实是:

$(1 \wedge \neg 3) \rightarrow (5 \vee 7)$

　　　？

$\therefore \neg 1$

根据反三段论,只须在问号处增加"$\neg 3 \wedge \neg (5 \vee 7)$"就可得出"$\neg 1$"的结论。由于:

$\neg 3 \wedge \neg (5 \wedge 7) = \neg 3 \wedge \neg 5 \wedge \neg 7$

即 3 号、5 号和 7 号队员都不上场。所以,正确答案是 C。

28. 答案:D

解析:假设高级经理比中级和低级经理在做决策方面更有效,那么,鉴于高级经理比中级和低级经理更多地用直觉,所以直觉(比理性)更有效。

29. 答案:D

解析:假设广告业将在广告中继续使用歌曲的广为人知的版本,那么,由于这首广为人知的歌曲版本都是由著名歌手演唱的,而著名歌手的演唱费用比他们的模仿者高,所以广告费用将会上升。

30. 答案:C

解析:假设一个物品若他的制作者注意到它的实用价值则它就不是艺术品,那么,由于精细木工在生产时必须注意他们的产品的实用价值,所以,精细木工生产的家具不是艺术品,自然他们也就不是艺术家。

31. 答案:C

解析:上了射箭技能培训课,结果射箭准确率提高了。那么,上培训课和准确率提高之间是否存在因果关系呢?选项 C 为此提供了答案:没有上培训课的人,他们的准确率没有提高。说明二者之间是存在因果关系的。

32. 答案:A

解析:由于圆代表着捕食者 Y 攻击的目标范围,而现在三条鱼之间的距离很近,使得这三个圆在很大程度上重叠在一起,所以,由这样的三条鱼组成的鱼群受到捕食者 Y 攻击的可能性比其中任意一条鱼受到攻击的可能性大不了多少。

33. 答案:A

解析:假如不满意的工人不满意的原因是因为他们感到工资太低并且工作条件不令人满意,那么题干中的调查得出的结论认为工人不满意的原因是因为工人对自己的工作安排没有自主权,就值得怀疑了。

34. 答案：B

    解析：实验已经表明，控制暴露于辐射中的老鼠的血癌的发生，可以通过限制它们的进食达到目的。

35. 答案：A

    解析：可避免的事故和疾病的费用增加了个人的健康保险费，意味着大家都受到牵连而需要多交个人健康保险费。可见选项 A 能够支持题干所表述的观点。

36. 答案：B

    解析：由于开始吃西方人的高脂肪的饮食，日本人的心脏病也开始增加了。心脏病增加应该导致日本人口的平均年龄降低才合乎情理，怎么会平均年龄也增加了呢？从逻辑上考虑，这种现象的出现预示着必然存在一个因素，它能够有效降低日本人的死亡率，并且降低的比率要高于因心脏病死亡的比率。可见选项 B 是正确的。

37. 答案：A

    解析：某一基因在吸烟时若被刺激就有可能使吸烟者产生癌变。可是该基因未被刺激的吸烟者并未因此而降低癌变的危险性。因此可以得出结论，导致吸烟者产生癌变的不只某一基因受到刺激这一个因素。

38. 答案：B

    解析：选项 B 说明，导致儿童中耳炎的实际上是细菌，而不是病毒。病毒只起到了有利于细菌传播的作用。这样，虽然抗生素对病毒无效，但是它对细菌有效。当抗生素杀死细菌后，由于导致中耳炎的细菌不存在了，中耳炎也就得到了治愈。

39. 答案：C

    解析：题干第一句话说：如果城市中心的机场仅限于供商业航班和安装了雷达的私人飞机使用，多数私人飞机将被迫使用郊外的机场。这便隐含着多数现在使用城市中心机场的私人飞机没有安装雷达的意思。否则，这些私人飞机就不可能"被迫使用郊外的机场"了。

40. 答案：D

    解析：如果是未安装雷达的私人飞机导致了绝大多数空中碰撞，那么，由于现在它们不再使用城市中心机场了，所以空中碰撞的风险也就降低了。

41. 答案：B

    解析：如果 P 在展室 A 展出，W 在展室 B 展出，则根据条件（1），从 W 在展室 B 展出可推出 U 在展室 A 展出。

    根据条件（2），由于 S 和 T 都不能与 R 在同一个展室展出，所以，如果 R 在展室 A 展出，则 S 和 T 在展室 B 展出。这样，由于展室 B 的展品已达到三件，所以 Q 必须在展室 A 展出。而如果 R 在展室 B 展出，则 S 和 T 在展室 A 展出。这样，由于展室 A 的展品已达到四件，所以 Q 必须在展室 B 展出。将上述展出情况列表如下：

    展室 A：P、U、R、Q

    展室 B：W、S、T

或者

展室 A：P、U、S、T

展室 B：W、R、Q

由于无论哪种情形，Q 和 T 都不能同时在展室 A 展出，所以正确答案是 B。

42. 答案：A

解析：如果 P 和 Q 在展室 A 展出，则根据条件（1）和（2）可推出 R 也在展室 A 展出。

43. 答案：D

解析：如果 S 在展室 A 展出，则根据条件（2）可推出 T 在展室 A 展出，R 在展室 B 展出。根据条件（1）可推出 U 和 W 必定是一个在展室 A 展出而另一个在展室 B 展出。这样，由于两个展室都各自只剩一个展出名额，所以剩余的 P 和 Q 也必定是一个展室 A 展出而另一个在展室 B 展出。所以，选项 D 是正确的。

44. 答案：A

解析：如果 T 在展室 B 展出，则根据条件（2）可推出 S 在展室 B 展出，R 在展室 A 展出。根据条件（1）可推出 U 和 W 一个在 A 展室展出而另一个在展室 B 展出。这样，由于展室 B 名额已满，所以剩余的 P 和 Q 一定都在展室 A 展出。总结上述展出情况即：

展室 A：R、U/W、P、Q

展室 B：T、S、U/W

可以看出，P 和 S 不能在同一展室展出。所以正确答案是 A。

45. 答案：B

解析：如果 Q 和 S 在同一展室展出，则根据条件（2）可推出 T 也在该展室展出，而 R 则在另一展室展出。另外，根据条件（1）已知 U 和 W 不能在同一展室展出。这样，由于上述 Q、S 和 T 所在的展室已达到四个展品，所以上述 Q、S 和 T 所在的是展室 A，R 所在的是展室 B。可见选项 B 是正确的。

46. 答案：D

解析：G 不能安排这一班。因为如果 F 被安排 8 点至 12 点之间的班作业，则根据条件（3），G 不能被安排 8 点至 12 点之间的班作业。所以，选项 A 排除。

K 不能安排这一班。因为在 F 被安排 8 点至 12 点之间的班作业的前提下，根据条件（4），如果 K 被安排这一班，则 L 也要被安排在这一班。这样这一班就多于两人作业了。所以，选项 B 排除。

L 不能安排这一班。因为在 F 被安排 8 点至 12 点之间的班作业的前提下，根据条件（4），如果 L 被安排这一班，则 K 也要被安排在这一班。这样这一班就多于两人作业了。所以，选项 C 排除。

排除掉选项 A、B 和 C，所以正确答案是 D。

47. 答案：D

解析：如果 G、H 和 M 都要安排 8 点那一班，则根据条件（1）可推出 G、H、M 不再能安排 10 点那一班。另外，根据条件（5）已知 J 也不能安排 10 点那一班。

这样 10 点那一班还剩三个可供考虑的人选：F、K 和 L。

根据条件（1）已知每班下水作业的人不能少于两人也不能多于三人，又根据条件（4）已知 K 和 L 必须安排在同一班下水，所以对 F、K 和 L 而言，无论有无 F，K 和 L 都一定要安排在 10 点那一班。由此可见，选项 D 是正确答案。

48. 答案：C

解析：如果 L 和 M 都被安排 8 点那一班，则根据条件（4），从 L 被安排 8 点那一班可推出 K 也要安排 8 点那一班。于是根据条件（1）可推出 L、M 和 K 都不能再安排 10 点那一班。另外，根据条件（5）已知 J 也不能安排 10 点那一班。这样 10 点那一班还剩三个可供考虑的人选：F、G 和 H。

根据条件（3）已知 F 和 G 不能安排在同一班。于是根据条件（1）可推出 H 必须被安排 10 点那一班。所以，正确答案是选项 C。

49. 答案：B

解析：如果每一班都恰好安排 3 个潜水员下水作业，并且 F 和 M 都被安排 8 点那一班下水，则根据条件（3），从 F 被安排 8 点那一班可推出 G 没有被安排 8 点那一班；根据条件（4），从 F 和 M 被安排在 8 点那一班可推出 K 和 L 都没有被安排 8 点那一班。另外，根据条件（5）已知 J 不能安排 8 点那一班。所以，除 F 和 M 外，安排在 8 点那一班的第三个潜水员是 H。

根据条件（2）已知每个潜水员都不能连续两次下水，所以对于已经在 8 点下水作业过的 F、M 和 H 而言，他们都不能安排 10 点那一班下水作业。另外，根据条件（5）已知 J 不能安排 10 点那一班下水作业。所以，安排在 10 点那一班下水作业的是 G、K 和 L。

根据条件（2），从安排在 10 点那一班下水作业的是 G、K 和 L，可以推出他们三人都不能安排在 12 点那一班下水作业。这样，在 12 点那一班除了 J 以外，可以安排下水作业的潜水员是 F、H 和 M。所以，正确答案是选项 B。

50. 答案：D

解析：如果每一班都恰好安排两个潜水员下水作业，则四班共需要有 8 人次下水作业。于是便有如下可能性：

（1）如果 7 个潜水员都被安排下水作业，则有一人需要被安排下水作业两次。

（2）如果有 6 个潜水员被安排下水作业，则有两人需要被安排下水作业两次。

（3）如果有 5 个潜水员被安排下水作业，则有三人需要被安排下水作业两次。

（4）如果有 4 个潜水员被安排下水作业，则他们每人都需要被安排下水作业两次。可是，根据条件（2）和（5）可推出 J 只能安排一次下水作业。所以（4）这种情况不可能。逐一考察四个选项，可以判断出正确答案是 D。

第四部分　外语运用能力测试（英语）

Part One　Vocabulary and Structure

1. 答案：A

翻译：众所周知，步行是保持健康的最佳方法之一。

考点：本题考查动词同义词辨析。

解析：preserve 保存，保护；maintain 保持，维持，维修；reserve 保留，预定。stay，preserve，maintain，reserve 这 4 个词均有"保持，维持"之意，而只有 stay 后可接形容词做表语，其他 3 个词均为及物动词。故答案为 A。

2. 答案：D

翻译：苏珊遗失了的钱包被发现丢弃在了街角。

考点：本题考查动词词义辨析。

解析：abandon *vt.* 放弃，抛弃（暗指某人对其所抛弃的人或物将会发生什么事情不感兴趣）；vanish *vi.* 消失，绝迹；scatter 驱使，使分散；reject *vt.* 拒绝接受。故答案为 D。

3. 答案：C

翻译：他们发现，为可能遇到的最坏状况做准备是很不值得的。

考点：本题考查形容词词义和用法的辨析。

解析：worth "值得，应该"，做形容词时在句中只能做表语；worthwhile "值得的，值得做的，有意义的"，表示某事因重要、有趣或受益大而值得花时间、金钱或努力去做，既可做表语，又可做定语。用做表语时，可接动名词或动词不定式；worthy 可做表语，也可做定语。做定语时意思为"有价值的，值得尊敬的，应受到赏识的"；用做表语时意思为"值得……的，应得到……的"，其后接 of sth.，也可以后接 to do sth.。故答案为 C。

4. 答案：B

翻译：黑暗中我，只看到了一个身影，但无法辨认出那是谁。

考点：本题考查动词词组词义辨析。

解析：look out 朝外看；小心，当心；make out 辨认出；理解，明白；get across 通过，（使）被理解，被接受；（使）生气，触犯；take after 长得像，性格类似于，效仿。故答案为 B。

5. 答案：B

翻译：不幸的是，那家公司的结构改革根本不成功。

考点：本题考查常见短语词义辨析。

解析：nothing but 只有，只不过；anything but 除……之外任何事（物）都……，根本不……；above all 首要的是，尤其；rather than （要）……而不……，与其……倒不如……，宁愿，宁可。故答案为 B。

6. 答案：D

翻译：用于外语教学的英语教科书最早出版于 16 世纪。

考点：本题考查过去分词做定语的用法。

解析：过去分词、现在分词和不定式都可以后置做定语。过去分词做定语常表被动或动作已完成；现在分词做定语常表主动或动作正在进行；不定式做定语一般表示动作将要发生。本题中 textbook 和 publish 是动宾关系，且动作发生在过去，因此选 published。故答案为 D。

7. 答案：B

翻译：汤姆和杰克一样粗心。所以他们俩都无法胜任需要细心和技巧的工作。

考点：本题考查比较句结构。

解析：not more… than 不如……; no more… than 和……一样不 [否定两者]; not less… than 不如……不 [即指 less 后形容词的反面] no less… than 和……一样 [肯定两者]。本题中，从 "can't manage to do the work which needs care and skill." 可以判断出，汤姆和杰克都不细心。故答案为 B。

8. 答案：D

翻译：我坚决要求尽快去请一位医生过来。

考点：本题考查虚拟语气的用法。

解析：在某些动词如：ask, advise, insist, order, suggest 等所引出的宾语从句中，从句谓语需用（should）+do 的形式。本题中 A、B、C 三项均不符合该原则，故答案为 D。

9. 答案：D

翻译：这位母亲会在孩子们放学前，将晚餐准备好。

考点：本题考查将来完成时的用法。

解析：将来完成时用来表示在将来某一时间以前已经完成或一直持续的动作。将来完成时的构成是由 "shall/will + have + 过去分词" 构成的，经常与 before + 将来时间或 by + 将来时间连用，也可与 before 或 by the time 引导的现在时的从句连用。本题中，by the time 就引导了一个现在时的从句，主句应用将来完成时。故答案为 D。

10. 答案：B

翻译：我能听懂你说的英语，但是英语国家的人未必听得懂。

考点：本题考查 make 的固定搭配的辨析。

解析：make sb. do 使某人做某事; make oneself done 让某人自己完成某事。make yourself understood to sb. 使你能被某人理解。故答案为 B。

Part Two　Reading Comprehension

Question 11-15 are based on the following passage：

本文大意

> 相比较而言，电视是比较便宜的消遣娱乐方式之一。然而，对于其利弊人们各持己见。电视可以让我们了解时事新闻和科学的最新发现，不但时效性强，而且生动形象。但它的可怕之处也在于此。电视太便利了，我们习惯了看电视，会对其有很强的依赖性，它甚至开始控制我们的生活。只有当电视出了故障不能看的时候，人们才发现原来没有电视我们还可以做许多别的事情，至少可以思考。电视的利弊需要我们去认真对待，取其精华，弃其糟粕。

核心词汇

comparatively *adv.* 比较地，相当地

knob *n.* 把手，旋钮

lie in 在于

present *v.* 赠送，呈现，提出 *n.* 礼物

perform *v.* 执行，表演，做

charm *n.* 魅力，魔力，吸引力

get used to *v.* 习惯，适应　　　　　　　realize *v.* 实现，认识到

break down 毁掉，垮掉，分解　　　　　　determine *v.* 决心，决意，决定

argument *n.* 争论，论点　　　　　　　　right *v.* 纠正，使处于正常位置

句式讲解

（1）One thing to do is to push a button or turn a knob, and they can enjoy plays of every kind.

该句中第一个不定式 to do 是 one thing 的定语；第二个不定式 to push a button 是句子的表语。push a button 和 turn a knob 都是"按下按钮"的意思。plays of every kind 意思是"各种各样的电视节目"。

（2）The most distant countries and the strangest customs are brought right into one's sitting room.

most distant 和 strangest 都是形容词的最高级，custom 是"习俗"的意思。right 此处用做副词，意思是"恰恰，正好"。该句的意思是观众足不出户就可以知晓地处偏远的国家和了解罕见的风俗习惯。

（3）We must realize television itself is neither good nor bad.

该句中有一个结构 neither... nor 的意思是"既不……也不"，它表示两者都不。

（4）It is the uses that are put to that determine its value to society.

该句中有一个强调句型 It is / was... that（who）...，这个强调句型可以强调除谓语动词以外的任何句子成分，如果强调人可用 who 或 that，强调其他只能用 that。

（5）So right it in a right way.

该句中有两个 right，第一个 right 是动词，意思是"纠正，扶正"第二个 right 是形容词，意思是"正确的"，该句的意思是要正确地对待电视的利弊。

答案与解析

11. 答案：D

解析：细节题。答案在文章第一段的第一句话："Television is an efficient tool of getting entertainment, a comparatively inexpensive one."意思是"电视是获取娱乐活动的有效途径，相对来说比较便宜。"只有 D 最符合题意，故答案为 D。

12. 答案：B

解析：细节题。答案在文章的第一段中："Some people, however, think this is where the danger lies. He is completely passive and has everything presented to him without any effort."意思是"有些人认为电视的危险在于观众完全是毫不费力地被动地接受它呈现在人们眼前的东西。"故答案为 B。

13. 答案：A

解析：细节题。答案在第二段的第一句话："Television, it is often said, keeps one informed about current events and the latest discoveries."意思是"电视能使人们了解当前的时事和科学领域的最新发现。"故答案为 A。

14. 答案：C

解析：细节题。答案在文章的最后一句话"It is the uses that are put to that determine its value to society."意思是"对电视的使用方法决定了它对社会的价值。"故答案为 C。

15. 答案：B

解析：态度题。答案在文章的最后一句话中"So right it in a right way." 意思是"要正确地对待电视的利弊。"可见作者对电视的态度既没有肯定也没有否定，而是中立的。indifferent 漠不关心的；neutral 中立的；positive 肯定的；negative 否定的。故答案为 B。

Question 16-20 are based on the following passage：

本文大意

几代美国人都知道吃早餐的重要性，早上吃早餐就像旅行前给汽车加油一样是必须做的事情。但是，吃早餐对于很多人来说并不是一件很享受的事情。数据显示越来越多的人不吃早餐。然而，最近几年的研究显示，不吃早餐并不影响工作，也不影响健康。相反，吃了早餐也不会提高工作效率。对于吃早餐与身体健康和提高工作效率之间的关系目前并没有充分的证据。

核心词汇

generation *n.* 一代，世代；生育，产生　　grown-up *n.* 成年人

essential *adj.* 重要的，根本的，主要的　　former *adj.* 前任的，前一个的

gasoline *n.* 汽油　　inadequate *adj.* 不适当的，不充足的，缺乏的

obtain *v.* 获得，取得　　involve *v.* 包括，涉及，使卷入

increase *v.* 增加，加大　　literature *n.* 文学，文献

corporation *n.* 公司，企业

句式讲解

（1）Eating breakfast at the start of the day, we have been told, and told again, is as necessary as putting gasoline in the family car before starting a trip.

该句中 we have been told, and told again 是插入语，句子的主干是 Eating breakfast is necessary. 后面的 as 是介词，意思是"像，就像"此处是介宾短语做状语。

（2）Several studies in the last few years have shown that, for grown-ups especially, there may be nothing wrong with omitting breakfast.

该句中 studies 是"研究"的意思，不是"学习"；nothing 是不定代词，修饰它的名词要后置；omit 为"省略"的意思。omitting breakfast 就是不吃早餐。

（3）Scientific evidence linking breakfast to better health or better work is surprisingly inadequate, and most of the recent work involves children, not grown-ups.

该句中 linking... to... 意思是"把……和……联系起来"现在分词做 evidence 的后置定语，句子的主干是：Scientific evidence is surprisingly inadequate.

答案与解析

16. 答案：D

解析：主旨题。文章先讲传统观念强调早餐的重要；再讲最新研究成果表明，早餐既不会影响工作也不会影响健康。通过对比阐明最新研究成果，故答案为 D。

17. 答案：B

解析：细节题。"Several studies in the last few years have shown that, for grown-ups especially, there may be nothing wrong with omitting breakfast" 的意思是 "最近的几项研究显示，不吃早餐没有什么害处，尤其是对于成年人来说"。故答案为 B。

18. 答案：C

解析：推理题。题目中这句话是承接前面一个否定句，nor 是修饰 improve 的，由此可知，这句话的意思是 "吃早餐也不会提高工作效率。" 故答案为 C。

19. 答案：B

解析：词汇猜测题。从 recent work（最近的工作）和 researcher（学术研究者）可猜出 literature 是文学的意思，故答案为 B。

20. 答案：C

解析：推理题。第三段指出不吃早餐没有什么害处，尤其是对于成年人来说，由此可推断，对于小孩子来说可能会有害；从文章最后一段也可知不吃早餐可能会影响小孩的健康，故答案为 C。

Question 21-25 are based on the following passage：

本文大意

广告语中经常会用到"像"这个词，它就像魔术师迷惑观众一样迷惑消费者。它使消费者忽略产品本身，把注意力放到广告商宣传的用语上。要根据字典中的解释去认真准确地理解广告用语，否则就会掉进广告商设计的陷阱里去。广告商还往往利用消费者的想象力，营造浪漫的氛围去转移其对产品本身的注意力。

核心词汇

advertiser *n.* 广告商	ignore *n.* 忽略，忽视
intend *v.* 打算，想要	claim *n. & v.* 声称，主张，断言
equivalent *adj.* 相等的，相同的，相当的	definition *n.* 定义，解释，阐明
magician *n.* 魔术师	romantic *adj.* 浪漫的，不切实际的，空想的
misdirection *n.* 指示错误，误导，障眼法	imaginative *adj.* 富有想象力的

句式讲解

（1）"Like" gets you to ignore the product and concentrate on the claim the advertiser is making about it.

该句中 get sb. to do sth. 意思是 "使某人做某事"。concentrate on 是 "集中精力在……上"；the advertiser is making about it 是 the claim 的定语。

（2）The wine that claims "It's like taking a trip to France" wants you to think about a romantic evening in Paris as you walk along the street after a wonderful meal.

该句中 "It's like taking a trip to France" 是 claim 的宾语，句子的主干是 The wine wants you to think about a romantic evening…。as 此处是连词，意为 "正如……"。

答案与解析

21. 答案：A

解析：细节题。由文章第二段第一句"'Like' gets you to ignore the product and concentrate on the claim the advertiser is making about it."句意是"'像'一词使观众忽视了产品本身，而把注意力集中在广告商所做的宣传上。"故答案为 A。

22. 答案：A

解析：细节题。文章第二段"Remember, ads must be studied carefully and exactly according to the dictionary definition of words."句意是"记住，要根据字典中的解释去认真准确地理解广告用语"。故答案为 A。

23. 答案：C

解析：推理题。本题应从第三段推测，第三段主要意思是剖析广告怎样使你沉浸在美好的想象中，且从文章的用词 pleasant，romantic 我们可知，所产生的联想都是与精神和情绪有关的，故答案为 C。

24. 答案：D

解析：推理题。题干为"广告商通常使用暧昧、不明确的语言来……"，本文说的是广告词使观众忽略产品本身，广告用语会使观众产生联想。故答案为 D。

25. 答案：D

解析：主旨题。文章主要说的是"像"一词在广告词中的应用，B、C 与文意无关，且从作者的语气我们可以判断作者对广告商的这种做法是持反对态度的，从而排除 A。故答案为 D。

Question 26-30 are based on the following passage：

本文大意

> 人们喜欢各种各样的度假。有人喜欢观光旅游，有人喜欢冒险运动。冒险虽然会遇到很多艰难困苦，但是也有很多乐趣。Earth watch 旅行社给喜欢冒险的人提供了许多冒险活动，有北极之旅、参观及研究海洋动物之旅还有历史古城之旅。如果你想要一个不同凡响的旅程，想要走得更远，学得更多，那就加入 Earth watch 吧。

核心词汇

vacation *n.* 假期，休假	dolphin *n.* 海豚
sightseeing *n.* 观光	intelligent *adj.* 聪明的，智力的
environmental *adj.* 环境的，周围的	chase *v.* 追逐，追赶
volunteer *n.* 志愿者	volcano *n.* 火山
hardship *n.* 艰难，苦难	explode *v.* 爆发，爆炸
chemical *adj.* 化学的，化学作用的	

句式讲解

（1）Ocean pollution is chasing their lives. Earth watch is studying how this happens.

该句中 chase 是 "追赶,追逐" 的意思。该句的意思是海洋污染威胁到了海洋生物的生存。how this happens 是 study 的宾语从句。

(2) But today we know a lot about the way of life of the people from that time.

该句中有两个 of,of life 是 way 的定语,of the people 是 the way of life 的定语,意思是 "当时人们的生活方式"。

答案与解析

26. 答案:D

解析:推理题。从 "Or maybe they go sightseeing to places such as Disneyland, the Taj Mahan or the Louver" 其中 go sightseeing 是观光的意思,后面是举例,由此可知 Taj Mahan 和 Disneyland 一样是一个可参观游玩的地方,故答案为 D。

27. 答案:A

解析:推理题。从 "Some people are bored with sightseeing trips. They don't want to be 'tourists'. They want to have an adventure" 可知喜欢冒险的游客不喜欢观光;另外,根据第二段内容 B、C、D 可被排除,故答案为 A。

28. 答案:D

解析:细节题。"Are you interested in history? Then Greece is the place for your adventure" 句意是 "假如你对历史感兴趣的话,你可以去希腊。" 故答案为案 D。

29. 答案:D

解析:词汇猜测题。从倒数第三段作者写人可以发号令,让海豚去执行,海豚不但能听懂,还会按照命令去执行,可见作者口中的海豚是很聪明的(intelligent),故答案为 D。

30. 答案:D

解析:细节题。从 "Thirty-five hundred years ago a volcano exploded there, on Santorum. This explosion was more terrible than Karate or Mount Saint Helens" 可知,文章并没说 Karate 和 Mount Saint Helens 火山在什么时候爆发的,故答案为 D。

Part Three   Cloze

本文大意

日常生活中,我们经常会买到假冒伪劣产品。当你买到假冒伪劣产品的时候,最明智的做法就是亲自到商店退货。如果无法前往可以写信告知商店你的不满,并且要求商店对此有一个合理的解决方法。也可以要求商店的负责人出面解决,此时千万别被其诸如 "经理在开会" 或 "经理不在" 之类的托词所搪塞。如果实在没有办法见到经理可以将你的投诉告知其助手,并且要求在合适的时候与经理见面解决问题。

31. 答案:D

解析:本题考查上下文语意的衔接。satisfactory *adj.* 令人满意的;good *adj.* 好的;clever *adj.* 聪明的;advisable *adj.* 明智的。句意 "尽快将次品返还是一种明智

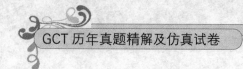

的做法。"故答案为 D。

32. 答案：A

解析：本题考查动词词义辨析。discover *v.* 发现，揭示；learn *v.* 学习；determine *v.* 决定，决意；recognize *v.* 辨别，认出，承认。句意"一旦发现商品有缺陷应该马上退回去。"此处应该是"发现错误"，故答案为 A。

33. 答案：D

解析：本题考查介词短语辨析。at all 根本，常用于否定结构中，not at all 一点也不，根本不；at last 最后；at most 最多；at once 马上。句意"或许因为你住的很远或者是东西太大不方便立刻拿回去。"故答案为 D。

34. 答案：A

解析：本题考查介词的用法。be dissatisfied with sth. 对某事感到不满意，为固定搭配。其肯定形式为 be satisfied with sth. 对某事感到满意。of, by, at 均不能与 satisfied 或 dissatisfied 搭配。句意"写信告诉他们你对他们的产品很不满意。"故答案为 A。

35. 答案：B

解析：本题考查动宾搭配。approve *v.* 赞同，核准；make *v.* 做，制作；offer *v.* 提供；plan *v.* 计划，意欲，设计。分析句子结构可知，与空格所缺动词相搭配的宾语为 arrangement，make arrangement 做安排，为固定搭配。故答案为 B。

36. 答案：B

解析：本题考查固定用语。situation *n.* 形势，局面，处境，状况；case *n.* 情形，情况，案例，病例；point *n.* 点，要点，尖端；circumstance *n.* 环境，状况，事件。This is not the case 为固定用语，句意"情况不是这样的"。故答案为 B。

37. 答案：A

解析：本题考查强调句型。强调句的固定结构为 It is... that（who）...,若被强调部分是人时，可用 who 或者 that；其他情况下用 that。它的一个特点是：去掉强调结构"It is/was... who/that..."或经过语序调整后，原句仍成立。该句可还原为：Your complaint should be made to him. 句意"你应该向他进行投诉。"故答案为 A。

38. 答案：C

解析：本题考查固定用语。make *v.* 做，制作；involve *v.* 包含，使卷入，牵涉；mean *v.* 意味，意欲，想要；mind *v.* 介意。mean business 这里的意思是"认真的"。故答案为 C。

39. 答案：D

解析：本题考查固定短语。position *n.* 位置，职位；control *n.* 控制；power *n.* 权利；charge *n.* 负责，管理。in charge 看管，掌控，负责，是固定短语。句意"你应该坚持到一定有负责人来出面解决。"故答案为 D。

40. 答案：D

解析：本题考查语境的把握。regular *adj.* 有规律的，有规则的；interesting *adj.* 有趣的；comfortable *adj.* 舒适的；convenient *adj.* 方便的。句意"在双方都方便的时候再和经理见面。"故答案为 D。

Part Four   Dialogue Completion

41. 答案：C

考查语境：本题考查提供建议场景中的回答方式。

解析：本题为 Bruce 建议 Kevin 抓紧时间，否则会耽误 Brown 的午餐。答案 C 最为委婉贴切。A 是常识性错误；B 选项前后不一致；D 选项所答非所问。故答案为 C。

42. 答案：B

考查语境：本题考查看医生场景中的回答方式。

解析：从题目可知，患者对于医生的检查结果有点怀疑，B 选项才是比较婉转的表达，C 和 D 都太不礼貌，A 项理解错误。故答案为 B。

43. 答案：A

考查语境：本题考查打电话场景中的回答方式。

解析：本题为 Edward 打电话找 Mr. Adams，而 Mrs. Adams 接到电话。A 选项意思合理，也符合英文中的说话习惯；B、C、D 都是中式英语。故答案为 A。

44. 答案：A

考查语境：本题考查请求许可场景中的回答方式。

解析：本题问题为是否在意在这里抽烟，对包含 mind 一词请求许可的正确回答方式：肯定用 no，否定用 yes。此外，要特别注意 yes 和 no 后面的部分要与其保持逻辑上的一致性。故可排除 B、C 两项，而 D 项不是对此问题的回答。故答案为 A。

45. 答案：A

考查语境：本题考查抱怨场景中的回答方式。

解析：Wang 抱怨说三点要到达伦敦见朋友，可是已经两点一刻了，空里应该填"我根本办不到"，所以 David 才会说可以顺道带他去伦敦。只有 A 选项中 make it 意思是"成功地做某事"，故答案为 A。

46. 答案：D

考查语境：本题考查提供帮助场景中的回答方式。

解析：本题问题为售货员问顾客选择哪种样式的家具样式，答案 D 最为委婉贴切，意为"家具样式并不要紧"和后面"我要的是舒适"正好衔接。A、B、C 都不是对问题本身的回答。故答案为 D。

47. 答案：B

考查语境：本题考查道歉场景中的回答方式。

解析：道歉的客气的应答是 Never mind 或 It doesn't matter 或 Forget it，本题问题为房客打碎了房东的花瓶，答案 B 最为委婉贴切。A 选项的意思是"（生活、工作）还行"，C 项的意思是"放松点"，D 则意为"保重"。故答案为 B。

48. 答案：D

    考查语境：本题考查打招呼场景中的回答方式。

    解析：本题为 Mark 对在超市遇到了 Sam 感到吃惊，说道"我以为你一直都在餐馆吃饭"。A 选项中 be used to doing sth. 意思是"适应/习惯做某事"，与题目前后矛盾；B 选项与情境不符合；C 与题目无关。故答案为 D。

49. 答案：B

    考查语境：本题考查抱怨场景中的回答方式。

    解析：本题为 Catherine 向 Joy 抱怨不满意自己的表现，此时 Joy 应该给予安慰，而不是数落对方。A 和 D 虽然意思上没有错误，但是太过严厉，不适合用在这个场合。答案 B 最为委婉贴切。故答案为 B。

50. 答案：C

    考查语境：本题考查谈论天气场景中的回答方式。

    解析：Lynn 和 Susan 在谈论天气情况。Lynn 说"外面的雨下得很大"，raining cats and dogs 是英语中常用的一个习语，意思为"倾盆大雨"。四个选项中只有 C 项"我们最好还是呆在屋子里吧。"符合语境。故答案为 C。

2011 年在职攻读硕士学位全国联考研究生入学资格考试试卷

(仿真试卷二)

参考答案与解析

第一部分　语言表达能力测试

一、选择题

1. 答案：A

2. 答案：A

3. 答案：D

4. 答案：B

　　解析：A 项的 "十几个人" 是一家十几个人，还是十几个人各自的家？C 项 "身体瘦弱" 的是水生还是祖父，不明确。D 项是 "养犬和捕杀野犬、狂犬" 都在市区禁止呢，还是只有 "养犬" 在市区禁止？

5. 答案：D

6. 答案：D

7. 答案：B

　　解析：A 项是杜甫的作品，C 项是宋朝陆游的《十一月四日风雨大作》，D 项是白居易的作品。

8. 答案：A

9. 答案：A

10. 答案：C

11. 答案：C

12. 答案：A

13. 答案：D

14. 答案：A

15. 答案：D

二、填空题

16. 答案：A

17. 答案：D

　　解析："诗歌""戏剧""杂文" 是并列词语，应该用顿号，排除 A，C；"我要借古人的骸骨，另行吹嘘些生命进去" 是郭的原话，是完全引用，前面应该用冒号，后面的句号应该在引号内。排除 B。

18. 答案：A

解析：第一空前后是转折关系，所以应该选"虽然"。小说家写文章，和后面将故事或作报告同属于表达一类，没有互相矛盾的情况，只能用"而"，不能用"相反"。

19. 答案：A

解析：A 项都是名词做主语，前后一致，读起来连贯感强。

20. 答案：A

21. 答案：B

22. 答案：C

解析："雨后春笋"是褒义词，不应该用来形容垃圾食品厂。"有口皆碑"比喻对突出的好人好事的一致赞扬，使用对象不当。"偃旗息鼓"指停止战斗，比喻无声无息地停止行动，也比喻面对批评、攻击等无反应，与句子的内容不相符合。

23. 答案：D

24. 答案：D

解析：例句用了夸张的手法。A 是借代，B 是拟人，C 是比喻。

25. 答案：D

26. 答案：B

27. 答案：A

28. 答案：B

29. 答案：B

30. 答案：A

三、阅读理解题

31. 答案：B

解析：A 从原文可知，作者针对的不是茶的种类，而是茶的吃法。C《草堂随笔》的饮法正是"在肚饥时食之"的做法。D 项，作者在此谈的是饮茶的方法习惯，不是效果。

32. 答案：D

解析：仅有部分合于作者的"吃茶之道"，仅时间而已。

33. 答案：A

解析：从画线句子后的括号中的内容可知。

34. 答案：C

解析：从作者讲求的茶道内容和最后一段阐述的情况可以推知。

35. 答案：A

解析：见解不同而已，并没有批评徐志摩崇洋媚外的意思。

36. 答案：D

解析：A 天才在前，红宝石在后，所以不能引出。B 二者的特性相同，当然不是对比。C 兴趣该是悬念的作用，而写红宝石则无此作用。

37. 答案：C

38. 答案：D

39. 答案：A

解析：是天才的特征，不是作品中的"对称"。

40. 答案：C

41. 答案：B

解析：名不见经传，应为 zhuàn。

42. 答案：D

43. 答案：A

44. 答案：B

解析：A 有父爱，但更多的是对旅客的负责；C 没有"舍己"的问题；D 没有表现使命感。

45. 答案：C

解析：这是人们好奇的原因，不是获奖的原因。

46. 答案：D

解析：第一段末句"但是，这里所谓不动，是指大动而言，至于小动、微动，它却和万物一样，是持续不断、分秒不停的。"

47. 答案：C

解析：注意本体与喻体的对应关系。

48. 答案：D

解析：桥的重量只是发生传递，并未发生改变。

49. 答案：A

解析：这是桥运动的结果，不是原因，从第二段可以看出。

50. 答案：B

解析：注意第一段的末句"至于小动、微动，它却和万物一样，是持续不断、分秒不停的。"和最后一段的末句"桥的运动是桥的存在形式。"

第二部分　数学基础能力测试

1. 答案：A

解析：由于 $\sum\limits_{k=1}^{2n} (-1)^k = (-1+1) + (-1+1) + \cdots + (-1+1) = 0$,所以 $\sum\limits_{k=1}^{2n} (-1)^k \cdot \sum\limits_{k=1}^{2n} 1 = 0$. 故答案为 A.

2. 答案：A

解析：设每次倒出 x 升溶液.

第一次倒出 x 升后，容器内有纯酒精 $(10-x)$ 升，在加入 x 升水后，容器内酒精溶液的浓度是 $\dfrac{10-x}{10}$. 第二次倒出 x 升后，容器内所剩 $(10-x)$ 升酒精溶液中纯酒精为 $10 - x - x \cdot \dfrac{10-x}{10} = (10-x) \cdot \dfrac{10-x}{10}$ 升. 则有

$$\frac{(10 - x) \cdot \frac{10 - x}{10}}{10} = 36\%$$

整理，得：$(10 - x)^2 = 36$，解得 $x = 4$ 或 $x = 16$（舍去）．故选 A．

3. 答案：B

解析：每生产一单位的产品，需要甲原料和乙原料分别是 x 和 y，其成本为 $60x + 40y$．

当甲乙原料的价格改变后，其成本为 $66x + 36y$；所以 $60x + 40y = 66x + 36y$，

从而得 $x : y = 2 : 3$，故 $x = 40\%$，$y = 60\%$．故选 B．

4. 答案：A

解析：分别过点 A、D 作 $AE \perp BC$，$DF \perp BC$ 与 BC 及其延长线交于点 E、F．

在 $Rt\triangle ABE$ 中，$AB = 8$，$\angle B = 45^\circ \Rightarrow AE = AB\sin B = 4\sqrt{2}$

又因为 $AD /\!/ BC \Rightarrow AE = DF$，$DF = 4\sqrt{2}$，$\angle DFC = 90^\circ \Rightarrow CD\sin\angle DCF = DF$．

又因为 $\angle DCF = 180^\circ - \angle DCB = 180^\circ - 120^\circ = 60^\circ$

$\Rightarrow CD \cdot \frac{\sqrt{3}}{2} = 4\sqrt{2} \Rightarrow CD = \frac{8\sqrt{6}}{3}$．故选 A．

5. 答案：B

解析：设等差数列 $\{a_n\}$ 的首项为 a_1，公差为 d，

$$由 \begin{cases} a_3 = a_1 + 2d = 2 \\ a_{11} = a_1 + 10d = 6 \end{cases} \Rightarrow \begin{cases} a_1 = 1 \\ d = \frac{1}{2} \end{cases}$$

设等比数列 $\{b_n\}$ 的首项为 b_1，公比为 q

$$由 \begin{cases} b_2 = a_3 = b_1 q = 2 \\ b_3 = \frac{1}{a_2} = b_1 q^2 = \frac{2}{3} \end{cases} \Rightarrow \begin{cases} b_1 = 6 \\ q = \frac{1}{3} \end{cases}$$

又 $b_n > \frac{1}{a_{26}} = \frac{2}{27}$，所以 $6 \times \left(\frac{1}{3}\right)^{n-1} > \frac{2}{27} = 6 \times \left(\frac{1}{3}\right)^4$．即有 $n - 1 < 4 \Rightarrow n < 5$．

故得到的最大 n 的值为 4．

6. 答案：C

解析：由原式，$1 - z = i + iz$，得 $z = \frac{1 - i}{1 + i}$

故 $1 + z = 1 + \frac{1 - i}{1 + i} = \frac{2}{1 + i}$，所以 $|1 + z| = \left|\frac{2}{1 + i}\right| = \frac{2}{\sqrt{2}} = \sqrt{2}$．故选 C．

7. 答案：C

解析：当作为侧面的三角形 ADC 垂直于作为底面的三角形 ABC 时，三棱锥的高最大，此时三棱锥的体积也最大．过 D 点作 $DO \perp AC$，连接 $\angle DBO$ 即为直线 BD 和平面 ABC 所成的角．

因为 $\tan\angle DBO = \frac{DO}{BO} = 1$，所以 $\angle DBO = 45^\circ$．故选 C．

8. 答案：D

解析：$(|x| + \dfrac{1}{|x|} - 2)^3 = (\sqrt{|x|} - \dfrac{1}{\sqrt{|x|}})^6$,

$$T_{r+1} = C_6^r (\sqrt{|x|})^{6-r} (- \dfrac{1}{\sqrt{|x|}})^r = C_6^r (-1)^r \cdot (\sqrt{|x|})^{6-2r}$$

令 $6 - 2r = 0$, 得 $r = 3$. 故 $T_4 = C_6^3 (-1)^3 = -20$. 故选 D.

9. 答案：C

解析：因为向量 $a = (\sqrt{2}, 3)$, $b = (-1, 2)$,

所以向量 $ma + b = (\sqrt{2}m - 1, 3m + 2)$, $a - 2b = (\sqrt{2} + 2, -1)$

又 $ma + b$ 与 $a - 2b$ 平行, 所以有 $\dfrac{3m + 2}{\sqrt{2}m - 1} = \dfrac{-1}{\sqrt{2} + 2}$

解得 $m = -\dfrac{1}{2}$. 故选 C.

10. 答案：D

解析：让 3 所学校依次挑选, 先由甲挑选, 有 $C_3^1 C_6^2$ 种, 再由学校乙挑选, 有 $C_2^1 C_4^2$ 种, 余下的学校丙只有一种, 于是不同的方法共有 $C_3^1 \cdot C_6^2 \cdot C_2^1 \cdot C_4^2 = 540$ 种. 故选 D.

11. 答案：A

解析：$A_i = $ "第 i 名考生抽到难题", $i = 1$, 2, 3.

而 $A_1 A_2$、$\overline{A_1} A_2$、$A_1 \overline{A_2}$、$\overline{A_1} \overline{A_2}$ 是一个完全事件组,

且 $P(A_1 A_2) = P(A_1) P(A_2 | A_1) = \dfrac{2}{56}$, $P(\overline{A_1} A_2) = P(A_1 \overline{A_2}) = \dfrac{12}{56}$, $P(\overline{A_1} \overline{A_2}) =$

$P(\overline{A_1} \overline{A_2}) = \dfrac{30}{56}$

$P(A_3 | \overline{A_1} A_2) = \dfrac{1}{6}$, $P(A_3 | A_1 \overline{A_2}) = \dfrac{1}{6}$, $P(A_3 | \overline{A_1} \overline{A_2}) = \dfrac{2}{6}$

应用全概率公式：$P(A_3) = P(A_1 A_2) P(A_3 | A_1 A_2) + P(\overline{A_1} A_2) P(A_3 | \overline{A_1} A_2)$

$\qquad + P(A_1 \overline{A_2}) P(A_3 | A_1 \overline{A_2}) + P(\overline{A_1} \overline{A_2}) P(A_3 | \overline{A_1} \overline{A_2})$

$\qquad = \dfrac{12}{56} \times \dfrac{1}{6} + \dfrac{12}{56} \times \dfrac{1}{6} + \dfrac{30}{56} \times \dfrac{2}{6} = \dfrac{1}{4}$. 故选 A.

12. 答案：A

解析：设切点坐标为 $(x_0, a x_0^2)$, 此点在两条曲线上, 故有：$a x_0^2 = \sqrt{x_0 - 1}$ ①

又两曲线的切线斜率相等, 有 $2 a x_0 = \dfrac{1}{2 \sqrt{x_0 - 1}}$ ②

联立 ①② 解得：$x_0 = \dfrac{4}{3}$, $a = \dfrac{3\sqrt{3}}{16}$. 故选 A.

13. 答案：B

解析：令平面向量 $a = \overrightarrow{OA}$, a 的坐标即点 A 的坐标, 向量的集合与端点 A 的集合一一对应, 题中的集合 A 对应于直线 $l_1 \begin{cases} x = 2 + t \\ y = -1 - t \end{cases} \quad t \in \mathbf{R}$

即直线 $l_1 : x + y - 1 = 0$.

集合 B 对应于直线 $\quad l_2\begin{cases} x = -1 + t \\ y = 2 + 2t \end{cases} \quad t \in \mathbf{R}$

即 $l_2 : 2x - y + 4 = 0$，直线 l_1 和 l_2 是相交的直线，有一个交点 $(-1, 2)$.

所以 $A \cap B$ 只有一个元素——向量 $(-1, 2)$.

14. 答案：D

解析：如图，设圆上任意点 $P_0(x_0, y_0)$, 其中 $x_0 > 0, y_0 > 0$.

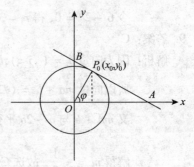

过 P_0 的切线与 OP_0 垂直，切线斜率

$$k = -\frac{x_0}{y_0},$$

切线方程为 $y - y_0 = -\dfrac{x_0}{y_0}(x - x_0)$

即 $x_0 x + y_0 y = r^2$. 切线与 x 轴和 y 轴分别交于点

$A\left(\dfrac{r^2}{x_0}, 0\right)$ 和 $B\left(0, \dfrac{r^2}{y_0}\right)$.

$$|AB|^2 = \frac{r^4}{x_0^2} + \frac{r^4}{y_0^2} = \frac{r^4(x_0^2 + y_0^2)}{x_0^2 y_0^2} = \frac{r^6}{x_0^2 y_0^2}$$

利用平均值不等式，有：$|AB| = \dfrac{r^3}{x_0 y_0} \geqslant \dfrac{2r^3}{x_0^2 + y_0^2} = 2r$.

等号当且仅当 $x_0 = y_0$ 时成立，此时 $(x_0, y_0) = \left(\dfrac{r}{\sqrt{2}}, \dfrac{r}{\sqrt{2}}\right)$. 故选 D.

也可利用圆的参数方程 $x = r\cos\varphi, y = r\sin\varphi$，有：

$$|AB| = |AP| + |PB| = r\tan\varphi + r\cot\varphi = \frac{2r}{\sin 2\varphi}, 0 < \varphi < \frac{\pi}{2}$$

当 $\varphi = \dfrac{\pi}{4}$ 时 $|AB|$ 最小，最小值为 $2r$. 故选 D.

15. 答案：C

解析：如图所示为圆锥和圆柱剖面图的一半，设圆柱和圆锥底面半径分别为 r 和 R；由题意有：

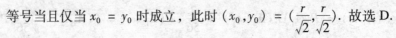

$OE = OC = r, OA = OB = R$, Rt$\triangle BED \backsim$ Rt$\triangle BOA$.

从而得 $\dfrac{R - r}{R} = \dfrac{r}{R}$，所以 $R = 2r$.

圆柱全面积 $\quad S_1 = 2\pi r \cdot r + \pi r^2 + \pi r^2 = 4\pi r^2$

圆锥全面积 $\quad S_2 = \pi R \cdot \sqrt{2}R + \pi R^2 = (\sqrt{2} + 1)\pi(2r)^2$

所以 $\dfrac{S_1}{S_2} = \dfrac{1}{\sqrt{2} + 1} = \sqrt{2} - 1$. 故选 C.

16. 答案：C

解析：由 $f(x)$ 的定义域为 $[-1, 0]$ 有 $-1 \leqslant x - \dfrac{1}{3} \leqslant 0$. 即 $-\dfrac{2}{3} \leqslant x \leqslant \dfrac{1}{3}$ ①

及 $-1 \leqslant \sin\pi x \leqslant 0$，即 $2k - 1 \leqslant x \leqslant 2k$（$k$ 为整数） ②

联立 ①② 解得 $-\dfrac{2}{3} \leqslant x \leqslant 0$. 故选 C.

17. 答案：A.

解析：由 $f'(x) = \ln x$, 有 $f(x) = \int \ln x \mathrm{d}x = x\ln x - \int \dfrac{x}{x}\mathrm{d}x = x\ln x - x + C_1$,

又 $\int f(x)\mathrm{d}x = \int [x\ln x - x + C_1]\,\mathrm{d}x = \dfrac{1}{2}\int \ln x \mathrm{d}x^2 - \dfrac{1}{2}x^2 + C_1 x$

$= \dfrac{1}{2}\left(x^2\ln x - \int x^2 \cdot \dfrac{1}{x}\,\mathrm{d}x\right) - \dfrac{1}{2}x^2 + C_1 x$

$= \dfrac{1}{2}\left(x^2\ln x - \dfrac{1}{2}x^2\right) - \dfrac{1}{2}x^2 + C_1 x + C_2$

$= \dfrac{x^2}{2}\ln x - \dfrac{3}{4}x^2 + C_1 x + C_2$

取 $C_1 = 1$, $C_2 = -1$ 有 $f(x)$ 的一个原函数为 $\dfrac{x^2}{2}\ln x - \dfrac{3}{4}x^2 + x - 1$. 故选 A.

18. 答案：D

解析：因为 $(\arctan \mathrm{e}^x + \arctan \mathrm{e}^{-x})' = \dfrac{\mathrm{e}^x}{1 + \mathrm{e}^{2x}} + \dfrac{-\mathrm{e}^{-x}}{1 + \mathrm{e}^{-2x}} = 0$,

所以 $\arctan \mathrm{e}^x + \arctan \mathrm{e}^{-x} = C$（$C$ 为常数）

将 $x = 0$ 代入上式得：$\arctan 1 + \arctan 1 = C$, 故 $C = \dfrac{\pi}{2}$.

那么，$\arctan \mathrm{e}^x + \arctan \mathrm{e}^{-x} = \dfrac{\pi}{2}$, 所以 $I = \displaystyle\int_{-\frac{\pi}{2}}^{\frac{\pi}{2}} \dfrac{\pi}{2}\mathrm{d}x = \dfrac{\pi^2}{2}$. 故选 D.

19. 答案：B

解析：$F'(x) = \displaystyle\int_0^{x^2} \ln(1 + t^2)\mathrm{d}t$, $F''(x) = 2x\ln(1 + x^4)$.

当 $x < 0$ 时, $F''(x) < 0$; 当 $x > 0$ 时, $F''(x) > 0$;

所以曲线 $F(x)$ 在 $(-\infty, 0)$ 内是凸的; 在 $(0, +\infty)$ 内是凹的. 故选 B.

20. 答案：A

解析：当 $x \in \left[\dfrac{1}{2}, 1\right]$ 时, $x^2 < x < \sqrt{x} < \sqrt[3]{x}$, 所以有

$\dfrac{1}{(1 + x)\sqrt[3]{x}} < \dfrac{1}{(1 + x^2)\sqrt[3]{x}} < \dfrac{1}{(1 + x^2)\sqrt{x}}$, 由积分的性质可得：$I_1 > I_2 > I_3$.

故选 A.

21. 答案：D

解析：解法一，特殊值代入法：

取 $f(x) = x - 1$, 则有 $f(x - 1) = x - 2$, 那么 $\displaystyle\lim_{x \to 2} \dfrac{f(x-1)}{x-2} = \lim_{x \to 2} \dfrac{x-2}{x-2} = 1$.

又 $f'(x) = 1 > 0$, 所以 $f(x) = x - 1$ 满足题意.

显然在在 $(0, 1)$ 内 $f(x) < 0$, 在 $(1, +\infty)$ 内 $f(x) > 0$.

解法二，因为 $\lim\limits_{x \to 2} \dfrac{f(x-1)}{x-2}$ 存在及 $x \to 2$ 时分母的极限为 0，所以 $\lim\limits_{x \to 2} f(x-1) = 0$.

又 $f(x)$ 可导，从而 $f(x)$ 连续，所以 $\lim\limits_{x \to 2} f(x-1) = f(2-1) = f(1) = 0$.

由于 $f'(x) > 0$，所以 $f(x)$ 是严格单调递增. 于是当 $x \in (0,1)$ 时，$f(x) < f(1) = 0$；

当 $x \in (1, +\infty)$ 时，$f(x) > f(1) = 0$. 故选 D.

22. 答案：A

解析：要使行列式 $\begin{vmatrix} 2 & -1 & x & 2x \\ 1 & 1 & x & -1 \\ 0 & x & 2 & 0 \\ x & 0 & -1 & -x \end{vmatrix}$ 展开式中含 x^4，则在行列式中，各不同的行、

列都有 x，即 $(2x \cdot x \cdot x \cdot x) = 2x^4$（即对角线上都为 x）. 故选 A.

23. 答案：C

解析：A 中，3 个向量对 α_1、α_2、α_3 的表示矩阵的行列式为：$\begin{vmatrix} 1 & 0 & -1 \\ 1 & 1 & 0 \\ 0 & 1 & 1 \end{vmatrix} = 0$

因而 A 中，向量线性相关.

B 中：$\begin{vmatrix} 1 & 0 & 1 \\ 1 & 1 & 2 \\ 0 & 1 & 1 \end{vmatrix} = 0$，C 中：$\begin{vmatrix} 1 & 0 & 1 \\ 2 & 2 & 0 \\ 0 & 3 & 3 \end{vmatrix} \neq 0$，

D 中：$\begin{vmatrix} 1 & 2 & 3 \\ 1 & -3 & 5 \\ 1 & 22 & -5 \end{vmatrix} = \begin{vmatrix} 1 & 2 & 3 \\ 0 & -5 & 2 \\ 0 & 20 & -8 \end{vmatrix} = 0$，只有 C 中向量线性无关. 故选 C.

24. 答案：A

解析：因为 $r(A) = n - 3$，可知 $AX = 0$ 的基础解系所含向量的个数为 $n - (n-3) = 3$；

又因为 α_1、α_2、α_3 为 $AX = 0$ 的 3 个线性无关解向量.

所以 α_1、α_2、α_3 为 $AX = 0$ 的基础解系.

且由 $1 \times (\alpha_2 - \alpha_1) + 1 \times (\alpha_3 - \alpha_2) + 1 \times (\alpha_1 - \alpha_3) = 0$

$(2\alpha_2 - \alpha_1) + 2 \times \left(\dfrac{1}{2}\alpha_3 - \alpha_2 \right) + (\alpha_1 - \alpha_3) = 0$

$(\alpha_1 + \alpha_2 + \alpha_3) + (\alpha_3 - \alpha_2) + (-\alpha_1 - 2\alpha_3) = 0$

故知，B、C、D 中 3 组向量线性相关，不可能作为 $AX = 0$ 的基础解系.

25. 答案：A

解析：由 $Aa = \lambda a$，而 $Aa = \begin{pmatrix} 0 & 10 & 6 \\ 1 & -3 & -3 \\ -2 & 10 & 8 \end{pmatrix} \begin{pmatrix} 2 \\ -1 \\ 2 \end{pmatrix} = \begin{pmatrix} 2 \\ -1 \\ 2 \end{pmatrix}$，故 $\lambda = 1$.

故选 A.

第三部分　逻辑推理能力测试

1. 答案：B
   解析：题干叙述的主题很明确，是关于公路的发展对动物生存环境的影响。
   选项 A 不正确。因为它没有涉及动物。
   选项 C 和 D 不正确。因为它们没有涉及公路。

2. 答案：A
   解析：只有假设批发商在批发市场上购买象牙时能够可靠地区分合法象牙与非法象牙，并且尽量限制自己只购买合法象牙，将保护野生大象的希望寄托在批发商身上才是有道理的。

3. 答案：B
   解析：选项 B 说明，美国 16 岁以上的公民功能性文盲的比率是一个不断减小着的量。因此，如果选项 B 正确，则题干中将这个比率看作是一个恒定不变的量，并且用它来计算 2000 年 16 岁以上的美国公民中功能性文盲的人数是不对的。

4. 答案：A
   解析：如果系统 X 错误地淘汰的 3% 的无瑕疵产品与系统 Y 错误地淘汰的 3% 的无瑕疵产品完全相同，则从效果上讲，这两套系统的合并安装与其中任意一套系统其实是一样的。这样，题干得出的同时安装两套系统就可以省钱的结论就不能成立了。所以，题干的论述需要假设选项 A 的成立。

5. 答案：D
   解析：如果目前乘坐公共汽车的人别无选择，那么即便公交车费提高，他们也还得乘坐。这样，题干得出的再次提高车费会由于乘客减少而导致另一次总收入下降的结论就不一定正确了。所以，题干的论述是基于选项 D 的基础之上的。

6. 答案：C
   解析：如果许多对农业有益的昆虫经历毛虫阶段，则由于向农田喷射题干中的那种酶有可能会杀死这些有益的昆虫，所以通过这种方式来消灭经历毛虫阶段的农业害虫是不可取的。
   选项 B 不正确。因为选项 B 中的农业害虫并不经历毛虫阶段。因而不属于题干所问的问题涉及到的讨论范围。

7. 答案：C
   解析：请记住题干给出的三个限制条件：
   （1）没有两个人发表的论文的数量完全相同。
   （2）没有人恰好发表了 10 篇论文。
   （3）没有人发表的论文的数量等于或超过全所研究人员的数量。
   假定该研究所只有 1 个研究人员，那么受条件（3）的限制，这 1 个研究人员只能发表 0 篇论文。
   假定该研究所有 2 个研究人员，那么受条件（1）和（3）的限制，这 2 个研究人员各自发表的论文数必须是 0、1。

假定该研究所有 3 个研究人员，那么受条件（1）和（3）的限制，这 3 个研究人员各自发表的论文数必须是 0、1、2。

……

假定该研究所有 10 个研究人员，那么受条件（1）和（3）的限制，这 10 个研究人员各自发表的论文数必须是 0、1、2、3、4、5、6、7、8、9。

现在假定该研究所有 11 个研究人员，那么受条件（1）和（3）的限制，这 11 个研究人员各自发表的论文数必须是 0、1、2、3、4、5、6、7、8、9、10。可是请注意这样一来，这种安排就违反了条件（2）的要求。所以，该研究所有 11 个研究人员是不可能的。

总结上面的分析可以得出结论，在题干给出的三项中，Ⅰ 和 Ⅲ 一定是真的，Ⅱ 不一定是真的。所以，正确答案是 C。

8. 答案：A

解析：如果选项 A 不成立，则题干关于美国人比加拿大人做的手术多的原因的解释就不成立了。这是因为，如果美国的患者对手术的需要比加拿大的患者多，则美国平均每人做的手术比加拿大人多的原因就有可能是患者需求方面的原因，而不是由于美国人均拥有的外科医生比加拿大多的原因。因此，要让题干的解释成立，必须假设选项 A 是成立的。

9. 答案：A

解析：在过去 5 年中，平均每辆新车的价格上升了 30%。不过，购买汽车的开支占家庭平均预算的比例没有发生变化。现在题干由这两个条件推出结论：在过去的 5 年中，家庭的平均预算也一定增加了 30%。很明显，题干的推理隐含了一个没有说出来的条件，这就是：平均每个家庭购买的新车的数量没有变化。否则的话，家庭的平均预算就不一定增加 30%。

10. 答案：D

解析：如果继续经营核电厂可能产生的危害不能根据过去产生的危害预测，则是否应该关闭核电厂就无法确定。这样，题干的论述所坚持的观点：不必关闭核电厂也就不能成立了。

11. 答案：B

解析：如果冰川扩散时代的地理变动使这种珊瑚化石下沉了，则深水中生长的珊瑚很可能就是现在生长的这种珊瑚。这样一来，题干认为它们二者之间在重要的方面有很大的不同的说法就不一定成立了。所以，题干的论述必须假设选项 B 的成立。

12. 答案：C

解析：如果普里兰的男性可能和比他们大几岁或小几岁的当地的女性结婚，则他们的独身问题就解决了。而这样一来，题干得出的结论"除非普里兰的男性与外地妇女结婚，否则他们还会是独身"就不成立了。所以，选项 C 是题干的论述所依据的假设。

13. 答案：A

解析：题干的意思是说，对于"封建主义"这个概念，从定义上讲，应该是先有贵族，后有封建主义。但是从历史发展的实际来看情况则相反，是先有封建主义，后有贵族。因此，题干的论述强有力地支持了这样一种观点，即：如果在使用"封建主义"这个概念时要求先有贵族的存在，那么就是在使用一个歪曲历史的定义。可见题干的论述强有力地支持了选项 A 的主张。

14. 答案：A

解析：假定不同收入水平的人在该州税法适用的产品上所花费的钱都是一样的，则意味着在这一部分收入上不管是收入高的人还是收入低的人，他们都交了 7% 的税。而 7% 的税率对于收入高的人来说可能是偏低的税率，相反，对于收入低的人来说，则可能是偏高的税率。这样，题干的结论"如果销售税被视为一种收入税，则其与联邦收入税的效果是相反的。即：收入越低，每年收入被征税的比率越高"的结论就适当地得出来了。

15. 答案：C

解析：如果面试不能准确地识别出性格不符合工作需要的求职者，则题干中所说的"面试后性格不符合工作需要的求职者可以不予考虑"就是一句空话。

16. 答案：B

解析：选项 B 说明，倒霉的被开罚单的这一部分司机其实就是最经常超速的那一部分司机。这一论据再加上题干的论据：因超速而被开罚单的汽车有 33% 以上装备了雷达探测器，就可以顺理成章地得出题干的结论：在车上装备了雷达探测器的司机比没有这么做的司机更有可能经常超速。

17. 答案：B

解析：病人现在每日摄入的卡路里的少了，但他们每天消耗的卡路里也少了。结果，病人每天储存在体内的卡路里数量并没有明显减少。这就是病人为什么没有减去医生所预测的体重的原因。

18. 答案：D

解析：假设在整个地球的发展史上，陨石的碰撞均匀地分布在地球表面的各个地方，那么在地质较稳定的地区由于地表变化较小，原来分布在这些地区地表的陨石坑受到破坏的可能性也较小。结果就形成了现在这些地区的地表的陨石坑最为密集的现象。

19. 答案：B

解析：如果美国生产的纸浆量不能满足日本和西欧的造纸商的生产目的，那么美国纸浆的出口量就不会显著上升了。可见要得出题干的结论，必须假设选项 B 成立。

20. 答案：B

解析：从较高等级的员工对奖励员工绩效等级体系满意出发，得出公司表现最好的员工喜欢这个体系的结论，明显假定了公司表现最好的员工也就是得到了较高等级的员工。

21. 答案：D

解析：既然题干说科西嘉岛上的野生摩佛伦绵羊为考古学家们提供了在刻意选种产

447

生的现代绵羊开始之前早期驯养的绵羊的模样，那就说明摩佛伦绵羊和它们的祖先，也即 8000 年前的家庭驯养的绵羊更为相像，而不是和现代绵羊更为相像。

22. 答案：C

   解析：只有假设基因敏感性是人得病的原因，才能得出结论：一旦找到可以抵制这种原因的措施，按这些措施做的人就不再会生病。否则的话，即使消除了基因敏感性，人还是有可能得病的。

23. 答案：D

   解析：如果选项 D 正确，则说明南极是古代的哲学家们想象出来的，而不是被古代人发现并画到地图上的。

24. 答案：C

   解析：题干强调，仅靠增加课堂教育时间和强调飞行员座舱里的训练来补偿飞行员实际飞行时间的缺乏是不现实的。这便暗示了飞行员缺乏实际飞行经验是在实际飞行中造成失误因而导致坠机的主要原因。

25. 答案：C

   解析：假设企业的独自裁决权高于政府保护的个人的权利和义务的原则能够被接受，那么政府要求私营企业为抽烟者和不抽烟者设立不同的办公区的法规便侵犯了企业的独自裁决权，因而的确侵犯了私营企业决定它们自己的政策和法规的权利。

26. 答案：B

   解析：题干认为精神分裂症是由于大脑的物质结构受损而引起的。可是选项 B 却暗示大脑物质结构受损的原因可能是由于患者在治疗过程中使用药物而引起的。因此，如果要合理地得出题干的结论，就必须排除选项 B 暗示的那种可能性。即假设选项 B 是正确的。

27. 答案：C

   解析：选项 C 不能推出题干的结论。因为火蚁的天敌能否在这些火蚁扩展到更北方的州之前控制住火蚁的增长对于得出题干的结论来说是一个不相干的问题。

   选项 A 能推出题干的结论。因为如果进口的捕食火蚁的巴西昆虫对美国环境造成的危害比火蚁自身对环境造成的危害还要大，则从整体上这些昆虫对美国南部地区的环境是有害的，而不是有益的。

   选项 B 能推出题干的结论。因为如果那些来自巴西的捕食火蚁的昆虫在美国环境中不能存活，那么说进口这些昆虫对美国南部环境有益就是一句空话。

   选项 D 能推出题干的结论。因为如果那些来自巴西的捕食火蚁的昆虫会被美国当地的异常凶猛的双火蚁王后杀死，那么和选项 B 的道理一样，说进口这些昆虫对美国南部环境有益就是一句空话。

28. 答案：C

   解析：题干的问题其实是：

   涨工资←罢工

   涨工资→卖子公司

?

∴ 卖子公司

现在倒过来考虑问题。可以看出,为了推出"卖子公司"的结论,必须先推出"涨工资";而为了推出"涨工资",又必须先推出"(罢工"。所以,正确答案是选项 C。

29. 答案:C

解析:假如一个单词在转变成一个习惯用法的过程中其意思会发生严重变化,那么这个单词现在的习惯性用法其实早已不是原来那个单词了。这样一来,说该习惯用法由原来的某个单词转变而来就未免太勉强了。

30. 答案:C

解析:选项 C 说明 OSHA 的工作是有成效的,而非无能。

31. 答案:B

解析:要削弱题干的论述,也就是要证明雅典卫城的大理石建筑物原本看起来就是红色的。选项 B 说明,红色是由于生长在大理石表面的一种叫做地衣的植物所致,而并不是画家故意画的。这就说明了 19 世纪的绘画作品将雅典卫城的大理石建筑物画成红色正是其实际色彩的表现。

32. 答案:C

解析:必须假设海洛因服用者就诊医院急诊室的次数与海洛因被吸食的发生率成比例,才能从海洛因服用者就诊医院急诊室的次数的增加,推出海洛因的服用在增加的结论。

33. 答案:D

解析:根据题干的论述,吉普赛蛾的幼虫只有当受到生理上的压迫时其体内通常处于潜伏状态的病毒才会被激活。而当发生选项 D 所描述的情况时,幼虫便可能受到饥饿这种生理上的压迫,结果其体内的处于潜伏状态的病毒便具备了被激活的条件。

34. 答案:A

解析:题干的推理模式是这样的:从两种可能的情况中通过排除其中一种,从而确定另一种。显然,要保证这种"非此即彼"的推理模式的正确性,就必须假设结论就在这两种可能性之中。

35. 答案:D

解析:题干已表明,由于 O 型血适合于任何人,所以在没有时间测定患者是何种血型的危急时刻,O 型血是不可缺少的。这就可以推出,要决定输送任何非 O 型血时患者的血型都必须被快速地测定出来。

36. 答案:C

解析:概括题干的论述,其基本意思是,如果冬季暴风雪覆盖大平原地区,那么天气就会很冷。因此可以推出,如果在大平原地区的初冬有更多的降雪,则该冬季很可能比通常的冬季更冷。

37. 答案:B

解析：概括题干的陈述：如果银行管理人员不试图反驳谣言，那么会对银行的声誉产生影响。如果银行管理人员试图反驳谣言，那么也会对银行的声誉产生影响。假如情况真是这样，那么只能推出银行对于谣言束手无策，必须被动地接受其无法阻止的由于谣言而对其声誉产生的不利影响。

38. 答案：B

解析：题干的论述表明，有颜色的特种棉花早就出现了。只是由于不能机纺，所以一直没有商业上的价值。所以能够推出，只能手纺的特种棉花不具有商业上的价值。

39. 答案：B

解析：如果随着数学模型的准确性越来越高，天气预报的准确性也越来越高，那就表明气象学家的宣称其实还是有意义的。

40. 答案：A

解析：选项 A 说明了两点：第一，某些自然过程是不能精确量化的；第二，这些自然过程和天气是有关系的。因此，选项 A 实际上宣告了气象学家所宣称的完全准确的数学模型是不可能建立的。这就对气象学家的宣称提出了最严重的质疑。

请注意选项 B 和 C 都只是强调了建立完全准确的数学模型的艰难，但是并没有否定建立这种模型的可能性。

41. 答案：D

解析：如果有一道栅栏被摆放在 3 号位，还有一道栅栏被摆放在 6 号位，则根据条件（1）可推出第三道栅栏必须摆放在 1 号位。列表即：

1	2	3	4	5	6	7
栅栏		栅栏			栅栏	

根据条件（2）已知石墙要连续摆放，所以两道石墙必须摆放在 4 号位和 5 号位。即：

1	2	3	4	5	6	7
栅栏		栅栏	石墙	石墙	栅栏	

由表中可以看出，正确答案是 D。

42. 答案：C

解析：如果有一道石墙被摆放在 7 号位，则根据条件（2）可推出另一道石墙必须摆放在 6 号位。列表即：

1	2	3	4	5	6	7
					石墙	石墙

根据条件（1），由于三道栅栏不能连续摆放，所以按目前的格局只能摆放在 1、3、5 号位。即：

1	2	3	4	5	6	7
栅栏		栅栏		栅栏	石墙	石墙

由表中可以看出,选项 C 必定为假。

43. 答案:C

解析:如果在 2、4、6 号位置摆放栅栏,则由于不存在两个连续的空位,结果两道石墙就没有办法摆放了。所以,选项 C 中描述的位置不能摆放三道栅栏。

44. 答案:B

解析:如果有一道石墙紧邻障碍门后面摆放,则根据条件(2),由于两道石墙要连续摆放,所以障碍门和石墙要连续占三个位置摆放。这样根据条件(1),由于三道栅栏不能连续摆放,所以障碍门和石墙的可能的摆放位置是:2、3、4 号位和 4、5、6 号位。所以,选项 B 是正确答案。

45. 答案:D

解析:如果鸡笼不紧邻任何栅栏后面摆放,根据条件(1)和(2)的要求,栅栏和石墙的摆放位置一共有五种可能,即:

1	2	3	4	5	6	7
	栅栏			栅栏		栅栏

或

1	2	3	4	5	6	7
	栅栏		栅栏			栅栏

或

1	2	3	4	5	6	7
栅栏				栅栏		栅栏

或

1	2	3	4	5	6	7
栅栏		栅栏				栅栏

或

1	2	3	4	5	6	7
栅栏			栅栏			栅栏

如果是第一种或第二种情况,则鸡笼都可以摆放在 1 号位。

如果是第三种情况,则鸡笼可以摆放在 4 号位。

如果是第四种情况,则鸡笼可以摆放在 6 号位。

如果是第五种情况,则鸡笼可以摆放在 3 号位或 6 号位。

可见,如果鸡笼不紧邻任何栅栏后面摆放,则其可摆放的位置有 1、3、4、6 号位。所以,正确答案是选项 D。

46. 答案:D

解析：如果徒步旅行者的计划中包括将松林行安排在周三，则由于村庄要用连续两天时间，而且根据条件（1）已知峡谷行必须安排在周一或周二，根据条件（2）已知周五和周六不能都安排村庄行，所以村庄行只能安排在周四和周五。列表即：

一	二	三	四	五	六
		松林行	村庄行	村庄行	

根据条件（3）已知湖泊行既不能安排在村庄行的前一天，也不能安排在村庄行的后一天，所以，湖泊行只能安排在周一或周二。这样，河流行就必须安排在周六。

47. 答案：C
解析：如果徒步旅行者的计划中包括将松林行和河流行（就是这个顺序）连续安排两天，则根据条件（1），这两天不能是周一和周二。另外，由于村庄行也是要连续安排两天，所以也不能是周一和周二。这样，松林行、河流行和村庄行这四天的旅行安排只能在周二、周三、周四、周五和周六这五天考虑。

根据条件（2）已知村庄行不能安排在周五和周六，又根据条件（3）已知湖泊行不能紧邻村庄行安排，所以，村庄行必须安排在周二和周三，松林行和河流行必须安排在周四和周五，湖泊行必须安排在周六。列表即：

一	二	三	四	五	六
	村庄行	村庄行	松林行	河流行	湖泊行

所以，正确答案是 C。

48. 答案：D
解析：用枚举法。

首先，湖泊行既可以安排在周一，也可以安排在周二。这是明显的。

其次，如果湖泊行安排在周三或周四，则受条件（1）、（2）和（3）的限制，村庄行就无法安排了。所以湖泊行不能安排在周三和周四。

最后，湖泊行安排在周五和周六也是可以的。读者可以自行检验。

所以，湖泊行可以安排的日期是周一、周二、周五和周六。

49. 答案：B
解析：如果徒步旅行者的计划中将湖泊行安排在村庄行之前某一天，则根据条件（2），村庄行可以安排在周四和周五（这时湖泊行安排在周一或周二），也可以安排在周三和周四（这时湖泊行安排在周一）。如下表所示：

一	二	三	四	五	六
（湖泊行）	（湖泊行）		村庄行	村庄行	

或

一	二	三	四	五	六
湖泊行		村庄行	村庄行		

由此可见，无论哪一种情况，选项 B 都是正确的。

50. **答案：A**

   解析：根据条件（1）已知峡谷行必须安排在周一或周二。根据题意已知村庄行必须安排连续的两天。所以，村庄行不能安排在周一和周二。可见选项 A 是正确的。

第四部分　外语运用能力测试（英语）

Part One　Vocabulary and Structure

1. **答案：B**

   翻译：这些塑料花如此逼真，很多人都以为它们是真的，忍不住想去摸一下。

   考点：本题考查形容词词义辨析。

   解析：beautiful 美丽的，漂亮的；natural 自然的，天然的，逼真的；artificial 人造的，虚假的；similar 类似的，相同的。从后面的"很多人认为它们是真的"可以判断出，natural "逼真的"最符合句意。故答案为 B。

2. **答案：B**

   翻译：交警在大卫开车回家的途中把他拦了下来，并指控他超速驾驶。

   考点：本题考查动词词义及用法的辨析。

   解析：charge 充电，管理；指控，控告（with）；accuse 起诉，控告（of）；blame 职责，责备（for）；deprive 剥夺，夺去，使丧失（of）。本题意为"指控他超速驾驶速"，只有 accuse 符合题意。故答案为 B。

3. **答案：C**

   翻译：朱莉不是很喜欢她的新上司，因为她觉得她的上司总找她茬。

   考点：本题考查固定搭配。

   解析：find fault with sb. 意为"找麻烦，挑毛病"，其他选项均无此搭配。故答案为 C。

4. **答案：A**

   翻译：早期的打字机打起字来又快捷又整齐，然而打字员不能在机器上看到他们打的字。

   考点：本题考查逻辑关系。

   解析：however *adv.* 然而，不过，无论如何；therefore *adv.* 因此，因为，由此可得；yet *conj.* 然而，但是；although *conj.* 尽管，虽然，然而，但是。判断句意可知，此处应该为转折关系。A、C、D 都可以表示转折，但是只有 however 的词性符合要求。故答案为 A。

5. **答案：B**

   翻译：为了应对交通堵塞，今天早晨我提早去上班。

   考点：考查常用短语的含义。

   解析：at the risk of 冒……的风险；in case of 万一，如果，防备；for the sake of 为了……起见；in line with 与……一致，符合。从句意可判断，"我"早走的原因

是为了应付交通堵塞，而不是别的，因此 in case of 比较恰当。故答案为 B。

6. 答案：D

翻译：毫无疑问，你在考试时越细心，错的就越少。

考点：本题考查比较结构 the more… the more… 的用法。

解析：the more… the more… 句型常表示"越……就越……"，是一个复合句，其中前面的句子是状语从句，后面的句子是主句。the 用在形容词或副词的比较级前，more 代表形容词或副词的比较级。在 A、B、C、D 四个选项中，只有 D 项既符合语法结构又符合句意。故答案为 D。

7. 答案：A

翻译：第二天，她发现那个男人躺在床上，死了。

考点：本题考查动词复合结构的用法。

解析：首先：find + 宾语 + 现在分词，表示发现某物处于某种状态，因此 B、C 两项不合题意；其次：lie vi. 躺，卧；lay vt. 放置，使躺下 vi. 下蛋，产卵，因此可排除 D 项。故答案为 A。

8. 答案：D

翻译：我的一位朋友问我花了多少钱买的那把吉他。

考点：本题考查宾语从句的语序。

解析：在宾语从句中，无论是陈述句、一般疑问句或特殊疑问句，都要用陈述句语序，也就是说主谓次序不能颠倒，即：连接词 + 主谓结构。只有 how much I paid 符合这一规则。故答案为 D。

9. 答案：D

翻译：这一定是他没来参加比赛的原因。

考点：本题考查定语从句中介词 + 关系代词的语法点。

解析：题目中先行词为 reason，而该词在从句中充当状语。此时应该用关系副词 why 或介词 + which。此时介词的选择取决于能否与 reason 构成搭配，应选 for。故答案为 D。

10. 答案：A

翻译：那棵大树下坐着一个腿受伤的人。

考点：本题考查倒装结构。

解析：倒装分为全部倒装和部分倒装。前者是整个谓语部分置于主语前，后者是谓语的一部分（如助动词或系动词）置于主语前。当以介词开头的地点状语置于句首时，应该用全部倒装。本题中从句为过去时，因此 C、D 排除两项。故答案为 A。

Part Two   Reading Comprehension

Question 11-15 are based on the following passage：

本文大意

我的一位朋友安吉拉因为个人理财问题而大受困扰。我身边的很多人也都因为处理不好个人理财问题而承受着精神上的负担。实际上，人们管理不好钱财的真正原因是因为人们一直带着消极和恐惧的态度来看待这个问题，他们认为钱是生活的本源，并且被这种想法禁锢在自我怀疑中，还是使我们无法发觉自己的管理才能的真正源泉。

核心词汇

intend *v.* 打算，想要	devastate *vt.* 毁坏
spiritual *adj.* 精神的，心灵的	convey *vt.* 传达，运输
financial *adj.* 金融的，财政的，财务的	negativity *n.* 否定性，消极性
hesitate *v.* 犹豫不决	annoy *vt.* 使苦恼，骚扰
involve *v.* 包括，涉及，使卷入，陷入	inseparably *adv.* 不能分离地，不可分地
assure *vt.* 保证，担保	self-doubt *n.* 缺少自信，自我怀疑
complaint *n.* 抱怨，投诉	

句式讲解

(1) We were all touched by her words as they reminded us of the spiritual burdens that money managing can bring to us.

该句中 touch 是"感动"的意思；remind sb. of sth. 意识是"使某人想起某事"；that money managing can bring to us 是 burdens 的定语。

(2) My counseling has taught me that these anxieties are inseparably connected to our self-doubts and fear for survival.

该句中 counseling 是"咨询"的意思；be connected to 意思是"与……有关"；for survival 是 fear 的后置定语。

(3) It locks us up in self-doubts and prevents us from tapping into the true source of our management power.

该句中 lock up 是"禁闭，上锁"的意思；prevent...from 意思是"预防，防止"；tap into 是"接近"的意思。该句的意思是它把我们禁锢在自己对自己的怀疑中，使我们无法发觉自己管理才能的真正源泉。

答案与解析

11. 答案：D

解析：推理题。题干为"安吉拉的话打动了作者和其他人因为他们……"，第一段第二句话说，我们对安吉拉的话深有感触是因为这使我们想起理财所带来的精神负担，所以他们实际上与安吉拉有同感。故答案为 D。

12. 答案：B

解析：推理题。题干为"安吉拉拒绝作者帮她是因为害怕……"，此题原文在第一段第五句，作者说自己马上告诉安吉拉不会让她做超出她能力范围的事情。B 选项意思与此一致，故答案为 B。

13. 答案：A

解析：细节题。题干为"对于理财，作者打算告诉安吉拉怎样去……"第一段最后一句话"All l would ask her to do was to let me help look at her fears and try to make some sense of them"，作者表明要帮安吉拉正视自己的恐惧并且弄清

楚这些恐惧到底是什么，所以作者的目的是要帮安吉拉克服恐惧。故答案为 A。

14. 答案：C

解析：词汇猜测题。从上文列举的借口可看出这些借口都是消极负面的借口，故排除 A。shameful 与文意无关；shocking 的意思是"骇人的，很坏的"，符合语意。故答案为 C。

15. 答案：A

解析：细节题。题干为"据作者所说，人们对理财的焦虑源于他们认为钱是……"，最后一段明确指出人们认为钱是生活的本源，并且这种想法把我们禁锢在自我怀疑中，使我们不能发觉自己的管理才能的真正源泉。故答案为 A。

Question 16-20 are based on the following passage：

本文大意

几年前我创办了一家公司，却在前四个月亏损严重。我向朋友征询意见，他告诉我要敢于冒风险，我采纳了朋友的意见。在市场饱和，投资者纷纷撤出这一行业时，我坚持了下来，并通过互联网扩展公司的业务，为顾客提供了更加方便快捷的家居设计服务。在投资遇到困难时，我的家人毫不犹豫地拿出他们的积蓄支持我。在他们的帮助下我的公司走出了低谷并且至今仍在盈利。

核心词汇

consume v. 消费，消耗	decorate v. 装饰，装修，修饰
capital n. 首都，首府；资产	venture n. 冒险，风险，投资
bomb n. 炸弹；v. 轰炸	step up v. 提高，加快
flee v. 逃跑，逃避	hesitation n. 犹豫不决
modify v. 修改，更正，修饰	survive v. 幸存，存活
professional adj. 职业的，专业的	prosper v. 繁荣，兴旺，兴隆

句式讲解

（1）My plan was to offer consumers descriptions of home-design products by using a special software and let them modify the designs

该句中不定式 to offer 做表语，offer sb. sth. "向某人提供某物"by using a special software 是方式状语；modify the designs 是"修改设计"的意思。

（2）Then we can enable them to get online professional and constructional help to have their houses built, decorated and furnished according to their own choice.

该句中 enable sb. to do sth. 意思是"使某人做某事"；have sth. done 意思是"让某人做某事"例如：I had my hair cut yesterday. 昨天我理发了。have their houses built, decorated and furnished according to their own choice 意思是依据自己的选择来建造房屋，装饰房屋，给房屋配置家具。

答案与解析

16. 答案：B

解析：推理题。本题需要就第一段提供的数据进行计算。作者说每月花 75000 美元，四个月之后账户里只剩下四分之一的资金，由此我们用 75,000 乘以 4 得到的 300000 美元应该是总共用掉的钱。这个数额占总资金的四分之三，计算可得总资金是 400000 美元。故答案为 B。

17. 答案：C

解析：细节题。从文章第二段 Arthur 所说的话 "they leave winners and losers（不是成功就是失败）"可以看出前面所说的事情是有风险的。故答案为 C。

18. 答案：B

解析：推理题。从文章第二段 "... Offer consumers descriptions of home-design products..."以及后面的 "... have their houses built, decorated and furnished..."可知选项 A、D 都只是公司业务的一部分；C 选项原文中没有提及；B 选项涵盖了公司业务的所有内容。故答案为 B。

19. 答案：A

解析：细节题。从文章第二段 "I didn't turn away from mine entirely, but instead linked it to the Internet." 可知，作者没有放弃而是开辟了新的路径，通过互联网扩展了自己的服务。A 选项正是表达了这一意思。故答案为 A。

20. 答案：A

解析：推理题。由文章最后一段 "To get the money from a venture capitalist is going to cost my wife and my children！"可知，作者如果向投机资本家借钱的话就会失去自己的妻子和孩子，由此可推测，向投机资本家借钱有很大的风险。故答案为 A。

Question 21-25 are based on the following passage：

本文大意

> 现在越来越多的商品都开始使用精美的包装以吸引顾客。这些精美的塑料包装非但对顾客没有实用价值，还浪费资源、污染环境。一些环境学家说，解决塑料容器使用增多这个问题的唯一途径就是禁止商店里使用塑料制品。但是因为塑料容器的替代品尚未研发出来，所以制造商们不同意这一做法。为解决这个难题，作者认为当前应加大研发的力度，研究的重点应该放在对资源的有效回收和利用上。

核心词汇

unwrap v. 打开，展开	manufacturer n. 生产商，制造商
confine v. 限制，局限	recycle v. 使再循环，再利用
luxury n. 奢侈，豪华	absurd adj. 荒唐的
cellophane n. 玻璃纸	approach n. 方法，途径 v. 接近，靠近
scarce adj. 缺乏的，不足的，罕见的	relatively adv. 相对地

function *n.* 作用，功能；*v.* 运行，起作用

句式讲解

（1）Some environmentalists argue that the only solution to the problem of ever increasing plastic containers is to do away with plastic altogether in the shops, a suggestion unacceptable to many manufacturers who say there is no alternative to their handy plastic packs.

该句中 solution to 为 "解决……问题的方法" 的意思。在 argue 的宾语从句中，主干是 The solution is to do away with…; a suggestion 是 solution 的同位语；unacceptable to many manufacturers 是 suggestion 的后置定语。

（2）It is evident that more research is needed into the recovery and reuse of various materials and into the cost of collecting and recycling containers as opposed to producing new ones.

该句中 It is evident that…, it 是形式主语，真正的主语是后面的 that 从句；as opposed to 意思是 "与……相反，与……相比"。该句的意思是更多的研究应该放在回收和重新利用各种材料上，以及收集和重新利用各种容器的成本上，而不是生产新的产品，这一点是很明显的。

（3）Unnecessary packaging, intended to be used just once, and make things look better so more people will buy them, is clearly becoming increasingly absurd.

该句的主干是 Unnecessary packaging is becoming absurd。"intended to be used just once, and make things look better so more people will buy them," 是 packaging 的后置定语。make sb./sth. do sth. 意思是 "使某人做某事"；make 前面省略了 intended to。

答案与解析

21. 答案：C

   解析：推理题。从第一段的最后一句 "It is now becoming increasingly difficult to buy anything that is not done up in beautiful wrapping." 可知没有精美包装的物品越来越少，言外之意是不仅仅是奢侈品，即使普通物品都使用很多包装。故答案为 C。

22. 答案：C

   解析：推理题。从文章第二段对 So why is it done? 的回答 "…most of the rest is simply competitive selling…" 可知大多数包装只是为了促销，即吸引顾客。故答案为 C。

23. 答案：C

   解析：细节题。从文章第三段最后两句话可知塑料瓶的使用日渐增多，使玻璃瓶和纸袋都受到了威胁，更多的乳品公司在尝试使用塑料瓶。故答案为 C。

24. 答案：D

   解析：推理题。文章第四段第二句话说 "一些环境学家说解决塑料容器使用增多这个问题的唯一途径就是禁止商店使用塑料制品"，说明环境学家认为商店不应该使用塑料制品。故答案为 D。

25. 答案：A

   解析：主旨题。纵观全文可知，只有少数包装是有用的，绝大多数包装只是为了吸引

消费者，而这一想法其实是荒谬的，消费者对包装并不感兴趣；专家认为解决污染问题的唯一途径是商店不再使用塑料包装物。由此可总结得出：包装无多大用处，我们可以忽略它，故答案为 A。

Question 26-30 are based on the following advertisements：

本文大意

> 本文是四则广告：出租房屋、出售家具、招聘兼职实验员和招聘大学校长。

核心词汇

share v. 共享，分享，分配

convenient adj. 便利的，方便的

assistant n. 助手，助教；adj. 辅助的，助理的

electronic adj. 电子的

laboratory n. 实验室

appointment n. 约会，预约

individual n. 个人，个体；adj. 个别的，个人的

enthusiasm n. 热情，热心

particular adj. 特别的，尤其的

答案与解析

26. 答案：B

解析：推理题。此题可用排除法。根据广告 1 中 Share Flats Happy Valley big flat 的 Share 可排除 A；根据 Female nonsmoker（不吸烟的女性），No pet 可排除 C；根据 Including bills with maid 可知已有女仆，可排除 D。故答案为 B。

27. 答案：A

解析：推理题。根据广告 2 中的 old pictures，MYM 140，up，each 可知古画每幅 140 美元以上。可推出 150 美元可以买一幅古画。故答案为 A。

28. 答案：D

解析：细节题。根据广告 2 最后一句 Tel：Weekend, 2521-6011/Weekday, 2524-5867 可知周六和周日的联系电话为 2521-6011，从周一到周五为 2524-5867。故答案为 D。

29. 答案：C

解析：推理题。此题可用排除法。根据广告 3 中 Hours 9：30 a.m. 1：00 p.m. Mon. - Fri.，可排除 A；根据 Letter of application to 可知是申请信，与题干中的 Once you can get a part-time job（一旦你得到这个兼职工作）不符，排除 B；根据 Salary ￥6598-10230 dependent on experience 可知根据经验多少，可得薪水在 ￥6598 到 10230 之间，排除 D；故答案为 C。此题也可根据细节直接推断。根据 Fourteen days paid leave 可推知每年有 14 天假期。故答案为 C。

30. 答案：A

解析：细节题。由 "… the governing board wants to make the crucial appointment of his replacement in 1994." 可知此广告是招聘广告。故答案为 A。

Part Three　Cloze

本文大意

> 我的祖母是很健康的，但她还是在祖父去世几个月后就离开了人世。祖父很爱祖母，而且给她精心的照顾，他还经常公开表露对祖母的深厚感情。祖父是一个以出诊方式行医的老式家庭医生，祖母的全部身份都是以"作为医生的妻子"为中心的。事实上，除了祖父的兴趣外，她似乎没有任何兴趣。在祖父去世之后，她比较喜欢独自呆在家里。三个月之后，她在祖父的床上死于心脏病。其实祖父去世的时候祖母的精神就已经死了，她的身份也就消失了，不久之后她的肉体也死了。

31. **答案：D**

    解析：本题考查连接词的用法。文章强调祖母健康状态一直很好，而且很少得病，但她还是在祖父去世后不久就离开人世。所以这里应该填一个表转折的词，even though 即使，纵然，表示转折。故答案为 D。

32. **答案：C**

    解析：本题考查上下文语意的衔接。often *adv.* 经常；never *adv.* 从不；seldom *adv.* 很少；always *adv.* 总是。从上下文"祖母很健康"及表示并列关系的"and"可推断祖母很少生病。

    故答案为 C。

33. **答案：C**

    解析：本题考查固定搭配。want for 缺乏，需要。句意"（祖父）从不让她出去工作也不让她缺少任何东西。"故答案为 C。

34. **答案：B**

    解析：本题考查近义词辨析。show *v.* 说明，显示，展出；display *v.* 展览，展示；demonstrate *v.* 演示，展示；exhibit *v.* 展览，呈现。句意"祖父经常公开表露他对祖母的深厚感情。"略有炫耀之意，故答案为 B。

35. **答案：A**

    解析：本题考查近义词辨析。entire *adj.* 全部的，完整的，强调"整个"；complete *adj.* 完全的，完成的，强调"完成"；total *adj.* 总的，全部的，整个的，强调"总数"；full *adj.* 充满的，完全的，丰富的，强调"满的"。文中指祖母全心全意地照顾祖父，她的全部个性毫无保留，她的全部身份便是"一个医生的妻子"。故答案为 A。

36. **答案：C**

    解析：本题考查相关短语辨析。part from *v.* 使分开，使分离；depart from *v.* 离开，从……出发；apart from *prep.* 除……之外，此外；party *n.* 聚会，派对。句意"实际上，除了祖父的兴趣祖母没有自己的兴趣。"故答案为 C。

37. **答案：C**

    解析：本题考查动宾搭配。cultivate *v.* 耕作，栽培，培养；flourish *v.* 繁荣，茂盛，活跃；develop v. 发展，开发；grow v. 种植，生长，变成。"发展兴趣"应该用 develop，故答案为 C。

38. 答案：D

解析：本题考查上下文语意的衔接。conform v. 使一致，遵守，使顺从；change v. 改变，变化；regulate v. 管理，规定；adjust v. 调整，使……适于。这里指的是祖母需要调节自己以适应没有祖父的生活，故答案为 D。

39. 答案：D

解析：本题考查词语辨析。本题目考查 lie, lay 两个动词的辨析。lie 躺；平放。lay 放置；铺设；也可以是 lie 的过去式。句意"我发现她躺在祖父的床上，显然死于心脏病。"这里用 lie 的现在分词 lying 表示当时的状态。故答案为 D。

40. 答案：C

解析：本题考查固定搭配。effect n. 效果，影响，作用；illness n. 病，疾病；attack n. 袭击，攻击；disease n. 疾病。表示心脏病突发常用的是 heart attack。故答案为 C。

Part Four   Dialogue Completion

41. 答案：D

考查语境：本题考查抱怨场景中的回答方式。

解析：Oscar 向 Paul 抱怨他的手表刚刚换过电池却又停了。选项 D "你为什么不把它拿到吉尔威·史密斯钟表店那里呢？他们会帮你修好，而且价格很合理。"是最佳答案，其他选项都不太贴切。故答案为 D。

42. 答案：B

考查语境：本题考查提供帮助场景中的回答方式。

解析：护士问患者有没有指定医生，发给他一张登记卡，并让他排队等候。B 项意思最为合理，排队等候看病一般用 "wait for one's turn"。故答案为 B。

43. 答案：C

考查语境：本题考查打电话场景中的回答方式。

解析：A 说"请问能为我接通分机号 6459 吗？"这是打电话时的常用语，通常是打电话一方要求接线员帮助转接到所需要拨打的分机号码。C 项"对不起，线路正忙。"最符合语境，其他选项均不符合题意。故答案为 C。

44. 答案：D

考查语境：本题考查请求帮助场景中的回答方式。

解析：本题为 Ann 请 Betty 为她买点绘画的材料的场景，答案 D 最为委婉贴切。D 项说"好的，你要我买什么？"符合题意。A 项"是的，必须提前预留一些材料，是吗？"答非所问。B 项的信息冗长，没有针对性。C 项搞错了两个说话人之间的关系。故答案为 D。

45. 答案：C

考查语境：本题考查提供帮助场景中的回答方式。

解析：本题为 Mary 在下班后问 Juliet 是否需要她帮忙打卡，根据 Juliet 的回答可知她要加班，所以空上应该填"不用了，谢谢"。故答案为 C。

46. 答案：C

考查语境：本题考查谈论游玩场景中的回答方式。

解析：本题为 Daisy 向 Bruce 说道本周末要和室友出游，当别人要去旅行或游玩的时候，应该回答说"have a good time"，只有选项 C 符合这个场合。故答案为 C。

47. 答案：B

考查语境：本题考查致谢场景中的回答方式。

解析：本题为 Bob 向 Mrs. Li 致谢，赞美她做的中餐很美味，答案 B"我很高兴你们喜欢吃中餐。"最为贴切。其他选项都是中式思维方式的英语表达，不符合题意。故答案为 B。

48. 答案：D

考查语境：本题考查征求意见场景中的回答方式。

解析：本题为 Jim 问 Mary 对这场电影的看法，B、C 选项都是所答非所问；A 项的回答"我不知道这部电影"不符合该情境；D 项"这部电影既浪费钱又浪费时间。"最为贴切。

故答案为 D。

49. 答案：C

考查语境：本题考查打招呼场景中的回答方式。

解析："How do you do?"是第一次见面的打招呼方式，回答用语也是"how do you do?"，故排除 B、D。A 选项中的"Have a good day"，与情境不符合。C 项的意思是"你好，见到你也很高兴"，故答案为 C。

50. 答案：A

考查语境：本题考查邀请的回答方式。

解析：本题为 Jim 邀请 Candy 看歌剧，根据 Candy 的回答，选项 A 最为贴切，be wild about something 表示"对……极为热衷"；be interested about 介词搭配不当，应该是 be interested in；C、D 意思不符合该情境。故答案为 A。

2011 年在职攻读硕士学位全国联考研究生入学资格考试试卷

(仿真试卷三)

参考答案与解析

第一部分　语言表达能力测试

一、选择题

1. 答案：B

解析：A 中"鞭笞"的"笞"音 chī（吃）；C 中"歼灭"的"歼"音 jiān（坚）；D 中"嫉妒"的"嫉"音 jí（急）。只有 B 的读音完全正确。

2. 答案：B

解析：B 中"瞬息万变"的"息"义为"呼吸，喘气"，意思在喘一口气的这么短的时间里已经发生了巨大的变化。"戮力同心"中的"戮"义为"并，合"，"戮力"就是把力量合并起来，与"同心"构成并列词组。

3. 答案：A

解析：B"融汇贯通"的"汇"当为"会"。C"气慨"的"慨"当为"概"。D"凋蔽"的"蔽"当为"敝"。

4. 答案：B

解析：B 中"我是看到了一个更是巴金的巴金"，其后一个巴金指真实的巴金，前一个"巴金"才指巴金的风格和精神。

5. 答案：B

解析：B 中成语"别无长物"中的"物"指东西，不能指某项技艺，用在这个句子里不合适。D 中"明修栈道，暗渡陈仓"的典故指的是：楚汉相争中，刘邦在进军南郑途中烧掉栈道，表示不再返回关中，用以打消项羽的疑虑；随后率兵偷渡陈仓，打败楚将，又回到咸阳。后用这个成语比喻用假象迷惑对方以达到某种目的，在 D 中用得很恰当。

6. 答案：C

解析：A 句子成分赘余："大量笔墨"和"许多事例"重复，"大量笔墨"已包含了"许多事例"；又词序不当："正确对待生活的态度"，应改成"对待生活的正确态度"。B 句式杂糅，结构混乱。"其根本原因是官官相护在作怪"，是强把两个句子合而为一。应改为"其根本原因是官官相护"或"是官官相护在作怪"。D 动宾搭配不当，"建立"和"宣传"不搭。可在"公众科普宣传"前加上"加强"一词。

7. 答案：C

解析：A 第一种意思：松下公司的产品没有"比实际厚度稍薄的错觉"，而索尼公司的产品有；第二种意思：松下公司的产品有"比实际厚度稍薄的错觉"，而索尼公司的产品没有。B 表述不清。"经济学家对此的看法是否定的"指的是"嘴上说说"还是"要采取果断措施"？不清楚。D"一边"语意不明。是在一边放着，还是两边一边放一个牌子？

8. 答案：B

   解析：元曲包括散曲和杂剧。散曲包括小令和套曲。

9. 答案：C

   解析："暗香"应当是借代的修辞手法。"借代"和"借喻"的联系与区别是：借代与借喻都有所代，借代是用借体代本体，借喻是用喻体代本体。本体都不出现，这是它们的相同点。不同之处在于，借代是借一个在客观实际中与之有实实在在的关联的事物来代替，借体和本体之间存在相关性。借喻是借一个与现实无联系但在性质上与之相似的事物来代替，借体和本体之间存在相似性；借喻可改为明喻或暗喻，而借代则不能。例如：夜色加浓，苍穹中的"明灯"越来越多了。"明灯"是借喻。"原来你家小栓碰到了这样的好运气了。这病自然一定全好；怪不得老栓整天的笑着呢。"花白胡子一面说，一面走到康大叔面前。（鲁迅《药》）。"花白胡子"是借代。辨析二者的方法是：借喻可以还原为明喻或暗喻。如可以说"天上的星星像明灯一样"。但借代还原不了。不能说"老爷爷像花白胡子"、"女人像暗香"。

10. 答案：B

    解析：A"人民法院"是国家的审判机关，也是司法机关。C"公安机关"是一个十分特殊的机关，它隶属于同级人民政府，在行政机关的编制内。但是它又兼有司法机关的属性，承担了刑事案件侦破、预审等职能。D"人民代表大会"则是国家权力机关，其中"全国人民代表大会"是国家最高权力机关。只有 B"人民检察院"是法律监督的专门机关。

11. 答案：B

    解析：A、B 显然有一项是错误的。关于年满 14 岁而不满 16 岁或 18 岁的人犯罪，请参考 C、D 的说法。

12. 答案：D

    解析：约翰·杜威（John Dewey）（1859—1952 年），美国哲学家和教育家，威廉·詹姆斯实用主义哲学的重要代表人物。他反对传统的灌输和机械训练的教育方法，主张从实践中学习。提出"教育即生活，学校即社会"的口号。其教育理论强调个人的发展、对外界事物的理解以及通过实验获得知识，影响很大。教育著作有《民主与教育》、《我的教育信条》、《教育哲学》等。

13. 答案：D

    解析：A 不符合可持续原则。B 不符合发展原则。C 二者不能兼顾。

14. 答案：B

    解析：A 是过去的老观念，不符合现在这个时代了。C 这句话恰恰没有反映他的营销导向性。D 没有抓住要害。

15. 答案：A

解析：孙子名孙武，是我国春秋战国时期伟大的军事家，著有《孙子兵法》，是我国古代最早的军事名著。《孙子兵法》一书总结了春秋末期及其以前的战争经验，探索战略战术的规律，为我国杰出的兵书，历来被推崇为"兵经"或"武经"。

二、填空题

16. 答案：C

解析："遏制"词义侧重"控制"，"遏止"突出"阻止，使停下"。不可能使对方的进攻停下，只能是加以控制。"制约"侧重二者之间的关系。"限制"指不让超出。"不耻"是不以为耻的意思，是褒义，如"不耻下问"。"不齿"是因鄙视而不愿提到。

17. 答案：A

解析：B 是疑问句，省略号后应标问号。C 冒号应改成逗号。D 不是问句，问号应改为句号。

18. 答案：D

解析：第一句是无条件句套有条件句。"不管……都"，无条件句。"只要……就"，有条件句。

19. 答案：A

解析：接上句应是"利用必然性"，接下句"就获得了自由"，前面应是"改造自己"。B 应先征服再改造。C 顺序反了。D 结构混乱。

20. 答案：C

解析：北宋柳永《凤棲梧》："衣带渐宽终不悔，为伊消得人憔悴。"王国维所谓人生三境之第二境。柳永的这句词即来自于古诗"相去日已远，衣带日已缓"，用"衣带渐宽"的典型形象来表达思妇在丈夫离去之后经受相思煎熬之苦。注意，对应问题中"形象表达"、"经受久别"、"相思煎熬之苦"等，都可以在"相去日已远，衣带日已缓"中找到答案。

21. 答案：C

解析：前后矛盾。前面说"将"，是"将要"，还没有发生，后面又说"进行了"，是已经发生了，故前后矛盾。

22. 答案：A。

解析：这几句诗分别选自于：1. 岑参：《白雪诗送武判官归京》；2. 李贺：《北中寒》；3. 白居易《长恨歌》；4. 韩愈《春雪》；5.（唐）刘脊（音甚）虚《阙题》；6.（宋）秦观《春日其二》。

23. 答案：B

解析：此诗是普希金的名作《假如生活欺骗了你》。

24. 答案：A

解析："赤壁之战"是《三国演义》中描写的最为精彩的战役，写的是诸葛亮与周瑜联手打败曹操的一场以少胜多、以弱胜强的著名战役。"失街亭"写的是马谡丢失街亭，诸葛亮挥泪斩之的故事。"官渡之战"是曹操打败袁绍，成为北方最大的实力派的一场重大战役。"败走麦城"：形容事事都成功的人也有失败的时候。汉建安二十四年，蜀将关羽失守荆州，退守麦城，在此演出了一场千古悲剧。在败走麦城时为吴将截获，被斩于临沮。后以"走麦城"喻陷入绝境。

25. 答案：D

解析：徐行犯是指基于一个故意，分多次实施一个行为，造成一个总的结果的犯罪。此题表述的就是一个徐行犯的典型案例，很多虐待犯罪也是典型的徐行犯。

26. 答案：B

解析：获得了在社会中"良好的适应"即获得了心理的健康。"完全的适应"、"满意的成就"、"最大的成就"则是人生达到更高标准的表现。

27. 答案：B

解析：本题考查的知识点是哲学中联系的观点、客观规律和主观能动性的关系、实践和认识的关系。从题干中可知，人们片面追求经济利益而破坏生态平衡，这种做法违背了普遍联系的观点。应选②，以破坏热带雨林为代价，以获得暂时的经济利益，这种主观能动性违背了客观规律性，故应选④. 其中"有识之士的呼吁"可以看出正确的认识来自于实践。故应选 B 项。

28. 答案：C 。

解析：只有空气达到"过饱和"，才能使空气中的水汽凝结。

29. 答案：B 。

解析：A 拉伸与张裂是"变形"的具体表现。

30. 答案：C

解析：A 亨利·格雷是英国外科医生与解剖学家，是经典教科书《格雷氏解剖学》的作者。B 托马斯·扬是英国物理学家、医生，波动光学的奠基人。D 詹姆斯·林德是英国卫生学的创始人，发起利用柑橘类水果和新鲜蔬菜治疗预防败血症。C 哈维是英国医生、生理学家、胚胎学家，他写作的《心血运动论》，建立了血液循环学说，标志着近代生理学的诞生。

三、阅读理解题

31. 答案：A

解析：总评一个人的功绩，应用"劳苦功高"。第二空应填"扬善惩恶"，接上句意思而言。"苦心孤诣"：费心心思钻研或经营（孤诣：别人达不到的），放于此不妥。

32. 答案：C

解析：A，D 中"善恶分明"与"内容健康"重复。B 顺序不当。应当先说"证明释义"，这是选择命名的最基本的要求，在这个基础上再谈到"内容健康"、"形式完美"。

33. 答案：A

解析："唾面自干"主要表现了为人的"大度"，这是人生的一种高尚的境界。B"逆来顺受"境界过低。C"忍辱负重"文中没有提到。

34. 答案： B

解析：A、C、D 没有提到其人品。

35. 答案： C

解析：文中说到李格非先生"居无求安食求饱"。吃饭要吃饱，并不是在"食"方面没有所求。

36. 答案： A

解析：由"他回到了从德军手里夺回来的故乡"可知。

37. 答案： C

解析：文章都在围绕"德军剩下来的东西"进行叙述。

38. 答案： B

解析：这是一个悲惨的故事，女人因战争而做了妓女，战争结束后，一对情人在这样的场景下相遇，确实可悲可叹。

39. 答案： C

解析：C 项的说法不合文意。这是一个有关被战争摧残的灵魂以及拯救这些灵魂的故事。不是简单的浪漫爱情故事。

40. 答案： C

解析：原文没有这个意思。他回看了女人一下，是因为他发觉这个女人长得很像他的恋人。

41. 答案： B

解析：本篇选自 2000 年的杂志，文中又提到"澳大利亚"，故可得知是在悉尼举行的第 27 届奥运会。

42. 答案： D

解析：切记综观全文、总结全文，方可得出正确的答案。

43. 答案： B

解析：这是一道细节题。见第二段"女运动员不再仅仅展现其体育技能，还要显示好身材"。

44. 答案： C

解析：A 不准确，有些片面。而且，中、美、澳三国不是不关心运动员，而是不关心其他国家的运动员的成绩或运动项目。B 说二者和谐共处，不能说明世界不要霸权主义和恐怖主义，文中有"愿望"和"假象"的说法。D 引用内容错误。在文中没有提及澳大利亚人参加乒乓球和体操比赛。

45. 答案： D

解析：作者没有否认对自己祖国的认同。应该是对自己祖国的认同的基础之上，加强对全人类的认同。

46. 答案： D

解析：这是一道细节题，见第三段第二句："科学家们证实，这种化学物质具有很强的水溶性，对土壤几乎没有亲和力，同时它又是很难分解的寿命很长的物质。"

47. 答案： A

解析："这些"是对上一段内容的总结。上一段主要讲了两个意思，一是甲基叔丁基乙醚污染地下饮水源，二是它对局部空气的影响。

48. 答案：B

解析：原文中没有提及这一点。

49. 答案：C

解析：原文说的是"从受污染区外部调水"，而不是"把受污染的水调入外部"。

50. 答案：C

解析：原文说：此项试验"在清洁地下水的具体应用中，还没有让人信服的实例。"

第二部分　数学基础能力测试

1. 答案：D

解析：原式 $= \sqrt{\dfrac{1 \times 2 \times 3 \ (1^3 + 2^3 + \cdots + n^3)}{1 \times 5 \times 10 \ (1^3 + 2^3 + \cdots + n^3)}} = \sqrt{\dfrac{3}{25}} = \dfrac{\sqrt{3}}{5}$. 故选 D.

2. 答案：D

解析：由题意，知：$B = \{0, ab, a^2, b^2\}$. 所以集合 B 的子集个数为 $2^4 = 16$. 故选 D.

3. 答案：A

解析：两个码头相距 198 km，客轮顺流而行要 6 h，逆流而行需要 9 h，

因此顺流速度为 $\dfrac{198}{6} = 33$（km/h），逆流速度为 $\dfrac{198}{9} = 22$（km/h）。

顺流速度是客轮的航速加上水流速度，逆流速度是客轮的航速减去水流速度，

因此航速为 $\dfrac{33 + 22}{2} = 27.5$（km/h），水流速度为 $33 - 27.5 = 5.5$（km/h）。

故选 A.

4. 答案：A

解析：如图所示，设 $f(x) = 3x^2 + (m-5)x + m^2 - m - 2$，

则 $f(x)$ 开口向上，与 x 轴交于 $(x_1, 0)$ 和

$(x_2, 0)$ 两点，有不等式组 $\begin{cases} f(0) > 0 \\ f(1) < 0 \\ f(2) > 0 \end{cases}$

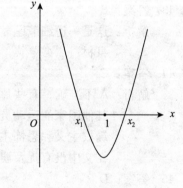

从而得 $m^2 - m - 2 > 0$; $m^2 - 4 < 0$; $m^2 + m > 0$.

故选 A.

5. 答案：C

解析：根据题意，有 $x = \dfrac{p \pm \sqrt{(-p)^2 - 4 \times 1 \times (-580p)}}{2 \times 1} = \dfrac{p \pm \sqrt{p^2 + 4 \times 1 \times 580p}}{2}$.

因为方程的根为整数，所以 $\Delta = p^2 + 4 \times 1 \times 580p = p(p + 4 \times 4 \times 5 \times 29)$ 为完全平方式.

又因为 p 为质数，所以 $p = 29$. 故选 C.

6. 答案：A

解析：由已知可得 $(z+1)(\bar{z}+1) \leqslant 1$，即 $|z+1|^2 \leqslant 1$，即 $|z+1| \leqslant 1$，那么 z 在复平面上的对应点就在以（-1,0）为圆心，以 1 为半径的圆内（包括圆周），而 $|z_1-z|$ 表示点 $z_1(1,2)$ 到上述圆内一点的距离，显然其最大值应为 $2\sqrt{2}+1$. 故选 A.

7. 答案：D

解析：设圆柱的底面半径为 r，高为 h，则 $h=2r$，体积 $V=\pi r^2 h=2\pi r^3$.

由题意，有 $8V=2\pi r_1^3$，即 $16\pi r^3=2\pi r_1^3$，即 $r_1=2r$.

故底面的半径增大到原来的 2 倍. 故选 D.

8. 答案：B

解析：$f(x)=\dfrac{1}{2^x+\sqrt{2}}$

$$\Rightarrow f(1-x)=\frac{1}{2^{1-x}+\sqrt{2}}=\frac{2^x}{2+\sqrt{2}\times 2^x}=\frac{\frac{1}{\sqrt{2}}\times 2^x}{2^x+\sqrt{2}}$$

$$\Rightarrow f(x)+f(1-x)=\frac{1}{2^x+\sqrt{2}}+\frac{\frac{1}{\sqrt{2}}\times 2^x}{2^x+\sqrt{2}}=\frac{1+\frac{1}{\sqrt{2}}\times 2^x}{2^x+\sqrt{2}}$$

$$=\frac{\frac{1}{\sqrt{2}}(\sqrt{2}+2^x)}{2^x+\sqrt{2}}=\frac{1}{\sqrt{2}}=\frac{\sqrt{2}}{2}.$$

设 $S=f(-5)+f(-4)+\cdots+f(0)+\cdots+f(5)+f(6)$，

则 $S=f(6)+f(5)+\cdots+f(0)+\cdots+f(-4)+f(-5)$

$\Rightarrow 2S=[f(6)+f(-5)]+[f(5)+f(-4)]+\cdots+[f(-5)+f(6)]=6\sqrt{2}$

$\Rightarrow S=f(-5)+f(-4)+\cdots+f(0)+\cdots+f(5)+f(6)=3\sqrt{2}.$ 故选 B.

9. 答案：C

解析：平面内任两点均可连成一线，故直线按照题意进行，可进行分类考虑.

1）只取一个红点和一个蓝点连线，共有 $C_4^1 C_6^1-1=23$ 条.

2）取两个红点连成的直线，共有 $C_4^2=6$ 条，共计有 29 条. 故选 C.

10. 答案：D

解析：10 个座位中座 6 个人，有 A_{10}^6 种做法，指定的 4 个座位被坐满有 $A_6^4 A_6^2$ 种可能.

于是 $P=\dfrac{A_6^4 A_6^2}{A_{10}^6}=\dfrac{1}{14}$. 故选 D.

11. 答案：B

解析：由圆 $x^2+y^2-ax+by=0(a,b\neq 0)$，知圆心坐标为 $\left(\dfrac{a}{2},-\dfrac{b}{2}\right)$，半径 $r=$

$$\dfrac{\sqrt{a^2+b^2}}{2}$$

则圆心到直线 $ax - by = 0$ 的距离 $d = \dfrac{\left| a \cdot \dfrac{a}{2} + b \cdot \dfrac{b}{2} \right|}{\sqrt{a^2 + b^2}} = \dfrac{\sqrt{a^2 + b^2}}{2} = r$

所以直线与圆相切. 故选 B.

12. 答案：C

解析：因为 $AB = 10$，$AD = 6$，所以 $DB = 4$.

那么对于第三个图形而言有：$AB = 2$.

又 $\triangle ABF \backsim \triangle ADE$，所以根据相似三角形的比例关系有：$\dfrac{AB}{AD} = \dfrac{BF}{DE} \Rightarrow \dfrac{2}{6} = \dfrac{BF}{6}$

即 $BF = 2$，$FC = 4$.

所以 $S_{\triangle CEF} = \dfrac{1}{2} \times 4 \times 4 = 8$. 故选 C.

13. 答案：B

解析：该方程的曲线为双曲线，所以 $(m - 1)(m + 1) > 0$, 得 $m > 1$ 或 $m < -1$.

当 $m > 1$ 时，$a^2 = m - 1$，$b^2 = m + 1$，所以 $c^2 = a^2 + b^2 = 2m$.

$e = \dfrac{c}{a} = \sqrt{\dfrac{2m}{m - 1}}$，解方程 $\sqrt{\dfrac{2m}{m - 1}} = \dfrac{3}{2}$，得 $m = 9$.

同理，当 $m < -1$ 时，$a^2 = -m - 1$，$b^2 = -m + 1$，$c^2 = -2m$.

$e = \dfrac{c}{a} = \sqrt{\dfrac{-2m}{-m - 1}}$，解方程 $\sqrt{\dfrac{-2m}{-m - 1}} = \dfrac{3}{2}$，得 $m = -9$. 故选 B.

14. 答案：B

解析：设 $f(x) = x^{\frac{1}{2}} + x^{\frac{2}{3}} + \sin x - 1$，当 $x \geq 1$ 时，$f(x) > 0$，所以只需讨论在 $[0,1]$ 上的情形. $f(0) = -1 < 0$，$f(1) = 1 + \sin 1 > 0$，$f(x)$ 在 $[0,1]$ 上连续，由零点存在定理，$f(x) = 0$ 在 $(0,1)$ 内至少有一个实根.

又当 $x \in (0,1)$ 时，$f'(x) = \dfrac{1}{2}x^{-\frac{1}{2}} + \dfrac{2}{3}x^{-\frac{1}{3}} + \cos x > 0$，说明 $f(x)$ 在 $(0,1)$ 内是单调增加的. 因此 $f(x) = 0$ 在 $(0,1)$ 内只有唯一的实根，从而 $x^{\frac{1}{2}} + x^{\frac{2}{3}} + \sin x - 1 = 0$ 在 $[0, +\infty)$ 内只有一个实根. 故选 B.

15. 答案：B

解析：在 x_1 处，$f'(x)$ 由单调递减变为单调递增，因此曲线 $f(x)$ 由凸变凹，于是 $(x_1, f(x_1))$ 是曲线的拐点；在 x_2 处，$f'(x_2)$ 的符号由负变为正，因此 x_2 是 $f(x)$ 的极小值点. 故选 D.

16. 答案：A

解析：先求两条曲线交点的横坐标，

$\begin{cases} y = nx^2 + \dfrac{1}{n} \\ y = (n+1)x^2 + \dfrac{1}{n+1} \end{cases}$ 解得 $x = \pm \dfrac{1}{\sqrt{n(n+1)}}$

又因曲线所围成的图形关于 y 轴对称, 所以

$$A_n = 2\int_0^{\frac{1}{\sqrt{n(n+1)}}}\left[nx^2 + \frac{1}{n} - (n+1)x^2 - \frac{1}{n+1}\right]dx = 2\int_0^{\frac{1}{\sqrt{n(n+1)}}}\left[\frac{1}{n(n+1)} - x^2\right]dx$$

$$= \frac{4}{3}\frac{1}{n(n+1)}\frac{1}{\sqrt{n(n+1)}}$$

于是 $\lim\limits_{n\to\infty}A_n = \frac{4}{3}\lim\limits_{n\to\infty}\frac{1}{n(n+1)\sqrt{n(n+1)}} = 0$. 故选 A.

17. 答案: A

解析: $y' = (2^{\frac{x}{\ln x}})' + (e^{x\ln x})' = 2^{\frac{x}{\ln x}}\left(\frac{x}{\ln x}\right)'\ln2 + e^{x\ln x}(\ln x + 1)$

$$= 2^{\frac{x}{\ln x}}\frac{\ln x - 1}{\ln^2 x}\ln2 + x^x(\ln x + 1).$$ 故选 A.

18. 答案: B

解析: 设 $F(x) = \int_0^x\sqrt{1+t^4}dt + \int_{\cos x}^0 e^{-t^2}dt$, 则

$$F(0) = \int_1^0 e^{-t^2}dt < 0, \quad F\left(\frac{\pi}{2}\right) = \int_0^{\frac{\pi}{2}}\sqrt{1+t^4}dt > 0.$$

由零点存在定理得 $F(x) = 0$ 至少有一个根. 又 $F'(x) = \sqrt{1+x^4} + e^{-\cos^2 x}\sin x$,

当 $x \in (-\infty, +\infty)$ 时, $\sqrt{1+x^4} \geq 1$ (等号仅当 $x = 0$ 时成立).

又 $0 < e^{-\cos^2 x} \leq 1, -1 \leq \sin x \leq 1$, 所以有 $-1 \leq e^{-\cos^2 x}\sin x \leq 1$.

注意到 $F'(0) = 1 > 0$, 因此, $F'(x) > 0$, 从而有 $F(x)$ 在 $(-\infty, +\infty)$ 严格单调递增, 由此, $F(x) = 0$ 最多有一实根.

综上所述, $F(x) = 0$ 在 $(-\infty, +\infty)$ 上有且仅有一个实根, 故选 B.

注意: 讨论 $F(x) = 0$ 的根的个数时, 一般从下面两方面考虑:

(1) $F(x)$ 在什么区间上满足零点存在定理, (2) $F(x)$ 在该区间上的单调性.

19. 答案: B

解析: 令 $x = t + \frac{\pi}{2}$, 则当 $x = 0$ 时, $t = -\frac{\pi}{2}$, 当 $x = \pi$ 时, $t = \frac{\pi}{2}$, $dx = dt$.

因此 $\int_0^\pi f(1 + \cos x)dx = \int_{-\frac{\pi}{2}}^{\frac{\pi}{2}}f(1 - \sin t)dt$

又因为 $f(1 - \sin(-t)) = f(1 + \sin t) = -f(1 - \sin t)$, 上式最后一步利用了题设条件 $f(1-x) = -f(1+x)$. 所以 $f(1 - \sin t)$ 是奇函数, 奇函数在对称区间上的积分为零, 即 $\int_0^\pi f(1 + \cos x)dx = 0$. 故选 B.

20. 答案: C

解析: 因为 $\lim\limits_{x\to 0^-}f(x) = \lim\limits_{x\to 0^-}xe^{-\frac{1}{x}} = \infty$, 所以 $x = 0$ 是 $f(x)$ 的垂直渐近线.

$\lim\limits_{x\to 0}g(x) = \lim\limits_{x\to 0}xe^{-\frac{1}{x^2}} = 0, \lim\limits_{x\to c}g(x) = \lim\limits_{x\to c}xe^{-\frac{1}{x^2}} = Ce^{-\frac{1}{C^2}}$ (C 为常数且 $C \neq 0$),

所以 $g(x)$ 没有垂直渐近线. 故选 C.

21. 答案：D

解析：$|AB| = \begin{vmatrix} -1 & -2 & -1 \\ 2 & 2 & 0 \\ 5 & 6 & 1 \end{vmatrix} = -1 \times 2 - (-2) \times 2 + (-1) \times 2 = -4 + 4 = 0.$

故选 D.

22. 答案：B

解析：由 $m < n$ 可得 $Ax = 0$ 中方程个数小于未知量个数（即 $r(A) < n$），所以 $Ax = 0$ 存在非零解，从而 $Ax = 0$ 必有无穷多组解.

$Ax = b$ 有解 $\Leftrightarrow r(A) = r(A|b)$，此题中没有提供 $r(A)$ 与 $r(A|b)$ 是否相等的信息，因此，无法判断 $Ax = b$ 解的情况. 故选 B.

23. 答案：A

解析：α_1，α_2，α_3 线性无关 $\Leftrightarrow$ 线性方程组 $(\alpha_1, \alpha_2, \alpha_3) \begin{bmatrix} x_1 \\ x_2 \\ x_3 \end{bmatrix} = 0$ 只有零解 $\Leftrightarrow r(\alpha_1, \alpha_2, \alpha_3) = 3.$

$(\alpha_1, \alpha_2, \alpha_3) = \begin{pmatrix} 1 & 1 & 1 \\ 1 & 0 & 2 \\ -1 & a & 2 \\ 1 & 0 & a \end{pmatrix} \rightarrow \begin{pmatrix} 1 & 1 & 1 \\ 0 & -1 & 1 \\ 0 & a+1 & 3 \\ 0 & -1 & a-1 \end{pmatrix} \rightarrow \begin{pmatrix} 1 & 1 & 1 \\ 0 & -1 & 1 \\ 0 & 0 & a+4 \\ 0 & 0 & a-2 \end{pmatrix}$

当 $a = 2$ 或 $a = -4$ 时，$r(\alpha_1, \alpha_2, \alpha_3) = 3$. 因此，$a = 2$ 是向量组线性无关的充分但非必要条件. 故选 A.

24. 答案：D

解析：设 λ 是 α 所对应的特征值，则 $\begin{pmatrix} -1 \\ 1 \\ k \end{pmatrix} = \lambda \begin{pmatrix} 4 & 6 & 0 \\ -3 & -5 & 0 \\ -3 & -6 & 1 \end{pmatrix} \begin{pmatrix} -1 \\ 1 \\ k \end{pmatrix} = \begin{pmatrix} 2\lambda \\ -2\lambda \\ (k-3)\lambda \end{pmatrix}$

由此得 $\begin{cases} 2\lambda = -1 \\ -2\lambda = 1 \\ (k-3)\lambda = k \end{cases}$，解此方程组得 $\begin{cases} \lambda = -\dfrac{1}{2} \\ k = 1 \end{cases}$. 故选 D.

25. 答案：D

解析：非齐次线性方程组 $AX = \beta$ 有两个不同的解，即它有无穷多解.

$AX = \beta$ 有两个不同的解有无穷多解的充要条件是：$r(A) = r(\overline{A}) < 3.$

所以 $\overline{A} \begin{vmatrix} -1 & 1 & 1 & a \\ 0 & -2 & 0 & 1 \\ 1 & 1 & -1 & 1 \end{vmatrix} \rightarrow \begin{vmatrix} 1 & 1 & -1 & 1 \\ 0 & -2 & 0 & 1 \\ -1 & 1 & 1 & a \end{vmatrix}$

$\rightarrow \begin{vmatrix} 1 & 1 & -1 & 1 \\ 0 & -2 & 0 & 1 \\ 0 & 2 & 0 & a+1 \end{vmatrix} \rightarrow \begin{vmatrix} 1 & 1 & -1 & 1 \\ 0 & -2 & 0 & 1 \\ 0 & 0 & 0 & a+2 \end{vmatrix}$

所以当 $a = -2$ 时，$r(A) = r(\overline{A}) = 2 < 3$，此时线性方程组 $AX = \beta$ 有无穷多解. 故选 D.

第三部分 逻辑推理能力测试

1. 答案：C

   解析：对题干进行概括可知，台风预报的准确率不仅与探测设备有关，而且还与预报员有关。因此从题干可以推出，台风预报的准确率也受预报员本身情况的影响。

2. 答案：A

   解析：题干认为通过颁发许可证的方式来控制河道内的每一种化学物质的排放，就可以使河道避免化学物质产生的不良影响。但是得出这样的结论必须有一个先决条件，即排放到河道内的未受许可证控制的相对无害的化学物质在水中不会相互反应而形成有害的化合物。所以，选项 A 是题干的论述的假设。

3. 答案：B

   解析：假如投给《爱格》要求发表的文章中本身就没有引语方面的错误，则《爱格》的检查委员会在对文章的引语进行检查时就不存在发现错误的问题。这样，《爱格》发表的文章中没有引语错误便有可能并不是因为《爱格》的检查委员会比《索特》的检查委员会更有效，而是因为《爱格》的投稿者更负责任。

4. 答案：A

   解析：如果一个公司雇用猎头公司为自己找到所需的员工后，又不想让这些新员工被作为竞争对手的其他公司挖走，那么，最佳策略就是将正在寻找这类员工的猎头公司全部雇用。因为这样一来，就再也没有猎头公司来挖墙脚了。新员工被竞争对手挖走的风险也就降到了最低。

   选项 C 不是最佳策略。因为给新员工更高的薪水并不能绝对地保证他们不被竞争对手挖走。

5. 答案：C

   解析：题干作者所论述的"有机农业减少了当地野生动物可用的生活领地"便隐含了用有机农业方法耕作的土地不再能够成为野生动物的栖息地的意思。

6. 答案：C

   解析：警察们仍然能够一如既往地写许多超速罚单，说明人力并没有完全被困在打击与毒品有关的犯罪中。可见选项 C 是题干的结论所基于的假设。

7. 答案：A

   解析：题干的预测是，新药会增加患流感的人数。但是选项 A 指出，这种新药主要是治咳嗽的，而咳嗽是流感传染的主要渠道。这样从道理上讲，阻断流感传染的主要渠道应该是使患流感的人数减少而不是增加。因此，选项 A 最严重地质疑了题干的这一预测。

8. 答案：C

   解析：如果选项 C 正确，则说明该城市 1982 年犯罪率减少的原因有可能是因为城市内最容易犯罪年龄段的人数减少了，而不是因为该市实施的新警察计划的结果。

9. 答案：B

解析：题干认为，如果 17 世纪的炼丹家发表了他们的试验结果，那么 18 世纪的化学将会比它实际上更为先进。这便暗示了 17 世纪的炼丹家们的试验结果不论正确与否，如果发表就会对化学发展起推动作用。因此，选项 B 作为一项假设，可以合理地推出关于 18 世纪化学的结论。

10. 答案：D

解析：如果两群孩子之间在暴力行为方面的差异可以用其他的理由得到解释，则题干从观看暴力节目方面进行的解释就要受到怀疑了。

11. 答案：B

解析：题干根据血液胆固醇水平低容易使人患脑溢血，推出西方饮食比非西方饮食能更好地防止脑溢血。这明显地隐含了一个条件，即西方饮食中胆固醇的含量比较高。

12. 答案：C

解析：比较必须建立在相同的基础上。如果美国孩子在高等测量与几何学方面所接受的教育本身就比韩国孩子差，则美国孩子在高等测量与几何学方面能力较差就不能完全怪罪于看电视了。

13. 答案：C

解析：题干的推理是，由于轻型实用卡车不需要达到政府的汽车安全标准，因此，如果遇到碰撞事故，这类卡车的司机比那些符合政府标准的汽车司机更容易受伤。这说明与符合政府标准的汽车相比，轻型实用卡车的安全性较低。因此，该推理依赖于选项 C 这个假设。

14. 答案：D

解析：题干论述道：医学研究结果在医学杂志上发表之前首先要经过医学评委小组的评委的审阅，通过之后才能发表。这便表明选项 D 是题干论述的假设。

15. 答案：C

解析：如果在马尔西尼亚上演的古典音乐会的数量由于更少的观众而被减少，则古典音乐方面的新手到现场听这些音乐会的机会就减少了。这样，题干得出的"他们实际上没有听取现场表演的欲望"的结论就不一定成立了。因此，题干的结论必须依赖选项 C 这个假设。

16. 答案：C

解析：画图：

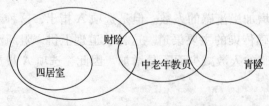

上面画出的只是题干的一种可能的图形。从图中可以直观地看出，Ⅰ 不一定是真的；Ⅱ 一定是真的；Ⅲ 一定是真的。所以，正确答案是 C。

17. 答案：A

解析：显然，选项 A 提出的策略是最有可能保证 X 公司在将来很多年里赢利的。这样就可以弥补为患病的老年人发放的那种保单的收入损失。

18. 答案：B

解析：相比较而言，选项 B 提出的建议是最好的限制。因为这种限制最大限度地缩小了可使用免费旅行票券的人群范围。

19. 答案：C

解析：题干的描述是：卫星事故使得发射和运营卫星更加昂贵。反过来这又要求目前仍在运行的卫星承担更多的功能。选项 C 的描述是：卫星的功能越大，就越有可能出现故障。这样就出现了恶性循环，电视卫星的成本将继续增加也就成了不争的事实。

20. 答案：B

解析：选项 B 用具体事实证明了题干短文中所论述的观点。

21. 答案：D

解析：能听到蝙蝠产生的声波的蛾子比听不到的蛾子被蝙蝠捕捉到的可能性更小，说明蝙蝠利用声波的反射来发现、定位并捕捉猎物的效率因蛾子能听到这种声波而降低了。

22. 答案：A

解析：科学家认为，大坝使河流下游的河水每年的温差变小，结果影响了土产鱼的繁殖。选项 A 指出，大坝下游支流的河水每年的温差基本没有变化，同时那儿的土产鱼仍能繁殖。这就很好地支持了科学家们关于如何使土产鱼能够更好地繁殖的假想。

23. 答案：C

解析：题干的论述"那些怀疑这个主张的人仅仅需要下一次在赛马中赌 50 美元，他们将看到比他们什么也不赌增大多少兴趣"直接表达的意思是：如果一个人对赛马没有兴趣，那么，让他在下一次赛马中赌上 50 美元，他以后肯定对赛马就有兴趣了。同时，这句话隐含的意思是：如果一个人对政治活动不感兴趣，那么，想办法动员他向 PAC 捐款，他以后肯定对政治活动就有兴趣了。因此，正确答案是 C。

24. 答案：D

解析：教师自己的表白是对是题干的观点的最强有力的支持。

25. 答案：B

解析：选项 B 从市场需求的角度为该计划的成功实施提供了证据。

26. 答案：C

解析：由于是开放市场的国家，所以当未预料到的国际油价剧烈上涨时，为减少对该国经济发展产生的长期影响，最可行的策略就是想办法减少对石油的消费。

27. 答案：B

解析：选项 B 具体地描述了雄性园丁鸟构筑鸟巢时的独特风格的形成不是来自于基因遗传，而是来自于后天的学习。

28. 答案：B

　　解析：如果选项 B 不正确，则赛车手平均年龄的增加就有可能是由于和过去相比现在赛车比赛中的重大事故发生频率降低了，而不是由于题干所说的赛车的安全性能提高了。

29. 答案：A

　　解析：由于赵说的话是 A 命题，孙说的话是 O 命题，所以赵和孙说的话是矛盾关系，二者一真一假。于是根据题意（只有一句假话）可推出钱和李说的都是真话，即李和钱都不是南方人。

　　根据李和钱不是南方人可推出孙说的话为真，进而推出赵说的话为假。

　　由于已推出赵说的话为假并且钱不是南方人，所以，正确答案是 A。

30. 答案：B

　　解析：支持题干中的声明也就是支持采用检验司机走直线的能力的方法，而不是采用检验司机血液中的酒精水平的方法来判断一个喝过酒的司机是否还能够开车。

　　选项 B 是正确答案。因为它说明人在喝过酒后，不同的人走直线的能力是不同的。这就支持了采用检验走直线的能力的方法。

　　选项 A 不支持采用检验走直线的能力的方法。因为它说明人们在一个人是否有走直线的能力这个基本问题上都还未达成一致意见。

　　选项 C 支持采用检验血液酒精水平的方法。所以应予排除。

　　选项 D 则明显是反对采用检验走直线的能力的方法的。

31. 答案：A

　　解析：选项 A 暗示人体内的抗生素可能来自于人吃下的含有抗生素的肉类食物。这和科学家们的设想是一致的。

32. 答案：B

　　解析：如果选项 B 正确，则由于寄生虫可以寄生到脾细胞内，从而延长被清除出人体的时间。这样，题干得出的结论就不一定正确了。

33. 答案：A

　　解析：题干对度量生产率的方法暗含的反对意见其实就是反对只重视数量而忽视质量。鉴于选项 A 主张在计算生产率时可以忽视质量，所以，题干对度量生产率的方法暗含的反对意见是基于对选项 A 的论述的怀疑。

34. 答案：D

　　解析：题干所描述的"教条"是：社会习俗影响人的性格，或者换句话说：社会决定人的个性。由于犯罪存在的原因在社会，所以这个教条隐含着这样的意思：进行社会改革就可以消除犯罪的原因，从而减少犯罪。

35. 答案：A

　　解析：20 世纪美学革命的永久性成果之一便是摆脱了现实主义的审美类型。所以，20 世纪美学革命降低了现实主义表现手法作为评价艺术作品的考虑因素的地位。

36. 答案：C

　　解析：题干提出的新办法在去除杂草方面固然有效，但它却使得农作物产出的种子不再能发芽。这样，这种新办法纵使去除杂草的功能再好也没有意义了。

37. 答案：C

解析：直接对题干的报告进行概括就可得出选项 C 的结论。

38. 答案：B

解析：题干指出，1982 年的大学毕业生和 1964 年的大学毕业生相比，有一种根深蒂固的差别，这就是：大部分 1982 年的大学毕业生在大学一年级都认为有一份好收入是他们上大学的原因。既然这一点是两个时代的大学毕业生的差异之处，我们立刻就可以推出：大部分 1964 年的大学毕业生在大学一年级不会认为有一份好收入是他们上大学的原因。换句话说就是，1964 年的大学毕业生不到一半人在大学一年级会认为有一份好收入是他们上大学的原因。所以，选项 B 是正确答案。

39. 答案：B

解析：在选项 B 的插花中，去掉其中的一枝秋菊，就可以成为一件合格的配制。

选项 A 不能成立。因为它同时违反条件（3）和（4）。

选项 C 不能成立。因为它同时违反条件（1）和（4）。

选项 D 不能成立。因为它同时违反条件（1）和（3）。

40. 答案：C

解析：如果一件不合格的插花配制由四枝苍兰、一枝百合、一枝牡丹和两枝海棠组成，则去掉其中的牡丹就可以成为一件合格的配制。

选项 A 和 D 不能满足要求。因为它们都违反条件（3）。

选项 B 不能满足要求。因为它违反条件（1）

41. 答案：D

解析：根据条件（1）和（3）已知午餐前已安排有两场讲座。这样，午餐前的讲座只剩一场。

根据条件（2）已知在 M 和 N 之间必须安排一场讲座，因此，如果 J 的讲座被安排在第四场，则 M 和 N 的讲座只能安排在第三场和第五场。所以，正确答案是选项 D。

42. 答案：C

解析：如果 L 的讲座被安排在午餐前，则根据条件（1）和（3）可推出午餐前安排的三场讲座是 F、G 和 L 的讲座。

如果 M 的讲座不是第六场，则根据条件（2）可推出 M 的讲座是第四场，N 的讲座是第六场。于是 J 的讲座就必须安排到第五场。所以，M 之后讲座的学者必定是 J。

43. 答案：A

解析：如果午餐发生在 M 和 N 的讲座之间，则 M 和 N 中间的那场讲座可以安排在第三场，也可以安排在第四场。

如果安排在第三场，则根据条件（1）和（3），这一场讲座既可以安排 G，也可以安排 F。

如果安排在第四场，则这一场讲座既可以安排 J，也可以安排 L。

因此，正确答案是选项 A。

44. 答案：C

解析：如果 J 的讲座被安排在 F 之前的某一场，则根据条件（1）和（3）可推出 J、F 和 G 被安排为前三场讲座。这样，N 的讲座可以被安排到第四场。

45. 答案：D

解析：如果 L 的讲座被安排紧接在 J 之后，则根据条件（1）和（3）已知 F 和 G 必须安排在前三场中；根据条件（2）已知在 M 和 N 之间必须安排一场讲座，所以，J 和 L 必须被安排为第五场和第六场讲座。由于 L 为第六场讲座，所以一共有五场讲座必须被安排在 L 的讲座之前。

46. 答案：C

解析：如果有四个歌手要在 N 之后并且在 S 之前演唱，则根据条件（2）和（3）可推出 N 第一个演唱，T 第二个演唱，S 第六个演唱，J 第七个演唱。另外，根据条件（4）已知 W 第三个演唱。列表即：

1	2	3	4	5	6	7
N	T	W			S	J

于是很明显，根据条件（1）可推出 H 第四个演唱。

47. 答案：B

解析：如果 W 紧接 H 之后并且紧接在 T 之前演唱，则根据条件（4）可推出 H 第二个演唱，T 第四个演唱。于是根据条件（3），从 T 第四个演唱可推出 N 第五个演唱。列表即：

1	2	3	4	5	6	7
	H	W	T	N		

根据条件（1）可推出 M 不能第一个演唱。因此 S 不能第六个演唱。这样，可以第六个演唱的是 J 和 M。于是由四个选项可以看出，选项 B 是正确的。

48. 答案：C

解析：如果 J 紧接在 H 之前演唱，则根据条件（1）和（2）可推出 J、H、M 和 S 的演唱顺序是：S＜JH＜M。

根据条件（4），由于 W 第三个演唱，所以 S、J、H 和 M 必定排在 W 之后演唱。于是根据条件（3）可推出 N 和 T 必须排在第一个和第二个演唱。这样，S、J、H 和 M 就必须依次排在第四、第五、第六和第七个演唱。所以，正确答案是 C。

49. 答案：A

解析：如果 M 紧接在 S 之前演唱，则根据条件（1）和（2）可推出 M、S、H 和 J 的演唱顺序是：H＜MS＜J。根据条件（4），由于 W 第三个演唱，所以 H、M、S 和 J 必定排在 W 之后演唱。于是根据条件（3）可推出 N 和 T（不一定是这个顺序)必须排在第一个和第二个演唱。观察四个选项,可知正确答案是选项 A。

50. 答案:C

解析:如果 M 第四个演唱,根据条件(4)可列出下表:

1	2	3	4	5	6	7
		W	M			

根据条件(1),H 只能排在第一个或第二个演唱。于是根据条件(3),N 和 T 只能排在第五、第六、第七三场中的两场演唱。

根据条件(2),由于 S 必须排在 J 之前演唱,而现在第五、第六、第七三场演唱中只剩一个空位,所以 S 不能排在这三场中演唱。这样 S 必须排在第一个或第二个演唱。所以,选项 C 是正确的。

第四部分 外语运用能力测试(英语)

Part One Vocabulary and Structure

1. 答案:A

翻译:大地震几乎使他失去了所有的家人。

考点:本题考查常用动词辨析。

解析:这四个词语都有"导致,使得"的意思,但用法和含义却不尽相同:compel 强迫,使不得不,常指非常强大的、无法抵挡的力量;lead 领导,导致,固定搭配:lead to,此处 to 是介词;make 做,制作;使,使得,固定搭配:make sb. do sth.;result 导致发生,产生,固定搭配:result in。故答案为 A。

2. 答案:D

翻译:对于他来说,要理解弗朗西斯的话需要做出很大的努力。

考点:本题考查名词词义辨析。

解析:attempt 尝试,试图,企图;trouble 困难,困境;power 权力,能力;effort 努力,尽力。根据分析,effort 最符合题意。故答案为 D。

3. 答案:A

翻译:他是一位非常正直的官员,从不接受那些想求他办事的人的礼物。

考点:本题考查近义词(组)辨析。

解析:accept 接受,领受;receive 收到,接到;take up 拿起,占去,接受(提议等);obtain 获得,得到。通过分析可知,accept 和 receive 都有接受的意思,而二者的不同之处在于 accept 表示打心底里接受,而 receive 只是行为上接收,并不一定接受。故答案为 A。

4. 答案:D

翻译:我们都赞成要尽一切力量与空气污染作斗争。

考点:本题考查常见词组含义辨析。

解析：in relation to 关系到；in excess of 超过；in contrast to 与……相对照；in favor of 赞成。通过分析可以看出，in favor of 最符合题目要求。故答案为 D。

5. 答案：C

翻译：他在这些磨难中经历了九死一生。

考点：本题考查固定搭配。

解析：have a narrow escape 九死一生，幸免于难。故答案为 C。

6. 答案：A

翻译：雨连续不停地下了两个礼拜，彻底地毁掉了我们的假期。

考点：考查分词做结果状语的用法。

解析：分词做结果状语时，用过去分词还是现在分词取决于句子主语是该动作的承受者还是发出者。若是承受者，就应该用过去分词；若是发出者，就应该用现在分词。本题中，it 是 ruin 的发出者，因此选择 ruining。故答案为 A。

7. 答案：C

翻译：医生真正怀疑的是病人能不能很快地从重症中康复。

考点：本题考查的是表语从句的引导词。

解析：when，how，whether 和 why 都可以引导表语从句，when 表示时间，how 表示方式，whether 表示是否，why 表示原因。根据题意可知，从句应由 whether 引导。故答案为 C。

8. 答案：C

翻译：假如他今天就出发的话，周五就能抵达那里。

考点：本题考查虚拟条件句的倒装结构。

解析：当 if 条件句中有助动词 should，had，were 时，则可以省去 if，并将 should，had 或 were 置于句首，从而构成倒装虚拟句，意义不变。从题干中 "he would get there by Friday" 可知，条件从句应为与现在事实相反的虚拟语气。综上所述，只有 C 项符合此规则。故答案为 C。

9. 答案：A

翻译：美国人每天食用的蛋白质是他们日常所需的两倍。

考点：本题考查倍数的表达方法。

解析：在英文中，有四种最基本的表倍数的句型：（1）A + be + 倍数 + as + 计量形容词原级 + as + B；（2）A + be + 倍数 + 计量形容词比较级 + than + B；（3）A + be + 倍数 + the + 计量名词 + of + B；（4）The + 计量名词 + of + A + be + 倍数 + that + of + B。本题考查的是第一种用法的延伸。故答案为 A。

10. 答案：C

翻译：那正是我盼望已久的一部电影。

考点：本题考查定语从句的引导词。

解析：当先行词被 the last，the very，the mere 和 the only 修饰时，定语从句只能用 that 引导。故答案为 C。

Part Two   Reading Comprehension

Question 11-15 are based on the following passage：

本文大意

> 在布拉这座城市里，有座教堂的钟比标准时间慢了半个小时，这座城市不仅成为了"慢节奏用餐"运动的发源地，同时它还加入了"慢节奏城市"的队伍。那里的人们倡导慢的观念，并且慢慢地影响了整个欧洲，因为"慢节奏"不单单只是好，而且很有效果，使这座城市的经济、就业、旅游等方面都有很大的发展。法国人也很认同这种所谓的"慢速经济"，而且法国人就是因为这种"慢节奏"，工作效率反而特别高。

核心词汇

promote *vt.* 促进，提升，升迁，促销

municipality *n.* 自治区，市当局，全市民

declare *vt.* 宣布，宣告；声明

accelerate *v.* (使)加快，(使)增速

organic *adj.* 器官的，有机的，根本的，接近自然的

cut-rate *adj.* 打折扣的；粗劣的，二流货的

commercial *adj.* 商业的 *n.* 商业广告

real estate *n.* 房地产，房地产所有权

handmade *adj.* 手工做的

get one's way 随心所欲地做；独行其是

debate *v.* 辩论，争论 *n.* 讨论，辩论

counterpart *n.* 与对方地位相当的人，与另一方作用相当的物

productivity *n.* 生产率，生产力

句式讲解

(1) Bra, where there is a church clock that is a half hour slow, is not only the home of an international movement that promotes "slow food" but also one of 31 Italian municipalities that have joined the "slow cities".

句子中的几个定语从句，分别由 where，that 引导，同时句子中的 not only… but also…意思是"不仅……而且……"。

(2) Young Italians are moving from larger cities to Bra, where unemployment is only 5 percent, about half the nationwide rate.

此处，where 引导非限定性定语从句；move from… to… 从……搬到……。

答案与解析

11. 答案：B

解析：推理题。第一段"Bra, where there is a church clock that is a half hour slow is not only the home of an international movement that promotes'slow food'but also one of 31 Italian municipalities that have joined the'slow cities'."是从侧面说明此城的"慢节奏"。故答案为 B。

12. 答案：D

解析：细节题。第一段"… and reserves commercial choice real estate for family shops selling handmade chocolates or specialty cheeses."可知市政府对地方特色经济给

予优待。故答案为 D。

13. 答案：C

解析：例证题。题干问："文中提到的失业的例子是为了证明什么？"应从它所支持的论点分析答案，而第二段观点为"The argument for a "Slow Europe" is not only that slow is good, but also that it can work."意为：提倡慢节奏的欧洲不仅是因为慢节奏好，而且因为慢节奏很有效果。故答案为 C。

14. 答案：A

解析：推理题。由第三段"Most outsiders have long been doubtful of the French model: short hours and long vacations. Yet the French are more productive on an hourly basis than counterparts in the United States and Britain, and have been for years."可知：把法国同美国和英国作比较，法国人崇尚的是工作时间短而假期长的模式，由此可推断法国人的工作时间比美国人和英国人的都短。故答案为 A。

15. 答案：B

解析：主旨题。由第三段"The mystery of French productivity has fueled a Europe-wide debate about the merits of working more slowly."可知：这一现象引起了更多人的关注，越来越多的人认为"慢节奏"的概念是很好的。故答案为 B。

Question 16-20 are based on the following passage：

本文大意

> 我们都知道，感冒在全球传播广泛。人们对于感冒存在着一种共性的错误认识：感冒是因寒冷而引起的，然而事实并非如此。感冒以病毒的形式在人与人之间传播。第一次世界大战期间，士兵长时间待在战壕中，虽然寒冷、潮湿，但并没有感冒。第二次世界大战中，集中营的人们也没有因为饥寒交迫而感冒。目前尚未发现治疗感冒的方法，只有一些药物可以临时缓解症状。

核心词汇

notorious *adj.* 臭名昭著的	exhaustion *n.* 精疲力竭；疲劳
infect *v.* 传染，感染	despite *prep.* 不管，尽管
tendency *n.* 倾向，趋势	painstaking *adj.* 辛苦的，勤勉的，小心的
starving *v.* （使）挨饿，饥饿	exhaustion *n.* 疲惫，筋疲力尽，竭尽
astonished *adj.* 惊讶的	virus *n.* 病毒［复］viruses

句式讲解

（1）And in isolated Arctic regions explorers have reported being free from colds until coming into contact again with infected people from the outside world.

come into contact 与……接触；be free from 免除……；until 到……为止，在……以前，直到……才。

（2）Volunteers took part in experiments in which they gave themselves to the discomforts of being cold and wet for long stretches of time.

in which 引导定语从句修饰前面的 experiments，相当于 where。

（3）One explanation offered by scientists is that people tend to stay together indoors more in cold weather than at other times, and this makes it easier for cold viruses to be passed on.

offered by scientists 做 one explanation 的后置定语。句子的主干是 explanation is that…，that 后面引导一个表语从句，more in cold weather than at other times 是个比较结构，意为"多待在寒冷的环境中"。makes it easier for cold viruses to be passed on 中，it 是 make 的形式宾语，真实宾语是 to be passed on，cold viruses 是 make 的逻辑主语。

答案与解析

16. 答案：B

解析：细节题。作者举了 5 个例子来说明自己的观点：Eskimos；explorers in isolated Arctic regions；soldiers during the First World War；prisoners at the Auschwitz concentration camp；volunteers in Experiments。故答案为 B。

17. 答案：C

解析：细节题。选项 A、B、D 均与原文相符（见第一段），而选项 C 显然与文中的 "You catch a cold by coming into contact with someone who already has one." 不相符。故答案为 C。

18. 答案：D

解析：细节题。从 "… explorers have reported being free from colds until coming into contact again with infected people from the outside" 可知：这些探险者是因为与外界接触而感冒的。故答案为 D。

19. 答案：D

解析：推理题。从第三段的 "No one has yet found a cure for the cold." 可知目前还没有人找到治愈感冒的良方。故答案为 D。

20. 答案：B

解析：主旨题。第一段中 "The most widespread mistake of all is that colds are caused by cold. They are not." 是本文的主题句。从而可以看出全文主要阐述了"感冒不是由寒冷引起的"这一观点。故答案为 B。

Question 21-25 are based on the following passage：

本文大意

> 目前许多年轻人找到工作完全是很偶然的，这个事实毋庸置疑。他们根本不知道获得升职、安全、快乐的方法。结果他们就会对工作比较不满意或根本就不满意。所以在选择一个职业时，首先你要考虑自己喜欢的工作类型，因为如果你从事的是你不喜欢的工作，这不仅会打击你的积极性也会浪费人才。

核心词汇

deny *vt.* 否认，拒绝　　　　　　　　　　　　by accident 偶然地

lies in 在于

satisfaction *n.* 满意，满足，实现

suit *vt.* 适合于（某人）*n.* 一套衣服

expectation *n.* 期待，期望

confusion *n.* 混乱，混淆

concern *n.* 忧虑，焦虑，担心 *vt.* 有关于，关系到；使担忧，使烦恼

entertainment *n.* 娱乐

pathetic *a.* 悲哀的，可怜的，感伤的

句式讲解

（1）There is no denying the fact that many young people finally get the jobs quite by accident, not knowing what lies in the way of opportunity for promotion, happiness and security.

There is no denying the fact that… 意为"无可否认的是……"；by accident 意为"偶然"；not knowing… 现在分词表伴随状语。

（2）Noting is more pathetic than taking on a job in which you have no interest, for it will not only discourage your desire to succeed in life but also ruin your talents and ultimately make you an emotional wreck and a bitter person.

not only…but also…表示"不仅……而且……"；"… in which you have no interest"为定语从句做 job 的后置定语；for 在此处表原因。

答案与解析

21. 答案：B

解析：推理题。第二段中"Nothing is more pathetic than taking on a job in which you have no interest, for it will not only discourage your desire to succeed in life but also ruin your talents."可知：有些人事业不成功的原因是选择了不合适的工作。故答案为 B。

22. 答案：D

解析：推理题。第一段中"the reason behind all this confusion is that there never has been proper vocational guidance in our educational institution."造成这种状况的原因是："我们的教育机构没有给学生们进行适当的职业指导"。故答案为 D。

23. 答案：A

解析：推理题。第二段中"In choosing a career you should first consider the type of work which will suit your interest."可知：选择职业的时候首先要考虑的是这个工作你是否有兴趣。故答案为 A。

24. 答案：D

解析：主旨题。文章的第一段谈到"Too often young people get themselves employed quite by accident"；第二段谈到："Noting is more pathetic than taking on a job in which you have no interest"，因此文章的标题应当是："如何选择工作"。故答案为 D。

25. 答案：B

解析：词汇猜测题。miserable *adj.* 痛苦的；splendid *adj.* 辉煌的；disgusted *adj.* 厌恶的；touching *adj.* 感人的，动人的。故答案为 B。

Question 26-30 are based on the following advertisement：

本文大意

> 这是一篇关于儿童玩具的广告。

核心词汇

interactive *adj.*（指至少两个人或物）一起活动或互相合作的

compare with（把……）与……相比；比得上，可与……相比

soft-edged *adj.* 软边的

smooth *adj.* 平稳的，流畅的，安祥的

magnetic *adj.* 有磁性的，有吸引力的，催眠术的

suitable *adj.* 适当的，适宜的，恰当的

remote-control *n.* 遥控，遥控装置，遥控操作

function *n.* 功能

adjustable *adj.* 可调整的

句式讲解

Sure, it's cool, but this colorful baby toy also develops problem solving and motor skills.

注意其中一词 develop *v.* 发展，发达，进步，开发

答案与解析

26. 答案：C

解析：细节题。该题问哪一个玩具为孩子的安全做了特别的设计？"FLAX ART HOSPITAL PUZZLE AND PLAY SET" 中有 "This 50-piece puzzle set is made of soft-edged hardwood and makes a complete hospital, with an X-ray room." 一句描述，注意句中的 soft-edged。故答案为 C。

27. 答案：B

解析：细节题。由第 2 则广告中的 "Suitable for little ones from 6 to 36 months. For ages 3 to 5, MYM 189" 可确定。故答案为 B。

28. 答案：B

解析：推理题。了解四种玩具的特点即可选出正确答案。故答案为 B。

29. 答案：A

解析：推理题。由第一段的 "How do you show your love for your kids this holiday season?" 可确定。故答案为 A。

30. 答案：B

解析：细节题。根据原文的价格可确定。故答案为 B。

Part Three   Cloze

本文大意

> 许多年前，我们全家人在乡村的河边租了一间小屋度假。我们共有四个人：我、妈妈、爸爸和我姨妈简，以及我们的小狗斯伯特。有一天我和斯伯特在外面钓鱼，听到远处传来叫喊声和"扑通"的落水声。我和斯伯特就躲在灌木丛后面，原来是出游带的餐篮还有两只浆掉到河里了，爸爸和姨妈简一直在叫喊着追赶。幸运的是船和浆被树枝挂住了，没有漂远，但是餐篮却被冲走了。我不得不让他们分享我的三明治。

31. 答案：A

解析：本题考查定语从句的引导词。空格后面是一个定语从句，用来修饰 country。定语从句中关系代词或关系副词在从句中充当句子成分，此处从句中不缺少主语或宾语，故不能用 that 和 which，country 表示地点，故用关系副词 where，在从句中充当状语成分。when 表示时间与题意不符，故答案为 A。

32. 答案：D

解析：本题考查动词词义辨析。plan v. 计划；manage v. 管理，控制；consume v. 消费；spend v. 指花费金钱和时间，这里指的是花费时间。句意"全家人要去度假三个星期。"故答案为 D。

33. 答案：A

解析：本题考查上下文语意的衔接。mention v. 提及，提到；bring v. 带来；send v. 送给，传，递；lead v. 带领，引导。前面介绍了同行的人，后面讲到狗也是跟他们一起的。句意"我不应该忘记提及斯伯特。"故答案为 A。

34. 答案：B

解析：本题考查连接词的用法。even though 即使，尽管；provided 倘若，除非；lest 唯恐，以免；as if 好像。此处空格前面的句子是以空格后面的句子为条件的。句意"他们允许我自己出去一整天，条件是我要小心，并且要带着斯伯特保护我。"故答案为 B。

35. 答案：D

解析：本题考查对语境的把握。place n. 地方；space n. 空间；sky n. 天空；distance n. 远处，远方，in the distance 在远方，在远处。句意"我们听到远处传来嘈杂的叫喊声。"故答案为 D。

36. 答案：A

解析：本题考查形容词的用法。scared adj. 惊恐的，恐惧的；amused adj. 愉快的，开心的；excited adj. 激动人心的；disturbed adj. 扰乱的。从上下文的意思来看，这里要表达的意思是作者受到了惊吓。句意"我有些害怕，所以我叫斯伯特和我一起躲在灌木丛后面。"故答案为 A。

37. 答案：C

解析：本题考查上下文语意的衔接。the other 其余的，剩余的；each other 相互；another 另一个；one another 相互。前面已经提到一支桨，因此此处没有范围的限制，这里应用"另外一支桨"。句意"后面跟着一支桨和一个野餐篮，再后面又是一支桨"。故答案为 C。

38. 答案：B

解析：本题考查动词的用法。roll v. 滚动；float v. 漂，浮；circle v. 围绕，盘旋，环形；sink v. 沉没。船和木头等在水上的漂流用 float。句意"接着船也漂了下来，但是它是翻过来的。"故答案为 B。

39. 答案：D

解析：本题考查介词的用法。within prep. 在……之内；over prep. 在……之上，越过；under *prep.* 在……之下；through *prep.* 彻底，完全。句意"他们俩全身都湿透了。"故答案为 D。

40. 答案：D

解析：本题考查连接词的用法。moreover *conj.* 而且，表递进；then *conj.* 然后，表顺承；therefore *conj.* 因此，所以，表因果；however *conj.* 然而，但是，表转折。从文中的"luckily"可以知道这里情况出现了转机，所以此处应该表示转折。句意"然而幸运的是，船和两支桨都被下游不远处伸出来的树枝给挂住了。"故答案为 D。

Part Four　Dialogue Completion

41. 答案：C

考查语境：本题考查谈论天气的提问方式。

解析：根据 Linda 的回答，可以判断出 Kitty 是在问天气情况。选项 B、D 很片面，选项 A 不符合英文中说话习惯，C 项最为合理贴切。故答案为 C。

42. 答案：B

考查语境：本题考查抱怨场景中的回答方式。

解析：本题问题为顾客向服务生抱怨说等了大半个小时饭菜还没有上，答案 B 最为委婉贴切。对于客人的抱怨，服务人员应该先道歉，然后再解析原因。选项 A、C、D 都不是服务行业的用语，太不礼貌。故答案为 B。

43. 答案：C

考查语境：本题考查致谢场景中的回答方式。

解析："couldn't have chosen any gift better for me"的意思是再也找不到比你这个更适合我的礼物了，说明 Nancy 很喜欢这个礼物，答案 C 最为贴切合理。A、B、D 都是汉语式思维，不符合英文说话习惯。故答案为 C。

44. 答案：D

考查语境：本题考查问路场景中的提问方式。

解析：根据 Local resident（当地居民）的回答可以判断 Passer-by（过路人）是在问路，只有 D 项符合英文问路的表达习惯。故答案为 D。

45. 答案：A

考查语境：本题考查提建议场景中的回答方式。

解析："how about"也表建议，本题为 Bob 建议 Mark 去乡下郊游，答案 A 最为委婉贴切。应对别人提出的意见，不应该说"I don't know"或"It's all right"，排除 B、D。选项 C 没有给出明确的答复。故答案为 A。

46. 答案：D

考查语境：本题考查看病场景中的提问方式。

解析：根据患者的回答"我觉得自己得了重感冒，嗓子疼得很厉害。"可知是医生在询问病情。D 项"你怎么了？"符合语境，其他选项均不符合题意。故答案为 D。

47. 答案：C

    考查语境：本题考查请求许可的回答方式。

    解析：本题为警察要求司机出示驾照和车辆行驶证，C 项的意思是"好的，我做错了什么吗?"比较符合该场景的回答，而 A、B 和 D 都不合适。故答案为 C。

48. 答案：A

    考查语境：本题考查表示惊讶的回答方式。

    解析：本题为 Nancy 向 Scott 说 Dana 和 Graham 要结婚了，Scott 很吃惊，A 项"You are kidding!"意思是"开玩笑吧"表示不相信、很吃惊。B、D 不合语境；C 项是不符合英文中说话习惯。故答案为 A。

49. 答案：C

    考查语境：本题考查征求意见的回答方式。

    解析：本题是 Kitty 向 Bruce 询问把茶具送给玛丽当生日礼物合适不合适。如果没有后半句的回答，那选项 A 也是对的；选项 B 所答非所问；选项 D 说了和没有说一样。故答案为 C。

50. 答案：C

    考查语境：本题考查喜欢与不喜欢的回答方式。

    解析：本题为 Winnie 向 Kate 说不喜欢这些歌手，根据 Kate 后半句的回答可知其观点于 Winnie 的观点相反，因此选择"I don't think so"。故答案为 C。

2011 年在职攻读硕士学位全国联考研究生入学资格考试试卷

（仿真试卷四）

参考答案与解析

第一部分　语言表达能力测试

一、选择题

1. 答案：D

　　解析：A 选项中"忖"读音为 cǔn。B 选项中"攻讦"的"讦"读音为 jié。C 选项中"披靡"的"靡"读音为 mǐ。

2. 答案：B

　　解析：A"长篇累牍"中"累"是"连续"的意思。C"速"义为"邀请"，通假字，本字为"诔"。D"兵"义为"兵器"。此为本义。由兵器引申为士兵，再引申为战争、军队。"休"古义为喜悦、美好。

3. 答案：C

　　解析：C。A 缺谓语动词"是"。"在……上"也应提前。B 究竟是谁死亡，语意不明。D 结构混乱。"通过……"应提前。并且，传统可继承，但不可提高、升华。前后不搭配。

4. 答案：D

　　解析：A 选项中"热"可以有两种理解，一是作为动词，不热饭了，二是作为形容词，饭不热了，表示一种状态。B 选项中的"三个"可以修饰"学生"也可以修饰"家长"，同样存在歧义。C 选项中可理解为"他的头发理得很不错"，还可以理解为"他理发的手艺很不错"。

5. 答案：A

　　解析：①"几十里外"，运用的是夸张的修辞手法。②"鬼门关"运用了比喻的修辞手法，用它来比喻一种险恶的境地。③"烽烟"是战争的借代。④"活"与"死"形成鲜明的对比。

6. 答案：B

　　解析：B《文选》也称《昭明文选》，是南朝梁太子萧统主持编写。刘勰编写的《文心雕龙》是我国第一部系统阐述文学理论的专著，体例周详，论旨精深，清人章学诚称赞该书"体大而虑周"。

7. 答案：C

　　解析：C 选项中的诗句节选自杜甫《旅夜书怀》，这首诗是诗人由华州解职离成都去重庆途中所著，全诗流露了诗人奔波不遇之情。"飘飘何所似，天地一沙鸥"中的"沙鸥"比喻诗人无依无靠、孤独的心境。

8. 答案：B

解析：太阳活动周期是指几种重要太阳活动重复发生的时间间隔。这一周期平均为 22 年，它包含两个 11 年的太阳黑子周期，与题干中提及的年份呈正相关关系。其他选项中"植被的破坏"、"改道"、"中原地区的战乱"并不能从题干中体现出来。因此答案为 B。

9. 答案：A

解析：A 选项中运用的是借代的修辞手法。"冻死骨"借代"冻死的人"。B 是借喻。C 是暗喻。D 是明喻。

10. 答案：B

解析：A 选项中"蔚然成风"的意思是草木茂盛的样子。指一件事情逐渐发展盛行，形成一种良好风气。而此处需要一个贬义词。C 选项中"不以为然"是指不认为是对的。表示不同意或否定。应该改为"不以为意"。D 选项中"络绎不绝"是形容行人车马来来往往，接连不断。不能用来形容风景。

11. 答案：B

解析：中生代中、晚期，各板块漂移加速，在具有缓冲带的洋、陆的接触带上缓冲、挤压，导致了著名的环太平洋运动。此时，我国大陆轮廓已基本形成，出现了爬行动物——恐龙和始祖鸟，同时裸子植物繁盛，形成了金属矿产和煤。题干中有煤和分属于裸子植物中苏铁纲、银杏纲的苏铁和银杏，明显可以看出是"环太平洋地壳运动剧烈"造成的。

12. 答案：A

解析：B 选项中只适合热带、副热带高气压的形成，而寒带高气压则是直接由气温低形成的。C 选项中信风温暖而湿润，西风则寒冷而干燥。D 选项中应该为冬季南移，夏季北移。

13. 答案：B

解析："有意"、"无心"明显体现出人的意志，后面紧随的结果与前面相违背，因此它体现出来的是事物的变化发展不以人的意志为转移的哲学寓意。

14. 答案：C

解析：我国《刑法》第三十六条规定："由于犯罪行为而使被害人遭受经济损失的，对犯罪分子除依法给予刑事处罚外，并应根据情况判处赔偿经济损失。承担民事赔偿责任的犯罪分子，同时被判处罚金，其财产不足以全部支付的，或者被判处没收财产的，应当先承担对被害人的民事赔偿责任。"

15. 答案：D

解析：调查得出反常结论的一个通常的客观原因是：当地市场不规范，导致企业绩效与管理水平不相关。

二、填空题

16. 答案：C

解析：愤怒、愤慨都有非常生气的意思，但后者书面语体色彩更浓一些。苛刻，指要求过于严厉，条件过高；刻薄，指待人接物冷酷无情，苛求过分。节约，动词,意为不浪费,该用的才用;节俭,形容词,意为俭省。

17. 答案:B

解析:第一层是递进关系。第二层是顺接关系。第三层递进关系。第四、第五层是并列关系。

18. 答案:B

解析:后面补充的话是和前面内容的对应,开发、设计、生产、销售分别对应缩短周期、降低成本,提高效益与适应市场需求。

19. 答案:B

解析:引文末标点的位置及用法:凡把引号的话独立来用,末尾点号放在引号里边,如文中第一处;如果引用的内容是句子的一个组成部分,即引文没有独立性,引用部分末尾不用点号(问号、叹号可保留)。整个句子末尾该用何标点用何标点,如文中第二、三处。括号表示文中注释的部分,注释或补充说明句中某个词语的叫内括号,它必须紧紧跟在被注释的词语之后。标点要放在后括号后面。括号内的注释语如有标点,其最后一个标点(问号、叹号除外)应省去。注释或补充说明全句的叫句外括号。句外括号内的注释语如果是一句话,那么句末标点应该保留;如果不成句,就不用句末标点。

20. 答案:D

解析:诗词中要求严格的对偶,称为对仗。对仗主要包括词语的互为对仗和句式的互为对仗两个方面。文中"天"对"月","共远"与"同孤"相对。因此选 D。

21. 答案:C

解析:实业救国是辛亥革命后的一大社会思潮。它有力地推动了中国民族资本主义的发展。辛亥革命使人民获得了一些民主和自由的权利,从此,民主共和的观念深入人心。

22. 答案:B

解析:泰戈尔在 1913 年获得诺贝尔文学奖的作品就是他在英国出版的诗集《吉檀迦利》。获奖理由是:"由于他那至为敏锐、清新与优美的诗,这诗出之于高超的技巧,并由于他自己用英文表达出来,使他那充满诗意的思想业已成为西方文学的一部分。"

23. 答案:D

解析:① 是王维《九月九日忆山东兄弟》中的诗句,从题目即可看出是写的重阳节。② 是辛弃疾《青玉案》中的诗句。③ 是王安石《元日》中的诗句。"一岁除"体现出是春节。④ 是秦观《鹊桥仙》中的诗句。鹊桥相会体现出七夕节。⑤是文秀《端午》中的诗句,从题目中就体现出了是端午节。

24. 答案:A

解析:① 是晏殊《蝶恋花》中的诗句。② 是辛弃疾《菩萨蛮·书江西造口壁》中的诗句。③ 是《孔雀东南飞》中的诗句。④ 是苏轼《浣溪纱》中的诗句。⑤是阮籍《咏怀·其一》中的诗句。⑥是骆宾王《在狱咏蝉》中的诗句。

25. 答案:C

解析:五经指的是《易》、《书》、《诗》、《礼》、《春秋》这五部典籍。

26. 答案:B

解析：我国消费者依法享有九大权利，分别是：安全消费权；消费知情权；自主选择权；公平交易权；结社自治权；人格尊严权；损害求偿权；获取知识权；监督建议权。其中安全消费权是消费者首要的、第一位的权利。

27. 答案：D

解析："龙生龙，凤生凤，老鼠生来会打洞，"相对应的因和果，体现出了遗传的决定性作用，是典型的遗传决定论。

28. 答案：B

解析：赤潮形成的原因是十分复杂的，不同海域、不同季节、不同环境等都是影响赤潮生成的条件，但是，普遍认为，赤潮生物的存在和水体的富营养化是形成赤潮的基础因素。

29. 答案：B

解析：变色龙变色取决于皮肤三层色素细胞，基于神经学调控机制，色素细胞在神经的刺激下会使色素在各层之间交融变换，实现变色龙身体颜色的多种变化。

30. 答案：A

解析：显然，如果消费者对某种产品的价格不敏感，比如大米，无论价格如何变化，人们也不倾向于多买，那么降价未必能够促销。供给弹性指价格降低供给会减少，因此 B 不能选。C、D 两项为无关项。

三、阅读理解题

（一）阅读下面短文，回答问题

31. 答案：B

解析：从文中"而现在这'万年青'依旧活着，每次到许先生家里，看到那花，有时仍站在那黑色长桌上，有时站在鲁迅先生的遗像的前面，""遗像"一词暗示鲁迅先生已经去世。A 项是客观交代。C 项前文已提到"站在鲁迅先生遗像的前面"，所以不是第一次。D 项有"墓地"就不是暗示了。

32. 答案：A

解析：A 选项是对客观事实的陈述，没有暗含之意。

33. 答案：C

解析：家里的万年青代表的是鲁迅的精神，墓前的花瓶指的是鲁迅的躯体。

34. 答案：B

解析：以"万年青"象征鲁迅高尚的精神品格。

35. 答案：A

解析：B 选项文中是用"万年青"来形容鲁迅先生的精神品格，但并不是它的得名的理由。C 选项仅是其理由之一。D 选项与文意不符。

（二）阅读下面短文，回答问题

36. 答案：B

解析：从文中倒数第二段话我们可以得知，那山村妇人之所以"不知有花"，是由于"对那山村妇人而言，花是树的一部分，树是山林的一部分，山林是生活的一部分,而生活是浑然大化的一部分。她与花就像山与云,相亲相融而不相知。"因此 B 选项能正面解说它的主旨。

37. 答案:A

解析:用我们"为之绝倒发痴"和"为花而目醉神迷、惊愕叹息",来反衬山村农妇对此"视而不见"或"不为所动"。不是"先抑后扬",我们"为之绝倒发痴"怎么能是"抑"呢?

38. 答案:A

解析:夷然指平静镇定的样子,多用于形容人的神态。

39. 答案:A

解析:写少年时候看晚霞落日并非多余笔墨,而是恰如其分地起到衬托之意,更加鲜明地体现出文章主旨。

40. 答案:B

解析:第一处"暗暗嫉妒"并没有承接上文的作用,上文中并没有体现出此意。

(三)阅读下面短文,回答问题

41. 答案:A

解析:B 项四代设文网,并非因史学而设,只是史学易触犯禁忌而已。"史学因首当其冲而大衰。"C 项"现代"应为"近现代",见第一句。D 项错在"都是",题干中只是"几乎等于"。"成为文字狱和其他变相文字狱的主要对象"。既是主要对象,就不是"全部都是"。

42. 答案:D

解析:"无法做到信史实录"与"怪现象"的产生无直接联系。

43. 答案:A

解析:可找到原文,见划线部分。B 项"史学大衰"不是"考证学极盛"的根本原因。根本原因还是清朝统治者的专制和愚民政策。C 项二者不构成比较。D 项"私著《明史》的成就达到了司马迁《史记》的高度。"这句话有误,文中没有这样的信息。

44. 答案:C

解析:从文中"历史科学工作者必须是大智大勇者,缺乏勇敢精神,就不可能成为伟大的历史学家"得出,仅有才智识见和编修同现实有密切关系的近现代史的经历是不够的。

45. 答案:D

解析:A 选项中谈到历代史学家却都是"信而好古"者,过于肯定,不合文意。B 选项中"造成现代史成为空白点,近代史成为薄弱点,古代史成为集中点的反常怪现象"并不仅仅是由于统治者极端专制和极端愚民。C 项原文只是就敢于记述近代史方面将《明史》与《史记》作了类比,但这并不代表《明史》各个方面都可与《史记》等量齐观。

(四)阅读下面短文,回答问题

46. 答案:B

解析：从第一段中可以得出：A 选项与题意不符。文中讲到"纳米科技决不意味着制造纳米尺度的产品，纳米产品可以小到分子尺度，大到汽车、飞机，只是制造的方式完全不同罢了。"因此 C 不正确。D 选项说法过于笼统。

47. 答案：D

解析：参考段落是第二段。D 中的"削去"属于"从大到小"的加工技术。

48. 答案：A

解析：从文中"由于可能通过精确地控制原子或分子制造新产品，生产过程将变得非常清洁，将不产生副产品和废物，"得出，这只是一种可能性。

49. 答案：D

解析：A 选项所讲的内容只是存在这种可能性。B 选项与文意不符，人们已经觉悟到了纳米科技给人类带来的社会变革。C 选项与全文文意违背。

50. 答案：A

解析：文中"光刻技术的不断进步，已经使芯片的制造技术正在接近或达到 100 纳米，"说明还没有达到 100 纳米。因此 A 不正确。

第二部分　数学基础能力测试

1. 答案：B

解析：观察分子上单独括号内为：偶数 $a(a+3)+2=a^2+3a+2=(a+1)(a+2)$ 分母上对应单独括号内位：偶数 $(a-1)(a+2)+2=a(a+1)$.

即有 $\dfrac{(a+1)(a+2)}{a(a+1)}=\dfrac{a+2}{a}$.

所以原式 $=\dfrac{(2+2)\times(4+2)\times(6+2)\times\cdots\times(2004+2)}{2\times4\times6\times\cdots\times2004}=\dfrac{2004+2}{2}=1003$. 故选 B.

2. 答案：A

解析：因为 $|a+2|\leqslant1$，$|b+2|\leqslant2$，所以 $-3\leqslant a\leqslant-1$，$-4\leqslant b\leqslant0$

那么 $0\leqslant-b\leqslant4$

所以 $-3\leqslant a+(-b)\leqslant3$，即 $-3\leqslant a-b\leqslant3$　$\Rightarrow|a-b|\leqslant3$. 故选 A.

3. 答案：B

解析：解决本题的关键是去掉绝对值.

当 $x-x^2>0$ 时，得 $0<x<1$. 函数 $y=1-|x-x^2|=x^2-x+1$；

当 $x-x^2\leqslant0$ 时，得 $x\geqslant1$ 或 $x\leqslant0$，函数 $y=1-|x-x^2|=-x^2+x+1$.

所以图像只能是选项 B.

4. 答案：B

解析：因为 $-2x^2+5x+c\geqslant0$ 的解为 $-\dfrac{1}{2}\leqslant x\leqslant3$.

所以令 $-2x^2+5x+c=0$，则方程的解为 $-\dfrac{1}{2}$ 和 3

所以由韦达定理：$x_1\cdot x_2=\dfrac{c}{a}$，得 $-\dfrac{c}{2}=-\dfrac{1}{2}\times3$，即 $c=3$. 故选 B.

5. 答案:D

解析:在 $\left(x - \dfrac{1}{\sqrt{x}}\right)^8$ 的展开式中,一般项为 $C_8^r x^r \left(-\dfrac{1}{\sqrt{x}}\right)^{8-r}$

令 $x^r \cdot x^{-\frac{8-r}{2}} = x^{\frac{3r-8}{2}} = x^5$,得 $r = 6$

所以 x^5 的系数是 $(-1)^2 C_8^6 = 28$. 故选 D.

6. 答案:C

解析:因为 $3a_4 = 7a_7$,所以 $3(a_1 + 3d) = 7(a_1 + 6d)$ 即 $d = -\dfrac{4}{33}a_1$

由于 $a_1 > 0$,所以 $d < 0$.

解不等式 $a_n \geqslant 0$,即 $a_1 + (n-1)\left(-\dfrac{4}{33}a_1\right) \geqslant 0$,解得 $n \leqslant \dfrac{37}{4}$.

所以当 $n \leqslant 9$ 时,$a_n > 0$;同理,可得当 $n \geqslant 10$ 时,$a_n < 0$.

故当 $n = 9$ 时,S_n 取得最大值. 故选 C.

7. 答案:B

解析:因为 $\tan\dfrac{\alpha}{2} + \cot\dfrac{\alpha}{2} = \dfrac{5}{2}$ 所以 $2\left(\tan\dfrac{\alpha}{2}\right)^2 - 5\tan\dfrac{\alpha}{2} + 2 = 0$

解得 $\tan\dfrac{\alpha}{2} = \dfrac{1}{2}$ 或 2.

又因为 $0 < \alpha < \dfrac{\pi}{2}$, 所以 $\tan\dfrac{\alpha}{2} = \dfrac{1}{2}$.

即 $\tan\alpha = \dfrac{2\tan\dfrac{\alpha}{2}}{1 - \tan^2\dfrac{\alpha}{2}} = \dfrac{4}{3}$, 从而得 $\sin\alpha = \dfrac{4}{5}$,$\cos\alpha = \dfrac{3}{5}$.

所以 $\sin\left(\alpha - \dfrac{\pi}{3}\right) = \sin\alpha \cdot \cos\dfrac{\pi}{3} - \cos\alpha \cdot \sin\dfrac{\pi}{3} = \dfrac{4}{5} \times \dfrac{1}{2} - \dfrac{3}{5} \times \dfrac{\sqrt{3}}{2} = \dfrac{1}{10}(4 - 3\sqrt{3})$.

故选 B.

8. 答案:D

解析:因为向量 $a = (\cos\theta, \sin\theta)$,向量 $b = (\sqrt{3}, -1)$,所以

$2a - b = (2\cos\theta - \sqrt{3}, 2\sin\theta + 1)$

则 $|2a - b| = \sqrt{(2\cos\theta - \sqrt{3})^2 + (2\sin\theta + 1)^2} = \sqrt{8 + 4\sin\theta - 4\sqrt{3}\cos\theta}$

$= \sqrt{8 + 8\sin\left(\theta - \dfrac{\pi}{3}\right)}$

当且仅当 $\sin\left(\theta - \dfrac{\pi}{3}\right) = 1$ 时,$|2a - b|$ 有最大值 4. 故选 D.

9. 答案:B

解析:$\dfrac{1 - \sqrt{3}i}{(\sqrt{3} + i)^2} = \dfrac{1 - \sqrt{3}i}{2 + 2\sqrt{3}i} = \dfrac{(1 - \sqrt{3}i)(2 - 2\sqrt{3}i)}{(2 + 2\sqrt{3}i)(2 - 2\sqrt{3}i)} = \dfrac{-4 - 4\sqrt{3}i}{16} = -\dfrac{1}{4} - \dfrac{\sqrt{3}}{4}i$.

故选 B.

10. 答案：C

解析：由题意 $S_{\triangle ABC} = \dfrac{1}{4}\pi r^2$，$S_{\curvearrowright BC} = S_{\curvearrowright AB} = \dfrac{1}{2}\pi\left(\dfrac{r}{2}\right)^2 = \dfrac{1}{8}\pi r^2$，则有 $S_{\curvearrowright BC} + S_{\curvearrowright AB} = S_{\triangle ABC}$.

从图中可知，$S_{\triangle ABC} = a + b + \mathrm{I} + \mathrm{II}$，$S_{\curvearrowright BC} + S_{\curvearrowright AB} = \mathrm{I} + \mathrm{II} + 2b$，所以有 $a + b + \mathrm{I} + \mathrm{II} = \mathrm{I} + \mathrm{II} + 2b$.

从而得 $a = b$. 故选 C.

11. 答案：D

解析：设椭圆 $\dfrac{x^2}{a^2} + \dfrac{y^2}{b^2} = 1\,(a > b > 0)$ 的左右焦点坐标分别为 $(-c, 0)$、$(c, 0)$，

则 $c^2 = a^2 - b^2 \Rightarrow a = \sqrt{b^2 + c^2}$

抛物线 $y^2 = 2bx$ 的焦点为 $\left(-\dfrac{b}{2}, 0\right)$

由题意知 $c - \dfrac{b}{2} = 2c \times \dfrac{3}{8}$，得 $b = \dfrac{c}{2}$

又椭圆的离心率为 $e = \dfrac{c}{a} = \dfrac{c}{\sqrt{b^2 + c^2}}$

所以 $e = \dfrac{2\sqrt{5}}{5}$. 故选 D.

12. 答案：A

解析：设 $MD \perp B_1C_1$，垂足为 D；则 $MD = 2 \cdot \sin 60° = \sqrt{3}$.

在正方形 BCB_1C_1 中作 $DE \perp BC$，垂足为 E，连接 ME.

因为 B_1C_1 分别垂直于 MD、DE，所以 B_1C_1 垂直于面 MDE，即 $B_1C_1 \perp ME$

又 $BC /\!/ B_1C_1$，所以 $ME \perp BC$，即 $|ME|$ 为所求距离，且 $\triangle MDE$ 为直角三角形，

所以 $|ME| = \sqrt{(\sqrt{3})^2 + 4^2} = \sqrt{19}$. 故选 A.

13. 答案：D

解析：从数 1、2、3、4、5 中，随机抽取 3 个数字共有 $5^3 = 125$ 种抽取方法.

从这五个数中抽取三个数，组成的三位数各位数字之和等于 9 的有以下情况：

① 三个数互不相同：1，3，5 或 2，3，4 有 $2A_3^3$ 种抽法；② 有 2 个数相同：2，2，5 或 4，4，1 有 $2C_3^2$ 种抽法；③ 有三个数相同：3，3，3 只有一种抽法.

所以概率 $P = \dfrac{2A_3^3 + 2C_3^2 + 1}{125} = \dfrac{19}{125}$. 故选 D.

14. 答案：B

解析：由两点 $A(3, 2)$ 和 $B(-1, 4)$ 到直线 $mx + y + 3 = 0$ 的距离相等，

有 $\dfrac{|3m + 5|}{\sqrt{1 + m^2}} = \dfrac{|7 - m|}{\sqrt{1 + m^2}}$，解得 $m = -6$ 或 $\dfrac{1}{2}$. 故选 B.

15. 答案：C

解析：因为函数 $y = f(x + a)$ 只是将函数 $y = f(x)$ 向左平移了 a 个单位，但其值域不会发生变化，所以函数 $y = f(x + a)$ 的值域为 $[a, b]$. 故选 C.

16. 答案：B

解析：设 $u = \dfrac{3x-2}{3x+2}$，则 $y = f^2(u)$

$$\frac{dy}{dx} = \frac{dy}{du} \cdot \frac{du}{dx} = 2f(u) \cdot f'(u) \cdot \frac{3(3x+2) - 3(3x-2)}{(3x+2)^2} = \frac{12}{(3x+2)^2} f(u) \cdot f'(u)$$

$$= \frac{12}{(3x+2)^2} \cdot \ln(1+u^2) \cdot \frac{2u}{1+u^2}$$

当 $x=0$ 时，$u\big|_{x=0} = \dfrac{3x-2}{3x+2}\Big|_{x=0} = -1$

所以 $\dfrac{dy}{dx}\Big|_{x=0} = \dfrac{12}{(3x+2)^2}\Big|_{x=0} \cdot \ln(1+u^2)\,\dfrac{2u}{1+u^2}\Big|_{u=-1} = 3 \cdot \ln2 \cdot \dfrac{-2}{1+1} = -6\ln2.$

故选 B.

17. 答案：C

解析：因为 $F(x) = \displaystyle\int_0^x x^2 f(t)\,dt - \int_0^x t^2 f(t)\,dt = x^2 \int_0^x f(t)\,dt - \int_0^x t^2 f(t)\,dt$

所以 $F'(x) = 2x \cdot \displaystyle\int_0^x f(t)\,dt + x^2 f(x) - x^2 f(x) = 2x \cdot \int_0^x f(t)\,dt$

若当 $x \to 0$ 时，$F'(x)$ 与 x^k 是同阶无穷小量，则 $\displaystyle\lim_{x\to 0} \frac{F'(x)}{x^k} = d\,(d \neq 0, d\ 为常数)$.

所以有 $\displaystyle\lim_{x\to 0} \frac{2x \cdot \int_0^x f(t)\,dt}{x^k} = \lim_{x\to 0} \frac{2 \cdot \int_0^x f(t)\,dt}{x^{k-1}} \xlongequal{(\frac{0}{0})\,型} \lim_{x\to 0} \frac{2f(x)}{(k-1)x^{k-2}}$

$$= \frac{2}{k-1} \lim_{x\to 0} \frac{f(x) - f(0)}{x - 0} \cdot \frac{1}{x^{k-3}} = \frac{2}{k-1} f'(0) \lim_{x\to 0} \frac{1}{x^{k-3}} = d$$

因为 $f'(0) \neq 0$，所以 $k = 3$. 故选 C.

18. 答案：B

解析：$\displaystyle\lim_{x\to 0} \frac{f(x)}{g(x)} = \lim_{x\to 0} \frac{\int_0^{1-\cos x} \sin t^2\,dt}{\dfrac{x^5}{5} + \dfrac{x^6}{6}} \xlongequal{(\frac{0}{0})\,型} \lim_{x\to 0} \frac{\sin(1-\cos x)^2 \cdot \sin x}{x^4 + x^5}$

当 $x \to 0$ 时，$\sin(1-\cos x)^2 \sim (1-\cos x)^2 \sim \left(\dfrac{1}{2}x^2\right)^2$ $\sin x \sim x$

所以上式 $= \displaystyle\lim_{x\to 0} \frac{\left(\dfrac{1}{2}x^2\right)^2 \cdot x}{x^4 + x^5} = \lim_{x\to 0} \frac{x}{4(1+x)} = 0$

所以 $f(x)$ 比 $g(x)$ 为高阶无穷小量. 故选 B.

19. 答案：C

解析：由题意知 $f(x) = (\ln^2 x)' = \dfrac{2}{x}\ln x$ ①

$$\int f(x)\,dx = \ln^2 x + C \qquad ②$$

又 $\displaystyle\int x f'(x)\,dx = \int x\,df(x) = x f(x) - \int f(x)\,dx,$

将 ① 、② 代入上式，得 $\int xf'(x)\mathrm{d}x = -\ln^2 x + 2\ln x + C.$ 故选 C.

20. 答案：B

解析：因为 $a_n = \dfrac{3}{2}\displaystyle\int_0^{\frac{n}{n+1}} x^{n-1}\sqrt{1+x^n}\,\mathrm{d}x = \dfrac{3}{2}\cdot\dfrac{1}{n}\displaystyle\int_0^{\frac{n}{n+1}}(1+x^n)^{\frac{1}{2}}\mathrm{d}(1+x^n)$

$\qquad = \dfrac{3}{2n}\cdot\dfrac{2}{3}(1+x^n)^{\frac{3}{2}}\Big|_0^{\frac{n}{n+1}} = \dfrac{1}{n}\left[1+\left(\dfrac{n}{n+1}\right)^n\right]^{\frac{3}{2}} - \dfrac{1}{n}\cdot 1$

所以

$\displaystyle\lim_{n\to\infty} n\cdot a_n = \lim_{n\to\infty}\left[1+\left(\dfrac{n}{n+1}\right)^n\right]^{\frac{3}{2}} - 1 = \left\{1+\left[\lim_{n\to\infty}\left(1-\dfrac{1}{n+1}\right)^{-n}\right]^{-1}\right\}^{\frac{3}{2}} - 1 =$

$(1+\mathrm{e}^{-1})^{\frac{3}{2}} - 1.$

故选 B.

21. 答案：C

解析：设切点坐标为 (x_0, y_0)，如图所示，则切线方程为 $y -$

$y_0 = (\mathrm{e}^x)'\big|_{x=x_0}(x-x_0)$，即 $y - \mathrm{e}^{x_0} = \mathrm{e}^{x_0}(x-x_0)$.

将 $(0, 0)$ 点代入切线方程中，得 $x_0 = 1$.

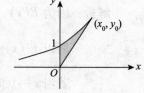

因此，所求切线方程为 $y = \mathrm{e}x$. 从而所求图形的面积为

$\displaystyle\int_0^1(\mathrm{e}^x - \mathrm{e}x)\mathrm{d}x = \left(\mathrm{e}^x - \dfrac{\mathrm{e}}{2}x^2\right)\Big|_0^1 = \mathrm{e} - 1 - \dfrac{\mathrm{e}}{2} = \dfrac{\mathrm{e}}{2} - 1.$ 故选 C.

22. 答案：A

解析：因为 $AB = 0$，所以 $|AB| = 0 \Rightarrow |A|\cdot|B| = 0$ 即 $|A| = 0$ 或 $|B| = 0$

从而排除 B、D.

又 $|A| = \begin{vmatrix} \lambda & 1 & \lambda^2 \\ 1 & \lambda & -1 \\ 1 & 3 & 1 \end{vmatrix}$，所以在 A、C 中，$\lambda$ 的值能满足 $|A| = 0$ 即可.

$\lambda = -1$ 代入 $|A|$，得 $|A| = \begin{vmatrix} -1 & 1 & 1 \\ 1 & -1 & -1 \\ 1 & 3 & 1 \end{vmatrix} = 0$

$\lambda = 3$ 代入 $|A|$，得 $|A| = \begin{vmatrix} 3 & 1 & 9 \\ 1 & 3 & -1 \\ 1 & 3 & 1 \end{vmatrix} = 16 \neq 0$，所以排除 C. 故选 A.

23. 答案：B

解析：因为 $AX + 2B = BA + 2X$，所以 $AX - 2X = BA - 2B \Rightarrow (A-2E)X = B(A-2E)$

由于 $A - 2E = \begin{pmatrix} 2 & 0 & 1 \\ 0 & 3 & 0 \\ 2 & 0 & 2 \end{pmatrix} - \begin{pmatrix} 2 & 0 & 0 \\ 0 & 2 & 0 \\ 0 & 0 & 2 \end{pmatrix} = \begin{pmatrix} 0 & 0 & 1 \\ 0 & 1 & 0 \\ 2 & 0 & 0 \end{pmatrix}$,

$$\Rightarrow |A-2E| = \begin{vmatrix} 0 & 0 & 1 \\ 0 & 1 & 0 \\ 2 & 0 & 0 \end{vmatrix} = -2 \neq 0$$

所以矩阵 $A-2E$ 可逆.

$(A-2E)^{-1}(A-2E)X = (A-2E)^{-1}B(A-2E)$

$\Rightarrow X = (A-2E)^{-1}B(A-2E)$

所以 $X^2 = (A-2E)^{-1}B(A-2E) \cdot (A-2E)^{-1}B(A-2E) = (A-2E)^{-1}B^2(A-2E)$

...

$X^4 = (A-2E)^{-1}B^4(A-2E)$

求得 $(A-2E)^{-1} = \begin{pmatrix} 0 & 0 & \frac{1}{2} \\ 0 & 1 & 0 \\ 1 & 0 & 0 \end{pmatrix}$, $B^4 = \begin{pmatrix} 1^4 & 0 & 0 \\ 0 & (-1)^4 & 0 \\ 0 & 0 & 0 \end{pmatrix}$

所以

$$X^4 = (A-2E)^{-1}B^4(A-2E) = \begin{pmatrix} 0 & 0 & \frac{1}{2} \\ 0 & 1 & 0 \\ 1 & 0 & 0 \end{pmatrix} \cdot \begin{pmatrix} 1^4 & 0 & 0 \\ 0 & (-1)^4 & 0 \\ 0 & 0 & 0 \end{pmatrix} \cdot \begin{pmatrix} 0 & 0 & 1 \\ 0 & 1 & 0 \\ 2 & 0 & 0 \end{pmatrix}$$

$$= \begin{pmatrix} 0 & 0 & 0 \\ 0 & 1 & 0 \\ 0 & 0 & 1 \end{pmatrix}. \text{故选 B.}$$

24. 答案：B

解析：因为 $\boldsymbol{\beta}$ 不能被 $\boldsymbol{\alpha}_1$，$\boldsymbol{\alpha}_2$，$\boldsymbol{\alpha}_3$ 线性表出，所以不存在数 x_1，x_2，x_3 使 $\boldsymbol{\beta} = x_1\boldsymbol{\alpha}_1 + x_2\boldsymbol{\alpha}_2 + x_2\boldsymbol{\alpha}_3$ 成立，即线性方程组 $\begin{cases} x_1 + 2x_2 + x_3 = 1 \\ 2x_1 + 3x_2 + (a+2)x_3 = 3 \\ x_1 + ax_2 - 2x_3 = 0 \end{cases}$ 无解.

所以 $\overline{A} \begin{vmatrix} 1 & 2 & 1 & 1 \\ 2 & 3 & a+2 & 3 \\ 1 & a & -2 & 0 \end{vmatrix} \rightarrow \begin{vmatrix} 1 & 2 & 1 & 1 \\ 0 & -1 & a & 1 \\ 0 & a-2 & -3 & -1 \end{vmatrix} \rightarrow \begin{vmatrix} 1 & 2 & 1 & 1 \\ 0 & -1 & a & 1 \\ 0 & 0 & (a-3)(a+1) & a-3 \end{vmatrix}.$

当 $a=-1$ 时，$\overline{A} \begin{vmatrix} 1 & 2 & 1 & 1 \\ 0 & -1 & -1 & 1 \\ 0 & 0 & 0 & 4 \end{vmatrix}.$ 此时 $r(A)=2$，$r(\overline{A})=3$，即线性方程组无解.

故 $\boldsymbol{\beta}$ 不能被 $\boldsymbol{\alpha}_1$，$\boldsymbol{\alpha}_2$，$\boldsymbol{\alpha}_3$ 线性表出. 所以选 B.

25. 答案：B

解析：若矩阵 A 的特征值是 $\lambda(\lambda \neq 0)$，则 A^{-1} 的特征值为 $\frac{1}{\lambda}$，A^* 的特征值为 $\frac{|A|}{\lambda}$，A^*-E 的特征值则为 $\frac{|A|}{\lambda}-1$，

因为 $|A| = \lambda_1 \lambda_2 \lambda_3 = 1 \times 2 \times 3 = 6$

所以 $\dfrac{|A|}{\lambda_1} - 1 = \dfrac{6}{1} - 1 = 5$, $\dfrac{|A|}{\lambda_2} - 1 = \dfrac{6}{2} - 1 = 2$, $\dfrac{|A|}{\lambda_3} - 1 = \dfrac{6}{3} - 1 = 1$,

故 $A^* - E$ 的特征值为 5, 2, 1.

所以 $|A^* - E| = 5 \times 2 \times 1 = 10$. 故选 B.

第三部分　逻辑推理能力测试

1. **答案**: C

   解析: 贾女士劝告陈先生少喝白酒的理由是, 酒精对人的健康非常不利; 陈先生拒绝贾女士劝告的理由是, 他喝白酒有 15 年没醉过。只要断定酒精对健康的影响并不一定喝醉这一形式直接相关即可。选项 C 断定喝醉并不是酒精损害健康的唯一表现, 如果这一断定是真的, 则显然就不能因为没有喝醉而否定酒精对健康的损害。因此, C 有力地否定了陈先生的观点而加强了贾女士对陈先生的劝告。

2. **答案**: B

   解析: 由一些新闻类期刊每一份杂志平均有 4 到 5 个读者, 推出《诗刊》12 000 订户的背后约有 48 000 到 60 000 个读者, 需要增加论据加强前提与结论的关联性, 即要断定新闻类期刊的读者与订户与《诗刊》的读者与订户之间的相同关系。

3. **答案**: D

   解析: 较之其他选项, 选项 D 直接提供了仅从四川的蜜橘价格上涨, 得出橘汁的价格将有大幅度的提高这一断定的不足之处。

4. **答案**: A

   解析: 如果甲队或乙队没有出线, 那么丙队出线; 它的等价命题是: 如果丙队不出线, 那么甲队和乙队同时出线。故答案为 A。

5. **答案**: B

   解析: 最少可能是 5 人。因为只做电脑生意的两个人不可能兼做服装生意, 兼做服装生意的三个人不可能只做电脑生意。这五个生意人中包括两个北方人 (其中一个是哈尔滨人), 一个广东人; 最多可能是 8 人。因为两个北方人中一定包括哈尔滨人。五个生意人中既没有北方人, 也没有广东人。

6. **答案**: D

   解析: 要得到结论, 除了知道马路上和树林中受伤的比例, 还需要知道马路上和树林中行人的数量。选项 D 断定了这一问题, 其他选项都与题目无多少关系。

7. **答案**: D

   解析: "要么孩子们没有说实话, 要么他们爱玩的天性已经被扭曲了", 这一结论的得出必然要有与此相关的假设。选项 D 正是体现了两者的关联。

8. **答案**: D

   解析: 由发现陪葬物, 要推出人类具有死后复生信念, 要建立两者之间的关联性。即需要增加陪葬物是人类死后复生的充分条件。

9. 答案：D

解析：为了削弱论断，需要构造与其矛盾的命题。"搞财会工作的，都免不了有或多或少的经济问题"矛盾命题，只需找到一个搞财会工作并且没有经济问题的人即可。

10. 答案：A

解析：题干假设各城市的就业条件是一样的。许多工种由外来人口去做，但本地却有大量的待业人员，其余三项都可以成为二者真的条件。

11. 答案：C

解析：由小学生早已不再读经，并且没有人手按《论语》宣誓就职，推出中国已成为一个几乎将文化经典与传统丧失殆尽的国家。增强关联性。从中国小学生不再读经推出中国已丧失文化经典与传统，暗示了选项 C。

12. 答案：D

解析：如果 D 项为真，则由于去大学附属医院就诊的病人的病情，通常比去私立医院或社区医院的病人的病情重，因此，显然不能根据大学的附属医院抢救病人的成功率比其他医院要小，就得出大学的附属医院的医疗护理水平比其他医院要低的结论。这就有力地驳斥了题干的论证。

B、C 项如果为真，都对题干的论证有所削弱，但力度显然不如 D 项。

A 项不能削弱题干。

13. 答案：D

解析：投资者的投资效益主要取决于两个方面：一是车流量的大小，二是每辆车的收费价格。选项 A 是投资者所重视的，因为关闭了渡口，就可以增加桥上的车流量；选项 B 涉及收费价格；选项 C 涉及车流量，必须受到投资者的重视；选项 D 对收费不起实质性作用，故投资者可以不予重视。

14. 答案：D

解析：要从事实 2 推出事实 1，需要建立两者的关联性。选项 D 为真，可以由实施 2 推出事实 1；选项 A 和选项 B 与两个事实无关；选项 C 是对事实 1 的削弱。

15. 答案：C

解析：正确答案为 C。选项 C 说滴滴涕与其替代品对环境都有危害，加强了卡逊的结论。

16. 答案：D

解析：选项 A 可能是真的，由于"只有村长今晚去县里，才能拿到化肥供应计划"，且不说村长今晚不去县里，就是村长今晚去县里，也有可能拿不到化肥计划；选项 B 可能是真的，"如果锡剧团今晚来村里演出，则全村的人不会都外出"，"锡剧团今晚来村里演出了"，可推出"今晚全村的人不会都外出"，即"今晚村里有人不外出"，它并不排斥今晚村里有人包括村长可能外出；选项 C 可能是真的，题干表明"拿到化肥供应计划"只是"村里庄稼的夏收有保证"的必要条件，即使拿到了化肥供应计划，村里庄稼的夏收也仍有可能得不到保证；选项 D 不可能是真的，因为根据必要条件关系，全村的人包括村长都没有外出，那么，村里就一定拿不到化肥供应计划，拿不到化肥供应计划，村里庄稼的夏收就不可能得到保证。

17. 答案：A

    解析：题干从让患者停止食用那些已经证明会不断引起过敏性偏头痛的食物，患者的偏头痛并没有停止，由此得出结论，是由别的原因而不是由食物过敏引起偏头痛。要削弱这个结论，就必须说明食物过敏与偏头痛确实存在因果关系，只不过这种因果关系不那么易于观察而已。选项 A 说明食用某种食物与该食物诱发的过敏反应有时间上的间隔，停止食用引起过敏性偏头痛的食物，那么该食物所引起的过敏性反应也不会马上消失，那就不能因此而否定两者之间存在因果上的联系。

18. 答案：A

    解析：因为坐不满而优惠，所以该航空公司并没有实际让利。选项 A 说明绝大多数教师可能是因为其他原因而选择的该航空公司，仅就此而言，该航空公司实际上是让利了。

19. 答案：D

    解析：归谬法。答案是从题干最后一句话可看出 D 项是正确的。

20. 答案：C

    解析：为了削弱"用新型键盘替换传统键盘能迅速地提高相关部门的工作效率"需要构造它的矛盾命题，即用新型键盘替换传统键盘并不能提高工作效率。选项 C 符合这一要求。

21. 答案：A

    解析：通过面试，可以了解应聘者的个性，推出面试是招聘的一个不可取代的环节。这说明了应聘者的个性与面试是极其相关的因素，也就是说应聘者的个性在面试过程比招聘的其他环节展示得更清晰。

22. 答案：D

    解析：由给经常不刷牙的人发小册子，得出帮助其进行每周一次的口腔自检，从而得出使其早发现口腔癌；如果经常不刷牙的人不作每周一次的口腔自检，那么发小册子就不能达到其目的。

23. 答案：D

    解析：选项 D 一方面吸引外来人口加快了城市化进程，另一方面又使得市教育部门面临的难题，即凸显了人口激增的压力。

24. 答案：D

    解析：选项 A 有助于解释题干中的矛盾现象，由于去舞厅没有规律的人在数量上明显减少，那么虽然近年每周固定去跳交谊舞的人增加了，交谊舞厅的顾客却有可能下降了；选项 B 有助于解释这一现象，由于舞厅少报顾客的人数，使得调查的结果失真，造成了这种看似矛盾的现象；选项 C 有助于解释这一现象，由于家庭交谊舞会逐渐流行，人们会越来越多地参加家庭交谊舞会，而不去交谊舞厅了；有选项 D 无助于解释这一现象，因为迪斯科舞厅不同于交谊舞厅，交谊舞的爱好者一般不会去迪斯科舞厅。

25. 答案：A

解析：由可以在货物削价时及时购物，推出公司收取的透支部的利息率并不太高，需要加强前后关联性。如果选项A不成立，即如果用信用卡在降价时购物省下的钱，不足以弥补利率差价，那么，题干为信用卡公司所作的辩解就不能成立。因此，选项A是题干必须假设的。其余各项均不是必须假设的。

26. 答案：D

解析：由减少子女平日的压力，推出就能够使家庭幸福，需要加强前后关联性。选项D如果为真，则说明能够减少未成年孩子压力的法律，有利于排除家庭幸福潜在的障碍，因此，这样的法律能够使家庭幸福。因此，选项D有力地加强了题干的推论。其余各项都有利于说明该项政策的必要性或可行性，但未能指出实施该项政策和促进家庭幸福之间的关系。

27. 答案：C

解析：在各选项中，显然除了C项是对"校中校"持赞同态度之外，其余均持否定态度。

28. 答案：D

解析：选项解释了为什么高额的贿金可以抵销被罚款的损失，是题干结论所必要的前提假设。A项则是由题干结论所推出的结果。

29. 答案：B

解析：一项改革措施如果能使商业团体适应商业环境的变化，说明这项改革取得了成效。因此，选项B断定的结果不可能是某项改革措施的缺点所致。其余各项断定的结果都可能是公司上述计划的缺点据所致。

30. 答案：C

解析：如果选项C的断定为真，则动物园不可能为所有的大熊猫提供足够的嫩竹，因此，如果把大熊猫都捕获到动物园进行人工饲养和繁殖，它们唯一的食物来源就会发生问题，这就对题干的结论提出了严重的质疑；选项D也能对题干构成质疑，但力度显然不如选项C；选项A和B项不能构成质疑。

31. 答案：D

解析：人应当对自己的正常行为（包括触犯法律的行为）负责，人不应该对自己不可控制的行为负责，即不可控的行为，人不应当负责，由此可知，人应当负责的行为是可控的。Ⅲ没有逻辑依据。

32. 答案：D

解析：由存在互利关系，推出过量采摘道氏杉树根部的鸡油菌会对道氏杉树的生长不利。为削弱需构造矛盾命题，即要得到过量采摘道氏杉树根部的鸡油菌会对道氏杉树的生长有利。选项D说明虽然过量采摘鸡油菌会直接割断和道氏杉的互利关系，但有可能促进其他有利于道氏杉树的蘑菇的生长，而最终仍间接地对道氏杉有利。这就构成了对题干的质疑。其余各项均不能构成质疑。

33. 答案：B

解析：逃税→总税收量的减少→立法者提高所得税率→增加了合法纳税者的税负→促使更多的逃税。为抑制这一恶性循环，只需否定恶性循环的某一环节。

34. 答案：C

解析：厂长的结论是："因此，从总体上说，采用新的工艺流程将大大增加生产成本而使本厂无利可图"，总工程师对此有不同意见。其他选项中的内容明显二位都有相同的定论。

35. 答案：B

解析：由规模香蕉种植园大都远离人口集中的地区，可以安全地使用这种杀菌剂，推导出全世界的香蕉产量，大部分不会受到香蕉叶斑病的影响，需要增加二者的关联性，即规模香蕉种植园与全世界的香蕉之间的关联性。

36. 答案：C

解析：选项 C 只是在说制约了上网时间，这不能成为导致"互联网狂躁症"的病因，而其他选项则是在罗列导致"互联网狂躁症"的因素。

37. 答案：B

解析：选项 B 是题干的陈述必须假设的。否则，如果有的影片无法按照这几种专门的类型来进行分类，那么对这样的影片的评选就无法操作，这就不可避免地会影响评选的公正和观众的参与。其余各项均不是必须假设的。

38. 答案：C

解析：类比推理对象相同。选项 C 是题干的推断最可能假设的。否则，如果两部影片在上座率、票价方面有明显差异，题干对《泰坦尼克号》的预计显然缺乏说服力。其余选项作为答案均不恰当。

39. 答案：B

解析：B 项恰当地概括了题干的作者所使用的方法。题干的作者假设股票市场分析家的论证成立，即由股市的跌落和政治事件的发生具有近似的周期性，而断定二者具有因果关系，从这个假设出发，作者认为可以得出结论，月球的运转是股市跌落和政局动乱等等的原因，因为它们都具有周期性。没有理由认为这不是个荒谬的结论。这样就对股票市场分析家的观点提出了有力的质疑。其余各项显然不能成立。

40. 答案：B

解析：题干论证的是，不能因为股市的跌落和政治事件的发生之间具有近似的周期性，而断定二者之间具有因果关系。由此不能得出结论，作者认为股市的跌落和政治事件的发生之间完全没有关系；而只能得出结论，作者认为股票市场分析家将股市跌落和政治事件的关系过于简单化。因此，A 不成立，B 成立。

41. 答案：A

解析：P 住在 K 和 M 以东，并且在 L 以西，可以得出 L 必定不与 K 相邻。

42. 答案：C

解析：若把 7 户人家出西到东分别编号，题干中四个条件可以形式化为：（1）$R \neq 1$ $\wedge R \neq 7$；（2）$K = 4$；（3）$M = 3 \vee M = 5$；（4）$(K \vee M) < P < L$，即 $P \geqslant 5$，

又因为 M 住在 K 以西,所以 M=3,R 不可能在 M 和 P 之间。

43. 答案:B

解析:把 7 户人家由西到东分别编号,题干中四个条件可以形式化为:(1) R≠1∧R≠7;(2) K=4;(3) M=3∨M=5;(4) (K∨M) <P<L,因为 N 在 K 西侧与 K 相邻,所以 N=3,M=5,P=6,L=7,R=2,O=1,显然 O 与 N 相邻是假的。

44. 答案:A

解析:若把 7 户人家由西到东分别编号,题干中四个条件可以形式化为:(1) R≠1∧R≠7;(2) K=4;(3) M=3∨M=5;(4) (K∨M) <P<L,如果 O 在 M 以东,则 K 东面必定只能是 O、P 和 L,M=3,R=2,N=1,所以 K 住在 M 以东。

45. 答案:D

解析:此题干中的断定与 44 题的断定一样,即 N=1,R=2,M=3,K=4,故 N 和 R 两家相邻。

46. 答案:B

解析:题干中的四个条件可以形式化为:(1) G→ (~H∧~Y);(2) H→K;(3) J→W;(4) K→X,由条件 2 和条件 4,可以得到 H→X。

47. 答案:C

解析:由条件 1 可知,选 G,就不能选 H 和 Y;条件 2 可得,选 H,就要选 K;条件 3 可得,选 J,就要选 W,因此只有选项 C 符合要求。

48. 答案:C

解析:鱼类药物只能选三种,如果选 C,由条件 2 可得,选 H,就要选 K,这样就会多出一种鱼类药物。

49. 答案:D

解析:选 Y,由条件 1 可知不选 G,故排除选项 A;由条件 2,选 H,就要选 K,故排除选项 C;选 K,则必选 X,那么就不能选 W,故不能选 J,所以排除选项 B。

50. 答案:B

解析:选 Y 就不能选 G,如果也不选 K,则也不能选 H,那么鱼类药物显然就不符合要求,所以必定要选 K,也即必选 X,故选 Y 就不能选 W。

第四部分　外语运用能力测试(英语)

Part One　Vocabulary and Structure

1. 答案:D

翻译:大学生在展望他们未来的职业时,通常会考虑到社会地位、收入以及声望这些因素。

考点:本题考查动词词义辨析。

解析:demand 要求,需要;assume 设想,假装,担任;apply 申请,请求;anticipate 预感,期望。分析题干可知,此处应选择 anticipate。故答案为 D。

2. 答案:C

翻译：他还没有找到工作，因为没有人可以帮助他。

考点：本题考查固定搭配

解析：have access to 表示可以到达（可以使用）。其他选项 approach *n.* /*v.* 靠近，接近；application *n.* 申请，应用；approval *n.* 赞成，同意。均不符合题意。故答案为 C。

3. 答案：B

翻译：每当有疑问的时候，主考官的决定就是最终决策。

考点：本题考查形容词近义词辨析。

解析：right 正确的，对的；final 最终的，决定性的；definite 明确的，肯定的；fixed 固定的，确定的，不变的。本题中 final 最合题意。故答案为 B。

4. 答案：D

翻译：凯蒂是那些总赶时髦的女子之一。

考点：本题考查动词短语的含义辨析。

解析：put up with 忍受；come up with 提出；get on with 有进展；keep up with 跟上，与……并驾齐驱。所以只有 D 项符合题意。故答案为 D。

5. 答案：D

翻译：他给了我很多非常有用的关于买房子的建议。

考点：本题考查形容词近义词辨析。

解析：precious 宝贵的，珍贵的，贵重的；worthy 值得的，应得的；precise 精确的，准确的；valuable 珍贵的，有价值的，有用的。故答案为 D。

6. 答案：C

翻译：很明显，我们需要更多的锻炼。

考点：本题考查主语从句。

解析：当句子的主语部分是一个完整的陈述句时，应用 that 来引导这个主语从句，且 that 不能省略。故答案为 C。

7. 答案：D

翻译：如果她能更努力一点的话，她应该会成功。

考点：本题考查虚拟语气。

解析：条件状语从句中的时态表明，从句的动作与过去的事实相反（had done）。此时，主句的谓语动词也应该与过去的事实相反，应为 would（should，might，could）have done。故答案为 D。

8. 答案：C

翻译：朱莉想要与和自己有共同爱好的人交朋友。

考点：本题考查宾语从句引导词的用法。

解析：按照常理，介词 of 后面应该接代词宾格形式。而在本题中，of 的宾语是一个句子，而这个句子缺少主语，因此此处应选择主格形式。故答案为 C。

9. 答案：B

翻译：这所学校是上个礼拜那些德国朋友参观的那所学校吗？

考点：本题考查定语从句的先行词

解析：这句话的陈述句语序为 This is the school (that/which) some German friends visited last week. 或者也可是 This school is the one (that)…。A 项缺少先行词；C 项先行词不完整；D 项缺少先行词，且 where 使用不当，因为 school 在从句中做宾语，先行词可以用 that/which，也可省略（如 B 项）。故答案为 B。

10. 答案：A

翻译：我的家乡旧貌换新颜，到处是树木、花朵和草地。

考点：本题考查 with 的复合结构。

解析：本题考查 "with 或 without + 名词/代词 + 分词/不定式" 的复合结构。选择过去分词、现在分词或是不定式取决于该动作和前面名词的逻辑关系和动作发生的状态。该题中，trees, flowers and grass 与 plant 是动宾关系，且动作已经发生过了，所以要选过去分词 planted。故答案为 A。

Part Two Reading Comprehension

Question 11-15 are based on the following passage：

本文大意

> 随着人们年龄的增长，我们的身体系统也不断发生着变化。从某个年龄阶段开始，身体机能可能开始下降，我们开始逐渐衰老。这使身体丧失了某些从疾患中恢复过来的能力。为了延长寿命，我们正努力寻找衰老的原因。科学家们希望通过研究细胞衰老过程来延长人类的寿命。

核心词汇

continue v. 继续，连续

weaken v. （使）削弱，（使）变弱

stiff adj. 坚硬的，严厉的，呆板的

contribute（to）v. 捐献，贡献

wellk-balanced adj. 均衡的

stress n. 压力；重力 vt. 重读，强调

senescence n. 衰老

aging n. 老化（时效、迟滞）

process vt. 加工，处理 n. 过程，进程；工序

length of life 寿命，使用寿命

句式讲解

(1) The slow change of aging causes our bodies to lose some of their ability to bounce back from disease and injury.

to bounce back from disease and injury 做 ability 的后置定语；bounce back 表示受挫折后恢复原状。

(2) It may become more difficult for you to see and hear.

该句是 it 做形式主语的用法，真实主语是 to see and hear；you 是逻辑主语。

(3) They hope that by examining the aging process on a cellular level, medical science may be able to extend the length of life.

That 引导了一个宾语从句，句子的主干就是 they hope + 从句。在该宾语从句中，by

examining the aging process on a cellular level 是方式状语，extend the length of life 意为：延长寿命。

(4) Your living environment and the amount of stress you are under is yet another.

You are under 是个定语从句，修饰 stress。

答案与解析

11. 答案：B

解析：词汇猜测题。根据 "As people continue to grow and age, our body system continue to change. At a certain point in your life your body systems will begin to weaken. Your joints may become stiff. It may become more difficult for you to see and hear." 可知：人体随着年龄的增长，身体各系统不断变化。随着人体的缓慢衰老，机体失去了应对疾病和伤害的某些能力。故答案为 B。

12. 答案：D

解析：推理题。由第一段 "In order to live longer, we have always tried to slow or stop this change that leads us toward the end of our lives." 可知：人们为了延长寿命，总是千方百计减慢或阻止导致生命终止的演化过程，也就是延缓衰老的过程。故答案为 D。

13. 答案：C

解析：推理题。由第二段 "They hope that by examining the aging process on a cellular level medical science may be able to extend the length of life." 可知：科学家之所以对研究衰老感兴趣，就是想阻止人类衰老的生化过程，延长人的寿命。故答案为 C。

14. 答案：B

解析：细节题。本题的关键是找到选项中的信息在文章中出现的地方，也就是第二段的前半段。应该将每一个选项的内容与原文相对应。只有 B 选项的意思不同于原文中的 "the amount and type of exercise you get is another factor" 这个句子的全部和确切含义，故答案为 B。

15. 答案：A

解析：主旨题。本题的关键是找到主题句，确定短文的中心思想。一般而言，主题句是文中的第一个句子。此题的正确选项 A 符合主题句的意思，其他的选项都是本短文的细节信息。故答案为 A。

Question 16-20 are based on the following passage：

本文大意

新西兰有一种水蜘蛛，不仅体型大，而且有着非同寻常的捕食技巧。它在水面捕食猎物的时候，会以迅雷不及掩耳的速度擒住对方，却并不打破水面的平静，只是激起一丝波纹。它还可以迅速将比自己体型庞大的动物的头部拖进水里，将其淹死。饱餐一顿之后，这些水蜘蛛会花半个多小时的时间来梳洗打扮。雌性水蜘蛛只有在照顾幼崽时才会暂时不去水面捕食。

核心词汇

disturb *vt.* 打扰，妨碍；扰乱，弄乱

barely *adv.* 仅仅，勉强

skim *v.* 掠过，轻轻擦过

lightning speed 闪电般的速度，光速

deal with 处理，应付，对待

swiftly *adv.* 很快地，即刻

frighten *v.* 使惊吓，惊恐

produce *v.* 生产，产生，出产

hatch *v.* 孵化，破壳而出

attach *v.* 贴上，系，附上

releases *vt.* 释放，放开 *n.* 释放，排放，解除

句式讲解

(1) It doesn't disturb the water as it waits for its meal, and there is barely a ripple when it skims across the surface at lightning speed to catch its prey.

as 在此处是连词，相当于 while，表示"在……期间"；skim across 掠过；at lighting speed 以光速，以非常快的速度。

(2) After a meal, the grass water spider spends up to half an hour grooming itself.

spend some time doing sth. 表示"花费一段时间做某事"；groom itself 梳洗，打扮；up to… 表示"多达……"。

(3) It is the hairs that trap tiny bubbles of air so that the spider can run down a blade of grass and stay underwater for up to an hour when it is frightened.

该句是强调句型，被强调的部分是 the hairs（that 前面的部分），so that 在这里引导一个结果状语从句，a blade of grass 一片草叶，stay underwater 表示待在水下，stay + *adj.* 表示处于某种状态。

(4) It is only when the female spider is caring for the young that she does not hunt on the water.

该句也是强调句型，强调的部分是 only when the female spider is caring for the young 这个状语的部分。

答案与解析

16. 答案：B

解析：细节题。根据文章第二段描述"by pulling their heads under the water and holding them there until they drown."可知：水蜘蛛将它们猎物的头部拖进水里，直到猎物被淹死。故答案为 B。

17. 答案：A

解析：细节题。根据文章第一段中的"Some spiders hunt on the ground, others build webs to trap their food, but the grass water spider catches its prey by running along the surface of the water."可知：有的蜘蛛在陆地上捕食，有的靠蜘蛛网来捕食，但是水蜘蛛却在水面捕食。故答案为 A。

18. 答案：C

解析：细节题。根据文章第一段中"This special water spider lives on the grassy banks of streams."可知：这种特别的水蜘蛛生活在河岸边的草丛里。故答案为 C。

19. 答案：D

解析：主旨题。本文主要介绍了这种水蜘蛛的生活情况，由此可知作者的目的是要读者了解水蜘蛛的特征，故答案为 D。

20. 答案：A

　　解析：细节题。从文章 "After mating, she produces a large egg sac, which she carries around for five weeks. Once the eggs start to hatch, she attaches the sac to some blades of grass or a thistle." 可知从产卵开始直到卵开始孵化，雌性水蜘蛛会带着卵囊度过大约五周的时间。故答案为 A。

Question 21-25 are based on the following passage：

本文大意

> 我认为制服贬低了人类的人格。而且其根本不应该存在在一个民主社会中。穿制服意味着失去了个性；有人说穿制服能够消除嫉妒和竞争，可是如果没有了差别和竞争，人类也就失去了奋斗的目标。而且，穿制服对经济也会有影响。如果人人都穿一样的衣服，那时装行业将何去何从，那些设计师们又该以何为生。一连串的连锁反应会波及到很多行业，如信息业和娱乐行业。

核心词汇

demean v. 贬抑，降低

democratic a. 民主的

individual adj. 个别的，单独的，个人的

eliminate v. 除去，排除，剔除

remove vt. 移走；排除

personnel n. 人员，员工；人事部门

ripple effect n. 连锁反应

promotion n. 提升，晋级；宣传，推销

remain n. 剩余物；残余 vi. 留下，逗留

entertainment industries 娱乐业

句式讲解

（1）Uniforms tell the world that the person who wears one has no value as an individual but only lives to function as a part of the whole.

本句的主干是 uniforms tell the world that..., that 引导一个宾语从句。宾语从句的主语是 the person，谓语是 has 和 lives（but 是并列连词）；who wears one 是定语从句，修饰 the person。

（2）Why would parents bother to work hard so that their children could have a better life than they had when they know that their children are going to be forced to have exactly the same life that they had?

When 引导时间状语从句，主句使用虚拟语气。bother to do 为……而烦恼

（3）The wearing of uniforms would destroy the fashion industry which in turn would have a ripple effect on such industries as advertising and promotion.

which 引导的定语从句修饰 fashion industry；in turn 依次，轮流的；ripple effect 连锁反应；such... as... 像……样的。

（4）There are those who say that wearing a uniform gives a person a sense of identification with a large, more important concept.

there be 句型中嵌套了定语从句, those 是先行词, who 是关系代词。

答案与解析

21. 答案: C

解析: 细节题。由文中 "Uniforms are demeaning to the human spirit and totally unnecessary in a democratic society. Uniforms tell the world that the person who wears one has no value as an individual but only lives to function as a part of the whole." 便能看出作者的态度, 注意作者所用的词 "demeaning, unnecessary", 另外第三段的主旨句 "Uniforms also hurt the economy." 也能体现出作者的态度, 故答案为 C。

22. 答案: B

解析: 推理题。做此类题目可使用排除法。A 选项: 儿童连环画, 显然不符; C 选项: 社会学教辅书, 文中观点过分激进不可能作为教科书内容; D 选项: 政治方面与主题不符; B 为报刊社论。故答案为 B。

23. 答案: B

解析: 细节题。由第一段 "What could be more important than the individual oneself?" 可知: 作者认为没有什么事情能比个人更重要。故答案为 B。

24. 答案: D

解析: 细节题。由第二段 "When this happens, all incentive to improve one's life is removed." 可知: 当这些事情发生的时候, 生活就失去了动力。故答案为 D。

25. 答案: A

解析: 词汇猜测题。由文中 "Without advertising, newspapers, magazines, and television would not be able to remain in business. Our entire information and entertainment industries would founder." 可知: 没有了广告, 新闻、报纸、杂志和电视行业都将停产。整个的信息和娱乐行业都将瘫痪。故答案为 A。

Question 26-30 are based on the following passage:

本文大意

动物维权家欲提供一万五千美元将德国汉堡港改名为 "Veggieburg"。因为 "Hamburg" 这个名字与食物汉堡的名字很容易联系在一起。PETA 在一封写给汉堡市长的信中说: 更名为 "Veggieburg" 会对汉堡的动物有很大好处。但是汉堡港的官员拒绝了他们的 "好意"……

核心词汇

offer vt. 主动提供; 主动提出; 出价 n. 提议, 提供

association n. 联合, 结合, 交往, 协会, 社团

welfare n. 福利, 社会保障

vegetarian n. 素食者 a. 素食的

trace vt. 追踪; 追溯 n. 踪迹, 痕迹, 形迹

nonsense n. 无意义的事, 荒谬的言行, 荒唐

sense of humor 幽默感

refuse v. 拒绝; 回绝

句式讲解

（1）The German port of Hamburg has been offered MYM 15,000 to change its name to "Veggieburg" by animal rights activists who are unhappy about the city's association with hamburgers.

has been offered 是现在完成时的被动语态；change name to 更名为；association with 与……有联系；who are unhappy about the city's association with hamburgers 是定语从句修饰 activists。

（2）The German branch of PETA, which has 750,000 members worldwide, said the organization would give Hamburg's childcare facilities 10,000 euro's worth of vegetarian burgers if the city changed its name.

which 引导非限定性定语从句，修饰 PETA；宾语从句 "the organization would give Hamburg's childcare facilities 10,000 euro's worth of vegetarian burgers if the city changed its name" 是虚拟条件句。条件状语从句中用过去时，主句用 "would + 原形"，表示与现在事实相反。

（3）But city officials in Hamburg, Germany's second largest city which traces its roots to the ninth century, were unmoved.

Germany's second largest city which traces its roots to the ninth century 是 Hamburg 的同位语，句子主干是 But officials were unmoved。

答案与解析

26. 答案：A

解析：细节题。由第一段 "The German port of Hamburg has been offered MYM 15,000 to change its name to 'Veggieburg' by animal rights activists who are unhappy about the city's association with hamburgers." 可知：德国城市汉堡因为与食物汉堡包名字相似，很容易让人联想到汉堡，所以建议其更名。故答案为 A。

27. 答案：B

解析：推理题。由第一段中间的 "The German branch of PETA, which has 750,000 members worldwide, said the organization would give Hamburg's childcare facilities 10,000 euro's worth of vegetarian burgers if the city changed its name." 中的 "vegetarian" 可知，这个组织提倡人们吃素食。故答案为 B。

28. 答案：C

解析：细节题。由文中的 "Hamburg, Germany's second largest city which traces its roots to the ninth century, were unmoved." 可知：这个城市的名字可追溯到九世纪，所以历史久远。故答案为 C。

29. 答案：B

解析：判断题。两个城市都继续用现在的名字，因为两个城市都拒绝了 PETA 要求更名的提议。文章有两处信息 "But city officials in Hamburg, Germany's second largest city which traces its roots to the ninth century, were unmoved." 及 "But their MYM 15,000 bid was refused." 有提示。故答案为 B。

30. 答案：A

解析：推测题。由文章的主旨可看出此书应来自历史类的书籍。故答案为 A。

本文大意

用英式思维想问题对于学英语的人来说是十分重要的。首先可以训练自己从记忆单词开始，看到一个东西，比如一本书，先要想到的是书的英语表达是什么，而不是去想用自己的母语怎样表达它。然后再照此方法去表达句子。多听多练是学英语的有效方法。听得多练得多学得也多。之后你就可以用英语和他人交流了，这样也会有助于你用英语思考。

Part Three   Cloze

31. 答案：C

解析：此题考查的是动词的词义辨析。train v. 训练，教养；make v. 制作，生产；practice v. 练习，实习，开业；follow v. 跟随，遵循，听得懂。句意"我认为最好的方法就是要像足球运动员那样每天做大量的练习。"故答案为 C。

32. 答案：B

解析：此题考查的是对文章语境的理解。colleague n. 同事；teammate n. 队友；trainer n. 训练者；referee n. 裁判员。句意"在训练中，足球运动员会一遍一遍把球传给他的队友。"故答案为 B。

33. 答案：C

解析：此题考查的是副词词义的辨析。completely adv. 完全地；initially adv. 最初，开始；automatically adv. 自动地，机械地；physically adv. 身体上地。句意"在比赛中，足球运动员不会想传球的动作，只是在机械地做。"故答案为 C。

34. 答案：B

解析：此题考查语境的理解。imitate v. 模仿；train v. 训练，练习；imagine v. 想象；perceive v. 感知，认识，理解。句意"你可以训练自己按照这种方式用英语思考。"故答案为 B。

35. 答案：B

解析：此处考查词汇的辨析。for example 例如。相当于连词，一般只以同类事物或人中的"一个"为例，做插入语，用逗号隔开，可置于句首、句中或句末，后面接句子。such as 比如。使用 such as 来举例子，只能举出其中的一部分，一般不能全部举出。若全部举出，要改用 namely（意为"即"），后面接名词。as prep. 像……，正如……。alike adj. 相似的，相同的。通过后面的名词罗列可知，此处在举例。句意"先去想那些每天都能用到的简单日常用语的，比如书、樱桃或树。"故答案为 B。

36. 答案：D

解析：此处考查语境的理解。purchase v. 购买；retain v. 保持，保留；borrow v. 借；see v. 看到。句意"每当你看到'书'，你应该用英语去想它的表达，而不是

用自己的母语。"故答案为 D.

37. 答案：A

解析：此题考查前后文的理解。sentence *n.* 句子；passage *n.* 文章；lesson *n.* 课；paragraph *n.* 段落。前文已经提到先练习单词，接着应该就是句子了。句意"在你学会用英语这样想单词之后，你可以接着这样去练习句子。"故答案为 A。

38. 答案：C

解析：此题考查词汇的辨析。perception *n.* 认识，观念；reproach *v.* 责备，申斥；approach *n.* 方法，途径；*v.* 靠近，接近；horizon *n.* 地平线，视野。句意"练习听力和重复练习是学习一门语言的有效方法。"故答案为 C。

39. 答案：B

解析：此题考查的是宾语从句的引导词。which 表示指代；whether 表示是否；how 表示方式；why 表示原因。句意"不要太在乎你是否完全理解了正在听的内容。"故答案为 B。

40. 答案：D

解析：此题考查对语境的理解。根据文章的前后文理解可知，此处的意思是听得越多，学到的东西就越多。句意"你听得越多，学得越多。"故答案为 D。

Part Four   Dialogue Completion

41. 答案：B

考查语境：本题考查同意与不同意场景中的回答方式。

解析：本题问题为"你介意我听一会录音机吗？"答案"是的，我介意。我正在做家庭作业呢。"根据 Brother 的回答"我正在做家庭作业。"言外之意就是不同意 Sister 将录音机打开。选项 B 符合该语境，为正确答案。A、C 选项与后边的内容相互矛盾。D 项过于绝对生硬。故答案为 B。

42. 答案：A

考查语境：本题考查提供帮助场景中的回答方式。

解析：本题问题为"需要我帮您提行李吗？"答案"不用了，谢谢，我能应付。"最为委婉贴切。别人主动提供帮助，而你力所能及时可以这么回答。故答案为 A。

43. 答案：A

考查语境：本题考查同意与不同意场景中的回答方式。

解析：本题问题为"看那块红色的手表，真漂亮，才 20 美元！"答案"但是 20 美元的表很快就会坏掉，而且，你已经有了一块表了。"最符合语境。B 项逻辑错误；C 项不符合常理；D 项的拒绝太过直接，不适合。故答案为 A。

44. 答案：A

考查语境：本题考查道歉场景中的回答方式。

解析：本题问题为"对不起，王老师，我迟到了。早上我的闹铃没有响。"答案"没关系，这是常有的事。"最为委婉贴切。B 项的回答很不礼貌。C 项逻辑错误。D 项是中式英语的表达方式。故答案为 A。

45. 答案：B

考查语境：本题考查祝贺场景中的回答方式。

解析：本题问题为"恭喜你！祝你们幸福。"答案"谢谢，我相信我们会幸福的！"最符合语境。对别人的祝贺，首先要表示感谢，所以排除 C、D 项。A 项不一定符合事实（因为 Green 不一定也正好新婚）。故答案为 B。

46. 答案：C

考查语境：本题考查询问进展场景中的回答方式。

解析：本题的问题为"你的德语课最近怎么样?"A、B 两项答非所问；D 项"我的学生很喜欢我的课"，与前面的 lesson 相矛盾，lessons 是指学生上的课，所以 D 项错误。故答案为 C。

47. 答案：C

考查语境：本题考查初次见面场景的回答方式。

解析：初次见面时的回答常常是 Nice to meet you! 本题问题为"首先，我想介绍一下自己。我叫约翰·布朗，是这家公司的经理。"答案"很高兴认识你，布朗先生。"最为委婉贴切。

故答案为 C。

48. 答案：A

考查语境：本题考查提建议场景的回答方式。

解析：本题问题为"你渴了吗？冰箱里有几听可乐。"A 项答案"算了吧，有咖啡吗？"为符合该场景的回答用语。B 项的回答不正确，canned food 是罐头食品；C 项的回答答非所问。D 项的回答不合逻辑。故答案为 A。

49. 答案：B

考查语境：本题考查同情场景的回答方式。

解析：本题问题为"我假期溜冰的时候把胳膊摔坏了。"答案"不会吧，太糟糕了！"为最佳答案。在听别人诉说自己的不幸事故时，可以通过表达内心的不安、惊讶或害怕来表示同情。What a nuisance! 表示厌烦；Why was that? 是一般询问；What a trouble! 表示"真是个麻烦"。故答案为 B。

50. 答案：D

考查语境：本题考查谈论天气场景的回答方式。

解析：本题问题为"我很想知道明天天气怎么样。"答案"我们听听收音机里的天气预报吧。"最为委婉贴切。A 项和 B 项所答非所问，C 项没有礼貌。故答案为 D。

2011年在职攻读硕士学位全国联考研究生入学资格考试试卷

（仿真试卷五）

参考答案与解析

第一部分　语言表达能力测试

一、选择题

1. 答案：D

解析：A选项中"兴（xìng）奋"中的"兴"应为xīng；B选项中"应（yìng）届"中的"应"应为yīng；C选项中"玫瑰（guì）"中的"瑰"应为guī，"情不自禁（jìn）"中的"禁"应为jīn。

2. 答案：C

解析：A选项中"坐收余利"应为"坐收渔利"，"拾人牙惠"应为"拾人牙慧"。B选项中"磬竹难书"应为"罄竹难书"。D选项中"精兵减政"应为"精兵简政"。

3. 答案：A

解析：B选项中，正确说法为："是由……组成的"或"由……组成"。C选项中，"针对"后面缺少宾语，如：针对……情况。D选项缺少主语。

4. 答案：D

解析：A选项中可以理解为这部权威著作的内容介绍的是菲律宾，也可以理解为这部权威著作是菲律宾的一部权威著作。B选项中"其他连"语意不明。可以理解为除连长、指导员之外的连干部，也可以理解为除这个连之外的其他连的干部。C选项"两千多年前新出土的文物"语意不明。可以理解为该文物是两千多年前出土的，也可以理解为该文物是新出土的，文物的年代是两千多年前的。只有D选项没有歧义。

5. 答案：A

解析：①里面"生"与"死"，"爱"与"憎"，"团结"与"斗争"，明显采用了对偶的修辞手法。②"长夜孤灯"象征着弟弟的生命。③运用了比喻中的暗喻。省略了比喻词"是"。④"稳"一语双关。既有"安全"之意，也有"稳做奴隶"之意。

6. 答案：A

解析：《胆剑篇》是曹禺的话剧作品。郭沫若的主要剧作还有《蔡文姬》。曹禺的重要话剧作品有《雷雨》、《日出》、《原野》、《北京人》。

7. 答案：C

解析：这句话选自《易经》，"自强不息"主要强调内因及人的主观能动性。"厚德载物"体现出量的积累，因此A、B、D都正确。

8. 答案：A

解析：B、C 是造成远视的原因，D 是造成近视的原因。

9. 答案：D

    解析：D 选项运用了夸张手法，写出了舟行之速，一派喜悦、兴奋之情跃然纸上。理解此句需要结合李白当时所处环境及心境，此句表达了李白被赦之后的愉悦之情。

10. 答案：C

    解析：A 选项中"无所不为"指什么坏事都干，是一个贬义词，用在此处不当。B 选项中"半斤八两"比喻彼此不相上下，用在此处不当。C 选项中"力透纸背"有两层意思，一是形容写字、画画笔力遒劲。二是形容诗文等作品深刻有力。此处用第二种意思，使用恰当。D 选项中"首当其冲"比喻最先受到攻击或遭到灾难，用在此处不当。

11. 答案：B

    解析：B 选项是晚唐李商隐《夜雨寄北》中的词句，表达了作者对亲人的深切思念。A 选项是李煜的《虞美人》中的词句，词中不加掩饰地流露出了怀念故国之情。C 选项是南宋辛弃疾《水龙吟·登建康赏心亭》中的词句，表达壮志难酬之情。D 选项中是白居易《赋得古原草送别》，是一首送别之诗。

12. 答案：D

    解析：A 里面植物酵素可以直接排除。B 选项微量元素可归入矿物质。C 选项醋类可归入碳水化合物。

13. 答案：B

    解析："近朱者赤，近墨者黑"意思为靠着朱砂的变红，靠着墨的变黑。比喻接近好人可以使人变好，接近坏人可以使人变坏。指客观环境对人有很大影响。这里强调的是外因的作用。相反，"近朱者未必赤，近墨者未必黑"则强调了内因的重要性，内因是变化的根据。

14. 答案：B

    解析：我国的人民代表大会行使四个方面的职权，即最高立法权、最高任免权、最高决定权、最高监督权。其中，最高立法权包括修改宪法、制定和修改基本法律的权力。本题考查对全国人大最高立法权的掌握。第五项"监督宪法的实施"肯定是全国人大的职权，但不属于最高立法权，而是属于最高监督权。第一项的"制定宪法"并不是全国人大本身的职权。道理很简单，只有中国共产党领导中国工人阶级和广大人民群众，经过艰苦卓绝的革命斗争，夺取了国家政权，才能真正实现人民当家作主。当家作主后，既可以采用人民代表大会的形式，也可以采取其他形式，行使当家作主的权利，故"制定宪法"不属于全国人大的最高立法权的范畴。

15. 答案：C

    解析："不要把所有的鸡蛋都放在同一个篮子里"，是为了得到更大的保障，因此它强调的是一种风险性！

二、填空题

16. 答案：B

   解析："变换"包括就对象进行移动、旋转、镜像、比例缩放和倾斜。"变幻"是指不规则地改变。从句意中可推测出应为变幻。"清净"指远离恶行的过失，远离烦恼的污染。"清静"有安静、不嘈杂之意，此处也正是取此义。"鼓励"有鼓动激励，勉人向上的意思。"激励"有激发和鼓励的意思，此处选择鼓励更为合适，勉人向上。

17. 答案：A

   解析：第一层是转折关系，第二层是因果关系，第三层为顺接关系，第四层为递进关系。

18. 答案：C

   解析：此句重点强调的是英国的新概念武器，因此首句之后，先承接美俄的投入和研究，进而将英国的新概念武器进行对比，体现出英国新概念武器的优越性。

19. 答案：A

   解析：第一句是一句完整的话，用句号。爱因斯坦说，说的话需要用冒号、引号。后面对著作名的引用需要用书名号，同时这句话在整句话句中，要用小括号括起来，后面停顿用逗号，最后结束用句号。

20. 答案：B

   解析：诗词中要求严格的对偶，称为对仗。对仗主要包括词语的互为对仗和句式的互为对仗两个方面。第一处，"似"是一个动词，明显与"花"不能相对，故排除 A、C 选项。第二处，"谁家"带着疑问，与"何处"相对，因此答案为 B。

21. 答案：C

   解析：一针见血指比喻说话直截了当，切中要害。一语破的指一句话就说中要害。一语道破指的是一句话说穿。一言九鼎指的是一句话抵得上九鼎重，比喻说话力量很大，能起到很大作用，也形容人说话信誉极高，一言半语就起决定主要作用。通过比较，可以得出答案为 C。

22. 答案：D

   解析：大仲马的代表作是《基督山伯爵》、《三个火枪手》。小仲马的代表作是《茶花女》。

23. 答案：A

   解析：《报任安书》是司马迁写给其友人任安的一封回信。司马迁因李陵之祸被处以宫刑，出狱后任中书令，表面上是皇帝近臣，实则近于宦官，为士大夫所轻贱。为了完成《史记》的著述，司马迁所忍受的屈辱和耻笑，绝非常人所能想象。但他有一条非常坚定的信念，死要死得有价值，要"重于泰山"。

24. 答案：C

   解析：① 为杜甫《水槛遣心》中的诗句。② 为（宋）晏殊《踏莎行》中的诗句。③ 为朱熹《春日》中的诗句。④ 为杜牧《秋思》中的诗句。⑤ 为唐太宗李世民《赠萧瑀》中的诗句。⑥ 为《古诗十九首》中的诗句。

25. 答案：B

   解析：第一句为郭沫若所著，是对孔子的赞美。第二句为范仲淹，"先天下之忧而忧，后天下之乐而乐"之情怀。第三句，"三顾茅庐"，关于诸葛亮的著名典故。第四句"诗圣"指的是杜甫。

26. 答案：D

解析：废藩置县是 1871 年日本的明治政府推出的新政，用以废除传统的大名制度，设立新的地方政府，加强中央集权。废除土地买卖禁令是废除了土地国有制，确立了土地私有制。实行征兵制则是为了对外扩张创造条件。发展近代教育则是对日本社会的进步和持续发展起着最为关键的作用。

27. 答案：B

解析：大西洋的形成是由于大陆板块相对移动产生的张裂而形成裂谷，地幔物质从裂谷处涌出凝结成海岭，地幔物质继续不断地从海岭顶部的开裂处涌出凝结，形成大洋地壳，并向海岭两边推移扩张，使裂谷逐渐发展成大洋。板块构造学说的理论认为，喜马拉雅山地区本来同印度大陆相连，原来在南半球，是冈瓦纳古陆的组成部分。在喜马拉雅山脉升起以前，亚欧大陆和位于南半球的冈瓦纳大陆之间是一片广阔的海洋，为古地中海的一部分。大约 6500 万年前，印度板块从冈瓦纳古陆中分离出来，向北漂移了约 5000 ~ 7000 公里的路程，平均每年漂移 6 ~ 12 厘米，最后与亚欧板块相碰撞，古地中海消失，雅鲁藏布江成为亚欧板块与印度板块的地缝合线（分界线）。印度板块并从雅鲁藏布江沿线处向亚欧板块下俯冲，印度板块在向亚洲板块碰撞俯冲过程中，受到强大的挤压力作用，形成了高大的喜马拉雅山脉。

28. 答案：A

解析：商品的价值量是由社会必要劳动时间决定。等价交换是商品经济的一个重要原则。所谓等价，就是交换双方的商品的价值量相等。等价交换原则要求商品价格既要反映商品价值，又要反映供求关系的变化，因此价格围绕价值上下波动，所谓的等价交换也只存在于平均数中。

29. 答案：B

解析：意大利和北京同处北半球，意大利属于地中海气候，典型的气候特征是夏季炎热干旱，冬季温和多雨。因此当北京炎热多雨处于夏季时，意大利的气候特征是炎热干燥的夏季。

30. 答案：D

解析：六西格玛是一种能够严格、集中和高效地改善企业流程管理质量的实施原则和技术。它包含了众多管理前沿的先锋成果，以"零缺陷"的完美商业追求，带动质量成本的大幅度降低，最终实现财务成效的显著提升与企业竞争力的重大突破。"DPMO"是指 100 万个机会里面，出现缺陷的机会是多少。所谓的缺陷：是指产品、或服务、或过程的输出没有达到顾客要求或超出规格规定。

三、阅读理解题

（一）阅读下面短文，回答问题

31. 答案：D

解析：这是一个过渡段，其作用结合上下文是比较容易理解的。连用三个问句，从内容上一时难以回答，这就引起了读者的兴趣，自然探究下文，故其作用是承上启下。

32. 答案：A

解析：从第三自然段中可以得知，"为其他所依附"的书指的是书的基础，是少不了的必读书，《红楼梦》就是关于"红学"的基础。"依附其他"的书此题中也就是依附于《红楼梦》的书，应该是红学著作。

33. 答案：B

解析：从文中"没有史和概论是不能入门的，但光有史和概论而未见原书，那好像是看照片甚至漫画去想象本人了"，能得出答案为B。

34. 答案：C

解析：做这类题时应首先从整体上把握全文，有些文章直接有中心论点，有些文章需要读者自己概括。纵观全文的论述可以知道，本文是为了论证"读书首先要读必读的基础书"。A项"书是读得完的"只是为了引出本文的中心论点"读必读的基础书"，不是中心论点。D项"读书首先要读原著"只是表达内容的一个方面。

35. 答案：D

解析：A、B选项在文中第三段、C选项在文中七段都进行了详细的阐述。D选项只属于个例，并不能说明文章主旨。

（二）阅读下面短文，回答问题

36. 答案：D

解析：从文中"难怪世人对蜜蜂的赞美，几乎和它得名的历史一样长，"能得出答案。

37. 答案：C

解析：句中用"老黄牛"来比拟蜜蜂。蝴蝶那一身俏丽的打扮，更称为"心灵丑"的借代，用外表美和心灵丑形成强烈的对比。

38. 答案：A

解析：A选项中的"老眼光"与上文对应。文意也相符。

39. 答案：D

解析：作者再次强调蝴蝶的漂亮，引出下文。

40. 答案：A

解析：从文中最后一句话"故余作此文以志感，"能直观的判断出作者托物言志。

（三）阅读下面短文，回答问题

41. 答案：D

解析：从文中"采取了小说的以寻常人物的日常生活为描写对象的态度和刻画景物的技巧，总算沾上了时代潮流的边儿，所以是散文家中唯一顶天立地的人物。"能得出答案为D。

42. 答案：D

解析：从文章整个第二段能够判定出答案为D。

43. 答案：D

解析：从文中"所以仅仅不怯于"受"是不够的，要真正勇于"受"，一句可以看出中国并不是勇于"受"。所以 D 选项不正确。

44. 答案：C

解析：A 选项说法太绝对，不符合文意。B、D 选项与作者本意相违背。

45. 答案：A

解析：文中第一段讲到战国秦汉时代的主潮是散文。

（四）阅读下面短文，回答问题

46. 答案：D

解析：从文中"悬浮在大气中的尘埃粒子，能够将太阳光中的较短光柱拦截，使其进行有规则的发散……此外阳光在射向地球的时候，因受到尘埃的吸收和反射，能使地球上的生物得到适量的光照，以满足生长发育所需要，"得出 D 选项为正确答案。

47. 答案：C

解析：从文中"易爆尘埃的颗粒越细，浓度越大，它所产生的爆炸力就会越强，"可以看出 C 选项错误。

48. 答案：A

解析：B 选项过于肯定，不符合文意。C 选项浮游微粒向肺部传送化学污染物的过程中，可以加速一种叫做游离基的有害物质的产生，而不是快速产生游离基。D 选项中尘埃只是其中的一种污染物。

49. 答案：B

解析：B 选项过于肯定，粉尘含量超大气含氧量一半时，可能会发生爆炸。物质形成"尘炸"，还和诱因、速度等因素有关。

50. 答案：B

解析：C 选项才是对"保护膜"正确的描述。

第二部分　数学基础能力测试

1. 答案：A

解析：设 $a = 1 + \dfrac{1}{2} + \cdots + \dfrac{1}{2006}$，则

原式 $= (a-1) \times a - \left(a + \dfrac{1}{2007}\right) \times (a-1) = \dfrac{1}{2007}$. 故选 A.

2. 答案：A

解析：因为 $|a-1| + 4b^2 + 4b = -1$，所以 $|a-1| + 4b^2 + 4b + 1 = 0$

即 $|a-1| + (2b+1)^2 = 0$

又 $|a-1| \geqslant 0, (2b+1)^2 \geqslant 0$，所以 $\begin{cases} a-1 = 0 \\ 2b+1 = 0 \end{cases}$，即 $a = 1, b = -\dfrac{1}{2}$

所以 $a - b = 1 - \left(-\dfrac{1}{2}\right) = \dfrac{3}{2}$.

3. 答案：B

解析：因为 $\begin{cases} \dfrac{a+b+c}{3} = \dfrac{14}{3} \\ \sqrt[3]{abc} = 4 \\ bc = a \end{cases}$，即 $\begin{cases} a+b+c = 14 \\ abc = 64 \\ bc = a \end{cases}$

解得 $\begin{cases} a = 8 \\ b = 4 \\ c = 2 \end{cases}$ 或 $\begin{cases} a = 8 \\ b = 2 \\ c = 4 \end{cases}$

由于 $a > b > c > 1$，所以 $b = 4$. 故选 B.

4. 答案：D

解析：因为 $AD = DE = CE$，所以 $AD = \dfrac{1}{3}AC$，从而

$$S_{\triangle ABD} = \dfrac{1}{3}S_{\triangle BAC} = \dfrac{1}{3} \times 24 = 8, \quad S_{\triangle BDC} = \dfrac{2}{3}S_{\triangle BAC} = \dfrac{2}{3} \times 24 = 16$$

又因为 $BF = FC$，所以

$$S_{\triangle DFC} = \dfrac{1}{2}S_{\triangle BDC} = \dfrac{1}{2} \times 16 = 8, \quad S_{\triangle FDE} = \dfrac{1}{2}S_{\triangle FDC} = \dfrac{1}{2} \times 8 = 4$$

同理可得：$S_{\triangle EGC} = \dfrac{1}{2}S_{\triangle EFC} = \dfrac{1}{2}S_{\triangle FDE} = \dfrac{1}{2} \times 4 = 2$

所以 $S_{阴影} = S_{\triangle ABD} + S_{\triangle FDE} + S_{\triangle EGC} = 8 + 4 + 2 = 14$. 故选 D.

5. 答案：D

解析：因为圆柱侧面展开图是正方形，所以圆柱的高 $h = 2\pi r$，于是侧面积 $S_{侧} = h^2$，

于是 $r = \dfrac{h}{2\pi}$，所以底面积是 $\pi r^2 = \pi \cdot \left(\dfrac{h}{2\pi}\right)^2 = \dfrac{h^2}{4\pi}$.

即侧面积是底面积的 4π 倍. 故选 D.

6. 答案：C

解析：令 $y = 0$ 得，$x = -\dfrac{b}{a} > 0$，即直线 $y = ax + b$ 在 x 轴上的截距为正数. 故选 C.

7. 答案：A

解析：因为 $\left(x + \dfrac{1}{x} - 2\right)^3 = \left(\dfrac{x^2 - 2x + 1}{x}\right)^3 = \dfrac{(x-1)^6}{x^3}$

所以展开式中含 x 的项对应分子 $(x-1)^6$ 展开式中含 x^4 的项.

又由 $(x-1)^6 = (1-x)^6$，所以含 x^4 的项是 $C_6^4(-x)^4 = 15x^4$

故展开式中含 x 项的系数为 15. 故选 A.

8. 答案：C

解析：甲每天完成总工作量的 $\dfrac{1}{4}$，乙每天完成总工作量的 $\dfrac{1}{5}$，丙每天完成总工作量的 $\dfrac{1}{6}$.

甲、乙、丙三人依次轮换工作，三天后完成总工作量的 $\dfrac{1}{4} + \dfrac{1}{5} + \dfrac{1}{6} = \dfrac{37}{60}$，四天后

完成总工作量的 $\dfrac{37}{60} + \dfrac{1}{4} = \dfrac{52}{60}$,剩下总工作量的 $1 - \dfrac{52}{60} = \dfrac{2}{15}$ 由乙完成,还需要

$\dfrac{2}{15} \div \dfrac{1}{5} = \dfrac{2}{3}$,因此完成任务共需要 $4\dfrac{2}{3}$ 天.

9. 答案:B

解析:由杨辉三角形数字构成的规律,知图中从上到下〇中的数字依次为:

3,4,10,15,35.

所以这些数字之和为:$3 + 4 + 10 + 15 + 35 = 67$. 故选 B.

10. 答案:D

解析:因为 $z = -\dfrac{1}{2} + \dfrac{\sqrt{3}}{2}i$,所以 $z^2 = -\dfrac{1}{2} - \dfrac{\sqrt{3}}{2}i$

所以 $|z^2| = \sqrt{(-\dfrac{1}{2})^2 + (-\dfrac{\sqrt{3}}{2})^2} = 1$. 故选 D.

11. 答案:B

解析:由图知:$S_{\triangle ABC} = \dfrac{1}{2}|AB||AC|\sin x = \dfrac{15}{2}\sin x$,

$S_{\triangle ABD} = \dfrac{1}{2}|AB||AD|\sin\alpha = \dfrac{5}{2}y\sin\alpha$, $S_{\triangle ADC} = \dfrac{1}{2}|AC||AD|\sin\beta = \dfrac{3}{2}y\sin\beta$

因为 $S_{\triangle ABC} = S_{\triangle ABD} + S_{\triangle ADC}$,所以 $5y\sin\alpha + 3y\sin\beta = 15\sin x$ ①

在 $\triangle ACD$ 和 $\triangle ABD$ 中由余弦定理得:

$|BD|^2 = |AB|^2 + |AD|^2 - 2|AB||AD|\cos\alpha = 5^2 + y^2 - 2 \times 5y\cos\alpha$

$|DC|^2 = |AC|^2 + |AD|^2 - 2|AC||AD|\cos\beta = 3^2 + y^2 - 2 \times 3y\cos\beta$

因为 D 是 BC 的中线,所以 $5y\cos\alpha - 3y\cos\beta = 8$ ②

$①^2 + ②^2$,整理得:$34y^2 - 30y^2\cos(\alpha + \beta) = 225\sin^2 x + 64$ $(\alpha + \beta = x)$

即 $(15\cos x - y^2)^2 = (17 - y^2)^2 \Rightarrow 2y^2 = 17 + 15\cos x$

由 $x \in (0, \pi)$,知 $1 < y^2 < 16$,即 $1 < y < 4$. 故选 B.

12. 答案:A

解析:正项等比数列 $\{a_n\}$ 中的 a_3,a_5,a_6 成等差数列,即 $a_1 q^2 + a_1 q^5 = 2a_1 q^4$,

得 $1 + q^3 = 2q^2$,$(q - 1)(q^2 - q - 1) = 0$. 又由于 $q > 0$,$q \neq 1$.

所以 $q^2 - q - 1 = 0$,解得 $q = \dfrac{1 + \sqrt{5}}{2}$.

所以 $\dfrac{a_3 + a_5}{a_4 + a_6} = \dfrac{a_3(1 + q^2)}{a_4(1 + q^2)} = \dfrac{1}{q} = \dfrac{2}{1 + \sqrt{5}} = \dfrac{\sqrt{5} - 1}{2}$. 故选 A.

13. 答案:C

解析:因为 $4 - x^2 \geqslant 0$,即 $-2 \leqslant x \leqslant 2$,且 $x \neq 0$.

当 $-2 \leqslant x < 0$ 时,原不等式等价于 $\sqrt{4 - x^2} - 1 \geqslant 0$,即 $4 - x^2 \geqslant 1$,

所以 $-\sqrt{3} \leqslant x < 0$.

当 $0 < x \leqslant 2$ 时,原不等式 $\sqrt{4 - x^2} + 1 \geqslant 0$,显然成立.

故原不等式的解集为 $[-\sqrt{3},0) \cup (0,2]$.

14. **答案：A**

   解析： 由题意知，任取一只球是黑球的概率为 $\dfrac{1}{2}$，则不是黑球的概率仍为 $\dfrac{1}{2}$.

   设事件 A：取到的 4 只球至少有一只为黑球，则事件 A 的对立事件 $\overline{A}$ 为：取到的 4 只球全部都不是黑球.

   所以 $P(A) = 1 - P(\overline{A}) = 1 - \left(\dfrac{1}{2}\right)^4 = \dfrac{15}{16}$. 故选 A.

15. **答案：B**

   解析： 当 P 与短轴顶点重合时，$\angle F_1 P F_2 = \dfrac{\pi}{2}$，$e = \dfrac{\sqrt{2}}{2}$；

   所以当 $\angle F_1 P F_2 \leqslant \dfrac{\pi}{2}$ 时，$e \leqslant \dfrac{\sqrt{2}}{2}$. 故选 B.

16. **答案：D**

   解析： $f'(x) = \dfrac{1}{x} - \dfrac{1}{e}$，令 $f'(x) = 0$，得 $f(x)$ 的驻点为 $(e,0)$. 列表如下：

x	$(0,e)$	e	$(e, +\infty)$
y'	$+$	0	$-$
y	↗	极大	↘

   $f(e) = k > 0$

   又由于 $\lim\limits_{x \to 0^+}\left(\ln x - \dfrac{x}{e} + k\right) = -\infty$，$\lim\limits_{x \to +\infty}\left(\ln x - \dfrac{x}{e} + k\right) = -\infty$

   得，$f(x)$ 在 $(0,e)$ 和 $(e, +\infty)$ 内各有一个零点，共有 2 个零点. 故选 D.

17. **答案：C**

   解析： 因为 $1 - \cos x^2 \sim \dfrac{1}{2}x^2$，$\ln(1 + x^2) \sim x^2$

   所以 $\lim\limits_{x \to 0} \dfrac{x - \tan x}{x^2} \xlongequal{\text{洛必达法则}} \lim\limits_{x \to 0} \dfrac{1 - \dfrac{1}{\cos^2 x}}{2x} = \lim\limits_{x \to 0} \dfrac{\cos^2 x - 1}{2x} \cdot \dfrac{1}{\cos^2 x}$

   $= \lim\limits_{x \to 0} \dfrac{-\sin^2 x}{2x} \cdot \dfrac{1}{\cos^2 x} = 0$. 故选 C.

18. **答案：A**

   解析： 由图知 $f(x) = \begin{cases} 2x & (0 < x < 2) \\ -\dfrac{1}{4}x + \dfrac{9}{2} & (x \geqslant 2) \end{cases}$，$g(x) = \begin{cases} -3x + 6 & (0 < x < 2) \\ \dfrac{2}{3}x - \dfrac{4}{3} & (x \geqslant 2) \end{cases}$

   当 $0 < x \leqslant \dfrac{4}{3}$ 时，$2 \leqslant g(x) < 6$.

   $\mu(x) = f(g(x)) = -\dfrac{1}{4}(-3x + 6) + \dfrac{9}{2} = \dfrac{3}{4}x + 3 \quad \left(0 < x \leqslant \dfrac{4}{3}\right)$

所以 $\mu'(1) = \dfrac{3}{4}$. 故选 A.

19. 答案：D

解析：对 $\displaystyle\int_0^x f(t)\,\mathrm{d}x = x\sin x$ 两边求导，得 $f(x) = \sin x + x\cos x$. 故选 D.

20. 答案：B

解析：因为 $F'(x) = \displaystyle\int_0^{x^2} \ln(1 + t^2)\,\mathrm{d}t$, $F''(x) = 2x\ln(1 + x^4)$.

所以当 $x < 0$ 时，$F''(x) < 0$；当 $x > 0$ 时，$F''(x) > 0$. 所以曲线 $F(x)$ 在 $(-\infty, 0)$ 内是凸的，在 $(0, +\infty)$ 内是凹的. 故选 B.

21. 答案：A

解析：$\displaystyle\lim_{x \to 0} \dfrac{e^x - e^{-x} - 2x}{x - \sin x} \xlongequal{\text{洛必达法则}} \lim_{x \to 0} \dfrac{e^x + e^{-x} - 2}{1 - \cos x} = \lim_{x \to 0} \dfrac{e^x - e^{-x}}{\sin x}$

$= \displaystyle\lim_{x \to 0} \dfrac{e^x + e^{-x}}{\cos x} = \dfrac{1 + 1}{1} = 2$. 故选 A.

22. 答案：B

解析：$f(x) = \begin{vmatrix} x & x-1 & x-4 \\ 2x & 2x-1 & 2x-3 \\ 3x & 3x-1 & 3x-5 \end{vmatrix} = \begin{vmatrix} x & x & x-4 \\ 2x & 2x & 2x-3 \\ 3x & 3x & 3x-5 \end{vmatrix} - \begin{vmatrix} x & 1 & x-4 \\ 2x & 1 & 2x-3 \\ 3x & 1 & 3x-5 \end{vmatrix}$

因为 $\begin{vmatrix} x & x & x-4 \\ 2x & 2x & 2x-3 \\ 3x & 3x & 3x-5 \end{vmatrix} = 0$, 所以 $f(x) = \begin{vmatrix} x & 1 & 4 \\ 2x & 1 & 3 \\ 3x & 1 & 5 \end{vmatrix} = x\begin{vmatrix} 1 & 1 & 4 \\ 2 & 1 & 3 \\ 3 & 1 & 5 \end{vmatrix}$

所以 $f(x) = 0$ 的根的个数是 1. 故选 B.

23. 答案：D

解析：用初等行变换将 B 化为阶梯形矩阵.

$$B = \begin{pmatrix} 1 & -2 & 2 & -1 & 1 \\ 2 & -4 & 8 & 0 & 2 \\ -2 & 4 & -2 & 3 & 3 \\ 3 & -6 & 0 & -6 & 4 \end{pmatrix} \xrightarrow[\substack{r_3 + 2r_1 \\ r_4 - 3r_1}]{r_2 - 2r_1} \begin{pmatrix} 1 & -2 & 2 & -1 & 1 \\ 0 & 0 & 4 & 2 & 0 \\ 0 & 0 & 2 & 1 & 5 \\ 0 & 0 & -6 & -3 & 1 \end{pmatrix} \xrightarrow[\substack{r_3 - r_2 \times \frac{1}{2} \\ r_4 + r_2 \times \frac{3}{2}}]{r_2 \times \frac{1}{2}}$$

$$\begin{pmatrix} 1 & -2 & 2 & -1 & 1 \\ 0 & 0 & 2 & 1 & 0 \\ 0 & 0 & 0 & 0 & 5 \\ 0 & 0 & 0 & 0 & 1 \end{pmatrix} \xrightarrow[\substack{r_4 - r_3 \times \frac{1}{5}}]{r_3 \times \frac{1}{5}} \begin{pmatrix} 1 & -2 & 2 & -1 & 1 \\ 0 & 0 & 2 & 1 & 0 \\ 0 & 0 & 0 & 0 & 1 \\ 0 & 0 & 0 & 0 & 0 \end{pmatrix}$$

所以 $r(A) = 2, r(B) = 3$. 故选 D.

24. 答案：C

解析：$\bar{A} = \begin{pmatrix} a & 1 & 1 & 1 \\ 1 & a & 1 & 1 \\ 1 & 1 & a & -2 \end{pmatrix} \rightarrow \begin{pmatrix} 1 & 1 & a & -2 \\ 1 & a & 1 & 1 \\ a & 1 & 1 & 1 \end{pmatrix} \rightarrow \begin{pmatrix} 1 & 1 & 1 & -2 \\ 0 & a-1 & 1-a & 3 \\ 0 & 1-a & 1-a^2 & 1+2a \end{pmatrix}$

$\rightarrow \begin{pmatrix} 1 & 1 & 1 & -2 \\ 0 & a-1 & 1-a & 3 \\ 0 & 0 & (1-a)(a+2) & 2(a+2) \end{pmatrix}$

由题设，必有 $a = 1$ 或 $a = -2$.

当 $a = 1$ 时，$r(A) = 1 \neq r(\bar{A}) = 2$，无解.

当 $a = -2$ 时，$r(A) = r(\bar{A}) = 2$，方程组有无穷多解. 故选 C.

25. 答案：A

解析：设 λ 是 A 的任一特征值，x 是 λ 所属的特征向量，按定义有 $Ax = \lambda x$.

两边同左乘矩阵 A，有 $A^2 x = A(\lambda x) = \lambda Ax = \lambda^2 x$

由已知条件 $A^2 = A$，有 $A^2 x = Ax = \lambda x$，所以 $\lambda^2 x = \lambda x$

故 $(\lambda^2 - \lambda)x = 0$.

因为 x 是特征向量，按定义有 $x \neq 0$，所以有 $\lambda^2 - \lambda = 0$.

故矩阵 A 的特征值为 0 或 1. 故选 A.

第三部分　逻辑推理能力测试

1. 答案：C

解析：工作满 1200 小时（带薪休假日的量较前有了增加）→享受 5 个带薪休假日→项规定给该公司的雇员普遍带来了较多的收益；增加论据确保论据为真。

如果选项 C 不成立，则事实上宏大公司至多只有少数雇员在该公司工作的时间不会少于 1200 小时，这样，新规定带来的受益就和大多数雇员无缘，从而使题干的论证不能成立。因此，C 是题干的论证所必须假设的。其余各项都不是题干的论证所必须假设的。

2. 答案：B

解析：以人的生命为对象，市民和海军为条件，死亡率高低为结果的求异类比。证明类比对象相异。

题干广告中隐含的结论是，到海军服役不比在后方城市中生活危险。这个结论是建立在将两个具有不同内容的数字进行不恰当比较的基础上的。海军士兵正处于生存能力最佳状态的年龄段，造成他们死亡的几乎唯一的原因，是直接死于战争。如果处于后方的纽约市民具有和海军士兵相同的生存能力状态，前者的死亡率无疑要低得多；B 项断定，在纽约市民中包括生存能力较差的婴儿和老人，这就抓住了题干进行不恰当比较的实质，并为统计数据所显示的纽约市民死亡率高于海军士兵的现象提供了一个合理的解释。C 项所断定的也是对纽约市民构成威胁的因素，但没有理由认为这些因素造成的威胁会大于直接的战争，因此如果不首先断定纽约市民和海军士兵处于不同的生存能力状态，C 项不能对题干的统计数据提供解释。

因为条件已假设题干提供的资料为真,所以,D 项不成立。

A 项的不成立是显然的。

3. 答案:A

解析:包括美国在内的北约组织的军事实力,要明显地超过包括苏联在内的华约组织
→美国一直有着在军事上超过苏联的优越感。Ⅰ 为确保论据为真,Ⅱ 为加强前
后关联性。

注意转折句,Ⅰ 肯定是"包括美国在内的北约组织的军事实力,要明显地超过
包括苏联在内的华约组织",Ⅲ 肯定不是"这使得在整个冷战时代,美国一直有
着在军事上超过苏联的优越感。"所以根据选项情况选 A。

4. 答案:A

解析:代入排除法。

先假设邻居 A 的第一句话"刘易斯被加里福利亚大学录取"为真,A 的第一句
话真,可知 B 的第二句话"汤丹逊被加里福利亚大学录取"为假,则 B 的第一
句话"刘易斯被麻省理工学院录取"为真;从 B 的第一句话为真,可知邻居 C
的第一句话"刘易斯被哈佛大学录取"为假,又从 A 的第一句话为真,可知 C
的第二句话"萨利被加里福利亚大学录取"为假,这样 C 的两句话都为假,与
题意不合;所以,A 的第一句话不能为真,为真的是他的第二句话"萨利被麻
省理工学院录取"。从 A 的第二句话为真,可知 B 的第一句话"刘易斯被麻省
理工学院录取"为假,那么,B 的第二句话"汤丹逊被加里福利亚大学录取"
为真;从 B 的第二句话为真,可知 C 的第二句话"萨利被加里福利亚大学录
取"为假,那么,他的第一句话"刘易斯被哈佛大学录取"为真。这里采用的
是反证法。

5. 答案:B

解析:比较对象不具有可比性。

B 项已经把题干中的漏洞表述得足够清楚,毋须更多的解释。我们可以通过类
似的但更明显的例子来说明这种漏洞。

例1:H 省今年首次出现人口负增长。这一纪录令人惊异之处在于,H 省的人口
居全国人口之首。

例2:H 省今年首次出现人口负增长。这一纪录令人惊异之处在于,近十年来 H
省的人口平均增长率居全国之首。

例1 具有和题干相同的逻辑漏洞,例2 则没有这样的漏洞。

其余各项均不能揭示题干的漏洞。

6. 答案:C

解析:消防站现有的云梯消防车足够了→不用购置一辆新的云梯消防车。增加论据确
保 P 为真。

选项 C 显然是市政府的决定所必须假设的,否则,如果事实上消防站所有云梯
消防车在近期内都退役,则市政府关于"龙口开发区现只有五幢高层建筑,消

防站现有的云梯消防车足够了"的理由不可能成立。

选项 C 作为市政府决定的一个假设是否过强了呢？并不是这样。例如，如果把选项 C 弱化为"消防站的云梯消防车中，至少有两辆近期内不会退役"，记为选项 F，那么，选项 F 并不是市政府的决定所必须假设的。因为即使 F 不成立，消防站的云梯消防车中，仍然可能有一辆近期内不会退役，市政府完全有可能据此认为消防站现有的云梯消防车是足够的。

选项 A 不是必须假设的。因为市政府的理由是，消防站现有的云梯消防车足够管现有的五幢高层建筑，而不是说只够管现有的五幢高层建筑。

选项 D 不是必须假设的。因为市政府关于现有云梯消防车足够的理由，完全可能把龙口开发区某些高层建筑内的防火设施不符合标准作为一个火灾隐患因素考虑在内。

选项 B 显然不必须假设的。

7. 答案：B

解析：美国车比进口车费油→美国车会失去市场。增加论据加强前后关联性。

选项 B 是题干的论证必须假设的，否则，如果事实上汽车在使用过程中的花费不是买主在购买汽车时的主要考虑之一，那么，买主就不会因为美国产汽车和进口汽车在耗油量上的差别而选择后者，这样，题干的结论就不能成立。由选项 A 可以得出这样的结论，由于美国制造的汽车和进口汽车的价格性能比大致相同，因此，美国产汽车的买主在耗油上较多的花费，一定可以在某些美国产汽车的较好的性能中得到补偿。这就削弱了题干的论证。同样，选项 D 的断定如果为真，也将削弱题干的论证。因此，显然 A 和 D 都不是题干的论证所必须假设的。

选项 C 的断定如果为真，能加强题干的论证，但并不是它必须假设的。

8. 答案：B

解析：不必经常停机换线团→有利于减少劳动力成本。增加论据加强前后关联性。

有人建议，在机器上换上大型号的缝纫线团，这样就可以不必经常停机换线团，有利于减少劳动力成本。显然，这项建议是想通过节约劳动时间（不必经常停机换线团）来减少劳动力成本，这也就是说，劳动力的成本是以劳动的时间来计算的，那么，该衬衫厂一定实行的是计时工资制，而不是计件工资制，这正是选项 B 所表示的。其他选项皆与题意关系不大。

9. 答案：A

解析：理形式正确∧前提真实→它的结论一定真实

题干断定，对于任一推理，形式正确并且前提真实，是结论真实的充分条件。

由 A 项所断定的结论虚假，可推出或者形式错误，或者前提假；A 项又断定形式正确，因此，可推出前提一定虚假。所以 A 项的断定一定为真。其余各项的断定不一定为真。

10. 答案：A

解析：美国在延长癌症病人生命方面的医疗水平要高于亚洲→癌症病人的平均生存年

限高于亚洲。否定论据。

A 项断定由于美国人有较高的自我保健意识,因此,美国癌症患者的早期确诊率要高于亚洲。如果这一断定为真,则题干中所提到的美国癌症患者的生存年限要长于亚洲患者的现象,很可能是由于美国癌症患者的早期确诊率要高于亚洲患者所生成的,并非是由于美国在延长癌症病人生命方面的医疗水平要高于亚洲。这就严重地削弱了题干的论证。

选项 B 不能削弱题干的论证。

选项 C 和 D 对题干有所削弱,但力度显然不如选项 A。例如,选项 D 最多只能说明日本的治癌水平不低于或者甚至高于美国,但这和美国的治癌水平总体上高于亚洲并不矛盾。

11. 答案:D

   解析:老人对维生素和微量元素的需求却日趋增多→为了摄取足够的维生素和微量元素,老年人应当服用一些补充维生素和微量元素的保健品或者应当注意比年轻时食用更多的含有维生素和微量元素的食物。增加论据确保前后的关联性。

   如果年轻人的日常食物中的维生素和微量元素含量,事实上较多地超过人体的实际需要,那么,老年人只要保持这种年轻时的营养摄入,就能满足随年龄增长而增长的对维生素和微量元素的需要,而不必服用补充维生素和微量元素的保健品,也不必比年轻时食用更多的含有维生素和微量元素的食物。这样,题干的结论就难以成立。

   因此,回答 D 项的问题对于评价题干至关重要。

12. 答案:D

   解析:一只鱼鹰捕捉到一条鲶鱼时→没有鱼鹰同时跟着飞聚到这一水面捕食,增加论据加强前后关联性。

13. 答案:A

   解析:塑料垃圾的比例,不但没有减少,反而有所增加→许多易于被自然分解的塑料代用品纷纷问世,这种努力几乎没有成效。构造负命题。

   如果 A 项为真,即近年来越来越多过去被填埋的垃圾被回收利用,这说明每年填埋垃圾的总量减少了。因此,虽然填埋的垃圾中塑料垃圾的比例有所增加,但塑料垃圾的绝对数量却可能减少了。因此,不能得出结论:人类为减少塑料垃圾的努力没有成效。这就严重地削弱了题干的论证。

14. 答案:D

   解析:题干作了三个断定:

   (1) 既有合格的质量,又有必要的包装←一项产品要成功占领市场;

   (2) 具备足够的技术投入←合格的质量和必要的包装;

   (3) 足够的资金投入←保证足够的技术投入。

   Ⅰ项可从断定 (1) 和 (2) 直接推出。

   Ⅲ项不能由题干推出。

15. 答案:D

解析：昨天，我遇到了一个认识该作家的人，他肯定了你的观点→你是对的

从题干可知，贾女士以认识该作家的人的观点作为判别是非的根据。因此显然贾女士和陈先生都不认识该作家，因而自然不会以和该作家的私人交往为争论的依据。因为，如果陈先生认识该作家并以他们的私人交往为根据，他早就可使贾女士相信他的观点是对的，而不必等到贾女士遇到一个认识该作家的人；同样的道理，如果贾女士认识该作家并以他们的私人交往为根据，贾女士早就认为自己的观点是对的。除此以外，其余各项都可能是贾女士和陈先生争论的根据。

16. 答案：C

解析：广告增加→销售增加。构造负命题。

A 项说明电视广告，包括脑黄金营养液电视广告没什么影响。

B 项说明脑黄金营养液电视广告对于脑黄金营养液的促销没产生什么影响。

C 项说明脑黄金营养液电视广告对于脑黄金营养液的促销产生了负影响，即看了广告反而不买了。

17. 答案：C

解析：他认为可疑的人身上（也就是觉得在骗他）→有意的携带违禁物品。他认为不可疑的人身上（也就是没觉得在骗他）→无意的携带违禁物品或者根本没有携带毒品；二者构成了充要条件，只有前后不一致为假。

选项 I 不能削弱海关检查员的论证。因为判定一个无意地携带了违禁物品的入关人员为不可疑，不能说明检查员受了欺骗，同样不能说明检查员在判定一个人是否在欺骗他时不够准确。

选项 II 能削弱海关检查员的论证。因为判定一个有意地携带了违禁物品的入关人员为不可疑，说明检查员受了欺骗，因而能说明检查员在判定一个人是否在欺骗他时不够准确。

选项 III 能削弱海关检查员的论证。因为判定一个无意地携带了违禁物品的入关人员为可疑，虽然不能说明检查员受了欺骗，但是能说明检查员在判定一个人是否在欺骗他时不够准确。

18. 答案：D

解析：注意反驳的针对性、具体性。

题干中商业伦理调查员指责 XYZ 钱币交易误导客户的根据是，它的所称很稀有的货币，实际上是比较常见的。XYZ 钱币交易所的回答回避了商业伦理调查员的问题，只是陈述了该交易所的一些优势，这显然使得它的回答没有说服力。D 项指出了这一点，作为题干的后继是恰当的。其余各项均不恰当。

19. 答案：B

解析：海豚用异常高频的滴答声→猎物的感官超负荷→击晕近距离的猎物。构造 $P \wedge \neg q$

如果 B 项的断定为真，则由于海豚发出的滴答声，不能使它的猎物感知，更谈不上使其感官超负荷从而被击晕，因此，海洋生物学家的推测显然不能成立。

其余各项均不能构成质疑。

20. 答案：C
    解析：谷物 = 酒精 = 石油。等价命题。
    对于那些已经用从谷物提取的酒精来替代一部分进口石油的西方国家，1995 年后进口石油价格下跌，显然可能导致作为石油替代品的酒精价格的下跌；而酒精价格的下跌，显然可能导致作为酒精原料的谷物价格的下跌。因此，作为 1995 年后进口石油价格下跌的可能后果，谷物的价格面临下跌的压力。这正是 C 项所断定的。
    当酒精价格的下跌幅度大到使得谷物作为酒精的价值低于作为粮食的价值，才会发生 A 项所断定的"一些谷物从能源市场转入粮食市场"，否则，这种现象不会发生。因此，A 项断定的后果虽然也有可能，但可能性不如 C 项大。
    其余各项都不是可能后果。

21. 答案：C
    解析：商人出以利计→纷纷融币取铜；Ⅰ加强了前后的关联性。
    市民以银子向官吏购兑铸币→吏因此大发了一笔；Ⅱ加强了前后的关联性。
    Ⅰ可以从题干的陈述中推出。因为如果事实上上述铸币中所含铜的价值不高于该铸币的面值，那么融币取铜就会无利可图，就不会出现题干中所说的商人纷纷融币取铜，从而造成市面铸币严重匮乏的现象。
    Ⅱ可以从题干的陈述中推出。因为如果上述银子购兑铸币的交易，都能严格按朝廷规定的比价成交，就不会有官吏通过上述交易大发一笔，题干中陈述的相关现象就不会出现。
    Ⅲ不能从题干的陈述中推出。铸币铜含量在六成以上，有可能导致商人融币取铜，但不一定导致商人纷纷融币取铜，例如，如果有严明的王法。因此，不能由雍正以前明清诸朝未见有题干陈述的现象，就得出其铸币铜含量均在六成以下的结论。

22. 答案：C
    解析：注意平均数在男女如果数量相等的平均数 10 之下。所以女性多。
    如果男性参加者和女性参加者一样多，并且男性参加者平均减肥 13 公斤，女性参加者平均减肥 7 公斤，那么，参加者平均减肥就不可能是 9 公斤。所以从题干中一定能推出男性参加者和女性参加者不一样多。
    如果男性参加者比女性参加者多，则参加者平均减肥必定大于 10 公斤。由题干，参加者平均减肥是 9 公斤，因此，可得结论：女性参加者比男性参加者多。

23. 答案：B
    解析：贾女士单称命题推理。
    陈先生的话中，包含着对马的间接断定，但贾女士的话中，对狗没有作出任何直接或间接的断定，因此，B 不成立。其余各项都能成立。

24. 答案：D
    解析：互联网因其方便和低成本会促进文学名著的普及→有利于造就高素质的读者

群。构造负命题。

题干断定，互联网因其方便和低成本会促进文学名著的普及。如果 D 项为真，则说明：对文学没有兴趣的人，不会因为有互联网而接触文学名著；而对文学有兴趣的人，不会因为没有互联网而不接触文学名著。这就有力地削弱了题干的论证。

25. 答案：A

解析：灰狼的习性是避免与人接触的→灰狼不会对游客造成危害；为灰狼准备了足够的家畜如山羊、兔子等作为食物→灰狼也不会对公园中的其他野生动物造成危害。如果 A 正确则结合第二句对第一句构成了负命题。后一句话否定了前一个命题。

A 项不能加强（事实上削弱了）题干中的论证，因为作为灰狼食物的山羊兔子等和野生动物一起出没，这使得灰狼在捕食食物时，同样会对公园中的其他野生动物造成危害，这就削弱了题干中的论证。其余各项都能加强题干的论证。

26. 答案：A

解析：由疱疹病毒引起的眼部炎症综合症→大多临床表现反复出现，相关的症状体征时有时无。确保论据为真。

A 项是题干的论证必须假设的。否则，反复出现急性视网膜坏死综合症症状体征的患者很可能是在一次发病治愈后，重新感染疱疹病毒而再一次发病的。这样，题干的结论就不能成立。

27. 答案：C

解析：求异类比，对象相同。

要使题干的论证有说服力，C 项必须为真。否则，有理由认为，在法庭的被告中，被指控偷盗、抢劫的定罪率，高于被指控贪污、受贿的定罪率的原因，是由于被指控偷盗、抢劫的被告中事实上犯罪的人的比例，高于被指控贪污、受贿的被告，而不是其他原因，例如律师方面的原因。这样，题干的论证就难以成立。

28. 答案：A

解析：白熊牌除臭剂←→提供一次性全天除臭效果∧提供雨林檀香味

题干断定：在除臭剂中，只有白熊牌能提供一次性全天除臭效果，不可能红旗牌除臭剂也能提供一次性全天除臭效果，因此 I 不可能真。

II 可能是真的，因为题干没有断定能提供一次性全天除臭效果和雨林檀香味是除臭剂在市场上受欢迎的决定性因素。

III 可能是真的，因为题干只是断定：在除臭剂中，只有白熊牌能提供雨林檀香味。洪波浴液不是除臭剂，完全可能提供雨林檀香味，这并不有悖于题干的断定。

29. 答案：D

解析：对每个用户，包括民用户和工业用户，分别规定月消费限额；不超过限额的，按平价收费；超过限额的，按累进高价收费→全区天然气的月消耗量至少可以合理节省10% 。

Ⅰ是必须假设的，增加前后关联性。如果天然气价格偏低不是造成该区天然气使用中存在浪费的重要原因，那么题干就不会说明区政府出台的这项调价措施是为了减少天然气使用中的浪费。

Ⅱ是必须假设的，增加前后关联性。否则该项调价措施的论证报告就不会作出这样的估计：实施调价后，全区天然气的月消耗量每月至少可以节约开支10%。

Ⅳ也是必须假设的，增加前后关联性。如果天然价格上调的幅度不足以对浪费使用天然气的用户产生经济压力，那么区政府的这项调价措施就不可能收到预想的节约天然气的效果。

Ⅲ是不必假设的，因为各个天然气用户的用量是不同的，完全有可能不到10%的用户浪费全区天然气的10%以上。

30. 答案：C

解析：湖面的冰层已经非常坚实∧要等到十二月中旬才开放，解释要确保该命题为真。

由于题干中已经说得非常明确，十二月上旬，该城市的气候已相当寒冷，湖面的冰层已经非常坚实，可知此时溜冰绝不可能存在危险性，溜冰场管理人员当然不会作出"此时溜冰具有一定的危险性"的解释，否则他就说了一个马上就会被溜冰爱好者戳穿的谎言。选项 A、B、D 都可以成为溜冰场管理人员对十二月上旬不开放溜冰场的解释，这些解释都可以被溜冰爱护所接受。

31. 答案：A

解析：诺亚公司生产的护肤化妆品→有些具有优良效果→价格昂贵→无一例外地受到女士们的信任。违反推理规则。

题干断定：有些具有优良效果的护肤化妆品是诺亚公司生产的，由此推不出：有些具有优良效果的护肤化妆品不是诺亚公司生产的。因此，可以设想这种情况，诺亚公司生产的化妆品都效果优良，并且只有诺亚公司生产的化妆品效果优良。在这种情况下，前提的断定都是真的，而 A 项的断定是假的。因此，A 项不能从题干的断定中推出。其余各项都能从题干推出。

32. 答案：C

解析：二者不互相借用→不同的语言中出现意义和发音相同的词，并不一定是由于语言间的相互借用，或是由于语言的亲缘关系所致。增加论据确保论据为真。

C 项是题干的论证所必须假设的。否则，存在第三种语言从英语或姆巴巴拉语中借用"狗"一词，这样，虽然，"狗"在英语和姆巴巴拉语中的同音同义不是这两种语言间的直接借用，但却是通过第三种语言的间接借用，这样，题干的论证就难以成立。

33. 答案：B

解析：注意语意结构。

题干实际上作了两个断定：第一，一个宣传，即使是虚假的，但只要没有产生欺骗效果，就不是不道德的；第二，一个虚假的宣传，即使产生了欺骗效果，但只要这个宣传的总体效果利大于弊，也不是不道德的。显然，B 项符合题干的断定。其余各项均不符合题干的断定。例如，C 项不符合题干的断定。因为题干并没有把作虚假宣传的人是否获利，作为评价此种宣传是否道德的标准。

34. 答案：A

解析：如果限制进口→大大提高生产成本，增加论据 r 加强关联性。

A 国政府禁止进口的这些产品，是该国几家依赖国际贸易的大公司生产所需的原料，这几家大公司要增强他们的产品在国际市场上的竞争能力，就必须降低生产成本，包括购买价格低廉的原料。题干认为政府禁止进口作为这几家大公司生产原料的产品，会严重削弱它们在国际市场上的竞争能力，那显然是因为在国内购买这些原料，其价格要大大高于进口的原料，这就加大了它们的生产成本，而这正是选项 A 所表达的意思。选项 B、C、D 从题干的内容中找不到依据。

35. 答案：C

解析：化学工业发达的工业化国家人均寿命增长率高→人们关于化学工业危害人类健康的担心是多余的，增加论据确保 P 为真。

C 项是题干的论证必须假设的。否则，没有发达的化学工业，发达国家的人均寿命增长率会因此更高，那么，就不能根据化学工业发达的工业化国家的人均寿命增长率，大大高于化学工业不发达的发展中国家，就得出化学工业并不危害人类健康的结论。

其余各项都不是必须假设的，其中，B 项不但不是必须假设的，而且是不能假设的。

36. 答案：B

解析：题干断定了四个条件：

（1）微波炉清洁剂中∧漂白剂→氯气；

（2）浴盆清洁剂中加∧漂白剂→氯气；

（3）排烟机清洁剂∧漂白剂→没有释放出任何气体；

（4）一种未知类型清洁剂∧漂白剂→没有释放出氯气。

由（1）和（4），可推出该清洁剂不是微波炉清洁剂；

由（2）和（4），可推出该清洁剂不是浴盆清洁剂。

因此，由题干可推出：该清洁剂既不是微波炉清洁剂，也不是浴盆清洁剂。这正是复选项Ⅱ所断定的。其余复选项均不一定为真。

37. 答案：B

解析：构造求异类比推理，要求对象相同。

B 项是题干中的分析必须假设的。否则，如果正版盘的质量明显优于盗版盘，那么，即使盗版盘在价格上占有优势，也难以在销售上占有相应的优势。其余各项无助于说明题干的分析。

38. 答案：D

解析：Ⅰ不一定是真的。因为题干断定的是：劳山牌酸奶中含有的亚 1 号乳酸被全国十分之九的医院用于治疗先天性消化不良，从中得不出结论：全国有十分之九的医院使用劳山牌酸奶作为药用饮料,因为题干并没断定:只有劳山牌酸奶中含有的亚 1 号乳酸。

Ⅱ和Ⅲ都不一定是真的。因为题干断定的是:全国十分之九的医院使用亚 1 号乳酸治疗先天性消化不良,从中可以推出全国有十分之一的医院或者不治疗先天性消化不良,或者治疗先天性消化不良但不使用亚 1 号乳酸,而不能推出全国至少有十分之一的医院不治疗先天性消化不良,也不能推出全国只有十分之一的医院不向患有先天消化不良的患者推荐使用劳山牌酸奶。

39. 答案:C

解析:张:发现了烧焦的羚羊骨头碎片的化石→人类在自己进化的早期就已经知道用火来烧肉了。

李:在同样的地方也同时发现了被烧焦的智人骨头碎片的化石。

注意:此题李所要表达的含义必须结合选项来看。

人也被烧焦了,说明火不是被人控制的。再结合上一句,进一步说明上述羚羊的骨头不是被人控制的火烧焦的。

40. 答案:B

解析:人也被烧焦了→说明火不是被人控制的,增加论据关联前后。

B 项是李研究员的议论所必须假设,否则如果在发展的早期,人类以自己的同类为食,那么上述被烧焦的智人骨头碎片完全可能是人为火烧的结果,这样李研究员的质疑就失去了根据。

A 项的断定中包含对 B 项的断定,但过强了,不是李研究员的议论所必须假设的。

其余各项显然不是需要假设的。

41. 答案:D

解析:(1)推出鱼;(4)推出鸟。

42. 答案:A

解析:崇拜鱼的妇女∧(1)∧(5)推出儿子可能崇拜鱼;(4)推出鸟。

43. 答案:D

解析:男子崇拜狼结合(1)→女子崇拜狼,结合(6)所以可以是狼;男子崇拜狼结合(2)推出鹿和鸟。

44. 答案:D

解析:崇拜鹿的男子的女儿,可能崇拜鹿,结合(1)(2)她可能嫁给 D。

45. 答案:D

解析:崇拜鱼的男人的妻子,结合(1)(3)(4)可能崇拜鱼或狼;则他父亲可能崇拜鱼或狼;再结合(4)可以是鸟。

46. 答案:D

解析:题干中的逻辑推理分别为:买热狗→—买薯条(二者只能买一);热狗∧苹果派;M→薯条,说明 M 不买热狗;N→汉堡,说明 M 不买汉堡;L:非苹果派 N:非苹果派,说明 M 买了苹果派;N→—M,说明 M 不买汉堡。本题中 L:

没买苹果派 N：没买苹果派，说明 M 买了苹果派。

47. 答案：B

解析：M 买了苹果派和薯条、N 可以买除了苹果派的包括汉堡在内的两种（注意：买热狗→—买薯条）、L 可以买汉堡，还可以买除苹果派外的薯条或热狗，所以是六十元。

48. 答案：A

解析：M 不买汉堡和热狗，只能买苹果派和薯条；L 他们只能在出了苹果派的热（薯条）、汉堡里选。因此 L 必须买汉堡。

49. 答案：C

解析：L 买了薯条，则不会买苹果派和热狗。M 也不买汉堡和热狗。则 N 必须买热狗。

50. 答案：C

解析：M 买了苹果派和薯条，则 N 除了苹果派和薯条（如果买薯条那么 M 不能买）可以买另外二、L 可以买出了苹果派外的三种，所以是七十元。

第四部分　外语运用能力测试（英语）

Part One　Vocabulary and Structure

1. 答案：B

翻译：只要经济基础发生变化，整个上层建筑就会随之或多或少地发生变革。

考点：本题考查常用短语含义辨析。

解析：anything but 根本不；more or less 或多或少地；at large 大体上，逍遥法外，详细地；any more 不再。分析句意可知，只有 more or less 符合题意。故答案为 B。

2. 答案：A

翻译：据估计，清除花园里的杂草需要花费他四个小时的时间。

考点：本题考查形近动词辨析。

解析：estimate 估计，估价，判断；exceed 超过，超越；escape 逃避，逃开；exclude 排除，不包括在内。分析句意可知，estimate 最合题意。故答案为 A。

3. 答案：A

翻译：在一些不发达国家，它们的出口货物主要是一些像木材和矿产这样的原材料。

考点：本题考查形容词近义词辨析。

解析：raw 生的，天然的，未加工的；crude 天然的，未加工的，简陋的，粗鲁的；fresh 新鲜的；original 起初的，原来的。raw 和 crude 都有"天然的，未加工"的意思，但是 raw material 是固定搭配，表示原料。故答案为 A。

4. 答案：A

翻译：卡尔想和鲍勃开个玩笑，但一笑就露馅了。

考点：本题考查固定搭配。

解析：give oneself away 表示"泄露，露出马脚"。故答案为 A。

5. 答案：D

翻译：朱迪刚从巨大的伤痛中恢复了一点点，就全身心地投入到了工作当中去。

考点：本题考查动词词义和用法的辨析。

解析：return 返回，恢复；absorb 吸收，吸引……的注意力；dissolve 溶解，结束；recover 恢复健康（体力、能力等），recover... from 表示"恢复，痊愈"。故答案为 D。

6. 答案：A

翻译：完工后，博物馆明年就会对外开放。

考点：本题考查分词做时间状语的用法。

解析：在选择恰当分词的时候，应该判断主语和该动词的逻辑关系。本题中，"museum"是"complete"这个动作的接受者，二者是动宾关系。此时应选择过去分词。且分词动作发生在主句动作之前，应选 completed。故答案为 C。

7. 答案：B

翻译：船刚下锚暴风雨就来了。

考点：本题考查倒装结构。

解析：no sooner... than 表示"一……就……"，类似的句型还有 hardly... when。在这两种结构中，主句多用过去完成时，从句用一般过去时。当 no sooner 或 hardly 提前时，主句要部分倒装。只有 B 项符合题意。故答案为 B。

8. 答案：B

翻译：你觉得谁会晋升为我们部门的主管呢？

考点：本题考查插入语的用法。

解析：do you think 表示"你认为"，是个典型的插入语成分。在一个句子中间插入一个成分，它不做句子的任何成分，也不和句子的任何成分发生结构关系，同时既不起连接作用，也不表示语气，这个成分称之插入语。因此，在做该题的时候，可以不用考虑插入成分。故答案为 B。

9. 答案：A

翻译：正是在他得到了他想要的一切之后，他才发现其实他原先想要的其实并不是那么重要。

考点：本题考查强调句型。

解析：强调句型：It is（was）+ 被强调的部分 + that（who）+ 原句其他部分，来强调说话人想要强调的部分，比如主语，宾语，状语等。本题中强调的是 after 引导的时间状语，故引导词应该用 that。故答案为 A。

10. 答案：A

翻译：我永远不会忘记我们一起工作的那些日子，也不会忘记我们一起度过的时光。

考点：本题考查关系代词和关系副词的用法。

解析：本题中的两个先行词都是 the days，但是它们在从句中充当的成分却不尽相同。第一个 days 在从句中做状语，应选关系副词 when 来引导从句；第二个 days 在从句中做 spend 的宾语，应选关系代词 that 或 which 来引导从句。故答案为 A。

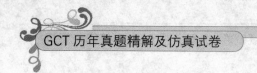

Part Two   Reading Comprehension
Question 11-15 are based on the following passage：
本文大意

> 　　耗资3亿元人民币重新修建的历代帝王庙于上周末重新对公众开放。历代帝王庙最初建造于470年前明代嘉靖年间，一直用来祭祖直至清代。在清朝雍正和乾隆年间，曾两次对其进行修葺。该庙景德崇圣大殿的地面是用金砖铺成的，殿中供奉了188位中国历代帝王的牌位。此次修建是严格按照乾隆曾颁布的有关法令进行整修的，其中只对无法整修的部分进行了重建。

核心词汇

renovation *n.* 革新，刷新，修理　　　　　　dynasty *n.* 朝代，王朝

imperial *adj.* 帝国的　　　　　　　　　　memorialize *v.* 纪念

successive *adj.* 接连的，连续的，接二连三的

句式讲解

（1）Originally constructed about 470 years ago，during the reign of Emperor Jiajing of the Ming Dynasty，the temple was used by emperors of both the Ming and Qing to offer sacrifices to their ancestors.

constructed 为动词过去分词的形式做时间状语；be used by 被动语态"be done"的构成；to offer sacrifices to their ancestors 为不定式做目的状语。

（2）The jinzhuan bricks used to pave the floor，the same as those used in the Forbidden City，are finely textured and golden-yellow in color.

used to pave the floor 为过去分词做后置定语；the same as…"和……一样"为同级比较，前后的比较对象要一致；the Forbidden City 为专有名词"紫禁城。"本句的主干为 The jinzhuan bricks are textured and golden-yellow in color.

答案与解析

11. 答案：D

　　解析：词汇猜测题。renovate 是"修复"之意；A"改革"；B"重新安排"；C"撤退"；D"修复，重建"。此处的对象是庙，花钱只能是对其进行修建或维修。故答案为D。

12. 答案：D

　　解析：细节题。从文章第二段"Originally constructed about 470 years ago，during the reign of Emperor Jiajing of the Ming Dynasty，the temple was used by emperors of both the Ming and Qing to offer sacrifices to their ancestors."可知历代帝王庙是在470年前建设的。故答案为D。

13. 答案：C

　　解析：细节题。从第二段"From 1929 until early 2000，it was part of Beijing No. 159

Middle School." 可以计算出是 71 年时间。故答案为 C。

14. 答案: A

解析: 推理题。B 项在原文中没有出现, 属于无关信息; D 项直接出现, 属于事实信息, 不能作为推理题答案; 根据第四段第二句 "The jinzhuan bricks used to pave the floor, the same as those used in the Forbidden City, are finely textured and golden-yellow in color" 的内容进行判断, C 不正确。故答案为 A。

15. 答案: C

解析: 细节题。文中最后一段 "… and only those sections of the temple too damaged to repair have been replaced." 只有那些破损严重的部分被重建了。其他选择在文中都有支持信息。故答案为 C。

Question 16-20 are based on the following passage:

本文大意

虽然福利改革仍处于初级阶段, 但已经取得了巨大成功。在过去的四年里, 福利政策有所调整, 但是有百分之七十的人每小时工资不到 6 美元。雅典现仍有百分之三十以上的人没有脱贫——这个贫困率是全国平均水平的两倍。要解决这个问题需做很多工作。一项研究表明, 很多家庭主妇都开始工作赚钱, 但其家庭平均收入却在下降。正如一位福利改革分析家所说的那样 "福利是一种毒药。一种毒害家庭的毒药。"

核心词汇

welfare *n.* 福利, 社会保障   household *n.* 家庭, 户

reform *n.* 改革, 改正, 感化   work ethic 职业道德

estimate *v.* 估计, 估价, 评价

句式讲解

(1) While still in its early stages, welfare reform has already been judged a great success in many

states…

While still in its early stages 做时间状语; has already been judged 为现在完成时的被动语态, 形式为: have (has) been done; success 为名词, 动词形式为 succeed, 形容词形式为 successful。

(2) then the country can make other policy changes aimed at improving living standards.

aimed at 为分词短语做目的状语; aimed at 后接 *v.* -ing 形式。

答案与解析

16. 答案: D

解析: 主旨题。从文章第一段 "While still in its early stages, welfare reform has already been judged a great success in many states." 故答案为 D。

17. 答案: C

解析：细节题。从文章第二段 "More people are getting jobs, but it's not making their lives any better," 及第三段 "… female-headed households were earning money on their own, but that average income for these households actually went down." 可知是由于她们的工资太低。故答案为 C。

18. 答案：A

解析：例证题。从文章第二段 "For advocates for the poor, that's an indication much more needs to be done." 可确定要改善人们的生活水平要付出巨大的努力。故答案为 A。

19. 答案：B

解析：细节题。从文章第三段 "The reform is changing the moral climate in low-income communities. It's beginning to rebuild the work ethic, which is much more important." 可知进行福利改革更重要的一点是重建职业道德。故答案为 B。

20. 答案：D

解析：推理题。从文章第三段 "Mr. Rector and others argued that once 'the habit of dependency is cracked,' then the country can make other policy changes aimed at improving living standards." 可推知。故答案是 D。

Question 21-25 are based on the following passage：

本文大意

很多人认为雪的刺眼光芒造成了雪盲。然而，他们发现戴上墨镜长时间注视雪仍会产生头痛及流泪的现象。美国军队现在已经确定，在冰雪覆盖的国家，积雪眩光并不会造成雪盲。相反人在白雪覆盖的广袤大地上，由于眼睛无法注视某一固定物体，便四处寻找固定物体看。眼睛不停搜索，眼球便会疼痛，眼睛就会流泪。当眼泪模糊眼球的时候就出现了短暂的"雪盲"。末段阐述了这个问题是可以克服的以及克服的方法。

核心词汇

expose v. 暴露，揭穿，陈列
glare n. 闪耀光，刺眼
barren adj. 贫瘠的
terrain n. 地带，地域，地形
gaze n. & v. 凝视，注视

landscape n. 风景，风景画
offset v. 弥补，抵销，用平版印刷
blur v. 使……模糊
obscure v. 使……阴暗，隐藏
overcome v. 战胜，克服

句式讲解

（1）It is assumed that the glare from snow causes snow-blindness.

此句为 it 引导的主语从句，it 做形式主语，真正主语为 "the glare from snow causes snow-blindness."。

（2）By focusing their attention on one object at a time, the men can cross the snow without becoming hopelessly snow-blind or lost.

By focusing their attention on 为方式状语；without becoming hopelessly snow-blind or lost. 为伴随状语。

答案与解析

21. 答案：D

解析：细节题。本题问眼珠及眼部肌肉酸痛的原因。从第二段 "Rather, a man's eyes frequently find nothing to focus on in a broad expanse of barren snow-covered terrain. So his gaze continually shifts and jumps back and forth over the entire landscape in search of something to look at. Finding nothing, hour after hour, the eyes never stop searching and the eyeballs become sore and the eye muscles ache." 可知由于眼睛找不到固定的可视物体，长时间环视而会导致疲倦。故答案为 D。

22. 答案：C

解析：细节题。从第二段 "Nature offsets this irritation by producing more and more fluid which covers the eyeball." 可确定。故答案为 C。

23. 答案：B

解析：细节题。从第三段 "By focusing their attention on one object at a time, the men can cross the snow without becoming hopelessly snow-blind or lost. In this way the problem of crossing a solid white terrain is overcome." 可确定。故答案为 B。

24. 答案：A

解析：主旨题。从主题句 "It is assumed that the glare from snow causes snow-blindness." 可知雪的强光以及雪盲是这篇文章谈论的重点。故答案为 A。

25. 答案：A

解析：主旨题。文章第一、二段阐述雪盲，而从第三段主题句 "Experiments led the Army to a simple method of overcoming this problem." 可知是在讨论如何避免雪盲。故答案为 A。

Question 26-30 are based on the following passage：

本文大意

在美国，电视对孩子的影响是至关重要的。父母担心低质量的电视节目会影响孩子的成长。当孩子们看到暴力场面时，他们可能会变得具有进攻性或缺乏安全感。同时父母担心商业广告也会对孩子有不利影响。许多家长希望不要在少儿节目里插播商业广告。或许应该在电视机上贴上一条警告："警告：电视看的太多可能会影响孩子的智力发育。"

核心词汇

influence *n.* & *v.* 影响

be concerned about 关心，牵挂

quality *n.* 品质，特质，才能

violence *n.* 暴力

negative *adj.* 否定的，消极的

be exposed to *v.* 暴露于…

aggressive *adj.* 进攻性的，有进取心的

commercial *a.* 商业的；*n.* 商业广告

mature *adj.* 成熟的，充分发育的 *v.* 使……成熟

句式讲解

（1）Studies indicate that, when children are exposed to violence, they may become aggressive or insecure.

that, when children are exposed to violence, they may become aggressive or insecure 为宾语从句，做 indicate 的宾语，而此宾语从句中嵌套了由 when 引导的时间状语从句 when children are exposed to violence.

（2）And some parents feel that these shows should not have any commercials at all because young minds are not mature enough to deal with the claims made by advertisers.

that these shows should not have any commercials at all 做 feel 的宾语，为宾语从句；because young minds are not mature enough to deal with the claims made by advertisers 为原因状语从句；made by advertisers 为 claims 的后置定语；not... at all 意为"根本不"。

答案与解析

26. 答案：C

解析：推理题。文中第二段"Studies indicate that, when children are exposed to violence, they may become aggressive or insecure."说电视节目中的暴力镜头对孩子有消极影响，小孩子如果看暴力节目看得太久就会变得具有攻击性。由此可推测孩子会模仿看到的暴力镜头。故答案为 C。

27. 答案：C

解析：推理题。A、B、D 在第二段中都有体现；文章自始至终都没有提到广告对孩子有好处。故答案为 C。

28. 答案：D

解析：细节题。文章第三段最后一句"These critics feel that... turns children into bored and passive consumers of their world..."可知批评家认为电视节目让孩子变得消极。故答案为 D。

29. 答案：A

解析：推理题。文章第四段中作者说应该在电视上贴个警告说看电视太多会影响孩子的智力发育。由此可见作者认为应该控制看电视的时间。故答案为 A。

30. 答案：B

解析：主旨题。纵览全文，文章讲述了各种电视节目对孩子的影响，文章最合适的标题应为"孩子与电视"。故答案为 B。

Part Three　Cloze
本文大意

去年我第一次去香港和朋友购物。英国天气寒冷，多阴天，所以我喜欢晒太阳、穿体恤衫和短裙。英国人都喜欢深色皮肤，所以花钱买很多护肤品使自己的皮肤变得黑一些。但是在中国却恰恰相反，中国人都喜欢白皙的皮肤，很多女士花钱买化妆品使自己的皮肤变得白皙。由于不明白这一点，我和朋友逛街的时候，误会了两个女店员。她们是羡慕我的皮肤，而我以为他们在嘲笑我。经朋友解释之后我才冰释前嫌。

31. 答案：A

解析：本题考查的是对词义的理解。come *v.* 来，come from 来自……；begin *v.* 开始，begin from 从……开始；drive *v.* 开车；hurry *v.* 催促，匆忙，赶快。此处是现在分词做状语。句意"由于我来自寒冷的英国，所以我喜欢晒太阳，穿体恤衫和短裙。"故答案为 A。

32. 答案：D

解析：本题考查对语境的理解。money *n.* 金钱；exercise *n.* 练习；space *n.* 空间；chance *n.* 机会，可能性。此处的搭配是 have chance to do sth. 有机会做某事。句意"在英国没有机会晒到阳光，所以我的双腿很白皙。"故答案为 D。

33. 答案：C

解析：本题考查的是固定搭配。not at all 是固定搭配，意思是"一点也不，根本不"。句意"在英国这（白皙的皮肤）一点都不时尚。"故答案为 C。

34. 答案：B

解析：本题考查的是语境的理解。white *adj.* 白色的；dark *adj.* 黑色的，深色的；green *adj.* 绿色的；faire *adj.* 白皙的。前面已经提到英国人喜欢深色的皮肤，好多人花钱买化妆品使自己的皮肤变黑。句意"皮肤越黑越好看。"故答案为 B。

35. 答案：A

解析：本题考查的是非谓语动词。该句中句子的成分是齐全的，所以只能用非谓语动词的形式，talk 的主语是两个售货员，所以应该用现在分词的形式。句意"她们悄悄地用中文议论。"故答案为 A。

36. 答案：C

解析：本题考查语境的理解。unlucky *adj.* 不幸的；uninteresting *adj.* 不感兴趣的；embarrassed *adj.* 尴尬的，窘迫的；ill *adj.* 病的。句意"我感到很尴尬，问朋友我们是否可以离开。"故答案为 C。

37. 答案：B

解析：本题考查的是语境的理解。polite *adj.* 有礼貌的；impolite *adj.* 没有礼貌的，粗鲁的；glad *adj.* 高兴的；sad *adj.* 伤心的。句意"我（向朋友）抱怨女店员没有礼貌。"故答案为 B。

38. 答案：C

解析：本题考查上下文的理解。probably *adv.* 大概，可能；mostly *adv.* 主要，大部分；in fact 实际上，事实上；from now on 从现在开始。通过理解上下文可知，前面讲到西方的女士喜欢深色的皮肤，中国女士喜欢白皙的皮肤，前后是转折的关系。句意"实际上，商店里卖很多美白的化妆品，女士们在这上面花的钱很多很多。"故答案为 C。

39. 答案：D

解析：本题考查固定搭配。free *adj.* 自由的；famous *adj.* 有名的；tired *adj.* 劳累的；contended *adj.* 知足的，满意的。be contended with sth. 对……很满意，很知足。句意"这表明我们对我们所拥有的东西从来都不知足。"故答案为 D。

40. 答案：A

解析：本题考查对词义的理解。thought 想；saw 看到；worked 工作；decided 决定。句意"如果东西方的女性都能这样想，她们就不会花那么多的钱买各种各样的护肤品了。"故答案为 A。

Part Four Dialogue Completion

41. 答案：B

考查语境：本题考查祝贺场景中的回答方式。

解析：祝贺场景的回答常常为"Congratulations!"。本题的题目为"我当爸爸了!"答案"真的吗？恭喜你!"最为委婉贴切。故答案为 B。

42. 答案：C

考查语境：本题考查致谢场景中的回答方式。

解析：本题的问题为"电影太好看了，谢谢您，叔叔。"答案"我很高兴你喜欢。"最为委婉贴切。A 项是中式英语；B 项表述不如 C 项完整；D 项表达不礼貌。故答案为 C。

43. 答案：C

考查语境：本题考查喜欢与不喜欢场景中的回答方式。

解析：本题的问题"街角新开的那家面包店怎么样?"答案"那里的蛋糕好吃的不得了。"为最佳答案。只有 C 项可表示蛋糕好吃的意思，to die for = to be eager to have something。故答案为 C。

44. 答案：C

考查语境：本题考查道歉场景的回答方式。

解析：Nancy 说"对不起，我那天生病了，没去参加晚会。"，当别人表示歉意的时候，应该给以原谅，故 C 项"没关系"最为恰当。A 项和 B 项不符合交际用语，D 项很不礼貌。故答案为 C。

45. 答案：A

考查语境：本题考查同情场景中的回答方式。

解析：同情场景的回答常常为"I'm sorry to hear that."。本题题目为"我现在必须回家，因为我叔叔出了事故被送进医院了。"答案"Oh, I'm sorry to hear that."最为委婉贴切。当别人遭遇不幸时，应该表示同情。故答案为 A。

46. 答案：C

考查语境：本题考查提建议场景中的回答方式。

解析：本题的问题为"我打算在这里通宵上网，你要不要和我一起啊?"答案"不了，我一整天都在电脑前工作，我需要离开电脑屏幕休息一下。"最为委婉贴切。A、B 项的回答前后矛盾。D 项"我不确定"没有给对方确定的回复。故答案为 C。

47. 答案：C

考查语境：本题考查赞美场景中的回答方式。

解析:赞美场景的回答常常为 Thank you! I'm glad you think so. 本题问题为"我喜欢你的裙子,你穿上真好看。"答案"谢谢,我真高兴你这么认为。"Ellen 在赞美 Emma 穿的短裙漂亮,Emma 应大方地接受对方的夸奖并道谢。因此,C 项是正确回应。A、B、D 三项的回应都带有汉语式的表达痕迹。故答案为 C。

48. 答案:D

考查语境:本题考查问路场景中的回答方式。

解析:本题问题为"打扰一下,您能告诉我去最近的邮局怎么走吗?"答案"没问题,您沿着这条路往下走,然后左拐就到了。"问路的回答通常要给问路者说清楚路到底怎么走。A 项是中式英语的表达方式。B 项并没有具体给对方指出道路,不符合要求。C 项不符合礼貌原则。故答案为 D。

49. 答案:C

考查语境:本题考查提建议场景中的回答方式。

解析:本题问题为"你今天下午能和我一起去游泳吗?"答案"我很想去,但是我今天得一直待在图书馆里,因为我明天要交一篇10页纸的论文。"最为委婉贴切。C 项委婉地拒绝了提议并讲明了原因,其他答案均不符合题意。故答案为 C。

50. 答案:A

考查语境:本题考查请求帮助场景中的回答方式。

解析:本题问题为"我能把这些支票兑换成现金吗?"A 项的意思是"可以,请在支票上签字,能给我看一下你的驾照吗?",回答明确且给予了恰当的帮助。B、C 和 D 项都没有提供给对方所需的帮助。故答案为 A。